基于作用机理
农药安全科学使用指南

邵振润　梁帝允　主编

中国农业科学技术出版社

图书在版编目（CIP）数据

基于作用机理农药安全科学使用指南 / 邵振润，梁帝允主编. —北京：中国农业科学技术出版社，2015. 12
ISBN 978 - 7 - 5116 - 2415 - 4

Ⅰ. ①基… Ⅱ. ①邵… ②梁… Ⅲ. ①农药施用—安全技术—指南
Ⅳ. ①S48 - 62

中国版本图书馆CIP数据核字（2015）第317038号

责任编辑 张孝安
责任校对 马广洋

出 版 者 中国农业科学技术出版社
北京市中关村南大街12号 邮编：100081
电　　话（010）82109708（编辑室）（010）82109702（发行部）
（010）82109703（读者服务部）
传　　真（010）82106650
网　　址 http://www.castp.cn
经 销 者 各地新华书店
印 刷 者 北京富泰印刷有限责任公司
开　　本 787mm × 1 092mm 1/16
印　　张 32.125
字　　数 700 千字
版　　次 2015年12月第1版 2016年1月第2次印刷
定　　价 178.00元

基于作用机理
农药安全科学使用指南

编　委　会

EDITORIAL BOARD

策　　划：钟天润

主　　编：邵振润　梁帝允

副 主 编：郭永旺　王凤乐　高希武　张友军
袁会珠　李香菊　崔金杰　闫晓静

编著人员（按姓氏笔画排序）：

王忠跃　李永平　李　明　李香菊
闫晓静　束　放　杨　峻　邵振润
张　帅　张绍明　张友军　周明国
赵　清　郭永旺　袁会珠　高同春
高希武　崔海兰　崔金杰　梁帝允

前　言

PREFACE

当前，农业有害生物防治中一个突出问题，就是农药用量偏高，利用率偏低。适应农业新形势、新要求，要切实改变过度依赖化学农药的粗放式防控方式，搞好科学用药、精准施药、节本增效，为农业可持续发展提供技术支持。

众所周知，农作物病虫草鼠害是危害农业生产的重要生物灾害。据调查统计，全世界危害农作物的害虫有1万多种，病原菌达8 000多种，线虫达1 500多种，以及杂草达2 000多种。由于病虫为害，造成农作物产量损失是巨大的。据联合国粮农组织（FAO）调查，全世界每年被病虫草害夺去的谷物量为预计收成量的20%～40%，其经济损失达2 000亿美元。而农药是防治病虫草鼠危害、保障农业丰收的重要生产资料。长期以来，农药为人类及时和有效地控制重大病虫为害、减少损失、夺取丰收作出了巨大贡献。多年来，依靠植保科技进步和农药科学使用，我国每年挽回粮食损失600多亿千克。因此，农药在人类经济，特别是农业经济的发展中起着重要作用。然而，许多农药又是有毒物品。如果违反安全科学使用农药的有关规定，不仅达不到控制农作物病虫草鼠害的目的，而且有可能带来农药残留、有害生物再增猖獗及抗药性产生等问题，从而导致人畜中毒、环境污染、作物药害和农产品中农药残留超标，影响国民经济发展和人民健康。

我国农业连续增产丰收，植保工作贡献巨大，但是我们也付出了比较沉重的代价，一个突出问题是化肥、农药用量偏大，造成的负面影响引起社会的广泛关注。为此，“转方式，调结构”是我们面临的重要任务。中央提出大力推进农业现代化建设，走产出高效、产品安全、资源节约、环境友好的现代农业发展之路。2015年农业部提出了“一控两减三基本”的要求，并制定了《到2020年农药使用量零增长行动方案》。按照上级的要求，为了认真抓好农药减量使用，实现零增长的目标，要分地区、分作物、分病虫，抓好减施增效，这是一项系统工程，需要多方密切配合。作为农业植保部门，尤其是要抓好科学用药，特别是要按不同作物、不同病虫，根据农药的作用机理，分类指导，做好农药安全科学使用。

为此，我们在多年工作经验的基础上，近年来按照国际杀虫剂抗性行动委员会杀虫剂作用机理分类、国际杀菌剂抗性行动委员会杀菌剂作用机理分类、国际除草剂抗性行动委员会除草剂作用机理分类，分别编写了《杀虫剂科学使用指南》《杀菌剂科学使用指南》和《除草剂科学使用指南》，受到全国各地基层读者的普遍欢迎。为了更好地帮助广大农民抓好科学用药，实现农药使用量零增长，我们把以上三册集结成《基于作用机理农药安全科学使用指南》一书，以方便读者使用。希望对广大基层农业植保工作者更好地、系统地应用作用机理，抓好科学用药有所帮助。

本书是主要根据作者多年从事农药应用技术推广工作的实践经验，并参考近期国内外农药应用技术的研究成果编著而成的科普专著，全书共分三篇，第一篇杀虫剂科学使用指南、第二篇杀菌剂科学使用指南和第三篇除草剂科学使用指南，分别从病虫草鼠及农药的基本知识、农药安全使用、个人防护与农药中毒与急救以及高毒农药替代产品和使用技术等作了介绍。

相信本书的出版必将对我们抓好基层农技植保人员、农药经销商、零售商和广大农村施药人员做好安全科学用药指导、培训和实际应用工作将起到积极的推动作用，为保护生态环境、实现农业绿色发展、经济社会可持续发展，确保农产品质量安全作出积极的贡献。

作　者

2015年10月

目录

CONTENTS

第一篇　杀虫剂安全科学使用指南

第二篇　杀菌剂安全科学使用指南

第三篇　除草剂安全科学使用指南

第一篇

杀虫剂安全科学使用指南

SHACHONGJI ANQUAN KEXUESHIYONG ZHINAN

第一章　杀虫剂作用机理分类

杀虫剂是农药的重要组成部分，一般来说杀虫剂是以害虫为主要防治对象的一类物质。在农业上，害虫是指能对农作物的生长发育或农产品造成危害的昆虫或螨类等有害生物。据统计，地球上现存的昆虫种类超过1 000万种，其中有几百种破坏性很大。

一、杀虫剂的分类

（一）按杀虫剂的来源，可将杀虫剂分为以下4类

1.无机和矿物杀虫剂

这类杀虫剂一般药效较低，对作物易引起药害，有些对人毒性大，因此目前大部分已被淘汰。如砷酸铅、矿物乳剂等。

2.植物源杀虫剂

这类杀虫剂主要以植物为原料加工而成。如除虫菊、烟草、鱼藤等。

3.微生物杀虫剂

这类杀虫剂利用能使害虫致病的真菌、细菌、病毒等微生物加工而成。如苏云金杆菌、白僵菌、昆虫病毒等。

4.有机合成杀虫剂

这类杀虫有效成分为有机化合物的杀虫剂。农药发展到今天，人们通过有机合成的方法获得了各种各样的有机杀虫剂品种，是目前品种最丰富的一类杀虫剂。如有机磷类、氨基甲酸酯类、拟除虫菊酯类、新烟碱类等杀虫剂。

(二)按作用方式，可将杀虫剂分为以下5类

1.胃毒杀虫剂

这类药剂是通过害虫的口器及消化系统进入体内，引起中毒。这类杀虫剂一般对刺吸式口器害虫无效。

2.触杀杀虫剂

这类药剂是通过害虫体壁进入虫体，引起害虫中毒。这类杀虫剂一般对各种口器的害虫均有效果，但对身体有蜡质保护层的害虫如介壳虫、粉虱效果不佳。

3.内吸杀虫剂

这类药剂是通过植物的根、茎、叶或种子被吸收进入植物体内，并能在植株体内输导、存留，当害虫吸取植物汁液时将药剂吸入体内引起中毒。内吸杀虫剂对刺吸式口器害虫有效，如蚜虫、叶蝉。

4.熏蒸杀虫剂

这类药剂在常温下能够气化或分解为有毒气体，通过害虫的呼吸系统进入虫体，使害虫产生中毒反应。

5.特异性杀虫剂

这类杀虫剂进入虫体后一般不是直接对害虫产生致死作用，而是通过干扰或破坏害虫的正常生理功能或行为达到控制害虫的目的。如对害虫产生拒食、驱避、引诱、迷向、不育或干扰脱皮作用的杀虫剂。

二、杀虫剂的作用机理

杀虫剂作用机理包括杀虫剂穿透体壁进人生物体内以及在体内的运转和代谢过程，杀虫剂对靶标的作用机制以及环境条件对毒性和毒效的影响。具体到杀虫剂对害虫的作用上，就是杀虫剂通过各种方式被害虫接收后，对害虫产生的毒杀作用。

根据杀虫剂的主要作用靶标，大致分为以下4种作用机理。

1.神经毒性

以神经系统上的靶标位点、靶标酶或受体作为作用靶标发挥毒性，其药剂统称为神经毒剂。有机磷类、氨基甲酸酯类、拟除虫菊酯类杀虫剂，无论以触杀作用或胃毒作用发挥毒效，它们的作用部位都是神经系统，都属神经毒剂。

2.呼吸毒性

杀虫剂在与害虫接触后，由于物理的或化学的作用，对呼吸链的某个环节产生了抑制作用，使害虫呼吸发生障碍而窒息死亡。在杀虫剂中呼吸毒剂比较有限，鱼藤酮、哒螨灵是比较成功的电子传导抑制剂。

3.昆虫生长调节作用

通过抑制昆虫生理发育，如抑制蜕皮、新表皮形成、取食等最后导致害虫死亡。这类杀虫剂主要包括几丁质合成抑制剂、保幼激素类似物和蜕皮激素类似物，如除虫脲、吡丙醚、虫酰肼等。

4.微生物杀虫剂作用机理

以寄主的靶组织为营养，大量繁殖和复制，如病毒、微孢子虫等；或者释放毒素使寄主中毒，如真菌、细菌等。在微生物杀虫剂中，目前应用最广的是苏云金杆菌，该类杀虫剂不仅大量应用其杆菌制剂。而且，通过对其内毒素基因的遗传工程研究，使转基因杀虫工程菌和转基因抗虫作物得到了商品化应用，如转Bt基因抗虫棉。

三、杀虫剂作用机理分类方案

由国际杀虫剂抗性行动委员会（Insecticide Resistance Action Committee，IRAC）批准的杀虫剂作用机理分类方案是以生产中实际使用的杀虫剂的作用机理为基础的（表

1-1-1），同时被国际公认的昆虫毒理、生物化学学术权威所批准。

表1-1-1　杀虫剂作用机理分类

主要组和主要作用位点	化学结构亚组和代表性有效成分	举　例
1．乙酰胆碱酯酶抑制剂	1A 氨基甲酸酯类	抗蚜威、硫双威、丁硫克百威、甲萘威、异丙威、速灭威、仲丁威、混灭威、灭多威
	1B 有机磷类	毒死蜱、辛硫磷、敌敌畏、敌百虫、乙酰甲胺磷、哒嗪硫磷、三唑磷、马拉硫磷、倍硫磷、丙溴磷、氧化乐果、喹硫磷、杀扑磷、稻丰散、硝虫硫磷、水胺硫磷、二嗪磷、杀螟硫磷
2．GAB A—门控氯离子通道拮抗剂	2A 环戊二烯类 有机氯类	硫丹 林丹
	2B 氟虫腈	氟虫腈、乙虫腈
3．钠离子通道调节剂	3A 拟除虫菊酯类 天然除虫菊酯	溴氰菊酯、氰戊菊酯、氯氰菊酯、高效氯氰菊酯、氯氟氰菊酯、高效氯氟氰菊酯、甲氰菊酯、醚菊酯、氟氯氰菊酯、联苯菊酯 除虫菊素（除虫菊）
	3B 滴滴涕 甲氧滴滴涕	滴滴涕 甲氧滴滴涕
4．烟碱乙酰胆碱受体促进剂	4A 新烟碱类	啶虫脒、吡虫啉、噻虫嗪、烯啶虫胺、氯噻啉、哌虫啶、噻虫啉
	4B 尼卉丁	尼古丁
5．烟碱乙酰胆碱受体的变构拮抗剂	多杀菌素类	多杀菌素、乙基多杀菌素
6．氯离子通道激活剂	阿维菌素类	阿维菌素、甲氨基阿维菌素苯甲酸盐
7．模拟保幼激素生长调节剂	7A 保幼激素类似物	烯虫乙酯、烯虫炔酯
	7B 苯氧威	苯氧威
	7C 吡丙醚	吡丙醚
8．其他非特定的（多点）抑制剂	8A 烷基卤化物	甲基溴和其他烷基卤化物
	8B 氯化苦	氯化苦
	8C 硫酰氟	硫酰氟
	8D 硼砂	硼砂
	8E 吐酒石	吐酒石

(续表)

主要组和主要作用位点	化学结构亚组和代表性有效成分	举　例
9. 同翅目选择性取食阻滞剂	9B 吡蚜酮	吡蚜酮
	9C 烟碱	烟碱
10. 螨类生长抑制剂	10A 四嗪类	四螨嗪、噻螨酮
	10B 依杀螨	依杀螨
11. 昆虫中肠膜微生物干扰剂（包括表达Bt毒素的转基因植物）	苏云金芽孢杆菌或球形芽孢杆菌和他们生产的杀虫蛋白	苏云金芽孢杆菌；转Bt基因作物的蛋白质：CrylAb、Cry、Ac、Cry2Ab
12. 氧化磷酸化抑制剂（线粒体ATP合成酶抑制剂）	12A 丁醚脲	丁醚脲
	12B 有机锡类	三唑锡、苯丁锡
	12C 炔螨特	炔螨特
	12D 四氯杀螨砜	四氯杀螨砜
13. 氧化磷酸化解偶联剂	虫螨腈 DNOC 氟虫胺	虫螨腈 DNOC 氟虫胺
14. 烟碱乙酰胆碱受体通道拮抗剂	沙蚕毒素类似物	杀虫单、杀螟丹、杀虫双、杀虫安、杀虫环
15. 几丁质生物合成抑制剂，0类型，鳞翅目昆虫	几丁质合成抑制	氟啶脲、氟铃脲、灭幼脲、虱螨脲、除虫脲、氟虫脲、杀铃脲
16. 几丁质生物合成抑制剂，Ⅰ类型，同翅目昆虫	噻嗪酮	噻嗪酮
17. 蜕皮干扰剂，双翅目昆虫	灭蝇胺	灭蝇胺
18. 蜕皮激素促进剂	虫酰肼类	甲氧虫酰肼、虫酰肼、抑食肼
19. 章鱼胺受体促进剂	双甲脒	双甲脒
20. 线粒体复合物Ⅲ电子传递抑制剂（偶联位点Ⅱ）	20A 氟蚁腙	氟蚁腙
	20B 灭螨醌	灭螨醌
	20C 嘧螨酯	嘧螨酯

(续表)

主要组和主要作用位点	化学结构亚组和代表性有效成分	举 例
21. 线粒体复合物Ⅰ电子传递抑制剂	21A METI	唑虫酰胺、哒螨灵、唑螨酯、喹螨醚
	21B 鱼藤酮	鱼藤酮
22. 电压依赖钠离子通道阻滞剂	22A 茚虫威	茚虫威
	22B 氰氟虫腙	氰氟虫腙
23. 乙酰辅酶A羧化酶抑制剂	季酮酸类及其衍生物	螺虫乙酯、螺螨酯
24. 线粒体复合物Ⅳ电子 传递抑制剂	24A 磷化氢类	磷化铝、磷化锌
	24B 氰化物	氰化物
25. 线粒体复合物Ⅱ电子传递抑制剂	唑螨氰	唑螨氰
26.	暂未确定	
27.	暂未确定	
28. 鱼尼丁受体调节剂	脂肪酰胺类	氯虫苯甲酰胺、氟虫双酰胺
-UN-作用机理未知或不确定的化合物	印楝素	印楝素
	苦参碱	苦参碱
	溴螨酯	溴螨酯
	联苯肼酯	联苯肼酯
	灭螨猛	灭螨猛
	啶虫丙醚	啶虫丙醚

注：-UN-表示化合物的毒理学特征未知或者有争议，直到有明显的证据才会使其分类到一个合适的小组中

（一）杀虫剂作用机理分类方案的规则

（1）化学命名基于由英国作物保护局出版的《农药手册》，15版，Ed. C. D. S. Tomlin，2009年11月。

（2）在分类方案中所有的化合物都要至少在一个国家的作物上登记使用。

（3）在任何一个作用机理分类亚组中，如果存在1个以上的化合物，要使用化学亚组的名称。

（4）在任何一个作用机理分类亚组中，如果只有1个化合物，就使用该化合物的名称。

（二）关于亚组的分类

分类亚组中的化合物在杀虫剂作用机理分类方案中具有明显的化学分级，其化学结构不同，或者靶标蛋白作用机理不同。

亚组的分类减少了具有相同作用靶标位点但化学结构不同的化合物之间交互抗药性风险发生的概率。

（三）一般事项和作用机理分类方案更新

（1）国际杀虫剂抗性行动委员会制定的作用机理分类方案根据需要定期审查和重新发行（表1-1-1）。

（2）当前没有登记的、被取代的、过时的或者被撤回的并且不再日常使用的化合物，将不在分类清单中。

（3）杀虫剂作用机理分类方案将有助于开展害虫抗性治理。

（4）在实际应用中，施药者可根据杀虫剂作用机理分类代码的不同，在害虫防治中更好的实施杀虫剂交替、轮换使用。

四、各类杀虫剂作用机理描述

（一）神经和肌肉靶标

目前，大多数杀虫剂作用于神经和肌肉靶标。这些类型杀虫剂在这些靶标的反应通常是快速作用。

第1组：乙酰胆碱酯酶（AChE）抑制剂。抑制乙酰胆碱酯酶，造成兴奋过度。AChE是终止神经突触的兴奋性神经递质乙酰胆碱作用的酶。

第2组：GABA门控氯离子通道拮抗剂。阻断GABA激活氯离子通道，造成兴奋过度和抽搐。GABA是昆虫神经递质主要抑制剂。

第3组：钠离子通道调节剂。保持钠离子通道的开放，造成兴奋过度，在某些情况下，神经阻滞。钠通道参与沿神经轴突的动作电位的传播。

第4组：烟碱乙酰胆碱受体（nAChR）促进剂模仿乙酰胆碱受体促进剂。作用在nAChRs，造成兴奋过度。乙酰胆碱是昆虫中枢神经系统兴奋陛神经递质。

第5组：烟碱乙酰胆碱受体（nAChR）的变构拮抗剂。异位激活nAChRs，导致神经系统兴奋过度。

第6组：氯离子通道激活剂。异位激活谷氨酸门控氯离子通道（GluCls），造成虫体瘫痪。谷氨酸是昆虫的一种重要的神经递质抑制剂。

第9组：同翅目选择性取食阻滞剂。造成蚜虫、粉虱等同翅目昆虫取食选择性抑制。

第14组：烟碱乙酰胆碱受体通道拮抗剂。乙酰胆碱受体阻断离子通道，神经系统瘫痪。

第19组：章鱼胺受体促进剂。章鱼胺受体激活，导致兴奋过度。章鱼胺相当于肾上腺素，与飞行神经激素相同。

第22组：电压依赖钠离子通道阻滞剂。阻滞钠离子通道，造成神经系统瘫痪。钠通道参与沿神经轴突的动作电位的传播。

第28组：鱼尼丁受体调节剂。鱼尼丁受体激活肌肉，导致肌肉收缩和虫体瘫痪。鱼尼丁受体能够调节钙离子从钙库中有规律地释放到细胞质中。

（二）生长和发育靶标

昆虫生长发育是受两个主要激素的控制：保幼激素和蜕皮激素。昆虫生长调节剂通过模仿其中一个激素，直接干扰角质层形成、沉积或脂质合成。杀虫剂在这个系统上的作用一般都较缓慢。

第7组：模拟保幼激素生长调节。应用在预变态龄期，这些化合物破坏和防止变态。

第10组：螨类生长抑制剂。使螨类生长受到抑制。

第15组：几丁质生物合成抑制剂，O型。导致鳞翅目昆虫几丁质合成受到抑制。

第16组：几丁质生物合成抑制剂，I型。导致同翅目昆虫几丁质合成受到抑制。

第17组：蜕皮干扰剂。导致双翅目昆虫蜕皮中断。

第18组：蜕皮激素促进剂。模仿蜕皮激素，诱导早熟换毛。

第23组：乙酰辅酶A羧化酶抑制剂。乙酰辅酶A羧化酶是脂质合成的一部分，通过抑制其活性，导致昆虫死亡。

（三）呼吸靶标

线粒体是有氧呼吸产生能量的主要场所。由于线粒体的作用，为生物组织和细胞提供进行生命活动所需的能量或ATP。在线粒体中，电子传递链所释放的能量储存于氧化的质子梯度中，驱动ATP的合成。已知几种杀虫剂通过抑制线粒体呼吸来阻止电子传递或氧化磷酸化。杀虫剂在这个系统上的作用，一般反应快速。

第12组：氧化磷酸化抑制剂（线粒体ATP合成酶抑制剂）。抑制三磷酸腺苷（ATP）酶的合成。

第13组：氧化磷酸化解偶联剂。解偶联剂阻止线粒体质子梯度，使ATP不能合成。

第20组：线粒体复合物Ⅲ电子传递抑制剂。抑制复合物Ⅲ电子传递，阻止细胞内的能量利用。

第21组：线粒体复合物工电子传递抑制剂。抑制复合物I电子传递，阻止细胞内的能量利用。

第24组：线粒体复合物Ⅳ电子传递抑制剂。抑制复合物Ⅳ电子传递，阻止细胞内的能量利用。

第25组：线粒体复合物Ⅱ电子传递抑制剂。抑制复合物Ⅱ电子传递，阻止细胞内的能量利用。

（四）肠靶标

鳞翅目特定的微生物或毒素，喷雾或在转基因作物品种中表达。

第11组：昆虫中肠膜微生物干扰剂（包括表达Bt毒素的转基因植物）。毒素结合在昆虫中肠膜受体上，破坏肠道内膜，引起肠道穿孔，使昆虫停止取食，最后因饥饿和败血症而死亡。

（五）未知或不特异靶标

第8组：其他非特定的（多点）抑制剂。

众所周知，几种杀虫剂靶标位点不明确，或对多个靶标有作用，例如印楝素、苦参碱等。

五、杀虫剂交替和轮换使用

在使用某一种杀虫剂防治某种害虫一段时间后，继续使用原来的剂量，所取得的防治效果却不断下降，以至于成倍地增加农药的使用剂量，也不能够取得很好的防治效果，这种现象就称为抗药性，即表明该种害虫有了抵抗这种杀虫剂的能力。抗药性产生过程就如同过筛，含有抗药性基因的昆虫个体不容易被筛下，而不含有抗药性基因的个体容易被筛下。筛子就是杀虫剂，而筛眼的粗细就是杀虫剂使用剂量，显然当筛眼越细（使用剂量越大），筛选的力度就越大，筛剩下的个体就越大（抗药能力强）。所以，这里筛选的力度被称为选择压。很显然，如果一个杀虫剂连续使用，那它就像用同一个规格筛子不断筛选昆虫种群个体一样，这样就更容易使那些剩下的抗性个体比例数上升，种群适应这种杀虫剂的速度加快，即抗药性产生的速度快；如果间断地使用不同作用机理的杀虫剂，昆虫个体则需要适应不同的环境，向一个方向进化的速度就慢，即抗药性产生的速度则慢。同样，如果筛选的力度越大，筛剩下的个体就越强，它们之间繁殖产生的后代强大的可能性就越大，因此，选择压越大，产生抗药性的速度就越快。

不同作用机理的杀虫剂交替和轮换使用为杀虫剂抗性治理提供了有效和可持续的办法，确保了任一作用机理的杀虫剂对害虫的选择压都是最小的，阻止和延缓了害虫对杀虫剂的抗性进化，或者帮助已经产生抗药性的害虫恢复其敏感性。

不同作用机理的杀虫剂品种轮换和交替使用，降低每种杀虫剂对害虫的筛选强度，降低单向的选择压，可以有效地延缓抗药性的增长。轮换和交替用药是采用作用机制不同的一种或几种药剂轮换使用，例如，两种药剂之间交替使用，或者3种药剂轮换使用。这种交替和轮换使用的办法，可以是时间上的，也可以是空间上的，例如，可以在害虫的不同代次或者每一次施药时进行轮换，也可以在不同地块之间进行轮换。

避免同一作用机理杀虫剂互相之间轮换使用，降低具有同一作用机理杀虫剂的选择压。因为同一作用机理杀虫剂之间往往有较强的交互抗药性，如果在同一作用机理杀虫剂中实施交替和轮换使用，害虫种群收到的筛选条件是差不多的，实际上对预防和延缓抗药性产生的速度没有太大的帮助，反而会加速抗药性的产生。例如，拟除虫菊酯类杀虫剂之间有较强的交互抗药性，如果溴氰菊酯和氯氰菊酯交替使用，就达不到延缓抗药性的目的。因此，在使用杀虫剂之前，必须了解所使用杀虫剂的作用机理属于哪一组，不要在同一作用机理的杀虫剂之间进行交替和轮换使用。

第二章　水稻害虫轮换用药防治方案

一、水稻杀虫剂重点产品介绍

异丙威（isoprocarb）

【作用机理分类】第1组（1A）。

【化学结构式】

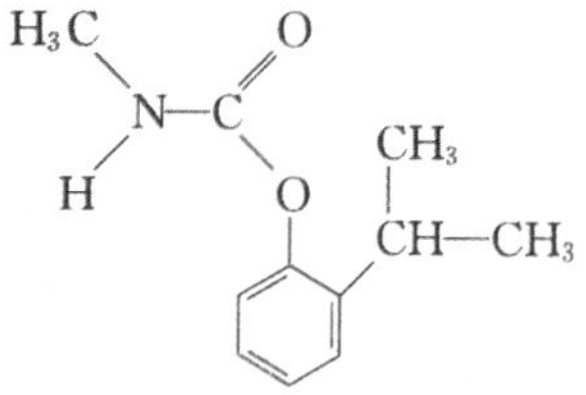

【曾用名】灭扑散、叶蝉散。

【理化性质】纯品为白色结晶粉末，工业原药为粉红色片状结晶。熔点：纯品96～97℃，原药81～91℃。沸点：128～129℃（2 666Pa）。蒸汽压：0.133 3mPa（25℃），28mPa（20℃）。闪点：156℃；密度0.62。难溶于卤代烷烃、水和芳烃，可溶于丙酮、甲醇、乙醇、二甲亚砜、乙酸乙酯等有机溶剂。

【毒性】中等毒。原药大鼠急性经口LD_{50} 403～485mg / kg，小鼠487～512mg / kg。雄大鼠急性经皮LD_{50}>500mg / kg。对兔眼睛和皮肤刺激性极小，试验动物显示无明显蓄积性，在试验剂量内未发现致突变、致畸、致癌作用。

【防治对象】异丙威具有较强的触杀作用，对昆虫的作用是抑制乙酰胆碱酯酶活性，致使昆虫麻痹死亡。具有胃毒、触杀和熏蒸作用。对稻飞虱及叶蝉科害虫有特效，击倒力强，药效迅速，但残效期短，一般只有3～5d，可兼治蓟马和蚂蟥。也可用于防治果树、蔬菜、粮食、烟草、观赏植物上的蚜虫。选择性强，对多种作物安全。可以和大多数杀虫剂或杀菌剂混用。

【使用方法】

（1）水稻害虫。防治稻飞虱、叶蝉，在若虫发生高峰期，每亩*用2%异丙威粉剂1.5～3.0kg，或用4%粉剂1.0kg，或用1 0%粉剂0.3～0.6kg，直接喷粉。也可用20%异丙威乳油400～5 00倍液均匀喷雾。

（2）蔬菜害虫。用异丙威烟剂防治保护地黄瓜蚜虫。于傍晚时，先将棚室密闭，然

* 1亩≈667m^2，15亩=1hm^2，全书同

后将烟剂分成适量小等份置于瓦片或砖块上，由里向门方向用明火点燃熏烟，次日打开棚室可正常作业。使用剂量为每亩用10%异丙威烟剂商品量300～400g，或用15%异丙威烟剂200～250g。熏烟后一般视虫情和天气情况，用杀虫剂再喷雾1次，这样效果会更好。该烟剂每生长季节可施用4～5次。

（3）柑橘害虫。防治柑橘潜叶蛾，在柑橘放梢时，用20%乳油对水500～800倍液喷雾。

（4）甘蔗害虫。防治甘蔗扁飞虱，留宿根的甘蔗在开垄松蔸培土前，每亩用2%粉剂2.0～2.5kg，混细沙土20kg，撒施于甘蔗心叶及叶鞘间。防治效果良好，可持续7d左右。

【对天敌和有益生物的影响】异丙威对水稻田拟水狼蛛、黑肩绿盲蝽、稻虱缨小蜂有一定杀伤作用，对稻螟赤眼蜂成蜂羽化有不利影响。对蜜蜂有毒，对甲壳纲以外的鱼类低毒。

【注意事项】

（1）本品对薯类作物有药害，不宜在该类作物上使用。

（2）施用本品后10d不可使用敌稗。

（3）我国农药使用准则国家标准规定，2%异丙威粉剂在水稻上的安全间隔期为14d。日本规定，柑橘100d，桃、梅30d，苹果、梨21d，大豆、萝卜、白菜7d，黄瓜、茄子、番茄、辣椒1d。

（4）应在阴凉、干燥处保存，勿靠近粮食和饲料，勿让儿童接触。

（5）在使用过程中如接触中毒，要脱掉污染衣服，并用肥皂水清洗被污染的皮肤。如溅入眼中，要用大量清水（最好是食盐水）冲洗15min以上。如吸入中毒，要把中毒者移到闻不到药味的地方，解开衣服，躺下保持安静。如误服中毒，要给中毒者喝温食盐水（1杯加入1汤匙食盐）催吐，并反复灌食盐水，直到吐出液体变为透明为止。一般急救可服用0.6mg阿托品，或者含在舌根下，使药液溶化后咽下，然后每隔10～15min服药1次，以维持咽喉和皮肤干燥状态。

【主要制剂和生产企业】20%乳油；10%、15%烟剂；2%、4%、10%粉剂。

湖南海利化工股份有限公司、江苏常隆化工有限公司、江苏颖泰化学有限公司、山东华阳科技股份有限公司、湖南国发精细化工科技有限公司、湖北沙隆达（荆州）农药化工有限公司、江西省海利贵溪化工农药有限公司等。

速灭威（metolcarb）

【作用机理分类】第1组（1A）。

【化学结构式】

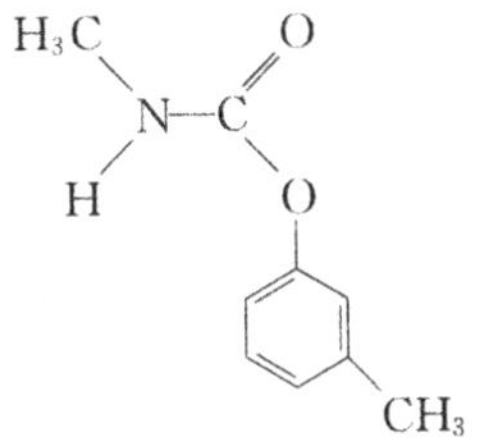

【理化性质】纯品是白色晶体。熔点：76～77℃。沸点：180℃（分解）。30℃时在水中溶解度为2 600mg／L，易溶于乙醇、丙酮、氯仿，微溶于苯、甲苯。遇碱分解，受热时也有少量分解，120℃时24h分解4%以上。

【毒性】中等毒。原药大鼠经口急性毒性LD_{50}为580mg／kg；小鼠经口268mg／kg；大鼠经皮6 000mg／kg。无慢性毒性，无致癌、致畸、致突变作用。

【防治对象】主要用于防治稻飞虱、稻叶蝉、蓟马及椿象等，对稻纵卷叶螟、柑橘锈壁虱、棉红铃虫、蚜虫等也有一定防效。对稻田蚂蟥有良好杀伤作用。

【使用方法】

（1）水稻害虫。防治稻飞虱、稻叶蝉，每亩用20%乳油125～250ml，或25%可湿性粉剂125～200g，对水300～400kg泼浇，或对水100～150kg喷雾，3%粉剂每亩用2.5～3kg直接喷粉。

（2）棉花害虫。防治棉蚜、棉铃虫，每亩用25%可湿性粉剂200～300倍液喷雾。棉叶蝉每亩用3%粉剂2.5～3kg直接喷粉。

（3）柑橘害虫。防治柑橘锈壁虱，用20%乳油或25%可湿性粉剂400倍液喷雾。

【对天敌和有益生物的影响】速灭威对水稻田黑肩绿盲蝽、拟水狼蛛等天敌杀伤作用较大。对鱼有毒，对蜜蜂高毒。

【主要制剂和生产企业】20%乳油；25%可湿性粉剂。

湖南国发精细化工科技有限公司、山东华阳科技股份有限公司、湖南海利化工股份有限公司、江苏常隆化工有限公司、浙江省杭州大地农药有限公司、上海东风农药厂等。

仲丁威（fenobucarb）

【作用机理分类】第1组（1A）。

【化学结构式】

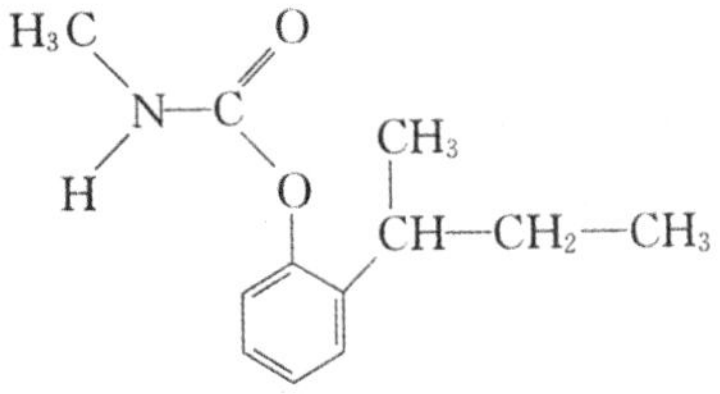

【曾用名】扑杀威、速丁威、丁苯威、巴沙。

【理化性质】原药（含量为97%）为无色结晶（20℃），液态为淡蓝色或浅粉色，有芳香味。比重：1.050（20℃）。纯品熔点：32℃，工业品熔点：28.5～31℃。沸点：

130℃（400Pa）。蒸汽压：0.53Pa（25℃）。20℃时在水中溶解度小于0.01g／L，丙酮中2 000g／L，甲醇中1 000g／L，苯中1 000g／L。在碱性和强酸性介质中不稳定，在弱酸性介质中稳定。受热易分解。

【毒性】低毒。原药大鼠急性经口LD_{50}为623.4mg／kg，大鼠急性经皮LD_{50}>500mg／kg；兔急性经皮LD_{50}为10 250mg／kg，雄大鼠急性吸入LC_{50}>0.366mg／L。对兔皮肤和眼睛有很小的刺激性。在试验条件下，致突变作用为阴性，对大鼠未见繁殖毒性（100ml／L以下）。对兔未见致畸作用[mg／（kg·d）]。两年慢性饲喂试验，大鼠无作用剂量为5mg／（kg·d），狗为11～12mg／（kg·d）。对大鼠未见致癌作用（100mg／L以下）。鸡未见迟发性神经毒性。鲤鱼TLm（48h）为12.6mg／L。

【防治对象】具有强烈的触杀作用，并具一定胃毒、熏蒸和杀卵作用。主要通过抑制昆虫乙酰胆碱酯酶使害虫中毒死亡。杀虫迅速，但残效期短，一般只能维持4～5d。对飞虱、叶蝉有特效，对蚊、蝇幼虫也有一定防效。

【使用方法】

（1）防治稻飞虱、稻叶蝉：在发生初盛期，用20%或25%乳油500～1 000倍液；50%乳油1 000～1 500倍液或80%乳油2 000～3 000倍液均匀喷雾。

（2）防治三化螟、稻纵卷叶螟：每亩用25%乳油200～250ml，对水100～150kg喷雾，即稀释500～1 000倍液。

【注意事项】

（1）不得与碱性农药混合使用。

（2）在稻田施药后的前后10d，避免使用敌稗，以免发生药害。

（3）仲丁威每人每日允许摄入量（ADI）为0.006mg／kg，水稻上的安全间隔期为21d。

（4）中毒后解毒药品为阿托品，严禁使用解磷定和吗啡。

【主要制剂和生产企业】80%、50%、25%、20%乳油；20%水乳剂。

湖南海利化工股份有限公司、山东华阳科技股份有限公司、湖北沙隆达（荆州）农药化工有限公司、湖南国发精细化工科技有限公司等。

混灭威（dimethacarb+trimethacarb）

【作用机理分类】第1组（1A）。

【化学结构式】

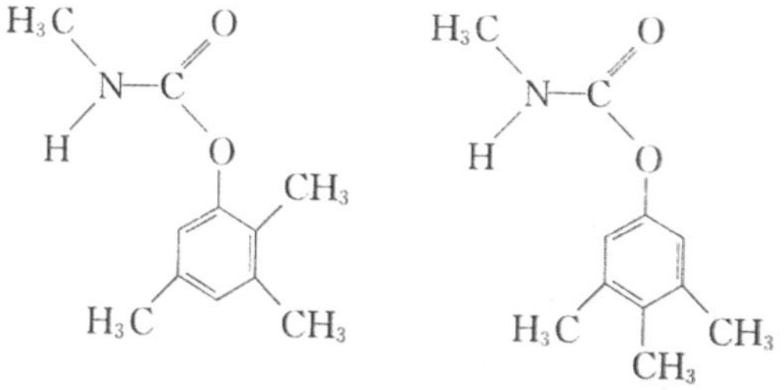

【理化性质】由灭除威和灭杀威两种同分异构体混合而成的氨基甲酸酯类杀虫剂。原药为淡黄色至红棕色油状液体，微臭，密度约1.085，温度低于10℃时，有结晶析出，不

溶于水，微溶于汽油、石油醚，易溶于甲醇、乙醇、丙酮、苯和甲苯等有机溶剂，遇碱易分解。

【毒性】中等毒。雄大白鼠急性经口毒性LD_{50} 441～1 050mg / kg，雄大白鼠急性经口毒性LD_{50} 295～626mg / kg，小白鼠急性经皮毒性LD_{50}大于400mg / kg。对鱼类毒性小，红鲤鱼TLm（48h）为30.2mg / kg。对天敌、蜜蜂高毒。

【防治对象】混灭威对飞虱、叶蝉有强烈触杀作用，一般施药后1h左右，大部分害虫跌落水中。但残效期短，只有2～3d。其药效不受温度影响，低温下仍有很好的防效。可用于防治叶蝉、飞虱、蓟马等。

【使用方法】

（1）水稻害虫。

①防治稻叶蝉：早稻秧田在害虫迁飞高峰期防治1次，晚稻秧田在秧苗现青期，每隔5～7d用药1次；本田防治，早稻在若虫高峰期，每亩用50%混灭威乳油50～100g，对水300～400kg泼浇，或对水60～70kg，即稀释1 000～1 500倍液均匀喷雾。

②防治稻蓟马：一般在若虫盛孵期施药。防治指标为：秧田4叶期后每百株有虫200头以上；或每百株有卵300～500粒或叶尖初卷率达5%～10%。本田分蘖期每百株有虫300头以上或有卵500～700粒，或叶尖初卷率达10%左右。每亩用50%混灭威乳油50～60ml，对水50～60kg喷雾，即稀释1 000倍液。

③防治稻飞虱：通常在水稻分蘖期到圆秆拔节期，平均每丛稻有虫（大发生前一代）1头以上或每平方米有虫60头以上；在孕穗期、抽穗期，每丛有虫（大发生当代）5头以上，或每平方米有虫300头以上；在灌浆乳熟期，每丛有虫（大发生当代）10头以上，或每平方米有虫600头以上；在蜡熟期，每丛有虫（大发生当代）15头以上，或每平方米有虫900头以上，应该防治。用药量及施用防治同稻叶蝉。

（2）棉花害虫。

①防治棉蚜指标为：大面积有蚜株率达到30%，平均单株蚜数近10头，以及卷叶率达到5%。每亩用50%混灭威乳油38～50ml，约稀释1 000倍液。

②防治棉铃虫指标为：在黄河流域棉区，当二代、三代棉铃虫大发生时，如百株卵量骤然上升，超过15粒，或者百株幼虫达到5头时进行防治。每亩用50%混灭威乳油100～200ml，稀释1 000倍液均匀喷。

【注意事项】

（1）不可与碱性农药混用。

（2）收获前7d停止用药。有疏果作用，宜在花期后14～21d使用最好。

（3）对蜜蜂毒性大，花期禁用。

（4）烟草、玉米、高粱、大豆敏感，应严格控制用药量，尤其是烟草，一般不宜使用。

（5）如发生中毒，可服用或注射硫酸阿托品治疗。

【主要制剂和生产企业】50%乳油。

江苏常隆化工有限公司、江苏颖泰化学有限公司。

毒死蜱（chlorpyrifos）

【作用机理分类】第1组（1B）。

【化学结构式】

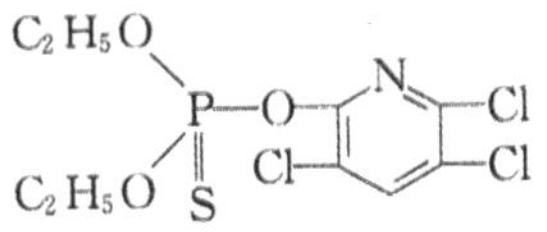

【曾用名】氯吡硫磷、乐斯本、好劳力、同一顺、新农宝。

【理化性质】原药为白色颗粒状结晶，室温下稳定，有硫醇臭味。密度：1.398（43.5 ℃）。熔点：41.5～43.5℃。蒸汽压：2.5mPa（25℃）。水中溶解度为1.2mg／L，溶于大多数有机溶剂。

【毒性】中等毒。在动物体内代谢较陕。大白鼠急性经口LD_{50}为163mg／kg（雄），135mg／kg（雌）；急性经皮LD_{50}大于2 000mg／kg；对眼睛、皮肤有刺激性，长时间多次接触会产生灼伤。在试验剂量下未见致畸、致突变、致癌作用。

【防治对象】可用于防治水稻、小麦、棉花、蔬菜、果树、茶叶等作物害虫。在土壤中残留期较长，对地下害虫的防治效果较好。可用于防治水稻纵卷叶螟、三化螟、棉盲蝽、柑橘潜叶蛾、苹果桃小食心虫、苹果蚜虫、甜菜夜蛾、韭蛆、小麦吸浆虫等。

【使用方法】

（1）水稻害虫。

①防治稻纵卷叶螟：亩用有效成分48g（例如40%毒死蜱乳油120ml），在稻纵卷叶螟卵孵化高峰至二龄幼虫高峰前喷雾。

②防水稻二化螟：亩用阿维菌素有效成分0.625g+毒死蜱有效成分24g（例如1.8%阿维菌素乳油35ml+40%毒死蜱乳油60ml），在二化螟卵孵化高峰期喷雾。

③防治水稻三化螟：亩用有效成分40～50g（例如40%毒死蜱乳油100～125ml），在三化螟卵孵化盛期喷雾施药。

（2）蔬菜害虫。

①防治甜菜夜蛾：亩用有效成分20～24g（例如40%毒死蜱乳油50～60ml），在甜菜夜蛾低龄期（幼虫二龄期前）喷雾。

②防治韭蛆：亩用有效成分160g（例如40%毒死蜱乳油400ml），于韭菜初现症状时（叶尖黄、软、倒伏），对水稀释，均匀淋浇在韭菜根茎处。

（3）棉花害虫。防治棉盲椿象：亩用有效成分40g（例如40%毒死蜱乳油100ml），在盲椿象低龄若虫期喷雾。

（4）小麦害虫。防治小麦吸浆虫：亩用有效成分80～100g（例如40%毒死蜱乳油200～250ml）拌毒土20kg，在小麦吸浆虫化蛹出土前撒施在麦田中。

（5）果树害虫。

①防治柑橘潜叶蛾：用有效成分浓度400mg／L（例如40%毒死蜱乳油1 000倍液），于潜叶蛾始盛期、柑橘新梢约3mm时施药。

②防治苹果桃小食心虫：用有效成分浓度200～250mg／L（例如40%毒死蜱乳油1 600～2 000倍液），在越冬代成虫羽化盛期，卵果率达1%～2%时喷雾，药后10d施第二次药。

③防治苹果蚜虫：用有效成分浓度200mg／L（例如40%毒死蜱乳油2 000倍液），在蚜虫发生始盛期喷雾。

【对天敌和有益生物的影响】毒死蜱对稻田蜘蛛、黑肩绿盲蝽、隐翅虫等捕食性天敌有一定杀伤力，对稻螟赤眼蜂羽化有不利影响。对虾和鱼高毒，对蜜蜂有较高的毒性。

【注意事项】

（1）避免与碱性农药混用。施药时做好防护工作；施药后用肥皂清洗。

（2）为保护蜜蜂，应避免作物开花期使用。

（3）避免药液流入鱼塘、湖、河流；清洗喷药器械或弃置废料勿污染水源，特别是养虾塘附近不要使用。

（4）瓜苗应在瓜蔓1米长以后使用。对烟草有药害。

（5）各种作物收获前停止用药的安全间隔期，棉花为21d，水稻7d，小麦10d，甘蔗7d，啤酒花21d，大豆14d，花生21d，玉米10d，叶菜类7d。

【主要制剂和生产企业】48%、40.7%、40%、20%乳油；50%、30%、25%可湿性粉剂；480g／L、30%微乳剂；40%、30%水乳剂；30%微囊悬浮剂；15%烟雾剂；14%、10%、5%、3%颗粒剂。

山东华阳科技股份有限公司、江苏省南京红太阳股份有限公司、浙江新农化工股份有限公司、美国陶氏益农公司等。

三唑磷（triazophos）

【作用机理分类】第1组（1B）。

【化学结构式】

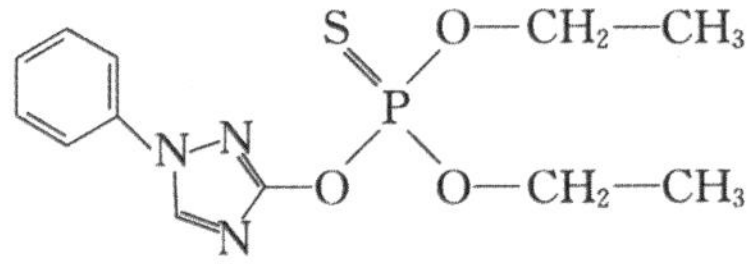

【理化性质】纯品为浅棕黄色油状物。熔点：2～5℃。蒸汽压：0.39mPa（30℃），13mPa（55℃）。油水分配系数3.34。溶解度：水39mg／L（pH值=7，23℃），可溶于大多数有机溶剂，对光稳定，在酸、碱溶液中水解。

【毒性】中等毒。大鼠急性经口LD_{50}为57～68mg／kg，急性经皮LD_{50}>2 000mg／kg，鲤鱼LC_{50}（96h）56mg／L，金雅罗鱼LC_{50}（21d）11mg／L，鳟鱼0.01mg／L，日本鹑急性经口LD_{50} 4.2～27.1mg／kg（取决于性别和载体），LC_{50}为325mg／kg（8d，膳食）。

【防治对象】三唑磷具有强烈的触杀和胃毒作用，渗透性强，杀虫效果好，杀卵作用明显，无内吸作用。用于水稻等多种作物防治多种害虫，是防治水稻螟虫的优秀杀虫剂。可用于防治水稻、棉花、玉米、果树、蔬菜等的二化螟、三化螟、稻飞虱、稻蓟马、稻瘿蚊、卷叶螟、棉铃虫、红铃虫、蚜虫、松毛虫、菜青虫、蓟马、叶螨和线虫等害虫。

【使用方法】

（1）水稻害虫。防治二化螟有效成分用量为30～40g／亩（例如20%三唑磷乳油150～200ml／亩），在二化螟卵孵化盛期喷雾施药。

（2）蔬菜害虫。防治菜青虫，100～125ml／亩，幼虫高峰期施药。

【对天敌和有益生物的影响】三唑磷对水稻田间四点亮腹蛛、八斑球腹蛛、成蜂存活有不利影响，降低稻虱缨小蜂羽化率。

【注意事项】

（1）蜜蜂、蚕、鱼对本品比较敏感，不能直接接触。

（2）使用本品防治水稻螟虫时，稻飞虱会活动猖獗，如需兼治飞虱，宜配合使用噻嗪酮等药剂。

（3）作物收获前7d，停止使用本品。

【主要制剂和生产企业】40%、30%、20%、13.5%、10%乳油；40%、20%、15%、8%微乳剂；20%水乳剂；3%颗粒剂。

浙江新农化工股份有限公司、浙江永农化工有限公司、江苏粮满仓农化有限公司、安徽省池州新赛德化工有限公司、浙江巨化股份有限公司兰溪农药厂、上海农药厂、福建省建瓯福农化工有限公司、湖南海利化工股份有限公司、浙江东风化工有限公司、江苏好收成韦恩农药化工有限公司、湖北沙隆达股份有限公司、浙江一帆化工有限公司、福建三农集团股份有限公司、江苏长青农化股份有限公司等。

丙溴磷（profenofos）

【作用机理分类】第1组（1B）。

【化学结构式】

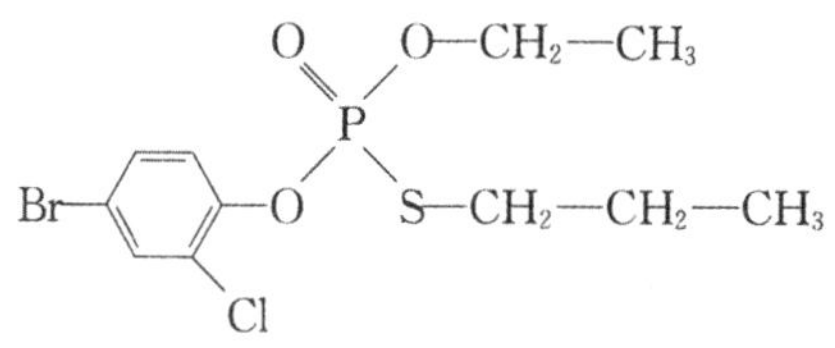

O　O—CH_2—CH_3
P
Br—(苯环)—O　S—CH_2—CH_2—CH_3
Cl

【曾用名】溴氯磷、多虫磷。

【理化性质】纯品为浅黄色液体。沸点：110℃（0.13Pa）。20℃时，蒸汽压约为0.0013Pa。密度：1.5466。微溶于水，20℃水中的溶解度为20mg／L，易溶于常用有机溶剂。

【毒性】中等毒。大鼠急性口服LD_{50}为358mg／kg，急性经皮LD_{50}为3 300mg／kg。

【防治对象】丙溴磷是一种高效、低毒、广谱有机磷杀虫剂，有很好的触杀、胃毒作用，速效性较好。在植物叶上有较好的渗透性，但无内吸作用。因具有三元不对称独特结构，所以防治对有机氯、有机磷、氨基甲酸酯等杀虫剂具有抗性的害虫效果显著。能有效地防治棉花、蔬菜上的害虫红蜘蛛及卵。尤其对抗性棉铃虫、甜菜夜蛾等有特效。

【使用方法】

（1）水稻害虫。

①防治稻飞虱：在水稻分蘖末期或圆秆期，若平均每丛水稻（指每亩有稻丛4万）有虫1头以上即应防治。每亩用50%乳油75～100ml（有效成分37.5～50g），对水75kg喷雾。

②防治稻纵卷叶螟：重点防治水稻穗期为害世代，在一至二龄幼虫高峰期施药，一般发生年份防治1次，大发生年份防治1～2次，并适当提早第一次用药时间。每亩用50%乳油75ml（有效成分37.5g），对水100kg喷雾。

③防治稻蓟马：在若虫盛孵期施药，每亩用50%乳油50ml（有效成分25g），对水75kg喷雾。

（2）棉花害虫。

①防治棉蚜：在棉花4～6片真叶的苗蚜发生期，当有蚜株率达30%，平均单株近10头蚜虫，卷叶株率达5%时，每亩用50%乳油20～30ml（有效成分10～15g），对水50～75kg叶背喷雾。防治伏蚜每次每亩用50%乳油50～60ml（有效成分25～30g），对水100kg叶背均匀常量喷雾。

②防治红蜘蛛：在棉花苗期根据红蜘蛛发生情况及时防治，每亩用50%乳油40～60ml（有效成分20～30g），对水75kg均匀喷雾。

③防治棉铃虫：在黄河流域棉区二代、三代棉铃虫发生时，百株卵量骤增，超过15粒，或百株三龄前幼虫达到5头开始防治。每亩用50%乳油133ml（有效成分67g），对水100kg喷雾。

（3）小麦害虫。麦田齐苗后，有蚜株率5%，百株蚜量10头左右；冬麦返青拔节前，有蚜株率20%，百株蚜量5头以上施药。每亩用50%乳油25～37.5ml（有效成分12.5～18.8g），对水50kg喷雾。

【对天敌和有益生物的影响】丙溴磷对蜘蛛、黑肩绿盲蝽等捕食性天敌有一定杀伤力。

【注意事项】

（1）对苜蓿和高粱有药害，不宜使用。

（2）不宜与碱性农药混用。

（3）在棉花上用药安全间隔期为5～12d。

（4）果园中不宜使用。

【主要制剂和生产企业】50%、40%、20%乳油；25%超低容量喷雾剂；5%、3%颗粒剂。

江苏宝灵化工有限公司、浙江一帆化工有限公司、山东省烟台科达化工有限公司、江苏连云港立本农药化工有限公司、山东省威海市农药厂、青岛双收农药化工有限公司、瑞士先正达作物保护有限公司等。

稻丰散（phenthoate）

【作用机理分类】第1组（1 B）。

【化学结构式】

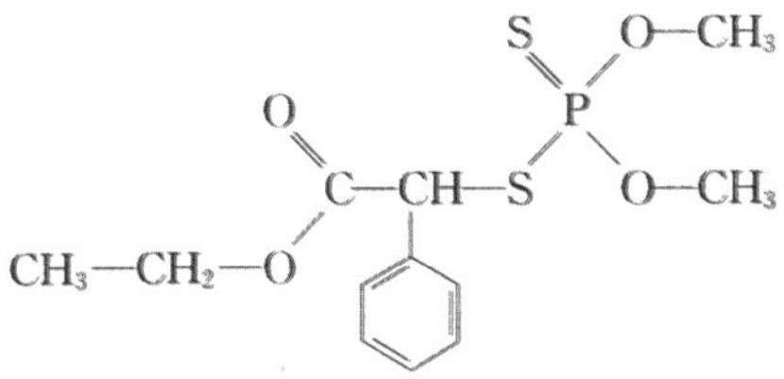

【曾用名】爱乐散、益尔散、甲基乙酯磷。

【理化性质】纯品为无色具有芳香味的结晶，90%～92%原油为黄褐色油状液。密度：1.226。熔点：17～18℃。沸点：145～150℃（66.7Pa）。蒸汽压：5.33Pa（40℃）。闪点：168～172℃。不溶于水，易溶于乙醇、丙酮等大多数有机溶剂。在酸性介质中稳定，在碱性介质中（pH值为 9.7）放置20d可降解5%。室内储存年减低率为1%～2%。

【毒性】中等毒。大鼠急性经口LD_{50} 300～400mg／kg；急性经皮吸。大于5 000mg／kg。小鼠急性经口LD_{50} 350～400mg／kg。对眼睛和皮肤无刺激作用，在试验剂量下对动物无致癌、致畸、致突变作用。对蜜蜂有毒。

【防治对象】稻丰散具有触杀和胃毒作用，对多种咀嚼式口器和刺吸式口器害虫以及害螨有效。主要用于水稻、棉花、果树、蔬菜、油料作物、茶树、桑树等，防治鳞翅目、同翅目、鞘翅目等多种害虫。

【使用方法】防治水稻纵卷叶螟：亩用有效成分60g（例如50%稻丰散乳油120ml），在稻纵卷叶螟卵孵化高峰期喷施。

防治柑橘介壳虫：用有效成分浓度500mg／kg（例如50%稻丰散乳油1 000倍液），在一、二龄若蚧发生盛期喷雾。

【注意事项】

（1）对葡萄、桃、无花果和苹果的某些品种有药害，不宜使用。

（2）对鱼和蜜蜂有毒，特别对鲻鱼、鳟鱼影响大，使用时防止毒害。

（3）茶树在采茶前30d，桑树在采叶前15d内禁用。

【主要制剂和生产企业】60%、50%乳油；40%可湿性粉剂；5%油剂；40%粉剂；2%颗粒剂；85%水溶性粉剂；90%、75%超低容量油剂。

江苏腾龙生物药业有限公司。

噻虫嗪（thiamethoxam）

【作用机理分类】第4组。

【化学结构式】

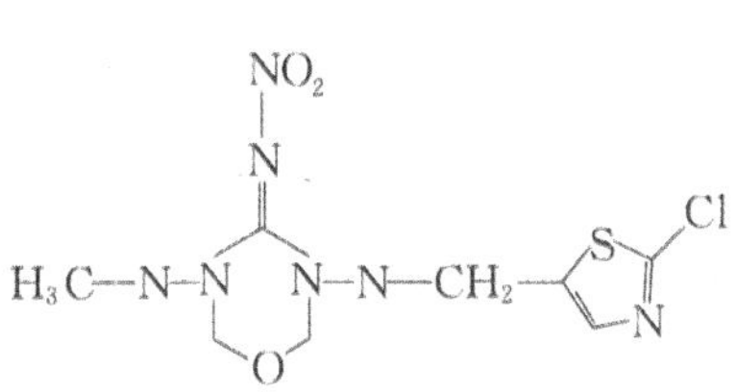

【曾用名】阿克泰。

【理化性质】原药为类白色结晶粉末。熔点：139.1℃，蒸汽压：6.6×10^{-9}Pa（25℃）。

【毒性】低毒。大鼠急性经口LD_{50}：1 563mg / kg，大鼠急性经皮LD_{50}：>1 563mg / kg，大鼠急性吸入LC_{50}（4h）：3 720mg / m^3，对兔眼和皮肤无刺激。

【防治对象】噻虫嗪具有广谱的杀虫活性，对害虫具有胃毒和触杀活性，并具有强内吸传导性。可以有效防治鳞翅目、鞘翅目、缨翅目和同翅目害虫，如：蚜虫、叶蝉、粉虱、飞虱、蓟马、粉蚧、金龟子幼虫、跳甲、马铃薯甲虫、地面甲虫、潜叶蛾、稻蚧、线虫、土鳖虫、潜叶蝇、土壤害虫以及一些鳞翅目害虫等，对害虫卵也有一定的杀灭作用。由于具有强内吸传导特性，除用于喷雾外，还被广泛应用于种子处理和土壤处理。

【使用方法】

（1）水稻害虫。

①防治水稻褐飞虱：有效成分0.8～1.2g / 亩（如25%噻虫嗪水分散粒剂，亩用3.2～4.8g / 亩），在有水环境下，褐飞虱低龄若虫高峰期施药。

②防治水稻白背飞虱：有效成分0.8～1.2g / 亩（如25%噻虫嗪水分散粒剂，亩用3.2～4.8g / 亩），在有水环境下，白背飞虱低龄若虫高峰期施药。

（2）蔬菜害虫防治蔬菜烟粉虱。有效成分4g / 亩（如2 5%噻虫嗪水分散粒剂16g / 亩），在若虫始发期喷雾施药。

（3）棉花害虫防治棉花蚜虫。有效成分1.5g / 亩（如2 5%噻虫嗪水分散粒剂6g / 亩），在棉花蚜虫始盛期对水30～50kg喷雾。

（4）柑橘害虫防治柑橘蚜虫。有效成分浓度10mg / kg（如25%噻虫嗪水分散粒剂2 500倍液），于柑橘蚜虫若虫始盛期喷雾。

（5）茶叶害虫防治茶小绿叶蝉。有效成分1.5g / 亩（例如25%噻虫嗪水分散粒剂6g / 亩），在茶小绿叶蝉始盛发期喷雾使用，宜与速效性的菊酯类药剂混用。

【对天敌和有益生物的影响】噻虫嗪对捕食性天敌黑肩绿盲蝽影响较大，对寄生性天敌稻螟赤眼蜂、稻虱缨小蜂有一定杀伤力。

【注意事项】噻虫嗪低毒，一般不会引起中毒事故，如误食引起不适等中毒症状，没有专门解毒药剂，可请医生对症治疗。在推荐剂量下，对作物、环境安全，无药害。

【主要制剂和生产企业】25%水分散粒剂，70%可分散性种子处理剂。

瑞士先正达公司。

烯啶虫胺（nitenpyram）

【化学结构式】

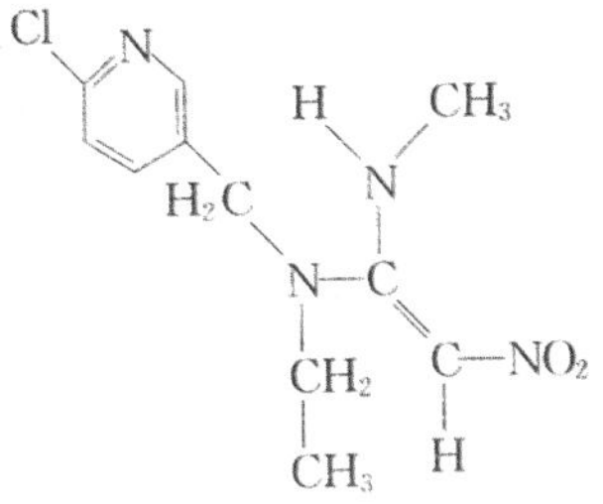

【理化性质】纯品为浅黄色结晶体。熔点：83～84℃。密度：1.40（26℃）。蒸汽压：1.1×10^{-9}Pa（25℃）。溶解度（20℃）：水（pH值=7）840g／L、氯仿700g／L、丙酮290g／L、二甲苯4.5g／L。

【毒性】低毒。大鼠急性经口（雄）LD_{50} 1 680mg／kg。经皮毒性LD_{50}大于2 000mg／kg，鲤鱼LD_{50} 大于1 000mg／kg（48h），对皮肤、眼无刺激致敏性，对鸟类及水生动物均低毒。

【防治对象】烯啶虫胺具有卓越的内吸和渗透作用，用量少，毒性低，持效期长，对作物安全无药害，可应用于水稻、小麦、棉花、黄瓜、茄子、萝卜、番茄、马铃薯、甜瓜、西瓜、桃、苹果、梨、柑橘、葡萄、茶上，防治稻飞虱、蚜虫、蓟马、白粉虱、烟粉虱、叶蝉、蓟马等，防治对传统杀虫剂已产生抗性的害虫有较好的效果，是至今烟碱类农药最新产品之一。

【使用方法】

（1）水稻害虫。防治水稻飞虱：用10%烯啶虫胺可溶液剂2 000～3 000倍液均匀喷雾，喷雾时重点喷水稻的中下部。

（2）蔬菜害虫。

①防治蔬菜娴粉虱、白粉虱：用10%烯啶虫胺可溶液剂2 000～3 000倍液均匀喷雾，温室内使用时注意要将周围的墙壁及棚膜都要喷上药液。

②防治蔬菜蓟马：用10%烯啶虫胺可溶液剂3 000～4 000倍液均匀喷雾。

（3）棉花害虫。防治棉蚜：用量为有效成分2g／亩（例如10%烯啶虫胺水剂20ml／亩），在蚜虫始盛期对水30～50kg喷雾。

（4）果树害虫。

①防治苹果黄蚜：用量为有效成分浓度40mg／kg（例如10%烯啶虫胺水剂2 500倍液）对果树茎叶喷雾。

②防治柑橘蚜虫：用量为有效成分浓度40mg／kg（例如10%烯啶虫胺水剂2 500倍液），于柑橘蚜虫若虫始盛期喷雾。

【主要制剂和生产企业】10%烯啶虫胺可溶液剂。

江苏南通江山农药化工股份有限公司、江苏连云港立本农药化工有限公司。

氯噻啉（imidaclothiz）

【作用机理分类】第4组。

【化学结构式】

$N-NO_2$　S　CH_2-N　N　Cl　N

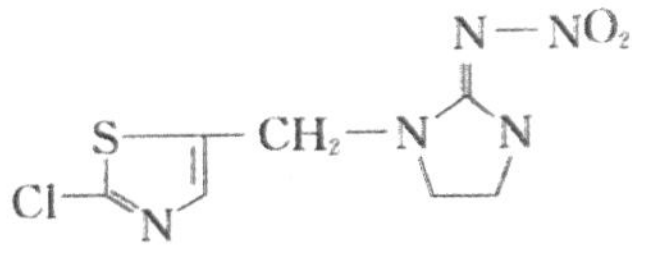

【理化性质】原药（含量≥95%），外观为黄褐色粉状固体。熔点：146.8～147.8℃；溶解度（g／L，25℃）：水中5，乙腈中50，二氯甲烷中20～30，甲苯中0.6～1.5，二甲基亚砜中260。常温储存稳定。

【毒性】低毒。原药对皮肤和眼睛无刺激性；无致敏性。10%氯噻啉可湿性粉剂对斑马鱼LC_{50}（48h）为72.16mg／L，鹌鹑LD_{50}（7d）28.87mg／kg，蜜蜂LC_{50}（48h）为10.65mg／L，家蚕LC_{50}（二龄）为0.32mg／kg。该药对鱼为低毒，对鸟中等毒，对蜜蜂、家蚕为高毒。

【防治对象】杀虫谱广，可用在小麦、水稻、棉花、蔬菜、果树、烟叶等多种作物上防治蚜虫、叶蝉、飞虱、蓟马、粉虱，同时对鞘翅目、双翅目和鳞翅目害虫也有效，尤其对水稻二化螟、三化螟毒力很高。在使用中防治效果一般不受温度高低的限制。

【使用方法】

（1）水稻害虫。防治水稻飞虱：用10%可湿性粉剂10～20g对水30～50kg喷雾。

（2）蔬菜害虫。防治蔬菜蚜虫：使用剂量为有效成分2g／亩（例如10%氯噻啉可湿性粉剂20g／亩），在蚜虫始盛期喷雾使用。

（3）棉花害虫。防治棉花蚜虫：使用剂量为有效成分2g／亩（例如10%氯噻啉可湿性粉剂20g／亩），在蚜虫始盛期对水30～50kg喷雾。

（4）果树害虫。防治苹果蚜虫：用有效成分浓度20mg／L（例如10%氯噻啉可湿性粉剂5 000倍液），在蚜虫发生始盛期喷雾。

【注意事项】使用该药时注意防止对蜜蜂、家蚕的危害，在桑田附近及作物开花期不宜使用。

【主要制剂和生产企业】10%可湿性粉剂。

江苏省南通江山农药化工股份有限公司。

哌虫啶

【作用机理分类】第4组。

【化学结构式】

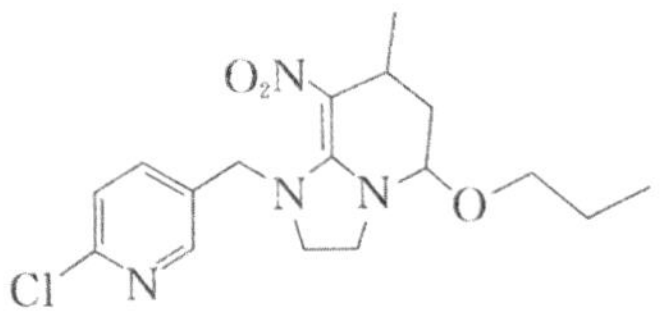

【曾用名】吡咪虫啶、啶咪虫醚。

【理化性质】纯品为淡黄色粉末。熔点：130.2～131.9 ℃。溶解于水中（0.61g／L）、乙腈（50g／L）、二氯甲烷（55g／L）及丙酮、氯仿等溶剂。蒸汽压：200mPa（20℃）。

【毒性】低毒。该药原药对雌、雄大鼠急性经口LD_{50}>5 000mg／kg，对雌、雄大鼠急性经皮LD_{50}>5 150mg／kg。对大鼠亚慢性（91d）经口毒性试验表明：最大无作用剂量为30mg／（kg·d）；对雌、雄小鼠微核或骨髓细胞染色体无影响，对骨髓细胞的分裂也未见明显的抑制作用，显性致死或生殖细胞染色体畸变结果是阴性、Ames试验结果为阴性。

【防治对象】哌虫啶为上海华东理工大学和江苏克胜集团股份有限公司联合开发的新型高效、低毒、广谱新烟碱杀虫剂，主要用于防治同翅目害虫。该药剂可广泛用于果树、小麦、大豆、蔬菜、水稻和玉米等多种作物害虫的防治。

【使用方法】防治稻飞虱，每亩用有效成分2.5～3.5g，喷雾时重点喷水稻的中下部。

【主要制剂和生产企业】10%哌虫啶悬浮剂。

江苏克胜集团股份有限公司。

噻虫啉（thiacloprid）

【作用机理分类】第4组。

【化学结构式】

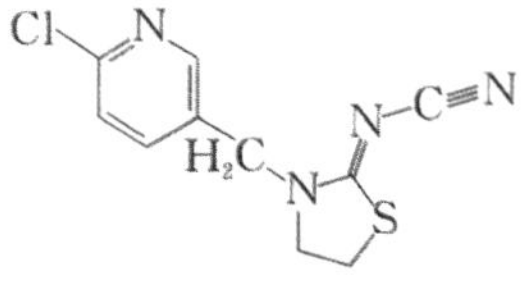

【理化性质】微黄色粉末。蒸汽压：3×10^{-10}Pa（20℃）。水中溶解度：185mg／L（20℃）。

【毒性】低毒。大鼠（雄）急性口服LD_{50}：836mg／kg，雌：444mg／kg；大鼠（雄、雌）急性致死LD_{50}（24h）：>2 000mg／kg；大鼠（雄）急性吸入LC_{50}（4h，气雾）：>2 535mg／m^3空气，（雌）：1 223mg／m^3空气。对兔皮肤无刺激作用（4h）；对兔眼睛无刺激作用（24h）；对豚鼠皮肤无致敏作用；对大鼠无致癌作用；对大鼠和兔无原发的发育毒性；无遗传和致突变作用。

【防治对象】噻虫啉对仁果类水果、棉花、蔬菜和马铃薯上的重要害虫有优异的防效。除对蚜虫和粉虱有效外，对各种甲虫（如马铃薯甲虫、苹花象甲、稻象甲）和鳞翅目害虫如苹果树上的潜叶蛾和苹果蠹蛾也有效，并且适用于相应的所有作物。噻虫啉的土壤半衰期短，对鸟类、鱼和多种有益节肢动物安全。对蜜蜂很安全，在作物花期也可以使用。

【使用方法】

①防治稻飞虱：每亩用有效成分5.04～6.72g，喷雾时重点喷水稻的中下部。

②防治稻蓟马：每亩用有效成分3.36～6.72g，在低龄若虫盛发期喷雾。

【主要制剂和生产企业】1%、2%微囊悬浮剂；40%、48%悬浮剂；50%水分散粒剂。

江苏中旗化工有限公司、江西天人生态股份有限公司、利民化工股份有限公司、陕西韦尔奇作物保护有限公司、湖南比德生化科技有限公司、山东省联合农药工业有限公司等。

阿维菌素（abamectin）

【作用机理分类】第6组。

【化学结构式】

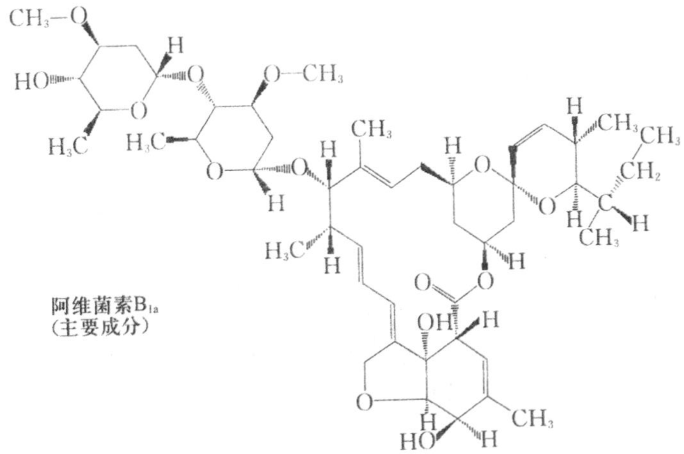

阿维菌素B_{1a}
（主要成分）

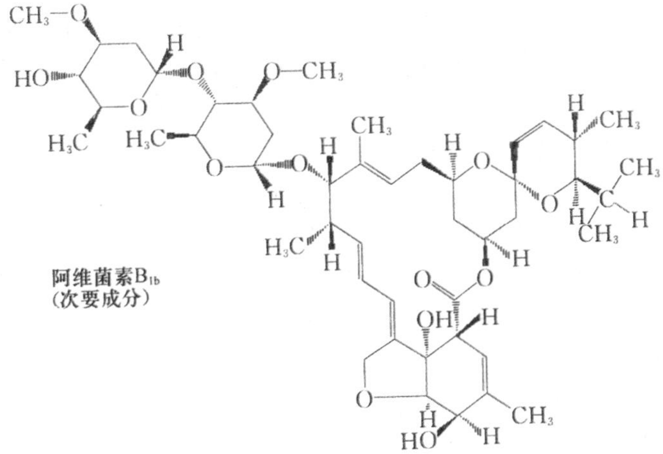

阿维菌素B_{1b}
（次要成分）

【曾用名】齐墩霉素、齐螨素、螨虫素、除虫菌素、害极灭、爱福丁、虫螨光

【理化性质】原药为白色至黄色结晶粉，无味。光解迅速，半衰期4h。易溶于乙酸乙

酯、丙酮、三氯甲烷，略溶于甲醇、乙醇，在水中几乎不溶。

【毒性】高毒。大白鼠急性经口LD_{50} 10mg / kg，急性经皮LD_{50} 380mg / kg，急性吸入LC_{50} 5.76mg / L。对眼睛有轻度刺激。人每日允许摄入量为0 ~ 0.000 1mg / kg。在土壤中，能被微生物迅速降解，无生物富集。

【防治对象】阿维菌素对害虫具有触杀和胃毒作用，并有微弱的熏蒸作用，无内吸作用，但对叶片有很强的渗透作用，可杀死表皮下的害虫，使得阿维菌素对害螨、潜叶蝇、潜叶蛾以及其他钻蛀性害虫或刺吸式害虫等常规药剂难以防治的害虫有高效，且有较好的持效期。适用于防治蔬菜、花卉、果树、农作物上的双翅目、鞘翅目、同翅目、鳞翅目害虫和螨类，对害虫持效期8 ~ 10d，对害螨可达30d左右，无杀卵作用。杀虫效果受下雨影响小。

【使用方法】

（1）水稻害虫。防治稻纵卷叶螟：每亩用有效成分0.72 ~ 0.9g（例如1.8%阿维菌素乳油40 ~ 50ml）。在稻纵卷叶螟幼虫二龄前喷雾，最好在卵孵化盛期施药。

（2）棉花害虫。防治棉红蜘蛛：每亩用有效成分0.27 ~ 0.36g（例如1.8%阿维菌素乳油15 ~ 20ml），在棉红蜘蛛始盛发期喷雾施药。

（3）果树害虫。

①防治柑橘潜叶蛾：用有效成分浓度9mg / kg（例如1.8%阿维菌素乳油2 000倍液），于潜叶蛾始盛期、柑橘新梢约3mm时喷雾施药。防治苹果桃小食心虫，用有效成分浓度9mg / L（例如1.8%阿维菌素乳油2 000倍液），在越冬代成虫羽化盛期，卵果率达1% ~ 2%时喷雾，药后10d再施第二次。

②防治苹果叶螨：用有效成分浓度12mg / kg（例如1.8%阿维菌素乳油150倍液），在苹果叶螨发生始盛期施药，施药方法为叶面喷雾。

【对天敌和有益生物的影响】阿维菌素对稻田蜘蛛、黑肩绿盲蝽等捕食性天敌有一定杀伤力，有直接的触杀作用。对鱼类有毒，对蜜蜂高毒，对鸟类低毒。

【注意事项】

（1）避免药剂接触皮肤，以免皮肤吸收发生中毒。避免药剂溅人眼中，或吸入药雾，如果药剂接触皮肤或衣服，立即用大量清水和肥皂清洗，并请医生诊治。如有误服，立即引吐并给患者服用吐根糖浆或麻黄素，但切勿给已昏迷的患者喂任何东西或催吐。

（2）对鱼高毒，应避免污染水源。对蜜蜂有毒，不要在开花期施用。

（3）配好的药液应当日使用。该药对光照较敏感，不要在强光下施药。

（4）最后1次施药距收获期20d。

【主要制剂和生产企业】5%、2%、1.8%、1%、0.9%、0.6%、0.5%、0.3%乳油；1%、0.5%可湿性粉剂；2%微乳剂；1.8%水乳剂；1.2%微囊悬浮剂。

河北威远生物化工股份有限公司、广西桂林集琦生化有限公司、浙江钱江生化股份有限公司、深圳诺普信农化股份有限公司、浙江海正药业股份有限公司等。

甲氨基阿维菌素苯甲酸盐（emamectin）

【作用机理分类】第6组。

【化学结构式】

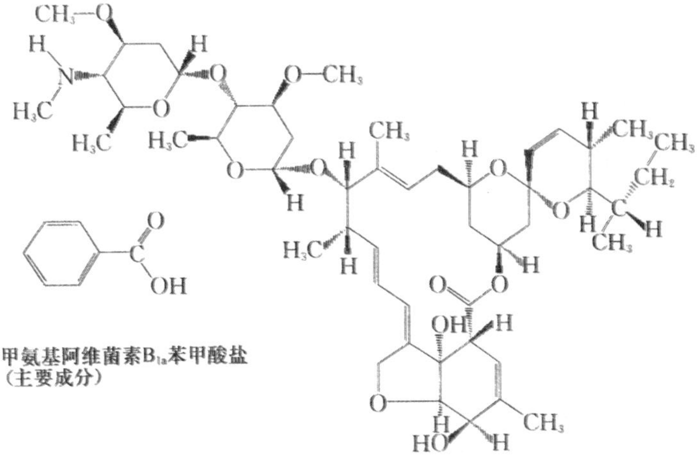

甲氨基阿维菌素B_{1a}苯甲酸盐
（主要成分）

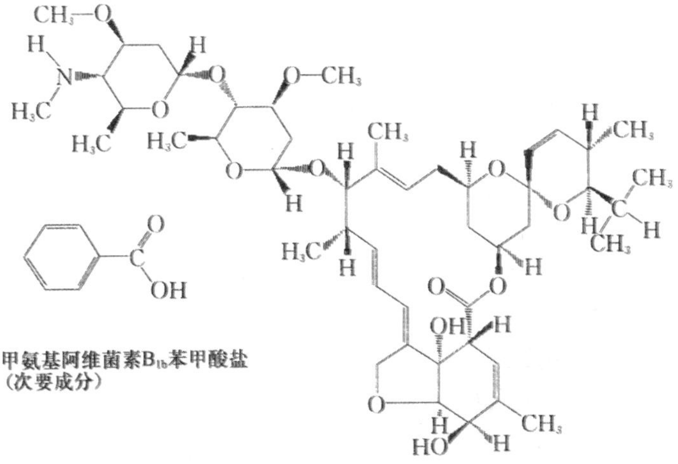

甲氨基阿维菌素B_{1b}苯甲酸盐
（次要成分）

【理化性质】原药为白色或淡黄色结晶粉末。熔点：141～146℃。溶于丙酮和甲醇，微溶于水，不溶于已烷。在通常储存的条件下稳定。

【毒性】中等毒。大白鼠急性经口LD_{50} 92.6（雌）～126（雄）mg／kg；急性经皮LD_{50} 108（雌）～126（雄）mg／kg。对家兔皮肤无刺激性，对家兔眼黏膜有中等刺激作用。

【防治对象】对多种鳞翅目、同翅目害虫及螨类具有很高活性，对一些已立生多抗性的害虫如小菜蛾、甜菜夜蛾及棉铃虫等也具有极高的防治效果。

【使用方法】

（1）水稻害虫。防治稻纵卷叶螟，用量为有效成分0.5～0.6g／亩，在稻纵卷叶螟卵孵高峰至一、二龄幼虫高峰期施药。

（2）蔬菜害虫。

①防治蔬菜小菜蛾：用量为有效成分0.15～0.25g／亩，在小菜蛾卵孵化盛期至幼虫二龄以前喷雾施药。

②防治蔬菜甜菜夜蛾：用量为有效成分0.3～0.4g／亩，对水50kg喷雾1次，在甜菜夜蛾幼虫低龄期（二龄期前）喷雾。

（3）棉花害虫。

①防治棉铃虫：用量为有效成分10～12ml／L（例如1%甲氨基阿维菌素苯甲酸盐乳油833～1 000倍液），在田间棉铃虫卵孵化盛期喷雾使用。

②防治棉盲蝽：用量为有效成分0.5g／亩，在棉盲蝽低龄若虫盛发期喷雾。

（4）玉米害虫。防治玉米螟：用量为有效成分1.08～1.44g／亩，于玉米心叶末期，玉米花叶率达到10%，按每亩拌10kg细沙成为毒土，撒入玉米心叶从最上面4～5个叶片内。

（5）果树害虫

①防治苹果红蜘蛛：用量为有效成分浓度2～3mg／kg（例如1%甲氨基阿维菌素苯甲酸盐乳油3 333～5 000倍液）在苹果红蜘蛛发生始盛期喷雾，至叶片完全润湿为止。

②防治桃小食心虫：用量为有效成分浓度6mg／kg（例如1%甲氨基阿维菌素苯甲酸盐乳油1 670倍液），于桃小食心虫卵盛期施药。

【对天敌和有益生物的影响】甲氨基阿维菌素苯甲酸盐对草间钻头蛛、八斑球蛛、拟水狼蛛等捕食性天敌有一定杀伤力。

【注意事项】该药对鱼类、水生生物敏感，对蜜蜂高毒，使用时避开蜜蜂采蜜期，不能在池塘、河流等水面用药或不能让药水流入水域；施药后48h内人畜不得入内；两次使用的最小间隔为7d，收获前6d内禁止使用；提倡轮换使用不同类别或不同作用机理的杀虫剂，以延缓抗性的发生；避免在高温下使用，以减少雾滴蒸发和飘移。

【主要制剂和生产厂家】0.5%、1%、1.5%乳油。

河北威远生物化工股份有限公司、浙江钱江生物化学股份有限公司、浙江升华拜克生物股份有限公司、浙江海正化工股份有限公司、山东京博农化有限公司、浙江世佳科技有限公司、广西桂林集琦生化有限公司等。

吡蚜酮（pymetrozine）

【作用机理分类】第9组。

【化学结构式】

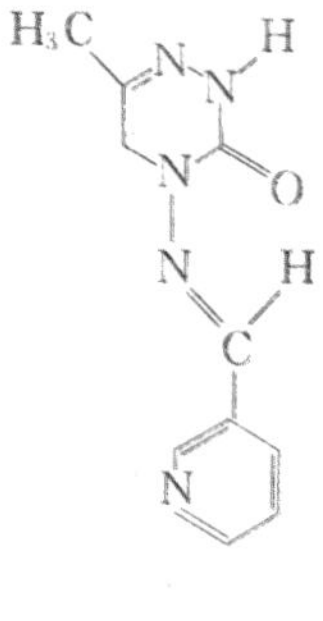

【曾用名】吡嗪酮、飞电。

【理化性质】纯品为白色结晶粉末。熔点：234℃。蒸汽压（20℃）：$<9.75\times10^{-9}$Pa。溶解度（20℃，g／L）：水0.27，乙醇2.25，正己烷<0.01。稳定性：对光、热稳定，弱酸

弱碱条件下稳定。

【毒性】低毒。大白鼠急性经口LD_{50} 5 820mg / kg，急性经皮LD_{50}>2 000mg / kg。对大多数非靶标生物，如节肢动物、鸟类和鱼类安全。在环境中可迅速降解，在土壤中的半衰期仅为2～29d，且其主要代谢产物在土壤中淋溶性很低，使用后仅停留在浅表土层中，在正常使用情况下，对地下水没有污染。

【防治对象】吡蚜酮对害虫具有触杀作用，同时还有内吸活性。在植物体内既能在木质部输导也能在韧皮部输导；因此既可用作叶面喷雾，也可用于土壤处理。由于其良好的输导特性，在茎叶喷雾后新长出的枝叶也可以得到有效保护。可用于防治大部分同翅目害虫，尤其是飞虱科、蚜科、粉虱科及叶蝉科害虫，适用于蔬菜、水稻、棉花、果树及多种大田作物。

【使用方法】

①防治水稻褐飞虱：每亩用有效成分6～8g（例如25%吡蚜酮可湿性粉剂24～32g），在褐飞虱若虫始盛期喷雾。

②防治水稻灰飞虱：每亩用有效成分8g（例如25%吡蚜酮可湿性粉剂32g），在灰飞虱初发期喷雾。

③防治棉花蚜虫：每亩用有效成分2.5～3.5g（例如25%吡蚜酮可湿性粉剂10～14g），在蚜虫始盛期喷雾。

【注意事项】

（1）防治水稻褐飞虱，施药时田间应保持3～4cm水层，施药后保水3～5d。喷雾时要均匀周到，将药液喷到目标害虫的为害部位。

（2）在水稻上安全间隔期为7d。

（3）不能与碱性农药混用。禁止在河塘等水体中清洗施药器具。

【主要制剂和生产企业】25%可湿性粉剂、25%悬浮剂。

江苏安邦电化有限公司、江苏克胜集团股份有限公司。

杀虫单（monosultap）

【作用机理分类】第14组。

【化学结构式】

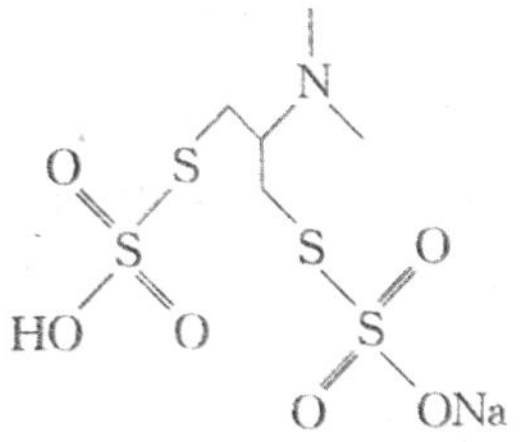

N
S
O
S
S
O
HO
O
S
O
ONa

【理化性质】纯品为白色结晶。熔点：142～143℃。原药外观为白色至微黄色粉状固体，无可见外来杂质。易吸湿，易溶于水，易溶于工业乙醇及无水乙醇；微溶于甲醇、二甲基甲酰胺等有机溶剂。在强酸、强碱条件下能水解为沙蚕毒素。

【毒性】中等毒。原药对小鼠急性经口LD_{50} 83mg / kg（雄），86mg / kg（雌）；对大鼠142mg / kg（雄），137mg / kg（雌）；大鼠急性经皮LD_{50}>10 000mg / kg。在25%浓度范围内对家兔皮肤无任何刺激反应，对家兔眼黏膜无刺激作用。

【防治对象】杀虫单是人工合成的沙蚕毒素的类似物，进入昆虫体内迅速转化为沙蚕毒素或二氢沙蚕毒素。该药为乙酰胆碱竞争抑制剂，对害虫有胃毒、触杀、熏蒸作用，并具有内吸活性。药剂被植物叶片和根部迅速吸收传导到植物各部位，对鳞翅目等咀嚼式口器昆虫具有毒杀作用，杀虫谱广。适用作物为水稻、甘蔗、蔬菜、果树、玉米等，防治对象为二化螟、三化螟、稻纵卷叶螟、菜青虫、甘蔗螟、玉米螟等。

【使用方法】

（1）水稻害虫。防治水稻二化螟、三化螟、稻纵卷叶螟：每亩用80%可溶粉剂37.5 ~ 67.5g对水喷雾；或每亩用36%可溶粉剂120 ~ 150g对水喷雾；防治枯心：可在卵孵化高峰后6 ~ 9d时用药；防治白穗：在卵孵化盛期内水稻破口时用药。防治稻纵卷叶螟可在螟卵孵化高峰期用药。

（2）甘蔗害虫。防治甘蔗条螟、二点螟：可在甘蔗苗期、螟卵孵化盛期施药。每亩用3.6%颗粒剂4 ~ 5kg（有效成分l44 ~ 180g）于根区施药。

【注意事项】

（1）使用颗粒剂时要求土壤湿润。

（2）该药属沙蚕毒素衍生物，对家蚕有剧毒，使用时要特别小心，防止药液污染蚕、桑叶。

（3）杀虫单对棉花有药害，不能在棉花上使用。

（4）该药剂不能与波尔多液、石硫合剂等碱性物质混用。

（5）该药剂易溶于水，储存时应注意防潮。

（6）本品在作物上持效期为7 ~ 10d，安全隔离期为30d。

（7）发生意外或误服，应以苏打水洗胃，或用阿托品解毒，并及时送医院诊治。

【主要制剂和生产企业】50%泡腾粒剂；95%、92%、90%、80%、50%、36%可溶粉剂；3.6%颗粒剂。

四川华丰药业有限公司、湖北仙隆化工股份有限公司、浙江博仕达作物科技有限公司、江苏丰登农药有限公司、北京中农科美化工有限公司、江苏省溧阳市新球农药化工有限公司、湖南海利常德农药化工有限公司、浙江省宁波舜宏化工有限公司、湖南大方农化有限公司等。

杀虫双（bisultap）

【作用机理分类】第14组。

【化学结构式】

$$(H_3C)_2N-CH(CH_2SSO_3Na)_2$$

【理化性质】纯品为白色结晶，工业品为茶褐色或棕红色水溶液，有特殊臭味，易吸潮。密度：1.30～1.35。蒸汽压：0.013 3Pa。熔点：169～171℃[分解（纯品）]。易溶于水，可溶于95%热乙醇和无水乙醇，以及甲醇、二甲基甲酰胺、二甲基亚砜等有机溶剂，微溶于丙酮，不溶于乙醇乙酯及乙醚。在中性及偏碱条件下稳定，在酸性条件下会分解，在常温下也稳定。

【毒性】中等毒。纯品雄性大鼠急性经口LD_{50} 451mg／kg，雌性小鼠急性经口LD_{50} 234mg／kg，雌小鼠经皮LD_{50} 2 062mg／kg。对大鼠皮肤和眼黏膜无刺激作用。在试验条件下，未见致突变、致癌、致畸作用。

【防治对象】杀虫双对害虫具有较强的触杀和胃毒作用，并兼有内吸传导和一定的杀卵、熏蒸作用。是一种神经毒剂，能使昆虫的神经对于外来的刺激不产生反应。因而昆虫中毒后不发生兴奋现象，只表现瘫痪麻痹。据观察，昆虫接触和取食药剂后，最初并无任何反应，但表现迟钝、行动缓慢、失去侵害作物的能力、停止发育、虫体软化、瘫痪，直至死亡。杀虫双有很强的内吸作用，能被作物的叶、根等吸收和传导。通过根部吸收的能力，比叶片吸收要大得多。可有效防治稻纵卷叶螟、二化螟、三化螟、柑橘潜叶蛾、小菜蛾、菜青虫等害虫。

【使用方法】

（1）水稻害虫。

①防治稻蓟马：每亩用25%杀虫双水剂0.1～0.2kg，用药后1d的防效可达90%，用药量的多少主要影响残效期，用药量多，残效期则长。秧田期防治稻蓟马，每亩用25%水剂0.15kg，加水50kg喷雾，用药1次就可控制其为害。大田期防治稻蓟马每亩用25%水剂0.2kg，加水50～60kg喷雾，用药1次也可基本控制为害。

②防治稻纵卷叶螟、稻苞虫：每亩用25%水剂0.2kg（有效成分50g），对水50～60kg喷雾，防治这两种害虫的效果都可达95%以上，一般用药1次即可控制为害。杀虫双对稻纵卷叶螟的三、四龄幼虫有很强的杀伤作用，若把用药期推迟到三龄高峰期，在田间出现零星白叶时用药，对四龄幼虫的杀灭率在90%以上，同时可以更好地保护寄生性天敌。另外，杀虫双防治稻纵卷叶螟还可采用泼浇、毒土或喷粗雾等方法，都有很好的效果，可根据当地习惯选用。连续使用杀虫双时，稻纵卷叶螟会产生抗性，应加以注意。

③防治二化螟、三化螟、大螟：每亩用25%杀虫双水剂0.2kg（有效成分50g），防效一般达90%以上，药效期可维持10d以上，第12天后仍有60%的效果。对四、五龄幼虫，如每亩用2 5%水剂0.3kg（有效成分75g），防效可达80%。防治枯心，在螟卵孵化高峰后6～9d用药；防治白穗，在卵盛孵期内水稻破口时用药。

施药方法采用喷雾、毒土、泼浇和喷粗雾都可以，5%、3%颗粒剂每亩用1～1.5kg直接撒施，防治二化螟、三化螟、大螟和稻纵卷叶螟的药效，与2 5%水剂0.2kg的药效无明显差异。使用颗粒剂的优点是功效高且方便，风雨天气也可以施药，还可减少药剂对桑叶的污染和对家蚕的毒害。颗粒剂的残效期可达30～40d。

（2）柑橘害虫。

①防治柑橘潜叶蛾：25%杀虫双水剂对潜叶蛾有较好的防治效果，但柑橘对杀虫双比较敏感。一般以加水稀释600～800倍液（416～312μg／ml）喷雾为宜。隔7d左右喷施第二

次，可收到良好的保梢效果。柑橘放夏梢时，仅施药1次即比常用有机磷效果好。

②防治柑橘达摩凤蝶：用25%杀虫双水剂500倍（500μg／ml）稀释液喷雾，防效达100%，但不能兼治害螨，对天敌钝绥螨安全。

（3）蔬菜害虫。防治小菜蛾和菜青虫，在幼虫三龄前喷施，用25%杀虫双水剂200ml（有效成分50g），对水75kg稀释，防效均可达90%以上。

（4）甘蔗害虫。在甘蔗苗期条螟卵盛孵期施药：每亩用25%水剂250ml（有效成分625g），用水稀释300kg淋蔗苗，或稀释50kg喷洒，间隔1周再施1次，对甘蔗条螟和大螟枯心苗有80%以上的防治效果。

【注意事项】

（1）杀虫双在水稻上的安全使用标准是，每亩用25%杀虫双水剂0.25kg喷雾时，每季水稻使用次数不得超过3次，最后1次施药应离收获期15d以上。

（2）杀虫双对蚕有很强的触杀、胃毒作用，药效期可达2个月，也具有一定熏蒸毒力。因此，在蚕区最好使用杀虫双颗粒剂。使用颗粒剂的水田水深以4～6cm为宜，施药后要保持田水10d左右。漏水田和无水田不宜使用颗粒剂，也不宜使用毒土和泼浇法施药。

（3）白菜、甘蓝等十字花科蔬菜幼苗在夏季高温下对杀虫双敏感，易产生药害，不宜使用。

（4）用杀虫双水剂喷雾时，可加入0.1%的洗衣粉，这样能增加药液的湿展性能，提高药效。

（5）25%杀虫双水剂能通过食道等引起中毒，中毒症状有头痛、头晕、乏力、恶心、呕吐、腹痛、流涎、多汗、瞳孔缩小、肌束震颤，重者出现肺水肿，与有机磷农药中毒症状相似，但胆碱酯酶活性不降低，应注意区分，遇有这类症状应立即去医院治疗。治疗以对症治疗为主，蕈毒碱样症状明显者可用阿托品类药物对抗，但需注意防止过量。忌用胆碱酯酶复能剂。据报道，口服中药当归、甘草对动物中毒有治疗效果。如误服毒物应立即催吐，并以1%～2%苏打水洗胃，并立即送医院治疗。

【主要制剂和生产企业】45%可溶性粉剂；25%、18%水剂；5%、3.6%颗粒剂；3.6%大粒剂。

江西省宜春信友化工有限公司、安徽华星化工股份有限公司、江苏安邦电化有限公司、湖南省永州广丰农化有限公司、四川省川东农药化工有限公司、四川省隆昌农药有限公司、广西田园生化股份有限公司、江西华兴化工有限公司、湖南大方农化有限公司等。

杀螟丹（cartap）

【作用机理分类】第14组。

【化学结构式】

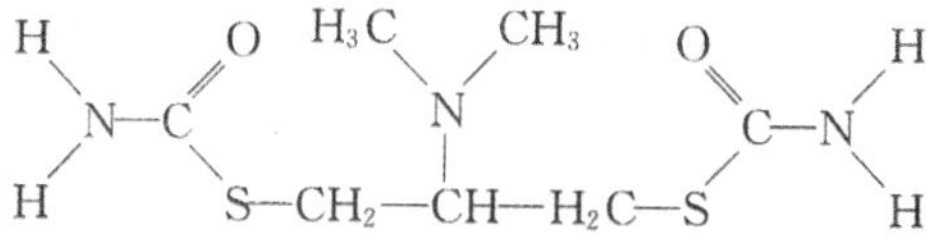

$$H_2N-C(=O)-S-CH_2-CH(N(CH_3)_2)-CH_2-S-C(=O)-NH_2$$

【曾用名】巴丹、派丹。

【理化性质】纯品是白色无臭晶体，原药为白色结晶粉末，有轻微特殊臭味。熔点：183～183.5℃（分解）。溶于水，微溶于甲醇和乙醇，不溶于丙酮、乙醚、乙酸乙酯、氯仿、苯和正己烷。工业品稍有吸湿性。在中性及偏碱条件下分解，在酸性介质中稳定。对铁等金属有腐蚀性。

【毒性】中等毒。原药大鼠急性经口LD_{50} 325～345mg/kg，小鼠急性经皮LD_{50}>1 000mg/kg。在正常试验条件下无皮肤和眼睛过敏反应，未见致突变、致畸和致癌现象。

【防治对象】杀螟丹胃毒作用强，同时具有触杀和一定的拒食、杀卵等作用，对害虫击倒较快，但常有复苏现象，使用时应注意，有较长的残效期。杀虫谱广，能用于防治水稻、茶树、柑橘、甘蔗、蔬菜、玉米、马铃薯等作物上的鳞翅目、鞘翅目、半翅目、双翅目等多种害虫和线虫，如蝗虫、潜叶蛾、茶小绿叶蝉、稻飞虱、叶蝉、稻瘿蚊、小菜蛾、菜青虫、跳甲、玉米螟、二化螟、三化螟、稻纵卷叶螟、马铃薯块茎蛾等多种害虫和线虫。对捕食性螨类影响小。

【使用方法】

（1）水稻害虫。

①防治二化螟、三化螟：在卵孵化高峰前1～2d施药，每亩用50%可溶性粉剂75～100g；或98%可溶性粉剂每亩用35～50g，对水喷雾。常规喷雾每亩喷药液40～50L；低容量喷雾每亩喷药液7～10L。

②防治稻纵卷叶螟：防治重点在水稻穗期，在幼虫一、二龄高峰期施药，一投年份用药1次，大发生年份用药1～2次，并适当提前第一次施药时间。每亩用50%可溶性粉剂100～150g，对水50～60L喷雾，或对水600L泼浇。

③防治稻苞虫：在三龄幼虫前防治，用药量及施药方法同稻纵卷叶螟。

④防治稻飞虱、稻叶蝉：在二、三龄若虫高峰期施药，每亩用50%可溶性盼剂50～100g（有效成分25～50g），对水50～60L喷雾，或对水600L发浇。

⑤防治稻瘿蚊：应抓住苗期害虫的防治，防止秧苗带虫到本田，掌握成虫高峰期到幼虫盛孵期施药。用药量及施药方法同稻飞虱。

（2）蔬菜害虫。

①防治小菜蛾、菜青虫：在二、三龄幼虫期施药，每亩用50%可溶性粉剂25～50g（有效成分12.5～25g），对水50～60L喷雾。

②防治黄条跳甲：重点是作物苗期，幼虫出土后，加强调查，发现为害立即防治。用药量及施药方法同小菜蛾。

③防治二十八星瓢虫：在幼虫盛孵期和分散为害前及时防治，在害虫集中地点防治，用药量及施药方法同小菜蛾。

（3）茶树害虫。

①防治茶尺蠖：在害虫第一、二代的一、二龄幼虫期进行防台。用98%可溶性粉剂1 960～3 920倍液或每100L水加98%可溶性粉剂25.5～51g；或用50%可溶性粉剂1 000～2 000倍液（有效浓度250～500mg/kg）均匀喷雾。

②防治茶细蛾：在幼虫未卷苞前，将药液喷在上部嫩叶和成叶上，用药量同茶尺蠖。

③防治茶小绿叶蝉：在田间第一次高峰出现前进行防治，用药量同茶尺蠖。

（4）甘蔗害虫。防治甘蔗螟虫，在卵盛孵期，每亩用50%可溶性粉剂137～196g或98%可溶性粉剂70～100g，对水50L喷雾，或对水300L淋浇蔗苗。间隔7d后再施药1次。此用药量对条螟、大螟均有良好的防治效果。

（5）果树害虫。

①防治柑橘潜叶蛾：在柑橘新梢期施药，用50%可溶性粉剂1 000倍液或每100L水加50%可溶性粉剂100g（有效浓度500mg／kg）喷雾。每隔4～5d施药1次，连续3～4次，有良好的防治效果。

②防治桃小食心虫：在成虫产卵盛期，卵果率达1%时开始防治。用50%可溶性粉剂：1 000倍液或每100L水加50%可溶性粉剂100g（有效浓度500mg／L）喷雾。

（6）旱粮作物害虫。

①防治玉米螟：防治适期应掌握在玉米生长的喇叭口期和雄穗即将抽发前，每亩用98%可溶性粉剂51g或50%可溶性粉剂100g（有效成分50g），对水50L喷雾。

②防治蝼蛄：用5 0%可溶性粉剂拌麦麸（1：50）制成毒饵施用。

③防治马铃薯块茎蛾：在卵孵盛期施药，每亩用50%可溶性粉剂100～150g（有效成分50～75g），或98%可溶性粉剂50g（有效成分49g），对水50L，均匀喷雾。

【对天敌和有益生物的影响】杀螟丹对稻田捕食性天敌泽蛙的蝌蚪有一定杀伤力。对鸟低毒，对蜜蜂和家蚕有毒。

【注意事项】

（1）对蚕毒性大，在桑园附近不要喷洒。一旦黏附了药液的桑叶不可让蚕吞食。

（2）皮肤黏附药液，会有痒感，喷药时请尽量避免皮肤黏附药液，并于喷药后仔细洗净接触药液部位。

（3）施药时须戴安全防具，如不慎吞服应立即反复洗胃，从速就医。

【主要制剂和生产企业】98%、50%可溶性粉剂；6%水剂；4%颗粒剂。

安徽华星化工股份有限公司、浙江省宁波市镇海恒达农化有限公司、江苏天容集团股份有限公司、江苏中意化学有限公司、湖南昊华化工有限责任公司、湖南岳阳安达化工有限公司、湖南国发精细化工科技有限公司、江苏安邦电化有限公司、江苏常隆化工有限公司等。

杀虫环（thiocyclam）

【作用机理分类】第14组。

【化学结构式】

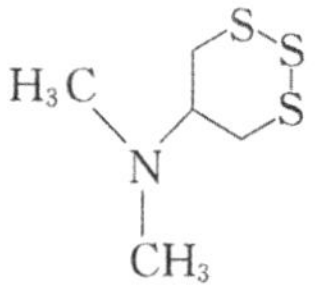

S S S
H_3C N
CH_3

【理化性质】杀虫环草酸盐为无色结晶。熔点：125～128℃（分解）。蒸汽压：0.532×10^{-3}Pa（20℃）。水中溶解度为84g／L（23℃），在丙酮（500mg／L）、乙醚、乙醇（1.9g / L）、二甲苯中的溶解度小于10g / L，甲醇中17g / L，不溶于煤油。能溶于苯、甲苯和松节油等溶剂。在常温避光条件下保存稳定。

【毒性】中等毒。原药雄大鼠急性经口LD_{50} 310mg / kg，急性经皮LD_{50} 1 000mg / kg。对兔皮肤和眼睛有轻度刺激作用。在动物体内代谢和排除较快，无明显蓄积作用。在试验条件下未见致突变、致畸和致癌作用。

【防治对象】杀虫环为选择性杀虫剂，具有胃毒、触杀、内吸作用，能向顶传导，且能杀卵。对害虫的毒效较迟缓，中毒轻者能复活。适用于水稻、玉米、蔬菜等作物。可由2，2-甲氨基-双硫代硫酸钠丙烷与硫化钠制得杀虫环，但可溶性粉剂的有效成分系杀虫环草酸盐，故需将杀虫环再加草酸制成草酸盐。杀虫环对鳞翅目、鞘翅目、同翅目害虫效果好，可用于防治水稻、玉米、甜菜、果树、蔬菜上的三化螟、稻纵卷叶螟、二化螟、稻蓟马、叶蝉、稻瘿蚊、飞虱、桃蚜、苹果蚜、苹果红蜘蛛、梨星毛虫、柑橘潜叶蛾及蔬菜害虫等。也可防治寄生线虫，如水稻干尖线虫，对一些作物的锈病和白穗病也有一定防效。在植物体中消失较快，残效期较短，收获时作物中的残留量很少。

【使用方法】

（1）水稻害虫。

①防治二化螟、三化螟：每亩用50%可溶性粉剂70～80g（有效成分35～40g），采用对水泼浇、喷粗雾、撒毒土防治均可，于二化螟和三化螟一代卵孵化盛期后7d施药。大发生或发生期长的年份可施药2次，第一次在卵孵化盛期后5d，第二次在第一次施药后10～15d，可控制为害。防治二代二化螟和二、三代三化螟，可于卵孵化盛期后3～5d施药，大发生时隔10d后再施1次。施药时要先灌水，保持3cm左右水层。

②防治稻纵卷叶螟和稻苞虫：每亩用50%可溶性粉剂70～80g（有效成分35～40g）对水泼浇；喷粗雾或撒毒土，掌握在幼虫三龄期，田间出现零星白叶时施药。用毒土或泼浇法时，田间也应保持3cm左右的水层。当使用机动喷雾器喷药时，每亩用50%可溶性粉剂50～60g（有效成分25～30g），对水7.5L喷雾。

③防治大螟：防治一、二代大螟每亩用50%可溶性粉剂90g（有效成分45g），在卵孵化盛期后2～3d泼浇或喷粗雾。大发生年份，卵孵化盛期施1次药，隔10d后再施1次。防治三代大螟，可在卵孵化盛期，水稻破口时施药。

④防治秧田期水稻蓟马：每亩用50%可溶性粉剂50g（有效成分25g），对水50L喷雾。一般使用1次。后季稻长秧龄秧苗可在第一次施药后10d再喷1次。在秧苗带药移栽的基础上，大田可根据虫情再防治1次，则可基本上控制蓟马的为害。

⑤防治稻叶蝉、稻瘿蚊、稻飞虱：每亩用可溶性粉剂50～60g（有效成分25～30g），对水60～75L喷雾。

（2）果树害虫。

①防治桃蚜、苹果蚜、苹果红蜘蛛、梨星毛虫：每亩用50%可溶性粉剂2 000倍液（有效浓度250μg / ml）喷雾。

②防治柑橘潜叶蛾：在新梢萌发后用50%可溶性粉剂1 500～2 000倍液（有效成分浓度250～333μg / ml）喷雾。

（3）蔬菜害虫。防治菜蚜、菜青虫、小菜蛾、甘蓝夜蛾、红蜘蛛等，每亩用50%可溶性粉剂40～50g（有效成分20～25g）对水50L喷雾。

（4）旱粮作物害虫。防治玉米螟，用50%可溶性粉剂15g，加细砂4kg，混合均匀，每株撒lg左右。

【对天敌和有益生物的影响】杀虫环对稻田捕食性天敌泽蛙的蝌蚪有一定杀伤力。对蚕的毒性大。

【注意事项】

（1）对蚕毒性大，残效期长，且有一定的熏杀能力，在养蚕地区应注意旃药方法，慎重使用。

（2）豆类、棉花对杀虫环敏感，不宜使用。

（3）杀虫环毒效较迟缓，可与速效农药混合使用，以提高击倒力。

（4）杀虫环早期中毒症状表现为恶心、四肢发抖、全身发抖、流涎、痉挛、呼吸困难和瞳孔放大。在使用过程中，如有药液溅到身上，应脱去衣服，并用肥皂和水清洗皮肤。若吸入引起中毒，应将患者移离施药现场，到空气新鲜的地方，并注意保暖。若误服中毒，应使患者呕吐（但当患者神志不清时，绝不能催吐），可让患者饮1杯食盐水（1杯水中约放1匙盐），或用手指触咽喉使其呕吐。解毒药物为L－半胱氨酸，静脉注射剂量为12.5～25mg／kg。

【主要制剂和生产企业】50%可溶性粉剂。

江苏省苏州联合伟业科技有限公司、江苏天容集团股份有限公司。

噻嗪酮（buprofezin）

【作用机理分类】第16组。

【化学结构式】

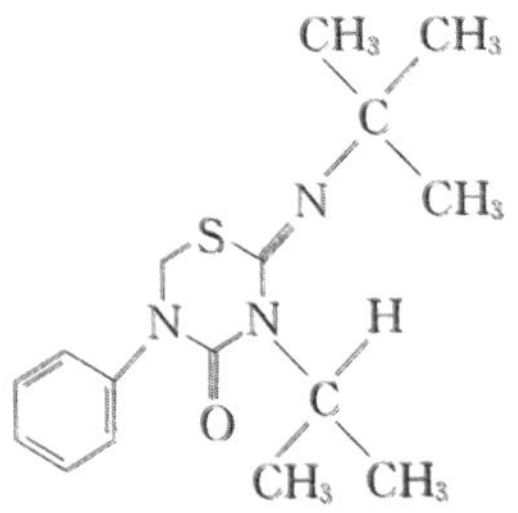

【曾用名】扑虱灵、优乐得、稻虱净。

【理化性质】纯品为白色结晶，工业品为白色至浅黄色晶状粉末。熔点：104.5～105.5℃。蒸汽压：1.25mPa（25℃）。相对密度：1.18。溶解度：水中为9mg／L（20℃），氯仿中520g／L，苯中370g／L，甲苯中320g／L，丙酮中240g／L，乙醇中80g／L，己烷中20g／L（均为25℃）。对酸、碱、光、热稳定。

【毒性】低毒。原药雄大鼠急性经口LD_{50} 2 198mg／kg。对眼睛无刺激作用，对皮肤有轻微刺激。试验剂量内无致癌、致畸、致突变作用，两代繁殖试验未见异常。对鱼类、鸟类毒性低。

【防治对象】噻嗪酮触杀作用强，有胃毒作用，在水稻植株上有一定的内吸输导作用。一般施药后3～7d才显示效果。对成虫无直接杀伤力，但可缩短其寿命，减少产卵量，并阻碍卵孵化和缩短其寿命。该药剂选择性强，对半翅目的飞虱、叶蝉、粉虱及介壳虫等害虫有良好防效，对某些鞘翅目害虫和害螨也具有持久的杀幼虫活性。可有效防治水稻上的飞虱和叶蝉，茶、棉花上的叶蝉，柑橘、蔬菜上的粉虱，柑橘上的钝蚧和粉蚧。残效期长达30d左右。

【使用方法】

（1）防治水稻褐飞虱、白背飞虱。在低龄若虫始盛期，每亩用有效成分7.5～12.5g（例如25%噻嗪酮可湿性粉剂30～50g），对水40～50kg喷雾。重点喷植株中下部。

（2）防治柑橘矢尖蚧。于若虫盛孵期，用25%可湿性粉剂1 000～2 000倍液均匀喷雾，如需喷2次，中间间隔期为15d。

【注意事项】

（1）本品不宜在茶树上使用；药液不宜直接接触白菜、萝卜，否则将出现褐斑及绿叶白化等药害，药液在鱼塘边慎用。

（2）该药剂作用速度缓慢，用药3～5d后若虫才大量死亡，所以必须在低龄若虫为主时施药；如田间成虫较多，可与叶蝉散等混用。如需兼治其他害虫，也可与其他药剂混配使用。

【主要制剂和生产企业】65%、25%、20%可湿性粉剂，25%悬浮剂，8%展膜油剂。

江苏安邦电化有限公司、深圳诺普信农化股份有限公司、江苏龙灯化学有限公司、湖北沙隆达蕲春有限公司、江苏快达农化股份有限公司、江苏东宝农药化工有限公司、江苏省镇江农药厂有限公司、日本农药株式会社等。

虫酰肼（tebufenozide）

【作用机理分类】第18组。

【化学结构式】

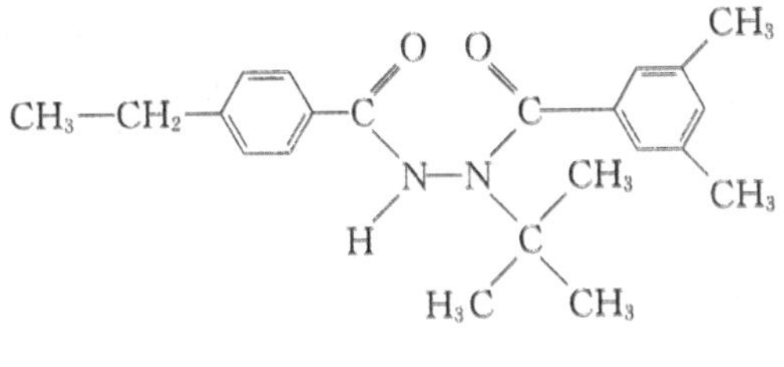

【曾用名】米满。

【理化性质】纯品为白色粉末。熔点：180～182℃、191℃。蒸汽压：4×10^{-6}Pa（25℃）。在水中溶解度（25℃）<1mg／L。微溶于有机溶剂。90℃下储存7d稳定，25℃，pH值为7水溶液中光照稳定。

【毒性】低毒。大白鼠急性经口LD_{50}>5 000mg／kg，急性经皮LD_{50}>5 000mg／kg。对鱼中等毒性。对捕食螨类、瓢虫等天敌安全。对蜜蜂安全，接触LC_{50}（96h）>234μg／蜂。对鸟类安全，对鱼和水生脊椎动物有毒，对蚕高毒。人的每日最大允许摄入量（ADI）为

0.019mg／kg。

【防治对象】虫酰肼作用机理独特，是促进鳞翅目幼虫蜕皮的新型仿生杀虫剂。它能够模拟20-羟基蜕皮酮类似物的作用，被幼虫取食后干扰或破坏其体内原有激素平衡，使幼虫的旧表皮内不断形成新的畸形新生皮，从而导致生长发育阻断或异常。表现症状为幼虫取食喷有米满的作物叶片6～8h后即停止取食，不再为害作物，并提前进行蜕皮反应，开始蜕皮，由于不能正常蜕皮而导致幼虫脱水，饥饿而死亡。同时使下一代成虫产卵和卵孵化率降低。无药害，对作物安全，无残留药斑。对低龄和高龄幼虫均有效，残效期长，选择性强，只对鳞翅目害虫有效，对哺乳动物、鸟类、天敌昆虫安全，对环境安全。耐雨水冲刷，脂溶性，适用于甘蓝、苹果、松树等植物，用于防治苹果卷叶蛾、松毛虫、甜菜夜蛾、天幕毛虫、舞毒蛾、玉米螟、菜青虫、甘蓝夜蛾和黏虫等。

【使用方法】防治水稻二化螟：亩用有效成分20～25g（例如20%虫酰肼悬浮剂100～125ml），在二化螟卵孵高峰期喷施。

【注意事项】

（1）防治水稻二化螟，施药时田间应保持3～4cm水层，施药后保水3～5d。

（2）对家蚕毒性大，养蚕季节禁止在桑园附近使用。

（3）该药剂杀卵效果较差，应注意掌握在卵发育末期或幼虫发生初期喷施。

【主要制剂和生产企业】30%、24%悬浮剂。

深圳诺普信农化股份有限公司、江苏连云港立本农药化工有限公司、广西桂林集琦生化有限公司、山东省青岛海利尔药业有限公司、美国陶氏益农公司等。

甲氧虫酰肼（methoxyfenozide）

【作用机理分类】第18组。

【化学结构式】

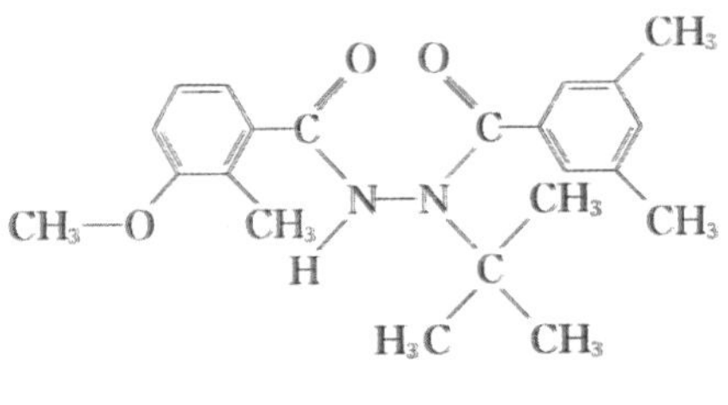

【曾用名】美满。

【理化性质】纯品为白色粉末。熔点：202～205℃。20℃时水溶解度<1mg／L；其他溶剂中的溶解度：二甲基亚砜11g／L，环己酮9.9g／L，丙酮9g／L。在2 5℃下储存稳定，在25℃，pH值=5、7、9下水解。

【毒性】微毒。原药大鼠急性经口、经皮LD_{50}均大于5 000mg／kg；大鼠急性吸入LC_{50}>4.3mg／L；大鼠90d亚慢性喂饲最大无作用剂量为1 000mg／kg；致突变试验：污染物致突变性检测试验、小鼠微核试验、染色体畸变试验均为阴性；无致畸、致癌性。24%悬浮剂鼠急性经口LD_{50}>5 000mg／kg，经皮LD_{50}>2 000mg／kg；大鼠急性吸入LC_{50}>0.9mg／L；对皮肤、眼睛无刺激性，无致敏性。原药对鱼类属中等毒，对鸟类、蜜蜂低毒。对蓝鳃鱼LC_{50}（96h）>4.3mg／L，鳟鱼LC_{50}>4.2mg／L；北美鹌鹑LD_{50}>2 250mg／kg；对蜜蜂LD_{50}>100μg／蜂。

【防治对象】甲氧虫酰肼能够模拟鳞翅目幼虫蜕皮激素功能，促进其提前蜕皮、成熟，发育不完全，几天后死亡。中毒幼虫几小时后即停止取食，处于昏迷状态，体节间出现浅色区或条带。该药剂对鳞翅目以外的昆虫几乎无效，因此是综合防治中较为理想的选择性杀虫剂。对烟芽夜蛾、棉花害虫、小菜蛾等害虫的活性更高，适用于果树、蔬菜、玉米、葡萄等作物。

【使用方法】

（1）水稻害虫。防治水稻二化螟，在以双季稻为主的地区，一代二化螟多发生在早稻秧田及移栽早、开始分蘖的本田禾苗上，是防治对象田。防止造成枯梢和枯心苗，一般在卵孵化高峰前2～3d施药。防治虫伤株、枯孕穗和白穗，一般在卵孵化始盛期至高峰期施药。每亩用24%悬浮剂20.8～27.8g，对水50～100g喷雾，一般稀释2 000～4 000倍。

（2）蔬菜害虫。防治甜菜夜蛾、斜纹夜蛾，在卵孵盛期和低龄幼虫期施药，每亩用24%悬浮剂10～20g，对水40～50kg，一般稀释3 000～5 000倍。

（3）棉花害虫。防治棉铃虫，当田间叶片被害率达4%，或每25株有2头幼虫时开始施药，用量为每亩16～24g，根据虫情，隔10～14d后再喷1次。

【注意事项】

（1）摇匀后使用，先用少量水稀释，待溶解后边搅拌边加入适量水。喷雾务必均匀周到。

（2）对蚕高毒，在养蚕地区禁用。对鱼和水生脊椎动物有毒，不要直接喷洒在水面，废液不要污染水源。

（3）每年最多使用甲氧虫酰肼不超过4次，安全间隔期14d。

（4）不适宜采用灌根等任何浇灌方法。

（5）若误服，让患者喝1～2杯水，勿催吐。

【主要制剂和生产企业】24%悬浮剂。

美国陶氏益农公司。

抑食肼（RH—5849）

【作用机理分类】第18组。

【化学结构式】

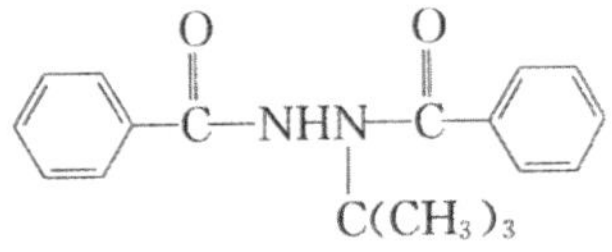

O　　　O
C—NHN—C
C$(CH_3)_3$

【理化性质】纯品为白色或无色晶体，无味，熔点：174～176℃，蒸汽压：0.24mPa（25℃）。溶解度：水约50mg／L，环乙酮约50g／L，异亚丙基丙酮约150g／L，原药有效成分含量≥85%，外观为淡黄色或无色粉末。

【毒性】中等毒。大鼠急性经口LD_{50} 435mg／kg，小鼠急性经口LD_{50} 501mg／kg

（雄）、LD_{50} 681mg／kg（雌），大鼠急性经皮LD_{50}>5 000mg／kg。对家兔眼睛有轻微刺激作用，对皮肤无刺激作用。大鼠蓄积系数>5，为轻度蓄积性。致突变试验：污染物致突变性检测、小鼠微核试验、染色体畸变试验均为阴性。在土壤中的半衰期为2 d。

【防治对象】抑食肼对鳞翅目、鞘翅目、双翅目幼虫具有抑制进食、加速蜕皮和减少产卵的作用。对害虫以胃毒作用为主，施药后2～3d见效，持效期长，无残留，适用于蔬菜上多种害虫和菜青虫、斜纹夜蛾、小菜蛾等的防治，对稻纵卷叶螟、黏虫也有很好的防效。

【使用方法】

（1）水稻害虫。防治稻纵卷叶螟：在幼虫一、二龄高峰期施药，每亩用20%可湿性粉剂50～100g，对水50～75kg，均匀喷雾。

（2）蔬菜害虫。

①防治菜青虫：在低龄幼虫期施药，用20%可湿性粉剂1 500～2 000倍液均匀喷雾，对菜青虫有较好防效，对作物无药害。

②防治小菜蛾和斜纹夜蛾：在幼虫孵化高峰期至低龄幼虫盛发高峰期施药，用20%可湿性粉剂600～1 000倍液均匀喷雾。在幼虫盛发高峰期用药防治7～10d后，仍需再喷药1次，以维持药效。

【注意事项】

（1）速效性差，施药后2～3d见效。为保证防效，应在害虫初发生期使用，以收到更好的防效，且最好不要在雨天施药。

（2）持效期长，在蔬菜收获前7～10d内停止施药。

（3）不可与碱性农药混用。

（4）应在干燥、阴凉处储存，严防受潮、暴晒。

（5）制剂虽属低毒农药，但用时应避免直接接触药剂。操作过程中需严格遵守农药安全使用规定。如被农药污染，用肥皂和水清洗干净；如误食，应立即找医生诊治。

【主要制剂和生产企业】20%可湿性粉剂；20%悬浮剂。浙江省台州市大鹏药业有限公司、浙江禾益农化有限公司。

氰氟虫腙（metaflumizone）

【作用机理分类】第22组B。

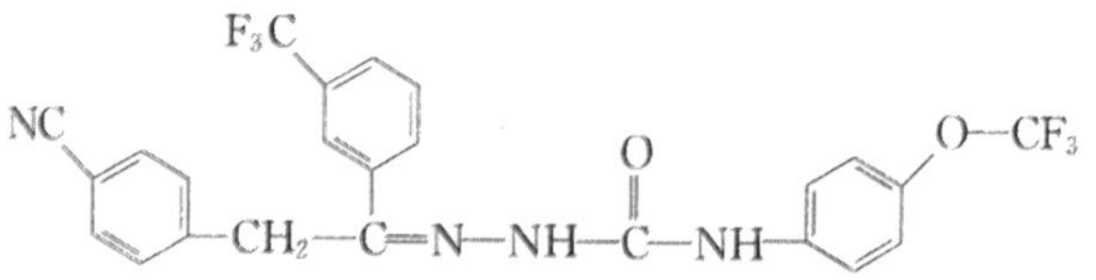

【曾用名】艾法迪。

【理化性质】原药呈白色晶体粉末状，含量为96.13%。熔点：190℃（高）。蒸汽压：1.33×10^{-9}Pa（25℃，不挥发）。水中溶解度<0.5ml／L（低）。油水分配系数：4.7～5.4（亲脂的）。水解DT_{50}为10d（pH值=7）。在水中光解迅速，DT_{50}为2～3d，在土壤中光解DT_{50}为19～21d。在有空气时光解迅速，DT_{50}<1d。在有光照时水中沉淀物的DT_{50}

为3～7d。

【毒性】微毒。原药大鼠急性经口LD_{50}>5 000mg／kg、急性经皮LD_{50}>5 000mg／kg、急性吸入LC_{50}>5.2mg／L，对兔眼睛、皮肤无刺激性，对猪皮肤无致敏性；对哺乳动物无神经毒性、污染物致突变性检测试验呈阴性；鹌鹑经口LD_{50}>2 000mg／kg、蜜蜂经口LD_{50}>106mg／只（48h）、鲑鱼LC_{50}>343ng／g（96h），氰氟虫腙对鸟类的急性毒性低，对蜜蜂低危险，由于在水中能迅速地水解和光解，对水生生物无实际危害。

【防治对象】氰氟虫腙对咀嚼式口器的鳞翅目和鞘翅目害虫具有明显的防治效果，如常见的种类有稻纵卷叶螟、甜菜夜蛾、棉铃虫、棉红铃虫、菜粉蝶、甘蓝夜蛾、小菜蛾、菜心野螟、小地老虎、水稻二化螟等，对卷叶蛾类的防效中等；氰氟虫腙对鞘翅目叶甲类害虫如马铃薯叶甲防治效果较好，对跳甲类害虫的防效中等；氰氟虫腙对缨尾目昆虫、螨类及线虫无任何活性。该药用于防治、白蚁、红火蚁、蝇及蟑螂等非作物害虫方面很有潜力。

【使用方法】

（1）防治稻纵卷叶螟。在低龄幼虫始盛期，亩用24%悬浮剂双联包（艾法迪15ml+专用助剂5ml，下同）2包，每双联包对水15L进行细喷雾，重点保护水稻上三叶，持效期至少可达15d以上，并可兼治二化螟。

（2）防治斜纹夜蛾、甜菜夜蛾。在低龄幼虫始盛期，每亩用24%悬浮剂双联包2～3包，每双联包对水15L，可兼治小菜蛾、菜青虫等。

（3）防治黄条跳甲、猿叶甲。在成虫始盛期，每亩用24%悬浮剂双联包3～4包，每双联包对水15L。

【注意事项】

（1）氰氟虫腙对各龄期幼虫都同样有效，但为了防止因幼虫摄食而造成的作物损失，防治稻纵卷叶螟等鳞翅目害虫，建议在一龄幼虫盛期施药。

（2）由于稻纵卷叶螟、斜纹夜蛾、甜菜夜蛾等靶标害虫均以夜间为害为主，因此傍晚施用氰氟虫腙防治效果更佳。

（3）防治稻纵卷叶螟时，建议施药前田间灌浅层水，保水7d左右。

（4）氰氟虫腙具有良好的耐雨水冲刷性，在喷施后1h就具有明显的耐雨水冲刷效果。施药后1h若遇大雨应重新喷雾防治。

【主要制剂和生产企业】24%悬浮剂。

德国巴斯夫公司。

氯虫苯甲酰胺（chlorantraniliprole）

【作用机理分类】第28组。

【化学结构式】

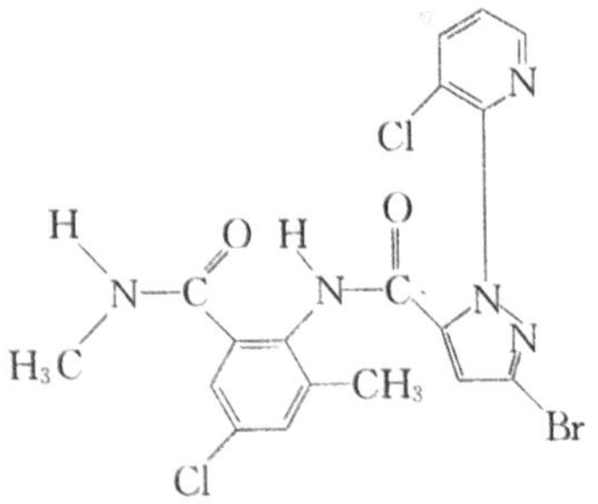

【曾用名】康宽。

【理化性质】纯品外观为白色结晶，无臭。熔点：200～202℃。蒸汽压63×10^{-2}Pa（20℃）。相对密度（水=1）：1.518 9（20℃）。20℃时，水中溶解度1.023mg／L，丙酮中3.446g／L，乙腈中0.711g／L，二氯甲烷中2.476g／L，乙酸乙酯中1.144g／L，二甲基甲酰胺中124g／L，甲醇中1.714g／L。

【毒性】微毒。原药大鼠急性经口$LD_{50}\leq$5 000mg／kg，急性经皮$LD_{50}\leq$5 000mg／kg。对皮肤和眼睛无刺激，无致敏作用。对非靶标生物例如鸟、鱼、哺乳动物、蚯蚓、微生物、藻类以及其他植物，还有许多非靶标节肢动物影响非常小。对重要的寄生性天敌、捕食性天敌和传粉昆虫的不良影响几乎可以忽略。一些水生无脊椎动物例如水蚤，对氯虫苯甲酰胺表现敏感。

【防治对象】氯虫苯甲酰胺高效广谱，对鳞翅目的夜蛾科、螟蛾科、蛀果蛾科、卷叶蛾科、粉蛾科、菜蛾科、麦蛾科、细蛾科等均有很好的控制效果，还能控制鞘翅目象甲科、叶甲科，双翅目潜蝇科、烟粉虱等多种非鳞翅目害虫，能够用于防治小菜蛾、斜纹夜蛾、甜菜夜蛾、菜青虫、豆荚螟、玉米螟、棉铃虫、烟青虫、食心虫类、稻纵卷叶螟、三化螟、二化螟等主要鳞翅目害虫，以及甲虫类、潜叶蝇、白粉虱等害虫。

【使用方法】

（1）水稻害虫。

①防治水稻二化螟：用量为有效成分2g／亩（例如20%氯虫苯甲酰胺悬浮剂10ml／亩），在二化螟卵孵化高峰期喷雾。

②防治稻纵卷叶螟：用有效成分2g／亩（例如20%氯虫苯甲酰胺悬浮剂10ml／亩），在水稻稻纵卷叶螟卵孵化高峰期喷雾。

（2）蔬菜害虫。防治菜青虫、小菜蛾、甜菜夜蛾、甘蓝夜蛾：每亩3 0ml，均匀喷雾。

（3）果树害虫。防治金纹细蛾：用35%可分散粒剂稀释17 500倍喷雾；防治桃小食心虫，用35%可分散粒剂稀释8 000倍，均匀喷雾。

【注意事项】

（1）药液不要污染饮用水源。采桑期间，避免在桑园使用；在附近农田使用时，应避免飘移至桑叶上。

（2）为避免产生抗药性，一季作物，使用本品不得超过2次，且连续使用本品后需轮换使用其他杀虫剂。

（3）禁止在河塘等水体内清洗施药用具。

（4）中毒急救：误吸入，如有不适可向医生咨询；皮肤接触，用清水冲洗；眼睛接触，立即用大量清水冲洗，还可向医生咨询；误服，如有不适，可请医生诊治，对症处理。

【主要制剂和生产企业】35%可分散粒剂，200g / L、5%悬浮剂。

美国杜邦公司、瑞士先正达公司。

二、水稻杀虫剂作用机理分类

水稻杀虫剂作用机理分类（表1-2-1）。

表1-2-1　水稻杀虫剂作用机理分类

主要组和主要作用位点	化学结构亚组和代表性有效成分	举　例
1.乙酰胆碱酯酶抑制剂	1A 氨基甲酸酯	丁硫克百威、异丙威、速灭威、仲丁威、混灭威、甲萘威
	1B 有机磷	丙溴磷、辛硫磷、三唑磷、毒死蜱、稻丰散、敌敌畏、喹硫磷、二嗪磷、马拉硫磷、杀螟硫磷、水胺硫磷、乙酰甲胺磷、哒嗪硫磷、敌百虫、乙酰甲胺磷
4.烟碱乙酰胆碱受体促进剂	4A 新烟碱类	噻虫嗪、吡虫啉、烯啶虫胺、氯噻啉、啶虫脒、哌虫啶、噻虫啉
6.氯离子通道激活剂	阿维菌素	阿维菌素、甲氨基阿维菌素苯甲酸盐
9.同翅目选择性取食阻滞剂	9B 吡蚜酮	吡蚜酮
11.昆虫中肠膜微生物干扰剂（包括表达Bt毒素的转基因植物）	苏云金芽孢杆菌或球形芽孢杆菌和它们生产的杀虫蛋白	苏云金杆菌
14.烟碱乙酰胆碱受体通道拮抗剂	沙蚕毒素类似物	杀虫单、杀虫双、杀螟丹、杀虫安、杀虫环
16.几丁质生物合成抑制剂Ⅰ类型，同翅目昆虫	噻嗪酮	噻嗪酮
18.蜕皮激素促进剂	虫酰肼类	虫酰肼、甲氧虫酰肼、抑食肼
22.电压依赖钠离子通道阻滞剂	22A 茚虫威	茚虫威
	22B 氰氟虫腙	氰氟虫腙
28.鱼尼丁受体调节剂	脂肪酰胺类	氯虫苯甲酰胺、四氯虫酰胺

三、水稻害虫轮换用药防治方案

（一）东北一季稻区水稻害虫杀虫剂轮换使用防治方案

东北一季稻区水稻上发生的主要害虫有二化螟、稻飞虱、稻水象甲、水稻潜叶蝇、稻螟蛉、黏虫、稻蝗等。其中，重点防治对象有二化螟、稻飞虱、稻水象甲，兼防害虫有水稻潜叶蝇、稻螟蛉、黏虫和稻蝗等。

1. 防治稻飞虱（灰飞虱）、水稻潜叶蝇的杀虫剂轮换用药方案

（1）苗床防治灰飞虱、水稻潜叶蝇。

①使用单剂防治：生产上于插秧前5～7d苗床浇灌防治灰飞虱可选用第1B组杀虫剂毒死蜱，或第4组杀虫剂如噻虫嗪、烯啶虫胺等。

②使用复配制剂防治：生产上于插秧前5～7d苗床浇灌防治稻飞虱、水稻潜叶蝇，可选用第28组杀虫剂氯虫苯甲酰胺和第4组杀虫剂噻虫嗪的复配制剂，同时可兼治本田稻水象甲、一代二化螟、稻蝗、稻螟蛉等。

（2）水稻穗期防治稻飞虱。

①使用单剂防治：水稻穗期根据虫情可用第4组杀虫剂如噻虫嗪、烯啶虫胺等，或选用第9组杀虫剂吡蚜酮。

②使用复配制剂兼治二代二化螟：可选用第28组杀虫剂氯虫苯甲酰胺与第9绢杀虫剂吡蚜酮混合使用。

2. 防治稻水象甲的杀虫剂轮换用药方案

防治稻水象甲越冬代成虫，可于插秧后5～7d选用第6组杀虫剂阿维菌素、甲氨基阿维菌素苯甲酸盐与第1B组杀虫剂三唑磷等混合使用（注：如水稻秧田已使用第28组氯虫苯甲酰胺和第4组噻虫嗪的复配制剂，此次施药可根据稻水象甲发生情况酌情省略）。

3. 防治二化螟的杀虫剂轮换用药方案

（1）防治第一代二化螟。

①使用单剂防治：可选用第1B组杀虫剂如毒死蜱、三唑磷、敌敌畏等，或选用第14组杀虫剂如杀虫单、杀虫双等，或选用第18组杀虫剂如虫酰肼、甲氧虫酰肼，或选用第22组杀虫剂如氰氟虫腙（注：如插秧前已使用第28组氯虫苯甲酰胺和第4组噻虫嗪的复配制剂，此次施药可根据虫情预报酌情省略）。

②使用复配制剂防治：选用第6组杀虫剂甲氨基阿维菌素苯甲酸盐或阿维菌素与第1B组杀虫剂如三唑磷等混合使用可兼治稻水象甲等害虫（注：如插秧前已使用第28组氯虫苯甲酰胺和第4组噻虫嗪的复配制剂，此次施药可根据虫情预报酌情省略）。

（2）防治第二代二化螟。

①使用单剂防治：可选用第28组杀虫剂氯虫苯甲酰胺，或选用第6组杀虫剂甲氨基阿维菌素苯甲酸盐等，或选用第14组杀虫剂如杀虫双等，或选用第18组杀虫剂如虫酰肼、甲氧虫酰肼，或选用第22组杀虫剂如氰氟虫腙。

②使用复配制剂防治：鉴于生产上常用复配制剂兼治二代二化螟和稻纵卷叶螟、稻螟

蛉、黏虫、稻蝗等害虫。可选用第28组杀虫剂氯虫苯甲酰胺与第6组杀虫剂阿维菌素混合使用；或选用第6组杀虫剂阿维菌素等与第1 B组三唑畔磷等混合使用。

（二）长江中下游单季稻区水稻害虫杀虫剂轮换用药防治方案

1. 防治二化螟的杀虫剂轮换用药方案

（1）防治第一代二化螟。

第一次（卵孵始盛期）可选用第1B组杀虫剂毒死蜱、乙酰甲胺磷，或第11组杀虫剂苏云金杆菌；抗性水平较低的地区可用第1B组杀虫剂三唑磷。

第二次（一、二龄幼虫高峰期）可选用第18组杀虫剂虫酰肼、甲氧虫酰肼；抗性水平较低的地区可用第14组杀虫剂杀虫单。

（2）防治第二代二化螟。

考虑到生产上的实际情况，防治第二代二化螟（在卵孵高峰期）可选用单剂防治或复配制剂防治。

A. 使用单剂防治。主害代可选用第28组杀虫剂氯虫苯甲酰胺；第二次可选用第6组杀虫剂甲氨基阿维菌素苯甲酸盐、第14组杀虫剂杀螟丹。

B. 使用复配制剂防治。鉴于生产上常用药兼治二代二化螟和稻纵卷叶螟或稻飞虱，因此可选用含氯虫苯甲酰胺的复配制剂。

①兼治二代二化螟和稻纵卷叶螟：主害代可选用第28组杀虫剂氯虫苯甲酰胺与第6组杀虫剂阿维菌素混合使用。

②兼治二代二化螟和稻褐飞虱：主害代可选用第28组杀虫剂氯虫苯甲酰胺与第4组杀虫剂噻虫嗪或第9组杀虫剂吡蚜酮混合使用。

2. 防治三种稻飞虱的杀虫剂轮换用药方案

稻白背飞虱和褐飞虱均为迁飞性害虫，常年前者迁入峰比后者要早一个峰次，生产上前期（7月至8月中旬）以防治白背飞虱为主，兼治褐飞虱；后期（8月中旬至9月和10月）以防治褐飞虱为主。鉴于褐飞虱对吡虫啉已产生极高水平抗性，应停用吡虫啉防治褐飞虱。在卵孵盛期至低龄若虫高峰期施药防治。

（1）防治稻白背飞虱和褐飞虱。

①主治稻白背飞虱兼治褐飞虱：第一次可选用第4组杀虫剂吡虫啉；第二次可选用第16组杀虫剂噻嗪酮；第三次可选用第1B组杀虫剂毒死蜱、敌敌畏。

②主治稻褐飞虱兼治白背飞虱：主害代或主害代的上一代第一次可选用第9组杀虫剂吡蚜酮；第二次可选用第4组杀虫剂烯啶虫胺或噻虫嗪、第16组杀虫剂噻嗪酮；第三次可选用第1B组杀虫剂敌敌畏或毒死蜱、第1A组杀虫剂异丙威或速灭威。

（2）防治稻灰飞虱。

①麦田防治可选用第3组杀虫剂氰戊菊酯。

②秧田可选用第4A组杀虫剂噻虫嗪（拌种处理）、第1A组杀虫剂异丙威或者速灭威。

③大田可选用第4组杀虫剂烯啶虫胺、第9组杀虫剂吡蚜酮。

3. 防治稻纵卷叶螟的杀虫剂轮换用药方案

主害代（在卵孵始盛期）第一次可选用第28组杀虫剂氯虫苯甲酰胺、第22组杀虫剂氰氟虫腙；第二次可选用第6组杀虫剂阿维菌素、甲氨基阿维菌素苯甲酸盐；第三次可选用第1B组杀虫剂毒死蜱、稻丰散、丙溴磷。

4. 防治稻蓟马的杀虫剂轮换用药方案

（1）使用第4A组杀虫剂吡虫啉、噻虫嗪（拌种处理），能有效防治稻蓟马以及前期白背飞虱。

（2）如需防治，可选用第lB组杀虫剂氧乐果、毒死蜱或第l A组杀虫剂丁硫克百威等常规药剂。

（三）南方双季稻区水稻害虫杀虫剂轮换用药防治方案

1. 防治螟虫（二化螟、三化螟）的杀虫剂轮换用药方案

（1）防治第一代螟虫（二化螟、三化螟）。

第一次可选用第1B组杀虫剂三唑磷、丙溴磷，第6组的甲氨基阿维菌素苯甲酸盐；第二次可选用第18组杀虫剂甲氧虫酰肼、第14组杀虫剂杀虫单。

（2）防治第二至第四代螟虫（二化螟、三化螟）。

根据第一代螟虫用药情况，防治第二至第四代螟虫（二化螟、三化螟）可选用单剂或复配制剂进行轮换用药防治。

A. 使用单剂防治。第一次可选用第28组杀虫剂氯虫苯甲酰胺；第二次可选用第6组杀虫剂甲氨基阿维菌素苯甲酸盐、第l4组杀虫剂杀螟丹。

B. 使用复配制剂防治。鉴于生产上常用药兼治螟虫（二化螟、三化螟）和稻纵卷叶螟或稻飞虱，因此可选用含氯虫苯甲酰胺的复配制剂。

①兼治螟虫（二化螟、三化螟）和稻纵卷叶螟：选用第28组杀虫剂氯虫苯甲酰胺与第6组杀虫剂阿维菌素混合使用。

②兼治螟虫（二化螟、三化螟）和白背飞虱：可选用第28组杀虫剂氯虫苯甲酰胺与第4组杀虫剂吡虫啉或第16组杀虫剂噻嗪酮混合使用。

③兼治螟虫（二化螟、三化螟）和褐飞虱：可选用第28组杀虫剂氯虫苯甲酰胺或第6组杀虫剂阿维菌素与第16组杀虫剂噻嗪酮或第9组杀虫剂吡蚜酮混合使用。

2. 防治稻飞虱的杀虫剂轮换用药方案

水稻白背飞虱和褐飞虱均为迁飞性害虫，早稻（5—6月）通常以白背飞虱为害为主，晚稻前期（8月上、中旬）以白背飞虱和褐飞虱混发为害为主，后期（9—10月）以褐飞虱为害为主。鉴于褐飞虱对吡虫啉已产生极高水平抗性，应停止使用吡虫啉防治褐飞虱。

（1）防治水稻白背飞虱。第一次可选用第4组杀虫剂吡虫啉；第二次可选用第16组杀虫剂噻嗪酮、第1B组杀虫剂敌敌畏。

（2）防治水稻白背飞虱和褐飞虱混发。第一次可选用第16组杀虫剂噻嗪酮；第二次可选用第9组杀虫剂吡蚜酮；第三次可选用第1B组杀虫剂敌敌畏或毒死蜱。

（3）防治水稻褐飞虱。第一次可选用第9组杀虫剂吡蚜酮；第二次可选用第4组杀虫剂

噻虫嗪或烯啶虫胺、第16组杀虫剂噻嗪酮；第三次可选用第1A组杀虫剂异丙威或速灭威。

3. 防治稻纵卷叶螟的杀虫剂轮换用药方案

主害代第一次用药可选第28组杀虫剂氯虫苯甲酰胺、第22组杀虫剂氰氟虫腙、第18组杀虫剂虫酰肼；第二次用药可选第6组杀虫剂阿维菌素或甲氨基阿维菌素苯甲酸盐、第11组杀虫剂苏云金杆菌；第三次用药可选第1B组杀虫剂毒死蜱、丙溴磷、稻丰散或第14组的杀虫单。

4. 防治稻蓟马的杀虫剂轮换用药方案

（1）使用第4A组杀虫剂吡虫啉、噻虫嗪(拌种处理)，能有效防治稻蓟马。

（2）如需防治，可选用第1A组的丁硫克百威、第1B组杀虫剂氧乐果或毒死蜱、第4组杀虫剂吡虫啉或噻虫嗪等药剂进行轮换用药防治。

第三章　蔬菜害虫轮换用药防治方案

一、蔬菜杀虫剂重点产品介绍

硫双威（thiodicarb）

【作用机理分类】第1组（1A）。

【化学结构式】

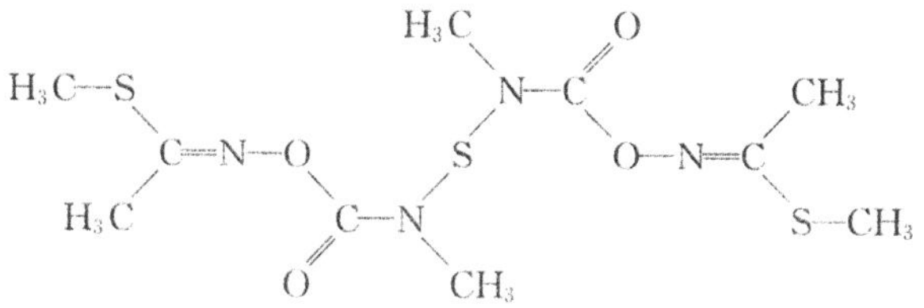

【曾用名】拉维因、硫双灭多威、双灭多威、田静、天佑、索斯、胜森、双捷。

【理化性质】纯品为无色晶体，原药含有效成分92%～95%，为浅棕褐色结晶。溶点：173～174℃。蒸汽压：5.7mPa（20℃）。密度：1.44g／ml（20℃）。溶解性（25℃）：水中35mg／L，二氯甲烷中150g／kg，丙酮中8g／kg，甲醇中5g／kg，二甲苯中3g／kg。稳定性：在pH值=6稳定，pH值=9快速水解，pH值=3缓慢水解（DT_{50}约9d）。水悬浮液遇日光分解60℃以下稳定。

【毒性】中等毒。大白鼠急性经口LD_{50} 66mg／kg（水中），120mg／kg（玉米油中）；小鼠急性口服LD_{50} 325mg／kg，仅为灭多威毒性的1／18（LD_{50}为17mg／kg）；猴大于467mg／kg。兔急性经皮LD_{50}>2 000mg／kg（雄）。对猴、兔皮肤无刺激作用，对眼睛有轻微刺激作用。大鼠急性吸入LC_{50}（4h）0.32mg／L。无慢性中毒，无致癌、致畸、致突变作用，对作物安全。两年饲喂试验无作用剂量：大鼠3.75mg／（kg·d）、小鼠5.0mg／（kg·d）。对鸟类低毒，日本鹌鹑急性经口LD_{50} 2 023mg／kg，野鸭饲喂LC_{50} 5 620mg／kg。对鱼类毒性中等，蓝鳃鱼LC_{50}（96h）1.4mg／L，虹鳟鱼LC_{50}（96h）>3.3mg／L。水蚤LC_{50}（48h）0.027mg／L。直接喷雾到蜜蜂上有中等毒性，但喷雾的残液干后对蜜蜂无毒，对天敌较安全。

【防治对象】硫双威对某些鳞翅目害虫的卵、成虫有毒杀作用，可用于蔬菜、棉花、水稻、果树及经济作物等防治棉铃虫、红铃虫、卷叶蛾类、食心虫类、菜青虫、夜盗虫、斜纹夜蛾、马铃薯块茎蛾、茶细蛾、茶小卷叶蛾等。对蚜虫、螨类、蓟马等吸汁性害虫几乎没有杀灭效果。

【使用方法】

（1）蔬菜害虫。防治十字花科蔬菜甜菜夜蛾：每亩用25%可湿性粉剂40～50g，稀释

1 000～1 500倍液均匀喷雾。

（2）棉花害虫。防治棉铃虫：有效成分浓度500～625mg／L（例如75%悬浮剂1 200～1 500倍液）在田间棉铃虫卵孵化盛期喷雾使用。

【注意事项】

（1）药剂应原包装储存于阴凉、干燥且远离儿童、食品、饲料及火源的地方。

（2）施药前请详细阅读产品标签，并按说明使用。施药时要穿戴好防护用具，避免与药剂直接接触。施药后换洗被污染的衣服，妥善处理废弃包装物。

（3）因其属于胃毒杀虫剂，施药时药液要喷洒均匀。可与氨基甲酸酯类、有机磷类农药混合使用，不能与碱性或强酸性农药混合使用，也不能与代森锌、代森锰锌混合使用。

（4）对高粱和棉花的某些品种有轻微药害。

（5）选择卵孵化盛期用药，以发挥其优秀杀卵活性。为防止棉铃虫在短时间内对该药产生抗性，应避免连续使用，可与灭多威交替使用。建议每季棉花上使用次数不超过2次。

（6）对蚜虫、螨类、蓟马等刺吸式口器害虫效果不佳，如需防治时，可与其他有机磷类、拟除虫菊酯类等农药混用。

（7）如误服，要立即饮用食盐水或肥皂水后吐出，直至吐出液变透明，同时请医生诊治；用阿托品0.5～2mg口服或肌肉注射，重者加用肾上腺素。禁用解磷定、氯磷定、双复磷、吗啡。

【主要制剂和生产企业】75%、25%可湿性粉剂；375g／L悬浮剂。

浙江省宁波中化化学品有限公司、山东华阳科技股份有限公司、江苏省南通施壮化工有限公司、山东立邦化工有限公司、德国拜耳作物科学公司。

甲氰菊酯（fenpropathrin）

【作用机理分类】第3组。

【化学结构式】

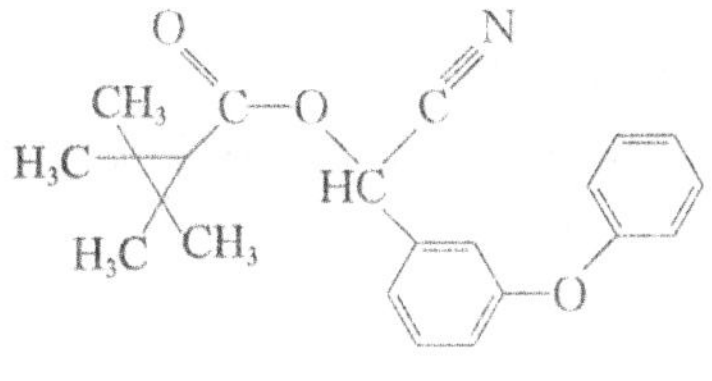

【曾用名】灭扫利。

【理化性质】纯品为白色结晶固体，原药为棕黄色液体。原药相对密度（25℃）1.15，熔点：45～50℃，闪点：205℃，20℃时蒸汽压0.73mPa。纯品熔点49～50℃，相对密度1.153；蒸汽压7.33×10^{-4}Pa（20℃）。几乎不溶于水，溶于丙酮、乙腈、二甲苯、环己烷、氯仿等有机溶剂。对光、热、潮湿稳定，在碱性条件下分解。

【毒性】中等毒。纯品大鼠经口LD_{50} 49～541mg／kg，经皮LD_{50} 900～1 410mg／kg，腹腔注射180～225mg／kg，小鼠经口LD_{50} 58～67mg／kg，经皮LD_{50} 900～1 350mg／kg，腹腔注射210～230mg／kg。原药大鼠急性口服LD_{50} 107～164mg／kg，急性经皮

LD_{50} 600～870mg／kg，原药大鼠经口无作用剂量25mg／kg（雌），>500mg／kg（雄）。

【防治对象】甲氰菊酯对害虫具有触杀、胃毒和一定的驱避作用，无内吸和熏蒸作用。杀虫谱广，残效期长。对多种叶螨有良好的防效。对鳞翅目幼虫高效，对半翅目和双翅目害虫也有效。可防治菜青虫、小菜蛾、棉红蜘蛛、棉铃虫、棉蚜、苹果小卷叶蛾、梨小食心虫、柑橘红蜘蛛、木虱和粉虱等。

【使用方法】

（1）蔬菜害虫。防治菜青虫、小菜蛾：在幼虫二、三龄期用药，每亩用20%乳油20～30ml（有效成分4～6g），对水50～75kg喷雾，残效期7～10d。防治温室白粉虱，于若虫盛发期用药，每亩用20%乳油10～25ml（有效成分2～5g），对水80～120kg喷雾。

（2）棉花害虫。防治棉铃虫、红铃虫：卵孵化盛期施药，每亩用20%乳油30～40ml（有效成分6～8g），对水75～100kg喷雾，可兼治伏蚜、造桥虫、蓟马、棉盲蝽、卷叶虫、玉米螟等害虫。防治红蜘蛛，在成、若螨发生期施药，剂量和方法同棉铃虫。

（3）果树害虫。

①防治柑橘潜叶蛾：新梢放梢初期3～6d，或卵孵化期施药，用20%乳油4 000～10 000倍液喷雾，根据蛾卵量间隔10d再喷1次。

②防治桃小食心虫：于卵孵化盛期、卵果率达1%时施药，用20%乳油2 000～3 000倍液喷雾，共施药2～4次，间隔10d左右。

③防治山楂红蜘蛛、苹果红蜘蛛：于发生期用20%乳油2 000～3 000倍液喷雾。防治柑橘红蜘蛛，于成、若螨发生期用20%乳油2 000～4 000倍液喷雾。

④防治桃蚜、苹果瘤蚜、桃粉蚜：于发生期用20%乳油4 000～6 000倍液喷雾。防治柑橘蚜，在新梢有蚜株率达10%时用药，用20%乳油4 000～8 000倍液喷雾。

⑤防治荔枝椿象：3月下旬至5月下旬，成虫大量活动产卵期和若虫盛发期各施药1次，用20%乳油3 000～4 000倍液喷雾。

【对天敌和有益生物的影响】甲氰菊酯对广赤眼蜂、螟黄赤眼蜂和松毛虫赤眼蜂等寄生性天敌有一定影响。对鸟低毒，对鱼高毒，对蜜蜂和蚕剧毒。

【注意事项】

（1）不可与碱性农药混用。

（2）不能在桑园、鱼塘、河流、养蜂场所等处及其周围用药，以免杀伤蚕、蜜蜂、水生生物等有益生物。

（3）本品无内吸杀虫作用，施药要均匀周到。本品可作为虫螨兼治用药，但不能作为专用杀螨剂使用。

（4）棉花收获前21d及苹果采收前14d，停止用药。

（5）中毒症状和急救措施参考其他拟除虫菊酯类农药。

【主要制剂和生产企业】20%、10%乳油；20%水乳剂；20%可湿性粉剂；10%微乳剂。

辽宁大连瑞泽农药股份有限公司、南京第一农药集团有限公司、广东省中山市凯达精细化工股份有限公司、日本住友化学株式会社等。

醚菊酯（etofenprox）

【作用机理分类】第3组。

【化学结构式】

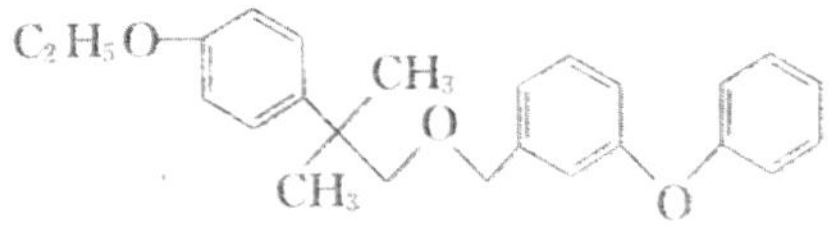

C_2H_5O—苯环—C(CH_3)(CH_3)—CH_2—O—CH_2—苯环—O—苯环

【曾用名】MTI-500、多来宝。

【理化性质】纯品为白色结晶粉末，纯度≥96.0%。熔点：36.4～38.0℃。沸点：200℃（24Pa）。蒸汽压：32mPa（100℃）。油水分配系数：7.05（25℃）。密度：1.157（23℃，固体）；1.067（40.1℃，液体）。溶解性（25 ℃）：在水中的溶解度<1mg / L，在一些有机溶剂中的溶解度分别为：氯仿858g / L、丙酮908g / L、乙酸乙酯875g / L、二甲苯84.8g / L、甲醇76.6g / L。稳定性：在酸、碱性介质中稳定，在80℃时可稳定90d以上，对光稳定。

【毒性】低毒。原药大鼠急性口服LD_{50}>4 000mg / kg，急性经皮LD_{50}>2 000mg / kg。对皮肤和眼睛无刺激。

【防治对象】醚菊酯对害虫有触杀和胃毒作用，无内吸作用。醚菊酯杀虫谱广，击倒速度快，持效期长，适用于防治蔬菜、棉花、果树、水稻等作物上的鳞翅目、半翅目、双翅目和直翅目等多种害虫，如褐飞虱、白背飞虱、黑尾叶蝉、棉铃虫、红铃虫桃蚜、瓜蚜、白粉虱、菜青虫、茶毛虫、茶尺蠖、茶刺蛾、桃小食心虫、梨小食心虫、柑橘潜叶蛾、烟草夜蛾、小菜蛾、玉米螟、大螟、大豆食心虫和德国蜚蠊等。对螨类无效。

【防治对象】

（1）蔬菜害虫。防治菜青虫：在幼虫二、三龄期用药，每亩用10%，悬浮剂70～90ml（有效成分7～9g），对水喷雾。防治小菜蛾、甜菜夜蛾，在二龄幼虫盛发期用药，每亩用10%悬浮剂80～100ml（有效成分8～10g），对水喷雾。防治萝卜蚜、甘蔗蚜、桃蚜、瓜蚜等，用10%悬浮剂2 000～2 500倍液（有效浓度40～50mg / kg）喷雾。

（2）棉花害虫。防治棉铃虫：卵盛孵期施药，每亩用10%悬浮剂100～120ml（有效成分10～12g），对水喷雾。防治红铃虫，在二、三代卵盛孵期施药，剂量同棉铃虫，每代施药2～3次。防治烟草夜蛾、棉叶波纹夜蛾、白粉虱等害虫，每亩用10%悬浮剂65～130ml（有效成分6.5～13g），对水喷雾。防治蚜虫，在棉苗卷叶前，每亩用10%悬浮剂50～60ml（有效成分5～6g），对水喷雾。

（3）果树害虫。防治梨小食心虫、蚜虫、苹果蠹蛾、葡萄蠹蛾、苹果潜叶蝇等：用10%悬浮剂833～1 000倍液（有效浓度100～120mg / kg）喷雾。

（4）茶树害虫。防治茶尺蠖、茶毛虫、茶刺蛾等：在幼虫二、三龄期用药，用10%悬浮剂1 666～2 000倍液（有效浓度50～60mg / kg）喷雾。

【对天敌和有益生物的影响】醚菊酯对狼蛛、微蛛等天敌有一定的杀伤作用。对鱼类和鸟类低毒，对蜜蜂和蚕毒性较高。

【注意事项】

（1）不宜与强碱性农药混用。存放于阴凉干燥处。

（2）本品无内吸杀虫作用，施药应均匀周到；防治钻蛀。防治钻蛀性害虫时，应掌握在幼虫蛀入前用药。

（3）悬浮剂放置时间较长出现分层时，应先摇匀再使用。

（4）如发生误服，可给予数杯热水引吐，保持安静并立即送医院治疗。

【主要制剂和生产企业】10%悬浮剂；20%乳油；4%油剂；5%可湿性粉剂。

江苏百灵农化有限公司、浙江威尔达化学有限公司、江苏辉丰农化股份有限公司、山西绿海农药科技有限公司、江苏七州绿色化工股份有限公司等。

联苯菊酯（bifenthrin）

【作用机理分类】第3组。

【化学结构式】

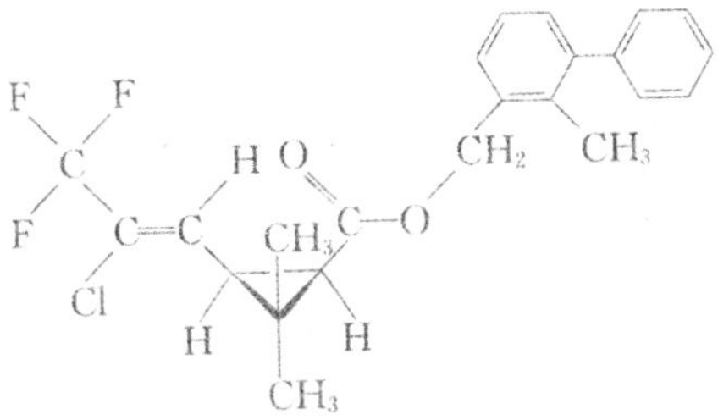

(Z)-(IR)-顺式酸

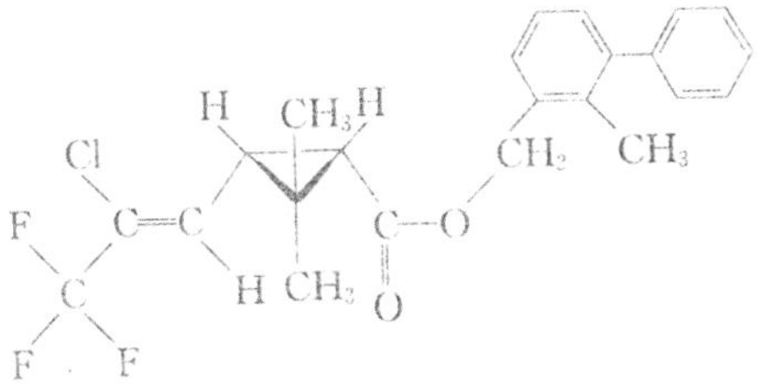

(Z)-(IS)-顺式酸

【曾用名】天王星、茶宝、茶击。

【理化性质】纯品为固体，原药为浅褐色固体。蒸汽压：2.4×10^{-2}Pa（25℃）。熔点：68～70.6℃（纯品）；57～64℃（原药）。溶解性：水0.1mg／L，丙酮1.25kg／L，并可溶于氯仿、二氯甲烷、乙醚、甲苯。密度：1.210。稳定性：对光稳定，在酸性介质中也较稳定，在常温下储存一年仍较稳定，但在碱性介质中会分解。

【毒性】中等毒。大鼠急性口服LD_{50} 316mg／kg，经皮LD_{50} 2 000mg／kg；慢性毒性口服无作用剂量为5mg／（kg·d）（大鼠）；1.5mg／（kg·d）（犬）。对蜜蜂、鱼、家蚕等高毒。

【防治对象】联苯菊酯具有触杀和胃毒作用，兼具驱避和拒食作用，无内吸和熏蒸作用；击倒作用快，持效期长，防治螨类可长达28d，是拟除虫菊酯类产品中对螨类具有高效的品种。适用于蔬菜、棉花、果树、茶叶等多种作物上，防治鳞翅目幼虫、粉虱、蚜虫、叶蝉、叶螨等害虫、害螨。尤其在害虫和害螨并发时使用，省时省药。

【使用方法】

（1）蔬菜害虫。防治蔬菜烟粉虱：用量为有效成分0.75g／亩（例如2.5%联苯菊酯乳油30ml／亩），在烟粉虱始盛发期喷雾施药。

（2）棉花害虫。防治棉花棉铃虫、红铃虫、棉红蜘蛛等：在卵盛孵期，或成、若螨发生期，用2.5%乳油1 000～1 500倍液均匀喷雾。

（3）柑橘害虫。防治柑橘红蜘蛛、潜叶蛾等害虫：在卵盛孵期，或成、若螨发生期，用2.5%乳油1 000～1 500倍液均匀喷雾。

（4）果树害虫。防治苹果叶螨、桃小食心虫等害虫：在卵盛孵期，或成、若螨发生期，用2.5%乳油1 000～1 250倍液均匀喷雾。

（5）茶叶害虫。防治茶小绿叶蝉：用有效成分1.25g／亩（例如2.5%联苯菊酯乳油50ml／亩），在茶小绿叶蝉始盛发期喷雾使用。茶树上1年内至多使用2次。

【注意事项】对蜜蜂、蚕和水生生物高毒，注意避免在养殖区和稻田使用，药液也不可污染水体；低温季节效果好，高温季节效果下降；推荐剂量下，茶叶上的安全间隔期为7d。

【主要制剂和生产企业】100g／L、25g／L、10%、2.5%乳油；10%、4.5%水乳剂；5%悬浮剂；2.5%微乳剂。

江苏扬农化工股份有限公司、江苏省南京红太阳股份有限公司、美国富美实公司等。

氟氯氰菊酯（cyfluthrin）

【作用机理分类】第3组。

【化学结构式】

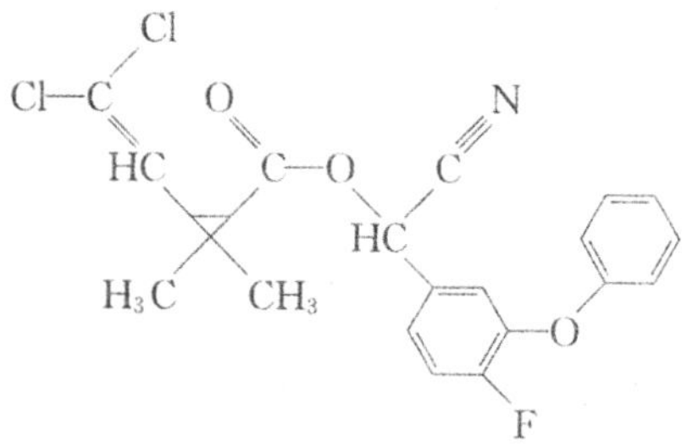

【曾用名】百树德。

【理化性质】纯品为无色结晶，不同的光学异构体熔点不同，原药为棕色含有结晶的黏稠液体，无特殊气味。密度：1.27～1.28。熔点：60℃。对光稳定，酸性介质中较稳定，碱性介质中易分解，当pH值大于7.5时就会被分解，常温下储存两年不变质。几乎不溶于水，易溶于丙醇、二氯甲烷、己烷、甲苯等有机溶剂。

【毒性】低毒。原药对大鼠急性口服LD_{50} 590～1 270mg／kg，急性经皮LD_{50}>5 000mg／kg。大鼠90d饲喂试验无作用剂量125mg／kg。对皮肤无刺激，对眼睛有轻度刺激，但2d内即可消失。

【防治对象】氟氯氰菊酯对害虫具有触杀和胃毒作用，无内吸和渗透作用。本品杀虫谱广，击倒速度快，持效期长。能有效防治蔬菜、棉花、果树、茶树、烟草、大豆等植物上的鞘翅目、半翅目、同翅目和鳞翅目害虫，如棉铃虫、棉红铃虫、烟芽夜蛾、棉铃象甲、苜蓿叶象甲、尺蠖、苹果蠹蛾、菜青虫、小菜蛾、美洲黏虫、马铃薯甲虫、蚜虫和玉米螟等害虫。也可防治某些地下害虫，如地老虎等。

【使用方法】

（1）蔬菜害虫。防治菜青虫：平均每株甘蓝有虫1头开始用药。防治蚜虫在虫口上升时用药。每亩用5%乳油23～30ml（有效成分1.15～1.5g），对水20～50kg喷雾。

（2）棉花害虫。防治棉铃虫：在棉田一代发生期，当一类棉田百株卵量超过200粒或低龄幼虫35头，其他棉田百株卵量80～100粒或低龄幼虫10～15头时用药，棉田二代发生期，当百株幼虫8头时用药，每亩用5%乳油28～44ml（有效成分1.4～2.2g），对水50kg喷雾。防治红铃虫，重点针对二、三代，用药量和方法同棉铃虫。

（3）果树害虫。防治苹果黄蚜：苹果开花后，在虫口上升时用药，用5%乳油5000～6000倍液或每100L水中加5%乳油16.7～20ml（有效浓度8.3～10mg／kg）喷雾。

【对天敌和有益生物的影响】氟氯氰菊酯对草间小黑蛛、七星瓢虫、龟纹瓢虫、异色瓢虫等天敌杀伤力较大。对鱼剧毒，对蜜蜂高毒。

【注意事项】

（1）不可与碱性农药混用。

（2）不能在桑园、鱼塘、河流、养蜂场所等处及其周围用药，以免杀伤蚕、蜜蜂、水生生物等有益生物。

（3）施药时应喷洒均匀。

（4）棉花上每季最多用药2次，收获前21d停止用药。

【主要制剂和生产企业】50g／L、5.7%乳油；5.7%水乳剂；0.3%粉剂。

浙江威尔达化工有限公司、江苏扬农化工股份有限公司、江苏润泽农化有限公司、江苏黄马农化有限公司、德国拜耳作物科学公司等。

除虫菊素（pyrethrins）

【作用机理分类】第3组。

【化学结构式】

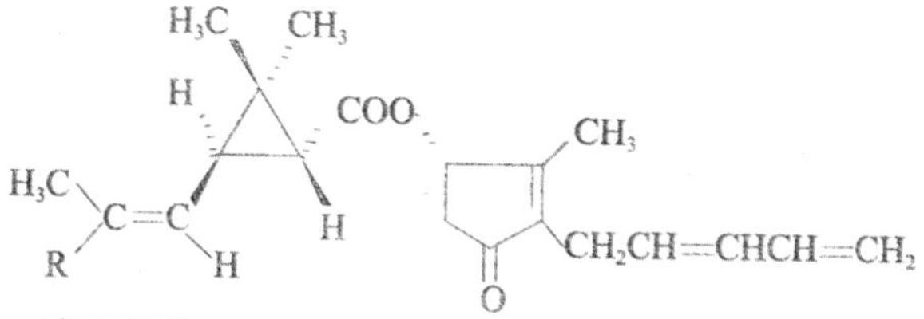

除虫菊素Ⅰ R=—CH_3　除虫菊素Ⅱ R=CH_3OOC—

【曾用名】云菊、菊灵。

【理化性质】除虫菊素是一种典型的神经毒剂，其中主要成分为除虫菊素Ⅰ和除虫菊素Ⅱ。除虫菊素Ⅰ为黏稠液体；沸点：146～150℃（0.067Pa），比旋光度［α］为-14°（异辛烷）；不溶于水，能溶于乙醇、四氯化碳、二氯甲烷、硝基甲烷等溶剂。其缩氨脲衍生物的熔点为114～146℃。除虫菊素Ⅰ暴露于空气中易氧化而失去杀虫活性，因此必须避光冷藏。除虫菊素Ⅱ为黏稠液体；暴露于空气中易氧化失效；沸点：192～193℃（0.93Pa），［α］+1.47°（异辛烷–乙醚）；其溶解度、化学性质和毒性大致与除虫菊素Ⅰ相似。

【毒性】低毒。兔急性经皮为LC_{50}>2 370mg / kg，大白鼠急性经口LD_{50}>5 000mg / kg。

【防治对象】在农业上主要用于防治蔬菜蚜虫、蓟马和菜青虫、叶蜂、猿叶虫、金花虫、椿象等害虫。

【使用方法】防治蔬菜蚜虫，亩用有效成分1.8g（例如，1.5%乳油120ml），在蚜虫始盛发期喷雾使用。

【注意事项】

（1）除虫菊素见光易分解，最好选在傍晚喷洒。

（2）除虫菊素不能与石硫合剂、波尔多液、松脂合剂等碱性农药混用。

（3）商品制剂需在密闭容器中保存，避免高温、潮湿和阳光直射。

（4）除虫菊素是强力触杀性药剂，施药时药剂一定要接触虫体才有效，否则效果不好。

（5）对鱼和蜜蜂高毒，使用时要远离养殖场所。

【主要制剂和生产企业】5%乳油、1.5%水乳剂、0.69%气雾剂。

云南省红河森菊生物有限责任公司、云南省玉溪山水生物科技有限责任公司、云南南宝植化有限责任公司等。

多杀菌素（spinosad）

【作用机理分类】第5组。

【化学结构式】

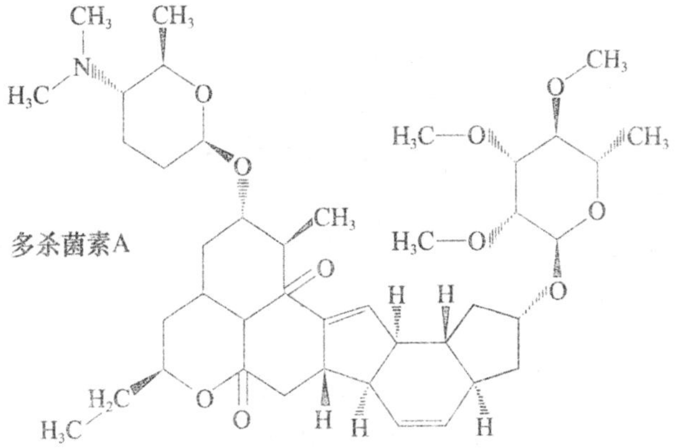

多杀菌素A

多杀菌素D

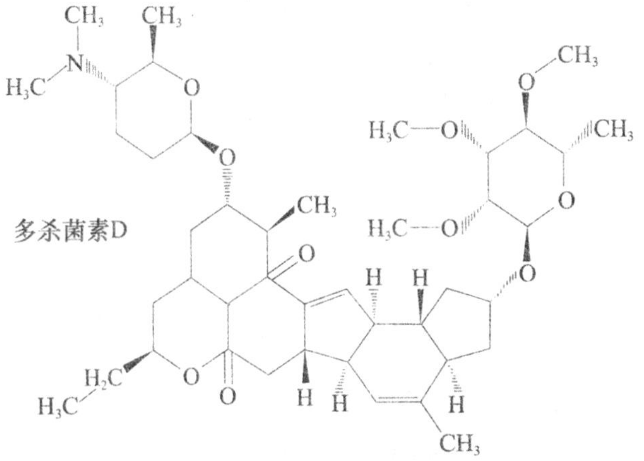

【理化性质】原药为白色结晶固体。熔点：多杀菌素A：84.0～99.5℃、多杀菌素D：161.5～170℃。蒸汽压（20℃）：1.3×10^{-10}Pa。溶解度：水中235mg／L（pH值=7）；能以任意比例与醇类、脂肪烃、芳香烃、卤代烃、酯类、醚类和酮类混溶。稳定性：对金属和金属离子在28d内相对稳定。在环境中通过多种途径降解，主要是光降解和微生物降解，最终变为碳、氢、氧、氮等自然成分。见光易分解，水解较快，水中半衰期为1天；在土壤中半衰期9～10d。

【毒性】低毒。原药对雌性大鼠急性口服LD_{50}>5 0 00mg／kg，雄性为3 738mg／kg，小鼠>5 000mg／kg，兔急性经皮LD_{50}>5 000mg／kg。对皮肤无刺激，对眼睛有轻微刺激，2d内可消失。对哺乳动物和水生生物的毒性相当低。多杀菌素在环境中可降解，无富集作用，不污染环境。

【防治对象】多杀菌素是在刺糖多胞菌发酵液中提取的一种大环内酯类无公害高效生物杀虫剂。产生多杀菌素的亲本菌株土壤放线菌刺糖多胞菌最初分离自加勒比的一个废弃的酿酒场。美国陶氏益农公司的研究者发现该菌可以产生杀虫活性非常高的化合物，实用化的产品是多杀菌素A和多杀菌素D的混合物，故称其为多杀菌素。多杀菌素的作用方式新颖，可以持续激活靶标昆虫烟碱型乙酰胆碱受体（nAChR），但是其结合位点不同于烟碱和吡虫啉。多杀菌素也可以通过抑制γ-氨基丁酸受体（GABAR）使神经细胞超极化，但具体作用机制不清。目前还不知道是否与其他类型的杀虫剂有交互抗性。对害虫具有快速的触杀和胃毒作用，杀虫速度可与化学农药相媲美，非一般的生物农药可比。对叶片有较强的渗透作用，可杀死表皮下的害虫，残效期较长，对一些害虫具有一定的杀卵作用。无内吸作用。能有效防治鳞翅目、双翅目和缨翅目害虫，如可有效防治小菜蛾、甜菜夜蛾及蓟马等害虫。也能很好的防治鞘翅目和直翅目中某些大量取食叶片的害虫种类，对刺吸式害虫和螨类的防治效果较差。因杀虫作用机制独特，目前尚未发现与其他杀虫剂存在交互抗药性的报道。对植物安全，无药害。适合于蔬菜、果树等园艺作物及其他农作物上使用。杀虫效果受下雨影响较小。

【使用方法】

（1）蔬菜害虫。

①防治小菜蛾：在低龄幼虫盛发期，用25g／L悬浮剂1 000～1 500倍液均匀喷雾，或

每亩用25g／L悬浮剂33～50ml，对水20～50kg喷雾。防治甜菜夜蛾，于低龄幼虫期，每亩用25g／L悬浮剂50～100ml，对水喷雾，傍晚施药效果最好。

②防治蓟马：于发主期，每亩用25g／L悬浮剂33～50ml，对水喷雾，或用25g／L悬浮剂1 000～1 500倍液均匀喷雾，重点在幼嫩组织如花、幼果、顶尖及嫩梢等部位。

（2）棉花害虫。防治棉铃虫、烟青虫：于低龄幼虫发生期，每亩用48g／L悬浮剂4.2～5.6ml，对水20～50kg喷雾。

（3）柑橘害虫。防治柑橘小食蝇：每亩用0.02%的饵剂70～100ml用点喷状喷洒的方法进行投饵。

【对天敌和有益生物的影响】多杀菌素对青翅蚁型隐翅虫、菜蛾绒茧蜂具有直接杀伤作用，对寄生性天敌有一定的杀伤作用。

【注意事项】

（1）可能对鱼或其他水生生物有毒，应避免污染水源和池塘等。

（2）药剂储存在阴凉干燥处。

（3）最后1次施药离收获的时间为1d。

（4）如溅入眼睛，立即用大量清水冲洗。如接触皮肤或衣物，用大量清水或肥皂水清洗。如误服不要自行引吐，切勿给不清醒或发生痉挛患者灌喂任何专西或催吐，应立即将患者送医院治疗。

【主要制剂和生产企业】25g／L、480g／L悬浮剂；0.02%饵剂。

美国陶氏益农公司。

乙基多杀菌素（spinetoram）

【作用机理分类】第5组。

【化学结构式】

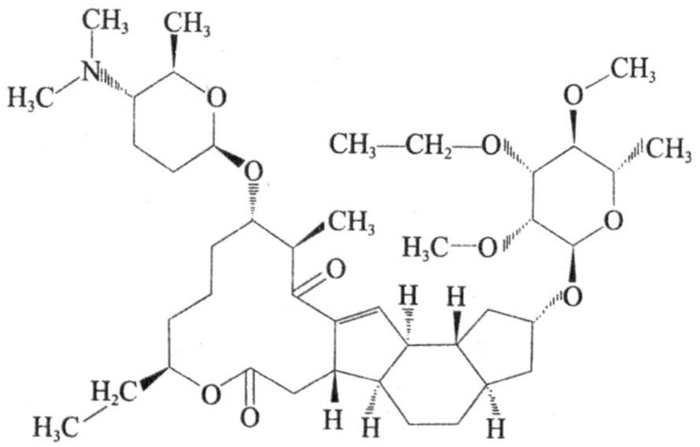

【曾用名】爱绿士。

【理化性质】乙基多杀菌素是从放线菌刺糖多胞菌（*Saccharopolyspora spinosa*）发酵产生的多杀菌素（Spinasad）的换代产品。其原药的有效成分是乙基多杀菌素-J和乙基多杀菌素-L混合物（比值为3：1）。乙基多杀菌素-J（22.5℃）外观为白色粉末，乙基多杀菌素-L（22.9℃）外观为白色至黄色晶体，带苦杏仁味。比重（XDE-175-J）：

1.149 5 ± 0.001 5g / cm^3（19.5 ± 0.4℃）、比重（XDE-175-L）：1.180 7 ± 0.016 7g / cm^3（20.1 ± 0.6℃）；熔点（XDE-175-L）：70.8℃；分解温度：497.8℃（XDE-175-J）、290.7℃（XDE-175-L）；溶解度（20 ~ 25℃、水，XDE-175-J）：10.0mg / L、溶解度（XDE-175-L）：31.9mg / L；在甲醇、丙酮、乙酸乙酯、1，2—二氯乙烷、二甲苯中 > 250mg / L；在pH值为 5 ~ 7缓冲液中乙基多杀菌素-J和乙基多杀菌素-L都是稳定的，但在pH值为9的缓冲溶液中乙基多杀菌素-L的半衰期为154d，降解为N-脱甲基多杀菌素-L。

【毒性】低毒。乙基多杀菌素原药大鼠急性经口、经皮LD_{50} 5 000mg / kg，急性吸入LC_{50}>5.5mg / L；对兔眼睛有刺激性，皮肤无刺激性；无致敏性，大鼠3个月亚慢性喂养毒性试验最大无作用剂量：雄性大鼠为34.7mg /（kg · d），雌性大鼠为10.1mg /（kg · d）；致突变试验：污染物致突变性检测试验、小鼠骨髓细胞微核试验、体外哺乳动物细胞基因突变试验、体外哺乳动物细胞染色体畸变试验均为阴性，未见致突变性。

【防治对象】乙基多杀菌素是从放线菌刺糖多胞菌发酵产生的，其作用机理是作用于昆虫神经中烟碱型乙酰胆碱受体和r—氨基丁酸受体，致使虫体对兴奋性或抑制性的信号传递反应不敏感，影响正常的神经活动，直至死亡。乙基多杀菌素具有胃毒和触杀作用，主要用于防治鳞翅目幼虫、蓟马和潜叶蝇等，对小菜蛾、甜菜夜蛾、潜叶蝇、蓟马、斜纹夜蛾、豆荚螟有好的防治效果。

【使用方法】乙基多杀菌素60g / L悬浮剂对甘蓝上的小菜蛾有较好防效，用药量为20 ~ 40ml / 亩，加水稀释后喷雾。

【主要制剂和生产企业】60g / L悬浮剂。

美国陶氏益农公司。

苏云金杆菌（*Bacillus thuringiensis*）

【作用机理分类】第11组。

【化学结构式】

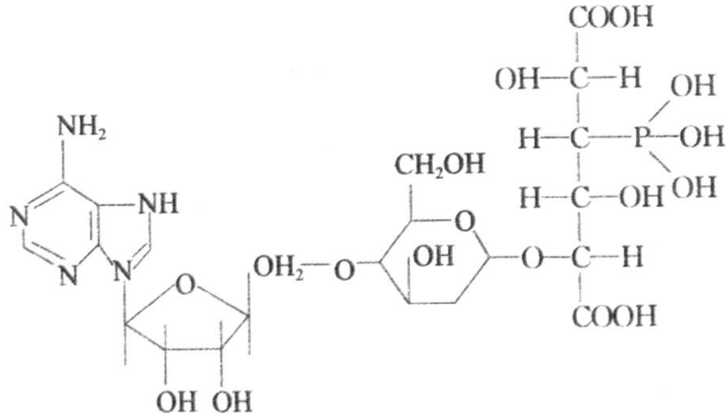

【曾用名】敌宝、快来顺、康多惠、Bt杀虫剂。

【理化性质】原药为黄色固体，是一种细菌杀虫剂，属好气性蜡状芽孢杆菌，在芽孢内产生杀虫蛋白晶体，已报道有34个血清型，50多个变种。

【毒性】低毒。鼠口服按每千克体重给予2×10^{22}活芽孢无中毒症状，对一豚鼠皮肤局部给药无副作用，鼠吸入杆菌粉尘肉眼病理检查无阳性反应。

【防治对象】苏云金杆菌是一类革兰氏阳性土壤芽孢杆菌，在形成芽孢的同时，产生伴孢晶体即δ-内毒素，这种晶体蛋白进入昆虫中肠，在中肠碱性条件下降解为具有杀虫活性的毒素，破坏肠道内膜，引起肠道穿孔，使昆虫停止取食，最后因饥饿和败血症而死亡。苏云金杆菌可产生两大类毒素：内毒素（即伴孢晶体）和外毒素。伴孢晶体是主要毒素。据统计，目前在各种苏云金杆菌变种中已发现130多种可编码杀虫蛋白的基因，由于不同变种中所含编码基因的种类及：表达效率的差异，使不同变种在杀虫谱上存在较大差异，现已开发出可有效防治直翅目、鞘翅目、双翅目、膜翅目，特别是鳞翅目的苏云金杆菌生物农药制剂。

【使用方法】

（1）蔬菜害虫。

①防治小菜蛾、烟青虫：在卵孵盛期，用16 000单位／mg可湿性粉剂1 000～1 600倍液喷雾，喷雾量为50kg，或用苏云金杆菌乳剂1000倍液喷雾。

②防治菜青虫：在卵孵盛期，用16 000单位／mg可湿性粉剂1 500～2 000倍液喷雾，喷雾量为50kg，或每亩用100亿孢子／克菌粉50g，对水稀释2 000倍液喷雾。

（2）水稻害虫。防治稻苞虫：用16 000单位／mg可湿性粉剂1 500～2 000倍液喷雾，喷雾量为50kg，或每亩用100亿孢子／克菌粉50g，对水稀释2 000倍液喷雾。防治稻纵卷叶螟，用16 000单位／mg可湿性粉剂500～1 000倍液喷雾，喷雾量为50kg。

（3）棉花害虫。防治棉铃虫：在卵孵盛期，用16 000单位／mg可湿性粉剂500～1 000倍液喷雾，喷雾量为50kg，或用苏云金杆菌乳剂1 000倍液喷雾。

（4）果树害虫。防治苹果巢蛾、枣尺蠖、柑橘凤蝶及梨树天幕毛虫等害虫：在卵孵盛期，每亩用100亿孢子／克菌粉100～250g，对水喷雾。

（5）旱粮害虫。防治玉米螟：用16 000单位／mg可湿性粉剂1 000倍液，拌细砂灌心。或每亩用100亿孢子／克菌粉50g，对水稀释2 000倍液灌心。

【注意事项】

（1）主要用于防治鳞翅目害虫幼虫，使用时应掌握适宜施药时期，一般对低龄幼虫具有良好杀虫效果，随虫龄增大，效果将显著降低。因此一般在害虫卵孵盛期用药，比化学农药用药期提前2～3d，以充分发挥其对低龄幼虫的良好杀虫作用。

（2）不能与杀菌剂或内吸性有机磷杀虫剂混用。

（3）对蚕高毒，应避免在养蚕区及其附近使用。

（4）药剂储存在25℃以下的阴凉干燥处，防止暴晒或潮湿，以免变质。

【主要制剂和生产企业】100亿活芽孢／g、32 000单位／mg、16 000单位／mg、8 000单位／mg可湿性粉剂；4 000单位／ml、2 000单位／ml悬浮剂；0.2%颗粒剂。

湖北省武汉科诺生物农药厂、福建蒲城绿安生物农药有限公司、山东省乳山韩威生物科技有限公司、湖北康欣农用药业有限公司、上海威敌生化（南昌）有限公司等。

丁醚脲（diafenthiuron）

【作用机理分类】第12组。

【化学结构式】

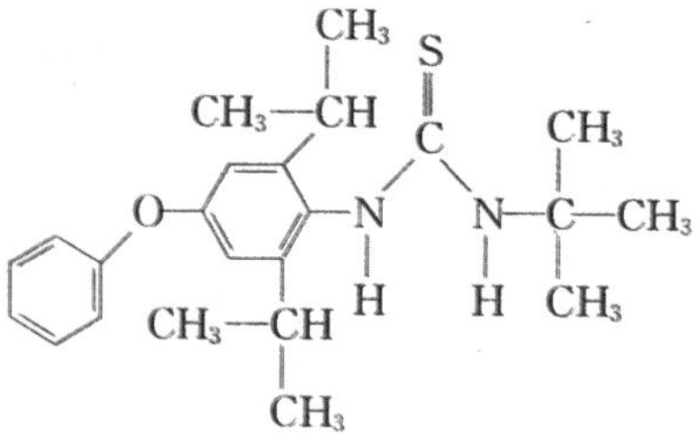

【曾用名】宝路、吊无影、品路。

【理化性质】纯品为白色粉末。比重：1.08（20℃）。熔点：149.6℃。蒸汽压：$<2\times10^{-6}$Pa（25℃）。溶解度：25℃时在水中62μg / L；20℃时，在甲醇中40g / L，丙酮中280g / L，甲苯中320g / L，乙烷中8g / L，正辛醇中23g / L。原药外观为白色至浅灰色粉末，比重：1.09（20℃），pH值为7.5（25℃）。

【毒性】中等毒。原药大鼠急性经口LD_{50} 2 068mg / kg，大鼠急性经皮LD_{50}>2 000mg / kg，急性吸入（4h）LC_{50} 558mg / m^3。对兔皮肤和眼睛无刺激性和致敏性，对动物无致癌、致畸、致突变作用。

【防治对象】广泛应用于果树、棉花、蔬菜和茶树以及观赏植物上，可有效控制植食性螨类（叶螨科、跗线螨科），还可控制小菜蛾、菜粉蝶、粉虱和夜蛾的为害，能够防除蚜虫的敏感品系以及对氨基甲酸酯类、有机磷类和拟除虫菊酯类农药产生抗性的蚜虫、大叶蝉和椰粉虱等。

【使用方法】

（1）蔬菜害虫。在小菜蛾发生高峰期（4～6月），或甘蓝结球期以及甘蓝连作期，于小菜蛾二、三龄为主的幼虫盛发期施药，每亩用50%可湿性粉剂50～100g，或80%可湿性粉剂50～75g，加水40～50L喷雾，连续2次施药间隔期10～15d，可有效控制小菜蛾的为害。

对甜菜夜蛾，每亩用50%可湿性粉剂60～100g，加水40～50L喷雾。对菜青虫，每亩可用25%乳油60～80ml，加水40～50L喷雾。

（2）果树害虫。防治叶螨：使用剂量为有效成分浓度400mg / kg（例如50%悬浮剂1 250倍液）在苹果红蜘蛛发生始盛期，施药方法为叶面喷雾。

【对天敌和有益生物的影响】丁醚脲对卷蛾分索赤眼蜂成蜂有一定的杀伤作用，降低其寄生力。对鱼、蜜蜂毒性较高。

【注意事项】对蜜蜂、鱼有毒，使用时应注意；施药时避免身体与药剂直接接触，穿戴好防护服。如有药剂污染皮肤、溅入眼中，立即用大量清水冲洗。

【主要制剂和生产企业】80%、50%可湿性粉剂；25%乳油；50%悬浮剂。

江苏瑞邦农药厂、广东省东莞市瑞德丰生物科技有限公司、江苏常隆化工有限公司、陕西秦丰农化有限公司、陕西省蒲城县美邦农药有限责任公司、深圳诺普信农化股份有限公司、山东省淄博市化工研究所长山实验厂、陕西标正作物科学有限公司、山东省青岛海利尔药业有限公司、湖南大方农化有限公司等。

虫螨腈（chlorfenapyr）

【作用机理分类】第13组。

【化学结构式】

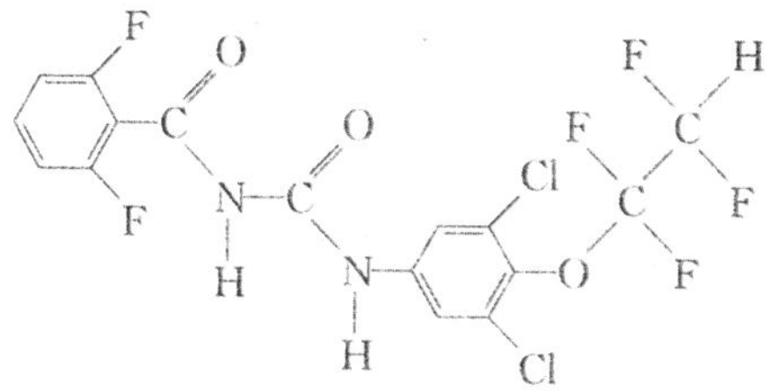

【曾用名】除尽、溴虫腈。

【理化性质】原药外观为淡黄色固体，有效成分含量94.5%，熔点：100～101℃，25℃时饱和蒸汽压：$<1\times10^{-11}$Pa。该品可溶于丙酮、乙醚、四氯化碳、乙腈、醇类，不溶于水。

【毒性】低毒。原药大白鼠急性经口LD_{50} 626mg／kg。兔急性经皮LD_{50}>2 000mg／kg。对神经系统未见急性毒性，对兔眼睛及皮肤无刺激性，对豚鼠皮肤无致敏作用，未见致畸作用。土壤中的半衰期为75d。

【防治对象】虫螨腈作用于昆虫体内细胞中的线粒体，通过昆虫体内的多功能氧化酶起作用。主要抑制二磷酸腺苷（ADP）向三磷酸腺苷（ATP）的转化，而三磷酸腺苷是储存细胞维持其生命机能所必需的能量。虫螨腈通过胃毒及触杀作用于害虫，在植物叶面渗透性强，有一定的内吸作用，可以控制对氨基甲酸酯类、有机磷类和拟除虫菊酯类杀虫剂产生抗性的昆虫和某些螨。主要用于防治十字花科蔬菜上的小菜蛾、甜菜夜蛾等。

【使用方法】

①防治甜菜夜蛾：使用剂量为有效成分5g／亩（例如10%悬浮剂50ml／亩），在甜菜夜蛾二龄以前喷雾施药。

②防治小菜蛾：使用剂量为有效成分3.35～5g／亩（例如10%悬浮剂33.5～50ml／亩），在小菜蛾卵孵化盛期或幼虫二龄以前喷雾施药。

【对天敌和有益生物的影响】虫螨腈对草间小黑蛛、卷蛾分索赤眼蜂有一定杀伤作用。对鱼、蜜蜂有毒。

【注意事项】

（1）应注意安全保管，远离热源、火源，避免冻结。使用时注意防护。

（2）本品对蜜蜂、禽鸟和水生动物毒性较高，不要将药液直接洒到水及水源处。

（3）对人、畜有害，使用过的器皿须用水清洗3次后埋掉。

（4）用于十字花科蔬菜（如白菜、甘蓝、芥菜、油菜、萝卜和芜菁等）的安全间隔期暂定为14d。每季使用不得超过2次。

（5）尽量不要和其他杀虫剂混用。

【主要制剂和生产企业】10%悬浮剂；5%微乳剂。

德国巴斯夫股份有限公司、江苏龙灯化学有限公司、广东德利生物科技有限公司等。

氟铃脲（hexaflumuron）

【作用机理分类】第15组。

【化学结构式】

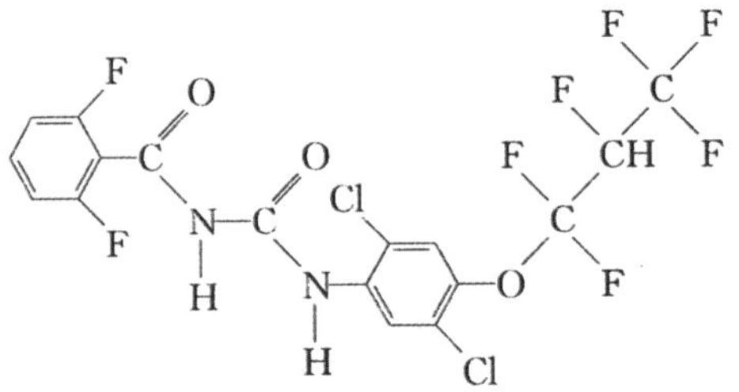

【曾用名】盖虫散、远化、创富、飞越、竞魁、卡保、博奇、包打、定打。

【理化性质】原药为无色（或白色）固体。熔点：202～205℃，蒸汽压：0.059mPa（25℃）。溶解性（20℃）：水中0.027mg／L（18℃），甲醇中11.9mg／L，二甲苯中5.2g／L。

【毒性】低毒。大鼠急性经口LD_{50}>5 000mg／kg，急性经LD_{50}>5 000mg／kg。对眼睛、皮肤有轻微刺激。

【防治对象】氟铃脲属酰基脲类昆虫生长调节剂类杀虫剂，比其他同类药剂杀虫谱广，击倒力强，具有很高的杀虫和杀卵活性，杀虫速度比其他同类产品迅速，可用来防治棉铃虫、甜菜夜蛾、金纹细蛾、桃蛀果蛾以及卷叶蛾、刺蛾、桃蛀螟等多种蔬菜和果树上的鳞翅目害虫。

【使用方法】

（1）蔬菜害虫。

①防治小菜蛾：在卵孵盛期至一、二龄幼虫盛发期，每亩用5%乳油40～60g，对水40～60kg，即稀释1 000～2 000倍液均匀喷雾。药后15～20d效果可达90%左右。用3 000～4 000倍液喷雾，药后10d效果在80%以上。

②防治菜青虫：在二、三龄幼虫盛发期，用5%乳油2 000～3 000倍液喷雾，药后10～15d效果可达90%以上。

③防治豆野螟：在豇豆、菜豆开花期，卵孵盛期，每亩用5%乳油75～100ml喷雾，隔10d再喷1次，全期用药2次，具有良好的保荚效果。

（2）棉花害虫。

①防治棉铃虫：在卵孵盛期，每亩用5%乳油60～120g，对水50～60kg，即稀释1 000倍左右喷雾。药后10d效果在80%～90%，保蕾效果70%～80%。

②防治红铃虫：在第二、第三代卵孵盛期，每亩用5%乳油75～100ml喷雾，每代用药2次，杀虫和保铃效果在80%左右。

【注意事项】

（1）不要在桑园、鱼塘等地及其附近使用；防治食叶害虫应在低龄期（一、二龄）幼虫盛发期使用，钻蛀性害虫应在产卵末期至卵孵化盛期使用。

（2）该药剂无内吸性和渗透性，使用时注意喷洒均匀周到；田间作物虫、螨并发时，应加杀螨剂使用。

（3）对水生甲壳类生物毒性高，不宜在养殖虾、蟹等处使用。

（4）对水稻有药害，使用时要注意安全。

【主要制剂和生产企业】5%乳油。

河北威远生物化工股份有限公司、天津人农药业有限责任公司、浙江平湖农药厂、河南省安阳市红旗药业有限公司、陕西省西安恒田化工科技有限公司、山东中石药业有限公司、河北省石家庄市伊诺生化有限公司、海南正业中农高科股份有限公司、山东省淄博绿晶农药有限公司、江苏连云港立本农药化工有限公司、山东曹达化工有限公司、河南省春光农化有限公司等。

虱螨脲（lufenuron）

【作用机理分类】第15组。

【化学结构式】

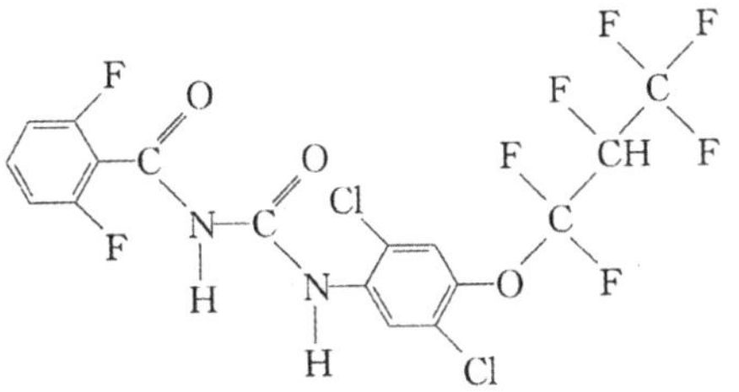

【理化性质】原药为无色晶体。熔点：164～168℃；蒸汽压：<1.2×10^{-9}Pa（25℃）；水中溶解度（20℃）<0.006mg／L，其他溶剂溶解度（20℃，g／L）：甲醇41、丙酮460、甲苯72、正已烷0.13、正辛醇8.9。在空气、光照下稳定，在水中DT_{50}：32d（pH值为9）、70d（pH值为7）、160d（pH值为5）。

【毒性】低毒。原药大鼠急性经口LD_{50}>2 000mg／kg。对兔眼黏膜和皮肤无明显刺激作用。试验结果表明，在动物体外无明显的蓄积毒性，未见致癌、致畸、致突变作用。对水生甲壳动物幼体有害。对蜜蜂无毒。

【防治对象】虱螨脲对昆虫主要是胃毒作用，有一定的触杀作用，但无内吸作用，有良好的杀卵作用。能抑制昆虫几丁质合成酶的形成，干扰几丁质在表皮的沉积作用，导致昆虫不能正常蜕皮变态而死亡。该药剂具有杀虫谱广、用量少、毒性低、残留低、残效期长，并有保护天敌等特点。用于防治棉花、蔬菜上的鳞翅目幼虫和鞘翅目幼虫、柑橘上的锈螨、粉虱及蟑螂、虱子等卫生害虫。

【使用方法】

（1）蔬菜害虫。防治甜菜夜蛾、斜纹夜蛾、豆荚螟、菜青虫等：每亩用5%乳油30～40ml，对水40～45kg均匀喷雾。

（2）棉花害虫。防治棉铃虫、红铃虫等；每亩用5%乳油30～40ml，对水40～45kg均匀喷雾。

【主要制剂和生产产企业】5 9%乳油。

瑞士先正达公司、浙江世佳科技有限公司。

灭幼脲（chlorbenzuron）

作用机理分类】第15组。

【化学结构式】

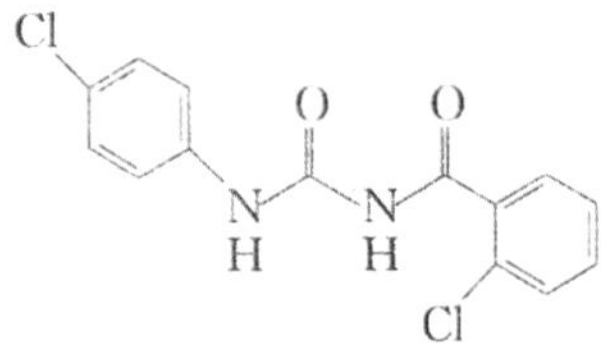

Cl
O O
N N
H H
Cl

【曾用名】扑蛾丹、蛾杀灵、劲杀幼。

【理化性质】纯品为白色结晶。熔点：199～201℃。不溶于水、乙醇、甲苯，在丙酮中的溶解度为0.01g／ml（26℃），易溶于二甲基亚砜和N，N-二甲基甲酰胺。对光和热较稳定，在中性、酸性条件下稳定，遇碱和较强的酸易分解。在常温下储存较稳定。

【毒性】低毒。急性经口大鼠LD_{50}>20 000mg／kg，小鼠LD_{50}>20 000mg／kg。对兔眼睛和皮肤无明显刺激作用。对鱼类低毒。对人、畜和植物安全，对益虫和蜜蜂等膜翅目昆虫和森林鸟类几乎无害。对水生甲壳类动物有一定的毒性。

【防治对象】灭幼脲以胃毒作用为主，触杀作用次之，无内吸性。害虫取食或接触药剂后，抑制表皮几丁质的合成，使幼虫不能正常蜕皮而死亡。对鳞翅目幼虫和双翅目幼虫有特效。不杀成虫，但能使成虫不育，卵不能正常孵化。该类药剂被大面积用于防治菜青虫、甘蓝夜蛾、黏虫、玉米螟、桃树潜叶蛾、茶黑毒蛾、茶尺蠖及其他毒蛾类、夜蛾类等鳞翅固害虫。该药药效缓慢，2～3d后才能显示杀虫作用。残效期长达15～20d，且耐雨水冲刷，在田间降解速度慢。

【使用方法】

（1）蔬菜害虫。防治菜青虫，在菜青虫发生为害期，一般掌握在卵孵化盛期或一、二龄幼虫期施药。每亩用20%悬浮剂15～37.5g，或用25%悬浮剂10～20g，对水60～90kg，稀释1 500～3 000倍液均匀喷雾。

（2）粮食害虫。防治谷子、小麦黏虫，每亩用25%悬浮剂60g，对水50～65kg，稀释500～1 000倍液均匀喷雾。

（3）苹果害虫。防治苹果金纹细蛾，每亩用25%悬浮剂40～45g，对水50～80kg，稀释1 000～2 000倍液均匀喷雾。

【注意事项】

（1）本药剂为胶悬剂，有明显沉淀现象，使用时一定要摇匀后再对水稀释。

（2）不能与碱性农药混用。

（3）该药剂作用速度缓慢，施药后3～4d始见效果，应在卵孵盛期或低龄幼虫期施药。

（4）不要在桑园等处及其附近使用。

（5）储存在阴凉、干燥、通风处。

【主要制剂和生产企业】20%、25%悬浮剂。

吉林省通化农药化工股份有限公司、河北省化学工业研究院实验厂。

氟啶脲（chlorfluazuron）

【作用机理分类】第15组。

【化学结构式】

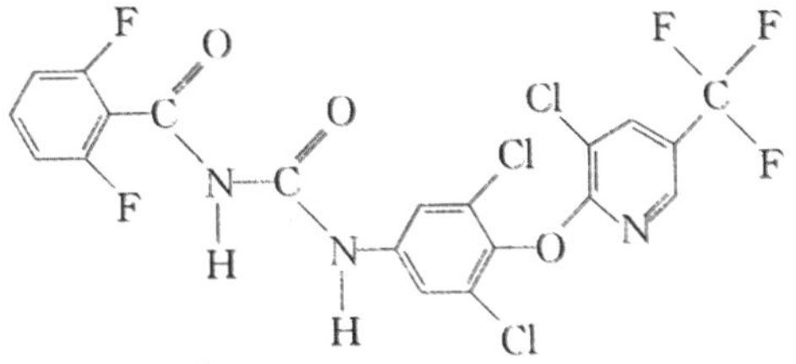

【曾用名】抑太保、啶虫隆。

【理化性质】原药为白色结晶。熔点：226.5℃（分解）。蒸汽压：<10nPa（20℃）。20℃时溶解度：水<0.0lmg / L、己烷<0.01g / L、正辛醇1g / L、二甲苯2.5g / L、甲醇2.5g / L、甲苯6.6g / L、异丙醇7g / L、二氯甲烷22g / L、丙醇55g / L、环己酮110g / L，在光和热下稳定。

【毒性】低毒。原药大鼠急性经口LD_{50}>8 500mg / kg，大鼠急性经皮LD_{50}>1 000mg / kg 。对家兔皮肤、眼睛无刺激性。

【防治对象】氟啶脲以胃毒作用为主，兼有触杀作用，无内吸性。作用机制主要是抑制昆虫几丁质的合成，使卵孵化、幼虫蜕皮及蛹的发育畸形及成虫羽化受阻而发挥杀虫作用。对害虫药效高，但作用速度较慢，一般在药后5～7d才能充分发挥效果，对多种鳞翅目害虫以及直翅目、鞘翅目、膜翅目、双翅目等害虫有很高活性，对菜青虫、小菜蛾、棉铃虫、苹果桃小食心虫及松毛虫、甜菜夜蛾、斜纹叶蛾防治效果显著，但对蚜虫、叶蝉、飞虱等刺吸式口器害虫无效。防治对有机磷类、氨基甲酸酯类、拟除虫菊酯类等其他杀虫剂已产生抗性的害虫有良好效果。对害虫天敌及有益昆虫安全。可用于棉花、甘蓝、白菜、萝卜、甜菜、大葱、茄子、西瓜、大豆、甘蔗、茶、柑橘等作物害虫防治。持效期一般14～21d。

【使用方法】

（1）蔬菜害虫。

①防治小菜蛾：对花椰菜、甘蓝、青菜、大白菜等十字花科叶菜上的小菜蛾，在低龄幼虫为害苗期或莲座初期心叶及其生长点时，防治适期应掌握在卵孵化至一、二龄幼虫盛发期，对生长中后期或连作后期至包心期叶菜，幼虫主要在中外部叶片为害，防治适期可掌握在二、三龄盛发期。每亩用5%乳油30～60g，对水60～90kg，即稀释2 000～3 000倍液均匀喷雾。药后15～20d的杀虫效果可达90%以上。间隔6d施药1次。

②防治菜青虫：在二、三龄幼虫期，每亩用5%乳油25～50g，即稀释3 000～4 000倍液均匀喷雾。药后10～15d防效可达90%左右。

③防治豆野螟：在豇豆、菜豆开花期或卵盛期每亩用5%乳油25～50ml对水喷雾，间

隔10d再喷1次。能有效防止豆荚被害。

（2）棉花害虫。在棉铃虫卵孵化盛期，每亩用5%乳油60～120g，稀释为1 000～2 000倍液。药后7～10d的杀虫效果在80%～90%，保铃（蕾）效果在70%～80%。

防治棉铃虫、红铃虫：在第二、第三代卵孵盛期，每亩用5%乳油30～50ml喷雾，各代喷药2次。保铃效果在70%左右，杀虫效果80%左右。应用氟啶脲防治对拟除虫菊酯类农药产生抗性的棉铃虫、红铃虫，在棉花害虫综合治理中，该药剂是较理想的农药品种之一。

（3）果树害虫。

①防治柑橘潜叶蛾：在成虫盛发期内放梢时，新梢长1～3cm，新叶片被害率约5%时施药。若仍有为害，每隔5～8d施药1次，一般一个梢期施2～3次，用5%乳油2 000～3 000倍液均匀喷雾。

②防治苹果桃小食心虫：于产卵初期、初孵幼虫未钻蛀果前开始施药，以后每隔5～7d施药1次，共施药3～6次，用5%乳油1 000～2 000倍液或每100kg水加50%乳油50～100ml喷雾。

（4）茶树害虫。防治茶尺蠖、茶毛虫，于卵始盛期施药，每亩用5%乳油75～120ml，对水75～150kg喷雾，即稀释为1 000～1 500倍液。

【注意事项】

（1）喷药时，要使药液湿润全部枝叶，才能充分发挥药效。

（2）是抑制幼虫蜕皮致使其死亡的药剂，通常幼虫死亡需要3～5d，所以施药适期应较一般有机磷、拟除虫菊酯类杀虫剂提早3d左右，在低龄幼虫期施药。对钻蛀性害虫宜在产卵高峰至卵孵化盛期施药，效果最好。

（3）有效期长，间隔6d施第二次药。

（4）对家蚕有毒，应避免在桑园及其附近使用。

（5）对鱼、贝类，尤其对虾等甲壳类生物有影响，因此在养鱼池附近使用应十分慎重。

（6）使用本剂时，注意正确掌握使用量、防治适期、施用方法等。特别是初次使用，应预先接受植保站等推广部门的指导。

（7）对眼睛、皮肤有刺激，使用时需注意，万一沾染，必须立即用清水冲洗眼睛，用肥皂清洗皮肤。如误服要喝1～2杯水，并立即送医院洗胃治疗，不要引吐。

【主要制剂和生产企业】5%乳油。

山东省济南绿霸化学品有限责任公司、上海生农生化制品有限公司、山东省青岛翰生生物科技股份有限公司、上海威敌生化（南昌）有限公司、日本石原产业株式会社等。

除虫脲（diflubenzuron）

【作用机理分类】第15组。

【化学结构式】

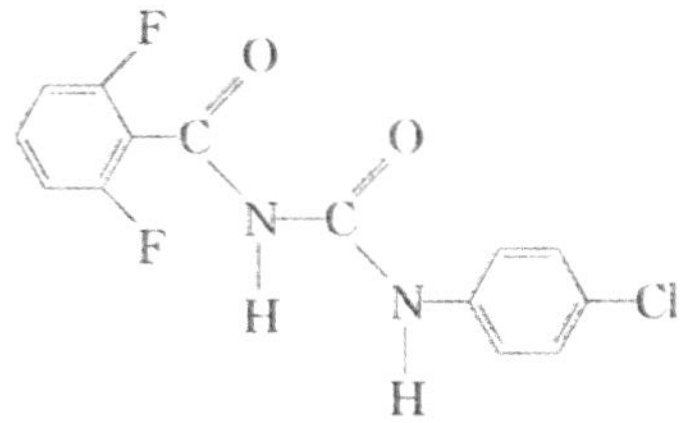

【曾用名】敌灭灵、灭幼脲1号。

【理化性质】纯品为白色结晶，原粉为白色至黄色结晶粉末。熔点：230～232℃。原药（有效成分含量95%）外观为白色至浅黄色结晶粉末，比重：1.56，熔点：210～230℃，蒸汽压<1.3×10^{-5}Pa（50℃）。难溶于水和大多数有机溶剂。20℃时在水中溶解度为0.1mg／L，丙酮中6.5g／L，易溶于极性溶剂如乙腈、二甲基砜，也可溶于一般极性溶剂如乙酸乙酯、二氯甲烷、乙醇。在非极性溶剂中如乙醚、苯、石油醚等很少溶解。对光、热比较稳定，在酸性和中性介质中稳定，遇碱易分解，对光比较稳定，对热也比较稳定。

【毒性】低毒。原药大鼠和小鼠急性经口LD_{50}均>4 640mg／kg。兔急性经皮LD_{50}>2 000mg／kg，急性吸入LC_{50}>30mg／L。对兔眼睛有轻微刺激性，对皮肤无刺激作用。除虫脲在动物体内无明显蓄积作用，能很快代谢。在试验条件下，未见致突变、致畸和致癌作用。三代繁殖试验未见异常。两年饲喂试验无作用剂量大鼠为40mg／kg，小鼠为50mg／kg。除虫脲对人、畜、鱼、蜜蜂等毒性较低。原药对鲑鱼30d饲喂试验LC_{50} 0.3mg／L。对蜜蜂毒性很低，急性接触LD_{50}>30μg／只。对鸟类毒性也低，8d饲喂试验，野鸭、鹌鹑急性经口LD_{50}>4 640mg／kg。

【防治对象】除虫脲主要是胃毒及触杀作用，无内吸性。害虫接触药剂后，抑制昆虫几丁质合成，使幼虫在蜕皮时不能形成新表皮，虫体畸形而死亡。杀死害虫的速度比较慢。对鳞翅目害虫有特效，对部分鞘翅目和双翅目害虫也有效。在有效用量下对植物无药害，对有益生物如鸟、鱼、虾、青蛙、蜜蜂、瓢虫、步甲、蜘蛛、草蛉、赤眼蜂、蚂蚁和寄生蝇等天敌无明显不良影响。对人、畜安全，但对害虫杀死缓慢。适用于蔬菜、小麦、水稻、棉花、花生、甘蓝、柑橘、林木、苹果、梨、茶、桃等作物上黏虫、菜青虫、小菜蛾、斜纹夜蛾、稻纵卷叶螟、金纹细蛾、甜菜夜蛾、松毛虫、柑橘潜叶蛾、柑橘锈壁虱、茶黄毒蛾、茶尺蠖、美国白蛾、梨木虱、桃小食心虫、梨小食心虫、苹果锈螨、棉铃虫和红铃虫等害虫的防治。

【使用方法】

（1）蔬菜害虫。

①防治菜青虫、小菜蛾：在幼虫发生初期，每亩用20%悬浮剂10～25g，稀释2 000～4 000倍液均匀喷雾。

②防治斜纹夜蛾：在产卵高峰期或孵化期，用20%悬浮剂400～500mg／kg的药液喷雾，可杀死幼虫，并有杀卵作用。

③防治甜菜夜蛾：在幼虫发生初期用20%悬浮剂100mg／kg喷雾。喷洒要力争均匀周到，否则防效差。

（2）旱粮害虫。防治小麦、玉米黏虫，施药时期在一代黏虫三、四龄期，二代黏虫卵孵盛期，三代黏虫二、三龄期，每亩用5%乳油30～100g，稀释500～1 000倍液；或用25%可湿性粉剂，或用20%悬浮剂5～20g，按1 000～2 000倍液喷雾。

（3）果树害虫。

①防治苹果金纹细蛾：每亩用5%乳油25～50mg／kg，即稀释1 000～2 000倍液，或用25%可湿性粉剂125～250mg／kg，即稀释1 000～2 000倍液。

②防治柑橘潜叶蛾：每亩用20%悬浮剂，或25%可湿性粉剂2 000～4 000倍液均匀喷雾。

③防治柑橘锈壁虱：用25%可湿性粉剂3 000～4 000倍液均匀喷雾。

（4）茶树害虫。防治茶毛虫和茶尺蠖，用5%可湿性粉剂600～800倍液，或20%悬浮剂1 500～2 000倍液均匀喷雾。

【注意事项】

（1）施药应掌握在幼虫低龄期，宜早期喷。要注意喷药质量，力求均匀，不要漏喷。取药时要摇动药瓶，药液不能与碱性物质混合。储存要避光。

（2）除虫脲人体每日允许摄入量（ADI）为0.004mg／kg。

（3）储存时，原包装放在阴凉、干燥处。

（4）使用除虫脲应遵守一般农药安全操作规程。避免眼睛和皮肤接触药液，避免吸入药尘雾和误食。如发生中毒时，可对症治疗，无特殊解毒剂。

【主要制剂和生产企业】5%乳油；20%悬浮剂；25%、5%可湿性粉剂。

山东省德州恒东农药化工有限公司、上海生农生化制品有限公司、美国科聚亚公司、江阴苏利化学有限公司等。

灭蝇胺（cyromazine）

【作用机理分类】第17组。

【化学结构式】

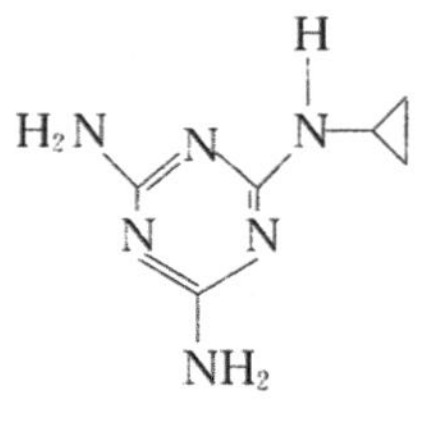

【曾用名】环丙氨嗪、潜克、灭蝇宝、谋道、潜闪、川生、驱蝇和网蛆。

【理化性质】白色或淡黄色固体。熔点：220～222℃。蒸汽压：>0.13mPa（20℃）。20℃时比重：1.35g／cm^3。溶解性（20℃）：水11 000mg／L（pH值为7.5），稍溶于甲醇。310℃以下稳定，在pH值为5～9时，水解不明显，70℃以下28d内未观察到水解。

【毒性】低毒。原药雄性大鼠急性经口LD_{50}>4 640mg／kg，雌性大鼠急性经口LD_{50} 3 160（1 860～5 380）mg／kg。原药大鼠急性经皮LD_{50}>2 000mg／kg。对兔眼睛有轻度

刺激作用，对兔皮肤无刺激作用，对豚鼠无致敏作用。实验条件下未见致癌、致畸、致突变作用。对蜜蜂、鸟类低毒。对鱼低毒，95%灭蝇胺原药对鲤鱼的LC_{50}（96h）9548mg / L。

【防治对象】灭蝇胺对双翅目幼虫有特殊活性，有强内吸传导作用，使双翅目幼虫和蛹在形态上发生畸变，成虫羽化不完全或受抑制。用于防治黄瓜、茄子、四季豆、叶菜类和花卉上的美洲斑潜蝇。防治斑潜蝇幼虫适期为斑潜蝇产卵盛期至幼虫孵化初期，一、二龄期，防治成虫以8：00施药为宜。

【使用方法】

（1）防治黄瓜和菜豆斑潜蝇。在斑潜蝇发生初期，当叶片被害率（潜道）达5%时进行防治，应掌握在幼虫潜入为害初期效果更好。用10%悬浮剂600～800倍液，或用20%可溶性粉剂1 000～2 000倍液，或用30%可溶性粉剂2 000～3 000倍液，或用50%可溶性粉剂、水溶性粉剂3 000～5 000倍液，或用70%可湿性粉剂5 000～7 000倍液，或用75%可湿性粉剂6 000～8 000倍液均匀喷雾。对潜叶蝇有良好防效。根据斑潜蝇发生情况可在7～10d后第二次喷药，一般年份一个盛发期内防治2次，重发生时防治3次。

（2）防治韭菜韭蛆。在韭蛆发生季节，每亩用15%颗粒剂100～800g进行沟施和穴施，可达到较好的控制效果。

【注意事项】

（1）该药剂对幼虫防效好，对成蝇效果较差，要掌握在初发期使用，保证喷雾质量。

（2）斑潜蝇的防治适期以低龄幼虫始发期为好，如果卵孵化不整齐，用药时间可适当提前，7～10d后再次喷药，喷药务必均匀周到。

（3）不能与强酸性物质混合使用。

（4）对皮肤有轻微刺激，使用时注意安全防护。施药后及时用肥皂清洗手、脸部。

（5）储存于阴凉、干燥、避光处，远离儿童，勿与食品、饲料混放。

【主要制剂和生产企业】10%悬浮剂；75%、70%、50%可湿性粉剂；75%、50%、30%、20%可溶性粉剂；1.5%颗粒剂。

浙江禾益农化有限公司、辽宁省沈阳化工研究院试验厂、浙江省温州农药厂、瑞士先正达作物保护有限公司等。

唑虫酰胺（tolfenpyrad）

【作用机理分类】第21A组。

【化学结构式】

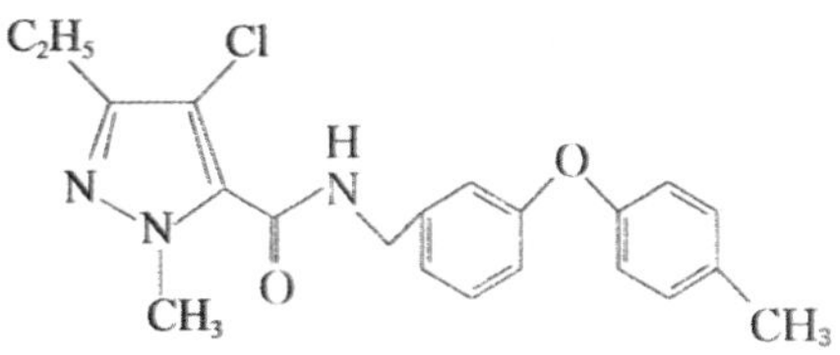

C_2H_5　Cl　H　N　N　N　O　O　CH_3　CH_3

【理化性质】原药（有效成分含量98%）外观为白色粉末，比重：1.18，熔点：87.8～88.2℃，蒸汽压<5×10^{-7}Pa（25℃）。难溶于水，25℃时在水中溶解度为0.087mg / L，

正己烷中7.41g／L，甲苯中366g／L，甲醇中59.6g／L。油水分配系数（正辛醇／水）（25℃）：5.61。

【毒性】中等毒。原药大鼠急性经口LD_{50}：386mg／kg（雄）。大鼠急性经皮LD_{50}>2 000mg／kg，急性吸入LC_{50} 2.21mg／L（雄）。对兔眼睛有中等刺激性，对皮肤有中等刺激作用。无致突变、致畸和致癌作用。夏药对鲤鱼急性毒性LC_{50} 0.002 9mg／L（96h）。对鹌鹑急性经口LD_{50} 83mg／kg。

【防治对象】唑虫酰胺主要是触杀作用，无内吸性。害虫接触药剂后，阻霉细胞内线粒体的电子传递，导致细胞无法产生能量，进而引起害虫活动缓慢，取食困难，饿死。对小型鳞翅目害虫（小菜蛾等），半翅目害虫（蚜虫、粉虱），鞘翅目害虫（黄曲条跳甲），缨翅目害虫（蓟马类），双翅目害虫（潜叶蝇），螨类（茶黄螨、锈螨）有效。同时，对葱锈病，黄瓜、西瓜白粉病也有效。适用于果树（苹果、梨、桃）、蔬菜（甘蓝、黄瓜、番茄、茄子、辣椒、葱等）、茶、棉花、花卉等植物上的害虫防治。

【使用方法】

（1）防治小菜蛾。在幼虫发生初期，每亩用15%乳油30～50ml，均匀喷雾。

（2）防治蔬菜蓟马。在幼虫发生初期，每亩用15%乳油50～80ml，均匀喷雾。

【对天敌和有益生物的影响】唑虫酰胺对有益蜂、有益螨有一定的影响，在养蚕地区使用时务必慎重。对水生动物毒性较高。

【注意事项】

（1）施药应掌握在幼虫低龄期，宜早期喷。要注意喷药质量，力求均匀，不要漏喷。

（2）储存时，原包装放在阴凉、干燥处。

（3）使用唑虫酰胺应遵守一般农药安全操作规程。避免眼睛和皮肤接触药液，避免吸入药尘雾和误食。

（4）唑虫酰胺对水生生物毒性大，鱼塘、河流附近切勿使用。

【主要制剂和生产企业】15%乳油。

日本农药株式会社。

鱼藤酮（rotenone）

【作用机理分类】第21B组。

【化学结构式】

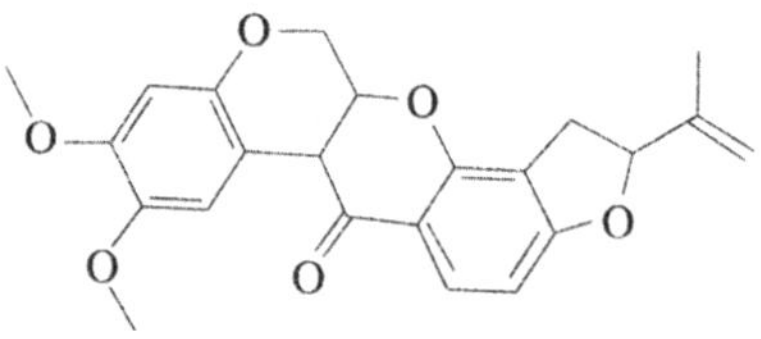

【曾用名】施绿宝、宝环一号、绿易、欧美德。

【理化性质】晶体外观为无色斜方片状结晶。密度：1.55g／cm^3；熔点：165～166℃；沸点：210（0.067kPa）；不溶于水，溶于醇、丙酮、氯仿、四氯化碳和乙醚。

【毒性】中等毒。兔急性经皮LD_{50} 132～150mg／kg。由于其易分解，在空气中易氧化，施用后在作物上的残留时间短，对环境无污染，对天敌也比较安全，害虫不易产生抗药性，因此被广泛用于防治各种作物上的害虫。

【防治对象】鱼藤酮杀虫谱广，能有效防治蔬菜等多种作物上的鳞翅目、半翅目、鞘翅目、双翅目、膜翅目、缨翅目、蜱螨亚目等多种害虫和害螨，对蚜虫有特效。

【使用方法】

（1）防治菜青虫。使用2.5%乳油500倍液，于菜青虫低龄幼虫期施药。

（2）防治柑橘蚜虫。使用2.5%乳油300倍液，于柑橘蚜虫若虫始盛期喷雾。

【对天敌和有益生物的影响】鱼藤酮对蚜茧蜂有一定的杀伤作用。对鱼和家蚕高毒。

【注意事项】本品遇光、空气、水和碱性物质会加速降解，失去药效，不宜与碱性农药混用。药液要随配随用，防止久放失效。对家畜、鱼和家蚕高毒，施药时应避免药液飘移到附近水池、桑树上。

【主要制剂和生产企业】2.5%鱼藤酮乳油。

广州农药厂从化市分厂。

螺虫乙酯（spirotetramat）

【作用机理分类】第23组。

【化学结构式】

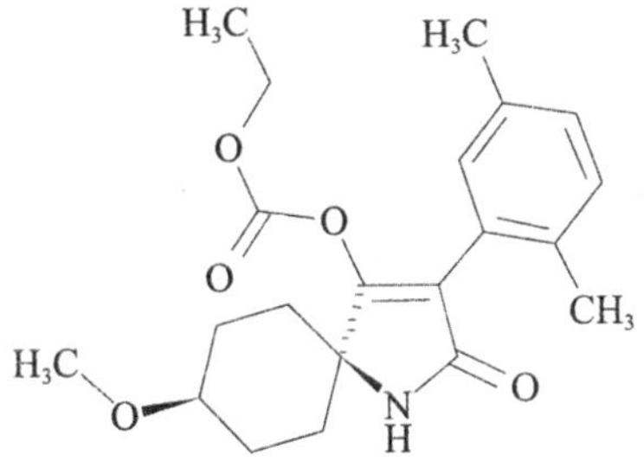

【曾用名】亩旺特。

【理化性质】纯品外观为无特殊气味的浅米色粉末；分解温度：235℃；熔点：142℃；蒸汽压（25℃）：1.5×10^{-8}Pa；溶解度（20℃）：水中33.4mg／L（pH值为6.0～6.3），有机溶剂中（g／L）：正己烷中0.055，乙醇中44，甲苯中60，乙酸乙酯中67，丙酮中100～120，二甲基亚砜中200～300，二氯甲烷中>600；正辛醇／水分配系数（20℃，pH值为7）=2.51。

【毒性】低毒。大白鼠急性经口LD_{50}>2 000mg／kg；大鼠急性经皮LD_{50}>2 000mg／kg。大鼠急性吸入毒性（固态气溶胶）>4 183mg／m^3，为低毒。无皮肤刺激性，有轻微的眼刺激性，具有一定的皮肤致敏性。螺虫乙酯亚急性／亚慢性经口和经皮毒性均为低毒。对雄性和雌性大鼠给药，在测试的最高剂量1 022mg／（kg·d）（雄性）和1 319mg／（kg·d）（雌性）的情况下，没有发现任何致癌性。对大鼠多个世代的研究以及对大鼠、兔发育的研究也排除了螺虫乙酯具有生殖毒性或致畸性的可能。观察螺虫乙酯高剂量下对雄性大鼠的生殖功能和表现的影响（对精子细胞产生致畸作用的最小有害作用剂量为487mg／kg），结果都表明螺虫乙酯对人类生殖无害。对大鼠和兔的发育研究表明，螺虫乙酯也不具有潜在的致畸性。对螺虫乙酯进行一系列标准的遗传毒性检测表明，人类暴露在螺虫乙酯下不会产生致畸或遗传毒性。对大鼠进行精确的神经毒性扫描测定，螺虫乙酯没有表现出任何引起神经毒性的可能。

螺虫乙酯对鱼类低毒。对水蚤的急性和慢性毒性为低到中等毒，对藻类没有任何影响。对鸟类的急性经口毒性和饲喂毒性均为低毒。在最大田间推荐用量下，对采蜜的蜜蜂不存在不可接受的风险。

【防治对象】螺虫乙酯可以用于防治多种作物的多种害虫，如草莓、叶菜、果菜、根菜、菠萝、芒果、木瓜、香蕉、棉花、大豆、柑橘、葡萄及核果类、仁果类果树等，防治蚜虫、介壳虫、粉蚧、木虱、白粉虱、蓟马以及红蜘蛛等。

【使用方法】

①防治番茄烟粉虱：有效成分浓度300～450g／hm^2（螺虫乙酯240g／L悬浮剂20～30ml／亩）混用其同等体积的助剂哈速腾（Has-ten），于烟粉虱成虫发生初期全株均匀喷雾。

②防治柑橘介壳虫：有效成分浓度48～60mg／kg（螺虫乙酯240g／L悬浮剂4 000～5 000倍稀释液）混用其1.5倍体积的助剂哈速腾，于介壳虫卵孵盛期对柑橘叶片喷雾。

【注意事项】

（1）螺虫乙酯对成虫一般无直接杀伤作用，建议在害虫种群尚未建立时施药，如果施药时害虫种群已经较大，建议和速效性好的杀虫剂混用。

（2）确保将本品喷施在植物叶片上，且作物处于生长旺盛时期。

（3）螺虫乙酯240g／L悬浮剂在使用时必须与推荐的助剂混用。如果混用其他助剂或杀虫、杀菌剂，建议在使用前进行安全性和防效试验。

（4）螺虫乙酯在柑橘上的安全间隔期为40d，每个生长季最多施用1次；在番茄上安全间隔期5d，每个生长季最多施用1次。

（5）螺虫乙酯原药低毒，但在配制和施用时，应穿防护服、戴手套和口罩；严禁吸烟和饮食。避免误食或溅到皮肤、眼睛等处。如不慎溅入眼睛，应立即用大量清水冲洗。药后用肥皂和足量清水冲洗手部、面部和其他身体裸露部位以及受药剂污染的衣物等。

【主要制剂和生产企业】240g／L悬浮剂。

拜耳作物科学公司。

氟虫双酰胺（flubendiamide）

【作用机理分类】第28组。

【化学结构式】

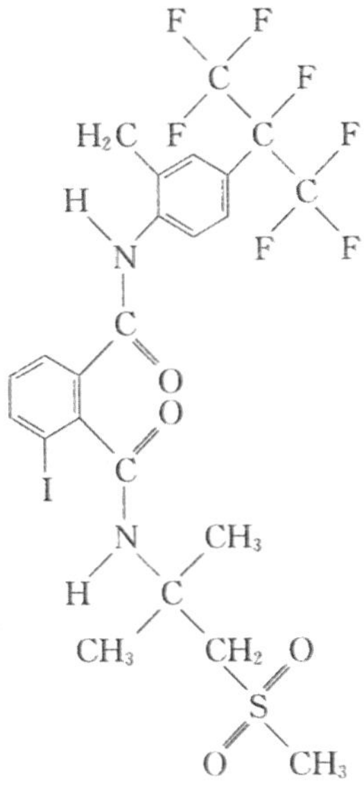

【曾用名】NNI-001。

【理化性质】原药外观为白色结晶粉末，无特殊气味。制剂外观为褐色水分散粒剂。蒸汽压：（25℃）3.7×10^{-7}Pa。沸点：由于热分解不能测定。熔点：217.5～220.7℃（99.6%），熔化的纯品放热分解温度名义上为255～260℃。无爆炸危险，不具自燃性，不具氧化性。相对密度：1.659g／cm^3（20℃），在pH值在4.0～9.0范围内及相应的环境温度下几乎没有水解。溶解度：水中29.9±2.87μg／L（20℃），有机溶剂中（g／L，20℃）：正庚烷中8.35×10^{-4}，二甲苯中0.488，二氯乙烷中8.12，丙酮中102。

【毒性】低毒。大鼠急性经口LD_{50}>2 000mg／kg，大鼠经皮LD_{50}>2 000mg／kg，急性吸入LC_{50} 68.5mg／m^3。对白兔眼睛有轻度刺激性，皮肤无刺激性；豚鼠皮肤致敏试验结果为无致敏性；大鼠90d亚慢性喂养毒性试验最大无作用剂量：雄性大鼠为1 026mg／kg，雌性大鼠为296.1mg／kg；4项致突变试验：污染物致突变性检测试验、小鼠骨髓细胞微核试验、人体外周血淋巴细胞染色体畸变试验、体外哺乳动物细胞染色体畸变试验结果均为阴性，未见致突变作用。

【防治对象】氟虫双酰胺对多种鳞翅目害虫有效，防治甘蓝、生菜、白菜、苹果、梨、桃、茶叶、大豆、萝卜、葱、番茄、草莓等作物上的小菜蛾、斜纹夜蛾、甜菜夜蛾、甘蓝夜蛾、卷叶虫、潜夜蛾，食心虫、刺蛾、大造桥虫、菜螟虫等。

【使用方法】防治蔬菜甜菜夜蛾，用量为有效成分1.8g／亩（例如20%可分散粒剂15g／亩）于甜菜夜蛾始盛发期，大部分幼虫处于二龄以下时均匀喷雾。

防治蔬菜小菜蛾，用量为有效成分3g／亩（例如20%可分散粒剂15g／亩）于小菜蛾卵孵盛期至二龄幼虫期喷雾。

【注意事项】

（1）本剂用量低，配制药液时请采用二次稀释法。先在喷雾器中加水至1／4～1／2，再将该药倒入已盛有少量水的另一容器中，并冲洗药袋，然后搅拌均匀成母液。将母液倒入喷雾器中，加够水量并搅拌均匀。

（2）与其他不同作用机理的杀虫剂交替使用，每季作物使用本药不要超过2次。

（3）不宜与碱性农药和未确认效果的药物混用。

（4）对蚕有毒，不要在桑树上或其周围用药，避免造成危害。

（5）如误服，请先喝大量干净的水，然后携带药剂商品标签就医，请医生根据病情诊治。

【主要制剂和生产企业】20%氟虫双酰胺水分散粒剂。

日本农药株式会社。

印楝素（azadirachtin）

【化学结构式】

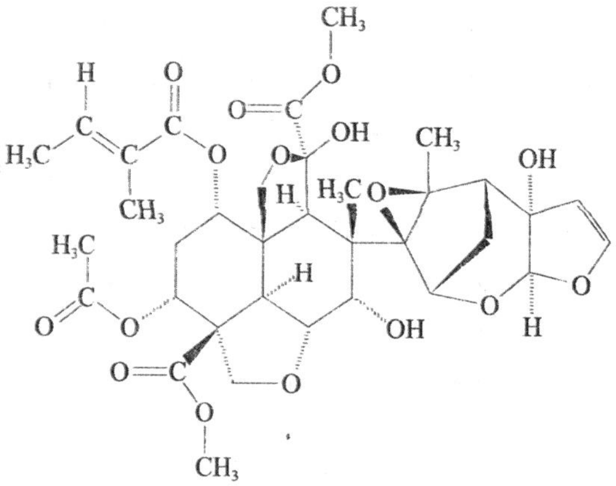

【理化性质】纯品为白色非结晶物质微晶或粉状。熔点：154～158℃。旋光度［α］$_D$-65.4°（c=0.2），氯仿。对光热不稳定。易溶于甲醇、乙醇、丙酮、二甲亚砜等极性有机溶剂。

【毒性】低毒。对人、畜、鸟类和蜜蜂安全，不影响捕食性及寄生性天敌，环境中很容易降解。

【防治对象】印楝素是一类从印楝（*Azadirachta indica*）中分离提取出来的活性最强的化合物，属于四环三萜类。印楝素可以分为印楝素-A，-B，-C，-D，-E，-F，-G，-I共8种，印楝素-A就是通常所指的印楝素。主要分布在种核中，其次在叶子中。作用机制特殊，具有拒食、忌避、触杀、胃毒、内吸和抑制昆虫生长发育的作用，被国际上公认为最重要的昆虫拒食剂。结构类似昆虫的蜕皮激素，是昆虫体内蜕皮激素的抑制剂，降低蜕皮激素等激素的释放量；也可以直接破坏表皮结构或阻止表皮几丁质的合成，或干扰呼吸代谢，影响生殖系统发育等。具体作用为破坏或干扰卵、幼虫或蛹的生长发育；阻止若虫或幼虫的蜕皮；改变昆虫的交尾及性行为；对若虫、幼虫及成虫有拒食作用；阻止成虫产卵及破坏卵巢发育；使成虫不育。高效、广谱、无污染、无残留、不易产生抗药性、对人畜等温血动物无害及对害虫天敌安全。可防治10目400余种农林、仓储和卫生害虫。应用印楝素杀虫剂可有效地防治棉铃虫、松毛虫、舞毒蛾、日本金龟甲、烟芽夜蛾、谷实夜蛾、斜纹夜蛾、小菜蛾、潜叶蝇、草地夜蛾、沙漠蝗、非洲飞蝗、玉米螟、褐飞虱、蓟马、钻背虫和果蝇等害虫，可以广泛用于粮食、棉花、林木、花卉、瓜果、蔬菜、烟草、茶叶和咖啡等作物，不会使害虫对其产生抗药性。印楝素有良好的内吸传导特性。制剂施于土壤，可被棉花、水稻、玉米、小麦和蚕豆等作物根系吸收，输送到茎叶，从而使整株植物具有抗虫性。

【使用方法】

（1）蔬菜害虫。防治小菜蛾在小菜蛾发生为害期，于一、二龄幼虫盛发期及时施药，每亩可用0.7%印楝素乳油60～80ml，或每亩用0.5%印楝素乳油125～150ml，或每亩用0.3%印楝素乳油300～500ml对水均匀喷雾。防治菜青虫，在一、二龄幼虫盛发期及时施药，每亩可用0.7%印楝素乳油40～60ml，或每亩用0.3%印楝素乳油90～140ml对水均匀喷雾。防治蔬菜蚜虫，在发生期，每亩可用0.5%印楝素乳油40～60ml对水均匀喷雾。

（2）茶树害虫。防治茶尺蠖，一、二龄幼虫盛发期及时施药，每亩可用0.7%印楝素乳油40～50ml对水均匀喷雾。

（3）烟草害虫。防治烟青虫，一、二龄幼虫盛发期及时施药，每亩可用0.7%印楝素乳油50～60ml对水均匀喷雾。

【注意事项】

（1）不宜与碱性农药混用。

（2）作用速度较慢，要掌握施药适期，不要随意加大用药量。

（3）在清晨或傍晚施药。

【主要制剂和生产企业】0.7%、0.6%、0.5%、0.32%、0.3%乳油。

九康生物科技发展有限责任公司、云南中科生物产业有限公司、云南建元生物开发有限公司、河南鹤壁陶英陶生物科技有限公司、德国特立福利公司等。

苦参碱（matrine）

【化学结构式】

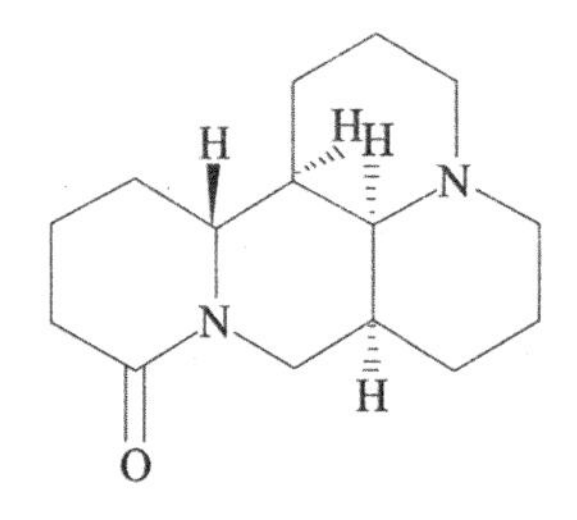

【曾用名】绿潮、源本、杀确爽、绿宇、卫园、京绿、绿美、全卫、百草一号、绿诺。

【理化性质】纯品为白色针状结晶或结晶状粉末，无臭，味苦，久露置空气中，可成微吸潮性或变淡黄色油状物，遇热颜色变黄且变为油状物，在室温下放置又固化。本品在乙醇、氯仿、甲苯、苯中极易溶解，在丙酮中易溶，在水中溶解，在石油醚、热水中略溶。

【毒性】低毒。LD_{50}小鼠腹腔注射为150mg／kg，LD_{50}大鼠腹腔注射125mg／kg。无致突变作用，无胚胎毒性，无致畸作用，有弱蓄积性。

【防治对象】苦参碱属广谱性植物杀虫剂，是由中草药植物苦参（*Sophara flavescens*）的根、茎、叶、果实经乙醇等有机溶剂提取制成的一种生物碱。害虫接触药剂后可使神经中枢麻痹，蛋白质凝固堵塞气孔窒息而死。对人、畜低毒，具触杀和胃毒作用，对各种作物上的菜青虫、蚜虫、红蜘蛛等有明显防治效果，也可防治地下害虫。

【使用方法】

（1）蔬菜害虫。防治菜青虫，在成虫产卵高峰后7d左右，幼虫处于三龄以前进行；防治蚜虫，在蚜虫发生期进行，可用0.2%、0.2 6%、0.3%、0.36%和0.5%水剂，0.38%和1%可溶性液剂，0.38%乳油，分别稀释300～500倍液喷雾。持效期7d左右。本品对低龄幼虫效果好，对菜青虫四龄以上幼虫效果差。

（2）小麦地下害虫。可用土壤处理及拌种两种方法。拌种处理，种子先用适量水润湿，以种皮湿润为宜，每100kg种子用1.1%粉剂4～4.67kg，搅拌均匀，堆闷2～4h后方可下种；做土壤处理，每亩用1.1%粉剂2～2.5kg，撒施或条施均可，用于防治小麦田地老虎、蛴螬、金针虫等地下害虫。

（3）棉花害虫。在6月上旬棉红蜘蛛第1次发生高峰前，棉苗有红蜘蛛率为7%～17%时进行防治，每亩用0.2%水剂250～750g，对水75kg，均匀喷雾，即稀释100～300倍液。喷药注意均匀周到，药液务必接触虫体。持效期15～20d。

（4）果树害虫。在苹果开花后，红蜘蛛越冬卵开始孵化至孵化结束期间是防治适期。用0.2%水剂1 00～300倍液喷雾，以整株树叶喷湿为宜。

（5）谷子害虫。在黏虫低龄幼虫期（二、三龄为主）施药，每亩用0.3%水剂150～250g，对水50kg，即稀释200～3 00倍液均匀喷雾。

（6）茶树害虫。茶尺蠖幼虫处于三龄以前，每亩用0.5%水剂或0.38%乳油50～70ml，对水均匀喷雾。

【注意事项】

（1）喷药后不久降雨需再喷1次。

（2）严禁与碱性农药混合使用。

（3）储存在避光、阴凉、通风处，避免在高温和烈日条件下存放。

【主要制剂和生产企业】2.5%、0.3 8%、0.3%乳油；0.5%、0.3 6%、0.3%、0.2 6%、0.2%水剂；1%、0.3 8%、0.3 6%可溶性液剂；1.1%、0.3 8%粉剂。

赤峰中农大生化科技有限责任公司、江苏省南通神雨绿色药业有限公司、北京富力特农业科技有限责任公司、天津开发区绿禾植物制剂有限公司等。

二、蔬菜杀虫剂作用机理分类

蔬菜杀虫剂作用机理分类（表1-3-1）。

表1-3-1　蔬菜杀虫剂作用机理分类

主要组和主要作用位点	化学结构亚组和代表性有效成分	举　例
1.乙酰胆碱酯酶抑制剂	1A 氨基甲酸酯	抗蚜威、异丙威、硫双威
	1B 有机磷	毒死蜱、辛硫磷、敌敌畏、敌百虫、乙酰甲胺磷、哒嗪硫磷、三唑磷、马拉硫磷、倍硫磷、内溴磷
3.钠离子通道调节剂	3A 拟除虫菊酯类杀虫剂 天然除虫菊酯	溴氰菊酯、氰戊菊酯、高效氯氰菊酯、氟氯氰菊酯、联苯菊酯、高效氯氟氰菊酯、甲氰菊酯、醚菊酯、氟氯氰菊酯、除虫菊素
4.烟碱乙酰胆碱受体促进剂	4A 新烟碱类	啶虫脒、吡虫啉、噻虫嗪
5.烟碱乙酰胆碱受体的变构拮抗剂	多杀菌素类杀虫剂	多杀菌素、乙基多杀菌素
6.氯离子通道激活剂	阿维菌素、弥拜霉素类	阿维菌素、甲氨基阿维菌素苯甲酸盐
11.昆虫中肠膜微生物干扰剂（包括表达Bt毒素的转基因植物）	苏云金芽孢杆菌或球形芽孢杆菌和它们产生的杀虫蛋白	苏云金杆菌
12.线粒体ATP合成酶抑制剂	12A 丁醚脲	丁醚脲
13.氧化磷酸化解偶联剂	虫螨腈	虫螨腈
14.烟碱乙酰胆碱受体通道拮抗剂	沙蚕毒素类似物	杀虫单、杀螟丹
15.几丁质生物合成抑制剂，0类型，鳞翅目昆虫	几丁质合成抑制杀虫剂	氟啶脲、除虫脲、氟铃脲、灭幼脲、虱螨脲
17.蜕皮干扰剂，双翅目昆虫	灭蝇胺	灭蝇胺
18.蜕皮激素促进剂	虫酰肼类	虫酰肼、甲氧虫酰肼
21.线粒体复合物工电子传递抑制剂	21A METI杀虫剂和杀螨剂	唑虫酰胺
	21B 鱼藤酮	鱼藤酮
22.电压依赖钠离子通道阻滞剂	22A 茚虫威	茚虫威
	22B 氰氟虫腙	氰氟虫腙
23.乙酰辅酶A羧化酶抑制剂	季酮酸类及其衍生物	螺虫乙酯
28.鱼尼丁受体调节剂	脂肪酰胺类	氯虫苯甲酰胺、氟虫双酰胺

（续表）

主要组和主要作用位点	化学结构亚组和代表性有效成分	举　例
-UN-		
作用机理未知或不确定的化合物	印楝素	印楝素、苦参碱

三、蔬菜害虫轮换用药防治方案

（一）北方蔬菜害虫轮换用药防治方案

1. 防治粉虱

第一次用药可选用第4组杀虫剂啶虫脒、吡虫啉等，第6组杀虫剂阿维菌素、甲氨基阿维菌素苯甲酸盐。

第二次用药可选用第23组杀虫剂螺虫乙酯（防治若虫与卵）、第3组杀虫剂联苯菊酯等。

此后，根据防治的需要，依次重复以上药剂。当粉虱对某组杀虫剂出现明显抗性时应停止使用。

2. 防治斑潜蝇

第一次用药可选用第6组杀虫剂阿维菌素、第3组杀虫剂高效氯氰菊酯等。

第二次用药可选用第13组杀虫剂虫螨腈、第14组杀虫剂杀虫双等。

第三次用药可选用第17组杀虫剂灭蝇胺、印楝素（未分类）。

此后，根据防治的需要，依次重复以上药剂。当斑潜蝇对某组杀虫剂出现明显抗性时应停止使用。

3. 防治蓟马

第一次用药可选用第4组杀虫剂吡虫啉、啶虫脒、噻虫嗪等，第14组杀虫剂杀虫单等。

第二次用药可选用第5组杀虫剂乙基多杀菌，第6组杀虫剂阿维菌素、甲氨基阿维菌素苯甲酸盐。

第三次用药可选用第13组杀虫剂虫螨腈。

此后，根据防治的需要，依次重复以上药剂。当蓟马对某组杀虫剂出现明显抗性时应停止使用。

4. 防治叶螨

第一次用药可选用第6组杀虫剂阿维菌素、甲氨基阿维菌素苯甲酸盐，第23组杀虫剂螺虫乙酯。

第二次用药可选用第13组杀虫剂虫螨腈、第15组杀虫剂虱螨脲。

第三次用药可选用印楝素、苦参碱（未分类）。

此后，根据防治的需要，依次重复以上药剂。当叶螨对某组杀虫剂出现明显抗性时应停止使用。

5. 防治小菜蛾

第一次用药可选用第11组杀虫剂苏云金杆菌、第6组杀虫剂阿维菌素、甲氨基阿维菌素苯甲酸盐。

第二次用药可选用第13组杀虫剂虫螨腈、第18组杀虫剂虫酰肼。

第三次用药可选用第5组杀虫剂多杀菌素、乙基多杀菌素，第12组杀虫剂丁醚脲。

第四次用药可选用第28组杀虫剂氯虫苯甲酰胺、氟虫双酰胺，第22A组杀虫剂茚虫威。

第五次用药可选用第15组杀虫剂氟啶脲、第22B组杀虫剂氰氟虫腙。

此后，根据防治的需要，依次重复以上药剂。当小菜蛾对某组杀虫剂出现明显抗性时应停止使用。

6. 防治菜青虫

第一次用药可选用第11组杀虫剂苏云金杆菌、第3组杀虫剂溴氰菊酯等。

第二次用药可选用第6组杀虫剂阿维菌素、甲氨基阿维菌素苯甲酸盐，第15组杀虫剂氟啶脲等。

如果与小菜蛾同时发生，防治小菜蛾时可同时兼治菜青虫。此后，根据虫害防治的需要，依次重复以上用药。当菜青虫对某组杀虫剂出现明显抗性时应停止使用。

7. 防治甜菜夜蛾等夜蛾类害虫

第一次用药可选用第6组杀虫剂阿维菌素、甲氨基阿维菌素苯甲酸盐，第13组杀虫剂虫螨腈。

第二次用药可选用第18组杀虫剂虫酰肼，第28组杀虫剂氯虫苯甲酰胺、氟虫双酰胺。

第三次用药可选用第15组杀虫剂氟啶脲、第22A组杀虫剂茚虫威。

第四次用药可选用杀虫剂核型多角体病毒、第22B组杀虫剂氰氟虫腙。

此后，根据虫害防治的需要，依次重复以上药剂。当甜菜夜蛾、斜纹夜蛾对某组杀虫剂出现明显抗性时应停止使用。

8. 防治蚜虫

第一次用药可选用第4组杀虫剂啶虫脒、吡虫啉等，第6组杀虫剂阿维菌素。

第二次用药可选用第1B组杀虫剂敌敌畏、第3组杀虫剂高效氯氰菊酯等。

第三次用药可选用苦参碱、印楝素（未分类）。

此后，根据虫害防治的需要，依次重复以上药剂。当蚜虫对某组药剂出现明显抗性时应停止使用。

（二）南方蔬菜害虫轮换用药防治方案

1. 防治小菜蛾

第一次用药可选用第13组杀虫剂虫螨腈、第12组杀虫剂丁醚脲。

第二次用药可选用第28组杀虫剂氯虫苯甲酰胺、氟虫双酰胺，第6组的甲氨基阿维菌素苯甲酸盐。

第三次用药可选用第2 2组杀虫剂氰氟虫腙，第15组杀虫剂氟啶脲、除虫脲。

第四次用药可选用第5组杀虫剂多杀菌素、乙基多杀菌素，第11组杀虫剂苏云金杆菌。

此后，根据防治的需要，依次重复以上药剂。当小菜蛾对某组杀虫剂出现明显抗性时应停止使用。

2. 防治菜青虫

第一次用药可选用第11组杀虫剂苏云金杆菌，第6组杀虫剂阿维菌素、甲氨基阿维菌素苯甲酸盐。

第二次用药可选用第15组杀虫剂氟啶脲、第13组杀虫剂虫螨腈。

第三次用药可选用第3组杀虫剂溴氰菊酯、第21B组杀虫剂鱼藤酮。

第四次用药可选用植物源杀虫剂印楝素或第1B组杀虫剂毒死蜱等。

此后，根据防治的需要，依次重复以上药剂。当与小菜蛾等害虫混合发生时，防治小菜蛾等的药剂可同时兼治菜青虫。

3. 防治甜菜夜蛾等夜蛾类害虫

第一次用药可选用第6组杀虫剂阿维菌素、甲氨基阿维菌素苯甲酸盐，第13组杀虫剂虫螨腈。

第二次用药可选用第18组杀虫剂虫酰肼、第15组杀虫剂氟啶脲。

第三次用药可选用第28组杀虫剂氯虫苯甲酰胺、氟虫双酰胺，第3组杀虫剂高效氯氟氰菊酯等。

第四次用药可选用第22A组杀虫剂茚虫威、第22B组杀虫剂氰氟虫腙，或者微生物杀虫剂核型多角体病毒。

此后，根据虫害防治的需要，依次重复以上药剂。当甜菜夜蛾、斜纹夜蛾对某组杀虫剂出现明显抗性时应停止使用。

4. 防治蓟马

第一次用药可选用第4组杀虫剂吡虫啉、啶虫脒、噻虫嗪等。

第二次用药可选用第5组杀虫剂乙基多杀菌素、第13组杀虫剂虫螨腈。

第三次用药可选用第3组杀虫剂溴氰菊酯、高效氟氯氰菊酯等。

此后，根据虫害防治的需要，依次重复以上药剂。当蓟马对某组杀虫剂出现明显抗性时应停止使用。

5. 防治黄曲条跳甲

第一次用药可选用第1B组杀虫剂敌敌畏、马拉硫磷，第4组杀虫剂噻虫嗪等。

第二次用药可选用第3组杀虫剂溴氰菊酯等，第14组杀虫剂杀螟丹、杀虫双。

第三次用药可选用第21B组杀虫剂鱼藤酮。

此后，根据虫害防治的需要，依次重复以上药剂。当黄曲条跳甲对某组杀虫剂出现明显抗性时应停止使用。

6. 防治粉虱

第一次用药可选用第4组杀虫剂啶虫脒等，第6组杀虫剂阿维菌素、甲氨基阿维菌素苯甲酸盐。

第二次用药可选用第23组杀虫剂螺虫乙酯（防治若虫与卵）、第3组杀虫剂联苯菊酯等。

此后，根据虫害防治的需要，依次重复以上药剂。当粉虱对某组杀虫剂出现明显抗性时应停止使用。

第四章　小麦害虫轮换用药防治方案

一、小麦杀虫剂重点产品介绍

抗蚜威（pirimicarb）

【作用机理分类】第1组（1A）。

【化学结构式】

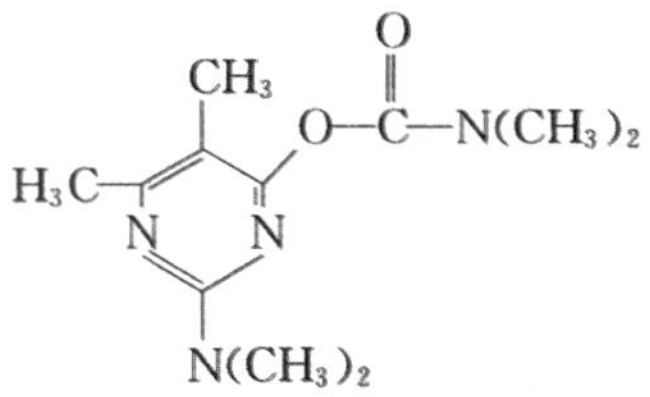

O
CH_3　O—C—$N(CH_3)_2$
H_3C—
N　N
$N(CH_3)_2$

【曾用名】辟蚜雾、PP062。

【理化性质】原药为白色无臭结晶体。熔点：90.5℃。蒸汽压：4×10^{-3}Pa（30℃）。能溶于醇、酮、酯、芳烃、氯化烃等多种有机溶剂：甲醇0.23g／ml，乙醇0.25g／ml，丙酮0.40g／ml；难溶于水（0.002 7g／ml）。遇强酸、强碱或紫外光照射易分解。在一般条件下储存较稳定，对一般金属设备不腐蚀。

【毒性】中等毒。大白鼠急性经口LD_{50} 68～147mg／kg；小鼠为107mg／kg。大白鼠急性经皮LD_{50}>500mg／kg。无慢性毒性，2年慢性毒性试验结果表明，大鼠无作用剂量为125mg／（kg·d），犬为1.8mg／（kg·d）。在试验剂量范围内，对动物无致畸、致癌、致突变作用。在3代繁殖和神经毒性试验中未见异常情况。对眼睛和皮肤无刺激作用。对鱼类低毒，多种鱼类LC_{50} 32～36mg／L。对蜜蜂和鸟类低毒。对蚜虫天敌安全。

【防治对象】抗蚜威具有触杀、熏蒸和叶面渗透作用，能防治除棉蚜外的所有蚜虫。作用速度快，残效期短，对食蚜蝇、蚜茧蜂、瓢虫等蚜虫天敌无不良影响，是害虫综合防治的理想药剂，适用于防治蔬菜、烟草、粮食作物上的蚜虫。

【使用方法】

（1）防治小麦蚜虫。使用剂量为有效成分5.0～7.5g／亩，在小麦苗蚜或穗蚜始盛期喷雾施药。

（2）防治大豆蚜虫。可用有效成分10g／亩，在蚜虫发生始盛期喷雾施药。

（3）防治桃树蚜虫。可用有效成分浓度250mg／kg（例如50%可湿性粉剂2 000倍液）于蚜虫始发生盛期喷雾。

【注意事项】

（1）见光易分解，应避光保存。本品应用金属容器盛装。其药液不宜在阳光下直晒，应现配现用。

（2）该药剂可与多种杀虫剂、杀菌剂混用。

（3）在20℃以上时才有熏蒸作用，15℃以下时只有触杀作用，15～20℃，熏蒸作用随温度上升而增加。因此，在低温时喷雾要均匀，否则影响防治效果。

（4）对棉蚜基本无效，不宜使用。

（5）同一作物一季内最多使用3次，间隔期为10d；水果采收前7～10d停用。

（6）中毒后可用阿托品0.5～2mg口服或肌肉注射，重者加用肾上腺素。禁用解磷定、氯磷定、双复磷、吗啡。

【主要制剂和生产企业】5%可溶性液剂；25%、50%可湿性粉剂；50%、25%水分散粒剂；9%微乳剂。

江苏省无锡瑞泽农药有限公司、山东邹平农药有限公司、江苏龙灯化学有限公司、江苏省江阴凯江农化有限公司等。

敌敌畏（dichlorvos）

【作用机理分类】第1组（1B）。

【化学结构式】

$$\underset{Cl}{\overset{Cl}{>}}C{=}CH{-}O{-}\overset{O}{\overset{\|}{P}}(O{-}CH_3)_2$$

【曾用名】DDVP。

【理化性质】纯品为无色至琥珀色液体，微带芳香味。沸点：234.1℃（2.7kPa）。蒸汽压：1.6Pa（20℃）。相对密度：1.4。在水溶液中缓慢分解，遇碱分解加快，对热稳定，对铁有腐蚀性。

【毒性】中等毒。大白鼠急性经口LD_{50} 50～110mg/kg，小白鼠经口LD_{50} 50～92mg/kg；大鼠急性经皮LD_{50} 75～107mg/kg。兔经口剂量在0.2mg/（kg·d）以上时，经168d引起慢性中毒，超过1mg/（kg·d），动物肝发生严重病变，胆碱酯酶持续下降。人类淋巴细胞100μl，DNA 抑制。小鼠腹腔7mg/（kg·d），精子形态学改变。大鼠经口最低中毒剂量39 200μg/kg（孕14～21d），致新生鼠生化和代谢改变。大鼠经口最低中毒剂量4 120mg/kg，2年（连续）致癌，肺肿瘤、胃肠肿瘤。小鼠经皮最低中毒剂量20 600mg/kg，2年（连续）致癌，胃肠肿瘤。对鱼毒性大，青鳃鱼TLm（24h）1mg/L。对瓢虫、食蚜虻等天敌有较大杀伤力。对蜜蜂有毒。

【防治对象】敌敌畏对害虫具有熏蒸、胃毒和触杀作用。对咀嚼式、刺吸式口器害虫均有良好防治效果。由于蒸汽压较高，对害虫的击倒力强。施药后易分解，残效期短，无残留。适用于防治蔬菜、果树、林木、烟草、茶叶、棉花及临近收获前的果树害虫，对蚊、蝇等卫生害虫和米象、谷盗等仓库害虫也有良好防治效果。

【使用方法】

（1）小麦害虫。

①防治麦蚜：每亩用80%乳油70～75ml（有效成分56～60g），对水1kg，均匀喷在10kg稻糠或麦糠中，边喷边拌匀，然后均匀撒施于麦田中。

②防治小麦吸浆虫：80%敌敌畏乳油50ml／亩+5%高效氯氰菊酯乳油50ml／亩+有机硅助剂2 000倍液，成虫期喷雾，3d 1 次，连喷2次。40%毒死蜱乳油200ml／亩配敌敌畏毒土20kg／亩化蛹期撒施 1 次后，在成虫期再使用80%敌敌畏乳油50ml／亩+5%高效氯氰菊酯乳油50ml／亩喷雾1次，效果更好。

（2）水稻害虫。防治稻飞虱，在二、三龄若虫盛发期，每亩用80%乳油对水5～10倍，与干细沙或干细土150～250ml（有效成分120～200g），拌匀不结快，随拌随用，均匀撒于稻田。

（3）果树害虫。防治苹果黄蚜，有效成分浓度500mg／kg（例如80%乳油1 600倍液）对果树茎叶喷雾。

【注意事项】

（1）敌敌畏乳油对高粱、月季花等植物易产生药害，不宜使用。对玉米、豆类、瓜类幼苗及柳树也较敏感，稀释浓度不能低于800倍，最好应先进行试验再使用。蔬菜收获前7d停止用药。小麦上喷雾使用，每亩使用量不超过40g有效成分，否则可能产生药害。

（2）本品水溶液分解快，应随配随用。不可与碱性药剂混用，以免分解失效。药剂应存放在儿童接触不到的地方。

（3）本品对人、畜毒性大，挥发性强，施药时注意不要污染皮肤。中午高温时不宜施药，以防中毒。本品也容易通过皮肤渗透吸收，通过皮肤渗透吸收的LD_{50} 75～107mg／kg。对人的无作用安全剂量为0.033mg／（kg·d）。

（4）遇有中毒者，应立即抬离施药现场，脱去污染衣服并用肥皂水清洗被污染的皮肤。需将病人及时送医院治疗，解毒药剂为阿托品，而且不宜过早停药，并注意心脏和肝脏的保护，防止病情反复。胆碱酯酶复能剂对治疗敌敌畏中毒效果不佳。如系口服者，应立即口服1%～2%苏打水，或用0.2%～0.5%高锰酸钾溶液洗胃，因敌敌畏对消化道黏膜刺激作用较强，催吐和洗胃时要小心，以防止造成消化道黏膜出血和穿孔，并服用片剂解磷毒（PAM）或阿托品1～2片。眼部污染可用苏打水或生理盐水冲洗。

（5）遇明火、高热可燃。受热分解，放出氧化磷和氯化物等毒性气体。燃烧（分解）产物为一氧化碳、二氧化碳、氯化氢、氧化磷。

【主要制剂和生产企业】80%、77.5%、50%乳油；90%可溶液剂；50%油剂；20%塑料块缓释剂；15%烟剂。

湖北沙隆达股份有限公司、江苏省南通江山农药化工股份有限公司、深圳诺普信农化股份有限公司、天津市华宇农药有限公司、天津市施普乐农药技术发展有限公司等。

敌百虫（trichlorfon）

【作用机理分类】第1组（1B）。

【化学结构式】

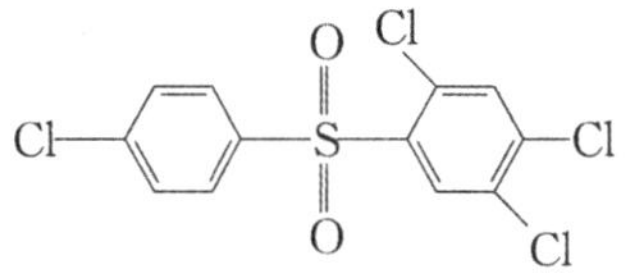

【理化性质】纯品是白色结晶。密度：1.730。熔点：83～84℃。沸点：96℃（10.7Pa）。蒸汽压很低，饱和蒸汽压13.33kPa（100℃）。挥发性不大。工业品中含少量油状杂质，熔点在70℃左右。有氯醛的特殊气味。易吸湿。溶于水、氯仿、苯、乙醚，微溶于煤油、汽油。在酸性介质中或在固态下相当稳定。在水溶液中则易水解。在碱性溶液中及550℃时分解很快。

【毒性】低毒。原药急性口服LD_{50} 630mg／kg（雌鼠），560mg／kg（雄鼠）。

【防治对象】敌百虫对害虫有很强的胃毒作用，并有触杀作用。可有效防治双翅目、鳞翅目、鞘翅目害虫，对螨类和某些蚜虫防治效果很差，适用于防治蔬菜、果树、烟草、茶叶、粮食、油料、棉花等农作物害虫及卫生害虫和家畜体外寄生虫。对植物有渗透作用，但无内吸传导作用。

【使用方法】

（1）旱粮作物害虫。

①防治小麦黏虫：抓住幼虫低龄期（以二、三龄为主）用80%晶体或可溶性粉剂150g／亩（有效成分120g／亩），对水50～75kg喷雾，或用5%粉剂，2 000g／亩（有效成分100g／亩）喷粉。

②防治大豆造桥虫、豆芫菁、草地螟：用80%晶体或可溶性粉剂150g／亩（有效成分120g／亩），对水50～75kg喷雾。

（2）水稻害虫。防治二化螟，在水稻分蘖期用药防治枯梢，在孕穗期用药防治虫伤株，用80%晶体或可溶性粉剂150～200g／亩（有效成分：120～160g／亩），对水75～100kg喷雾。同样用量可防治稻苞虫、稻纵卷叶螟、稻飞虱、稻叶蝉、稻蓟马、稻铁甲虫等水稻害虫。

（3）蔬菜害虫。防治菜粉蝶、小菜蛾、甘蓝夜蛾、黄条跳甲、菜螟、烟青虫等，用80%晶体或可溶性粉剂100g／亩（有效成分80g／亩），对水50kg喷雾。

（4）茶树害虫。防治茶黄毒蛾、菜斑毒蛾、油茶毒蛾、茶尺蠖，用80%可溶性粉剂1 000倍液（有效浓度800mg／kg）均匀喷雾。

【注意事项】

（1）敌百虫对高粱极易产生药害，不可使用；对玉米、豆类、瓜类的幼苗易产生药害。

（2）安全间隔期，烟草在收获前10d，水稻、蔬菜、茶在收获前7d停止用药。在桑树上使用，要间隔15d后才能采叶喂蚕。

（3）药剂稀释液应现配现用。

（4）敌百虫是胆碱酯酶抑制剂，但被抑制的胆碱酯酶部分可自行恢复，故中毒快，恢复亦快。人中毒后全血胆碱酯酶活性下降，中毒症状表现为流涎、大汗、瞳孔缩小、血压升高、肺水肿、昏迷等，个别病人可引起迟发神经中毒和心肌损害。

（5）急救措施：解毒治疗以阿托品类药物为主，复能剂效果较差，可酌情使用。洗胃要彻底，忌用碱性液体洗胃和冲洗皮肤，可用高锰酸钾溶液或清水。

【主要制剂和生产企业】90%、80%晶体；95%、80%、70%、50%可溶性粉剂；25%超低容量油剂；40%、5%、2.5%粉剂；60%、50%、2.5%乳油；5%、2.5%颗粒剂等。

浙江巨化股份有限公司兰溪农药厂、湖北沙隆达股份有限公司、海南正业中农高科股份有限公司等。

马拉硫磷（malathion）

【作用机理分类】第1组（1B）。

【化学结构式】

```
CH3—CH2—O    O
         \  //
          C
          |        S    O—CH3
          CH2       \\ /
          |          P
          CH—S—————/ \
          |             O—CH3
          C
         /  \\
CH3—CH2—O    O
```

【曾用名】马拉松、防虫磷、MLT、EI4049。

【理化性质】纯品为黄色或无色；工业品为棕黄色油状液体；有特殊的蒜臭，室温即挥发。相对密度：1.23（25℃）。熔点：285℃。沸点：156～157℃（93.1Pa）。折射率：1.4958。几乎不溶于水或脂肪烃，水中溶解度：145mg／L，易溶于有机溶剂，可与乙醇、酯类、酮类、醚类和植物油任意混合。水溶液pH值为5.26时稳定，pH值为大于7、小于5时即分解，日光下易氧化，在有铜、铁、锡、铝等存在时更能促使分解。

【毒性】低毒。大白鼠急性经口LD_{50} 1 751.5mg／kg（雌），1 634.5mg／kg（雄）；急性经皮LD_{50} 4 000～6 150mg／kg。用含5 000mg／kg饲料饲养大鼠2年，未出现死亡；以1 000mg／kg剂量的饮料喂大白鼠92周，体重能正常增加。对眼睛、皮肤有刺激性。对蜜蜂高毒。对鱼类中等毒性，鲤鱼TLm（48h）9.0mg／L。

马拉硫磷的降解主要通过水解和氧化作用。这些反应可以在空气、水、土壤和生物机体内进行。在土壤中马拉硫磷可因微生物活动而迅速水解。在消毒过的土壤中每天降解7%，而在普通土壤中97%马拉硫磷被降解。属弱蓄积化合物，在土壤、作物和机体内的残留均不严重。在环境中的行为与有机磷类农药的一般规律相同，可以在大气、水体和土壤间相互迁移，不大会由生物携带扩散。

【防治对象】马拉硫磷对害虫以触杀和胃毒作用为主，有一定熏蒸作用。本品毒性低，残效期较短，对刺吸式和咀嚼式口器害虫均有效，适用于防治禾本科作物、蔬菜、棉花、果树、烟草、茶叶、林木等害虫及仓库害虫。

【使用方法】

（1）麦类害虫。防治黏虫、蚜虫、麦叶蜂，用45%或50%乳油1 000倍液（有效成分浓度500mg/kg）喷雾，每亩喷药量75～100kg（有效成分37.5～50g）。

（2）棉花害虫。防治棉叶跳虫、盲椿象，用45%或50%乳油1 000～1 500倍液（有效成分浓度333～500mg/kg）喷雾，每亩喷药量为75kg（有效成分25～37.5g）。

（3）蔬菜害虫。防治蚜虫、菜青虫、黄条跳甲等，用45%或50%乳油1 000倍液（有效浓度5 00mg/kg）喷雾，每亩喷药量为75～100kg（有效成分37.5～50g）。

（4）果树害虫。防治各种刺蛾、巢蛾、蠹蛾、粉蚧、蚜虫，用45%或50%乳油1 500～2 000倍液（有效浓度250～333mg/kg）喷雾。

（5）防治蝗虫。每亩用50%乳油60～80ml（有效成分30～40g）加水1倍，或马拉硫磷加敌敌畏（6：4），每亩用药量按有效成分30～40g，地面超低容量喷雾。如采用飞机超低容量喷雾，按上述用药量再加10g乳油，每亩喷液量150ml，但敌敌畏的有效成分用量不得超过15g。

【对天敌和有益生物的影响】马拉硫磷对寄生蜂、瓢虫、捕食螨等天敌有一定杀伤作用。对蜜蜂高毒。

【注意事项】

（1）本品易燃，在运输、储存过程中注意防火，远离火源。

（2）忌与碱性或酸性物质混用，以免分解失效。

（3）施药的田地周围做上标记，10d内不许牲畜进入。

（4）瓜类、番茄幼苗、高粱、豇豆、甘薯、樱桃、桃树及某些品种苹果对马拉硫磷比较敏感，必须低浓度使用。

（5）防治叶蝉易产生抗药性，尽量与其他药剂混用或交替使用。

（6）受热分解，放出磷、硫的氧化物等毒性气体。燃烧（分解）产物为一氧化碳、二氧化碳、氧化磷、氧化硫。

（7）中毒时应立即送医院诊治，给病人皮下注射1～2mg阿托品，并立即催吐。上呼吸道刺激可饮少量牛奶及苏打水。眼睛受到沾染时用温水冲洗。皮肤发炎时可用20%苏打水润湿绷带包扎。

【主要制剂和生产企业】70%、50%、45%、2.5%乳油；25%油剂。

天津市华宇农药有限公司、江苏省常州市武进恒隆农药有限公司、河北世纪农药有限公司、江苏好收成韦恩农药化工有限公司、浙江省宁波中化化学品有限公司、山东省德州恒东农药化工有限公司、江苏连云港立本农药化工有限公司、深圳诺普信农化股份有限公司、河南省安阳市安林生物化工有限责任公司、陕西省蒲城县美邦农药有限责任公司、广西金穗农药有限公司、江西省赣州鑫谷生物化工有限公司等。

溴氰菊酯（deltamethrin）

【作用机理分类】第3组。

【化学结构式】

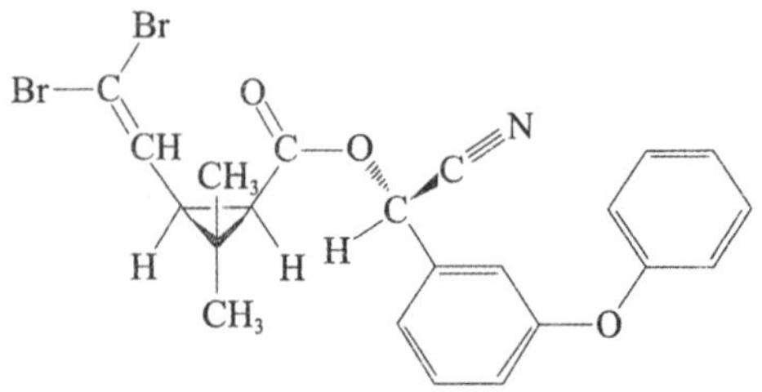

$$\mathrm{Br_2C{=}CH}\text{-cyclopropane}(\mathrm{CH_3})_2\text{-}\mathrm{C(=O){-}O{-}CH(CN)}\text{-}\mathrm{C_6H_4{-}O{-}C_6H_5}$$

【曾用名】敌杀死。

【理化性质】纯品为白色斜方形针状晶体，工业品为白色无气味晶状固体。熔点：101～102℃。蒸汽压：4.0×10^{-8}Pa（25℃）。在水中及其他羟基溶剂中溶解度很小，能溶于大多数有机溶剂。在酸性介质中较稳定，在碱性介质中不稳定。对光和空气稳定，在环境中有较长的残效期。工业品常温下储存2年无变化。

【毒性】中等毒。原药对大鼠急性口服LD_{50} 138.7mg / kg，急性经皮LD_{50}>2 940mg / kg。对皮肤无刺激性，对眼睛有轻度刺激，但在短期内即可消失。

【防治对象】溴氰菊酯以触杀、胃毒作用为主，对害虫有一定驱避与拒食作用，无内吸、熏蒸作用。杀虫谱广，击倒速度快，适用于防治棉花、果树、蔬菜、小麦等各种农作物上的多种害虫，尤其对鳞翅目幼虫及蚜虫杀伤力大，但对螨类无效，对某些卫生害虫有特效。作用部位在神经系统，为神经毒剂，使昆虫过度兴奋、麻痹而死。适用于防治农林、仓储、卫生、牲畜的害虫。药剂对植物的穿透性很弱，仅污染果皮。

【使用方法】

（1）小麦害虫。防治小麦黏虫，于幼虫三龄期前，每亩用2.5%乳油20～40ml（有效成分0.5～1.0g），对水喷雾。防治麦蚜，每亩用有效成分0.5～1.0g对水喷雾。

（2）棉花害虫。防治棉铃虫、红铃虫，卵初孵至孵化盛期施药，每亩用2.5%乳油24～40ml（有效成分0.6～1.0g），对水50～75kg喷雾。可兼治棉小造桥虫、棉盲蝽等害虫。防治蓟马，在发生期每亩用2.5%乳油10～20ml（有效成分0.25～0.5g），对水25～50kg喷雾。

（3）果树害虫。防治柑橘潜叶蛾，新梢放梢初期（2～3cm）施药，用有效浓度5～10mg / kg喷雾，间隔7～10d再喷 1 次。防治桃小食心虫、梨小食心虫，于卵孵化盛期，幼虫蛀果前，即卵孵化率达1%时施药，使用溴氰菊酯有效浓度5～8mg / kg喷雾。

（4）蔬菜害虫。防治菜青虫、小菜蛾，在幼虫二、三龄期用药，每亩用2.5%乳油10～20ml（有效成分0.2 5～0.5g），对水25～50kg喷雾，残效期可达10～15d，同时可兼治斜纹夜蛾、蚜虫等。防治黄守瓜、黄条跳甲，在若虫、成虫期施药，每亩用2.5%乳油12～24ml（有效成分0.3～0.6g），对水25～50kg喷雾，残效期10d左右。

【对天敌和有益生物的影响】溴氰菊酯对广赤眼蜂、螟黄赤眼蜂、松毛虫赤眼蜂等寄生性天敌有较强的毒杀作用。对鱼和水生昆虫毒性高，对蜜蜂和蚕剧毒。

【注意事项】

（1）不可与碱性农药混用。但为减少用药量，延缓抗药性，可与马拉硫磷、乐果等有机磷农药非碱性物质现混现用。

（2）不能在桑园、鱼塘、河流、养蜂场所等处及其周围用药，以免杀伤蚕、蜜蜂、水生生物等有益生物。

（3）无内吸杀虫作用，防治钻蛀性害虫时，应掌握在幼虫蛀入前用药。对螨类无效，当虫、螨并发时，应配合使用杀螨剂防治害螨。

（4）对人的眼睛、鼻黏膜、皮肤刺激性较大，有的人易产生过敏反应，施药时应注意防护。

（5）在玉米、高粱上使用的剂量不能增加，以免产生药害。

（6）中毒症状可表现为恶心、呕吐、呼吸困难、急促、血压过低、脉搏迟缓，接着出现高血压和心搏过快，也可能出现反应迟钝，然后全身兴奋，严重时有惊厥等症状，皮肤接触中毒症状比较复杂，大多数是局部过敏，如红疹或局部刺激感，但也有少数出现典型神经性中毒症状，如恶心但不呕吐，一般瞳孔无变化，头昏，口干，心悸，手部肌肉震颤，无力，出虚汗，视物模糊，失眠等。

（7）在使用中如有药剂溅到皮肤上，应立即用滑石粉吸干，再用肥皂清洗。如药液溅到眼睛中，应立即用大量清水冲洗。如误服中毒，应立即使之呕吐，对失去知觉者给予洗胃，然后用活性炭制剂进行对症治疗。如果在喷雾中有不适或中毒，应立即离开现场，同时勿使病人散热，要将病人放于温暖环境，对有皮肤刺激者，应避免阳光照射，使用护肤剂局部处理，也可用一些止痒药。如吸入中毒，可用半胱氨酸衍生物如甲基胱氨酸给病人进行15min雾化吸入。对有神经系统症状中毒严重者，可立即肌注异戊巴比妥钠一支。如心血管症状明显，可注射常量氢化可的松。如病人严重呼吸困难或惊厥时，应立即送医院抢救及对症治疗。如确诊为与有机磷农药混用中毒，应先解决有机磷问题即立即肌注阿托品2mg，然后重复注射直至患者口部感觉发干为止，也可用解磷定解除有机磷毒性。但溴氰菊酯单独中毒，不能用阿托品，否则将加重病情。

【主要制剂和生产企业】2.5%乳油；1.5%、0.5%超低容量喷雾剂；2.5%可湿性粉剂；2.5%微乳剂。

常州康美化工有限公司、江苏南通龙灯化工有限公司、江苏拓农化工股份有限公司、江苏优士化学有限公司、德国拜耳作物科学公司等。

高效氯氟氰菊酯（lambda—cyhalothrin）

【作用机理分类】第3组。

【化学结构式】

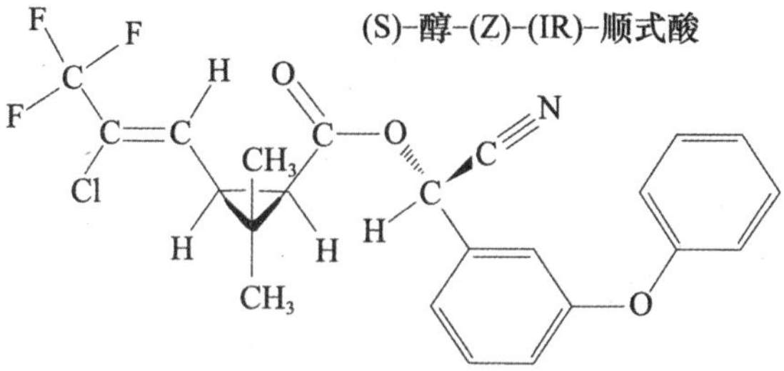

(S)-醇-(Z)-(IR)-顺式酸

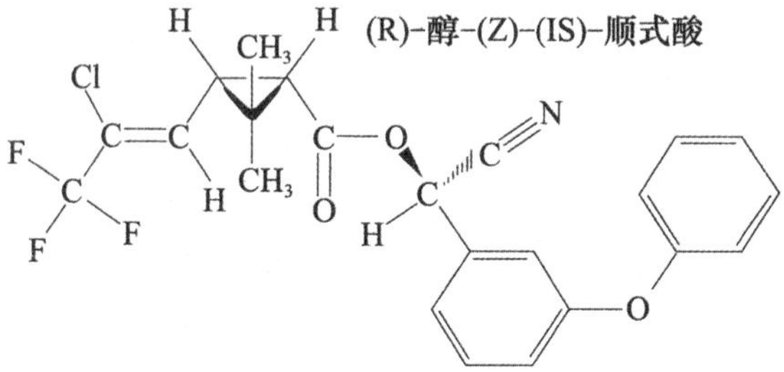

(R)-醇-(Z)-(IS)-顺式酸

【曾用名】功夫、功夫菊酯、空手道。

【理化性质】纯品为白色结晶。熔点：49.2℃。难溶于水，21℃溶解5×10^{-3}mg／L，可溶于丙酮、二氯甲烷、乙酸乙酯、甲醇、正已烷、甲苯等多种普通有机溶剂中。稳定性：在15～20℃，至少可稳定存放180d，在酸性介质中稳定，在碱性介质中易分解。

【毒性】中等毒。原药口服急性毒性LD_{50}：雄大鼠79mg／kg，雌大鼠56mg／kg。大鼠急性经皮LD_{50}：雄大鼠632mg／kg，雌大鼠696mg／kg，兔经皮LD_5>2 000mg／kg。

【防治对象】高效氯氟氰菊酯对害虫具有强烈的触杀和胃毒作用，也有驱避作用，杀虫谱广、高效、作用快，对螨类也很有效。耐雨水冲刷。可防治鳞翅目、鞘翅目、同翅目、双翅目等多种农业和卫生害虫。

【使用方法】

（1）小麦害虫。防治小麦蚜虫，在小麦苗蚜始盛期喷雾施药，推荐剂量为有效成分0.5～0.6g／亩（例如2.5%乳油20～24ml／亩）。

（2）棉花害虫。防治棉铃虫，在棉铃虫低龄幼虫期喷雾施药，推荐使用有效成分浓度为50～70mg／kg（例如2.5%乳油360～500倍液）。

（3）果树害虫。防治柑橘蚜虫，推荐使用有效成分浓度25mg／kg（例如2.5%乳油1 000倍液）于柑橘蚜虫若虫始盛期喷雾。

防治桃小食心虫，推荐使用有效成分浓度25mg／kg（例如2.5%乳油1 000倍液），在桃小食心虫卵盛期施药。

【对天敌和有益生物的影响】高效氯氟氰菊酯对田间龟纹瓢虫、蜘蛛以及大草蛉有一定的杀伤作用，能降低广赤眼蜂的羽化率。对鱼和水生生物剧毒，对蜜蜂和家蚕剧毒。

【注意事项】

（1）不能与碱性农药混用。

（2）无内吸作用，应注意喷洒时期。在卷叶蛾卷叶前或蛀果蛾、潜叶蛾侵入果实或蚕食叶子前喷药较适宜。应均匀喷洒。

（3）避免连用，注意轮用。

（4）对鱼、蜜蜂、家蚕剧毒，不能在桑园、鱼塘、河流等处及其周围用药，花期施药要避免伤害蜜蜂。

【主要制剂和生产企业】25%、10%可湿性粉剂；25g／L、2.5%乳油；75g／L、25g／L微囊悬浮剂；5%、2.7%微乳剂；25g／L、10%、5%、2.5%水乳剂；1.5%悬浮剂。

江苏扬农化工有限公司、瑞士先正达作物保护公司等。

高效氯氰菊酯（beta—cypermethrin）

【作用机理分类】第3组。

【化学结构式】

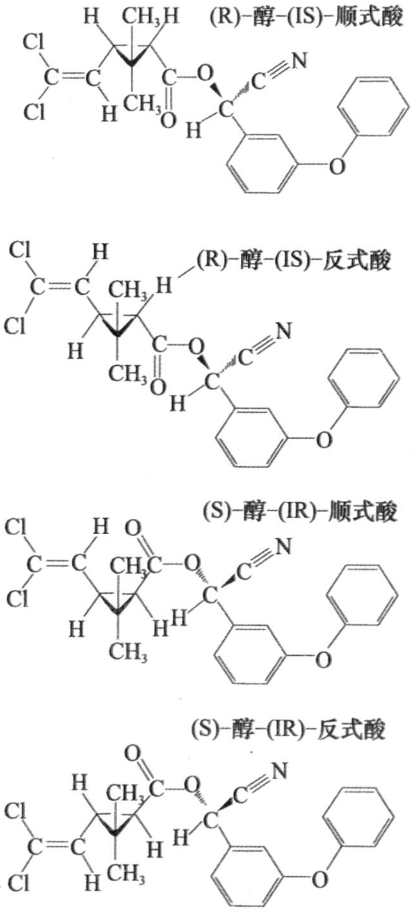

(R)-醇-(IS)-顺式酸

(R)-醇-(IS)-反式酸

(S)-醇-(IR)-顺式酸

(S)-醇-(IR)-反式酸

【曾用名】高效灭百可、高保。

【理化性质】原药为无色或淡黄色晶体。熔点：64～71℃（峰值67℃）。蒸汽压：180mPa（20℃）。比重：1.32g／ml（理论值），0.66g／ml（结晶体，20℃）。溶解度：在pH值=7的水中，51.5μg／L（5℃）、93.4μg／L（25℃）、276.0μg／L（35℃）。异丙醇11.5mg／ml、二甲苯749.8mg／ml、二氯甲烷3 878mg／ml、丙酮2 102mg／ml、乙酸乙

酯1 427mg／ml、石油醚13.1mg／ml（均为mg／ml，20℃下）。稳定性150℃，空气及阳光下及在中性及微酸性介质中稳定。碱性条件下存在差向异构现象，强碱中水解。

【毒性】低毒。工业品对大鼠急性经口LD_{50} 649mg／kg，急性经皮LD_{50}>5 000mg／kg，对兔皮肤、黏膜和眼有轻微刺激。对豚鼠不致敏。大鼠的急性吸入LC_{50}>1.97mg／L。

【防治对象】高效氯氰菊酯对害虫具有触杀和胃毒作用，杀虫速效，并有杀卵活性。在植物上有良好的稳定性，能耐雨水冲刷。对小麦、棉花、蔬菜、果树等作物上的鳞翅目、半翅目、双翅目、同翅目、鞘翅目等农林害虫及蚊、蝇、蟑螂、跳蚤、臭虫、虱子和蚂蚁以及动物体外寄生虫如蜱、螨等都有极高的杀灭效果。

【使用方法】该药对鳞翅目幼虫效果好，对同翅目、半翅目、双翅目等也有较好防效，适用于小麦、棉花、果树、烟草、蔬菜、茶树、大豆、甜菜等作物。

（1）小麦害虫。防治小麦蚜虫，用有效成分0.45～0.675g／亩（例如4.5%乳油10～15ml）在田间蚜虫始盛期（百株蚜量500头左右）施药。

（2）棉花害虫。防治棉花蚜虫、棉铃虫，每亩用4.5%乳油22～45ml。

（3）蔬菜害虫。防治菜青虫、小菜蛾，每亩用4.5%乳油13.3～37.7ml。

【对天敌和有益生物的影响】高效氯氰菊酯对卷蛾分索赤眼蜂、草间小黑蛛等有一定的杀伤作用。对鱼、蚕高毒，对蜜蜂、蚯蚓毒性大。

【注意事项】

（1）忌与碱性物质混用，以免分解失效。

（2）无特效解毒药。如误服，应立即请医生对症治疗。使用中不要污染水源、池塘、养蜂场等。

【主要制剂和生产企业】100g／L、10%、4.5%乳油；5%、4.5%可湿性粉剂；5%、4.5%、0.12%水乳剂；5%、4.5%微乳剂。

南京红太阳股份有限公司、江苏皇马农化有限公司、江苏天容集团股份有限公司、天津龙灯化工有限公司、山东大成农药股份有限公司等。

氰戊菊酯（fenvalerate）

【作用机理分类】第3组。

【化学结构式】

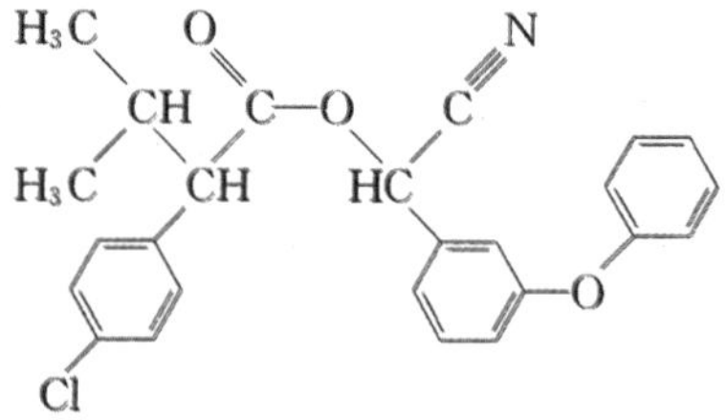

【曾用名】杀灭菊酯、来福灵、速灭杀丁。

【理化性质】纯品为黄色透明油状液体，原药为棕黄色黏稠液体。溶于二甲苯、甲醇、丙酮、氯仿。而且耐光性较强，在酸性中稳定，碱性中不稳定。

【毒性】中等毒。原药大鼠急性经口LD_{50} 451mg／kg，大鼠急性经皮LD_{50}>5 000mg／kg，

大鼠急性吸入LC_{50}>101mg／m^3，对兔皮肤有轻度刺激，对眼睛有中度刺激。没有致突变、致畸和致癌作用。

【防治对象】氰戊菊酯以触杀和胃毒作用为主，无内吸传导和熏蒸作用。对鳞翅目幼虫效果好。对同翅目、直翅目、半翅目等害虫也有较好效果，但对螨类无效。适用于小麦、棉花、果树、蔬菜等作物。

【使用方法】

（1）小麦害虫。防治麦蚜、黏虫，于麦蚜发生期，黏虫二、三龄幼虫发生期用药，用20%乳油3 300～5 000倍液（有效浓度40～60μg／ml）喷雾。

（2）棉花害虫。防治棉铃虫，卵孵化盛期、幼虫蛀蕾铃前，黄河流域棉区当百株卵量超过15粒或百株幼虫达到5头时施药，每亩用20%乳油25～50ml（有效成分5～10g），对水50～75kg喷雾。防治红铃虫，于各代卵孵盛期施药，每亩用20%乳油25～50ml（有效成分5～10g），对水喷雾，可根据虫口密度及为害情况7～10d再喷1次。可兼治棉小造桥虫、金刚钻、卷叶虫、棉盲蝽、蓟马、叶蝉等害虫。

（3）蔬菜害虫。

①防治菜青虫：在幼虫二、三龄期用药，每亩用20%乳油10～25ml（有效成分2～5g），效果较好，残效期在7～10d，此剂量还可以防治各种菜蚜、蓟马。

②防治小菜蛾：三龄幼虫前每亩用20%乳油15～30ml（有效成分3～6g）或20%乳油3 000～4 000倍液（有效浓度50～67μg／ml）喷雾，残效期在7～10d，但防治对菊酯类已产生抗性的小菜蛾效果不好。此剂量还可以防治斜纹夜蛾、甘蓝夜蛾、番茄上的棉铃虫、黄守瓜、二十八星瓢虫、烟青虫。

③防治豆荚野螟：在豇豆、菜豆开花始盛期、卵孵盛期施药，每亩用20%乳油20～40ml（有效成分4～8g），在早晚花瓣展开时，对花和幼荚均匀喷雾，根据虫口密度，隔10d左右再喷1次，能有效减少蕾、花脱落和控制豆荚被害。同时可以防治豆秆蝇、豆天蛾。

（4）果树害虫。

①防治柑橘潜叶蛾：新梢放梢初期（2～3cm）施药，用有效浓度20～40mg／kg喷雾，间隔7～10d再喷1次，可兼治橘蚜、卷叶蛾、木虱等。

②防治苹果、梨、桃树上的食心虫：于卵孵化盛期，卵果率达1%时施药，使用有效浓度50～100mg／kg喷雾，有一定杀卵作用，残效期10d左右，施药2～3次，可兼治苹果蚜、桃蚜、梨星毛虫、卷叶虫等叶面害虫。

③防治柑橘介壳虫：于发生期施药，用20%乳油4 000～5 000倍液（有效浓度40～50mg／kg）加1%矿物油混用，可有效防治红蜡蚧、矢尖蚧、糠片蚧、黑点蚧。

【对天敌和有益生物的影响】氰戊菊酯对田间草间小黑蛛、七星瓢虫、龟纹瓢虫、异色瓢虫等天敌有一定的杀伤作用。对鱼和水生动物毒性很大，对鸟类毒性不大，对蜜蜂安全。

【注意事项】

（1）不可与碱性农药等物质混用。

（2）施药要均匀周到，才能有效控制害虫。在害虫、害螨并发的作物上使用此药，由于对螨无效，对天敌毒性高，易造成害螨猖獗，所以要配合使用杀螨剂。

（3）蚜虫、棉铃虫等害虫对此药易产生抗性，使用时尽可能轮用、混用。可以与乐果、马拉硫磷、代森锰锌等非碱性农药混用。

（4）对蜜蜂、家蚕、鱼虾等毒性高。使用时注意不要污染河流、池塘、桑园、养蜂场所。

（5）氰戊菊酯误服时可能出现呕吐、神经过敏、悸惧、严重时震颤以及全身痉挛。在使用过程中，如有药液溅到皮肤上，应立即用肥皂清洗；如药液溅入眼中，应立即用大量清水冲洗。如发现误服，立即喝大量盐水促进呕吐，或慎重进行洗胃，使药物尽速排出。对全身中毒初期患者，可用二苯基甘醇酰脲或苯乙基巴比特酸对症治疗。

【主要制剂和生产企业】20%乳油。

山东大成农药股份有限公司、开封博凯生物化工有限公司、浙江省杭州庆丰农化有限公司、重庆农药化工（集团）有限公司、广西桂林依柯诺农药有限公司等。

吡虫啉（imidacloprid）

【作用机理分类】第4组。

【化学结构式】

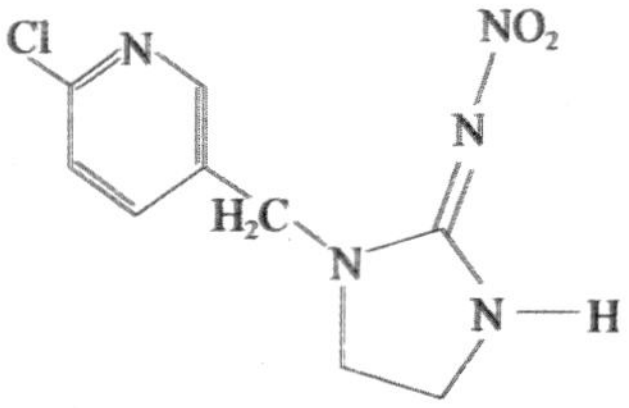

Cl N NO$_2$ N H$_2$C N N—H

【曾用名】咪蚜胺、灭虫精、大功臣、一遍净、蚜虱净、康复多。

【作用特点】吡虫啉为硝基亚甲基类内吸性杀虫剂，主要用于防治刺吸式口器害虫。对害虫具有胃毒作用，是烟酸乙酰胆碱酯酶受体的作用体。其作用机理是干扰害虫运动神经系统，使化学信号传递失灵。害虫接触药剂后，中枢神经正常传导受阻，使其麻痹死亡。速效性好，药后1d即有较高的防效，残效期长达25d左右。药效和温度呈正相关，温度高杀虫效果好。

【毒性】中等毒。原药大鼠急性经口LD_{50} 450mg／kg，小鼠急性经口LD_{50} 147mg／kg（雌）、126mg／kg（雄）。大鼠急性经皮LD_{50}>5 000mg／kg，急性吸入（4h）>5 223mg／kg（粉剂）。原药对家兔眼睛有轻微刺激性，对皮肤无刺激性。人每日允许摄入量为0.057mg／kg。对鱼低毒，叶面喷洒时对蜜蜂有危害，种子处理对蜜蜂安全，对鸟类有毒。在土壤中不移动，不会淋渗到深层土中。

【防治对象】吡虫啉主要用于防治水稻、小麦、棉花、蔬菜等作物上的刺吸式口器害虫，如蚜虫、叶蝉、蓟马、白粉虱以及马铃薯甲虫和麦秆蝇等。也可有效防治土壤害虫、白蚁和一些咀嚼式口器害虫，如稻水象甲和科罗拉多跳甲等。对线虫和蜘蛛无活性。在水稻、棉花、禾谷类作物、玉米、甜菜、马铃薯、蔬菜、柑橘、仁果类果树等不同作物，既可种子处理，又可叶面喷雾。

【使用方法】

（1）防治小麦蚜虫。每亩用有效成分1～1.5g（例如10%可湿性粉剂10～15g），在小麦蚜虫始盛发生期喷雾使用。

（2）防治水稻白背飞虱。每亩用有效成分2g（例如10%可湿性粉剂20g），在白背飞虱初发期喷雾施药。

（3）防治棉蚜。每亩用有效成分1～2g（例如10%可湿性粉剂10～20g），在棉蚜初发期喷雾施药，隔10d左右再施药1次。

（4）防治蔬菜烟粉虱。每亩用有效成分2g（例如10%可湿性粉剂20g），在烟粉虱始盛发期喷雾施药。

（5）防治苹果蚜虫。每亩用有效成分浓度20mg／L（例如10%可湿性粉剂5 000倍液），在蚜虫发生始盛期喷雾。

【对天敌和有益生物的影响】吡虫啉对黑肩绿盲蝽、龟纹瓢虫具有一定的杀伤作用。

【注意事项】

（1）不可与强碱性物质混用，以免分解失效。

（2）对家蚕有毒，养蚕季节严防污染桑叶。

（3）水稻褐飞虱对吡虫啉已产生极高水平抗药性，不宜用吡虫啉防治褐飞虱。

（4）在温度较低时，防治小麦蚜虫效果会受一定影响。

（5）部分地区烟粉虱对吡虫啉有抗药性，此类地区不宜再用于防治烟粉虱。

【主要制剂和生产企业】70%水分散粒剂；70%湿拌种剂；60%种子处理悬浮剂；70%、50%、30%、25%、20 %、12%、10%、7%、5%、2.5%可湿性粉剂；600g／L、48%、35%、30%、10%悬浮剂；45%、30%、20%、5%微乳剂；20%浓可溶剂；200g／L、125g／L、6%、5%可溶液剂；20%、15%、5%泡腾片剂；10%、5%、2.5%乳油；1%悬浮种衣剂。

江苏克胜集团股份有限公司、江苏红太阳集团股份有限公司、安徽华星化工股份有限公司、德国拜耳作物科学有限公司等。

啶虫脒（acetamiprid）

【作用机理分类】第4组。

【化学结构式】

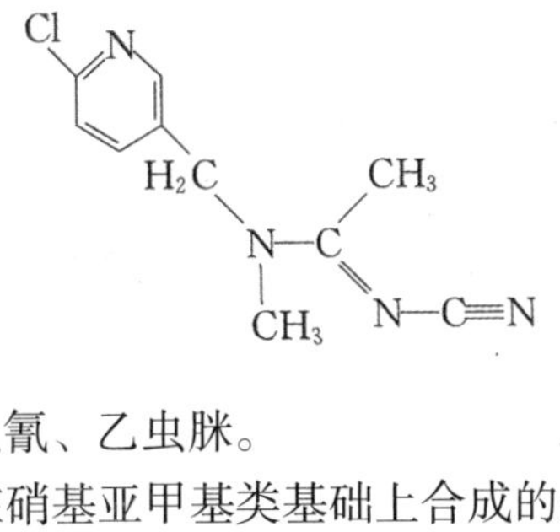

【曾用名】莫比朗、吡虫氰、乙虫脒。

【作用特点】啶虫脒是在硝基亚甲基类基础上合成的烟酰亚胺类杀虫剂。具有超强触杀、胃毒、强渗透作用，还有内吸性强、用量少、速效性好、持效期长等特点。其作用机理是干扰昆虫体内神经传导作用，通过与乙酰胆碱受体结合，抑制乙酰胆碱受体的活性。

对天敌杀伤力小，对鱼毒性较低，对蜜蜂影响小，对人、畜、植物安全。

【毒性】中等毒。大鼠急性经口LD_{50} 217mg / kg（雄），146mg / kg（雌）；小鼠急性经口LD_{50} 198mg / kg（雄），184mg / kg（雌）。大鼠急性经皮LD_{50}>2 000mg / kg（雄、雌）。对皮肤和眼睛无刺激性，动物试验无致突变作用。人每日允许摄入量为0.017mg / kg。对鱼类低毒。

【防治对象】啶虫脒对害虫具有触杀和胃毒作用，速效和持效性强，对害虫药效可达20d左右。适用于甘蓝、白菜、萝卜、莴苣、黄瓜、西瓜、茄子、青椒、番茄、甜瓜、葱、草莓、马铃薯、玉米、苹果、梨、葡萄、桃、梅、枇杷、柿、柑橘、茶、菊、玫瑰、烟草等作物，对刺吸式口器害虫如蚜虫、蓟马、粉虱等，喷药后15min即可解除为害，对害虫药效可达20d左右，其强烈的内吸及渗透作用防治害虫可达到正面喷药，反面死虫的优异效果。用于防治蚜虫、白粉虱等半翅目害虫，用颗粒剂做土壤处理，可防治地下害虫。

【使用方法】

（1）防治小麦蚜虫。每亩用有效成分0.6 ~ 0.9g（例如3%乳油20 ~ 30ml），在小麦穗期蚜虫初发生期喷雾施药。

（2）防治棉花蚜虫。每亩用有效成分0.45 ~ 0.6g（例如3%乳油15 ~ 20ml），在棉蚜初发期喷雾施药，隔10d左右再施药1次。

（3）防治柑橘潜叶蛾。每亩用有效成分浓度30mg / kg（例如3%乳油1 000倍液），于潜叶蛾始盛期、柑橘新梢约3mm时喷施。

（4）防治蔬菜蚜虫。每亩用有效成分0.45 ~ 0.6g（例如3%乳油15 ~ 20ml），在蚜虫始盛发期喷雾施药。

（5）防治苹果蚜虫。每亩用有效成分浓度10mg / L（例如3%乳油3 000倍液），在蚜虫发生始盛期喷雾。

【注意事项】

（1）避免与强碱性农药（波尔多液、石硫合剂）混用，以免分解失效。

（2）避免污染桑蚕和鱼塘区，药剂对桑蚕有毒，养蚕季节严防污染桑叶。

（3）不可随意加大使用浓度，当虫量大时，宜与速效性的拟除虫菊酯类药剂混用。

（4）啶虫脒与吡虫啉有交互抗性，对吡虫啉产生抗药性的害虫不宜再使用啶虫脒。

【主要制剂和生产企业】60%、20%、15%、8%、5%、3%可湿性粉剂；70%、40%、36%、33%、25%、5%水分散粒剂；60%泡腾片剂；20%、5%、3%可溶液剂；10%、5%、3%乳油；5%悬浮剂；3%微乳剂。

山东省青岛瀚生生物科技股份有限公司、江苏克胜集团股份有限公司、河北威远生化股份有限公司、安徽华星化工股份有限公司、日本曹达株式会社等。

二、小麦杀虫剂作用机理分类

小麦杀虫剂作用机理分类（表1-4-1）。

表1-4-1　小麦杀虫剂作用机理分类

主要组和主要作用位点	化学结构亚组和代表性有效成分	举　例
1.乙酰胆碱酯酶抑制剂	1A 氨基甲酸酯	抗蚜威、灭多威
	1B 有机磷	毒死蜱、氧化乐果、辛硫磷、二嗪磷、倍硫磷、马拉硫磷、敌百虫、敌敌畏、乙酰甲胺磷、哒嗪硫磷
3.钠离子通道调节剂	3A 拟除虫菊酯类杀虫剂 天然除虫菊酯	高效氯氟氰菊酯、溴氰菊酯、氯氰菊酯、氰戊菊酯、联苯菊酯、高效氯氰菊酯
4.烟碱乙酰胆碱受体促进剂	4A 新烟碱类	啶虫脒、吡虫啉、氯噻啉
9.同翅目选择性取食阻滞剂	9B 吡蚜酮	吡蚜酮
15.几丁质生物合成抑制剂，0类型，鳞翅目昆虫	几丁质合成抑制杀虫剂	除虫脲

三、小麦害虫轮换用药防治方案

1. 防治麦蚜

抽穗至灌浆期，第一次防治可选用第1A组杀虫剂抗蚜威，第4组杀虫剂吡虫啉、啶虫脒；第二次防治可选用第3组杀虫剂高效氯氟氰菊酯，第9组杀虫剂吡蚜酮，第1B组杀虫剂毒死蜱、敌敌畏。

2. 防治黏虫

第一次防治可选用第1B组杀虫剂敌百虫、马拉硫磷；第二次防治可选用第3组杀虫剂高效氯氟氰菊酯，高效氯氰菊酯，第15组杀虫剂除虫脲。

3. 防治吸浆虫

返青至抽穗前期防治可选用第1B组杀虫剂毒死蜱、倍硫磷；穗期防治可选用第4A组杀虫剂啶虫脒，第3A组杀虫剂高效氯氟氰菊酯、高效氯氰菊酯等。

4. 防治地下害虫

播种期防治可选用第4组杀虫剂吡虫啉、啶虫脒（拌种处理）；返青期防治可选用第1B组杀虫剂辛硫磷、二嗪磷（灌根或毒土处理）。

第五章　棉花害虫轮换用药防治方案

一、棉花杀虫剂重点产品介绍

丁硫克百威（carbosulfan）

【作用机理分类】第1组（1A）。

【化学结构式】

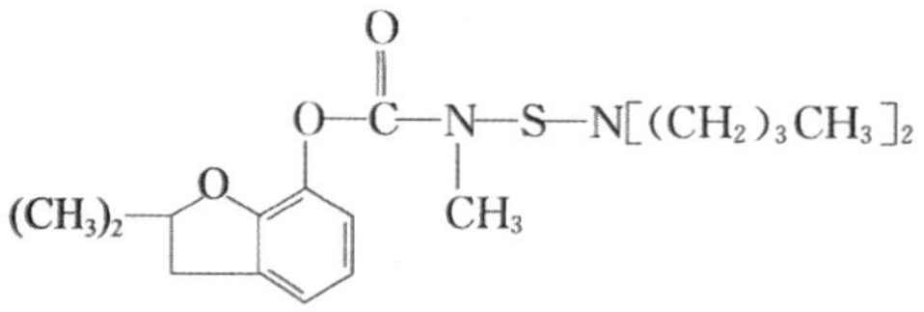

【曾用名】好年冬、稻拌威、好安威、拌得乐、安棉特。

【理化性质】原药为褐色黏稠液体。沸点：124～128℃。蒸汽压：0.04mPa。25℃下溶解性：水中0.03mg／L，与丙酮、二氯甲烷、乙醇、二甲苯互溶。稳定性：在乙酸乙酯中60℃下稳定，在pH值<7时分解。

【毒性】中等毒。雄、雌大鼠急性经口LD_{50}分别为有效成分250mg／kg和185mg／kg，兔急性经皮LD_{50}>2 000mg／kg，雄、雌大鼠急性吸入LC_{50}（1h）分别为1.35mg／L（空气）和0.61mg／L（空气），大鼠和小鼠2年饲喂无作用（致突变）剂量为20mg／kg。人每日允许摄入量0.01mg／kg（体重）。雉、野鸭、鹌鹑的急性经口LD_{50}分别为26mg／kg、8.1mg／kg、23mg／kg。对鱼LC_{50}（96h）：蓝鳃鱼0.015mg／L，鳟鱼0.042mg／L，鲤鱼（48h）0.55mg／kg。

【防治对象】丁硫克百威具有触杀、胃毒和内吸作用，杀虫谱广，持效期长，是剧毒农药克百威较理想的替代品种之一，在昆虫体内代谢为有毒的克百威起杀虫作用，其杀虫机制是干扰昆虫神经系统。能防治柑橘、马铃薯、水稻、甜菜等作物的蚜虫、螨、金针虫、甜菜跳甲、马铃薯甲虫、果树卷叶蛾、苹瘿蚊、苹果蠹蛾、茶微叶蝉、梨小食心虫和介壳虫等。做土壤处理，可防治地下害虫。对蚜虫、柑橘锈壁虱等有很高的杀灭效果；见效快、持效期长，施药后20min即发挥作用，并有较长的持效期。

【使用方法】

（1）防治棉花蚜虫，推荐使用有效成分6～9g／亩。在棉蚜初发期喷雾施药，10d左右1次。

（2）防治小麦蚜虫，有效成分6～8g／亩（例如20%乳油30～40ml／亩）在田间蚜虫始盛期（百株蚜量500头左右）喷雾施药。

（3）防治稻飞虱和叶蝉，在二、三龄若虫盛发期施药，每亩用20%乳油150～200ml，对水喷雾，一般用药2次。防治秧苗蓟马用种子量的0.2%～0.4%处理种子。

【对天敌和有益生物的影响】丁硫克百威对黑肩绿盲蝽等捕食性天敌有一定杀伤力。

【注意事项】

（1）本品为中等毒农药，在使用、运输、储藏中应遵守全操作规程，操作时必须戴好手套，穿好操作服等。储运时，严防潮湿和日晒，不能与食物、种子、饲料混放。存放于阴凉干燥处，应避光、防水、避火源。

（2）不能与酸性或强碱性物质混用，但可与中性物质混用。可与多种杀虫剂（如吡虫啉）、杀菌剂混配，以提高杀虫效果和扩大应用范围。在稻田施用时，不能与敌稗、灭草灵等除草剂同时使用，施用敌稗应在施用丁硫克百威前3～4d进行，或在施用丁硫克百威后30d进行，以防产生药害。

（3）喷洒时力求均匀周到，尤其是主靶标。同时，防止从口鼻等吸入，操作完后必须洗手、更衣。因操作不当引起中毒事故，应送医院急救，可用阿托品解毒。

（4）对水稻三化螟和稻纵卷叶螟防治效果不好，不宜使用。在蔬菜收获前25d严禁使用。

（5）对鱼类高毒，养鱼稻田不可使用，防止施药田水流入鱼塘。

（6）温度较低时，对防治小麦蚜虫效果有影响。

【主要制剂和生产企业】200g／L、150g／L、20%、5%乳油；350g／L、35%干粉剂；10%微乳剂；5%颗粒剂。

湖南海利化工股份有限公司、山东省青岛瀚生生物科技股份有限公司、江苏省苏州富美实植物保护剂有限公司、浙江天一农化有限公司、河北省石家庄市伊诺生化有限公司、美国富美实公司等。

甲萘威（carbaryl）

【作用机理分类】第1组（1A）。

【化学结构式】

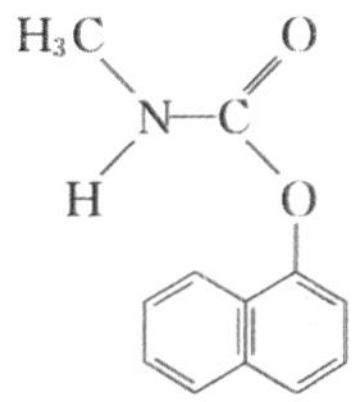

【理化性质】纯品为白色结晶或微红色结晶状固体，工业品略带灰色或粉红色。熔点：145℃。相对密度：1.23。饱和蒸汽压：0.67Pa（26℃）。在水中溶解度：120mg／L（20℃）。溶于乙醇、苯、丙酮等多数有机溶剂，溶解性（20℃）：二甲基甲酰胺450g／L、混甲酚350g／L、丙酮200g／L、环己酮200g／L、甲基乙基酮150g／L、氯仿100g／L、乙醇50g／L、甲苯10g／L、二甲苯10g／L、煤油<1%。

【毒性】中等毒。大白鼠急性经口LD_{50} 250～560mg／kg，小鼠急性经口LD_{50} 171～200mg／kg。大白鼠急性经皮LD_{50} 4 000mg／kg。对鱼类毒性小，红鲤鱼TIm（48h）30.2mg／kg。小野鸭急性经口LD_{50}>2 179mg／kg，野鸡LD_{50}>2 000mg／kg，虹鳟鱼LC_{50}

（96h）1.3mg／L，蓝鳃太阳鱼LC_{50} 10mg／L。对天敌、蜜蜂高毒，蜜蜂LD_{50} 1μg／只，不宜在植物开花期或养蜂区使用。

【防治对象】甲萘威具有触杀、胃毒和弱内吸作用，用于棉花、水稻、蔬菜、玉米、马铃薯、芒果、香蕉、核桃、花生、大豆、谷类、观赏植物、林木等植物上的螟虫、稻纵卷叶螟、稻苞虫、棉铃虫、红铃虫、斜纹夜蛾、棉卷叶虫、桃小食心虫、苹果刺蛾、茶小绿叶蝉、茶毛虫、桑尺蠖和大豆食心虫等的防治。还可防治草皮中的蚯蚓。用作果树疏果的生长调节剂，也可用于防治动物体外的寄生虫。

【使用方法】

（1）防治棉花上的棉铃虫、红铃虫。在卵孵化盛期或低龄幼虫期，每亩用85%可湿性粉剂100～150g，或用25%可湿性粉剂100～260g，对水均匀喷雾。防治蚜虫，在发生期，每亩用25%可湿性粉剂100～260g，对水均匀喷雾。

（2）防治水稻上的稻飞虱、叶蝉。在害虫发生期，每亩用85%可湿性粉剂60～100g，或用25%可湿性粉剂200～260g，对水均匀喷雾。

（3）防治烟草上的烟青虫。在卵孵化盛期或低龄幼虫期，每亩用25%可湿性粉剂100～260g，对水均匀喷雾。

（4）防治豆类作物的造桥虫。在卵孵化盛期或低龄幼虫期，每亩用25%可湿性粉剂200～260g，对水均匀喷雾。

【注意事项】西瓜对甲萘威敏感，不宜使用；其他瓜类应先作药害试验，有些地区反映，用甲萘威防治苹果食心虫后，促使叶螨发生，应注意观察。

【主要制剂和生产企业】85%、25%可湿性粉剂。

江苏常隆化工有限公司、江苏省快达农化股份有限公司、江西省海利贵溪化工农药有限公司等。

灭多威（methomyl）

【作用机理分类】第1组（1A）。

【化学结构式】

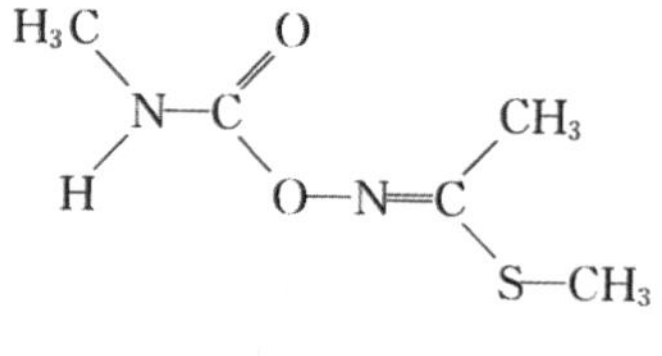

H_3C　　O
N—C　　CH_3
H　　O—N═C
S—CH_3

【理化性质】纯品为白色晶体。熔点：78～79℃。沸点：144℃。蒸汽压：6.67mPa（25℃）。密度：1.295g／L。25℃时的溶解度：水中58g／L、丙酮中730g／L、乙醇中420g／L、甲醇中1 000g／L、异丙酮中220g／L、甲苯中30g／L。在碱性介质中、高温下或受日光照射均易分解。

【毒性】高毒。大鼠急性经LD_{50} 17～24mg／kg，白兔经皮LD_{50}>5 000mg／kg。对眼睛和皮肤有轻微刺激作用，在试验剂量下无致畸、致突变、致癌作用，无慢性毒性。

【防治对象】灭多威具有触杀、胃毒、杀卵等多种杀虫机能，无内吸、熏蒸作用。对棉铃虫、棉叶潜蛾、蚜虫、蓟马、黏虫、甘蓝银纺夜娥、烟草卷叶虫、烟草天蛾、苹果蠹蛾等十分有效，对水稻螟虫、飞虱以及果树害虫等都有很好的防治效果。适用于棉花、烟草、蔬菜、果树上防治鳞翅目、同翅目、鞘翅目及其他害虫。

【使用方法】用于防治棉铃虫、棉潜叶蛾、棉铃象甲等，每亩用24%水剂160～240ml对水喷雾。常与拟除虫菊酯类杀虫剂混合使用，可延缓害虫产生抗药性。

【对天敌和有益生物的影响】灭多威对七星瓢虫有一定的杀伤作用。对鸟、蜜蜂、鱼有毒。

【注意事项】

（1）本品高毒，在储运施药等过程中应注意安全。严格按农药安全使用规范操作，预防中毒。灭多威易燃，应远离火源。

（2）勿与碱性农药如波尔多液、石硫合剂混用；勿与含铁、锡的农药混用。

（3）在棉花上使用浓度不得超过3 000倍，要避开高温施药，否则会产生药害。

（4）中毒应马上送医院治疗，解毒药为阿托品。

【主要制剂和生产企业】24%水溶性液剂；20%乳油。

江苏常隆农化有限公司、江苏省盐城利民农化有限公司、山东华阳科技股份有限公司、山东省青岛东生药业有限公司、上海升联化工有限公司、湖南岳阳安达化工有限公司等。

辛硫磷（phoxim）

【作用机理分类】第1组（1B）。

【化学结构式】

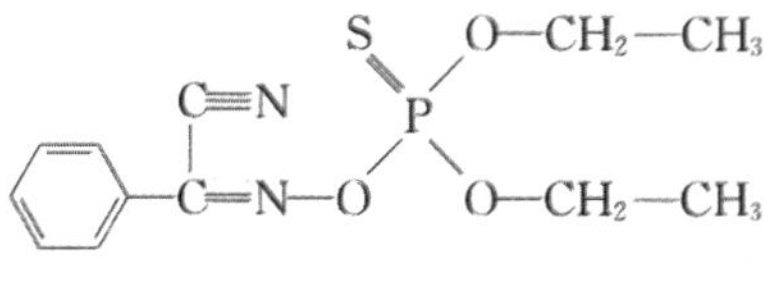

【曾用名】倍腈松、倍氰松、肟硫磷、肟腈磷、肟磷、腈肟磷。

【理化性质】纯品为淡黄色液体。熔点：5～6℃。沸点：102℃（1.33Pa）。密度：1.176。折射率：1.539 5（2 2℃）。难溶于水，20℃时溶解度为7mg／L，稍溶于丙酮、苯、氯仿、二甲基亚砜、甲醇、二甲苯等，微溶于石油醚。在中性或酸性条件下稳定，在碱性条件下不稳定，阳光照射下不稳定，蒸馏时分解。

【毒性】低毒。大白鼠急性经口LD_{50} 1 976mg／kg（雌），2 170mg／kg（雄）；急性经皮LD_{50} 1 000mg／kg。狗急性经口LD_{50} 250mg／kg；猫急性经口LD_{50} 500mg／kg（雌）。兔急性经口LD_{50} 250～375mg／kg。对鱼类毒性大，鲤鱼TL_{50}（50h）0.1～1mg／L，金鱼为1～10mg／L。

【防治对象】辛硫磷对害虫以触杀和胃毒作用为主，击倒力强，无内吸作用。对鳞翅目幼虫药效显著，对仓库害虫和蚊、蝇等卫生害虫有特效，有一定的杀卵作用。叶面施用持效期较短，无残留。可用于棉花、谷物、大豆、茶、桑、烟及果树、蔬菜、林木等植物，防治蚜虫、蓟马、叶蝉、麦叶蜂、菜青虫、黏虫、卷叶蛾、梨星毛虫、稻飞虱、稻苞虫、棉铃虫、红铃虫、松毛虫、叶蝉。在田间使用，因对光不稳定，很快分解失效，所以，残效期很短，残留危险性极小。但该药施入土中，残效期可达1～2个月，适合于防治小地老虎、根蛆、金针虫、越冬代桃小食心虫等地下害虫，特别是对花生、大豆、小麦的蛴螬、蝼蛄等地下害虫有良好防治效果，对小麦、玉米、花生、大豆进行种子处理，防治蝼蛄、金针虫、蛴螬等地下害虫效果良好。

【使用方法】

（1）防治棉花上的棉铃虫、红铃虫。每亩用50%乳油50ml（有效成分25g），对水50kg喷雾。

（2）防治小麦地下害虫。用50%乳油100～165ml（有效成分50～82.5g），用5～7.5kg水稀释后，拌种麦种50kg，拌种时先将麦种摊开均匀，用喷雾器将药液边喷边拌，堆闷2～3h后即可播种，可有效防治蛴螬、蝼蛄、金针虫等地下害虫。

（3）防治蔬菜上的菜青虫。每亩用50%乳油24～30ml（有效成分12～15g），对水50kg喷雾。

【对天敌和有益生物的影响】辛硫磷对龟纹瓢虫、七星瓢虫等捕食性天敌和大草蛉、菜粉蝶绒茧蜂等寄生性天敌有一定的杀伤力。对蜜蜂有毒。

【注意事项】

（1）黄瓜、菜豆对辛硫磷敏感，50%乳油500～1 000倍液喷雾有药害，甜菜对辛硫磷也较敏感，如拌种、闷种时，应适当降低剂量和缩短闷种时间，以免产生药害。高粱对辛硫磷也较敏感，不宜使用。玉米田只可用颗粒剂防治玉米螟，不宜喷雾防治蚜虫、黏虫等。

（2）药液要随配随用，不能与碱性农药混用。

（3）在光照下易分解，应在阴凉避光处储存。在田间喷雾时最好在傍晚进行。拌闷过的种子也要避光晾干，在暗处存放。

（4）安全间隔期，作物收获前5d停止使用。

（5）遇明火、高热可燃。受高热分解，放出高毒的烟气，燃烧（分解）产物为一氧化碳、二氧化碳、氮氧化物、氰化氢、氧化硫、氧化磷。

【主要制剂和生产企业】800g／L、50%、45%、40%、15%乳油；30%微囊悬浮剂；5%、4%、3%、1.5%颗粒剂。

江苏连云港立本农药化工有限公司、山东鲁南胜邦农药有限公司、山东曹达化工有限公司、广东省惠州市中迅化工有限公司、天津市施普乐农药技术发展有限公司、深圳诺普信农化股份有限公司、天津农药股份有限公司、上海中西药业股份有限公司、江苏省南京红太阳股份有限公司、江苏宝灵化工股份有限公司、河北省农药化工有限公司等。

乙酰甲胺磷（acephate）

【作用机理分类】第1组（1B）。

【化学结构式】

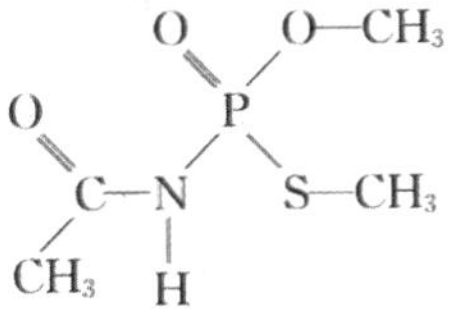

```
         O     O—CH3
          \\   /
    O       P
     \\    /  \
      C—N     S—CH3
     /   |
  CH3    H
```

【理化性质】纯品为白色结晶，熔点：90～91℃。工业品为白色固体，纯度大于等于95%。熔点：92℃，沸点：147℃，比重：1.35。乳油为浅黄色透明液体，易溶于水、甲醇、乙醇、丙醇等极性溶剂和二氯甲烷、二氯乙烷等卤代烃类。在苯、甲苯、二甲苯中溶解度较小，在碱性介质中易分解。溶解度：水中为790g／L（20℃）、丙酮中151g／L、乙醇中大于100g／L、苯中16g／L、正己烷中0.1g／L。

【毒性】低毒。原药大鼠经口LD_{50}值，纯品为823mg／kg，工业品为945mg／kg；雄小鼠急性口服LD_{50} 714mg／kg；兔经皮LD_{50} 2 000mg／kg。小猎犬每天给药1 000mg／kg饲喂1年未发现任何病变。小鸡经口LD_{50} 852mg／kg。鲫鱼TL_{50}（48h）9 550mg／kg，白鲢TL_{50}（48h）485mg／kg，红鲤鱼TL_{50}（48h）104mg／kg。

【防治对象】乙酰甲胺磷对害虫具有胃毒和触杀作用，并可杀卵，有一定熏蒸作用。是缓效型杀虫剂，施药初期效果不明显，2～3d后效果显著，后效作用强。适用于防治蔬菜、果树、烟草、粮食、油料、棉花等作物上的多种咀嚼式、刺吸式口器害虫和害螨。

【使用方法】

（1）棉花害虫。

①防治棉蚜：在苗蚜发生期，大面积平均有蚜株率达30%，平均单株蚜量近10头，卷叶株率达5%时施药。每亩用30%乳油100～150ml（有效成分30～45g），对水50～75kg均匀喷雾。

②防治棉铃虫和红铃虫：棉铃虫主要防治棉田二、三代幼虫，红铃虫防治适期为各代红铃虫发蛾和产卵盛期，每亩用量都为30%乳油150～200ml，对水75～100kg常量喷雾。

（2）蔬菜害虫。

①防治菜青虫：在成虫产卵高峰后7d左右，幼虫二、三龄期施药，每亩用30%乳油80～120ml（有效成分24～36g），对水40～50kg均匀喷雾。

②防治小菜蛾：在一、二龄幼虫盛发期用药，用药量及应用方法同菜青虫。

③防治蚜虫：每亩用30%乳油50～75ml（有效成分15～22.5g），对水50～75kg均匀喷雾。

④防治温室白粉虱：用40%乳油喷雾，防除若虫、成虫（对卵、蛹基本无效），每隔5～6d喷雾1次，连续防治2～3次。

（3）水稻害虫。

①防治稻纵卷叶螟，施药时期：水稻分蘖期，百蔸二、三龄幼虫量45～50只，叶被害率7%～9%；孕穗抽穗期，百蔸二、三龄幼虫量25～35只，叶被害率3%～5%。每亩用30%乳油：125～225ml（有效成分37.5～67.5g），对水60～75kg均匀喷雾。

②防治稻飞虱，施药时期：在孕穗抽穗期，二、三龄若虫高峰期，百蔸虫量1 300只；乳熟期，二、三龄若虫高峰期，百蔸虫量2 100只。每亩用30%乳油80～150ml（有效

成分24～4 5g），对水60～75kg均匀喷雾。

（4）果树害虫。

①防治桃小食心虫、梨小食心虫：在成虫产卵高峰期，卵果率达0.5%～1%时施药，用30%乳油稀释500～750倍（有效成分浓度400～600mg／kg），均匀喷雾。

②防治柑橘介壳虫：在一龄若虫盛发期，用30%乳油300～600ml（有效成分浓度500～1 0 00mg／kg），均匀喷雾。

【对天敌和有益生物的影响】乙酰甲胺磷对日光蜂、拟水狼蛛等天敌有一定的杀伤作用。

【注意事项】

（1）不能与碱性农药混用。

（2）不宜在茶树、桑树上使用。

（3）在蔬菜上施药的安全间隔期不少于7d。

（4）中毒症状为典型的有机磷中毒症状，但病程持续时间较长，乙酰胆碱酯酶恢复较慢。应用碱水或清水彻底清除毒物，用阿托品或解磷啶解毒，注意防止脑水肿。

【主要制剂和生产企业】40%、30%、20%乳油；25%、20%可湿性粉剂；75%、50%、25%可溶性粉剂；97%水分散粒剂。

重庆农药化工（集团）有限公司、湖北仙隆化工股份有限公司、山东华阳科技股份有限公司、广东省广州市益农生化有限公司、浙江菱化实业股份有限公司、南通维立科化工有限公司等。

氧乐果（omethoate）

【作用机理分类】第1组（1B）。

【化学结构式】

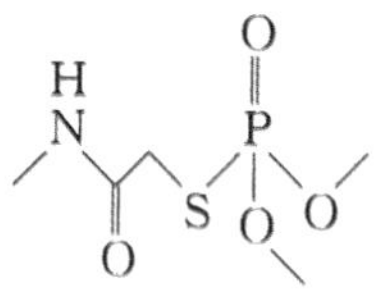

【曾用名】氧化乐果。

【理化性质】纯品为无色透明油状液体，可与水、乙醇和烃类等多种溶剂相混溶，微溶于乙醚，几乎不溶于石油醚，在中性及偏酸性介质中较稳定，遇碱易分解。应储存在遮光、阴凉的地方。

【毒性】高毒。原药大鼠经口LD_{50} 500mg／kg，急性经皮LD_{50} 700mg／kg。无慢性毒性。

【防治对象】氧乐果具有内吸、触杀和一定胃毒作用，击倒快、高效、广谱、具有杀虫、杀螨等特点，具有强烈的触杀作用和内渗作用，是较理想的根、茎内吸传导性杀虫、杀螨剂，特别适于防治刺吸性害虫，对飞虱、叶蝉、介壳虫及其他刺式口器害虫具有较好防效。

【使用方法】

（1）棉花害虫。防治棉蚜，用40%乳油1 500～2 000倍液喷雾；防治红蜘蛛、叶蝉、盲椿象，用40%乳油1 500～2 000倍液喷雾。

（2）果树害虫。防治苹果蚜、螨，用40%乳油1 500～2 000倍液喷雾；防治红蜘蛛，用40%乳油1 000～2 000倍液重点挑治中心虫株；防治橘蚜，用40%乳油1 000～1 500倍液重点喷新梢；矢尖蚧、糠片蚧、褐圆蚧用40%乳油1 000～1 200倍液喷雾。

【对天敌和有益生物的影响】氧乐果对寄生蜂（蚜茧蜂）、瓢虫（七星瓢虫、龟纹瓢虫）、蜘蛛（三突花蟹蛛）以及梭毒隐翅虫等天敌杀伤作用大。

【注意事项】

（1）本品不可与碱性农药混用。水溶液易分解失效，应随配随用。

（2）啤酒花、菊科植物、某些高粱和烟草、枣树、桃、杏、梅、橄榄、无花果、柑橘等作物，对稀释倍数在1 500倍以下的氧乐果乳剂敏感，应先作药害试验，再确定使用浓度。

（3）本品对牛、羊、家畜毒性高，喷过药的牧草在1个月内不可饲喂，喷药的田地7～10d内不得放牧。

（4）使用本品安全间隔期。黄瓜不少于2d，青菜不少于7d，白菜不少于10d，夏季豇豆和四季豆不少于3d，其他豆菜不少于5d，萝卜不少于15d（食叶菜不少于9d），烟草不少于5d，苹果和茶叶不少于7d，小麦和高粱不少于10d。

（5）中毒症状有头痛、头昏、无力、多汗、恶心、呕吐、胸闷、流涎，并造成猝死。解毒剂可用阿托品，加强监护和保护心脏，防止猝死。

【主要制剂和生产企业】10%、18%、40%乳油。

河北神华药业有限公司、湖北农本化工有限公司、河南省郑州大河农化有限公司、安徽康达化工有限责任公司等。

倍硫磷（fenthion）

【作用机理分类】第1组（1B）。

【化学结构式】

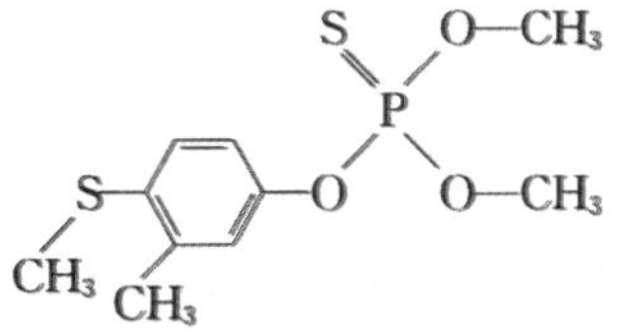

【理化性质】纯品为无色无臭油状液体，工业品有大蒜气味。沸点：87℃（1.33×10^{-3} kPa）。相对密度：1.250（20／4℃）。折光率：1.569 8。蒸汽压：4×10^{-3}Pa（20℃）。溶于甲醇、乙醇、丙酮、甲苯、二甲苯、氯仿及其他许多有机溶剂和甘油。在室温水中的溶解度为54～56mg／L。对光和碱性稳定，热稳定性可达210℃。

【毒性】中等毒。雄性大白鼠急性经口LD_{50} 215mg／kg，雌性为245mg／kg。大白鼠急性经皮LD_{50} 330～500mg／kg。对鱼LC_{50}约为1mg／kg（48h）。对蜜蜂

高毒。

【防治对象】倍硫磷对害虫具有触杀和胃毒作用，对作物具有一定渗透性，但无内吸传导作用，杀虫广谱，作用迅速。用于防治棉花、水稻、大豆及果树、蔬菜上的鳞翅目幼虫、蚜虫、叶蝉、飞虱、蓟马、果实蝇、潜叶蝇、介壳虫等多种害虫，对叶螨类有一定药效。

【使用方法】

（1）棉花害虫。防治棉铃虫、红铃虫，每亩用50%乳油50～100ml，对水75～100kg喷雾。此剂量可兼治棉蚜、棉红蜘蛛。

（2）水稻害虫。防治二化螟、三化螟，每亩用50%乳油75～150ml加细土75～150kg制成毒土撒施或对水50～100kg喷雾。稻叶蝉、飞虱可用相同剂量喷雾防治。

（3）蔬菜害虫。防治菜青虫、菜蚜，每亩用50%乳油50ml，对水30～50kg喷雾。

（4）果树害虫。防治桃小食心虫用50%乳油1 000～2 000倍液喷雾。

【注意事项】

（1）对十字花科蔬菜的幼苗及梨、桃、高粱、啤酒花易产生药害。

（2）不能与碱性物质混用。

（3）皮肤接触中毒可用清水或碱性溶液冲洗，忌用高锰酸钾溶液，误服治疗可用硫酸阿托品，但服用阿托品不宜太快、太早，维持时间一般应3～5d。

【主要制剂和生产企业】50%乳油、5%颗粒剂。

允发化工（上海）有限公司、浙江嘉化集团股份有限公司、浙江乐吉化工股份有限公司、山东青岛双收农药化工有限公司等。

喹硫磷（quinalphos）

【作用机理分类】第1组（1B）。

【化学结构式】

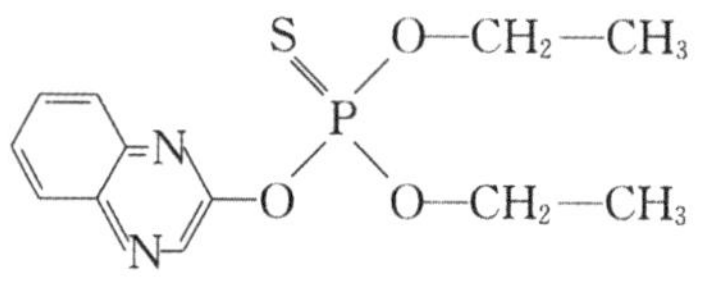

S　O—CH_2—CH_3
P
N　O　O—CH_2—CH_3
N

【曾用名】喹恶磷、爱卡士。

【理化性质】纯品为无色无味结晶。熔点：31～32℃。分解温度：120℃。蒸汽压：0.35×10^{-6} kPa（20℃）。密度：1.235。水中溶解度低，但易溶于乙醇、甲醇、乙醚、丙酮和芳香烃，微溶于石油醚。遇酸易水解。

【毒性】中等毒。大白鼠急性经口LD_{50} 71mg／kg，急性经皮LD_{50}1 750mg／kg，急性吸入LC_{50} 0.71mg／L。对皮肤和眼睛无刺激性，在动物体内蓄积性很少，无慢性毒性，没有致癌、致畸、致突变作用。对鱼有毒，鲤鱼LC_{50}（96 h）3.63mg／L，虹鳟鱼0.005mg／L。对蜜蜂高毒，LD_{50}（经口）0.07μg／只。鹌鹑（8d膳食）LC_{50} 66mg／kg，野鸭220mg／kg。

【防治对象】喹硫磷具有杀虫、杀螨作用，具有胃毒和触杀作用，无内吸和熏蒸性能，在植物上有良好的渗透性，有一定杀卵作用，在植物上降解速度快，残效期短。适用于水稻、棉花及果树、蔬菜上多种害虫的防治。用于防治水稻、棉花、蔬菜、果树、茶、桑、甘蔗等作物及林木，防治鳞翅目、鞘翅目、双翅目、半翅目、同翅目、缨翅目等刺吸式和咀嚼式口器害虫、钻蛀性害虫及叶螨。撒施颗粒剂防治水稻螟虫、稻瘿蚊和桑瘿蚊，能延长药效期。药液灌心叶可防治玉米螟。由于持效期短，对虫卵效果差。

【使用方法】

（1）棉花害虫。防治棉蚜，每亩用25%乳油50～60ml，对水50kg喷雾。防治棉蓟马，每亩用25%乳油66～100ml，对水60kg喷雾。防治棉铃虫，每亩用25%乳油133～166ml，对水75kg喷雾。

（2）水稻害虫。防治水稻二化螟，每亩使用有效成分25～31.25g（例如25%乳油100～125ml／亩），在二化螟卵孵高峰期施药。

（3）蔬菜害虫。防治菜蚜、菜青虫、红蜘蛛、斜纹夜蛾，每亩用25%乳油60～80ml，对水50～60kg喷雾。

【注意事项】

（1）不能与碱性物质混合使用。

（2）对鱼、水生动物和蜜蜂高毒，不要在鱼塘、河流、养蜂场等处及其周围使用，避免作物开花期使用。

（3）对许多害虫天敌毒力较大，施药期应避开天敌大发生期。

（4）喹硫磷在水稻、柑橘上的安全间隔期分别为14d和28d，在蔬菜上喷1次和2次药的安全间隔期分别为9d和24d。

【主要制剂和生产企业】25%乳油；5%颗粒剂。

四川省化学工业研究设计院等。

二嗪磷（diazinon）

【作用机理分类】第1组（1B）。

【化学结构式】

CH_3

C_2H_5O CH_3

N

P—O— —CH

N

C_2H_5O S CH_3

【曾用名】地亚农、二嗪农、大亚仙农。

【理化性质】纯品为黄色液体。沸点：83～84℃（26.6Pa）。蒸汽压：12mPa（25℃）。相对密度：1.11。在水中溶解度（20℃）：60mg／L，与普通有机溶剂不混溶。100℃以上易氧化，中性介质稳定，碱性介质中缓慢水解，酸性介质中加速水解。

【毒性】中等毒。大白鼠急性经口LD_{50} 285mg／kg，急性经皮LD_{50} 455mg／kg；小白鼠急性吸入LC_{50} 630mg／L。在试验剂量下对动物无致突变、致癌作用。可通过人体皮肤被吸收，对皮肤和眼睛有轻微刺激作用。

【防治对象】二嗪磷对害虫具有触杀、胃毒、熏蒸和一定的内吸作用，有一定杀螨、杀线虫活性，残效期较长。对鳞翅目、同翅目等多种害虫具有良好的防治效果。也可拌种防治多种作物的地下害虫。用于控制大范围作物上的刺吸式口器害虫和食叶害虫，包括苹果、梨、桃、柑橘、葡萄、橄榄、香蕉、菠萝、蔬菜、马铃薯、甜菜、甘蔗、咖啡、可可、茶树等。小麦、玉米、高粱、花生等药剂拌种，可防治蝼蛄、蛴螬等土壤害虫；颗粒剂灌心叶，可防治玉米螟。25%乳油混煤油喷雾，可防治蜚蠊、跳蚤、虱子、苍蝇和蚊子等卫生害虫。

【使用方法】

（1）棉花害虫。防治棉蚜，当苗蚜有蚜株率达30%，单株平均蚜量近10头，卷叶率达5%时，每亩用50%乳油40 ~ 60ml（有效成分20 ~ 30g），对水40 ~ 60kg喷雾。

（2）小麦害虫。防治小麦吸浆虫，每亩用有效成分100g（例如5%颗粒剂2 000g），拌毒土20kg，在吸浆虫羽化出土时，于麦田中均匀撒施。

（3）蔬菜害虫。防治菜青虫，在产卵高峰期后7d，幼虫二、三龄期防治。每亩用50%乳油40 ~ 50ml（有效成分20 ~ 2 5g），对水40 ~ 50kg喷雾。

防治韭蛆，每亩用有效成分400g（例如5%颗粒剂8 000g），将颗粒剂混土均匀后，于韭菜初现症状（叶尖黄、软、倒伏）时撒施；药后要浇足透水，以保证药效。

【对天敌和有益生物的影响】二嗪磷对鸟剧毒，具有极高风险性，对蜜蜂高毒，对鱼中等毒。

【注意事项】

（1）不可与碱性物质混用。不可与含铜杀菌剂和敌稗混合，在使用敌稗前后2周内也不得使用本剂。也不能用铜合金罐、塑料瓶盛装，储存时应放置在阴凉干燥处。

（2）对蜜蜂高毒，避免作物开花期施药。

（3）对鸭、鹅毒性大，施药农田不可放鸭。

（4）本品在水田土壤中半衰期21d。一般使用无药害，但一些苹果和莴苣品种较敏感。安全间隔期为10d。

（5）如果是喷洒农药而引起中毒时，应立即使中毒者呕吐，口服1% ~ 2%苏打水或用清水洗胃；进入眼内时，用大量清水冲洗，滴入磺乙酰钠眼药。中毒者呼吸困难时应输氧，解毒药品有硫酸阿托品、解磷啶等。

【主要制剂和生产企业】60%、50%、30%、25%乳油；40%微乳剂；40水乳剂；10%、5%、2%颗粒剂。

浙江禾本农药化学有限公司、江苏省南通江山农药化工股份有限公司、江苏宝灵化工股份有限公司、广西安泰化工有限责任公司、日本化药株式会社等。

水胺硫磷（isocarbophos）

【作用机理分类】第1组（1B）。

【化学结构式】

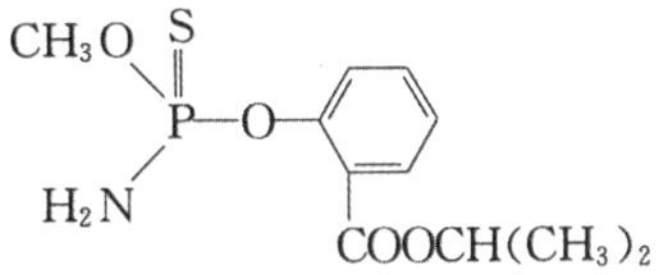

【理化性质】纯品为无色菱形片状晶体。原油为亮黄色或茶褐色黏稠的油状液体，常温下放置过程中逐步分析出晶体，熔点：41～44℃。经石油醚与乙酸重结晶可得到水胺硫磷纯品（无色结晶），熔点：44～46℃，能溶于乙酸、丙酮、苯、乙酸乙酯等有机溶剂，不溶于水，难溶于醚。常温下储存较稳定。

【毒性】高毒。大白鼠急性经口LD_{50}（24h）28.5mg／kg，大白鼠急性经皮LD_{50}（72h）447.1mg／kg。施药后14d在稻谷及稻草中的残留量小于1mg／kg。人体每日最大摄入量（ADI）为0.003mg／kg。在试验剂量下无致突变和致癌作用。无蓄积中毒作用，对皮肤有一定刺激作用。

【防治对象】水胺硫磷对害虫具有触杀、胃毒和杀卵作用。在昆虫体内首先被氧化成毒性更大的水胺氧磷，抑制昆虫体内乙酰胆碱酯酶。对螨类和鳞翅草等，防治叶螨、介壳虫和鳞翅目、同翅目害虫具有很好的功效。主要用于粮食作物、棉花、果树、林木、牧草等，防治叶螨、介壳虫和鳞翅目、同翅目害虫，以及稻瘿蚊、稻象甲、牧草蝗虫等。药液拌种，可防治蛴螬。水胺硫磷不可用于蔬菜、已结果实的果树、近期将采收的茶树、烟草、中草药等作物。叶面喷雾对一般作物安全，但高粱、玉米、豆类较敏感。

【使用方法】

（1）棉花害虫。防治棉花红蜘蛛、棉蚜，用40%乳油1 000～3 000倍液喷雾。防治棉铃虫、棉红铃虫，用40%乳油1 000～2 000倍液喷雾。

（2）水稻害虫。防治二化螟、三化螟、稻瘿蚊，用40%乳油800～1 000倍液喷雾。防治稻蓟马、稻纵卷叶螟，用40%乳油1 200～1 500倍液喷雾。

【对天敌和有益生物的影响】水胺硫磷对拟水狼蛛、瓢虫等天敌具有一定的杀伤作用。

【主要制剂和生产企业】40%、20%乳油。

湖北仙隆化工股份有限公司、河北威远生物化工股份有限公司、山东青岛双收农药化工有限公司等。

杀螟硫磷（fenitrothion）

【作用机理分类】第1组（1B）。

【化学结构式】

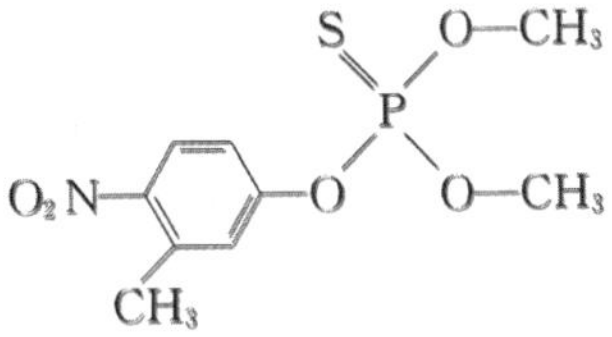

【理化性质】纯品为白色结晶，原药为黄褐色油状液体，微有蒜臭味。密度：

1.322。蒸汽压：0.80mPa（20℃）。熔点：0.3℃。沸点：140～145℃（13.3Pa）。不溶于水（14mg／L），但可溶于大多数有机溶剂中，在脂肪烃中溶解度低。遇碱水解，在30℃、0.01mol／L氢氧化钠中的半衰期为272min，蒸馏会引起异构化。

【毒性】低毒。纯度95%以上原药急性口服LD_{50} 584mg／kg（雌大鼠），LD_{50} 501mg／kg（雄大鼠）。原药狗98d亚慢性喂养毒性试验最大无作用剂量：40mg／（kg·d）；鲤鱼LC_{50} 8.2mg／L（48h）。

【防治对象】杀螟硫磷对害虫有很强的触杀和胃毒作用，并有一定的渗透作用，无内吸和熏蒸作用。残效期中等，杀虫谱广，对水稻螟虫有特效，可有效防治水稻、棉花、蔬菜、果树、茶树、油料等农作物上的鳞翅目、半翅目、同翅目、鞘翅目、缨翅目等多种害虫，对棉红蜘蛛也有较好防治效果，并被广泛用于防治水稻、小麦、玉米等禾谷类原粮仓储害虫如玉米象、谷盗等。

【使用方法】

（1）棉花害虫。防治棉蚜、叶蝉，在发生期每亩用50%乳油50～75ml（有效成分25～37.5g），对水50～60kg喷雾。防治棉造桥虫、金刚钻，在低龄幼虫期每亩用50%乳油50～75ml（有效成分25～37.5g），对水50～75kg喷雾。防治棉铃虫、红铃虫，在卵孵盛期每亩用50%乳油50～100ml（有效成分25～50g），对水75～100kg喷雾。

（2）水稻害虫。防治螟虫，在幼虫初孵期每亩用50%乳油50～75ml（有效成分25～37.5g），对水50～60kg常量喷雾；或对水3～4kg低容量喷雾。防治稻飞虱、叶蝉，在发生高峰期每亩用50%乳油50～75ml（有效成分25～37.5g），对水50～75kg喷雾。

（3）蔬菜害虫。防治菜蚜、猿叶虫，在发生期每亩用50%乳油50～75ml（有效成分25～37.5g），对水50～60kg喷雾。

（4）油料作物害虫。防治大豆食心虫，于成虫盛发期至幼虫入荚前，每亩用50%乳油60ml（有效成分30g），对水50～60kg喷雾。

（5）果树害虫。防治桃小食心虫，在幼虫开始蛀果期，用50%乳油1 000倍液（有效成分浓度500mg／kg）喷雾。防治苹果叶蛾、梨星毛虫，在幼虫发生期用50%乳油1 000倍液（有效成分浓度500mg／kg）喷雾。防治介壳虫，在若虫期用50%乳油800～1 000倍液（有效成分浓度500～625mg／kg）喷雾。防治柑橘潜叶蛾，用5 0%乳油2 000～3 000倍液（有效成分浓度166～250mg／kg）喷雾。

（6）旱粮害虫。防治甘薯小象甲，在成虫发生期，每亩用50%乳油75～120ml（有效成分37.5～60g），对水50～60kg喷雾。

【对天敌和有益生物的影响】杀螟硫磷对拟水狼蛛、七星瓢虫、异色瓢虫等天敌具有一定的杀伤作用。对蜜蜂高毒。

【注意事项】

（1）不能与碱性农药混用。

（2）对十字花科蔬菜和高粱较敏感，使用时应注意药害问题。

（3）水果、蔬菜在收获前10～15d停止用药。

（4）对鱼毒性大，应注意避免对水域的污染。

（5）中毒症状，轻的为头昏、恶心、呕吐，重的出现呼吸困难、神经系统受损、震颤，以至死亡。轻症病人可用温食盐水或1%肥皂水洗胃；并注射解毒剂阿托品。重症病人立即送医院就医。

【主要制剂和生产企业】50%、45%乳油。

海利尔药业集团股份有限公司、山东省金农生物化工有限责任公司、浙江嘉化集团股份有限公司、陕西上格之路生物科学有限公司、湖南省金穗农药有限公司等。

哒嗪硫磷（pyridaphenthion）

【作用机理分类】第1组（1B）。

【化学结构式】

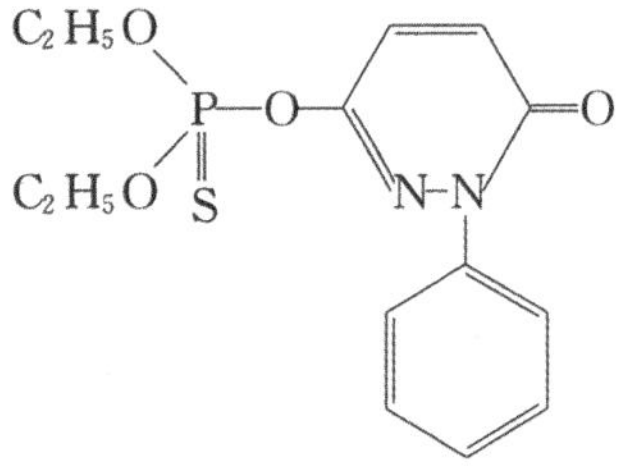

【理化性质】纯品为白色结晶，熔点：54.5～56℃。工业原药为淡黄色固体，熔点：53.5～54.5℃。48℃时蒸汽压：25.3Pa。相对密度：1.325。难溶于水，可溶于大多数有机溶剂。对酸、热较稳定，对强碱不稳定。

【毒性】低毒。原药急性口服LD_{50} 850mg／kg（雌大鼠）、769.4mg／kg（雄大鼠）。急性经LD_{50} 2 100mg／kg（雌大鼠）、2 300mg／kg（雄大鼠）。

【防治对象】哒嗪硫磷对害虫具有触杀和胃毒作用，兼具杀卵作用，无内吸作用。对多种咀嚼式和刺吸式口器害虫有效，可有效防治棉花、水稻、小麦、蔬菜、果树等农作物上的多种咀嚼式口器和刺吸式口器害虫。特别是对水稻害虫和棉红蜘蛛防效突出。

【使用方法】

（1）棉花害虫。防治棉花红蜘蛛，用20%乳油1 000倍液（每亩用有效成分15～20g）喷雾，对成、若螨及螨卵均有显著抑制作用，在重发生年施药2次可控制为害。防治蚜虫、棉铃虫、红铃虫、造桥虫，用20%乳油500～1 000倍液（每亩用有效成分20～40g）喷雾，或每亩用2%粉剂3kg（有效成分60g）喷粉，效果良好。

（2）水稻害虫。防治二化螟、三化螟，在卵块孵化高峰前1～3d，每亩用20%乳油200～300ml（有效成分40～60g），对水100kg喷雾。防治稻苞虫、稻纵卷叶螟、稻飞虱、叶蝉、蓟马，每亩用20%乳油200ml（有效成分40g），对水100kg喷雾。防治稻瘿蚊，每亩用20%乳油200～250ml（有效成分40～50g），对水75kg喷雾，或混细土1.5～2.5kg撒施。

【注意事项】

（1）不可与碱性农药混用。

（2）不能与2，4-D除草剂同时使用，或两种药剂使用时间间隔太短，否则易发生药害。

（3）中毒急救措施按有机磷农药解毒方法进行。

【主要制剂和生产企业】20%乳油；2%粉剂。

安徽省池州新赛德化工有限公司。

硫丹（endosulfan）

【作用机理分类】第2组。

【化学结构式】

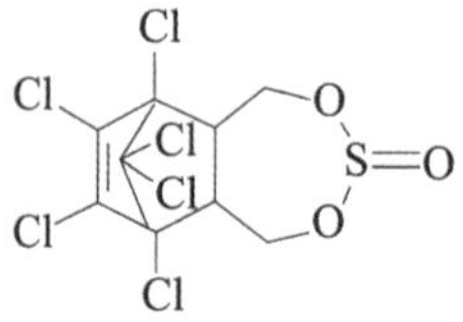

【曾用名】安杀丹、硕丹、赛丹、雅丹。

【理化性质】纯品外观为白色结晶，无臭，原药有效成分含量>94%。外观为黄棕色固体，α体／β体比例为7／3，原药有轻微二氧化硫味。密度：1.8g／cm^3（20℃）。熔点：70～100℃（α体熔点：109℃，β体熔点：213℃）。沸点：106℃。蒸汽压：1.2Pa（80℃）。相对密度（水=1）：1.745（20℃），相对蒸气密度（空气=1）：14.0，饱和蒸汽压（kPa）：0.133×10^{-5}（25℃）。水中溶解度60～150μg／L，醋酸中18%，甲苯中57%，二甲苯中45%，正辛醇／水中分配比为4.72×10^4（25℃）。

【毒性】高毒。原药大鼠急性经口LD^{50} 22.7～160mg／kg（雄）、22.7mg／kg（雌），兔急性经皮LD_{50} 359mg／kg，大鼠急性经皮LD_{50}>500mg／kg（雌）。对皮肤和眼睛有轻度刺激，无致敏作用。大鼠13周喂养试验无作用剂量10mg／kg（饲料）和0.7mg／kg（体重）。大鼠29d（6 h／天）吸入无作用剂量0.54mg／kg（体重）。大鼠104周喂养试验无作用剂量15mg／kg（饲料）或0.6～0.7mg／kg（体重）。致突变阴性，经口1.8mg／kg对兔无致畸作用，1.5mg／kg对大鼠无致畸作用；对大鼠二代繁殖无不良影响。104周饲喂大鼠75mg／kg，未见致癌作用。母鸡试验未见迟发性神经毒性。1989年，联合国粮农组织和世界卫生组织联席会议推荐的人体每日允许最大摄入量（ADI）为0.006mg／kg。蜜蜂接触LD_{50} 7.1μg／只、经口LD_{50} 6.9μg／只。

【防治对象】硫丹兼具触杀、胃毒和熏蒸多种作用。杀虫速度快，对天敌和益虫友好，害虫不易产生抗性。对棉花、果树、蔬菜、茶树、大豆、花生等多种作物害虫、害螨有良好防效。

【使用方法】

（1）棉花害虫。防治棉蚜、棉铃虫、斜纹夜蛾、蓟马、造桥虫，350g／L乳油每亩60～130ml，对水喷雾。

（2）蔬菜害虫。防治菜青虫、小菜蛾、菜蚜、甘蓝夜蛾、瓢虫，350g／L乳油每亩30ml，均匀喷雾。

（3）茶树害虫。防治茶尺蠖、茶细蛾、小绿叶蝉、蓟马、茶蚜，350g／L乳油每亩45～130ml，对水喷雾。

【注意事项】

（1）对鱼高毒，防止药水流入鱼池、河塘。

（2）为有机氯高毒杀虫剂，在我国登记主要用于防治棉铃虫，其他非登记作物上慎用。

【主要制剂和生产企业】350g／L乳油。

德国拜耳作物科学公司、江苏皇马农化有限公司、江苏快达农化股份有限公司等。

茚虫威（indoxacarb）

【作用机理分类】第22A组。

【化学结构式】

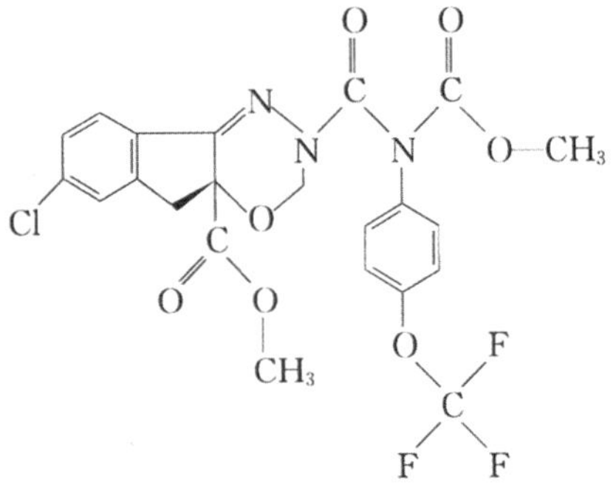

【曾用名】安打。

【理化性质】纯品为白色粉末状固体。熔点：88.1℃。密度1.44（20℃）。蒸汽压：9.8×10^{-9}Pa（20℃）。水中溶解度：0.2mg／L。水溶液稳定性DT_{50}：30d（pH值=5）、38d（pH值=7）、1d（pH值=9）。

【毒性】微毒。大鼠急性经口LD_{50}>5 000mg／kg，兔急性经皮LD_{50}>2 000mg／kg。对兔眼睛和皮肤无刺激。该药剂无致畸、致癌、致突变性。对鸟类及水生生物和非靶标生物也十分安全。鹌鹑、野鸭急性经口LD_{50}>2 250mg／kg。虹鳟鱼LC_{50}（96h）大于0.5mg／L。

【防治对象】茚虫威具有触杀和胃毒作用，对各龄期幼虫都有效。杀虫作用机理独特，其本身对害虫毒性较低，进入昆虫体内后能被迅速活化并与钠通道蛋白结合，从而破坏昆虫神经系统正常的神经传导，导致靶标害虫协调受损、出现麻痹、最终死亡。但最近有研究发现，茚虫威对神经突触后膜上烟碱型乙酰胆碱受体也有明显的作用，并认为乙酰胆碱受体是茚虫威的主要作用靶标。药剂通过接触和取食进入昆虫体内，0～4h内昆虫即停止取食，随即被麻痹，昆虫的协调能力会下降（可导致幼虫从作物上落下），从而极好地保护了靶标作物。一般在药后24～60h内害虫死亡。用于防除几乎所有鳞翅目害虫，如适用于防治甘蓝、花椰菜、芥蓝、番茄、辣椒、黄瓜、小胡瓜、茄子、莴苣、苹果、梨、桃、杏、棉花、马铃薯、葡萄等作物上的甜菜夜蛾、小菜蛾、菜青虫、斜纹夜蛾、甘蓝夜蛾、棉铃虫、烟青虫、银纹夜蛾、粉纹夜蛾、卷叶蛾类、苹果蠹蛾、食心虫、叶蝉、金刚钻、棉大卷叶螟、牧草盲蝽、葡萄长须卷叶蛾、马铃薯块茎蛾和马铃薯甲虫等。

【使用方法】

（1）棉花害虫。防治棉铃虫，使用有效成分浓度为40mg／kg（例如15%悬浮剂3 750倍液），于棉铃虫卵孵化盛期喷雾施药。

（2）蔬菜害虫。防治小菜蛾、甜菜夜蛾，每亩用有效成分1.5～2.7g（例如15%

悬浮剂10～18ml／亩），在低龄幼虫期，对水50kg喷雾；防治菜青虫，亩用有效成分0.75～1.35g（例如15%悬浮剂5～9ml／亩），对水50kg喷雾。

【注意事项】

（1）使用时必须先配成母液，搅拌均匀后稀释，均匀喷雾。

（2）在叶菜和茄果类蔬菜上安全间隔期为3d。

（3）每季作物建议最多使用2次。

（4）用足水量。

【主要制剂和生产企业】30%水分散粒剂；15%悬浮剂。

美国杜邦公司。

二、棉花害虫杀虫剂作用机理分类

棉花害虫杀虫剂作用机理分类（表1-5-1）。

表1-5-1　棉花害虫杀虫剂作用机理分类

主要组和主要作用位点	化学结构亚组和代表性有效成分	举　例
1.乙酰胆碱酯酶抑制剂	1A 氨基甲酸酯	丁硫克百威、硫双威、甲萘威、灭多威、涕灭威
	1B 有机磷	毒死蜱、氧乐果、辛硫磷、丙溴磷、三唑磷、乙酰甲胺磷、敌敌畏、喹硫磷、水胺硫磷、二嗪磷、杀螟硫磷、甲拌磷、倍硫磷、马拉硫磷
2.GABA-门控氯离子通道拮抗剂	2A 环戊二烯类杀虫剂	硫丹
3.钠离子通道调节剂	3A 拟除虫菊酯类杀虫剂 天然除虫菊酯	高效氯氟氰菊酯、溴氰菊酯、氰戊菊酯、高效氯氰菊酯、氟氯氰菊酯、联苯菊酯、甲氰菊酯、氯菊酯
4.烟碱乙酰胆碱受体促进剂	4A 新烟碱类	啶虫脒、吡虫啉、烯啶虫胺、噻虫嗪
5.烟碱乙酰胆碱受体的变构拮抗剂	多杀菌素类杀虫剂	多杀菌素
6.氯离子通道激活剂	阿维菌素，弥拜霉素类	阿维菌素、甲氨基阿维菌素苯甲酸盐
10.螨类生长抑制剂	10A 四螨嗪，噻螨酮；螨生长调节剂；四嗪类杀螨剂	噻螨酮
11.昆虫中肠膜微生物干扰剂（包括表达Bt毒素的转基因植物）	苏云金芽孢杆菌或球形芽孢杆菌和他们生产的杀虫蛋白	苏云金杆菌

(续表)

主要组和主要作用位点	化学结构亚组和代表性有效成分	举　例
12.氧化磷酸化抑制剂（线粒体ATP合成酶抑制剂）	12C 炔螨特	炔螨特
15.几丁质生物合成抑制剂，0类型，鳞翅目昆虫	几丁质合成抑制杀虫剂	氟啶脲、氟铃脲、虱螨脲
19.章鱼胺受体促进剂	双甲脒	双甲脒
21.线粒体复合物I电子传递抑制剂	21A METI杀虫剂和杀螨剂	唑螨酯、哒螨灵
22.电压依赖钠离子通道阻滞剂	22A 茚虫威	茚虫威
23.乙酰辅酶A羧化酶抑制剂	季酮酸类及其衍生物	螺螨酯

三、棉花害虫轮换用药防治方案

（一）黄河流域棉区棉花害虫轮换用药防治方案

黄河流域棉区转基因抗虫棉种植面积已达98%以上，棉铃虫、玉米螟等鳞翅目害虫得到有效控制，但棉蚜、棉叶螨、棉盲蝽、棉粉虱等刺吸式害虫的发生却日益严重。

棉花害虫的发生特点：从5月上旬至6月中旬，棉花苗期发生的主要害虫有地老虎、金龟子（蛴螬）、棉蚜、棉叶螨、烟蓟马等；6月下旬至8月下旬，从棉花蕾期至花铃期发生的害虫种类比较多，主要发生的害虫有棉铃虫、棉盲蝽、棉蚜、棉叶螨、烟粉虱、玉米螟、美洲斑潜蝇、花蓟马等。9月以后，局部地区还零星发生棉蚜、棉叶螨、甜菜夜蛾等害虫。因此，棉花害虫轮换用药防治方案如下。

1. 防治棉蚜

发生通常有两个高峰期，分别为苗蚜和伏蚜发生期。

防治苗蚜，可以采用药剂拌种或茎叶喷雾，药剂拌种可选用第4A组杀虫剂吡虫啉、噻虫嗪；茎叶喷雾防治苗蚜，可选用第1A组杀虫剂丁硫克百威、第4A组杀虫剂吡虫啉、烯啶虫胺。

防治伏蚜，可选用第4A组杀虫剂啶虫脒、噻虫嗪、第1B组杀虫剂氧乐果。

2. 防治棉盲蝽

7～8月是棉盲蝽高发期，前期防治可选用第1B组杀虫剂马拉硫磷、第3A组杀虫剂高效氯氟氰菊酯；中期可选用第6组杀虫剂阿维菌素或甲氨基苯阿维菌素甲酸盐、第1A组杀虫剂硫双威；后期防治使用第2A组杀虫剂硫丹、第4A组杀虫剂啶虫脒、吡虫啉等。

3. 防治棉叶螨

从5月下旬至8月中下旬是棉叶螨发生期，通常有2～3个发生高峰。前期防治可选用第19组杀螨剂双甲脒，第21A组杀螨剂唑螨酯、哒螨灵；中后期防治可选用第6组杀虫剂阿维菌素、第12C组杀螨剂炔螨特、第23组杀螨剂螺螨酯。

4. 防治棉铃虫

6月防治，可选用第3A组杀虫剂高效氯氟氰菊酯，氟氯氰菊酯，第1B组杀虫剂辛硫磷、丙溴磷，第15组杀虫剂氟铃脲。

7月防治，可选用第1A组杀虫剂硫双威、第2A组杀虫剂硫丹、第5组杀虫剂多杀菌素。

8月防治，可选用第6组杀虫剂阿维菌素、甲氨基阿维菌素苯甲酸盐，第22A组杀虫剂茚虫威。

5. 防治棉蓟马

棉蓟马在棉花苗期和花铃期发生比较重，防治棉铃虫的药剂均能起到兼治作用。如需单独防治，第一次防治可选用第3A组杀虫剂高效氯氟氰菊酯、第2 A组杀虫剂硫丹；第二次防治可选用第1 B组杀虫剂毒死蜱、第6组杀虫剂阿维菌素。

（二）长江流域棉区棉花害虫轮换用药防治方案

根据长江流域棉区近年主要以种植转基因棉为主，棉花害虫的发生特点：5～6月部分地区棉花苗蚜发生，7～9月是棉铃虫、棉蚜、棉盲蝽的主要为害时期，10月已基本不防治。

1. 防治棉铃虫

7月防治，可使用第1A组杀虫剂丁硫克百威、第15组杀虫剂氟铃脲、第1B组杀虫剂丙溴磷。

8月防治，可使用第6组杀虫剂甲氨基阿维菌素苯甲酸盐、第1B组杀虫剂毒死蜱或辛硫磷、第5组杀虫剂多杀菌素。

9月防治，可使用第2A组杀虫剂硫丹、第lA组杀虫剂硫双威。

2. 防治棉蚜

5～6月防治苗蚜，可选用第1B组杀虫剂氧乐果、第3A组杀虫剂高效氯氟氰菊酯；7～9月防治伏蚜，可选用第4A组杀虫剂啶虫脒、烯啶虫胺、噻虫嗪，第1A组杀虫剂丁硫克百威。

3. 防治棉盲蝽

第一次防治，可选用第1B组杀虫剂马拉硫磷、第6组杀虫剂甲氨基阿维菌素苯甲酸盐；第二次防治，可选用第1A组杀虫剂灭多威、第3A组杀虫剂溴氰菊酯。

4. 防治棉叶螨

第一次防治，可选用第12C组杀虫剂炔螨特、螺螨酯；第二次防治，可选用第3A组杀虫剂甲氰菊酯、第6组杀虫剂阿维菌素（防治棉铃虫时兼治棉叶螨）。

（三）新疆棉区棉花害虫轮换用药防治方案

新疆棉区棉花品种主要以常规棉为主，部分地区也开始种植转基因抗虫棉，棉花害虫发生以南疆棉区较为严重，主要的种类有棉蚜、棉蓟马、棉叶螨以及棉铃虫，其棉蚜和棉叶螨的种类与内地棉区有所不同。

1. 防治棉蚜

从5月中下旬至7月均有发生。前期防治，可选用第1A组杀虫剂丁硫克百威、第4A组杀虫剂烯啶虫胺；中后期防治，可使用第4A组杀虫剂吡虫啉、啶虫脒、噻虫嗪，第2A组杀虫剂硫丹进行茎叶喷雾。

2. 防治棉叶螨

从6月上旬至8月中下旬均有发生，通常有2～3个发生高峰。前期防治，可选用第10A组杀螨剂噻螨酮，第21A组杀螨剂唑螨酯、哒螨灵；中后期防治可选用第6组杀虫剂阿维菌素、第12C组杀螨剂炔螨特、第23组杀螨剂螺螨酯。

3. 防治棉铃虫

6月中下旬至7月上旬防治，可选用第2A组杀虫剂硫丹，第1B组杀虫剂毒死蜱、丙溴磷，第15组杀虫剂氟铃脲。

7月下旬至8月上旬防治，可选用第5组杀虫剂多杀菌素、第11组杀虫剂苏云金杆菌、第22A组杀虫剂茚虫威。

8月中下旬防治，可选用第1 A组杀虫剂硫双威，第6组杀虫剂阿维菌素、甲氨基阿维菌素苯甲酸盐。

4. 防治棉蓟马

棉蓟马在棉花苗期和花铃期发生比较重，防治棉铃虫的药剂均能起到兼治作用。如需单独防治，第一次防治，可选用第3A组杀虫剂高效氯氟氰菊酯、第1B组杀虫剂毒死蜱；第二次防治，可选用第2A组杀虫剂硫丹、第6组杀虫剂甲氨基阿维菌素苯甲酸盐。

第六章　果树害虫轮换用药防治方案

一、果树杀虫剂重点产品介绍

杀扑磷（methidathion）

【作用机理分类】第1组（1B）。

【化学结构式】

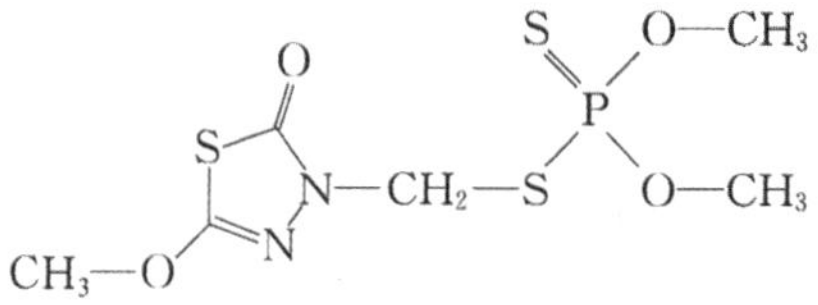

【理化性质】纯品为无色晶体。熔点：39～40℃。蒸汽压：2.5×10^{-4}Pa（20℃）。密度：1.51（20℃）。油水分配系数为：2.2。溶解度：水中200mg／L（25℃），20℃下乙醇150g／L、丙酮670g／L、甲苯720g／L、己烷11g／L、正辛醇14g／L。在强酸和碱中水解，中性和微酸环境中稳定。

【毒性】高毒。大鼠急性经口LD_{50} 44mg／kg（雄性）、26mg／kg（雌性），经皮LD_{50} 640mg／kg。对眼睛无刺激作用，对皮肤有轻微刺激性。

【防治对象】杀扑磷具有触杀、胃毒和熏蒸作用，能渗入植物组织内，对咀嚼式和刺吸式口器害虫均有杀灭效力，尤其对介壳虫有特效，对螨类有一定的控制作用。适用于果树、棉花、茶树、蔬菜等作物上防治多种害虫，残效期10～20d。

【使用方法】矢尖蚧、糠片蚧和蜡蚧，用40%乳油750～1 000倍液均匀喷雾，间隔20d再喷1次。

粉蚧、褐圆蚧、红蜡蚧用40%乳油600～1 000倍液均匀喷雾，在卵孵盛期和末期各施药1次。

杀扑磷应在开花前施药，对越冬昆虫和刚孵化幼虫及将孵化的卵都有防效，一般只需施1次药。

【注意事项】在果园中喷药浓度不可太高，否则会引起褐色病斑。

【主要制剂和生产企业】40%乳油。

浙江永农化工有限公司、湖北省阳新县华工厂、浙江省台州市大鹏药业有限公司、山东省青岛翰生生物科技股份有限公司、瑞士先正达作物保护有限公司等。

硝虫硫磷（xiaochongliulin）

【作用机理分类】第1组（1B）。

【化学结构式】

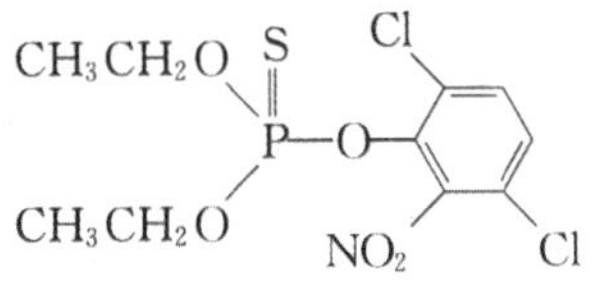

【理化性质】常温下稳定，能溶于醇、酮、芳烃、卤代烃、乙酸乙酯、乙醚等有机溶剂。

【毒性】中等毒。（大鼠）急性经口：91%硝虫硫磷LD_{50} 212mg / kg；30%硝虫硫磷乳油LD_{50} 198mg / kg。急性经皮：30%硝虫硫磷乳油（大鼠）LD_{50}>2 000mg / kg。99.5%硝虫硫磷纯品，蓄积系数>5.3，按蓄积性分级标准评定，硝虫硫磷纯品的大鼠经口蓄积性属轻度蓄积。诱变性试验：污染物致突变性检测试验结果表明硝虫硫磷纯品未诱发原核细胞基因突变。微核试验结果表明，无诱发小鼠骨髓细胞染色体断裂作用和纺锤丝毒性。小鼠睾丸体细胞染色体畸变试验结果表明，硝虫硫磷纯品不会引起雄性生殖细胞染色体畸变。对大鼠的阈作用剂量为4mg / kg，无作用剂量为1mg / kg。对鱼LC_{50} 2.14 ~ 3.23mg / L，中毒级；对鸟：LD_{50} 5 000mg / kg，低毒；蜜蜂：LD_{50}>170μg / 蜂，低毒；蚕：LC_{50}>10 000mg / L，安全。

【防治对象】硝虫硫磷对害虫具有触杀和胃毒作用，兼具杀卵作用，无内吸作用。对水稻、小麦、棉花及蔬菜等作物的十余种害虫都有很好的防治效果，尤其对柑橘和茶叶等作物的害虫如红蜘蛛、矢尖蚧效果突出，对棉蚜也有一定的防治效果。

【使用方法】防治柑橘介壳虫，亩用有效成分400mg / L（例如30%乳油750倍液），在柑橘介壳虫幼蚧盛孵至低龄若虫期喷雾至叶片完全湿润为止，虫害发生情况较重时，在第一次用药15d后视虫量挑治1次。

【注意事项】

（1）储存时，严防日晒，不能与食物、种子、饲料混放。

（2）避免与皮肤、眼睛接触，防止由口吸入，若发生上述情况或中毒，应按处理有机磷农药中毒的办法进行急救和解毒。

（3）不宜与碱性农药混用。

【主要制剂和生产企业】40%乳油。

四川省化工研究设计院。

吡丙醚（pyriproxyfen）

【作用机理分类】第7组。

【化学结构式】

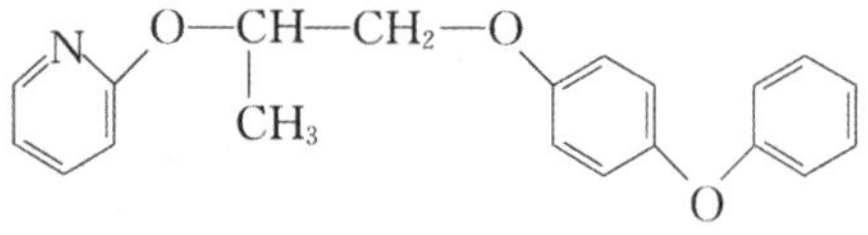

【曾用名】蚊蝇醚。

【理化性质】原药呈淡黄色晶体。熔点：45 ~ 47℃。蒸汽压：133.3×10^{-7}Pa

（22.8℃）。相对密度：1.32（20℃）。溶解度：20℃下，二甲苯中500g／L、己烷中400g／L、甲醇中200g／L（20℃），水中0.37mg／L（25℃）。

【毒性】低毒。原药大鼠急性经口LD_{50}>5 000mg／kg，急性经皮LD_{50} >2 000mg／kg，急性吸入LC_{50}>13 000mg／L（4h）。对眼有轻微刺激作用，无致敏作用。在试验剂量下未见致突变、致畸反应。大鼠6个月喂养试验无作用剂量400mg／kg；大鼠28d吸入试验无作用剂量482mg／m^3，动物吸收、分布、排出迅速。

【防治对象】吡丙醚具有强烈的杀卵活性，同时具有内吸作用，可以影响隐藏在叶片背面的幼虫。对昆虫的抑制作用表现在抑制幼虫蜕皮和成虫繁殖，抑制胚胎发育及卵的孵化，或生成没有生活力的卵，从而有效控制并达到防治害虫的目的。对同翅目、缨翅目、双翅目、鳞翅目害虫具有高效、用药量少、持效期长的特点，对作物安全，对鱼类低毒，对生态环境影响小。具有抑制蚊、蝇幼虫化蛹和羽化的作用。

【使用方法】本品对介壳虫防治效果较好，10.8%乳油稀释成2 700倍液喷施。

【注意事项】

（1）对鱼和其他水生生物有毒，避免污染池塘、河流等水域。

（2）远离儿童，密闭储存于阴凉、通风处，避免阳光直射，远离火源。

（3）避免接触眼睛和皮肤，施药时佩戴手套，施药完毕后用肥皂彻底清洗。

【主要制剂和生产企业】5%悬浮剂；10.8%乳油；0.5%颗粒剂；5%可湿性粉剂。

江苏省南通施壮化工有限公司、江苏省南通功成精细化工有限公司、江西安利达化工有限公司、日本住友化学株式会社等。

噻螨酮（hexythiazox）

【作用机理分类】第10组。

【化学结构式】

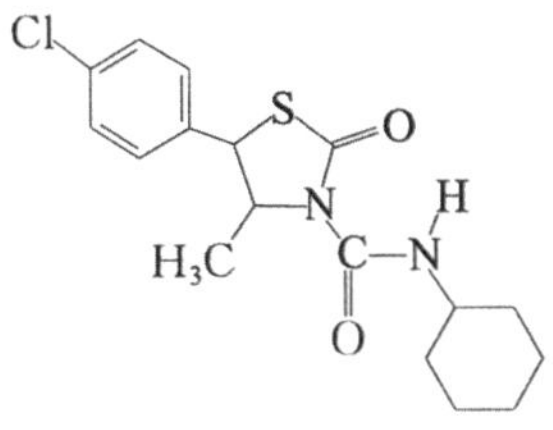

【曾用名】尼索朗。

【理化性质】原药为无色晶体。熔点：108.0～108.5℃。蒸汽压：0.0034mPa（20℃）。油水分配系数：340。20℃下溶解度：水中0.5mg／L、氯仿中1 379g／L、二甲苯中362g／L、甲醇中206g／L、丙酮中160g／L、乙腈中28.6g／L、己烷中4g／L。对光、热稳定，酸、碱介质中稳定，300℃以下稳定。

【毒性】低毒。原药大鼠急性经口、经皮LD_{50}均>5 000mg／kg，对家兔眼睛有轻微刺激，对皮肤无刺激作用，对试验动物无“三致”现象。对鱼为中低毒，LC_{50}（96h，mg／L）：虹鳟鱼 >300mg／L，蓝鳃太阳鱼11.6mg／L，鲤鱼3.7（48h）mg／L；对蜂低毒，LD_{50}>200μg／蜂（接触）；对禽类低毒，急性经口LD_{50}：野鸭>2 510mg／kg，日本鹑>

5 000mg／kg。半衰期8d（15℃，黏壤土），土壤吸附系数：6 200，该药属非感温型杀螨剂，在高温或低温时使用效果无显著差异，残效期长，可保持在50d左右。

【防治对象】噻螨酮对多种植物害螨具有强烈的杀卵和杀幼、若螨特性，对成螨无效，但对接触药剂的雌成螨所产的卵有抑制孵化作用。温度对药效无影响，持效期长，药效可保持50d左右。可防治柑橘、棉花和蔬菜上的许多植食性螨类，对锈螨、瘿螨防效差。在常用浓度下对作物安全，可以和波尔多液、石硫合剂等多种农药混用。

【使用方法】

（1）果树害螨。

①防治柑橘红蜘蛛：在春季螨害始盛发期，平均每叶有螨2～3头时，用5%乳油2 000倍液均匀喷雾。

②防治苹果红蜘蛛：在苹果开花前后，平均每叶有螨3～4头时用5%乳油1 500～2 000倍液均匀喷雾。

③防治山楂红蜘蛛：在越冬成螨出蛰后或害螨发生初期防治，用5%乳油1 500～2 000倍液均匀喷雾。

（2）棉花害螨。防治棉花红蜘蛛，6月底前，在叶螨点片发生及扩散初期用药，每亩用5%乳油60～100ml，对水75～100kg，在发生中心防治或全面均匀喷雾。

施药时应选早晚气温低、风小时进行，晴天9:00～16:00应停止施药。气温超过28℃、风速超过4m／s、相对湿度低于65%时应停止施药。

【对天敌和有益生物的影响】噻螨酮对七星瓢虫的幼虫有一定的影响。对鱼有毒，对蜜蜂低毒。

【注意事项】

（1）收获前28d禁止使用。

（2）残效期长，每生长季节最多使用1次，以防害螨产生抗性。

（3）对成螨无直接杀伤力，要掌握好防治适期。

（4）对柑橘锈螨无效，在用该药剂防治红蜘蛛时应密切注意锈螨的发生为害。

（5）无内吸性，喷雾要均匀周到。

（6）万一误服，应让中毒者大量饮水、催吐，保持安静，并立即送医院治疗。

（7）不宜在茶树上使用。

【主要制剂和生产企业】5%乳油。

江苏克胜集团股份有限公司、浙江禾本农药化学有限公司、浙江省湖州荣盛农药化工有限公司、日本曹达株式会社等。

四螨嗪（clofentezine）

【作用机理分类】第10组。

【化学结构式】

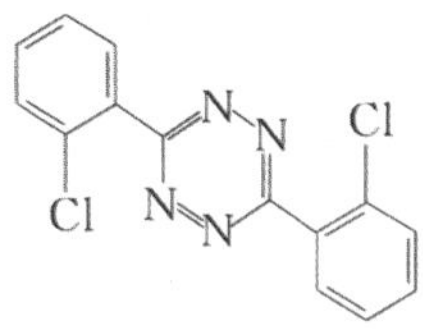

【曾用名】螨死净。

【理化性质】原药是紫红色晶体，没有气味。比重：270g / L。熔点：187 ~ 189℃。蒸汽压：<10^{-5}Pa。水中溶解度：0.23（pH值为7， 5℃），较易溶于丙酮等有机溶剂。常温下储存期为2年。

【毒性】低毒。原药大鼠急性经口LD_{50}>3 200mg / kg。对人、畜低毒，对鸟类、鱼、虾、蜜蜂及捕食性天敌较为安全，对皮肤和眼睛有轻微刺激性。

【防治对象】四螨嗪对螨卵有较好防效，对幼、若螨也有一定活性，对成螨效果差。无内吸性。因具有亲脂性，渗透作用强，可穿人雌螨卵巢使其产的卵不能孵化，抑制胚胎发育。持效期长，一般可达50 ~ 60d。但该药剂作用速度较慢，一般用药2周后才能达到最高杀螨活性，因此用药前应做好螨害的预测预报。可有效防治柑橘红蜘蛛、四斑黄蜘蛛、柑橘锈壁虱、苹果红蜘蛛、山楂红蜘蛛、棉红蜘蛛和朱砂叶螨等。

【使用方法】

（1）苹果害螨。防治苹果红蜘蛛，应掌握在苹果开花前，越冬卵初孵盛期施药；防治山楂红蜘蛛，应在苹果落花后，越冬代成螨产卵高峰期施药。用10%可湿性粉剂800 ~ 1 000倍液，20%悬浮剂1 000 ~ 2 000倍液，50%悬浮剂5 000 ~ 6 000倍液均匀喷雾。持效期30 ~ 50d。

（2）柑橘害螨。防治柑橘全爪螨，在早春柑橘发芽后，春梢长至2 ~ 3cm，越冬卵孵化初期施药，用10%乳油800 ~ 1 000倍液，或用20%悬浮剂1 500 ~ 2 000倍液均匀喷雾。开花后气温较高螨类虫口密度较大时，最好与其他杀成螨药剂混用。

防治柑橘锈壁虱，6 ~ 9月每叶有螨2 ~ 3头或橘园内出现个别受害果时，用50%悬浮剂4 000 ~ 5 000倍液或10%可湿性粉剂1 000倍液喷雾，持效期30d以上。

（3）枣树、梨树红蜘蛛。防治枣树、梨树红蜘蛛，用20%悬浮剂2 000 ~ 4 000倍液均匀喷雾。

【注意事项】

（1）四螨嗪人体每日允许摄入量（ADI）为0.02mg /（kg·d）。联合国粮农组织（FAO）和世界卫生组织（WHO）规定的最大残留限量，柑橘为0.5mg / kg，核果（苹果、梨）为0.2mg / kg，黄瓜为1mg / kg。苹果和柑橘上的安全间隔期为21d。

（2）可与大多数杀虫剂、杀螨剂和杀菌剂混用，但不提倡与石硫合剂和波尔多液混用。

（3）对成螨效果差，在螨密度较大或气温较高时最好与其他杀成螨药剂混用。在气温较低（15℃左右）和虫口密度较小时施用效果好，持效期长。

（4）与噻螨酮有交互抗性，不宜与其交替使用。

（5）配药、施药时，避免药液溅到皮肤和眼睛上。如溅到身上，用肥皂水冲洗，如溅到眼睛内，用清水冲洗至少15min。

（6）施药后，应彻底清洗手和裸露皮肤。

（7）避免药液和废弃容器污染水塘、沟渠等水源，废容器应妥善处理，不可再用。

（8）将本剂原包装存放于阴凉、通风之处，避免冻结和强光直晒。远离儿童、畜、禽。如误服，请携带标签将患者送至医院治疗。

【主要制剂和生产企业】10%可湿性粉剂，50%、20%悬浮剂。

河北省石家庄市绿丰化工有限公司、江苏省南通宝叶化工有限公司、浙江省杭州庆丰农化有限公司等。

炔螨特（propargite）

【作用机理分类】第12组。

【化学结构式】

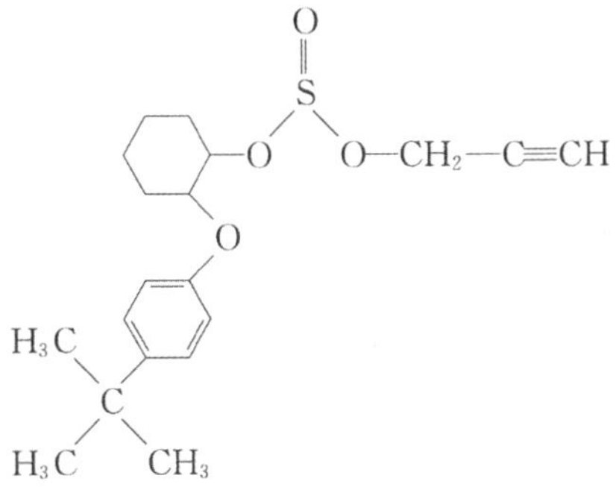

【曾用名】克螨特、锐螨净、杀螨特星、螨排灵、螨必克、仙农螨力尽、益显得、灭螨净、剑效。

【理化性质】原药为深红棕色黏稠液体。蒸汽压：0.006mPa（25℃）。密度：1.1130（20℃）。溶解度：水中632mg / L（25℃），与许多有机溶剂，如丙酮、苯、乙醇、正己烷、庚烷与甲醇混溶。20℃保存1年无分解，强酸和强碱中分解（pH值 >10）。闪点71.4℃。

【毒性】低毒。原药大鼠急性经口LD_{50} 2 200mg / kg，家兔急性经皮LD_{50} 3 476mg / kg，大鼠急性吸入LC_{50} 2.5mg / L，对家兔眼睛、皮肤有严重刺激作用。大鼠亚急性经口无作用剂量为40mg /（kg·d）。无人体中毒报道。对大鼠有致癌作用。

【防治对象】炔螨特具有触杀和胃毒作用，无内吸和渗透传导作用。杀螨谱广，可用于防治苹果、柑橘、棉花、蔬菜、茶、花卉等作物上各种害螨，还可杀灭对其他杀虫剂已产生抗药性的害螨，不论杀成螨、若螨、幼螨及螨卵效果均较好。该药在20℃以上时可提高药效，但在20℃以下随低温递降。

【使用方法】防治柑橘红蜘蛛，于红蜘蛛发生高峰前期施用。25%乳油稀释剂量为800～1 000倍液。

【对天敌和有益生物的影响】炔螨特对天敌塔六点蓟马有一定的杀伤作用。对蜜蜂低毒，对鱼类高毒。

【注意事项】

（1）该药剂对鱼类高毒，使用时防止药液进入鱼塘、河流。

（2）炔螨特对柑、橙的新梢、嫩叶、幼果有药害，尤其对甜橙类较重，其次是柑类。梨树和油桃部分品种对炔螨特较敏感，高浓度时苹果果实上会产生绿斑；在炎热潮湿天气下，浓度过高对幼嫩作物易产生药害。

（3）因该药无组织渗透作用，施药时要求均匀周到。

（4）炔螨特不能与波尔多液等碱性农药混用，药后7d内不能喷施波尔多液。

【主要制剂和生产企业】73%、57%、40%、25%乳油。

山东瀚生生物科技股份有限公司、江苏克胜集团股份有限公司、浙江省乐斯化学有限公司、美国科聚亚公司、浙江禾田化工有限公司、浙江禾本农药化学有限公司、浙江东风化工有限公司、江苏常隆化工有限公司、湖北仙隆化工股份有限公司、山东省招远三联远东化学有限公司、新加坡利农私人有限公司、江苏丰山集团有限公司、江苏剑牌农药化工有限公司等。

三唑锡（azocyclotin）

【作用机理分类】第12组。

【化学结构式】

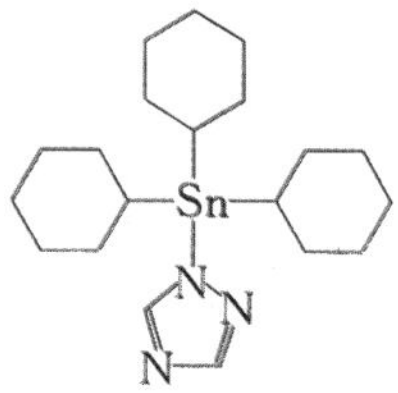

【曾用名】三唑环锡、倍乐霸。

【理化性质】原药为无色结晶。熔点：210℃。蒸汽压0.005Pa（25℃）。溶解度（20℃）：水中0.12mg／L、二氯甲烷中20～50mg／L、异丙醇中10～20mg／L、正己烷中0.1～1mg／L、甲苯中2～5g／L。由于土壤类型不同半衰期为几天到几周。对光和雨水有较好的稳定性，残效期较长。在常用浓度下对作物安全。

【毒性】中等毒。对人皮肤和眼黏膜有刺激性。对鱼剧毒，LC_{50}（96h）虹鳟鱼0.004mg／L、雅罗鱼0.009 3mg／L；对蜜蜂无毒；对禽类低毒，急性经口LD_{50}：日本鹌144～250mg／kg。

【防治对象】三唑锡触杀作用较强，可杀灭若螨、成螨和夏卵，对冬卵无效。对光和雨水有较好的稳定性，残效期较长。在常用浓度下对作物安全。适用于苹果、柑橘、葡萄、蔬菜等作物，可防治苹果全爪螨、山楂红蜘蛛、柑橘全爪螨、柑橘锈壁虱、二斑叶螨、棉花红蜘蛛等。

【使用方法】

（1）柑橘害螨防治柑橘红蜘蛛，春梢大量抽发期或成橘园采果后，平均每叶有螨2～3头时，用8%乳油800～1 000倍液，或用20%悬浮剂、25%可湿性粉剂1 000～2 000倍液均匀喷雾。

防治柑橘全爪螨，当气温在20℃时，平均每叶有螨5～7头时即应防治。用25%可湿性粉剂1 500～2 000倍液或每100kg水加25%可湿性粉剂50～66.7g，均匀喷雾。

防治柑橘锈壁虱，在春末夏初害螨尚未转移为害果实前施药，用药量同柑橘全爪螨。

（2）苹果叶螨。防治苹果红蜘蛛，该螨喜为害新红星、富士、国光等苹果品种，于苹果开花前后，约在7月中旬以前，平均每叶有4～5头活动螨；或7月中旬以后，平均每叶有7～8头活动螨时即应防治。用药量同柑橘全爪螨。

（3）防治山楂红蜘蛛。防治重点时期是越冬雌成螨上芽为害和在树冠内膛集中时期，防治指标为平均每叶有4～5头活动螨。用药量同柑橘红蜘蛛。

【对天敌和有益生物的影响】三唑锡对异色瓢虫、小花蝽有一定的影响。对鱼类毒性高。

【注意事项】

（1）人体每日允许摄入量（ADI）为0.003mg／（kg·d），苹果中最大残留限量（MRL）为0.1～2.0μg／ml，安全间隔期为14d。在山楂和核果上的最大残留限量为0.1～1.0μg／ml。柑橘上的安全间隔期为30d。一般在收获前21d停止使用。每季作物最多使用次数：苹果为3次，柑橘为2次。

（2）不能与波尔多液和石硫合剂等碱性农药混用，也不宜与氟氯氰菊酯混用。

（3）对鱼类高毒，使用过程中要避免污染水域。

（4）如有中毒现象，立即将患者置于空气流通处，并保持患者温暖，同时服用大量医用活性炭，并送医院诊治。误服者应催吐、洗胃。

【主要制剂和生产企业】8%、10%、20%乳油；20%悬浮剂；25%可湿性粉剂。

山东省招远三联化工厂、辽宁省大连广达农药有限责任公司等。

苯丁锡（fenbutatin oxide）

【作用机理分类】第12组。

【化学结构式】

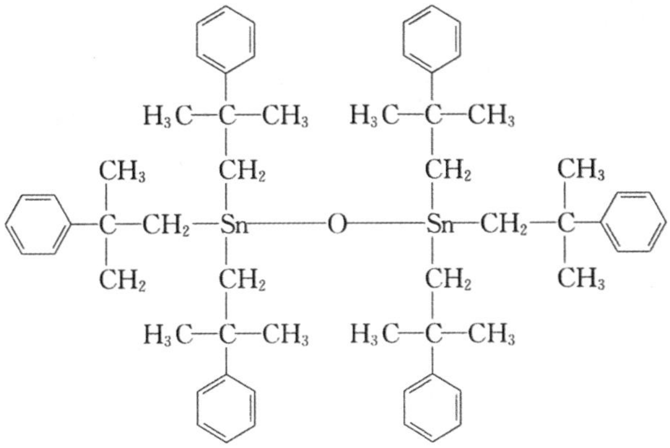

【曾用名】托尔克。

【理化性质】原药为无色晶体，熔点：138～139℃，蒸汽压：85nPa（20℃），密度：1 290～1 330kg/m^3（20℃），油水分配系数：5.2。23℃下溶解度：水中0.005mg/L、丙酮中6g/L、苯中140g/L、二氯甲烷中380g/L，微溶于脂肪烃和矿物油中，对光、热稳定，抗氧化。

【毒性】低毒。原药大鼠急性经口LD_{50} 2 631mg/kg、经皮LD_{50}>1 000mg/kg。对眼睛黏膜、皮肤和呼吸道刺激性较大。

【防治对象】苯丁锡对害螨以触杀作用为主，施药后开始毒力缓慢，3d后活性增强，到第14d达高峰。持效期可达2～5个月。对幼螨和成、若螨的杀伤力较强，但对卵杀伤力弱。该剂为感温型杀螨剂，气温在22℃以上时药效提高，22℃以下活性降低，低于15℃药效较差，在冬季不宜使用。用于柑橘、葡萄等果树和观赏植物，可有效防治多种活动期的植食性害螨。

【使用方法】

（1）果树害螨。防治柑橘红蜘蛛，在4月下旬到5月；防治柑橘锈螨，在柑橘坐果期和果实虫口增长期；防治苹果红蜘蛛，在夏季害螨盛发期防治，使用浓度为10%乳油500～800倍液，25%可湿性粉剂1 000～1 500倍液，50%可湿性粉剂2 000～3 000倍液，均匀喷雾。持效期1～2个月。

（2）茶树害螨。防治茶橙瘿螨、茶短须螨，在茶叶非采摘期，于发生中心进行点片防治，发生高峰期全面防治。用50%可湿性粉剂1 500倍液均匀喷雾。茶叶害螨大多集中在叶背和茶丛中下部为害，喷雾一定要均匀周到。

（3）花卉害螨。防治菊花叶螨、玫瑰叶螨，在发生期用50%可湿性粉剂1 000倍液，在叶面和叶背均匀喷雾。

【对天敌和有益生物的影响】苯丁锡对七星瓢虫幼虫有一定的影响。对鱼高毒，对蜜蜂和鸟类低毒。

【注意事项】

（1）苯丁锡人体每日允许摄入量（ADI）为0.03mg/kg。

（2）作物中最高残留限量（国际标准），柑橘中5μg/ml，番茄中1μg/ml，最多使用次数为6次，最高用药浓度为1 000μg/ml。

（3）最后1次施药距收获时间，柑橘14d以上，番茄10d。

【主要制剂和生产企业】10%乳油；50%、25%、20%可湿性粉剂。

浙江禾本农药化学有限公司、浙江华兴化学农药有限公司、日本日东化成株式会社等。

氟虫脲（flufenoxuron）

【作用机理分类】第15组。

【化学结构式】

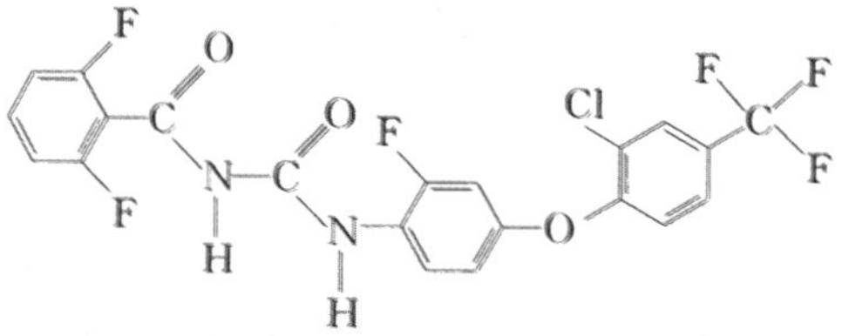

F O F F Cl F C N C O F N O C F F H H

【曾用名】氟芬隆。

【理化性质】纯品为无色晶体。熔点：169～172℃（分解）。溶解度：不溶于水，4μg／L（20℃），丙酮中74g／L（15℃）、82g／L（25℃）、二甲苯中6g／L（15℃）、二氯甲烷中24g／L（25℃）、己烷中0.023g／L（20℃）。有好的水解性、光稳定性和热稳定性。

【毒性】低毒。原药大鼠急性经口LD_{50}>3 000mg／kg，大鼠和小鼠急性经皮LC_{50}>2 000mg／kg，鹌鹑急性经口LD_{50}>2 000mg／kg。对兔眼睛和皮肤无刺激作用。对虹鳟鱼LC_{50}（96h）>100mg／L。

【防治对象】氟虫脲具有触杀和胃毒作用，并有很好的叶面滞留性，持效期长。其杀虫活性、杀虫谱和作用速度均具特色，尤其对未成熟阶段的螨和害虫有很高的活性，杀螨、杀虫作用缓慢，但施药后2～3h害虫或害螨停止取食，3～10d药效明显上升。广泛用于柑橘、苹果、葡萄及其他果树、棉花、蔬菜、大豆、玉米和咖啡上，防治植食性螨类（刺瘿螨、短须螨、全爪螨、锈螨、红叶螨等）和鳞翅目、鞘翅目、双翅目、半翅目等害虫，都有很好的持效作用。对叶螨属和全爪螨属等多种害螨有效，杀幼、若螨效果好，不能直接杀死成螨，但接触药的雌成螨产卵量减少，可导致不育或所产的卵不孵化。

【使用方法】

（1）苹果叶螨。在苹果开花前、后越冬代和第一代若螨集中发生期施药，可兼治越冬代卷叶虫。因夏季成螨和卵量较多，而该药剂对这两种虫态直接杀伤力较差，故盛夏期喷药防治效果不及前期同浓度效果好。苹果开花前后用5%可分散液剂500～1 000倍液均匀喷雾。

（2）柑橘害虫、叶螨。防治柑橘红蜘蛛，于卵孵盛期施药，浓度同防治苹果叶螨。防治柑橘潜叶蛾，于卵孵盛期，用5%可分散液剂1 000～2 000倍液均匀喷雾。

（3）棉花红蜘蛛。在若、成螨发生期，平均每叶螨数2～3头时，用5%可分散液剂1 000倍液均匀喷雾。

【对天敌和有益生物的影响】氟虫脲对蚜茧蜂的杀伤作用较大。对鱼类毒性低。

【注意事项】

（1）苹果上应在收获前70d用药，柑橘应在收获前50d用药。要求喷雾均匀周到。

（2）一个生长季节最多只能用药2次。施药时间应较一般有机磷、拟除虫菊酯类杀虫剂提前3d左右，对害螨宜在幼、若螨发生期施药。

（3）不宜与碱性农药混用，否则会减效。间隔使用最好先喷氟虫脲防治叶螨，10d后再喷波尔多液防治病害。若倒过来使用，间隔期要更长。

（4）对甲壳纲水生生物毒性较高，避免污染自然水源。

（5）不慎药剂接触皮肤或眼睛，应用大量清水冲洗干净。如误服，不要催吐，请医生对症治疗，可以洗胃。避免吸入肺部，以免溶剂刺激引起肺炎。

【主要制剂和生产企业】5%可分散液剂。

山东省威海市农药厂、江苏中旗化工有限公司等。

杀铃脲（triflumuron）

【作用机理分类】第1 5组。

【化学结构式】

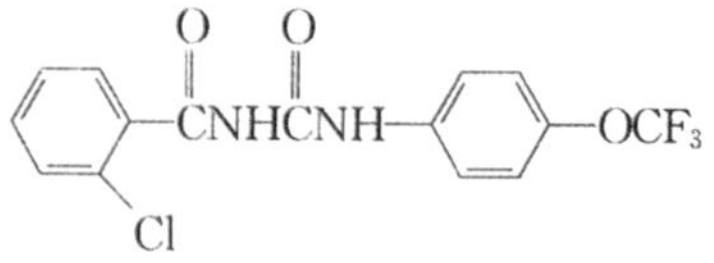

【理化性质】纯品为无臭、无味、无色结晶固体。熔点：195℃。蒸汽压：4×10^{-5}mPa（20℃）。不溶于水及极性有机溶剂，微溶于丙酮，可溶于二甲基甲酰胺。原药有效成分含量≥92%。在中性介质和酸性介质中稳定，在碱性介质中水解。

【毒性】低毒。原药大鼠、小鼠急性经口LD_{50}>5 000mg / kg；大鼠急性经皮LD_{50}>5 000mg / kg；大鼠急性吸入LC_{50}>0.12mg / L（空气）。对兔眼黏膜和皮肤无明显刺激作用。试验结果表明，在动物体外无明显的蓄积毒性，未见致癌、致畸、致突变作用。对鱼和鸟类低毒，金鱼TL_{50}（96h）95.5mg / L，但对水生甲壳动物幼体有害。对蜜蜂无毒。

【防治对象】杀铃脲对昆虫主要是胃毒作用，有一定的触杀作用，但无内吸作用，有良好的杀卵作用。能抑制昆虫几丁质合成酶的形成，干扰几丁质在表皮的沉积作用，导致昆虫不能正常蜕皮变态而死亡。该药剂具有杀虫谱广、用量少、毒性低、残留低、残效期长等特点，可用于防治玉米、棉花、大豆及果树、蔬菜和林木上的鳞翅目、鞘翅目、双翅目和同翅目等害虫及卫生害虫，持效期可达27d。

【使用方法】

（1）果树害虫。

①防治柑橘潜叶蛾：在卵孵盛期施药，常量喷雾用40%悬浮剂稀释5 000～7 000倍液喷雾。

②防治苹果金纹细蛾：在卵孵盛期施药，常量喷雾用20%悬浮剂稀释5 000～6 000倍液喷雾。

（2）棉花害虫。防治棉铃虫，在卵孵盛期施药，常量喷雾每亩用5%悬浮剂100～160g，或用25%悬浮剂20～35g，对水50～75kg，即分别稀释400～800倍液和1 000～2 000倍液；低容量喷雾，每亩用5%悬浮剂60～80g，或用25%悬浮剂12～16g，对水10kg。

【注意事项】

（1）储存有沉淀现象，需摇匀后使用，不影响药效。

（2）为提高药剂作用速度，可与拟除虫菊酯类农药混合使用，施药比例为2∶1。

（3）不能与碱性农药混用。

（4）对虾、蟹幼体有害，对成体无害。

【主要制剂和生产企业】40%、25%、20%、5%悬浮剂。

吉林省通化绿地农药化学有限公司、吉林省通化农药化工股份有限公司等。

双甲脒（amitraz）

【作用机理分类】第19组。

【化学结构式】

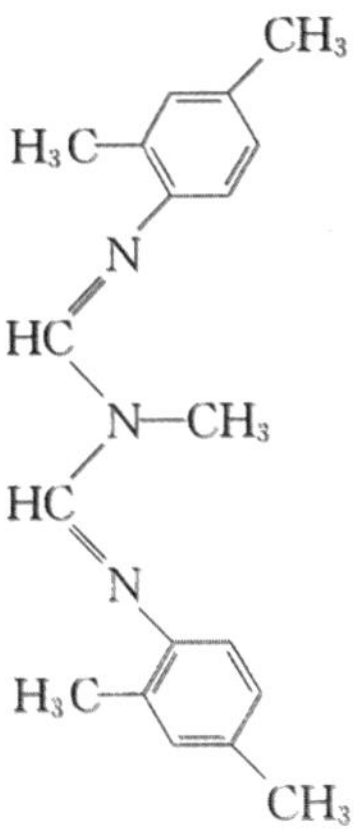

【曾用名】螨克。

【理化性质】原药为白色或浅黄色固体。比重：1.128（20℃）；熔点：86～88℃，25℃时蒸汽压：0.34mPa；常温下在水中溶解度很低，可溶于二甲苯、丙酮和甲苯等多种有机溶剂。紫外光影响较小。

【毒性】中等毒。原药大鼠急性经口LD_{50} 500～600mg／kg，大鼠急性经皮LC_{50} 65mg／kg（6h）；对兔眼睛和皮肤无刺激作用，试验条件下无致癌、致畸、致突变作用。

【防治对象】双甲脒对害螨有胃毒和触杀作用，也具有熏蒸、拒食、驱避作用，主要是抑制单胺氧化酶活性。对成、若螨及夏卵有效，对冬卵无效。主要用于果树、蔬菜及茶树、棉花、大豆、甜菜等作物，防治多种害螨，对同翅目害虫如梨黄木虱、橘黄粉虱等也有良好的防效；还对梨小食心虫及各类夜蛾科害虫的卵有效，对蚜虫、棉铃虫、红铃虫等害虫也有一定效果。

【使用方法】

（1）防治苹果红蜘蛛。用量为有效成分浓度100～200mg／kg（例如20%乳油1 000～2 000倍液），在苹果红蜘蛛发生始盛期喷雾，至叶片完全润湿为止。

（2）防治柑橘红蜘蛛。用量为有效成分浓度400mg／kg（例如20%乳油500倍液），于柑橘红蜘蛛始盛期喷雾。

【对天敌和有益生物的影响】双甲脒对钝绥螨的影响较大。对鱼有毒，对蜜蜂、鸟低毒。

【注意事项】

（1）对鱼类高毒，使用时应避开养殖区。

（2）安全用药间隔期。苹果收获前20d、果品收获前15～21d、棉花收获前7d停止用药。

（3）对短果枝金冠苹果有烧叶药害，每季作物最多使用2次。20%乳油最高使用浓度一般不宜超过1 000倍。

【主要制剂和生产企业】10%高渗乳油、125%、20%乳油。

天津人农药业有限责任公司、江苏龙灯化学有限公司、爱利思达生命科学株式会社、江苏省常州市武进恒隆农药有限公司、江苏省常州华夏农药有限公司、江苏百灵农化有限公司、江苏绿利来股份有限公司等。

哒螨灵（pyridaben）

【作用机理分类】第21A组。

【化学结构式】

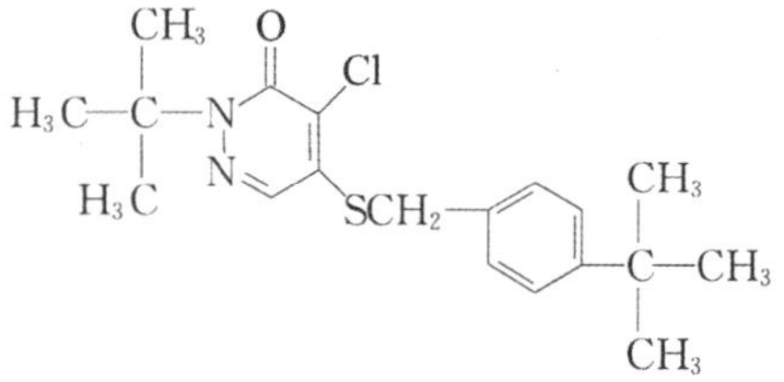

【曾用名】哒螨酮、速螨酮、扫螨净、灭螨清、螨齐杀、巴斯本、杀螨特、罗螨、通打、绿螨宁、螨虫宁、冠螨星、速克螨、螨磴腿、控螨压虱、八爪清。

【理化性质】原药为无色晶体。熔点：111～112℃；蒸汽压：0.25mPa（20℃）；密度1.2（20℃）；溶解度（20℃）：水中0.012mg／L、丙酮中460mg／L、苯中110g／L、二甲苯中390g／L、乙醇中57g／L、环己烷中320g／L、正辛醇中63g／L、正己烷中10g／L，见光不稳定。在pH值为4、7、9和有机溶剂中（50℃），90d稳定性不变。

【毒性】低毒。原药大白鼠急性经口LD_{50} 820（雌）～1 350（雄）mg／kg。大白鼠和兔急性经皮LD_{50}>2 000mg／kg，对兔皮肤和眼睛无刺激性作用。试验条件下无致癌、致畸、致突变作用。

【防治对象】哒螨灵触杀性强，无内吸传导和熏蒸作用。该药不受温度变化的影响，无论早春或秋季使用，均可达到满意效果，可用于防治果树、蔬菜、茶树、烟草及观赏植物上的螨类、粉虱、蚜虫、叶蝉和蓟马等，对叶螨、全爪螨、跗线螨、锈螨和瘿螨的各个生育期（卵、幼螨、若螨和成螨）均有较好效果。对活动期螨作用迅速，持效期长，一般可达1～2个月。

【使用方法】防治柑橘红蜘蛛，用有效成分浓度160mg／kg在柑橘红蜘蛛发生始盛期叶面喷雾，至柑橘叶片完全湿润为止。

（1）防治苹果树叶螨。用有效成分浓度100～150mg／kg，在苹果红蜘蛛发生始盛期喷雾，至叶片完全润湿为止。

（2）防治棉花红蜘蛛。推荐使用的剂量为有效成分2.25～3g／亩，在棉花红蜘蛛始盛发期喷雾施药。

【对天敌和有益生物的影响】哒螨灵对塔六点蓟马、龟纹瓢虫、双斑恩蚜小蜂等天敌有一定的杀伤作用。对鱼、虾、蜜蜂毒性大。

【注意事项】

（1）对鱼、蜜蜂、家蚕有毒，使用时应避开水源、蜜蜂采花期及避免污染桑叶。

（2）对鱼有毒，不可污染水源。

（3）刚施药区禁止人和牲畜进入。

（4）击倒快，残效长，但因无内吸作用，施药时要喷洒均匀。

（5）为了延缓和减轻害螨对哒螨灵产生抗药性，哒螨灵1年只宜使用1～2次，采果前30d停用。

【主要生产企业】10%烟剂，15%、10%乳油；15%片剂；15%水剂；10%微乳剂；20%悬浮剂；20%可溶性粉剂；40%、30%、15%可湿性粉剂。

江苏克胜集团股份有限公司、江苏连云港立本农药化工有限公司、江苏百灵农化有限公司、江苏省南京红太阳股份有限公司、江苏苏化集团新沂农化有限公司、湖北沙隆达股份有限公司、浙江新安化工集团股份有限公司、上海农药厂有限公司、山东省联合农药工业有限公司、江苏扬农化工集团有限公司等。

唑螨酯（fenpyroximate）

【作用机理分类】第21A组。

【化学结构式】

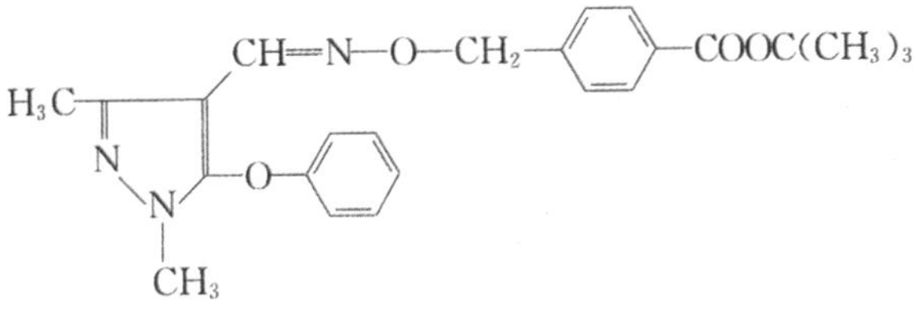

【曾用名】霸螨灵。

【理化性质】原药为白色或黄色结晶。密度：1.25g / cm^3。熔点：101.5～102.4℃。蒸汽压：0.007 5mPa（25℃）。溶解度：难溶于水，水中146mg / L（20℃）、甲醇中15g / L、丙酮中150g / L、二氯甲烷中1 307g / L、四氢呋喃中737g / L（25℃）。对酸、碱稳定。

【毒性】中等毒。雄大鼠急性经口LD_{50} 480mg / kg，雌大鼠急性经口LD_{50} 240mg / kg，雄、雌大鼠急性经皮LD_{50}>2 000mg / kg，（鹌鹑和野鸭）LD_{50}>2 000mg / kg。对兔皮肤无刺激作用，对其眼睛有轻微刺激作用。无致畸、致癌、致突变作用，无蓄积毒性。对鱼、虾、贝类等毒性较高，对鱼毒性LC_{50}（96h）：虹鳟鱼0.079mg / L、鲤鱼0.2 9mg / L。水虱LC_{50}（2 4h）0.204mg / L。对鸟类和家蚕毒性低。对蜜蜂无不良影响，在250mg / L（5倍推荐剂量）下对蜜蜂无害。对作物安全。

【防治对象】唑螨酯对多种害螨有强烈触杀作用，无内吸性。对害螨各个生育期均有良好防治效果，具有击倒和抑制蜕皮作用。高剂量可直接杀死螨类，低剂量可抑制螨类蜕皮或抑制其产卵。用于防治果树上叶螨、全爪螨和其他植食性螨。适用于多种植物上防治叶螨和全爪螨，对小菜蛾、斜纹夜蛾、二化螟、稻飞虱、桃蚜等害虫也有良好的防治作用。

【使用方法】

（1）苹果叶螨。防治苹果红蜘蛛，在苹果开花前后，越冬卵孵化高峰期施药；防治山楂红蜘蛛，于苹果开花初期，越冬成虫出蛰始盛期施药。也可在螨的各个发生期，苹果开花前后平均每叶有螨3～4头，7月以后每叶6～7头时，用5%悬浮剂2 000～3 000倍液均匀喷雾，持效期可达30d以上。

（2）柑橘害螨。防治柑橘红蜘蛛，于卵孵盛期或幼、若螨发生期施药，在开花前每叶平均有螨2头、开花后或秋季每叶有螨6头时，用5%悬浮剂1 000～2 000倍液均匀喷雾，持效期30d以上；防治锈壁虱，6～9月当每叶有螨2头以上或结果园出现个别受害果时，用5%悬浮剂2 000～3 000倍液均匀喷雾，持效期30d左右。

【注意事项】

（1）对鱼类有毒，施药时避免药液飘移或流入河川、湖泊、鱼塘内，剩余药液或药械洗涤液禁止倒入沟渠、鱼塘内。

（2）蚕接触本药剂会产生拒食现象，在桑园附近施药时，应注意勿使药液飘移污染桑树；因无内吸性，喷药要均匀周到，不可漏喷。

（3）同一作物上，1年只能使用1次；在20℃以下时施用药效发挥较慢，有时甚至效果较差；在虫口密度较高时使用持效期较短，最好在害螨发生初期使用。

（4）安全间隔期。在柑橘、苹果、梨、葡萄和茶上为14d，在桃上为7d，在樱桃上为21d，在草莓、西瓜和甜瓜上为7d。

【主要制剂和生产企业】5%悬浮剂；5%乳油。

日本农药株式会社、绩溪农华生物科技有限公司等。

喹螨醚（fenazaquin）

【作用机理分类】第21A组。

【化学结构式】

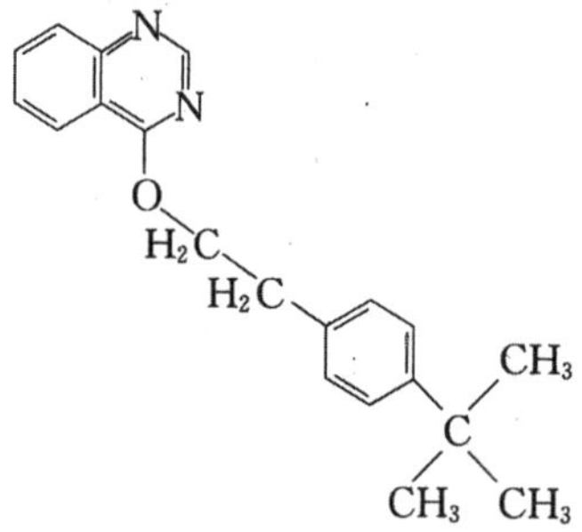

【理化性质】纯品为晶体。熔点：70～71℃；蒸汽压：0.013mPa（25℃）；溶解度：水中0.22mg／L，丙酮中400g／L、乙腈中33g／L、氯仿中>500g／L、己烷中33g／L、甲醇中50g／L、异丙醇中50g／L、甲苯中50g／L。

【毒性】中等毒。雄大鼠急性经口LD_{50} 50～500mg／kg，小鼠>500mg／kg，鹌鹑>2 000mg／kg，对家兔眼睛和皮肤有刺激性。

【防治对象】喹螨醚对夏卵及幼、若螨和成螨都有很高的活性。药效迅速，持效期长。可对近年为害上升的苹果二斑叶螨（白蜘蛛）有防治作用，尤其对卵效果更好。用于扁桃（巴旦杏）、苹果、柑橘、棉花、葡萄和观赏植物上，可有效防治真叶螨、全爪螨、红叶螨、瘿螨以及紫红短须螨。该化合物也具有杀菌活性。

【使用方法】

（1）防治柑橘红蜘蛛。在若螨开始发生时，用9.5%乳油2 000～4 000倍液均匀喷雾，持效期30d左右。

（2）防治苹果红蜘蛛。在若螨开始发生时，用9.5%乳油4 000～5 000倍液均匀喷雾，持效期40d左右。

【注意事项】

（1）施药应选在早晚气温较低、风小时进行。要均匀喷药，在干旱条件下适当提高喷液量，有利于药效发挥。晴天8：00～17：00，空气相对湿度低于65%，气温高于28℃时应停止施药。

（2）对蜜蜂和水生生物低毒，应避免在植物花期和蜜蜂活动场所施药。

（3）药液溅入眼睛，立即用清水冲洗至少15min；若沾染皮肤，用肥皂清洗，仍有刺激感，立即就医；吸入气雾，立即移至新鲜空气处，并就医。

（4）不得与食物、食器、饲料、饮用水等混放，远离火源，妥善保管于儿童触及不到的地方。

【主要制剂和生产企业】9.5%乳油。

美国杜邦公司。

螺螨酯（spirodiclofen）

【作用机理分类】第2 1 A组。

【化学结构式】

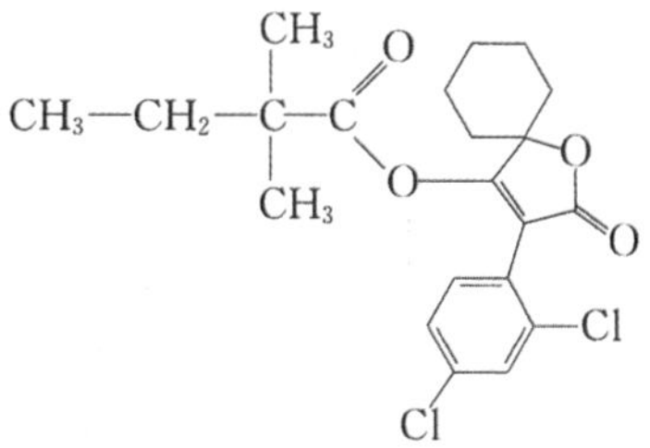

【曾用名】螨危。

【理化性质】原药为白色固体。熔点：94.8℃；蒸汽压：3×10^{-7}Pa（20℃）；pH值为4.2；溶解度（20℃）：水中50μg/L，丙酮中>250g/L，乙酸乙酯中>250g/L，二甲苯中>250g/L，二甲基甲酰胺中75g/L。

【毒性】低毒。原药大鼠急性口服LD_{50}>2 500mg/kg，急性经皮LC_{50}>2 000mg/kg，大鼠急性吸入LC_{50}>5 030mg/L。对皮肤和眼睛无刺激性。对鱼、藻类、鸟类以及蜜蜂等均为低毒。

【防治对象】螺螨酯具有触杀作用，无内吸性。对螨的各个发育阶段都有效，包括卵。杀螨谱广，适应性强。对红蜘蛛、黄蜘蛛、锈壁虱、茶黄螨、朱砂叶螨和二斑叶螨等均有很好防效，可用于柑橘、葡萄等果树和茄子、辣椒、番茄等茄科作物上的螨害治理。此外，对梨木虱、榆蛎盾蚧以及叶蝉类等害虫有很好的兼治效果。

【使用方法】

（1）防治柑橘红蜘蛛。使用有效成分浓度48mg / kg（例如24%悬浮剂5 000倍液），于柑橘红蜘蛛始盛期喷雾。

（2）防治苹果红蜘蛛。使用有效成分浓度80mg / kg（例如24%悬浮剂3 000倍液），在苹果红蜘蛛发生始盛期施药，叶面喷雾。

【注意事项】

（1）建议在一个生长季（春季、秋季）使用次数不超过2次。

（2）螺螨酯是通过触杀作用防治害螨，使用时要尽可能对作物全株上下部位，叶片正反两面均匀喷施。

（3）螺螨酯的杀螨作用相对较慢，要在害螨为害早期使用。在成螨种群多时，要与速效性好的杀螨剂如阿维菌素等混用。

（4）建议避开果树开花期使用，以免影响蜜蜂种群。

【主要制剂和生产企业】240g / L悬浮剂。

拜耳作物科学（中国）有限公司。

溴螨酯（bromopropylate）

【作用机理分类】作用机理不明。

【化学结构式】

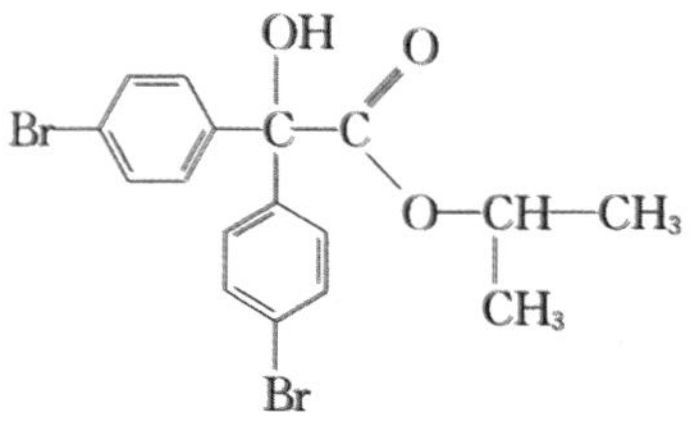

【曾用名】螨代治。

【理化性质】纯品为无色或白色结晶。密度：1.59；熔点：77℃；蒸汽压：$1.066<10^{-5}$Pa（20℃），0.690Pa（100℃）。溶于有机溶剂，在水中溶解度<0.5mg / kg（20℃）。在微酸和中性介质中稳定，不易燃。

【毒性】低毒。原药大鼠急性口服LD_{50}>5 000mg / kg。对兔眼睛无刺激作用，对兔皮肤有轻微刺激作用。对鱼高毒，对鸟类及蜜蜂低毒。

【防治对象】溴螨酯杀螨谱广，残效期长，触杀性较强，无内吸性，对成、若螨和卵有较好的杀伤作用。温度变化对药效影响不大。该药用在果树、蔬菜、棉花、茶等作物上，可防治叶螨、瘿螨、线螨等多种害螨。

【使用方法】

（1）果树害螨。防治苹果红蜘蛛、山楂红蜘蛛，在苹果开花前后，成、若螨盛发期，平均每叶有螨4头以下，用50%乳油1 000～2 000倍液，均匀喷雾。

①防治柑橘红蜘蛛：在春梢大量抽发期，第一个螨高峰前，平均每叶有螨2～3头时，用50%乳油1 000～2 000倍液均匀喷雾。

②防治柑橘锈壁虱：当有虫叶片达到20%或每叶平均有虫3头时开始防治，20～30d后螨密度有所回升时，再防治1次。用50%乳油2 000倍液喷雾，重点防治中心虫株。

（2）蔬菜害螨。在成、若螨盛发期，平均每叶有螨3头左右，用50%乳油3 000～4 000倍液均匀喷雾。

（3）茶树害螨。防治茶树瘿螨、茶橙瘿螨、茶短须螨，在害螨发生期用50%乳油2 000～4 000倍液均匀喷雾。

（4）棉花害螨。在6月底前，害螨扩散初期，每亩用50%乳油25～40ml，对水50～75kg，即稀释2 000～3 000倍液，均匀喷雾。

【注意事项】

（1）每次喷药间隔期不少于30d，柑橘上的安全间隔期为28d，苹果为21d。

（2）在蔬菜和茶叶采摘期不可施药。

（3）该药剂无内吸性，使用时药液必须均匀全面覆盖植株。

（4）害螨对该药剂和三氯杀螨醇有交互抗性，使用时要注意。

（5）储存于通风阴凉干燥处，温度不超过35℃。

【主要制剂和生产企业】50%乳油。

浙江省宁波中化化学品有限公司。

二、果树用杀虫剂作用机理分类

果树用杀虫剂作用机理分类（表1-6-1）。

表1-6-1　果树用杀虫剂作用机理分类

主要组和主要作用位点	化学结构亚组和代表性有效成分	举　例
1.乙酰胆碱酯酶抑制剂	1A 氨基甲酸酯	丁硫克百威
	1B 有机磷	毒死蜱、辛硫磷、杀螟硫磷、敌敌畏、敌百虫、乙酰甲胺磷、哒嗪硫磷、倍硫磷、马拉硫磷、稻丰散、喹硫磷、杀扑磷、硝虫硫磷
3.钠离子通道调节剂	3A 拟除虫菊酯类杀虫剂 天然除虫菊酯	溴氰菊酯、高效氯氟氰菊酯、氯菊酯、氰戊菊酯、高效氯氰菊酯、联苯菊酯、甲氰菊酯
4.烟碱乙酰胆碱受体促进剂	4A 新烟碱类	啶虫脒、吡虫啉、烯啶虫胺、噻虫嗪
6.氯离子通道激活剂	阿维菌素，弥拜霉素类	阿维菌素
7.模拟保幼激素生长调节剂	7C 吡丙醚	吡丙醚

(续表)

主要组和主要作用位点	化学结构亚组和代表性有效成分	举 例
10.螨类生长抑制剂	10A 四螨嗪；噻螨酮；螨生长调节剂；四嗪类杀螨剂	四螨嗪、噻螨酮
11.昆虫中肠膜微生物干扰剂（包括表达Bt毒素的转基因植物）	苏云金芽孢杆菌或球形芽孢杆菌和他们生产的杀虫蛋白	苏云金杆菌
12.氯化磷酸化抑制剂（线粒体ATP合成酶抑制剂）	12B 有机锡杀螨剂	三唑锡、苯丁锡
	12C 炔螨特	炔螨特
14.烟碱乙酰胆碱受体通道拮抗剂	沙蚕毒素类似物	杀螟单
15.几丁质生物合成抑制剂0类型，鳞翅目昆虫	几丁质合成抑制杀虫剂	氟啶脲、除虫脲、虱螨脲、氟虫脲、杀铃脲、灭幼脲
16.几丁质生物合成抑制剂1类型，同翅目昆虫	噻嗪酮	噻嗪酮
18.蜕皮激素促进剂	虫酰肼类	虫酰肼、甲氧虫酰肼
19.章鱼胺受体促进剂	双甲脒	双甲脒
21.线粒体复合物工电子传递抑制剂	21A METI杀虫剂和杀螨剂	唑螨酯、哒螨灵、喹螨醚
23.乙酰辅酶A羧化酶抑制剂	季酮酸类及其衍生物	螺螨酯、螺虫乙酯
28.鱼尼丁受体调节剂 -UN-	脂肪酰胺类	氯虫苯甲酰胺
作用机理未知或不确定的化合物	溴螨酯	溴螨酯

三、果树害虫轮换用药防治方案

（一）柑橘害虫（螨）轮换用药防治方案

柑橘上的主要害虫（螨）有柑橘红蜘蛛、黄蜘蛛、介壳虫、粉虱、锈壁虱、潜叶蛾等。

1. 防治红蜘蛛、黄蜘蛛

第一次用药可选用机油乳剂。

第二次用药可选用第19组杀虫剂双甲醚，第21A组杀虫剂哒螨灵、唑螨酯。

第三次用药可选用第6组杀虫剂阿维菌素，第12B组杀虫剂三唑锡、苯丁锡。

第四次用药可选用第23组杀螨剂螺螨酯、螺虫乙酯，第12C组杀虫剂炔螨特。

2. 防治柑橘介壳虫

第一次用药可选用机油乳剂。
第二次用药可选用第1B组杀虫剂稻丰散、杀扑磷。
第三次用药可选用第16组杀虫剂噻嗪酮，第4A组杀虫剂吡虫啉等。

3. 防治柑橘潜叶蛾

第一次用药可选用第6组杀虫剂阿维菌素、第11组杀虫剂苏云金杆菌。
第二次用药可选用第28组杀虫剂氯虫苯甲酰胺。
第三次用药可选用第3A组杀虫剂溴氰菊酯等、第1B组杀虫剂毒死蜱。

4. 防治柑橘锈壁虱

第一次用药可选用第6组杀虫剂阿维菌素。
第二次用药可选用第19组杀虫剂双甲醚，第21A组杀虫剂哒螨灵、唑螨酯。
第三次用药可选用第1A组杀虫剂丁硫克百威，第12B组杀虫剂三唑锡、苯丁锡。

5. 防治柑橘粉虱

第一次用药可选用第6组杀虫剂阿维菌素。
第二次用药可选用第4A组杀虫剂啶虫脒、吡虫啉、噻虫嗪。
第三次用药可选用第16组杀虫剂噻嗪酮、第3A组杀虫剂溴氰菊酯等。

6. 防治同时发生几种害虫（螨）

柑橘介壳虫与柑橘害螨、锈壁虱同时发生，可选用机油乳剂兼治。

柑橘介壳虫与柑橘潜叶蛾、蚜虫、粉虱同时发生，可选用第16组杀虫剂噻嗪酮，或第4A组杀虫剂啶虫脒、吡虫啉，或第1B组杀虫剂敌百虫兼治。

柑橘介壳虫与柑橘粉虱、蚜虫、害螨同时发生，可选用第1B组杀虫剂毒死蜱兼治。

柑橘潜叶蛾与柑橘害螨同时发生，可选用第6组杀虫剂阿维菌素兼治。

（二）苹果害虫（螨）轮换用药防治方案

为害苹果树的主要害虫（螨）有绣线菊蚜、苹果瘤蚜、苹果绵蚜、桃小食心虫、金纹细蛾、苹果小卷叶蛾、山楂叶螨、苹果全爪螨、二斑叶螨、介壳虫等。

1. 防治苹果食心虫

第一次施药可选用第1B组杀虫剂辛硫磷、毒死蜱进行土壤处理。

第二次施药可选用第28组杀虫剂氯虫苯甲酰胺，第3A组杀虫剂联苯菊酯、高效氯氟氰菊酯。

第三次施药可选用第6组杀虫剂阿维菌素、甲氨基阿维菌素苯甲酸盐。

2. 防治苹果蚜虫

第一次施药可选用第4A组杀虫剂吡虫啉、啶虫脒，第6组杀虫剂阿维菌素。

第二次施药可选用第1A组杀虫剂丁硫克百威、第3B组杀虫剂溴氰菊酯等。

3. 防治苹果全爪螨、二斑叶螨、山楂叶螨

第一次施药可选用第21A组杀螨剂唑螨酯、哒螨灵、喹螨醚，第6组杀螨剂阿维菌素。

第二次施药可选用第10A组杀螨剂四螨嗪、噻螨酮，第23组杀螨剂螺螨酯。

第三次施药可选用第12B组杀螨剂三唑锡、第12C组杀螨剂炔螨特、未分组的杀螨剂溴螨酯。

4. 防治卷叶蛾

第一次施药可选用第18组杀虫剂虫酰肼、甲氧虫酰肼。

第二次施药可选用第1B组杀虫剂杀螟硫磷、敌敌畏。

5. 防治金蚊细蛾

第一次施药可选用第15组杀虫剂灭幼脲、除虫脲、杀铃脲，第6组杀虫剂阿维菌素。

第二次施药可选用第28组杀虫剂氯虫苯甲酰胺。

6. 防治介壳虫

第一次施药可选用第1B组杀虫剂杀扑磷、毒死蜱，第16组杀虫剂噻嗪酮。

第二次施药可选用第4A组杀虫剂噻虫嗪、第23组杀虫剂螺虫乙酯。

7. 防治同时发生几种害虫

卷叶蛾、金纹细蛾、食心虫同时发生可选用第28组杀虫剂氯虫苯甲酰胺。

介壳虫、蚜虫同时发生时可选用第16组杀虫剂噻嗪酮。

第七章　安全使用与个人防护

一、农药安全使用的重要意义

农药的安全使用意义包括4个方面的内容。

（一）对施药者的安全

由于施药者施药时缺乏必要的安全防护措施，如不穿防护服、不戴防护口罩和手套、施药时喝水吃东西、或施药后不用肥皂洗手等，容易造成农药中毒或死亡事故的发生。因此施药者要做好施药安全防护，避免连续疲劳作业和夏季在中午高温时作业，并加强农药保管，防止因误食、误用等造成的非生产性中毒事故的发生。

（二）对作物的安全

对作物的安全包括对当季作物的安全和对下季（茬）作物的安全。使用农药方法不当或未严格按照要求施药易引起农作物的受害症状，如落叶、落果、灼伤等。有些长残留的除草剂，虽然对当茬作物没有影响，但是在土壤中残效过长，在轮作农田中对后茬敏感作物造成严重药害。

（三）对环境的安全

对环境的安全包括对非靶标生物，如禽畜、天敌、鸟类、蜜蜂、鱼虾等的安全。也包括对地下水、大气等自然资源的安全。使用农药时，要避免污染水源和环境，使用合适的高性能的喷洒工具。空置的农药包装物，必须清洗3次以上，再到远离水源的地方掩埋或焚烧。

（四）对消费者的安全

食用农药残留超标的农产品有可能导致急性中毒、死亡，也可能造成其他慢性中毒。而且，农药残留超标严重影响我国农产品出口创汇。

二、正确选择农药品种

（一）根据防治对象选择农药

在植株生长的某一个阶段，仅有一两种病虫害是主要种类，需要防治，其他种类在防治主要病虫害时可以兼治。在喷药以前，首先要确定以哪一种为防治对象，是虫害就要用杀虫剂，是螨害就要用杀螨剂，是病害就要用杀菌剂，是杂草就要用除草剂。

（二）根据病虫为害特性选择农药

每一种病虫害都有其为害特性：有的病虫仅为害叶片，有的病虫仅为害果实，有的病虫既为害叶片，也为害果实；有的害虫营钻蛀性生活，一生中仅有部分发育阶段暴露在外面等。了解病虫害的为害特性，有助于选择农药品种。例如，防治为害叶片的咀嚼式口器害虫（如各种毛虫），要选择胃毒剂或触杀剂；防治刺吸式口器害虫如蚜虫、黑刺粉虱、介壳虫等，要选择内吸性强的杀虫剂；防治蛀干害虫如天牛、吉丁虫，要选择熏蒸作用强的杀虫剂。

（三）根据病虫害发生规律选择农药

根据病虫害的发生规律选择农药品种，在防治上可以做到有的放矢。例如，多种病害在发病以前都有一个初侵染期，如果在这个时期喷药，就要选择具有保护作用的杀菌剂。病菌一旦侵入寄主，用保护性杀菌剂防治就效果甚微甚至无效，因而必须用内吸性杀菌剂。有些病害具有侵染时期长和潜伏侵染的特性（如树脂病、溃疡病），在防治时既要考虑防治已经侵入寄主的病菌，又要考虑防止新病菌的侵染，因此，需要选择既有治疗作用，又有保护作用的杀菌剂。

（四）根据病虫害的生物学特性选择农药

各种病虫害都有其自身的生物学特性，了解这些特性是开展病虫害防治的基础。例如，防治在土壤中越冬的大果实蝇、花蕾蛆、吉丁虫等害虫时，在春季害虫出土期于地面喷药，应选择触杀性强的杀虫剂；而在成虫产卵期往树上喷药，就得选择既有触杀作用，又有胃毒作用的杀虫剂。防治蛀干害虫，在防治蛀入枝干内的幼虫时，要用熏蒸剂，并施药于蛀道内；防治成虫或卵时，就要用触杀剂，并喷雾于树干上。

（五）根据农药的特性选择农药

各种农药都有一定的适用范围和适用时期，并非任何时期施用都能获得同样的防治效果。有些农药品种对气温的反应比较敏感，在气温较低的情况下效果不好，而在气温高时药效才能充分发挥出来。如炔螨特在夏季使用的防治效果明显高于春季。有的农药对害虫的某一发育阶段有效，而对其他发育阶段防治效果较差，如噻螨酮对害螨的卵防治效果很好，而对活动态螨防治效果很差。灭幼脲等昆虫生长调节剂类杀虫剂，只有在低龄幼虫期使用，才能表现出良好的防治效果。

三、准确量取所需要的农药用量

准确量取所需要的农药必须准确核定施药面积，根据农药标签推荐的农药使用剂量或植保技术人员的推荐，计算用药量和施药液量。农药稀释的用水量与农药用量，经常用3种方式表示。

1. 百分比浓度表示法；

2．倍数浓度表示法；

3．ppm含量表示法，现通用$\times 10^{-6}$、mg／kg等。

（1）百分比浓度表示法是指农药的百分比含量。例如40%辛硫磷乳油，是指药剂中含有40%的原药。再如配制0.01%的吡蚜酮药液，是指配制成的药液中含有0.01%的吡蚜酮原药。配制15kg0.01%的吡蚜酮药液，所需25%吡蚜酮可湿性粉剂的量，用计算公式如下：

使用浓度×药液量=原药用量×原药百分比含量

计算如下：原药用量=使用浓度×药液量（0.0 1%×15kg）÷原药百分比含量（25%）=6g。

称取6g25%吡蚜酮可湿性粉剂，加入15kg水中，搅拌均匀，即为0.01%的吡蚜酮药液。

（2）倍数浓度表示法是喷洒农药时经常采用的一种表示方法。所谓××倍，是指水的用量为药品用量的××倍。配制时，可用下列公式计算：

使用倍数×药品用量=稀释后的药液量

例如配制15kg3 000倍吡虫啉药液，需用吡虫啉约5g。

使用倍数（3 000）×药品用量=稀释后的药液量（15kg）

药品用量=15×1 000÷3 000=5g

（3）百万分之一（ppm）含量表示法。现在国家标准（GB）以mg／kg表示该浓度。1 ppm 是指药液中原药的含量为1mg／kg（10^{-6}）。400 ppm的毒死蜱药液，其药液中原药含量为400mg／kg。

例如配制400mg／kg的毒死蜱药液15kg，需要40%毒死蜱乳油的量可用以下公式计算：

使用浓度×药液量=原药浓度×所需原药数量

$400\times 10^{-6}\times 15\times 10^{3}$=40%×所需原药数量

所需原药数量=15g。

所以配制400mg／kg的毒死蜱药液15kg，需要40%毒死蜱乳油15g。

四、配制农药注意事项

（1）选择在远离水源、居所、畜牧栏等场所配制农药。

（2）现用现配，不宜久置；短时存放时，应密封并安排专人保管。

（3）根据不同的施药方法和防治对象、作物种类和生长时期确定施药液量。

（4）选择没有杂质的清水配制农药，不用配制农药的器具直接取水，药液不应超过额定容量。

（5）根据农药剂型，按照农药标签推荐的方法配制农药。

（6）采用“二次法”进行操作。

（7）配制现混现用的农药，应按照农药标签上的规定或在技术人员的指导下进行操作。

五、施药时个人防护

绝大多数农药品种对人体有一定的毒性。如果使用不当，就可能造成中毒事故。因此，使用农药时，要做好安全防护，掌握急救知识。

施药人员可通过穿戴防护装备来降低使用农药带来的危害。防护装备能帮助施药人员避免直接接触农药。根据使用的农药和喷雾操作确定所需穿戴的防护装备（图1-7-1）。

在搅拌、加装或使用高毒产品，施药人员需要穿戴额外的个人防护装备，包括以下方面。

（1）呼吸器。

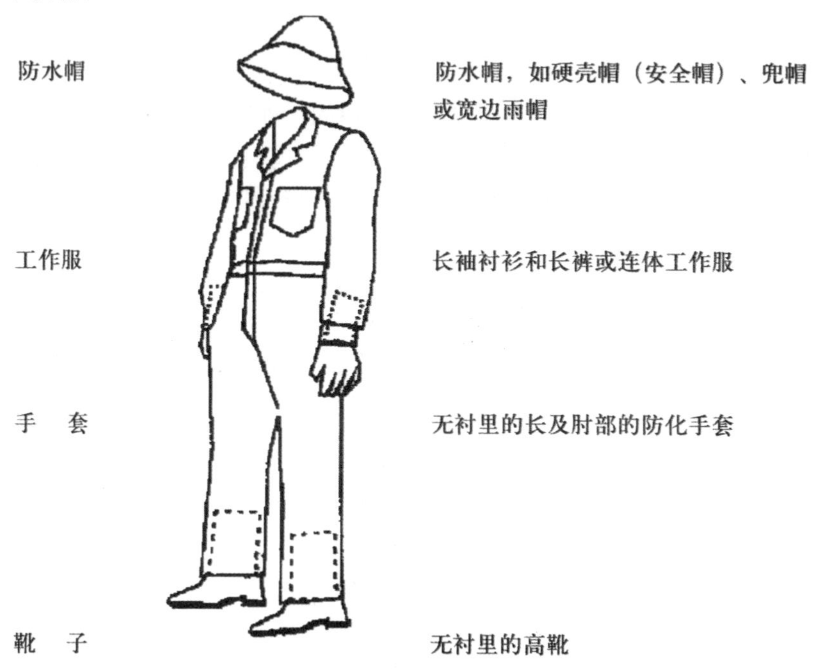

图1-7-1　施药人员防护衣帽装束

（2）防水套服（带帽的雨衣）。

（3）防化围裙。

（4）护目镜。

（5）面罩。

（一）呼吸器官防护装备的选用

熏蒸剂或其他易挥发的农药，吸入毒性比口服毒性大得多。使用这些药剂时应特别重视保护呼吸道。农药熏蒸、喷雾或喷粉时，所产生的蒸气、药液、雾滴或药粉颗粒能够通过呼吸损害鼻腔、喉咙和肺组织。在密闭或相对密闭的空间里进行农药操作，是大量吸入药剂的原因。例如，在温室内使用烟雾剂（燃放烟剂、弥雾等）等，必须采取防护措施，以确保安全。

使用高毒农药以及在闭式场所（如温室、仓库、畜厩等）中把中等毒、低毒农药作为气雾剂或烟熏剂使用时，均应根据农药特性选用的防毒面具（如药剂对眼面部有刺激损伤，须戴用全面罩防毒面具）。

使用中、低毒不挥发农药粉剂、烟雾时，应选用防微粒口罩。

使用中、低毒挥发性农药时，应选用适宜的防毒口罩，如施药量大、蒸气浓度高时，应选用防毒面具。

（二）皮肤防护用具选用

使用农药时，皮肤很容易接触药剂，因此，当量取、配制和施用药液时，应做好防护，避免药剂黏附人体皮肤。量药、配药、喷雾、撒粉及清洗施用过农药的药械时，都要注意保护人体的各部分。田间施药时，药械要事先检修好，避免发生渗漏。施药时，人要在上风向，对作物采取隔行喷药操作。几架药械同时在田间使用时，要按梯形队伍前进，且下风施药人员先行，以免人体接触药剂。施药时除手和臂外，脚和腿往往也很容易被药剂污染，操作时应穿戴长袖衣服（如塑膜雨衣等）、长裤、雨靴（稻田施药可穿水田袜）、手套、帽子，以及脚罩、塑料围腰、护目镜等。

（三）个人防护装备的维护

使用农药工作完成后，需清洗所有防护装备。在脱去个人防护装备前清洗手套，然后戴上手套脱去衣物和个人防护装备，以免受到污染。

（四）清洗步骤

（1）脱去个人防护装备前用温肥皂水清洗手套的外面。

（2）戴着手套脱去个人防护装备。一定要在室外脱去个人防护装备。

①如果施用的是颗粒剂农药，则在室外安全的地方掸衣物，并清理口袋和翻边。

②如果衣物被喷洒的高毒农药污染，则丢弃衣物。将该衣物放在一个塑料袋内并放置在垃圾填埋场。

（3）将连体工作服和其他喷雾衣物放在一个塑料袋内，并将它们与其他衣物分开存放。这些衣物必须与其他衣物分开洗涤。每次施药后都应洗涤喷雾衣物。

（4）用戴手套的双手清洗防护装备。在温肥皂水中清洗护目镜、帽子、靴子和防水衣物，彻底清洗并把它们风干或晾干。

①最好在室外清洗装备。

②如果外面没有清洗场所，应准备几个桶专门用于装备的清洗。把它们贴上标签，与家用清洗桶予以区别。

（5）用温肥皂水再次清洗手套外部。彻底清洗，然后脱下来悬挂晾干。

（6）将晾干防护装备放入一个干净的储物处以备下次使用。

六、安全科学使用农药知识图解

购买和使用农药，要仔细阅读标签（图1-7-2）。要购买和使用农药瓶（袋）上标签清楚，登记证、生产批准证、产品标准号码齐全的农药；不要购买和使用农药标签模糊不清，或登记证、生产批准证和产品标准号码不全的农药。

图1-7-2　购买和使用农药需要仔细阅读标签

农药必须单独运输，修建专用库房或箱柜上锁存放（图1-7-3），并有专人保管农药不得与粮食、蔬菜、瓜果、食品及日用品等物品混运、混存。禁止儿童进入农药库房。

图1-7-3　农药放置必须建有专用库房

配制农药，要选择专用器具量取和搅拌农药，决不能直接用手取药和搅拌农药（图1-7-4）。

图1-7-4　配制和搅拌农药需要选择专用器具

施药机械出现滴漏或喷头堵塞等故障，要及时正确维修，不能用滴漏喷雾器施药，更不能用嘴直接吹吸堵塞的喷头（图1-7-5）。

图1-7-5　正确检修喷施农药器具

田间施用农药，必须穿防护衣裤和防护鞋，戴帽子、防毒口罩和防护手套（图1-7-6）。年老、体弱、有病的人员，儿童，孕期、经期、哺乳期妇女，不能施用农药。

图1-7-6　施用农药时须穿防护衣裤等

田间喷洒农药，要注意风力、风向及晴雨等天气变化，应在无雨、风力3级以下天气施药，下雨和风力3级以上天气不能施药，更不能逆风喷洒农药。夏季高温季节喷施农药，要在10：00～15：00后进行，中午不能喷药。施药人员每天喷施时间一般不得超过6h（图1-7-7）。

图1-7-7　严格执行田间喷撒农药规定时间

必须注意农药安全间隔期——农药安全间隔期是指最后1次施药至作物收获时的间隔天数。用药前，必须了解所用农药的安全间隔期，保证农产品采收上市时农药残留不超标（图1-7-8）。

图1-7-8　严格遵守农药安全间隔期

根据中华人民共和国农业部第199号、274号、1586号、2289号公告，在中国禁止使用甲胺磷等34种（类）剧毒、高毒、高残留农药（图1-7-9）。

在我国 禁用 农药

六六六、滴滴涕、毒杀芬、二溴氯丙烷、杀虫脒、二溴乙烷、除草醚、艾氏剂、狄氏剂、汞制剂、砷类、铅类、敌枯双、氟乙酰胺、甘氟、毒鼠强、氟乙酸钠、毒鼠硅、甲胺磷、甲基对硫磷、对硫磷、久效磷、磷胺、苯线磷、地虫硫磷、甲基硫环磷、磷化钙、磷化镁、磷化锌、硫线磷、蝇毒磷、治螟磷、特丁硫磷、杀扑磷

图1-7-9　严格执行我国禁用农药有关规定

蔬菜、果树、茶树、甘蓝、甘蔗、花生、中草药材等作物，严禁使用国家明令限用的高毒、高残留农药，以防食用者中毒和农药残留超标（图1-7-10）。

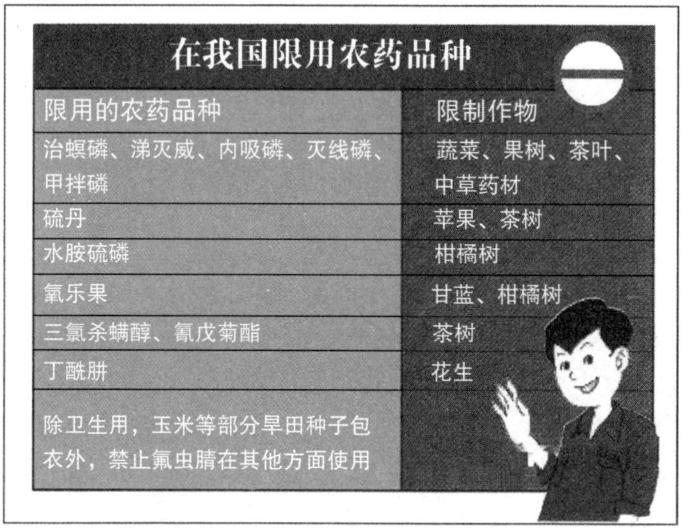

在我国限用农药品种

限用的农药品种	限制作物
治螟磷、涕灭威、内吸磷、灭线磷、甲拌磷	蔬菜、果树、茶叶、中草药材
硫丹	苹果、茶树
水胺硫磷	柑橘树
氧乐果	甘蓝、柑橘树
三氯杀螨醇、氰戊菊酯	茶树
丁酰肼	花生
除卫生用，玉米等部分旱田种子包衣外，禁止氟虫腈在其他方面使用	

图1-7-10　严格执行我国限用农药品种规定

克百威（呋喃丹）、涕灭威、甲基异抑磷等剧毒农药，只能用于拌种、工具沟施或戴手套撒毒土，严禁对水喷雾（图1-7-11）。

图1-7-11　我国禁用农药局限使用须知

配药、施药现场，严禁抽烟、用餐和饮水，必须远离施药现场，将手脸洗净后方可抽烟、用餐、饮水或从事其他活动（图1-7-12）。

图1-7-12 配药和施药现场禁忌须知

对农作物病、虫、草、鼠害，采用综合防治（IPM）技术，当使用农药防治时，要按照当地植保技术推广人员的推荐意见，选择适宜的农药，在适宜的施药时期，用正确的施用方法，施用经济有效的农药剂量，不得随意加大施药剂量和改变施药方法（图1-7-13）。

图1-7-13 施药人员应具备的知识

施过农药的地块要竖立警告标志，在一定时间内，禁止进入田间进行农事操作、放牧、割草、挖野菜等（图1-7-14）。

图1-7-14　已经施药田地禁止人畜进入

农药应用原包装存放，不能用其他容器盛装农药。农药空瓶（袋）应在清洗3次后，远离水源深埋或焚烧，不得随意乱丢，不得盛装其他农药，更不能盛装食品（图1-7-15）。

图1-7-15　妥善处理空废弃农药容器

施药结束后，药立即用肥皂洗澡和更换干净衣物，并将施药时穿戴的衣裤鞋帽及时洗净（图1-7-16）。

图1-7-16 保持施药人员自身清洁

施药人员出现头疼、头昏、恶心、呕吐等农药中毒症状时，应立即离开施药现场，脱掉污染衣裤，及时带上农药标签到医院治疗（图1-7-17）。

中国疾病预防控制中心中毒控制中心咨询电话：010-83132345。

图1-7-17 正确快捷处置农药中毒

第二篇

杀菌剂安全科学使用指南

SHAJUNJI ANQUAN KEXUE SHIYONG ZHINAN

第一章　杀菌剂作用机理分类表

能够杀死植物病原微生物或抑制其生长发育，从而防治植物病害的农药称为杀菌剂。植物病害绝大多数由植物病原真菌引起，少数由植物病原细菌、植物病原病毒引起。因此，杀菌剂可分为杀真菌剂、杀细菌剂和杀病毒剂，在我国通常将杀真菌剂简称为杀菌剂。

一、杀菌剂的分类

（一）按杀菌剂来源，可将杀菌剂分为4类

（1）矿物源杀菌剂。是指由天然矿物原料的无机化合物或矿物油经加工制成的杀菌剂。包括无机硫杀菌剂、无机铜杀菌剂和矿物油等。这类杀菌剂是植物病害化学防治中广泛使用的一类杀菌剂。无机硫杀菌剂主要防治多种作物的白粉病、小麦锈病、苹果黑星病和炭疽病等；无机铜杀菌剂用来防治多种作物的霜霉病、炭疽病等；矿物油也主要防治花卉或蔬菜的白粉病。

（2）植物源杀菌剂。是指利用植物资源开发的杀菌剂，包括从植物中提取的活性成分、植物本身和按活性结构合成的化合物及衍生物。如白千层提取物和虎杖提取物。

（3）微生物杀菌剂。细菌、真菌、放线菌等微生物及其代谢产物和由它们加工而成的具有抑制植物病害的生物活性物质。微生物杀菌剂主要有农用抗生素（武夷菌素、井冈霉素、春雷霉素、中生菌素、链霉素和申嗪霉素等）、真菌杀菌剂（寡雄腐霉、木霉菌、淡紫拟青霉）、细菌杀菌剂（枯草芽孢杆菌、解淀粉芽孢杆菌）等类型。

（4）有机杀菌剂。指在一定剂量或浓度下，具有杀死植物病原菌或抑制其生长发育的有机化合物。20世纪60年代以后，有机杀菌剂得到蓬勃发展，是目前杀菌剂中数量最多的一类杀菌剂。如三唑类杀菌剂、甲氧基丙烯酸类杀菌剂、酰胺类杀菌剂、二甲酰亚胺类杀菌剂、咪唑类杀菌剂等。

（二）按作用方式可将杀菌剂分为3类

（1）保护性杀菌剂。这类杀菌剂在病原微生物没有接触植物或没侵染植物体之前，用药剂处理植物或周围环境，从而保护植物免受病原菌侵害。如波尔多液、代森锌、硫酸铜、代森锰锌、百菌清等。

具有保护作用的杀菌剂在使用时，要求能在植物表面上形成有效的覆盖密度，并有较强的黏着力和较长的持效期。

具有保护作用的杀菌剂在应用时，要着重于保护。首先，要了解需防治的是病原菌侵染植物的哪个部位、初侵染的时期及其为害的主要阶段等，才能有的放矢地施药。例如，

小麦条锈病主要为害小麦的叶片、叶鞘和穗部，且大多在小麦拔节期至孕穗期之间侵染。若施用保护性杀菌剂，应在拔节期至抽穗扬花期之间进行。其次，要保持能连续保护。保护剂的持效期一般为5～7d，因此要在病害侵染期间每隔5～7d喷药1次才能收到理想的防治效果，这点在对某些果树病害喷药防治时尤为重要。生产中常有喷施保护性杀菌剂效果不佳的现象，这其中主要是施药技术问题，如第一次喷药晚了，在病菌侵入后才施药；再就是两次喷药间隔期过长等。

另外，喷撒保护性杀菌剂后，并不能马上看到药效，需经过一定时期后，与不施药地段相比较，才能看出其药效。

（2）治疗性杀菌剂。这类杀菌剂指病原微生物已经侵染植物体内，但植物表现病症处于潜伏期。药剂从植物表皮渗入植物组织内部，经输导、扩散、或产生代谢物来杀死或抑制病原菌，使病株不再受害，并恢复健康。如苯醚甲环唑、四氟醚唑、甲基托布津、多菌灵、春雷霉素等。

把握准施药时期是用好治疗作用杀菌剂的关键技术，治疗剂并不意味着在什么时期施药都能有效果，当病害已普遍发生，甚至已形成损失，再施用任何高效治疗剂也不能使病斑消失，植物康复如初。

治疗剂可以比保护剂推迟用药，即在病菌侵入寄主的初始阶段、初现病症时喷药为宜。例如用三唑酮防治小麦条锈病，可以在小麦孕穗期末期（挑旗）至抽穗初期喷药，持效期达15d以上，仅喷药1次即可达到防病保产的效果。喷药早了，还需第二次用药，喷药迟了，效果不明显。

（3）铲除性杀菌剂。这类杀菌剂指病原菌已在植物的某部位（种子表面）或植物生存的环境中（土壤中），施药将病菌杀死，保护作物不受病菌侵染。如福美砷、五氯酚钠、石硫合剂等。此类杀菌剂多有强渗透性，杀菌力强，但持效期短，有的易产生药害，故很少直接施用于植物体。

（三）按传导特性可将杀菌剂分为两类

（1）内吸性杀菌剂。该类杀菌剂能被植物叶、茎、根、种子吸收进入植物体内，经植物体液输导、扩散、存留或产生代谢物，可防治一些深入到植物体内或种子胚乳内的病害，以保护作物不受病原菌的浸染或对已感病的植物进行治疗，因此具有治疗和保护作用。如多菌灵、苯醚甲环唑、噻菌铜、甲霜灵、乙磷铝、甲基托布津等。

（2）非内吸性杀菌剂。该类杀菌剂不能被植物内吸并传导、存留。此类药剂不易使病原物产生抗药性，比较经济，但大多数只具有保护作用，不能防治深入植物体内的病害。如硫酸铜、百菌清、石硫合剂、波尔多液、代森锰锌和福美双等。

二、杀菌剂的作用机理

杀菌剂的作用机理是研究病菌的中毒或失去致病能力的原因，即药剂致毒的生物化学。

根据杀菌剂的主要作用靶标，大致分为以下4种作用机理。

（1）杀菌剂对菌体细胞代谢物质的生物合成及其功能的影响。主要包括对核酸、蛋白质、酶的合成和功能以及细胞有丝分裂和信号传导的影响。

（2）杀菌剂对菌体细胞能量生成的影响。菌体不同生长发育期对能量的需求量是不同的，孢子萌发比维持生长所需的能量大得多，因而能量供应受阻时，孢子就不能萌发。菌体赖以生存的能量来源于其体内糖、脂肪或蛋白质的降解。在菌体内物质的降解有3个途径：糖酵解、有氧氧化和磷酸戊糖途径。由于糖酵解提供的能量很少，杀菌剂干扰这个代谢途径对防治植物病害的意义不大。杀菌剂对菌体内能量生成的影响主要是对有氧呼吸（有氧氧化）的影响，包括对乙酰辅酶A形成的干扰、对三羧酸循环的影响、对呼吸链上氢和电子传递的影响以及对氧化磷酸化的影响。

（3）影响细胞结构和功能。主要包括对真菌细胞壁形成的影响以及对质膜生物合成的影响。

（4）植物诱导抗病性。诱导病原菌的寄主植物产生系统抗性，诱导植物防卫有关的病程相关蛋白（PR-蛋白）如几丁质酶、β-1，3-葡聚糖酶、SOD酶及PR-蛋白的活性增加，植保素的积累、木质素的增加，从而起到抑制病原菌的作用。

三、杀菌剂作用机理分类方案

由国际杀菌剂抗性行动委员会（Fungicide Resistance Action Committee，FRAC) 批准的杀菌剂作用机理分类方案是以生产实际使用的杀菌剂的作用机理为基础的（表2-1-1）。

（一）杀菌剂作用机理分类方案的原则

（1）作用机理编码。依据代谢过程从核酸合成到二级代谢如黑色素合成依次用代码“A……I”来表示，另外寄主植物抗病诱导用-P-，未知作用位点用-U-以及多作用位点用-M-来表示。

（2）作用靶标位点及编码。给出精确的靶标位点，很多情况下，精确的作用位点并不明确，而是依据同一组或者相关组中药剂的交互抗性情况来分类。

（3）化学类型名称。基于《农药手册》等著作认可的化学结构而分类。

（4）通用名称。英国标准协会或国际标准化组织认可或建议的名称。

（二）一般事项和作用机理分类方案更新

（1）国际杀菌剂抗性行动委员会制定的作用机理分类方案根据需要定期审查和重新发行。

（2）当前没有登记的、被取代的、过时的或者被撤回的并且不再日常使用的化合物将不在分类清单中。

（3）杀菌剂的作用机理分类方案有助于开展病原菌抗性治理。

（4）在实际应用中施药者可根据杀菌剂作用机理分类代码的不同，在病原菌防治中更好的实施杀菌剂交替、轮换使用（表2-1-1）。

表2-1-1 杀菌剂作用机理分类

作用机理编码	作用靶标位点及编码	化学类型名称	通用名称
A 核酸合成	A1 RNA聚合酶I	苯酰胺类	苯霜灵、精苯霜灵、呋霜灵、甲霜灵、精甲霜灵、霜灵、呋酰胺
	A2 腺苷脱氨酶	羟基（2-氨基）-嘧啶类	乙嘧酚磺酸酯、二甲嘧酚、乙嘧酚
	A3 DNA / RNA合成（建议）	芳香杂环类	霉灵、辛噻酮
	A4 DNA拓扑异构酶Ⅱ（旋转酶）	羧酸类	喹菌酮（杀细菌剂）
B 有丝分裂和细胞分裂	B1 有丝分裂中β-微管蛋白合成	苯并咪唑氨基酸酯类	苯菌灵、多菌灵、麦穗宁、噻菌灵、硫菌灵、甲基硫菌灵
	B2 有丝分裂中β-微管蛋白合成	N-苯基氨基甲酸酯类	乙霉威
	B3 有丝分裂中β-微管蛋白合成	苯乙酰胺类	苯酰菌胺
		噻唑类	噻唑菌胺
	B4 细胞分裂（建议）	苯基脲类	戊菌隆
	B5 膜收缩类蛋白不定位作用	苯乙酰胺类	氟吡菌胺
C 呼吸作用	C1 复合体I 烟酰胺腺嘌呤二核苷酸（NADH）氧化还原酶	嘧啶胺类	氟嘧菌胺
		吡唑类	唑虫酰胺
	C2 复合体Ⅱ琥珀酸脱氢酶	琥珀酸脱氢酶抑制剂	麦锈灵、氟酰胺、灭锈胺、isofetamid、氟吡菌酰胺、甲呋酰胺、萎锈灵、氧化萎锈灵、噻呋酰胺、benzovindiflupyr、bixafen、fluxapyroxad、呋吡菌胺、吡唑萘菌胺、penflufen、penthiopyrad、sedaxane、啶酰菌胺
	C3 复合体Ⅲ 细胞色素bc1 Qo位泛醌醇氧化酶	QoI类（苯醌外部抑制剂）	嘧菌酯、丁香菌酯、烯肟菌酯、flufenoxystrobin、啶氧菌酯、唑菌酯、mandestrobin吡唑醚菌酯、唑菌胺酯、triclopyricarb、醚菌酯、肟菌酯、醚菌胺、fenaminstrobin、苯氧菌胺、肟醚菌胺、唑菌酮、氟嘧菌酯、咪唑菌酮、pyribencarb
	C4 复合体Ⅲ细胞色素bc1 Qi位质体醌还原酶	QiI类（苯醌内部抑制剂）	氰霜唑、amisulbrom

(续表)

作用机理编码	作用靶标位点及编码	化学类型名称	通用名称
C 呼吸作用	C5 氧化磷酸化解偶联剂		乐杀螨、meptyldinocap二硝巴豆酸酯、氟啶胺、嘧菌腙
	C6 ATP合成酶	有机锡类	三苯基乙酸锡、三苯锡氯、三苯基氢氧化锡
	C7 ATP生成抑制剂（建议）	噻吩羧酰胺类	硅噻菌胺
	C8 复合体III 细胞色素bc1 Qx（未知）泛醌还原酶	Q×I类（苯醌×抑制剂）	ametoctradin
D 氨基酸和蛋白质合成抑制剂	D1 甲硫氨酸生物合成（建议）	苯胺基嘧啶类	嘧菌环胺、嘧菌胺、嘧霉胺
	D2 蛋白质合成	烯醇吡喃糖醛酸抗生素类	灭瘟散
	D3 蛋白质合成	己吡喃糖抗生素类	春雷霉素
	D4 蛋白质合成	吡喃葡萄糖苷抗生素类	链霉素（细菌）
	D5 蛋白质合成	四环素抗生素类	土霉素（细菌）
E 信号转导	E1 信号传导（机制尚不明确）	azanaphthalenes	苯氧喹啉、丙氧喹啉
	E2 蛋白激酶/组氨酸激酶（渗透信号传递）(os-2，HOG1)	苯基吡咯类	拌种咯、咯菌腈
	E3 蛋白激酶/组氨酸激酶（渗透信号传递）(os-2，Daf1)	二羧酸亚胺类	乙菌利、异菌脲、腐霉利、乙烯菌核利
F 脂质合成与膜完整性	F1	以前的二羧酸亚胺类	
	F2 磷脂生物合成甲基转移酶磷脂生物合成甲基转移酶	硫代磷酸酯类	敌瘟磷、异稻瘟净、吡菌磷
		二硫杂环戊烷类	稻瘟灵

(续表)

作用机理编码	作用靶标位点及编码	化学类型名称	通用名称
F 脂质合成与膜完整性	F3 类脂过氧化作用（建议）	芳烃类	联苯、地茂散、氯硝胺、五氯硝基苯（PCNB）、四氯硝基苯（TCNB）、甲基立枯磷
		芳杂环类	土菌灵
	F4 细胞膜渗透性 脂肪酸（建议）	氨基甲酸酯	iodocarb、霜霉威盐酸盐、硫菌威
	F5	以前的CAA类杀菌剂	
	F6 微生物致病原菌 细胞膜破坏	芽孢杆菌	解淀粉芽孢杆菌（QST713）、解淀粉芽孢杆菌（FZB24）、解淀粉芽孢杆菌（MB1600）、解淀粉芽孢杆菌（D747）
	F7 细胞膜破坏（建议）	植物提取物	白千层属灌木提取物（茶树）
G 膜的甾醇合成	G1 c-14脱甲基酶	脱甲基抑制剂DMI（SBI I类）	嗪氨灵、啶斑肟、pyrisoxazole、氯苯嘧啶醇、氟苯嘧啶醇、抑霉唑、噁咪唑、稻瘟酯、咪鲜胺、氟菌唑、氧环唑、联苯三唑醇、糠菌唑、环丙菌唑、苯醚甲环唑、烯唑醇、氟环唑、乙环唑、腈苯唑、氟喹唑、氟硅唑、粉唑醇、己唑醇、亚胺唑、种菌唑、叶菌唑、腈菌唑、戊菌唑、丙环唑、硅氟唑、戊唑醇、四氟醚唑、三唑酮、三唑醇、灭菌唑、丙硫菌唑
	G2 Δ14还原酶和 Δ8→Δ7异构酶	吗啉类（SBI II类）	Aldimorph、十二吗啉、丁苯吗啉、十三吗啉、苯锈啶、piperalin、螺环菌胺
	G3 3-氧代还原酶 C4-脱甲基化作用	SBI III类	环酰菌胺、fenpyrazamine
	G4 固醇生物合成 鲨烯环氧酶	SBI IV类	稗草丹(除草剂)、naftifine、terbinafine
H 细胞壁生物合成	H3 海藻糖酶和肌醇 生物合成	吡喃葡萄糖抗生素类	井冈霉素
	H4 几丁质合成酶		多抗霉素
	H5 纤维素合成酶	羧酰胺类	烯酰吗啉、氟吗啉、丁吡吗啉、苯噻菌胺、缬霉威、valifenalate、双炔酰菌胺

(续表)

作用机理编码	作用靶标位点及编码	化学类型名称	通用名称
I 细胞壁黑色素合成	I1 黑色素生物合成还原酶	黑色素生物合成还原酶抑制剂（MBI-R）	Fthalide、咯喹酮、三环唑
	I2 黑色素生物合成脱氢酶	黑色素生物合成脱氢酶抑制剂（MBI-D）	环丙酰菌胺、双氯氰菌胺、稻瘟酰胺
P植物诱导抗病性	P1 水杨酸途径	苯并噻唑类	活化酯
	P2	苯并异噻唑	烯丙苯噻唑
	P3	噻二唑羧酰胺类	Tiadinil、isotianil
	P4	多糖类	laminarin
	P5	乙醇提取物	虎杖提取物
U 作用机理未知或不确定	未知	氰基乙酰胺肟类	霜脲氰
	未知	膦酸盐	三乙膦酸铝
			磷酸及其盐
	未知	邻氨甲酰苯甲酸	teclofetalam
	未知	苯并三嗪	咪唑嗪
	未知	苯磺酰胺	磺菌胺
	未知	哒嗪酮类	哒嗪酮
	未知	硫代氨基甲酸酯	磺菌威
	未知	苯乙酰胺	cyflufenamid
	肌动蛋白破坏（建议）	芳基-苯基-酮	苯菌酮、pyriofenone
	细胞膜破坏（建议）	呱类	十二环吗啉
	未知	四氢噻唑类	Flutianil
	未知	嘧啶腙类	嘧菌腙
	氧固醇结合蛋白抑制剂（建议）	哌啶-噻唑-异唑啉	oxathiapiprolin
	复合物Ⅲ细胞色素bc1未知结合位点（建议）	4-喹啉-醋酸酯	tebufloquin
未分类	未知	多样的	矿物油、生物油、重碳酸钾、生物原材料

(续表)

作用机理编码	作用靶标位点及编码	化学类型名称	通用名称
M 多作用位点	多作用位点活性	无机类	铜剂、硫磺
		二硫代氨基甲酸酯类	福美铁、代森锰锌、代森锰、代森联、丙森锌、福美双、代森锌、福美锌
		邻苯二甲酰亚胺类	克菌丹、敌菌丹、灭菌丹
		氯化腈	百菌清
		磺酰胺	苯氟磺胺、甲苯氟磺胺
		胍类	Guazatine(双胍辛烷和其他聚胺混合物)、双胍辛烷
		三嗪类	敌菌灵
		蒽醌类	二氢蒽醌
		喹喔啉类	Chinomethionat / quinomethionate
		马来酰亚胺类	fluoroimide

四、各类杀菌剂作用机理描述

（一）核酸合成

DNA是贮存、复制和传递遗传信息的主要物质基础，RNA在蛋白质合成过程中起着重要作用。已知的作用机理主要包括对RNA合成、嘌呤代谢以及DNA超螺旋的影响，其作用位点分别为：RNA聚合酶I（A1）、腺苷脱氨酶(A2)和DNA拓扑异构酶II(A4)。

（二）有丝分裂和细胞分裂

微管(microtubule)是广泛存在于植物(包括病菌)细胞中的纤维状结构，它的功能是保护细胞形状、细胞运动和细胞内物质运输，和微丝、居间纤维共同形成了立体网络，称为-微梁系统-。细胞器和膜系统都由这个网络来支架。可以说，微管是细胞的骨骼。微管除了参与合成细胞壁和在鞭毛、纤毛运动中起作用外，最主要的是在细胞分裂中起作用——微管构成了减数分裂和有丝分裂纺锤体的纤维。

有丝分裂后期细胞内产生的纺锤丝会拉着染色单体移向两极，从而将染色体平均分配到两个子细胞中。若这一步受到阻碍，则会使一个细胞中形成多核，从而影响菌体的生长。目前，已知的作用位点主要为：有丝分裂中β-微管蛋白合成（B1、B2、B3），细胞分裂（B4）和膜收缩类蛋白不定位作用（B5）。

（三）呼吸作用

病原菌的生命过程需要能量，尤其是孢子萌发，更需要较多的能量，这些能量来自碳水化合物、脂肪和蛋白质的氧化而最终生成的ATP。线粒体是有氧呼吸产生能量的主要场所。由于线粒体的作用，为生物组织和细胞提供进行生命活动所需的能量ATP。已知几种杀菌剂通过抑制线粒体呼吸来阻止电子传递或氧化磷酸化。其作用位点包括：线粒体复合物I 烟酰胺腺嘌呤二核苷酸（NADH）氧化还原酶（C1）、线粒体复合物II 琥珀酸脱氢酶（C1）、线粒体复合物III细胞色素bc1 Qo位泛醌醇氧化酶（C3）、线粒体复合物III细胞色素bc1 Qi 位质体醌还原酶（C4）、氧化磷酸化解偶联作用（C5）、ATP合成酶（C6）、ATP生成（C7）和线粒体复合物III细胞色素bc1 Qx（未知）泛醌还原酶（C8）。

（四）氨基酸和蛋白质合成

氨基酸按遗传信息组成蛋白质，在这个过程中参与的多种因子分别在各种核糖体的特定部位起作用，如果杀菌剂干扰了这一过程中的某种作用，必然会影响蛋白质的合成。目前，已知的影响氨基酸和蛋白质合成的杀菌剂多为苯胺基嘧啶类和抗生素类化合物，其作用位点分别为甲硫氨酸生物合成（建议）（D1）和蛋白质合成（D2 ~ D5）。

（五）信号转导

细胞信号转导是指细胞通过胞膜或胞内受体感受信息分子的刺激，经细胞内信号转导系统转换，从而影响细胞生物学功能的过程。细胞信号转导受到抑制，病原细胞的生长和繁殖就会受到抑制，从而使病原菌丧失侵染植物的能力。目前，已知的作用机理有：蛋白激酶／组氨酸激酶（渗透信号传递）(os-2，HOG1) （E2）和蛋白激酶／组氨酸激酶（渗透信号传递）(os-2，Daf1)(E3)。

（六）脂质合成与膜的完整性

细胞膜主要由脂质、蛋白质和糖类组成。细胞膜把细胞包裹起来，使细胞能够保持相对的稳定性，维持正常的生命活动。此外，细胞所必需的养分的吸收和代谢产物的排出都要通过细胞膜。所以，细胞膜的这种选择性的让某些分子进入或排出细胞的特性，叫做选择渗透性。这是细胞膜最基本的一种功能，如果细胞丧失了这种功能，细胞就会死亡。目前，和此作用相关的机理主要有：和磷脂生物合成有关的甲基转移酶（F2）、类脂过氧化作用(F3)、和细胞膜渗透性相关的脂肪酸(F4)以及微生物致细胞膜破坏(F6)等方面。

（七）膜的甾醇合成

麦角甾醇是菌体细胞膜的重要组成部分，它与膜脂中的碳氢键相互作用，有保持膜的流动性和稳定膜分子结构的重要作用。如果麦角甾醇生物合成受阻，膜的结构和选择性屏障作用就受到损害，造成细胞内物质的泄漏，最后导致菌体死亡。麦角甾醇生物合成途径涉及很多的酶，目前已知的作用位点主要有：C-14脱甲基酶(G1)、Δ^{14}还原酶和$\Delta^{8}\rightarrow\Delta^{7}$异构酶(G2)、3-氧代还原酶(G3)和固醇生物合成鲨烯环氧酶(G4)。

（八）细胞壁生物合成

真菌细胞壁作为真菌和周围环境的分界面，起着保护和定型的作用。细胞壁主要由几丁质、葡聚糖、纤维素、半乳聚糖等组成。目前，影响细胞壁的杀菌剂主要是影响细胞壁的形成。通过抑制真菌细胞壁中多糖的合成或者与多糖及糖蛋白相结合的机制破坏细胞壁，达到抑制病菌的目的。已知的作用位点有：海藻糖酶和肌醇生物合成(H3)、几丁质合成酶(H4)和纤维素合成酶(H5)。

（九）细胞壁黑色素合成

黑色素是通过形成附着胞、以机械力侵入寄主的病原菌的重要致病因子，几乎所有的叶部病原真菌都是通过产生附着胞侵入寄主植物的叶肉细胞的，其动力来自于附着胞细胞壁外围黑色素的选择性渗透作用。在这种作用下，附着胞外壁产生巨大的膨胀压，从而穿透寄主细胞。缺乏黑色素的突变菌株会因缺乏足够的渗透压而丧失致病能力。抑制黑色素的合成不仅能降低病原菌对宿主的侵染，还能降低病原菌在不利环境的生存能力，实现保护作物的目的。目前，已知抑制细胞壁黑色素合成的作用位点有：黑色素生物合成还原酶(I1)和黑色素生物合成脱氢酶(I2)。

（十）植物诱导抗性

病程相关蛋白(Pathogenesis-Related proteins，PRs)的产生被认为是植物产生诱导抗病性的重要生化机制之一。PR蛋白是指植物受病原菌侵染或通过一些物质处理后诱导产生的一类蛋白，编码该类蛋白的基因称为PR基因。PR基因直接控制PR蛋白的表达，PR基因表达量的多少决定了PR蛋白含量的高低。PR蛋白如PR-1、PR-2、PR-3、PR-4和PR-5对植物诱导抗性的产生均有较强的正向促进作用，大多数PR蛋白具有几丁质酶和β-1，3-葡聚糖酶的活性，在体内和体外均显示出抗真菌活性，PR-2在抗真菌上表现出协同效应。

水杨酸(SA)是参与植物系统抗病性反应的一个重要信号分子，植物体内SA水平与植物抗病性的产生密切相关，SA可诱导植物PRs蛋白的产生，并对随后接种的病原物产生系统抗性。表现抗性反应的植物体内积累SA，而且这种内源SA的积累先于PRs基因的表达和抗病性的产生。

（十一）未知或不明确作用位点

此类杀菌剂的作用位点未知或者作用机理正在研究之中，具体作用位点还不明确。

（十二）多作用位点

此类杀菌剂具有一个以上的作用位点，如克菌丹的作用机理是：①影响丙酮酸的脱羧作用，使之不能进入三羧酸循环；②抑制α-酮戊二酸脱氢酶系的活性，阻断三羧酸循环。因此该类杀菌剂均具有广谱的杀菌活性，且不易产生抗药性。

五、植物病原菌的抗药性和杀菌剂的混配

植物病原菌抗药性指本来对杀菌剂敏感的病原菌，在杀菌剂的连续作用下，出现了敏感度显著下降的现象。

（一）病原菌抗性种群的形成和发展是一个受许多因素影响的相当复杂的动态过程

总体来说主要有以下3个方面的因素。

（1）药剂因素。药剂是引致病原菌产生抗药性的主要因素。长时期单一使用转化性杀菌剂，病原菌在药剂的选择压力下，敏感菌株不断被汰除，而留下具有抗药性的菌株，如此不断循环往复，就产生抗性种群。显然，药剂的选择压力越大，抗药性就越容易产生。选择压力大小受药剂使用浓度和使用方法等影响，并与抗性菌的生存适应能力相联系。此外，持效期长的药剂或者不间断地用药，都会有利于田间抗性群体的形成。

（2）病原菌的生物学特征。植物病原菌对杀菌剂的抗药性是由遗传基因控制的。对主效基因控制的抗药性，田间一旦出现抗性个体，在药剂的选择压力下，数量迅速增加，并在整个群体中的比例会很快上升，以致在短时间内可能使药剂失去防效。而对微效多基因控制的抗药性，短时间内药剂不会很快失去防效，但整个病原菌群体对药剂的敏感性逐渐降低，敏感群体不断减少。

（3）环境因素。在田间，病原菌抗药性的形成受环境因素的影响大多是间接作用，但却是多方面的。环境条件一方面影响病原菌的生长、繁殖及其对寄主植物的侵染以及病害的发生和流行；另一方面影响杀菌剂的喷施效果，当药剂在田间植株冠层中的分布不均匀时，就会给病原菌提供了“田间选择压力”；与此同时，亦影响杀菌剂的剂量转移，尤其是影响药剂在植株表面的展布，附着力、耐雨水冲刷能力以及沉积物的有效分布，从而影响向病原菌的剂量转移及防治效果。正是由于各种生态环境的综合作用而引致不同地区和不同年份的抗性菌系的明显差异。

（二）病原菌对杀菌剂产生抗性的机制主要有3个方面

（1）病原菌对杀菌剂的作用位点发生了变化，降低了药剂的亲和力。如对苯并咪唑类、苯酰胺类杀菌剂的抗性分别是病原菌在相应的作用位点β-微管蛋白、mRNA聚合酶发生改变，降低了药剂与作用位点的亲和力而表现出抗药性。

（2）病原菌细胞膜的结构及透性发生了变化，减少了药剂渗透入细胞的量。如梨黑斑病菌对多氧霉素的抗性和辣椒疫霉病菌对甲霜灵的抗性都是由于细胞膜的改变降低了药剂渗透到细胞内的能力。

（3）有些抗药性菌株能将药剂代谢成无毒化合物。如尖镰孢菌可将五氯硝基苯代谢成毒力很低的五氯苯胺和五氯苯硫甲酯；抗三唑酮的菌株具有阻断三唑酮代谢成三唑醇的作用而使其毒力下降。

将具有不同作用机理的杀菌剂混用，是解决病原菌抗药性的有效途径。确保了任一作用机理的杀菌剂对病菌的选择压都是最小的，阻止和延缓了病菌对杀菌剂的抗性进化，或者帮助已经产生抗药性的病菌恢复其敏感性。

轮换和交替用药是采用作用机制不同的一种或几种杀菌剂轮换使用。例如，在美国东南部单独使用苯菌灵防治花生褐斑病，3～4个生产季节之后就出现高度抗性；而在美国德克萨斯州，始终将苯菌灵与百菌清混用，长达9年仍未见抗性发生。杀菌剂混配，利用作用机理不同的杀菌剂存在作用位点的差异和相互间的协同作用，形成多作用位点的综合效应，不仅能提高药效、扩大应用范围，降低生产和使用成本，更重要的是可以减少或避免单一使用杀菌剂而出现的抗药性从而延长杀菌剂的使用寿命。

杀菌剂混配过程中，避免同一作用机理杀菌剂互相之间轮换使用，降低具有同一作用机理杀菌剂的选择压。因为同一作用机理杀菌剂之间往往有较强的交互抗药性，如果在同一作用机理杀菌剂中实施交替和轮换使用，病菌种群受到的筛选条件是差不多的，实际上对预防和延缓抗药性产生的速度没有太大的帮助，反而会加速抗药性的产生。例如，苯并咪唑类杀菌剂之间有较强的交互抗药性，如果多菌灵和甲基硫菌灵交替使用，就达不到延缓抗药性的目的。

因此，在使用杀菌剂之前，必须了解所用杀菌剂的作用机理属于哪一组，不要在同一作用机理的杀菌剂之间进行交替和轮换使用。

第二章　水稻病害轮换用药防治方案

一、水稻杀菌剂重点产品介绍

噁霉灵（hymexazol）

【作用机理分类】A3。

【化学结构式】

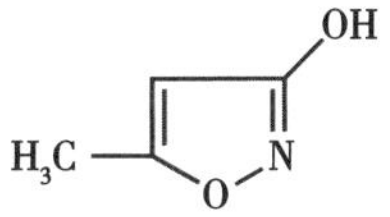

$$\text{5-methyl-isoxazol-3-ol: } H_3C\text{—(isoxazole ring, O, N)—}OH$$

【理化性质】纯品为无色晶体。熔点：86~87℃，沸点：（202±2）℃。蒸汽压182mPa（25℃）。相对密度0.551。溶解度（g/L，25℃）：水85，丙酮、甲醇、异丙醇、甲基异丁基酮、四氢呋喃、二恶烷、二甲基甲酰胺、乙二醇、氯仿>500，乙酸乙酯425，乙醚、苯、二甲苯、三氯乙烷100~300，己烷、二硫化碳<50。碱性条件下稳定，酸性环境中相当稳定，对光、热稳定。

【毒性】低毒，原粉大鼠急性经口LD_{50}为4 678mg/kg，小鼠急性经皮LD_{50}为2 000mg/kg；对家兔皮肤、眼睛有轻度的刺激作用。

【防治对象】噁霉灵是一种内吸性杀菌剂，同时也是一种土壤消毒剂，对土壤中的腐霉菌、镰刀菌有高效，土壤施药后，药剂与土壤中的铁、铝离子结合，抑制病菌孢子萌发。而对土壤中病菌以外的细菌、放线菌的影响很小，所以，对土壤中微生物的生态不产生影响。作为一种内吸性杀菌剂，噁霉灵能被植物的根吸收及在根系内移动，在植株体内代谢产生两种糖苷，对作物有提高生理活性的效果，促进根部生长，提高幼苗抗寒性。

【使用方法】噁霉灵常用作种子消毒和土壤处理，与福美双混用则效果更好（表2-2-1）。

表2-2-1　我国登记的霉灵主要混剂配方、防治对象和用量

混　剂	剂　型	组分Ⅰ	组分Ⅱ	防治对象	制剂用量（g或ml/亩）	施用方法
3%甲霜·噁霉灵	水剂	2.5%噁霉灵	0.5%甲霜灵	黄瓜枯萎病	500~700倍液 每株250ml	灌根
				水稻立枯病	12~18ml/m²	苗床喷雾
56%甲硫·噁霉灵	可湿性粉剂	16%噁霉灵	40% 甲基硫菌灵	西瓜枯萎病	600~800倍液	灌根
54.5%霉·福美双	可湿性粉剂	9.5%噁霉灵	45%福美双	黄瓜立枯病	3.7~4.6g/m²	苗床浇洒
20%霉·稻瘟灵				见稻瘟灵		

(续表)

混 剂	剂 型	组分Ⅰ	组分Ⅱ	防治对象	制剂用量（g或ml／亩）	施用方法
3.2%霉·甲霜	水剂	2.6%噁霉灵	0.6%甲霜灵	水稻恶苗病	83～125 ml／亩	喷雾

（1）防治稻苗立枯病。在水稻秧田、苗床、育秧箱（盘），于播前每平方米用30%水剂3～6ml（亩*用有效成分60～120g），对水3kg，喷透为止，然后再播种。秧苗1～2叶期如发病或在移栽前再喷1次。

（2）防治甜菜立枯病。每100kg种子，用70%可湿性粉剂400～700g，加50%福美双可湿性粉剂400～800g，混合后拌种。田间发病初期，用70%可湿性粉剂3 300倍液喷洒或灌根；防治甜菜根腐病和苗腐病，必要时喷洒或浇灌70%可湿性粉剂3 000～3 300倍液。

（3）防治西瓜枯萎病。用30%水剂600～800倍液喷淋苗床或本田灌根。

（4）防治黄瓜猝倒病、立枯病。发病初期喷施70%可湿性粉剂，每平方米用药量为0.875～1.225g。

（5）防治棉花立枯病。每100kg种子，用70%种子处理干粉剂100～133g进行种子包衣处理。

（6）防治大豆、油菜立枯病。每100kg种子，用70%种子处理干粉剂100～200g进行种子包衣处理。

（7）防治人参根腐病。用70%可溶粉剂4～8g／m^2进行土壤浇灌处理。

（8）防治草坪腐霉枯萎病。用30%水剂500～1 000倍液喷雾处理。

【注意事项】使用噁霉灵拌种时，以干拌最安全，湿拌或闷种易产生药害。应严格控制用药量，以防抑制作物生长。

【主要制剂和生产企业】0.1%颗粒剂，30%、15%、8%水剂，70%、15%可湿性粉剂，30%悬浮种衣剂，70%可溶粉剂和70%种子处理干粉剂。

广东中迅农科股份有限公司、日本三井化学AGRO株式会社、威海韩孚生化药业有限公司、陕西恒田化工有限公司、深圳诺普信农化有限公司、山东曹达化工有限公司、陕西标正作物科学有限公司和吉林省瑞野农药有限公司等。

喹菌酮（oxolinic acide）

【作用机理分类】A4。

【化学结构式】

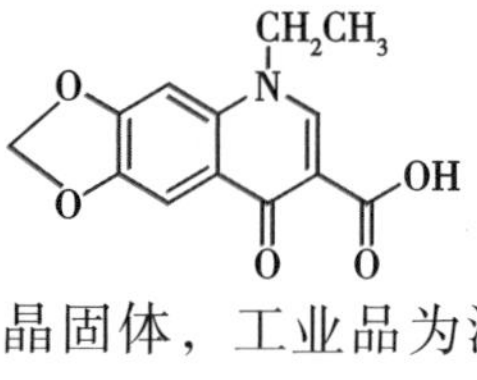

$$\text{(结构式：}N\text{-}CH_2CH_3\text{，}O\text{，}O\text{，}OH\text{，}O\text{，}O\text{)}$$

【理化性质】 纯品为无色结晶固体，工业品为浅棕色结晶固体。熔点>250℃。

* 1亩≈667m^2，15亩=1hm^2，全书同

相对密度1.5～1.6（23℃），蒸汽压<1.47×10^{-4}Pa（100℃）。溶解度：水3.2mg／L（25℃），正己烷、二甲苯、甲醇<10g／kg（20℃）。

【毒性】急性经口LD_{50}（mg／kg）：雄大鼠630，雌大鼠570。雄大鼠和雌大鼠急性经皮LD_{50} >2 000mg／kg。对兔皮肤和眼睛无刺激。急性吸入LC_{50}（4h，mg／L）：雄大鼠2.45，雌大鼠1.70。鲤鱼LC_{50}（48h）>10mg／L。

【防治对象】用于水稻种子处理，防治极毛杆菌和欧氏植病杆菌，如水稻颖枯细菌病菌、内颖褐变病菌、叶鞘褐条病菌、软腐病菌、苗立枯细菌病菌、马铃薯黑胫病、软腐病、火疫病、苹果和梨的火疫病、软腐病，白菜软腐病。

【使用方法】以1 000mg／L浸种24h，或以10 000mg／L浸种10min，或20%可湿性粉剂以种子质量的0.5%进行种子包衣，防效均在97%以上。与各种杀菌剂桶混时，在稀释后10d内均有足够的防效。以300～600g（a.i.）*／hm^2进行叶面喷雾，可有效防治苹果和梨的火疫病和软腐病。在抽穗期以300～600g（a.i.）／hm^2进行叶面喷雾，可有效地防治水稻粒腐病。对大白菜软腐病也有很好的保护和治疗作用。

【主要制剂和生产企业】1%超微粉剂，20%可湿性粉剂。

多菌灵（carbendazim）

【作用机理分类】B1。

【化学结构式】

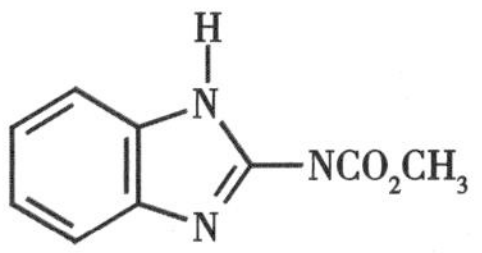

【理化性质】纯品为无色结晶粉末，熔点302～307℃（分解）。水中溶解度（mg／L，24℃）：29（pH值为4），8（pH值为7），7（pH值为8）。有机溶剂中溶解度（g／L，24℃）：氯仿0.1，二甲基甲酰胺5，丙酮0.3，乙醇0.3，乙酸乙酯0.135，二氯甲烷0.068，苯0.036，环己烷<0.01，乙醚<0.01，正己烷0.0005。稳定性：熔点以下不分解，在碱性溶液中缓慢分解，在酸性介质中稳定，可形成水溶性盐。

【毒性】微毒，原粉大鼠急性经口LD_{50}>6 400mg／kg，大鼠急性经皮LD_{50}>10 000mg／kg；对皮肤和眼睛有刺激作用；动物试验未见致癌作用；鱼毒LC_{50}（mg／L），虹鳟鱼0.83，鲤鱼0.61mg／L；对蜜蜂低毒。

【防治对象】用于防治水稻稻瘟病、纹枯病和胡麻斑病，番茄褐斑病、灰霉病，小麦网腥黑穗病、散黑穗病，燕麦散黑穗病，小麦颖枯病，谷类茎腐病，棉花苗期立枯病、黑腐病，苹果、梨、葡萄、桃的白粉病，葡萄灰霉病，甘蔗凤梨病，花生黑斑病，烟草炭疽病。

【使用方法】多菌灵可以用于大多数植物病害的防治。

1．水稻病害

防治稻瘟病：亩用50%可湿性粉剂75～100g或80%可湿性粉剂63g或40%悬浮剂

* a.i.：available ingredient，常用g（a.i.）／hm^2表示克／公顷有效成分用量

85～120g，对水50L喷雾。防治叶瘟于病斑初见期开始喷药，隔7～10d喷1次。防治稻瘟，在水稻破口期和齐穗期各喷1次。防治水稻纹枯病，于水稻分蘖末期和孕穗末期各施药1次，亩用50%可湿性粉剂75～100g，对水50L喷雾。防治水稻小粒菌核病，于水稻分蘖末期主抽穗期亩用50%可湿性粉剂75～100g或80%可湿性粉剂63g，对水50kg喷雾。

2. 蔬菜病害

（1）防治番茄枯萎病、叶霉病，黄瓜枯萎病、炭疽病、黑星病，白菜白斑病，辣椒炭疽病等种传病害。采用种子消毒方法，用50%可湿性粉剂500倍液浸种1h。防治芋干腐病，用50%可湿性粉剂500倍液浸种30min，稍阴干后直接播种。

（2）防治莲藕腐败病，消毒种藕用50%可湿性粉剂500倍液浸1～2h，其上覆盖塑料薄膜密闭24h，晾干后栽植。

（3）防治黄瓜枯萎病、西瓜枯萎病和茄子黄萎病。可采用处理土壤和灌根两种方式施药。播前或定植前，亩用50%可湿性粉剂2kg，与细土200kg混拌成药土，施入沟内或穴内，与土壤混合后2～3d播种。当田间发现零星病株时，用50%可湿性粉剂500倍液灌根，每株灌药液250ml。

（4）防治蔬菜苗期立枯病、猝倒病。用50%可湿性粉剂与细土1 000～1 500倍混拌成药土，播种时施入播种沟后覆土，每平方米用药土10～15kg。苗床土壤处理，每平方米用50%可湿性粉剂8～10g。

（5）防治十字花科蔬菜、番茄、黄瓜、茄子、菜豆、莴苣的菌核病以及莲藕腐败病。采用茎叶喷雾方法，喷50%可湿性粉剂500倍液。防治番茄、茄子、黄瓜、菜豆的灰霉病，喷50%可湿性粉剂600～800倍液。防治韭菜、大葱的灰霉病，喷300倍液。治十字花科蔬菜白斑病、黑斑病、豇豆煤霉病、芹菜早疫病、瓜类炭疽病，喷50%可湿性粉剂700～800倍液。

（6）防治黄瓜蔓枯病。发病初期集中用药，喷50%可湿性粉剂800倍液，重点喷瓜秧中下部茎叶和地面。

（7）防治油菜白粉病。喷50%可湿性粉剂500倍液；防治白斑病、黑胫病喷50%可湿性粉剂600～1 000倍液，每亩次喷药液75kg，隔7d喷1次，共喷2～3次。

3. 麦类病害

防治小麦赤霉病。一般在小麦齐穗期至始花期施药，亩用有效成分50g，即25%可湿性粉剂200g或50%可湿性粉剂100g或80%可湿性粉剂63g或40%悬浮剂100g，对水50～70L喷雾，在重病年份，应在第一次喷药后7d再喷1次，重点保护穗部，可兼治小麦纹枯病、根腐病、叶枯病、雪霉叶枯病等。拌种防治麦类种传病害，对小麦散黑穗病、腥黑穗病及秆黑粉病用种子量2%的50%可湿性粉剂；对小麦叶枯病，大麦、燕麦坚黑穗病和散黑穗病，用种子量0.3%的50%可湿性粉剂。

4. 防治谷子粒黑粉病

用种子量0.2%～0.3%的50%可湿性粉剂拌种。

5. 防治高粱坚黑穗病、散黑穗病

用种子量0.2%～0.3%的50%可湿性粉剂拌种。防治高粱炭疽病，喷50%可湿性粉剂

500倍液。防治玉米大、小斑病，亩喷50%可湿性粉剂500倍液50～70kg，对玉米纹枯病也有较好效果。

6. 棉花病害

防治棉花苗期的立枯病、炭疽病以及黑根腐病、轮纹病、褐斑病，每100kg棉籽用50%可湿性粉剂500g拌种。防治出苗后的立枯病，于始发病期用50%可湿性粉剂1 000倍液灌根。防治棉花枯萎病和黄萎病，经脱绒后棉籽用40%悬浮剂130倍液浸泡14h，晾干播种，可杀灭棉籽内、外的枯萎病和黄萎病菌。在田间发病初期用50%可湿性粉剂或40%悬浮剂1 000倍液灌根，每株灌药液500ml。防治棉铃的红粉病和灰霉病用50%可湿性粉剂600倍液，防治棉铃疫病用50%可湿性粉剂800～1 000倍液，于发病初期及时喷洒，隔10d左右喷1次，共喷2～3次。

7. 麻类病害

防治黄麻、亚麻苗期的立枯病、枯萎病、炭疽病、根腐病、黑根病、茎腐病等，每100kg种子用50%可湿性粉剂400～500g拌种，密闭贮存15d后再播种。苗期或成株期于发病始期喷50%可湿性粉剂800～1 000倍液，隔7～10d喷1次，共喷2～3次。用50%可湿性粉剂500～1 000倍液喷雾，可防治黄麻茎斑病，红麻斑点病和灰霉病，苎麻茎腐病和立枯病，亚麻和胡麻菌核病，剑麻炭疽病、褐斑病、茎腐病等。

8. 果树病害

（1）防治苹果、梨轮纹烂果病、苹果炭疽病、褐斑病和梨褐斑病等。于谢花后7～10d开始喷50%可湿性粉剂600～800倍液或40%悬浮剂500～600倍液，以后视降雨情况隔10～15d喷1次，无雨不喷。最好与其他无交互抗性的有机杀菌剂或波尔多液交替使用。在苹果生长的中后期雨水多时，与波尔多液交替使用，喷波尔多液15d左右以后再喷多菌灵，喷多菌灵10d后再喷波尔多液。多菌灵是防治梨黑星病的常用药剂，于梨树谢花后开始发现病芽梢时，喷50%可湿性粉剂600～800倍液或40%悬浮剂600倍液，以后隔10～14d喷1次。

（2）防治葡萄黑痘病、炭疽病。于新梢长出15cm左右，用50%可湿性粉剂600～800倍液喷第1次，开花前再喷1次，至果实着色期，隔15d喷1次。可兼治褐斑病、穗轴褐枯病，对白腐病也有一定效果。

（3）防治桃、李、杏、樱桃的褐腐病。于谢花后10d左右喷50%可湿性粉剂600～800倍液，隔15～20d喷1次，可兼治疮痂病，对桃树流胶病也有一定效果。

（4）防治山楂花腐病。在山楂展叶期、花期、谢花后10d，各喷1次50%可湿性粉剂800～1 000倍液。防治山楂黑星病、梢枯病、叶斑病，于发病初期喷50%可湿性粉剂800～1 000倍液，隔15d左右喷1次，共喷3～4次。

（5）防治石榴干腐病。从开花至采收前20d，半个月左右喷1次40%悬浮剂600倍液，可与其他杀菌剂轮换使用，可兼治早期落叶病。

（6）防治板栗叶斑类病害。于发病初期喷50%可湿性粉剂800～1 000倍液。

（7）防治柑橘疮痂病、黑斑病、白粉病、褐斑病、脂点黄斑病、炭疽病等。于始发病期或新梢抽发期，用50%可湿性粉剂800～1 000倍液喷雾，隔15d喷1次，连喷2～4次。防治柑橘枝干和根茎部流胶病、树脂病和脚腐病，在病流行季节，用刀纵刻病部达木质部，再用40%悬浮剂10～20倍液或50%可湿性粉剂15～30倍液涂抹。

（8）防治果实贮藏期发病。于采收前7～10d喷50%可湿性粉剂2 000倍液，或于采摘后3d内用50%可湿性粉剂1 000～2 000倍液浸洗果实1min。

（9）防治香蕉叶斑病、炭疽病和黑斑病。于发病初期喷50%可湿性粉剂1 000～1 500倍液，隔14d喷1次，共喷2～3次。雨季隔7d喷1次。

（10）防治荔枝、龙眼霜霉病和番木瓜炭疽病。于开花前或谢花后开始用50%可湿性粉剂1 000倍液喷雾，隔10～15d喷1次，连喷2～3次。

（11）防治杧果炭疽病。于盛花期开始用50%可湿性粉剂1 000倍液喷雾，10d后再喷1次，谢花后30d再喷1次。若在冬季休眠期再喷1次，防效更好。

（12）防治枇杷炭疽病。于病始发时喷50%可湿性粉剂1 000倍液。

（13）防治菠萝心腐病。发病初期喷50%可湿性粉剂1 000～1 500倍液，隔10～15d喷1次，连喷2～3次。

（14）防治木菠萝果腐病。在果实成熟期每7～10d用50%可湿性粉剂500倍液喷1次，共喷2次。

（15）防治草莓枯萎病、黄萎病、疫病。于发病初期用50%可湿性粉剂1 000倍液灌根，10d再灌1次。防治草莓灰霉病，于开花前、开花期和谢花后用50%可湿性粉剂1 000倍液喷雾。

9. 茶树病害

防治茶云纹叶枯病、轮斑病、枝梢黑点病。在发病初期，亩用50%可湿性粉剂75～100g，加水800～1 000倍，喷洒茶树枝叶，隔7～10d喷1次，共喷2～3次。防治茶苗白绢病、猝倒病等根部病害，亩用50%可湿性粉剂100～150g，加水500～800倍，穴施或沟施。

10. 桑苗紫纹羽病害

在挖苗时和栽桑前，剔除重病苗，对轻病苗和有嫌疑的桑苗，用25%可湿性粉剂500倍液浸根30min，可基本杀死根内、外部的病原菌。

11. 林木病害

防治杨树烂皮病。先用钉板或小刀将病斑刺破，刺破范围应直到病斑与健康树皮交界处，然后用50%可湿性粉剂25倍液涂抹。防治柳杉赤枯病、油松烂皮病、毛竹枯梢病、油橄榄孔雀斑病，用50%可湿性粉剂1 000倍液喷雾。

12. 花生病害

拌种防治花生立枯病、茎腐病、根腐病、冠腐病。每100kg种子用50%可湿性粉剂500～1 000g。防治花生生长期的叶斑病、茎腐病、立枯病、焦斑病、灰霉病等，于发病初期开始亩喷50%可湿性粉剂1 000倍液50kg，隔10d喷1次，共喷2～3次。

13. 大豆病害

防治大豆霜霉病。用种子量0.7%的50%可湿性粉剂拌种或用50%可湿性粉剂500倍液，茎叶喷雾。防治大豆灰斑病、纹枯病、立枯病，亩喷50%可湿性粉剂500～1 000倍液40～50kg，隔10d喷1次，共喷2～3次。防治大豆锈病、羞萎病，亩喷50%可湿性粉剂500倍液30～50kg。

14. 向日葵病害

防治向日葵黄萎病。用种子量0.5%的50%可湿性粉剂拌种。防治黑斑病，于发病初期开始亩喷50%可湿性粉剂500～800倍液50L，隔10d喷1次，共喷2～3次。

15. 甘薯黑斑病

可以浸种薯或浸秧苗，浸种薯用50%可湿性粉剂800～1 000倍液浸10min，药液可连续浸种薯7～10批次。浸薯秧是在栽插前，用50%可湿性粉剂2 500～3 000倍液浸薯秧基部2～3min。

16. 药用植物病害

拌种防治薏苡黑穗病。每10kg种子用50%可湿性粉剂40g。于发病初期用50%可湿性粉剂600～800倍液喷淋或浇灌，可防治三七叶腐病、曼陀罗黄萎病、川芎根腐病、白术根腐病和立枯病、山药枯萎病、黄芪根腐病、甘草根腐病、枸杞根腐病、人参的锈腐病、立枯病和猝倒病、量天尺枯萎腐烂病等。防治量天尺炭疽病，作为繁殖材料的茎节，在植前用50%可湿性粉剂800倍液浸泡10min，或喷雾，待药液干后再插植。防治人参锈腐病，在参苗移栽前，用50%可湿性粉剂500倍液浸苗8～15min，待苗晾干后再栽植。

采用喷雾法防治药用植物病害，一般用50%可湿性粉剂600～1 000倍液于发病初期开始施药，隔7～10d喷1次，可防治三七炭疽病、玉竹曲霉病、玄参斑点病、党参菌核病、佛手菌核病、麦冬炭疽病、白芍轮斑病、藏红花腐烂病（枯萎病）、量天尺炭疽病、香草兰茎腐病等。

17. 花卉病害

多菌灵能防治多种花卉的真菌性叶部病害和茎腐病、根腐病种子或种苗处理：防治百日草黑斑病用50%可湿性粉剂1 000倍液浸种5～10min；防治唐菖蒲枯萎病，用50%可湿性粉剂500倍液浸球茎30min再种植；防治马蹄莲叶霉病，用50%可湿性粉剂250倍液浸种30min；防治仙人掌炭疽病，在茎节繁殖前，用50%可湿性粉剂浸茎节5～10min。

土壤消毒一般是每平方米用50%可湿性粉剂6～8g，配成毒土，用1／3毒土垫播种沟（穴），2／3毒土盖籽。可防治多种花卉幼苗猝倒病、立枯病、白绢病以及仙人掌类炭疽病、令箭荷花黑霉病、昙花黑霉病、四季海棠茎腐病等。

藻根及根际土壤一般用50%可湿性粉剂400～500倍液灌根或浇灌根际土壤，可防治多种花卉的根腐病、茎腐病、枯萎病以及鸡冠花褐斑病、百合基腐病、水仙鳞茎基腐病等。

采用喷雾法，一般用50%可湿性粉剂600～1 000倍液，可防治多种花卉的白粉病、黑斑病及其他真菌性叶斑病等。

18. 烟草白绢病、根黑腐病、枯萎病害

发病初期，用50%可湿性粉剂500倍液浇灌植株茎基部、根部及周围土壤，每株浇灌药液500～1 000ml，7～10d浇灌1次，连施2～3次。防治烟草菌核病，于发病初期，对个别发病的病株，用50%可湿性粉剂800～1 000倍液喷洒烟株茎根部及周围土表，10d左右喷1次，连喷3～4次。用50%可湿性粉剂600～800倍液喷雾，可防治烟草蛙眼病、赤星病、白粉病、低头黑病等。

19. 甜菜褐斑病、蛇眼病、霜霉病害

亩用50%可湿性粉剂100～150g，对水常规喷雾。由于褐斑病菌已产生耐药性，现在多用多菌灵混剂或其他杀菌剂防治。

20. 甘蔗凤梨病害

用50%可湿性粉剂1 000倍液浸种3min。

21. 绿萍霉腐病害

用50%可湿性粉剂1 000倍液或40%悬浮剂800倍液喷雾。

【注意事项】

（1）多菌灵可与一般杀菌剂混用，但与杀虫剂、杀螨剂混用时要随混随用，不能与铜制剂混用。

（2）多菌灵悬浮剂在使用时，稀释的药液暂时不用静止后会出现分层现象，需摇匀后使用。

【主要制剂和生产企业】80%、50%、40%、25%可湿性粉剂，50%、40%悬浮剂，90%、80%、75%水分散粒剂，50%、40%悬浮剂和15%烟剂等。

山东省济南仕邦农化有限公司、江苏龙灯化学有限公司、山东青岛中达农业科技有限公司、兴农药业（中国）有限公司、贵州道远生物技术有限公司、海南江河农药化工厂有限公司和陕西上格之路生物科学有限公司等。

甲基硫菌灵（thiophanate-methyl）

【作用机理分类】B1。

【化学结构式】

$$C_6H_4(NHC(=S)NHCOOCH_3)_2$$

【理化性质】纯品为无色结晶固体，熔点172℃（分解）。不溶于水；有机溶剂中溶解度（g／kg，23℃）：丙酮58.1，环己酮43，甲醇29.2，氯仿26.2，乙腈24.4，乙酸乙酯11.9，微溶于正己烷。稳定性：室温下，在中性溶液中稳定，在酸性溶液中相当稳定，在碱性溶液中不稳定。

【毒性】微毒，大鼠急性经口LD_{50}为7 500mg／kg，大鼠急性经皮LD_{50}>10 000mg／kg；无全身中毒报道，皮肤、眼结膜和呼吸道受刺激引起结膜炎和角膜炎，炎症消退较慢；对虹鳟鱼LC_{50}为7.8mg／L（48h）；对蜜蜂无毒。

【防治对象】用于防治水稻稻瘟病、纹枯病，瓜类白粉病，番茄叶霉病，麦类赤霉病，小麦锈病、白粉病，果树和花卉黑星病、白粉病、炭疽病，葡萄白粉病，油菜菌核病，玉米大、小斑病，高粱炭疽病、散黑穗病等。

【使用方法】甲基硫菌灵防治对象和用药时期、使用方法与多菌灵基本相同。

1. 粮食作物病害

（1）防治水稻稻瘟病、纹枯病。亩用50%浮剂100～150g，对水常规喷雾。

（2）防治麦类病害，对腥黑穗病、坚黑穗病、散黑穗病。每100kg种子用50%可湿性粉剂或50%悬浮剂200g，加适量水，喷拌麦种，堆闷6h，待药液被种子吸干后即可播种。对小麦赤霉病于扬花初期和扬花盛期各施药1次；对白粉病在发病初期喷药，间隔7d再喷1次，每亩次用50%可湿性粉剂75～100g或36%浮剂90～120g，对水喷雾。

（3）防治甘薯黑斑病。用50%可湿性粉剂700倍液浸种薯10min，用2 000倍液浸薯秧苗基部10min。配1次药液可连续浸10次。

（4）防治玉米丝黑穗病。每10kg种子用50%可湿性粉剂30～50g拌种；防治玉米小斑病、纹枯病，亩用70%可湿性粉剂500～800倍液60～70kg喷雾。

（5）防治谷瘟病。亩用70%可湿性粉剂2 000倍液喷雾。

（6）防治高粱炭疽病。每10kg种子用50%可湿性粉剂30～50g拌种。

（7）防治蚕豆枯萎病。用50%可湿性粉剂500倍液灌根。防治蚕豆立枯病，喷洒800倍液；防治蚕豆赤斑病，喷1 000倍液，同时兼治褐斑病、轮纹病。

2. 蔬菜病害

（1）防治莲藕枯萎病。在种藕挖起后用70%可湿性粉剂1 000倍液喷雾或闷种，待药液干后再栽植。在莲田开始发现病株时，亩用70%可湿性粉剂200g，拌细土25kg，堆闷2h后撒施；或亩用药150g，对水60kg，喷洒莲茎秆。防治荸荠秆枯病，于育苗前用70%可湿性粉剂600～800倍液浸种荸荠18～24h，定植前再把荠苗浸泡18h。田间发病初期，喷70%可湿性粉剂700倍液，隔10d喷1次，雨后及时补喷，重点保护新生荸荠秆免受病菌侵染。

（2）防治豇豆根腐病。播种时，亩用70%可湿性粉剂1.5kg与75kg细土拌匀后沟施或穴施。防治黄瓜根腐病，发病初期浇灌70%可湿性粉剂700倍液，或配成毒土撒在茎基部。防治白菜根肿病，发病初期，用70%可湿性粉剂500倍液灌蔸。

（3）防治芦笋茎枯病。喷70%可湿性粉剂1 000倍液，特别要注意喷洒嫩茎。防治蔬菜（辣椒、番茄、茄子、马铃薯等）的白绢病，于发病初期喷36%悬浮剂500倍液，隔7～10d喷1次，连喷2～3次。

对瓜类白粉病、炭疽病、蔓枯病、灰霉病，茄子灰霉病、炭疽病、白粉病、菌核病，圆葱灰霉病，菜豆灰霉病、菌核病，青椒灰霉病、炭疽病、白粉病，十字花科蔬菜白粉病、菌核病和大白菜炭疽病，番茄灰霉病、叶霉病、菌核病，莴苣灰霉病、菌核病等，用50%可湿性粉剂500倍液喷雾，必要时，间隔7～10d重复施药。

（4）防治黄瓜、茄子、甜椒的白粉病。还可用50%可湿性粉剂1 000倍液灌根，每株灌药液250～350ml，连灌2～3次。也可在定植前亩用50%可湿性粉剂与25倍细土配成的毒土60～80kg，撒施于穴内后再定植，可兼治枯萎病。

3. 棉花病害

防治棉花苗期炭疽病、立枯病等，每100kg棉籽用50%可湿性粉剂500～800g拌种，堆闷6h后播种。防治棉花枯、黄萎病，用40%悬浮剂130～150倍液浸种14h，有一定的防效；生长期发病时用1 000倍液灌根，每株灌药液500ml。防治棉花生长期的炭疽病、白霉病、褐斑病、黑斑病等，于发病初期喷36%悬浮剂600倍液。防治棉铃的软腐病、红腐病、灰霉病等，喷36%悬浮剂600倍液。

4. 果树病害

亩用70%可湿性粉剂800～1 000倍液喷雾，可防治北方果树的多种病害，如苹果轮纹烂果病、炭疽病、褐斑病、黑星病、白粉病，梨的黑星病、白粉病，桃的褐腐病、炭疽病，葡萄黑痘病、炭疽病、白粉病，草莓叶斑病、灰霉病等。防治苹果树腐烂病，在刮治后，用4%膏剂涂抹病斑。

（1）防治柑橘疮痂病、黑斑病、霉斑病、灰霉病。发病初期喷70%可湿性粉剂800～1 200倍液。防治柑橘流胶病、树脂病、脚腐病，用刀纵刻病部达木质部后，用50%可湿性粉剂100倍液涂抹。防治柑橘贮藏期青霉病、绿霉病，于采果后3d内用50%可湿性粉剂500倍液洗果，晾干，包装。

（2）防治香蕉炭疽病。于结果期开始喷50%可湿性粉剂1 000倍液，隔14d喷1次，雨季隔7d喷1次，连喷3～4次，可兼治香蕉叶斑病。

（3）防治杧果和番木瓜炭疽病。在春梢萌动和抽梢时各喷1次70%可湿性粉剂1 500倍液。

（4）防治菠萝心腐病。于初发病时喷70%可湿性粉剂1 000～1 500倍液，隔10～15d喷1次，连喷2～3次。

（5）防治荔枝霜霉病。于开花前或谢花后开始喷70%可湿性粉剂1 500倍液，隔10～15d喷1次，连喷2～3次。

（6）防治西瓜枯萎病。在发病初期，在病株根际周围挖穴，用70%可湿性粉剂800倍液灌穴，每穴灌药液250～300ml，隔10d灌1次，连灌2次，并扒土晒根。

5. 茶园病害

防治茶树的白星病、芽枯病、炭疽病、云纹叶枯病等叶部病害。于发病初期开始施药，亩用70%可湿性粉剂50～75g，对水50～75L，叶面喷雾，隔7～10d喷1次，连喷2～3次。防治茶梢黑点病等茎部病害，于发病初期开始施药，亩用70%可湿性粉剂75g，对水75L，茎部喷雾，隔7～10d喷1次，连喷2次。防治根部的茶红根腐病，发病时，挖除病根后，用70%可湿性粉剂1 000倍液浇灌穴施。

6. 桑园病害

防治桑树断梢病。于盛花期用70%可湿性粉剂1 000～1 500倍液喷洒枝和叶。防治桑树灰霉病，于发病初期用70%可湿性粉剂1 000～1 500倍液喷洒枝、叶，防效好，对蚕无不良影响。

7. 林业病害

防治油松烂皮病、松枯梢病、落叶松落叶病、黄檀黑痣病、大叶相思树白粉病。用50%可湿性粉剂800～1 000倍液。防治油桐枯萎病，用50%可湿性粉剂400～800倍液，淋洗油桐根部或包扎树干。

8. 油料作物病害

防治油菜菌核病和炭疽病。于发病初期亩喷70%可湿性粉剂800～1 000倍液70L，隔7～10d喷1次，连喷2～3次。防治油菜霜霉病，于油菜初花期叶病株率10%时开始施药，亩喷70%可湿性粉剂1 000～1 500倍液75L，隔7～10d喷1次，连喷2～3次。

防治由茎腐病和根腐病引起的花生倒秧，每100kg种子用50%可湿性粉剂250g拌种或对水浸种6～12h。防治茎腐病，还可在苗期开始喷药，隔7～10d喷1次，连喷2～3次，每亩次喷50%可湿性粉剂600～700倍液50L。防治花生叶斑病和蕉斑病，发病初期亩喷50%可湿性粉剂700～1 000倍液50L，隔7～10d喷1次，连喷2～3次。

防治大豆灰斑病、枯萎病，亩喷70%可湿性粉剂700～1 000倍液75L，隔7～10d喷1次，连喷2～3次。

9. 麻类病害

（1）防治黄麻茎斑病。用50%可湿性粉剂1 000倍液，苗期或成株期茎基部初发病时开始，每10～15d喷1次，共2～3次；对黄麻枯腐病，用800～1 000倍液对准茎秆上下均匀喷雾；对黄麻枯萎病，用700倍液喷雾，并追施速效人粪尿及磷钾肥。

（2）防治红麻斑点病。自发病初期开始，用700倍液，每7d喷1次，共2～3次。对苎麻白羽纹病，在发病初期，亩用50%可湿性粉剂500g，加水500kg，沿麻株基部周围淋浇；对苎麻角斑病、疫病、茎腐病，喷1 000倍液。

（3）防治亚麻立枯病、枯萎病。每10kg种子用50%可湿性粉剂50g拌种。对炭疽病和斑点病，在田间发病初期喷50%可湿性粉剂700～800倍液，隔7～10d喷1次，连续2～3次。

（4）防治亚麻、胡麻的白粉病、菌核病。喷50%湿性粉剂600～800倍液。

（5）防治大麻霉斑病、苘麻胴枯病。喷36%悬浮剂500倍液。

10. 烟草病害

防治烟草根黑腐病。苗床消毒，每平方米用50%可湿性粉剂10g喷施；移栽时，亩用药50g，拌细土后穴施；田间发病初期，用600～800倍液浇灌，每株浇药液200ml。防治烟草低头黑病，移栽时，亩用50%可湿性粉剂700g，拌细土后穴施；团棵时喷500倍液。防治烟草枯萎病、白绢病，于发病初期，用50%可湿性粉剂500倍液浇灌根际，每株灌药液400ml，连灌2～3次。防治白粉病、炭疽病等叶部病害，于发病初开始喷36%悬浮剂500倍液，隔7～10d喷1次，连喷2～3次。

11. 糖料作物病害

（1）防治甜菜褐斑病、白粉病、蛇眼病。在发病初期开始施药，亩用50%可湿性粉剂70～100g对水喷雾，以后每隔10～15d施药1次，直到病害停止发展。

（2）防治甘蔗凤梨病。对窖藏蔗苗用36%悬浮剂250倍液淋浸切口；种苗移栽前，先用清水或2%石灰水浸1d后，再用36%悬浮剂500倍液浸苗5～10min。

（3）防治甘蔗叶霉病。发病初喷36%悬浮剂600倍液。

12. 药用植物病害

种子处理防治种传病害，对薏苡黑穗病，每10kg种子用50%可湿性粉剂40g拌种；对藏红花腐烂病（枯萎病），用50%可湿性粉剂500倍液浸种15min；对玄参斑点病，用50%可湿性粉剂1 000倍液浸种芽10min；对三七炭疽病，先用43%福尔马林150倍液浸泡种子10min，脱去软果皮后，按每10kg干种子用70%可湿性粉剂50～150g拌种。

浇灌法防治根茎病害。对川芎、白术、黄芪、甘草、枸杞的根腐病，曼陀罗黄萎病，穿心莲枯萎病等，于发病初期，用50%可湿性粉剂或36%悬浮剂600～700倍液喷淋或浇灌。

喷雾法施药可防治多种药用植物的叶部病害，一般于发病初期喷50%可湿性粉剂500～700倍液，隔7～10d喷1次，连喷2～3次。

13. 花卉病害

对大丽花花腐病、月季褐斑病及多种花卉叶斑病、炭疽病、白粉病、茎腐病等都有防效，一般用50%可湿性粉剂400～600倍液，每10d左右喷1次。

防治幼苗期病害，每10kg种子用50%可湿性粉剂80～100g拌种，也可用1 000～1 500倍液浸种子或种苗。

【注意事项】

（1）甲基硫菌灵与多菌灵、苯菌灵有交互抗性，不能与之交替使用或混用。

（2）不能与铜制剂混用。

（3）不能长期单一使用，应与其他杀菌剂轮换使用或混用。

【主要制剂和生产企业】80%、70%、50%可湿性粉剂，50%、48.5%、36%、10%悬浮剂，80%、75%、70%水分散粒剂，3%糊剂。

广西安泰化工有限责任公司、江苏省太仓市农药厂有限公司、日本曹达株式会社、江苏蓝丰生物化工股份有限公司、江苏省江阴凯江农化有限公司、山东华阳科技股份有限公司、江苏苏州华源农用生物化学品有限公司、湖南省资江农药厂、新加坡利农私人有限公司、新加坡生达有限公司、河北胜源化工有限公司、天津科润北方种衣剂有限公司、西安北农华农作物保护有限公司和山东省烟台绿云生物化学有限公司等。

苯酰菌胺（zoxamide）

【作用机理分类】B3。

【化学结构式】

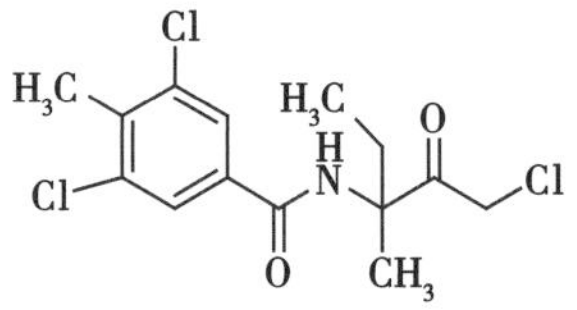

【理化性质】外观为白色粉末状，气味为甘草味。纯品熔点19.5～160.5℃，难溶于水，稳定性好。

【毒性】大鼠急性经口LD_{50}>5 000mg／kg，小鼠急性经皮LD_{50}>2 000mg／kg；对家兔皮肤、眼睛无刺激作用，对豚鼠皮肤有刺激性。无致癌、致畸致突变作用。野鸭和山齿鹑急性经口LD_{50}>5 250mg／kg；虹鳟鱼经口LC_{50}（96h）160μg／L；蜜蜂LD_{50}>100μg／只（接触），LD_{50}>200μg／只（经口）；蚯蚓LC_{50}（14d）>1 070mg／kg 土壤。

【防治对象】主要用于防治卵菌纲病害如马铃薯和番茄晚疫病，黄瓜霜霉病和葡萄霜霉病等；对葡萄霜霉病有特效。国内登记用于水稻霜霉病的防治。

【使用方法】苯酰菌胺是一种具有高效的保护性杀菌剂，具有长的持效期和很好的耐雨水冲刷性能；因此应在发病前使用，且掌握好用药间隔时间，通常为70～10d。苯酰菌胺主要用于茎叶处理，使用剂量为100～250g（a.i.）／hm^2。实际应用中常和代森锰锌以及其他杀菌剂混配使用，不仅扩大杀菌谱，而且可提高药效。

【主要制剂和生产企业】24%悬浮剂、80%可湿性粉剂。

国内无单剂登记，只有美国高文国际商业有限公司登记的75%苯酰·锰锌水分散粒剂。

戊菌隆（pencycuron）

【作用机理分类】B4。

【化学结构式】

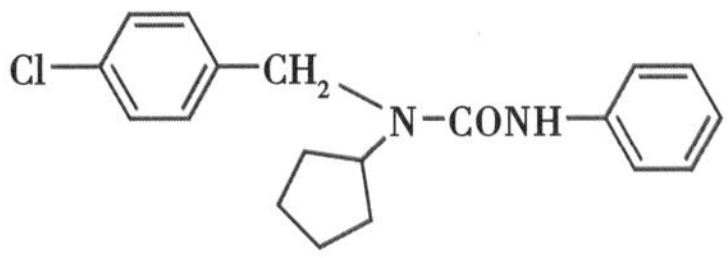

【理化性质】纯品为无色结晶状固体，熔点128℃（异构体A），132℃（异构体B）。相对密度1.22。水中溶解度0.3mg/L（20℃）。有机溶剂溶解度（20℃，g/L）：二氯甲烷270，甲苯20，正己烷0.12。

【毒性】大鼠急性经口LD_{50}>5 000mg/kg，大鼠和小鼠急性经皮LD_{50}（24h）>2 000mg/kg；大鼠急性吸入LC_{50}（4h）>26 8mg/L空气（大气），>5 130mg/L空气（灰尘）。对兔皮肤、眼睛无刺激作用。无致癌、致畸致突变作用。山齿鹑急性经口LD_{50}>2 000mg/kg；虹鳟鱼LC_{50}（96h）690μg/L；蜜蜂LD_{50}>100μg/只（接触），LD_{50}>98.5μg/只（经口）；蚯蚓LC_{50}（14d）>1 070mg/kg干土壤。

【防治对象】主要用于防治立枯丝核菌引起的病害，对水稻纹枯病等有特效。

【使用方法】戊菌隆虽无内吸性，但对立枯丝核菌引起的病害有特效，且使用极方便：茎叶处理、种子处理、灌浇土壤或混土处理均可。不同作物拌种用量：马铃薯、水稻、棉花、甜菜均为15～25g（a.i.）/100kg。

防治水稻纹枯病，茎叶处理使用剂量为150～250g（a.i.）/hm^2。或在纹枯病初发生时喷药1次，20d后再喷第2次。每次每亩用25%可湿性粉剂50～66.8（有效成分12.5～16.7g）对水100kg喷雾。用1.5%无漂移粉剂以500g/100kg处理马铃薯，可有效防治马铃薯黑胫病。

【主要制剂和生产企业】25%可湿性粉剂，1.5%粉剂，12.5%干拌种剂。

氟酰胺（flutolanil）

【作用机理分类】C2。

【化学结构式】

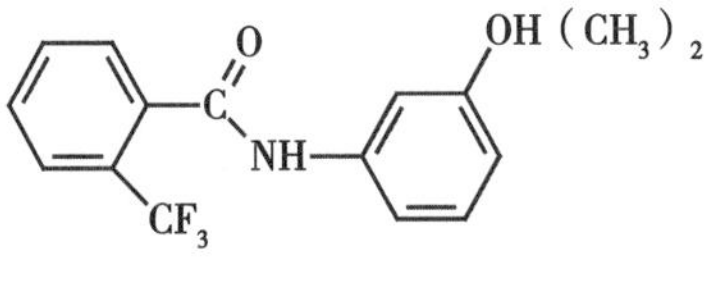

【理化性质】纯品为无色结晶状固体，熔点104～105℃。相对密度1.32（20℃）。溶解度（20℃，mg/L）：水6.53；有机溶剂（20℃，mg/L）：丙酮1439，甲醇832，乙醇374，氯仿674，苯135，二甲苯29。在酸碱介质中稳定，对热和日光稳定。

【毒性】微毒，大鼠急性经口LD_{50}为10 000mg/kg，急性经皮LD_{50}>5 000mg/kg；对皮肤无刺激性，对兔眼睛有轻微的刺激性；对鱼有毒，LC_{50}（96h）对鲤鱼为3.21mg/L，对虹鳟鱼为5.4mg/L；对蜜蜂无毒，即使直接把药喷到蜜蜂身上也没有影响，LD_{50}>200μg/只

（接触），LD_{50}>208.7μg／只（经口）。

【防治对象】具有保护和治疗作用，对担子菌纲中的丝核菌有特效，是防治水稻纹枯病的新药剂，药效长，对水稻安全，防治水稻纹枯病可使水稻提高结实率。

【使用方法】用于防治水稻纹枯病，用20%可湿性粉剂600～750倍液或亩用20%可湿性粉剂100～125g（亩用有效成分20～25g）对水喷雾，在水稻分蘖盛期和破口期，各喷1次，重点喷在稻株基部。

【注意事项】氟酰胺对鱼类和蚕有毒，使用时应注意。

【主要制剂和生产企业】20%可湿性粉剂。

日本农药株式会社、江阴苏利化学股份有限公司。

噻呋酰胺（thifluzamide）

【作用机理分类】C2。

【化学结构式】

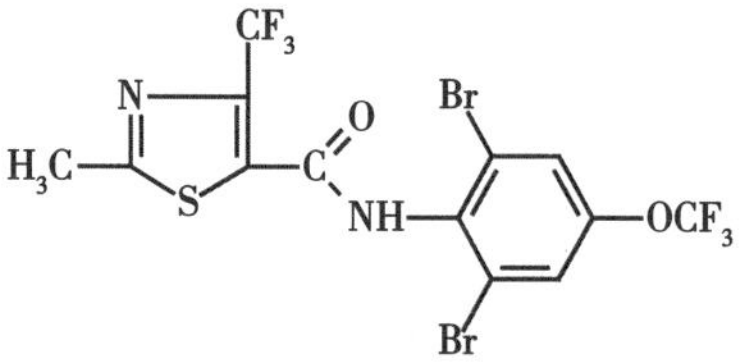

【理化性质】纯品为白色至浅棕色粉状固体，熔点177.9～178.6℃。水中溶解度1.6mg／L（20℃）。在pH值5～9时稳定。水、光解作用：在pH值为7的无菌缓冲液中半衰期18～27d，稻田水中半衰期4d。土壤中光解作用：苯基环标记半衰期95d，噻唑环标记半衰期155d。

【毒性】微毒，大鼠急性经口LD_{50}>6 500mg／kg，兔急性经皮LD_{50}>5 000mg／kg；对皮肤和眼有轻微的刺激性；对鱼有毒，LC_{50}（96h）虹鳟鱼为1.3mg／L，对鲤鱼为2.9mg／L；对蜜蜂安全，LD_{50}>100μg／只（接触），LD_{50}1 000μg／只（经口）。

【防治对象】对丝核菌属、柄锈菌属、黑粉菌属、腥黑粉菌属、伏革菌属和核腔菌属等担子菌纲致病真菌有活性，如对担子菌纲真菌引起的病害立枯病等有特效。

【使用方法】在我国登记用于防治水稻纹枯病，由于它的持效期长，在水稻全生长期只需施药1次，即在水稻抽穗前30d，亩用23%或24%悬浮剂15～25ml，对水50～60kg喷雾。

噻呋酰胺也可用于种子处理，防治水稻、小麦、草坪病害。

噻呋酰胺在防治水稻立枯病、纹枯病时，也可采用育苗箱处理的方式，用药量要比大田喷雾时的用药量高。

噻呋酰胺在其他国家登记的作物还有花生、谷类、棉花、甜菜、马铃薯、咖啡、草坪等。

【注意事项】噻呋酰胺进入市场的时间较短，其田间应用技术还有待进一步开发。

【主要制剂和生产企业】40%水分散粒剂，35%、30%悬浮剂，240g／L悬浮剂。

北京华戎生物激素厂、陕西上格之路生物科学有限公司、日本日产化学工业株式会社、江苏苏州佳辉化工有限公司、浙江博士达作物科技有限公司、北京燕化永乐农药有限公司和河北三农农用化工有限公司等。

春雷霉素（kasugamycin）

【作用机理分类】D3。

【化学结构式】

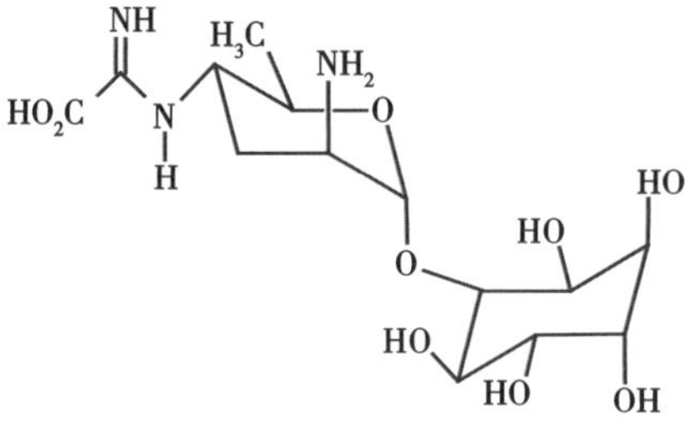

【理化性质】纯品为无色结晶固体。熔点202～204℃（分解）。相对密度0.43（25℃）。溶解度（mg／L，25℃）：水125 000，甲醇2.76，丙酮、二甲苯<1。室温条件下非常稳定，在弱酸条件下稳定，但在强酸和碱性条件下不稳定。

【毒性】微毒，大鼠急性经口LD_{50}>5 000mg／kg，兔急性经皮LD_{50}>2 000mg／kg；无人体中毒报道。

【防治对象】对水稻上稻瘟病有优异防效，可防治甜菜上的甜菜生尾孢，马铃薯上的胡萝卜软欧文氏菌，菜豆上的栖菜豆假单孢菌，黄瓜上的泪流假单孢菌，如番茄叶霉病、水稻稻瘟病、黄瓜细菌性角斑病等。

【使用方法】春雷霉素常用于稻瘟病的防治，兼具预防和治疗作用，对高粱炭疽病也有较好的防效（表2-2-2）。

表2-2-2　我国登记的春雷霉素主要混剂配方、防治对象和用量

混剂	剂型	组分I	组分II	防治对象	制剂用量（g或ml／亩）	施用方法
21.2%春雷·氯苯酞	可湿性粉剂	1.2%春雷霉素	20%四氯苯酞	水稻稻瘟病	75～120	对水喷雾
10%春雷·三环唑	可湿性粉剂	1%春雷霉素	9%三环唑水稻稻瘟病	对水喷雾	100～130	对水喷雾
50%春雷·王铜	可湿性粉剂	5%春雷霉素	45%氧氯化铜	番茄叶霉病	94～125	对水喷雾
				黄瓜霜霉病	800～500倍液	喷雾
				荔枝霜		
				疫霉病		
				柑橘溃疡病		
50.5%春雷·硫	可湿性粉剂	0.5%春雷霉素	50%硫磺	水稻稻瘟病	140～160	对水喷雾

（1）防治稻瘟病。对苗瘟和叶瘟，在始见病斑时施药，隔7～10d再施药1次；对穗颈

瘟，在水稻破口期和齐穗期各施药1次。每次用2%水剂或可湿性粉剂500～600倍液喷雾。

（2）防治谷瘟病。亩喷2%水剂或可湿性粉剂500～600倍液50～70kg喷雾。

（3）防治茭白胡麻斑病。发病初期喷4%可湿性粉剂1 000倍液，7～10d喷1次，共喷3～5次。

（4）防治黄瓜炭疽病、细菌性角斑病。于发病初期，亩用2%水剂140～175ml，对水常规喷雾。防治黄瓜枯萎病，于发病前或开始发病时，用4%可湿性粉剂100～200倍液（200～400ml / kg）灌根、喷根颈部或喷淋病部、涂抹病斑。

（5）防治番茄叶霉病。亩用2%水剂140～175ml，对水常规喷雾，或喷2%水剂1 000倍液（药液浓度为20ml / kg）。

（6）防治柑橘流胶病、柠檬流胶病。刮除病部后或用利刀纵刻病斑后，用4%可湿性粉剂5～8倍液涂抹，再用塑料薄膜包扎，防止雨水冲刷。

（7）防治猕猴桃溃疡病。当叶片出现症状时，喷2%水剂或可湿性粉剂400～600倍液。

春雷霉素对大豆、茄子、藕、葡萄、杉树苗等易产生药害。近年，日本通过对春雷霉素产生菌中引起药害的基因片段进行改造，开发了效果更好而无药害的新菌种，将使春雷霉素的应用更为广泛。

【主要制剂和生产企业】10%、6%、4%、2%可湿性粉剂、2%水剂。

陕西康禾立丰生物科技药业有限公司、华北制药股份有限公司、湖南大方农化有限公司、江西省赣州宇田化工有限公司、河北上瑞化工有限公司、陕西汤普森生物科技有限公司和绩溪农华生物科技有限公司。

敌瘟磷（edifenphos）

【作用机理分类】F2。

【化学结构式】

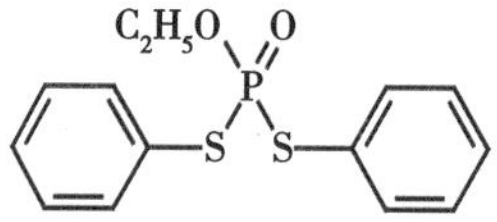

C_2H_5O, O, P, S, S

【理化性质】纯品为黄色接近浅褐色液体，带有特殊的臭味。相对密度1.251g / L（20℃）。溶解度：水中56mg / L（20℃），有机溶剂中（g / L，20℃）：正已烷20～50，二氯甲烷、异丙醇和甲苯200，易溶于甲醇、丙酮、二甲苯、四氯化碳和二氧六环，在庚烷中溶解度较小。在中性介质中稳定存在，强酸强碱中易水解。易光解。

【毒性】中等毒，大鼠急性经口LD_{50}为100～260mg / kg，小鼠急性经口LD_{50}为220～670mg / kg，大鼠急性经皮LD_{50}为700～800mg / kg；对眼睛和皮肤无刺激性（兔）；对鱼有毒，对虹鳟鱼LC_{50}为0.43mg / L（96h），对鲤鱼LC_{50}为2.5mg / L（96h），对翻车鱼LC_{50}为0.49mg / L（96h）；对蜜蜂无毒。

【防治对象】防治稻瘟病。

【使用方法】对于水稻苗瘟，可以用30%乳油750倍液浸种1h后播种；防治稻田稻瘟病，每亩次用30%乳油100～133ml，对水喷雾，间隔10d左右再次喷雾，共喷2～3次。

【注意事项】

（1）施用敌稗前后10d内，禁止使用本剂。

（2）本品对鱼有毒，使用时不能污染水源。

（3）不能与碱性农药混用。

【主要制剂和生产企业】30%乳油

广东省佛山市盈辉作物科学有限公司。

异稻瘟净（iprobenfos）

【作用机理分类】F2。

【化学结构式】

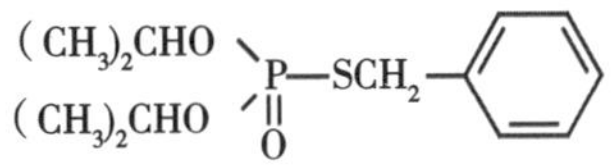

$(CH_3)_2CHO$
P(=O)—SCH_2—（苯环）
$(CH_3)_2CHO$

【理化性质】纯品为无色透明油状液体，相对密度1.103。水中溶解度430mg／L（20℃），丙酮、乙腈、甲醇、二甲苯中溶解度>1kg／L。

【毒性】中等毒，急性经口LD_{50}：雄大鼠790mg／kg，雌大鼠680mg／kg，雄小鼠1 710mg／kg，雌小鼠1 950mg／kg。小鼠急性经皮LD_{50}为4 000mg／kg，公鸡急性经口LD_{50}为705mg／kg，鲤鱼LC_{50}（96h）为18.2mg／L，蜜蜂LD_{50}（48h）为37.34mg／只。

【防治对象】除了防治稻瘟病外，对水稻纹枯病、小球菌核病、玉米小斑病、大斑病等也有防效，并兼治稻叶蝉、稻飞虱等害虫。

【使用方法】

（1）水稻病害，主要防治水稻穗颈瘟，对水稻小球菌核病、小粒菌核病、纹枯病、稻飞虱、稻叶蝉也有一定效果。

防治稻瘟病，亩用40%乳油150～200ml，对水50～75kg喷雾。对苗瘟和叶瘟，在发病初期喷1次，5～7d后再喷1次；对节稻瘟、穗颈瘟、小球菌核病、小粒菌核病、纹枯病等，在水稻破口期和齐穗期各喷1次。对前期叶瘟较重、田间菌源多、水稻生长嫩绿、抽穗不整齐的田块，在灌浆期应再喷1次。

（2）防治玉米大斑病、小斑病，在花丝抽出前后或发病初期，用40%乳油500倍液或50%乳油600～800倍液喷雾，隔7d喷1次，连喷2～3次。

【注意事项】

（1）异稻瘟净也是棉花脱叶剂，在邻近棉田使用时应防止雾滴飘移。

（2）在稻田不能与敌稗混用。

（3）在使用浓度过高、喷药不匀的情况下，水稻幼苗会产生褐色药害斑；对籼稻有时也会产生褐色点药害斑。

（4）禁止与石硫合剂、波尔多液等碱性农药混用，也不能与五氯酚钠混用，以免发生药害。

【主要制剂和生产企业】50%、40%乳油。

浙江泰达作物科技有限公司、天津市绿亨化工有限公司、浙江嘉化集团股份有限公司、广东省东莞市瑞德丰生物科技有限公司、陕西皇牌作物科学有限公司、江西大农化工有限公司、山西美邦农药有限公司和江西威牛作物科学有限公司。

稻瘟灵（isoprothiolane）

【作用机理分类】F2。

【化学结构式】

S S $CO_2CH(CH_3)_2$ $CO_2CH(CH_3)_2$

【理化性质】纯品为无色晶体，原药为黄色固体。熔点54～54.5℃。溶解度（mg／L，20℃）：水48；有机溶剂（mg／L，25℃）：甲醇150，二甲基亚砜230，丙酮400，氯仿230，苯300，二甲苯230，己烷4。

【毒性】低毒，急性经口LD_{50}：雄大鼠1 190mg／kg，雌大鼠1 340mg／kg，雄小鼠1 350mg／kg，雌小鼠1 520mg／kg。大鼠急性经皮LD_{50}>10 250mg／kg；只对眼睛有轻微的刺激作用，对皮肤无刺激性。鱼毒LC_{50}：虹鳟鱼6.8 mg／L（48h），鲤鱼11.4 mg／L（96h）。

【防治对象】对水稻病害如稻瘟病有特效，对水稻纹枯病、小球菌核病、白叶枯病、大麦条纹病、云纹病、玉米大、小斑病、茭白瘟病也有一定的防效。

【使用方法】

（1）防治叶稻瘟或穗颈瘟，亩用40%乳油75～110ml对水喷雾。对叶稻瘟于发病初期施药，必要时隔10～14d再施1次。对穗颈病在水稻孕穗期和齐穗期各施药1次（表2-2-3）。

表2-2-3　我国登记的稻瘟灵主要混剂配方、防治对象和用量

混剂	剂型	组分I	组分II	防治对象	制剂用量（g或ml／亩）	施用方法
40%异稻·稻瘟灵	乳油	10%稻瘟灵	30%异稻瘟净	水稻稻瘟病	100～167	对水喷雾
30%己唑·稻瘟灵	乳油	27%稻瘟灵	3%己唑醇	水稻稻瘟病	60～80	对水喷雾
				水稻纹枯病		
				水稻稻曲病		
20%霉·稻瘟灵	乳油	10%稻瘟灵	10%霉灵	水稻立枯病	2～3ml制剂／m^2	苗床喷洒后播种
				番茄立枯病	2～3ml制剂／m^2	苗床喷洒后播种
				茄子立枯病	2～3ml制剂／m^2	苗床喷洒后播种
				棉花立枯病	500～800ml／100kg种子	拌种
				烟草立枯病	1000～1500倍液	播种前喷洒苗床，移栽后再喷雾1次
				油菜菌核病	1000～2000倍液	播种前喷洒苗床，初花—盛花期再喷雾1次

（2）育秧箱施药，在秧苗移栽前1d或移栽当天，每箱（30cm×60cm×3cm）用40%乳油20ml，加水500g，用喷壶均匀浇灌在秧苗和土壤上。然后带土移栽，不能把根旁的土壤抖掉。药效期可维持1个月。

（3）防治大麦条纹病、云纹病。每100kg种子用40%可湿性粉剂250～500g拌种；田间于发病初期，亩用40%可湿性粉剂50～75g，对水50kg喷雾。

（4）防治玉米大、小斑病。在中、下部叶片初出现病斑时，亩用40%乳油150ml，对水喷雾。

（5）防治茭白瘟病。发病初期喷40%乳油1 000倍液，7～10d喷1次，共喷2～3次。

【注意事项】

（1）稻瘟灵对鱼类有毒，施药时防止污染鱼塘。

（2）稻瘟灵对葫芦科植物有药害。

【主要制剂和生产企业】40%、30%乳油，40%、30%可湿性粉剂，18%微乳剂。

日本农药株式会社、浙江威尔化工有限公司、浙江长青农化股份有限公司、四川省川东农药化工有限公司和深圳诺普信农化股份有限公司。

枯草芽孢杆菌（baeillus subtilis）

【作用机理分类】F6。

【理化性质】制剂外观：彩色（紫红、普兰、金黄等）；相对密度：1.15～1.18；酸碱度：pH值5～8；悬浮率：75%；无可燃性；冷热稳定性合格；常温贮存能稳定1年。

【毒性】大鼠急性经口LD_{50}>10 000mg／kg，大鼠急性经皮LD_{50}>4 640mg／kg。

【防治对象】本品为生物制剂，菌种从土壤或植物茎上分离得到，为短杆菌属。专用于包衣处理水稻种子，具有激活作物生长，减轻水稻细菌性条斑病、白叶枯病、恶苗病等病菌危害的作用。

【使用方法】1 000亿个孢子／g可湿性粉剂：375～450g／hm^2喷雾处理防治稻瘟病；840～1 260g（a.i.）／hm^2喷雾处理防治黄瓜白粉病；600～900g／hm^2喷雾处理防治草莓灰霉病。

200亿个孢子／g可湿性粉剂：1 350～2 250g（a.i.）／hm^2喷雾处理防治黄瓜白粉病。

100亿个孢子／g可湿性粉剂：100～120g／hm^2喷雾处理防治黄瓜白粉病。

10亿个孢子／g可湿性粉剂：400～800倍液防治黄瓜白粉病；500～1 000倍液防治草莓白粉病。

【注意事项】

（1）宜密封避光，在低温（15℃左右）条件贮藏。

（2）在分装或使用前，将本品充分摇匀。

（3）包衣用种子，需经加工精选达到国家等级良种标准，且含水量宜低于国标1.5%左右。

（4）不能与含铜物质、402或链霉素等杀菌剂混用。

（5）若黏度过大，包衣时可适量冲水稀释，但包衣后种子贮存含水量不能超过国标。

（6）本产品保质期1年，包衣后种子可贮存一个播种季节。若发生种子积压，可经浸泡冲洗后转作饲料。

【主要制剂和生产企业】1 000亿个孢子／g、200亿个孢子／g、100亿个孢子／g、10亿个孢子／g可湿性粉剂。

湖北省武汉天惠生物工程有限公司、德强生物股份有限公司、福建浦城绿安生物农药有限公司、辽宁大连瑞泽农药股份有限公司、广东省佛山市盈辉作物科学有限公司、台湾百泰生物科技股份有限公司和云南星耀生物制品有限公司。

解淀粉芽孢杆菌（sphaerotheca amyloliquefaciens）

【作用机理分类】F6。

【理化性质】本品为生物制剂，菌种从土壤或植物茎上分离得到。

【毒性】大鼠急性经口LD_{50}>10 000mg／kg；大鼠急性经皮LD_{50}>4 640mg／kg。

【防治对象】目前国内只在水稻上登记用于防治稻瘟病。

【使用方法】用于防治稻瘟病，100～120g（a.i.）／亩喷雾处理。

【注意事项】目前解淀粉芽孢杆菌在国内登记和使用均较少，其使用方法有待进一步研究。

【主要制剂和生产企业】10亿活芽孢／g可湿性粉剂。

陕西加伦多作物科学有限公司。

咪鲜胺（prochloraz）

【作用机理分类】G1。

【化学结构式】

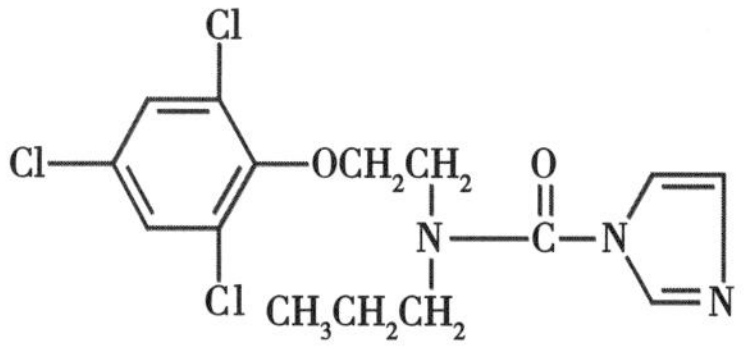

【理化性质】纯品为无色无嗅结晶固体，熔点46.5～49.3℃。相对密度1.42。溶解度（mg／L，25℃）：水34.4，有机溶剂（kg／L，25℃）：丙酮3.5，氯仿、乙醚、甲苯、二甲苯2.5，正己烷7.5×10^{-3}。稳定性：在pH值为7和20℃条件下的水中稳定，遇强酸、强碱或长期处于高温（200℃）条件下不稳定。

【毒性】低毒，大鼠急性经口LD_{50}为1 600～2 400mg／kg，大鼠急性经皮LD_{50}>2 100mg／kg，兔急性经皮LD_{50}>300mg／kg；对皮肤无刺激性，对眼睛有轻微刺激性；对鱼有毒，对虹鳟鱼LC_{50}为1.5mg／L（96h），对翻车鱼LC_{50}为2.2mg／L（96h）；对蜜蜂低毒。

【防治对象】水稻恶苗病，稻瘟病，胡麻叶斑病，小麦赤霉病，大豆炭疽病、褐斑病，向日葵炭疽病，甜菜褐斑病，柑橘炭疽病、蒂腐病、青绿霉病，黄瓜炭疽病、灰霉病、白粉病，荔枝黑腐病，香蕉叶斑病、炭疽病、冠腐病，果黑腐病、轴腐病、炭疽病等病害。

【使用方法】

1. 水稻病害

（1）防治水稻恶苗病。采用浸种法。长江流域及长江以南地区，用25%乳油2 000～3 000倍液浸种1～2d，捞出用清水催芽。黄河流域及黄河以北地区，用25%乳油3 000～4 000倍液浸种3～5d，捞出用清水催芽。东北地区，用25%乳油3 000～5 000倍液浸种5～7d，取出催芽。此浸种法也可防治胡麻斑病。

（2）防治稻瘟病。亩用25%乳油60～100ml，对水常规喷雾。

2. 果树病害

（1）主要用于水果防腐保鲜。防治柑橘果实贮藏期的蒂腐病、青霉病、绿霉病、炭疽病，在采收后用25%乳油500～1 000倍液浸果2min，捞起、晾干、贮藏。单果包装，效果更好。也可每吨果实用0.05%水剂2～3L喷涂。

（2）防治香蕉果实的炭疽病、冠腐病。采收后用45%水乳剂450～900倍液浸果2min后贮藏。

（3）防治杧果炭疽病。生长期防治，用25%乳油500～1 000倍液喷雾，花蕾期和始花期各喷1次，以后隔7d喷1次，采果前10d再喷1次，共喷5～6次。贮藏期防腐保鲜，采收的当天，用25%乳油250～500倍液浸果1～2min，捞起晾干，室温贮藏。如能单果包装，效果更好。

（4）防治贮藏期荔枝黑腐病。用45%乳油1 500～2 000倍液浸果1min后贮存。用25%乳油1 000倍液浸采收后的苹果、梨、桃果实1～2min，可防治青霉病、绿霉病、褐腐病，延长果品保鲜期。对霉心病较多的苹果，可在采收后用25%乳油1 500倍液往萼心注射0.5ml，防治霉心病菌所致的果腐效果非常明显。

（5）防治葡萄黑痘病。亩用25%乳油60～80ml，对水常规喷雾。

3. 小麦病害

防治小麦赤霉病。亩用25%乳油53～67ml，对水常规喷雾，同时可兼治穗部和叶部的根腐病及叶部多种叶枯性病害。

4. 甜菜病害

防治甜菜褐斑病。亩用25%乳油80ml，对水常规喷雾，隔10d喷1次，共喷2～3次。播前用25%乳油800～1 000倍液浸种，在块根膨大期亩用150ml对水喷1次，可增产增收。

【注意事项】

（1）防腐保鲜处理应将当天采收的果实，当天用药处理完毕。

（2）浸果前务必将药剂搅拌均匀，浸果1min后捞起晾干。

（3）水稻浸种长江流域以南浸种1～2d、黄河流域以北浸种3～5d后用清水催芽。

（4）该品对鱼有毒不可污染鱼塘、河道或水沟。

【主要制剂和生产企业】50%可湿性粉剂，45%、25%乳油，45%、40%、25%水乳剂，0.5%悬浮种衣剂，1.5%水乳种衣剂，0.05%水剂，45%、15%微乳剂。

江苏省绿盾植保农药实验有限公司、德强生物股份有限公司、山东泰诺药业有限公司、江苏长青农化股份有限公司、浙江平湖农药厂、江苏华农种衣剂有限责任公司、陕西康禾立丰生物科技药业有限公司和拜耳作物科学（中国）有限公司等。

己唑醇（hexaconazole）

【作用机理分类】G1。

【化学结构式】

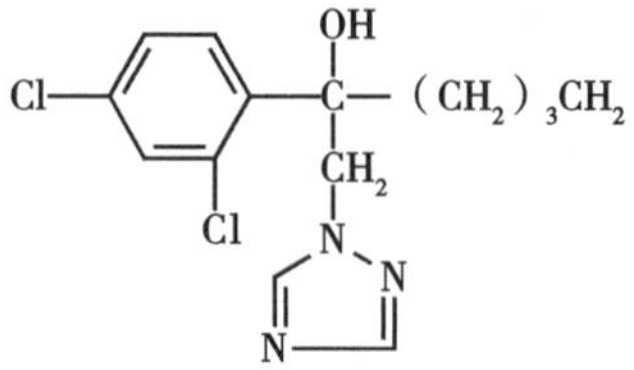

【理化性质】纯品为无色晶体，熔点111℃。相对密度1.29。水中溶解度为17mg／L（20℃）。其他溶剂中溶解度（g／L，20℃）：二氯甲烷336，甲醇246，丙酮164，乙酸乙酯120，甲苯59，己烷0.8。稳定性：室温放置6a稳定；水溶液对光稳定，且不分解；在土壤中快速降解。

【毒性】低毒，大鼠急性经口LD_{50}为2 189mg／kg，急性经皮LD_{50}>2 000mg／kg；对兔眼睛有刺激性，对皮肤无刺激性；对虹鳟鱼LC_{50}为3.4mg／L（96h）。

【防治对象】能有效地防治子囊菌、担子菌和半知菌所致病害，尤其是对担子菌纲和子囊菌纲引起的病害如白粉病、锈病、黑星病、褐斑病、炭疽病等有优异的保护和铲除作用。

【使用方法】

（1）防治梨黑星病和苹果斑点落叶病。用5%悬浮剂1 000～1 500倍液喷雾；防治桃褐腐病，用5%悬浮剂800～1 000倍液喷雾。

（2）防治水稻纹枯病。亩用5%悬浮剂60～100ml，对水常规喷雾。

（3）防治咖啡锈病。亩用有效成分2g喷雾，防治3次，有很好的治疗作用。防治花生叶斑病，亩用有效成分3～4.5g，防病效果和保产效果均优于亩用百菌清75g。

（4）防治葡萄白粉病。用5%悬浮剂2 500～1 500倍液喷雾。

（5）防治黄瓜白粉病。用5%微乳剂2 500～1 100倍液喷雾。

【注意事项】

该品可与其他常规杀菌剂混用。在稀释或施药时应遵守农药安全使用守则，穿戴必要的防护用具。

【主要制剂和生产企业】40%、30%、25%、10%、5%悬浮剂，50%可湿性粉剂，50%、40%、30%水分散粒剂，10%、5%微乳剂，10%乳油。

江苏剑牌农化股份有限公司、西安北农化农作物保护有限公司、安徽省银山药业有限公司、山东省青岛奥迪斯生物科技有限公司、天津市汉邦植物保护剂有限责任公司、陕西加仑多作物科学有限公司、广东中迅农科股份有限公司、北京燕化永乐农药有限公司、山西美邦农药有限公司、江苏连云港立本农药化工有限公司和海南博士威农用化学有限公司等。

硅氟唑（simeconazole）

【作用机理分类】G1。

【化学结构式】

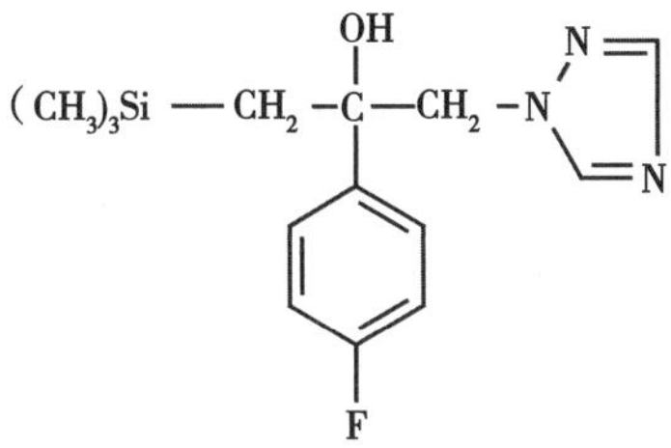

【理化性质】纯品为白色结晶状固体。熔点118.5～120.5℃。水中溶解度为57.5mg／L（20℃）。溶于大多数有机溶剂。

【毒性】低毒（接近中等毒），大鼠急性经口LD_{50}为611mg／kg（雄）、682mg／kg（雌），小鼠急性经口LD_{50}为1 178mg／kg（雄）、1 080mg／kg（雌），大鼠急性经皮LD_{50}>5 000mg／kg；对兔皮肤和眼睛无刺激性。

【防治对象】能有效地防治众多子囊菌、担子菌和半知菌所致病害，尤其对各类白粉病、黑星病、锈病、立枯病、纹枯病等具有优异的防效。

【使用方法】硅氟唑是最近研究开发的含氟的三唑类杀菌剂，其杀菌活性2000年首先报道，2001年在日本获得农药登记，登记用来防治水稻纹枯病。

目前，该药用于防治苹果树黑星病、苹果花腐病、苹果锈病、苹果白粉病的应用技术正在研究开发。也可用于小麦种子处理，防治小麦散黑穗病，用法是每100kg小麦种子，用硅氟唑有效成分4～10g处理。

【主要制剂和生产企业】颗粒剂，可湿性粉剂。

丙环唑（propiconazole）

【作用机理分类】G1。

【化学结构式】

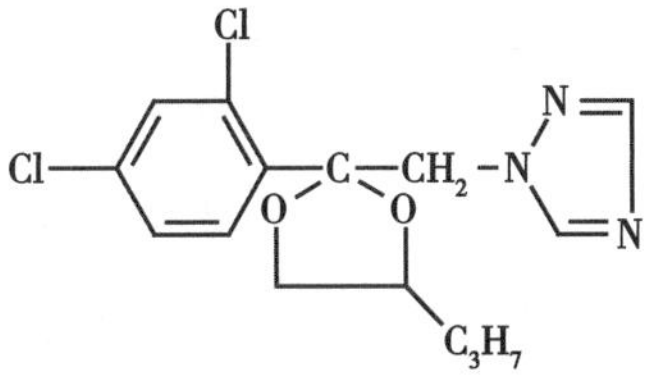

【理化性质】原药为黄色无味的黏稠液体，熔点-23℃，沸点99.9℃（0.32Pa），蒸汽压2.7×10^{-2}mPa（25℃），相对密度1.29（20℃）；在水中溶解度为100mg／L（20℃），在正己烷中47g／L，与乙醇、丙酮、甲苯和正辛醇充分混溶；320℃以下稳定，不易水解。

【毒性】低毒，原药大鼠急性经口LD_{50}为1 517mg／kg，小鼠1 490mg／kg，大鼠急性经皮LD_{50}>4 000mg／kg，兔急性经皮LD_{50}>6 000mg／kg；对兔眼睛和皮肤无刺激性；对虹鳟鱼LC_{50}为4.3～5.3mg／L（96h），对翻车鱼LC_{50}为6.4mg／L（96h）；对蜜蜂无毒。

【防治对象】抑菌谱较宽，对子囊菌、担子菌、半知菌中许多真菌引起的病害，具有良好防治效果，但对卵菌病害无效。

【使用方法】

（1）水稻病害。防治水稻纹枯病亩用25%乳油30～60ml，稻瘟病用24～30ml，对水常规喷雾；防治水稻恶苗病，用25%乳油1 000倍液浸种2～3d后直接催芽播种。

（2）蔬菜病害。防治菜豆锈病、石刁柏锈病、番茄白粉病，于发病初期喷25%乳油4 000倍液，隔20d左右喷1次。防治韭菜锈病，在收割后喷25%乳油3 000倍液，其他时期发现病斑及时喷4 000倍液。防治辣椒褐斑病、叶枯病，亩用25%乳油40ml，对水常规喷雾。

（3）麦类病害。对小麦白粉病、条锈病、颖枯病，大麦叶锈病、网斑病，燕麦冠锈病等在麦类孕穗期，亩用25%乳油32～36ml，对水50～75kg喷雾；对小麦眼斑病，亩用25%丙环唑乳油33ml加50%多菌灵可湿性粉剂14g，于小麦拔节期喷雾；丙环唑对小麦根腐病效果很好，拌种每100kg种子用25%乳油120～160ml，田间喷药防治，一般在抽穗扬花期旗叶发病1%时，亩用25%乳油35～40ml，对水50～70kg喷雾；对小麦全蚀病，每100kg种子，用12.5%乳油100～200ml拌种或用100ml拌种后堆闷24h。

（4）果树病害。防治香蕉叶斑病，在发病初期喷25%乳油500～1 000倍液，必要时隔20d左右再喷1次。防治葡萄白粉病、炭疽病，用于保护性防治，亩用25%乳油10ml对水100kg，或是25%乳油2 000～10 000倍液，每隔14～18d喷施1次。用于治疗性防治，亩用25%乳油15ml对水100kg，或是25%乳油7 000倍液，每月喷洒1次；或亩用25%乳油20ml，对水100kg，或是25%乳油5 000倍液，每一个半月喷洒1次。防治瓜类白粉病，发现病斑时立即喷药，亩用25%乳油30ml，对水常规喷雾，隔20d左右再喷药1次，药效更好。

（5）花生病害。防治花生叶斑病，于病叶率10%～15%时开始喷药，亩用25%乳油100～150ml，对水50kg喷雾，隔14d喷1次，连喷2～3次。

防治药用植物芦竹、紫苏、红花、薄荷、苦菜的锈病，菊花、薄荷、田旋花、菊芋的白粉病，于发病初期开始喷25%乳油3 000～4 000倍液，隔10～15d喷1次。

【主要制剂和生产企业】制剂：50%、25%、15.6%乳油，50%、45%、20%微乳剂，30%悬浮剂。

生产企业：广东省江门市植保有限公司、山东省烟台博瑞特生物科技有限公司、深圳诺普信农化股份有限公司、瑞士先正达作物保护有限公司、美国陶氏益农公司、北京顺意生物农药厂、以色列马克西姆化学公司、陕西省西安龙灯化工有限公司、山东拜尔化工有限公司、中国农业科学院植物保护研究所廊坊农药中试厂和安徽华星化工股份有限公司等。

井冈霉素（jinggangmycin）

【作用机理分类】H3。

【化学结构式】

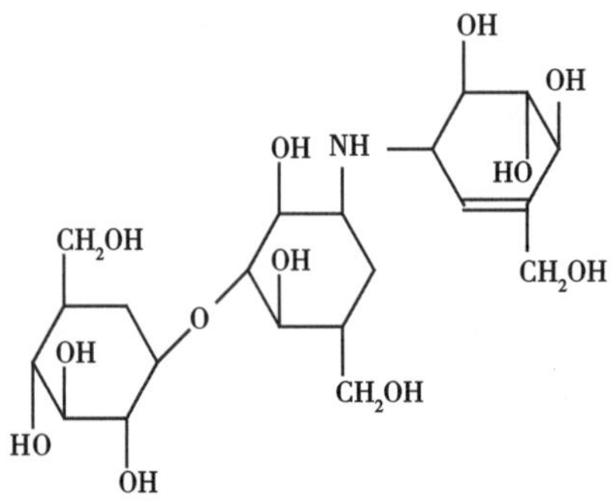

OH OH NH OH HO CH_2OH OH CH_2OH O OH HO OH CH_2OH CH_2OH

【理化性质】纯品为无色无嗅，易吸湿性固体，熔点130～135℃（分解）。

【毒性】低毒，大鼠急性经口LD_{50}>2 000mg／kg，急性经皮LD_{50}>5 000mg／kg；无中毒报道。

【防治对象】用于防治水稻纹枯病和稻曲病，麦类纹枯病，棉花、人参、豆类和瓜类立枯病，玉米大斑病、小斑病。

【使用方法】井冈霉素是防治作物纹枯病的特效药剂，在我国每年用于水稻纹枯病防治面积达1.5亿～2亿亩次，并且使用30年来尚未发现抗性发生。为适应稻田常是数病同发或病虫同发的现实，已开发出多种以兼治为目的、一药多治的复配混剂（表2-2-4）。

表2-2-4 我国登记的井冈霉素主要混剂配方、防治对象和用量

混剂	剂型	组分I	组分II	组分III	防治对象	制剂用量（g或ml／亩）	施用方法
10%井·蜡芽	悬浮剂	2%井冈霉素	8%蜡质芽孢杆菌		番茄灰霉病	120～150	对水喷雾
					梨树黑星病	1000～800倍液	喷雾
					水稻稻曲病	100～120	对水喷雾
					水稻纹枯病	160～200	对水喷雾
					水稻稻瘟病	100～120	对水喷雾
					小麦赤霉病	200～260	对水喷雾
					小麦纹枯病	200～260	对水喷雾
					油菜菌核病	200～260	对水喷雾
井冈·枯芽菌	水剂	2.5%井冈霉素	100亿个活芽孢／ml枯草芽孢杆菌		水稻稻曲病	200～240	对水喷雾
					水稻纹枯病	200～250	对水喷雾
3 %井冈·嘧苷素	水剂	2%井冈霉素	1%嘧啶核苷类抗菌素		水稻稻曲病 水稻纹枯病	200～250	对水喷雾
12%多·井	可湿性粉剂	4%井冈霉素	8%多菌灵		水稻稻瘟病	233～292	对水喷雾
12%井·烯唑	可湿性粉剂	10%井冈霉素	2%烯唑醇		水稻稻曲病	45～75	对水喷雾
					水稻纹枯病	40～60	对水喷雾

(续表)

混剂	剂型	组分I	组分II	组分III	防治对象	制剂用量（g或ml/亩）	施用方法
40%井冈·三环唑	可湿性粉剂	10%井冈霉素	30%三环唑		水稻稻瘟病	40～60	对水喷雾
					水稻纹枯病	50～75	对水喷雾
20%多·井·三环	可湿性粉剂	5%井冈霉素	9.2%多菌灵	5.8%三环唑	水稻稻瘟病	100～150	对水喷雾
50%井·噻·杀虫单	可湿性粉剂	6%井冈霉素	6%噻嗪酮	38%杀虫单	水稻纹枯病 稻纵卷叶螟 水稻稻飞虱 水稻二化螟	120～150	对水喷雾
50%吡·井·杀虫单	可湿性粉剂	6.5%井冈霉素	1%吡虫啉	42.5杀虫单	水稻纹枯病 稻纵卷叶螟 水稻稻飞虱	100～120	对水喷雾
30%井·噻	可湿性粉剂	14.3%井冈霉素	15.7%噻嗪酮		水稻纹枯病 水稻稻飞虱	52.5～63	对水喷雾
13%井冈·水杨酸	水剂	3%井冈霉素	10%水杨酸钠		水稻纹枯病	75～100	对水喷雾
22%井冈·杀虫双	水剂	2%井冈霉素	20%杀虫双		水稻纹枯病 水稻螟虫	200～250	对水喷雾
50%井冈·杀虫单	可湿性粉剂	6.5%井冈霉素	43.5%杀虫单		水稻纹枯病 水稻稻纵卷叶螟	80～150	对水喷雾
10%井冈·吡虫啉	可湿性粉剂	8%井冈霉素	2%吡虫啉		水稻纹枯病 水稻飞虱	60～70	对水喷雾
15%井冈·三唑酮	可湿性粉剂	8%井冈霉素	7%三唑酮		小麦白粉病 小麦纹枯病	100～133	对水喷雾
11%井冈·已唑醇	可湿性粉剂	8.5%井冈霉素	2.5%已唑醇		水稻纹枯病	30～35	对水喷雾

1. 水稻病害

（1）防治水稻纹枯病。一般是丛发病率达20%左右时开始喷药，亩用5%水剂100～150ml或5%井冈霉素可溶性粉剂25～50g，对水60～75kg，重点喷于水稻中下部，或对水400kg泼浇，泼浇时田间保持水层3～5cm，一般是早稻施药2次，单季稻施药2～3

次，连作晚稻施药1～2次。两次施药的间隔为10d左右。可兼治稻曲病、小粒菌核病、紫秆病。

（2）防治稻曲病。于孕穗末期，亩用5%水剂150～200ml，对水50～75kg喷雾。

2. 禾本科作物病害

（1）麦类纹枯病。每100kg种子用5%水剂600～800ml，加少量水，喷拌种子，堆闷数小时。或采用种子丸粒化技术，亩用5%水剂150ml，与一定量黏质泥浆混合，再与麦种混合，再撒入干细土，边撒边搓，待麦粒搓成赤豆粒大小，晾干后播种。

田间喷雾，在春季麦株纹枯病明显增多时，亩用5%水剂100～150ml，对水喷雾，重病田隔10～15d再喷1次。

（2）防治玉米纹枯病。可参考小麦的田间喷施药量。

3. 蔬菜病害

（1）防治茭白纹枯病、茭角纹枯病。发病初期及早喷5%水剂800～1 000倍液，7～10d喷1次，连喷2～3次。

（2）防治菱角白绢病。在病害大发生初期及早喷5%水剂1 000～1 500倍液2～3次，或在拔除中心病株后喷药封锁。为预防发病，可在5月底至6月初于隔离保护带内喷3～5m宽的药剂保护带。

（3）防治番茄白绢病。在发病初期用5%水剂500～1 000倍液浇灌，共用药2～3次。防治苦瓜白绢病，拔除病株后，对病穴及邻近植株淋灌1 000～1 600倍液，每株（穴）用药液400～500ml。

（4）防治山药根腐病。发病初期淋灌5%水剂1 500倍液，特别要注意淋灌易受病害的茎基部。

（5）防治黄瓜立枯病和豆类立枯病。在播种后或定植后，用5%水剂1 000～2 000倍液浇灌，每平方米灌药液3～4kg。

4. 棉花立枯病害

在播种后用5%水剂500～1 000倍液灌根，每平方米用药液3kg。

5. 果树病害

（1）防治桃缩叶病。在桃芽裂嘴期，喷5%水剂500倍液（100ml / kg）1～2次。

（2）防治柑橘播种圃苗木立枯病。于发病初期用5%水剂500～1 000倍液（50～100ml / kg）浇灌。此用法可防治其他果树苗期立枯病。

对多种果树的炭疽病、梨树轮纹病、桃褐斑病、草莓芽枯病等，喷洒5%水剂500倍液（100ml / kg），均有效果。

6. 人参病害

（1）人参苗期立枯病。用5%水剂600～1 000倍液浇灌土壤，每平方米用药液2～3kg。青苗处理5次。

（2）防治薄荷白绢病。拔除病株，用5%水剂1 000～1 500倍液淋灌病穴及邻近植株，每穴（株）用药液500ml。

7. 甘蔗虎斑病害

发病初期喷淋5%水剂1 500倍液。

【主要制剂和生产企业】13%、10%、8%、5%、4%、3%、2.4%水剂，28%、20%、10%、5%、2.4%可溶性粉剂。

浙江钱江生物化学股份有限公司、浙江省桐庐汇丰生物化工有限公司、武汉科诺生物科技股份有限公司、河北军星生物化工有限公司和江苏绿叶农化有限公司等。

咯喹酮（pyroquilon）

【作用机理分类】I1。

【化学结构式】

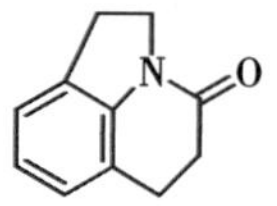

【理化性质】纯品为白色结晶状固体。熔点112℃。相对密度1.29（20℃）。溶解度：水4g/L（20℃）；有机溶剂（g/L，20℃）：丙酮125，苯200，二氯甲烷580，异丙醇85，甲醇240。对水稳定，320℃高温也能稳定存在。在泥土中半衰期为2周，在沙地中半衰期为18周。流动性小，水中光解半衰期为10d。

【毒性】急性经口LD_{50}：大鼠321mg/kg，小鼠581mg/kg。大鼠急性经皮LD_{50}>3 100mg/kg。对兔皮肤无刺激作用，对兔眼睛有轻微刺激作用。对豚鼠皮肤无过敏现象。无致癌致畸致突变作用。对蜜蜂无毒害作用。

【防治对象】主要用于防治稻瘟病。

【使用方法】5%的颗粒剂用于防治稻瘟病，如果是叶瘟首次出现叶瘟前0~10d施药，如果是稻茎瘟则在抽穗前5~30d施药，施药方法是撒施于水中，剂量为1.5~2.0kg（a.i.）/hm^2。

【主要制剂和生产企业】5%、2%颗粒剂，50%可湿性粉剂。

三环唑（tricyclazole）（表2-2-5）

【作用机理分类】I1。

【化学结构式】

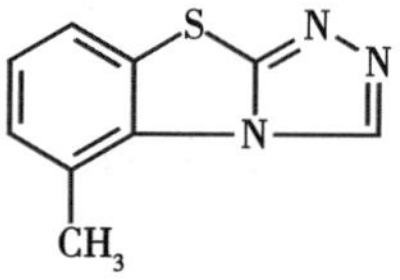

【理化性质】纯品为结晶固体，熔点187~188℃，沸点275℃。水中溶解度1.6g/L（25℃）。有机溶剂中溶解度（g/L，25℃）：丙酮10.4，甲醇25，二甲苯2.1。对紫外线照射相对稳定。

【毒性】中等毒，大鼠急性经口LD_{50}为314mg/kg，兔急性经皮LD_{50}>2 000mg/kg；一般只对皮肤、眼睛有刺激症状，无中毒报道；对虹鳟鱼LC_{50}为7.3mg/L（96h），对翻车鱼LC_{50}为16.0mg / L（96h）；对蜜蜂无毒。

【防治对象】稻瘟病。

【使用方法】三环唑防病以预防保护作用为主，需要在发病前使用效果最好，因其具有非常好的内吸性，应用上可以采取浸秧方法和喷雾方法防治稻瘟病。

（1）采用药液浸秧法防治稻瘟病。①三环唑在稻秧体内主要是向上传导，药液浸秧使根系秧叶受药均匀，可较好地防止带病秧苗传人本田，减少了本田菌源量。秧苗在后期生长郁密，病斑集中在叶片的中下部，喷雾难以达到，病苗移栽入本田，就加大本田防治面积。②浸秧比喷雾的持效期长，一般喷雾法的持效期为15d左右，浸秧法持效期可达25～30d。③浸秧增强了药剂的内吸速度，0.5h后内吸药量即达饱和。

三环唑浸秧的具体做法是：将20%三环唑可湿性粉剂750倍液盛入水桶中，或就在秧田边挖一浅坑，垫上塑料薄膜，装入药液，把拔起的秧苗捆成把，稍甩一下水放入药液中浸泡1min左右捞出，堆放0.5h后即可栽插。用药液浸秧，有时会引起发黄，但不久即能恢复，不影响稻秧以后的生长。

（2）采用喷雾法防治稻瘟病。防治苗瘟，在秧苗3～4叶期或移栽前5d，亩用20%可湿性粉剂50～75g，对水喷雾；防治叶瘟及穗颈瘟，在叶瘟初发病时或孕穗末期至始穗期，亩用20%可湿性粉剂75～100g对水喷雾；穗颈瘟严重时，间隔10～14d再施药1次。

表2-2-5　三环唑主要混剂、登记防治对象和用量

混剂	剂型	组分I	组分II	组分III	防治对象	制剂用量（g或ml / 亩）	施用方法
70%甲硫·三环唑	可湿性粉剂	35%三环唑	35%甲基硫菌灵	—	稻瘟病	30～40	对水喷雾
10%多·三环	悬浮种衣剂	5%三环唑	5%多菌灵	—	稻瘟病	1：50～70（药种比）	种子包衣
13%春·三环	可湿性粉剂	10%三环唑	3%春雷霉素	—	稻瘟病	60～100	对水喷雾
15%丙多·三环	可湿性粉剂	10%三环唑	5%丙硫多菌灵	—	稻瘟病	75～100	对水喷雾
20%多·福·三环	可湿性粉剂	1.8%三环唑	3.2%多菌灵	15%福美双	水稻恶苗病	400～600倍液	浸种
20%井·唑·多菌灵	可湿性粉剂	5%三环唑	10%多菌灵	5%井冈霉素A	稻瘟病 水稻纹枯病	100～150	对水喷雾
20%井·烯·三环唑	可湿性粉剂	14%三环唑	1%烯唑醇	5%井冈霉素	水稻稻曲病 水稻稻瘟病 水稻纹枯病	75～90	对水喷雾
28%咪锰·三环唑	可湿性粉剂	14%咪鲜胺锰盐	14%三环唑	—	菜苔炭疽病	50～63	对水喷雾

(续表)

混剂	剂型	组分I	组分II	组分III	防治对象	制剂用量（g或ml／亩）	施用方法
16%井·酮·三环唑	可湿性粉剂	8%三环唑	6%三唑酮	2%井冈霉素	稻曲病	100～150	对水喷雾
					稻瘟病	125～175	
					水稻纹枯病		
20%井冈·三环唑	可湿性粉剂	15%三环唑	5%井冈霉素	—	稻曲病	100～150	对水喷雾
					稻瘟病		
					水稻纹枯病		
20%硫·三环·异稻	可湿性粉剂	7%三环唑	7%异稻瘟净	6%硫磺	稻瘟病	110～160	对水喷雾
45%硫磺·三环唑	可湿性粉剂	5%三环唑	40%硫磺	—	稻瘟病	120～180	对水喷雾
52.5%丙环唑·三环唑	悬乳剂	12.5%三环唑	40%丙环唑	—	稻瘟病	60～80	对水喷雾
					水稻纹枯病		
20%唑酮·三环唑	可湿性粉剂	10%三环唑	10%三唑酮	—	稻瘟病	100～150	对水喷雾
20%唑酮·三环唑	可湿性粉剂	10%三环唑	10%三唑酮	—	稻瘟病	100～150	对水喷雾
20%异稻·三环唑	可湿性粉剂	6%三环唑	14%异稻瘟净	—	稻瘟病	100～150	对水喷雾
18%三环·烯唑醇	悬浮剂	15%三环唑	3%烯唑醇	—	稻瘟病	40～50	对水喷雾
50%三环·杀虫单	可湿性粉剂	14%三环唑	36%杀虫单	—	稻瘟病	100～120	对水喷雾
					水稻螟虫		
20%咪鲜·三环唑	可湿性粉剂	15%三环唑	5%咪鲜胺	—	稻瘟病	45～	对水喷雾

【注意事项】

（1）防治水稻穗颈瘟，第1次喷药最迟不宜超过破口后3d。

（2）用药液浸秧，有时会引起发黄，但不久即能恢复，不影响稻秧以后的生长。

【主要制剂和生产企业】80%水分散粒剂、75%、20%可湿性粉剂，40%悬浮剂。

山西美邦农药有限公司、江苏长青农化股份有限公司、江苏粮满仓农化有限公司和陕西上格之路生物科学有限公司。

环丙酰菌胺（carpropamid）

【作用机理分类】I2。

【化学结构式】

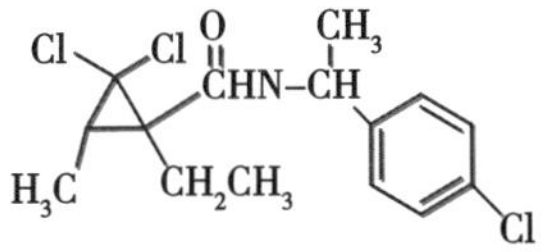

【理化性质】环丙酰菌胺为非对映异构体的混合物（A：B大约为1：1，R：S大约为95：5）。纯品为无色结晶状固体，原药为淡黄色粉末。熔点147～149℃。相对密度1.17。水中溶解度（mg／L，pH值7，20℃）：1.7（AR），1.9（BR）。有机溶剂溶解度（g／L，20℃）：丙酮153，甲醇106，甲苯38，己烷0.9。

【毒性】雄雌大小鼠急性经口LD_{50}>5 000mg／kg，雄雌大小鼠急性经皮LD_{50}>5 000mg／kg。对兔皮肤和眼睛无刺激，对豚鼠皮肤无过敏现象。无致突变性。

【防治对象】稻瘟病。

【使用方法】环丙酰菌胺主要用于稻田防治稻瘟病。以预防为主，几乎没有治疗活性，具有内吸活性。在育苗箱中应用剂量为400g（a.i.）／hm^2，茎叶处理剂量为75～150g（a.i.）／dt种子。

【主要制剂和生产企业】种子处理剂、育苗箱处理剂。

稻瘟酰胺（fenoxanil）

【作用机理分类】I2。

【化学结构式】

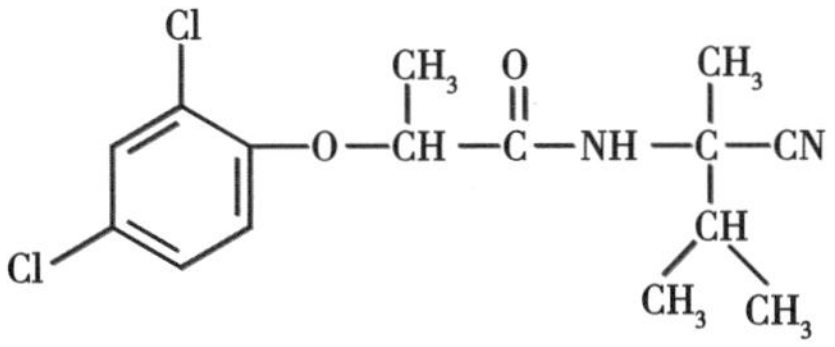

【理化性质】组成主要是（R，R）和（R，S）非对映异构体，（S，R）和（S，S）非对映异构体含量较少。灰白色，无味固体。熔点69.0～71.5 ℃。相对密度1.23（20℃）。水中溶解度$30.7 \pm 0.3 \times 10^{-3}$g／L（20℃），能溶于大多数有机溶剂。在pH值相对范围内稳定。

【毒性】低毒，大鼠急性经口LD_{50}>5 000mg／kg，急性经皮LD_{50}>2 000mg／kg。

【防治对象】稻瘟病。

【使用方法】稻瘟酰胺是非常新的杀菌剂，刚刚进入市场，可采用叶面喷雾或者水面撒施（颗粒剂）的方法防治稻瘟病。喷雾防治稻瘟病，每亩用20%悬浮剂60～100ml，对水喷雾。

【主要制剂和生产企业】40%、30%悬浮剂，20%可湿性粉剂。

山西韦尔奇作物保护有限公司、江西众和化工有限公司和山西美邦农药有限公司。

活化酯（acibenzolar）

【作用机理分类】P1。

【化学结构式】

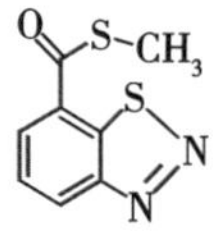

【理化性质】纯品为白色至米色粉状固体，且具有似烧焦的气味。熔点132.9℃。相对密度1.54（22℃）。溶解度（25℃，g／L）：水7.7×10^{-3}，甲醇4.2，乙酸乙酯25，正己烷1.3，甲苯36，正辛醇5.4，丙酮28，二氯甲烷160。

【毒性】大鼠急性经口LD_{50}>2 000mg／kg，大鼠急性经皮LD_{50}>2 000mg／kg。对兔皮肤和眼睛无刺激，对豚鼠皮肤无过敏现象。无致癌致畸致突变作用。

【防治对象】白粉病、锈病、霜霉病等

【使用方法】作为保护剂使用。如在禾谷类作物上，用30g （a.i.）／hm^2进行茎叶喷雾1次，可以有效预防白粉病，残效期达10周之久，且能兼防叶枯病和锈病。用12g （a.i.）／hm^2每隔14d使用1次，可有效地预防烟草霜霉病。同其他常规药剂如甲霜灵、代森锰锌、烯酰吗啉等混用，不仅可以提高活化酯的防治效果，而且还能扩大其防治范围。

【主要制剂和生产企业】63%、50%可湿性粉剂。

烯丙苯噻唑（probenazole）

【作用机理分类】P2。

【化学结构式】

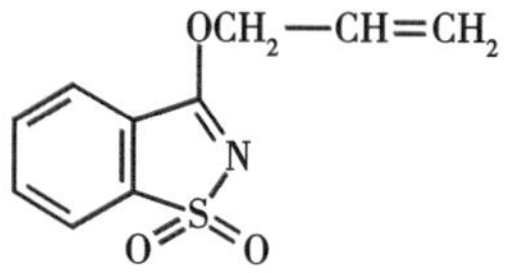

【理化性质】纯品为无色结晶固体，熔点138～139℃。溶解度：微溶于水（150mg／L），易溶于丙酮、二甲苯甲酰胺和氯仿，微溶于甲醇、乙醇、乙醚和苯中，难溶于正己烷和石油醚。

【毒性】低毒，大鼠急性经口LD_{50}为4 640mg／kg，急性经皮LD_{50}>2 000mg／kg；对鲤鱼LC_{50}为6.3mg／L（48h）。

【防治对象】稻瘟病、白叶枯病。

【使用方法】烯丙苯噻唑用于水稻，可以防治稻瘟病、水稻白叶枯病，也可以用于蔬菜细菌病害的防治（如大白菜软腐病、黄瓜角斑病等）。

可用于水稻秧田、育秧箱和本田防治稻瘟病。本田应在移栽前施药，能促进水稻根系吸收，保护稻苗不受病菌侵染，一般每亩用8%颗粒剂1 667～3 333g，撒施。

【主要制剂和生产企业】8%颗粒剂。

天津市鑫卫化工有限责任公司、日本明治制果药液株式会社。

福美双（thiram）

【作用机理分类】M。

【化学结构式】

$$(CH_3)_2N-\underset{\underset{S}{\|}}{C}-S-S-\underset{\underset{S}{\|}}{C}-N(CH_3)_2$$

【理化性质】纯品为白色无味结晶（工业品为灰黄色粉末，有鱼腥味）。熔点155～156℃，蒸汽压2.3×10^{-3}Pa（25℃），相对密度1.29（20℃），室温下在水中溶解度30mg／L，乙醇<10g／L，丙酮80g／L，氯仿230g／L（室温），已烷0.04g／L，二氯甲烷170g／L，甲苯18g／L，异丙醇0.7g／L（20℃）。酸性介质中分解，长期接触日照、热、空气和潮湿会变质。

【毒性】中等毒杀菌剂，原粉大鼠急性经口LD_{50}为378～865mg／kg，小鼠急性经口LD_{50}为1 500～2 000mg／kg；对皮肤和黏膜有刺激作用；对鱼有毒，对虹鳟鱼LC_{50}为0.128mg／L（96h），对翻车鱼LC_{50}为0.0445mg／L（96h）。

【防治对象】防治禾谷类黑穗病和多种作物的苗期立枯病，也可用于喷雾防治一些果树、蔬菜病害。

【使用方法】主要用于处理种子和土壤，目前也已用于叶面喷雾。

由于对种传和苗期土传病害有较好的效果，在很长一段时间内主要用于种子处理和土壤处理，目前也已用于叶面喷雾。

（1）粮食作物病害。拌种防治水稻稻瘟病、胡麻叶斑病、稻苗立枯病、稻恶苗病，每50kg种子用50%可湿性粉剂250g拌种或用50%可湿性粉剂500～1 000倍液浸种2～3d。防治玉米黑粉病、高粱炭疽病，每50kg种子用50%可湿性粉剂250g拌种。防治谷子黑穗病，每50kg种子用50%可湿性粉剂150g拌种。防治小麦腥黑穗病、根腐病、秆枯病，大麦坚黑穗病，每50kg种子用50%可湿性粉剂150～250g拌种。防治小麦赤霉病、雪腐叶枯病、根腐病的叶腐与穗腐、白粉病，用50%可湿性粉剂500倍液喷雾。

（2）蔬菜病害。拌种防治种传苗期病害，如十字花科、茄果类、瓜类等蔬菜苗期立枯病、猝倒病以及白菜黑斑病、瓜类黑星病、莴苣霜霉病、菜豆炭疽病、豌豆褐纹病、大葱紫斑病和黑粉病等，用种子量的0.3%～0.4%的50%可湿性粉剂拌种。处理苗床土壤防治苗期病害，立枯病和猝倒病，每平方米用50%可湿性粉剂8g，与细土20kg拌匀，播种时用1／3毒土下垫，播种后用余下的2／3毒土覆盖。防治大葱、洋葱黑粉病，在拔除病株后，用50%可湿性粉剂与80～100倍细土拌匀，制成毒土，均匀撒施于病穴内。用50%可湿性粉剂500～800倍液喷雾，可防治白菜、瓜类的霜霉病、白粉病、炭疽病，番茄晚疫病、早疫病、叶霉病，蔬菜灰霉病等。

（3）防治棉花黑根病和轮纹病。每50kg种子用50%可湿性粉剂200g拌种。

（4）防治亚麻、胡麻枯萎病。每50kg种子用50%可湿性粉剂100g拌种。现多用拌种双取代福美双。

（5）果树病害。防治葡萄白腐病，当下部果穗发病初期，开始喷50%可湿性粉剂600～800倍液，隔12～15d喷1次，至采收前半个月为止，使用浓度过高易产生药害。防治桃和李细菌性穿孔病，发病初期开始喷50%可湿性粉剂500～800倍液，隔12～15d喷1次，连续喷3～5次。防治柑橘等果树树苗的立枯病，每平方米苗床用50%可湿性粉剂8～10g，与细土10～15kg拌匀，1／3作垫土，2／3用于播种后覆土。在冬前，用50%可湿性粉剂8倍液涂抹柑橘、桃等果树幼树干，可防野兔、老鼠啃食。

（6）油料作物病害。拌种防治油菜立枯病、白斑病、猝倒病、枯萎病、黑胫病，每50kg种子用50%可湿性粉剂125g；喷雾防治油菜霜霉病、黑腐病，亩用50%可湿性粉剂500～800倍液50～75L喷雾，隔5～7d喷1次，共喷2～3次。防治大豆立枯病、黑点病、褐斑病、紫斑病，每50kg种子用50%可湿性粉剂150g拌种；防治大豆霜霉病、褐斑病，发病初期开始喷50%可湿性粉剂500～1 000倍液，亩喷药液量50L，隔15d喷1次，共喷2～3次。防治花生冠腐病，每50kg种子用50%可湿性粉剂150g拌种。

（7）防治甜菜立枯病和根腐病。每50kg种子用50%可湿性粉剂400g拌种；若每50kg种子用50%福美双可湿性粉剂200～400g与70%恶霉灵可湿性粉剂200～350g混合拌种，防病效果更好；防治根腐病还可将药剂制成毒土，沟施或穴施。

（8）烟草病害。防治烟草根腐病，每500kg温床土用50%可湿性粉剂500g，处理土壤；防治烟草黑腐病，发病初期用50%可湿性粉剂500倍液浇灌，每株灌药液100～200ml；防治烟草炭疽病，发病初期用50%可湿性粉剂500倍液常规喷雾。

（9）防治北沙参黑斑病。每50kg种子用50%可湿性粉剂150g拌种。防治山药斑纹病，发病前或发病初期开始喷50%可湿性粉剂500～600倍液，隔7～10d喷1次，共喷2～3次。

（10）花卉病害。防治唐菖蒲的枯萎病和叶斑病（硬腐病），种植前，用50%可湿性粉剂70倍液浸泡球茎30min后定植。防治金鱼草叶枯病，用种子量的0.2%～0.3%的50%可湿性粉剂拌种。防治为害菊花等多种花卉的立枯病，每亩苗床用50%可湿性粉剂500g，拌毒土撒施入土壤，或亩用药100g加水50kg灌根，每株浇灌药液500ml。

防治为害兰花、君子兰、郁金香、万寿菊等多种花卉的白绢病，每平方米用50%可湿性粉剂5～10g，拌成毒土，撒入土壤内，或撒施于种植穴内再种植。

（11）防治松树苗立枯病。每50kg种子用50%可湿性粉剂250g拌种。

【注意事项】

福美双不能与铜制剂及碱性药剂混用或前后紧接使用。

冬瓜幼苗对福美双敏感，忌用。

【主要制剂和生产企业】制剂：70%、50%可湿性粉剂，80%水分散粒剂，10%膏剂。

生产企业：河北胜源化工有限公司、河北万特生物化学有限公司、山东拜尔化工有限公司、北京顺意生物农药厂、天津市汉邦植物保护剂有限责任公司、山东省济南天邦化工有限公司、山东省青岛海利尔药业有限公司、福建新农大正生物工程有限公司和陕西省杨凌博迪森生物科技发展股份有限公司（10%膏剂）等。

二、水稻杀菌剂作用机理分类

水稻杀菌剂作用机理分类（表2-2-6）。

表2-2-6　水稻杀菌剂作用机理分类

作用机理编码	作用靶标位点及编码	化学类型名称	通用名称
A核酸合成	A2DNA／RNA合成（建议）	芳香杂环类	噁霉灵
	A4DNA拓扑异构酶II（旋转酶）	羧酸类	喹菌酮（杀细菌剂）

(续表)

作用机理编码	作用靶标位点及编码	化学类型名称	通用名称
B有丝分裂和细胞分裂	B1有丝分裂中β-微管蛋白合成	苯并咪唑氨基酸酯类	多菌灵、甲基硫菌灵
	B3有丝分裂中β-微管蛋白合成	苯乙酰胺类	苯酰菌胺
	B4细胞分裂（建议）	苯基脲类	戊菌隆
C呼吸作用	C2复合体II琥珀酸脱氢酶	琥珀酸脱氢酶抑制剂	氟酰胺、噻呋酰胺
D氨基酸和蛋白质合成抑制剂	D3蛋白质合成	己吡喃糖抗生素类	春雷霉素
F脂质合成与膜完整性	F2磷脂生物合成甲基转移酶	甲基转移酶	硫代磷酸酯类敌瘟磷、异稻瘟净
	F6微生物致病原菌细胞膜破坏	芽孢杆菌	解淀粉芽孢杆菌、枯草芽孢杆菌
G膜的甾醇合成	G1c-14脱甲基酶	脱甲基抑制剂DMI（SBI 1类）	咪鲜胺、己唑醇、硅氟唑、丙环唑
H细胞壁生物合成	H3海藻糖酶和肌醇生物合成	吡喃葡萄糖抗生素类	井冈霉素
I细胞壁黑色素合成	I1黑色素生物合成还原酶	黑色素生物合成还原酶抑制剂（MBI-R）	咯喹酮、三环唑
	I2黑色素生物合成脱氢酶	黑色素生物合成脱氢酶抑制剂（MBI-D）	环丙酰菌胺、稻瘟酰胺
P植物诱导抗病性	P1水杨酸途径	苯并噻唑类	活化酯活化酯
	P2	苯并异噻唑	烯丙苯噻唑
M多作用位点	多作用位点活性	二硫代氨基甲酸酯类	福美双

三、水稻病害轮换用药防治方案

（一）防治稻瘟病的杀菌剂轮换用药方案

稻瘟病的防治应遵循“重在预防，早防叶瘟，狠治穗瘟”的原则。防治苗瘟和叶瘟一般应在发病初期用药，对生长嫩绿、多肥贪青的地块，施药后10d左右病情仍在发展可再施药1次；防治穗颈瘟和枝梗瘟应在破口始穗期和齐穗期各用药1次。

（1）使用单剂防治。可选用B1组杀菌剂如多菌灵、甲基硫菌灵，或选用D3组杀菌剂如春雷霉素，或选用F2组杀菌剂如敌瘟磷、异稻瘟净和稻瘟灵等，或选用F6组杀菌剂解淀粉芽孢杆菌和枯草芽孢杆菌，或选用G1组杀菌剂如咪鲜胺、丙环唑，或选用H3组杀菌剂如井冈霉素，或选用I1组杀菌剂如咯喹酮和三环唑，或选用I2组杀菌剂环丙酰菌胺、稻瘟酰胺，或选用P2组杀菌剂如烯丙苯噻唑，或选用M组杀菌剂如福美双等。

（2）使用复配制剂防治。可选用B1组杀菌剂如多菌灵与I1组杀菌剂如三环唑混合使用，或选用D3组杀菌剂如春雷霉素与M组杀菌剂硫磺混合使用，或选用F2组杀菌剂如异稻瘟净或稻瘟灵与G1组杀菌剂如咪鲜胺或I1组杀菌剂如三环唑混合使用，或选用H3组杀菌剂如井冈霉素与B1组杀菌剂如多菌灵或G1组杀菌剂烯唑醇或I1组杀菌剂如三环唑混合使用。

（二）防治水稻纹枯病的杀菌剂轮换用药方案

（1）使用单剂防治。可选用B1组杀菌剂如多菌灵、甲基硫菌灵，或选用B4组杀菌剂如戊菌隆，或选用C2组杀菌剂如氟酰胺和噻呋酰胺，或选用F6组杀菌剂解淀粉芽孢杆菌和枯草芽孢杆菌，或选用G1组杀菌剂如己唑醇、硅氟唑、丙环唑，或选用H3组杀菌剂如井冈霉素。

（2）使用复配制剂防治。可选用C2组杀菌剂如噻呋酰胺与G1组杀菌剂如己唑醇和烯唑醇，或选用H3组杀菌剂如井冈霉素和G1组杀菌剂如咪鲜胺或I1组杀菌剂如三环唑混合使用。

第三章　蔬菜病害轮换用药防治方案

一、蔬菜杀菌剂重点产品介绍

苯霜灵(benalaxyl)

【作用机理分类】A1。

【化学结构式】

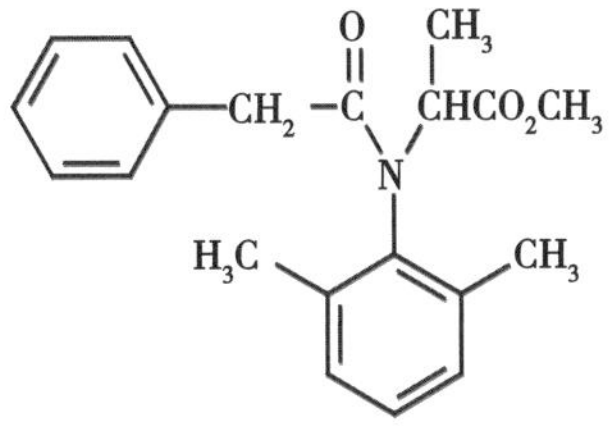

【理化性质】纯品为无色粉状固体，熔点78～80℃。相对密度1.181（20℃）。水中溶解度28.6mg／L(20℃)，二氯乙烷、丙酮、甲酯、乙酸乙酯、二甲苯溶解度（22℃）>250g／L。室温下，在中性和酸性介质中稳定，在pH值为4～9水溶液中稳定。

【毒性】急性经口LD_{50}（mg／kg）：大鼠4 200，小鼠680。大鼠急性经皮LD_{50}>5 000mg／kg。对兔皮肤和眼睛无刺激性，对豚鼠皮肤无致敏性。大鼠急性吸入LC_{50}(4h)>10mg／L。NOEL数据mg／（kg·d）：大鼠100（2年），小鼠250（1.5年），狗200（2年）。ADI值0.05mg／kg。无致畸、致突变、致癌作用。急性经口LD_{50} (mg／kg)：日本鹌鹑>5 000，野鸭>4 500。日本鹌鹑、山齿鹑和野鸭饲喂LC_{50}（5d）>5 000mg／kg饲料。对鱼有毒LC_{50}（96h，mg／L）：虹鳟鱼3.75，鲤鱼6.0，水蚤LC_{50} (48h)>0.59mg／L。对蜜蜂无毒，LD_{50}（48h）>100μg／只（接触和经口）。

【防治对象】几乎对所有卵菌纲病原菌引起的病害都有效。对霜霉病和疫霉病有特效。如马铃薯晚疫病、葡萄霜霉病、啤酒花霜霉病、甜菜疫病、油菜白锈病、烟草黑胫病、柑橘脚腐病、黄瓜霜霉病、番茄疫病、谷子白发病、芋疫病、辣椒疫霉病以及由疫霉菌引起的各种猝倒病和种腐病等。

【使用方法】

（1）防治黄瓜霜霉病。亩用72%苯霜·锰锌可湿性粉剂100～167g（有效成分72～12g）对水喷雾。防治葡萄霜霉病，用72%苯霜·锰锌可湿性粉剂对水喷雾，从发病前开始每10～15d喷洒1次。

茎叶处理、种子处理、土壤处理均可。使用剂量为100～240g(a.i.)／hm^2。

（2）防治葡萄、烟草、瓜类、大豆和圆葱等作物的霜霉病，马铃薯、番茄、草莓、观赏植物上的疫病。苯霜灵可以单用，也可与保护剂代森锰锌、灭菌丹等混用。由于苯霜灵为易引起病原菌产生耐药性的品种，宜采取混用、轮用或复配成混合杀菌剂。

（3）防治烟草黑胫病。于烟苗团棵、旺长及旺长末期，亩用72%苯霜·锰锌可湿性粉剂100～167g（有效成分72～12g），对水喷雾各1次。

【注意事项】不能与碱性物质混用。

【主要制剂和生产企业】国内无单剂登记，一般混配为主如72%苯霜·锰锌可湿性粉剂（8%苯霜灵+64%代森锰锌）。

浙江一帆化工有限公司，陕西上格之路生物科学有限公司。

呋霜灵（furalaxyl）

【作用机理分类】A1。

【化学结构式】

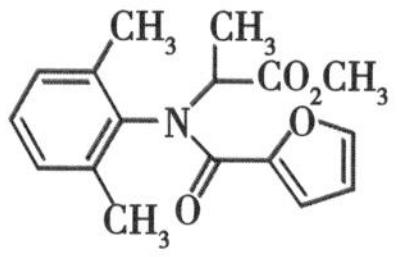

【理化性质】纯品为白色无嗅结晶状固体，熔点84℃。相对密度1.22（20℃）。水中溶解度230mg／L（20℃），有机溶剂中溶解度（g／kg，20℃）：二氯甲烷600，丙酮520，甲醇500，已烷4。土壤降解DT_{50}31～65d（20～25℃）。

【毒性】急性经口LD_{50}（mg／kg）：大鼠940，小鼠603。急性经皮LD_{50}（mg／kg）：大鼠>3 100，兔5 508。对兔皮肤和眼睛有轻微刺激作用，对豚鼠皮肤无致敏性。NOEL数据90d，mg／（kg·d）：狗1.8。日本鹌鹑急性经口LD_{50}（8d）>6 000mg／kg。日本鹌鹑饲喂LC_{50} (8d)>6 000mg／kg饲料。虹鳟鱼LC_{50}(96h)32.5mg／L。水蚤LC_{50} (48h)27mg／L。对蜜蜂无毒，LD_{50}（24h）>200μg／只（经口）。蚯蚓LC_{50} (14d)510mg／kg土壤。

【防治对象】主要用于防治观赏植物、蔬菜、果树等的土传病害如腐霉属、疫霉属等卵菌纲病原菌引起的病害，如瓜果蔬菜的猝倒病、腐烂病、疫病等。

【使用方法】土壤处理、叶面喷洒。

【主要制剂和生产企业】目前国内无登记。

噁霜灵（oxadixyl）

【作用机理分类】A1。

【化学结构式】

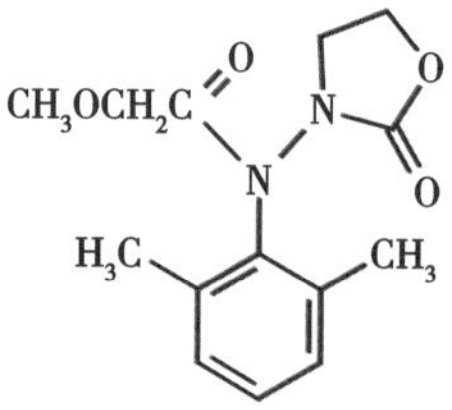

【理化性质】本品为无色、无嗅晶体，熔点104～105℃。相对密度0.5kg／L。水中溶解度3.4g／kg（25℃），有机溶剂中溶解度（g／kg，25℃）：丙酮344，二甲基亚砜390，甲醇112，乙醇50，二甲苯17，乙醚6。稳定性：正常条件下稳定，70℃储存稳定

2～4周，在室温、pH值为5、pH值为7和pH值为9的缓冲溶液下，200mg／L水溶液稳定。

【毒性】低毒，大鼠急性经口LD_{50}为3 480mg／kg，急性经皮LD_{50}>2 000mg／kg。一般只对皮肤、眼有刺激症状，经口中毒低，无中毒报导；对鱼安全，对虹鳟鱼LC_{50}>320mg／L（96h），对鲤鱼LC_{50}>300mg／L（96h）；对蜜蜂安全。

【防治对象】用于防治霜霉目病原菌如烟草、黄瓜、葡萄、蔬菜的霜霉病、疫病等，并能兼治多种继发性病害如褐斑病、黑腐病等。具体病害如烟草黑胫病、番茄晚疫病、黄瓜霜霉病、茄子绵疫病、辣椒疫病、马铃薯晚疫病、白菜霜霉病、葡萄霜霉病。

【使用方法】既可茎叶喷雾，也可做种子处理。对番茄疫病、马铃薯晚疫病，在发病前或发病初期用400倍液喷雾，每隔10～12d喷药1次，共喷2～3次；对瓜类、辣椒、白菜、菠菜、啤酒花霜霉病等，在发病初期每亩用100～150g对水50～60L喷雾，隔10～12d喷药1次，共喷2～3次；防治辣椒疫病在发病初用400～600倍液喷雾。

【注意事项】

（1）不能与碱性农药混用。

（2）不宜单独施用，常与保护性杀菌剂混用以延缓抗药性发生。

【主要制剂和生产企业】国内无单剂登记，多以混剂使用，64%恶霜・锰锌可湿性粉剂（恶霜灵+代森锰锌）。

甲霜灵（metalaxyl）

【作用机理分类】A1。

【化学结构式】

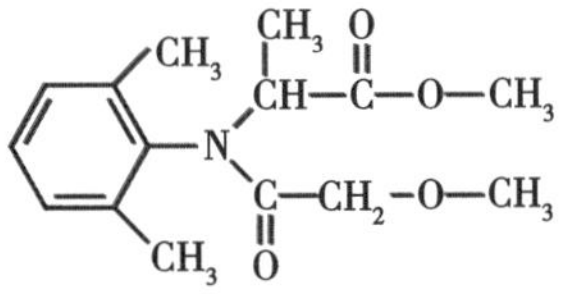

【理化性质】白色无味晶体，熔点71.8～72.3℃，蒸汽压0.75mPa（25℃），相对密度1.20（20℃）；溶解度 水8.4g／L（22℃），乙醇400、丙酮450、甲 苯340、正己烷11、正辛醇68（g／L，25℃）。300℃以下稳定，中性、酸性介质中稳定（室温）。

【毒性】低毒，大鼠急性经口LD_{50}为633mg／kg，急性经皮LD_{50}>3 100mg／kg：无人体中毒的报导；对鱼无毒；对蜜蜂无毒。

【防治对象】甲霜灵持效期较长，选择性强，仅对卵菌纲病害有效，对其中的霜霉菌、疫霉菌、腐霉菌有特效。

【使用方法】甲霜灵单剂一般只用于种子处理和土壤处理，不宜作为叶面喷洒用。叶面喷雾应与保护性杀菌剂混用或加工成混剂，实验证明，混用或混剂可以大大延缓耐药性的发展，尤其是与代森锰锌混用效果最好。

1. 蔬菜病害

（1）用种子量0.3%的35%拌种剂。即每kg种子用3g药剂拌种，可防治种传的莴苣霜霉病、菠菜霜霉病、蕹菜白锈病、白菜霜霉病等，还可防治蔬菜苗期病害（主要是猝倒病）和蔬菜疫病。

（2）防治幼苗猝倒病。可对床土用药剂处理，一般是每平方米用25%可湿性粉剂6g，与细土20～30kg混拌均匀，取1/3撒在畦面，余下2/3播后覆土。

（3）穴施毒土防治大白菜霜霉病。于定植前，亩用25%可湿性粉剂500g，与细土20kg混拌制成毒土，一次施入穴内，持效期可达50d。

（4）棚室消毒防治生菜、菊苣灰霉病。于定苗前用25%可湿性粉剂200倍液对棚顶、墙壁、土壤喷洒。

（5）防治黄瓜霜霉病。用25%可湿性粉剂600～800倍液喷雾。最好使用甲霜灵的混剂，如用72%甲霜·百菌清可湿性粉剂、72%甲霜·锰锌可湿性粉剂等。

（6）防治黄瓜细菌性角斑病。每亩用40%琥铜·甲霜·乙铝可湿性粉剂77～100g（有效成分30.7～40g），对水喷雾。

（7）当田间发现黄瓜疫病中心病株时，立即灌根，每株灌25%可湿性粉剂500倍液200～250ml，从茎基部灌入土壤，或用25%甲霜灵可湿性粉剂与40%福美双可湿性粉剂按1：1混合后，加水800倍液灌根，防效更好。并对中心病株周围的黄瓜喷25%可湿性粉剂800～1 000倍液。

（8）防治黄瓜枯萎病。用3%甲霜·恶霉灵水剂稀释500～700倍液，对黄瓜植株灌根，从茎基部灌入土壤，每株灌药液250ml防治辣（甜）椒疫病和番茄晚疫病，定植前亩用25%可湿性粉剂500g，对水70L，喷洒土壤进行消毒。定植后于发病初期用25%可湿性粉剂1 000倍液灌根，每株灌300ml，并每7d用25%可湿性粉剂800～1 000倍液喷洒植株，连喷2～3次。

（9）防治辣椒疫病。25%甲霜·霜脲可湿性粉剂用水稀释600～400倍（416.7～625mg/L），于发病初期，对辣椒植株灌根。

（10）防治韭菜疫病。定植时用25%可湿性粉剂1 000倍液蘸韭菜根后栽种；田间发病初期，用25%可湿性粉剂1 000倍液灌根，并结合叶面喷雾。

（11）防治芋疫病。于发病初期及早喷25%可湿性粉剂600～700倍液，隔7～10d喷1次，连喷3～4次。在喷洒药液中加0.2%中性洗衣粉，可提高防效。

（12）防治百合疫病。于发病初期，用25%可湿性粉剂600～700倍液，喷植株的根颈部和地上部分。

（13）防治姜根茎腐败病。已发病田，用25%可湿性粉剂500～600倍液淋蔸。

（14）防治十字花科蔬菜的白锈病。发病初期喷25%可湿性粉剂500～600倍液，隔7～8d喷1次，连喷2～3次。

（15）防治茄子褐纹病、茄子绵疫病、葱类霜霉病、绿菜花灰霉病和菌核病、菠菜霜霉病、莴笋霜霉病等。发病初期，喷25%可湿性粉剂700～1 000倍液。与其他杀菌剂交替使用，或用甲霜灵的混剂。

2. 果树病害

（1）防治葡萄苗期霜霉病。于发病初期，用25%可湿性粉剂300～500倍液灌根，连灌2～3次；对成株，当田间开始发现病斑时，立即用25%可湿性粉剂700～1 000倍液喷雾，隔10～15d喷1次，连喷3～4次。

（2）防治苹果和梨的树干茎部疫腐病。将干茎发病部位树皮刮除，或用刀尖沿病斑纵向划道，深达木质部，划道间距0.3～0.5cm，边缘超过病部边缘2cm左右，再用25%可湿性粉剂30倍液充分涂抹。

（3）防治柑橘脚腐病。于3～4月间，喷25%可湿性粉剂250～300倍液，隔15～20d后再喷1次，也可土壤施药。

（4）防治荔枝霜霉病。在花蕾期、幼果期、成熟期各喷1次25%可湿性粉剂400～500倍液。

（5）防治草莓疫腐病。于发病初期，往植株基部喷25%可湿性粉剂800～1 000倍液，隔7～10d喷1次，连喷2～3次。

（6）防治西瓜疫病。用25%可湿性粉剂1 000倍液灌根，每隔半月灌1次，连灌2～3次。

3. 作物病害

（1）防治谷子白发病。每10kg种子用35%拌种剂20～30g或25%可湿性粉剂28～36g拌种，拌种方法是先用稀米汤或清水将谷种拌湿，再加入药粉拌匀。

（2）防治油菜霜霉病。播种前，每10kg种子用35%拌种剂30g拌种；田间在初花期叶病株率10%以上时开始喷药，亩用25%可湿性粉剂45～60g，对水75L喷雾，隔7～10d喷1次，每季喷药不得超过3次，最好在病害低峰时改用其他杀菌剂。此用药量也可用于防治苗期猝倒病和抽薹后白锈病。

（3）防治大豆霜霉病。播种前，每10kg种子用35%拌种剂30g或25%可湿性粉剂42g拌种，拌种方法同谷子白发病；田间在花生初花期发现少数植株叶背有霜状斑点、叶面为退绿斑时即施药，亩用25%可湿性粉剂500倍液50L喷雾，隔7～10d喷1次，最多喷3次。

（4）防治向日葵霜霉病。幼苗期发病，亩用25%可湿性粉剂100g，对水50L灌根，隔7d再灌1次；在成株发病初期喷1 000倍液。

（5）防治水稻稻瘟病。每亩用5%丙烯酸·恶霉·甲霜水剂100～150ml（有效成分5～7.5g），对水喷雾；防治水稻立枯病，每平方米水稻苗床用3%甲霜·恶霉灵水剂1.2～1.8ml（有效成分0.36～0.54g／m^2）对水稀释，苗床喷雾。

4. 烟草病害

防治烟草黑胫病、猝倒病和根腐病。在苗床期，播种后2～3d，亩用25%可湿性粉剂150～300g，对水50L，喷洒于苗床的土表；或每100kg种子用35%拌种剂250～300g拌种。大田期，用25%可湿性粉剂500～600倍液，防黑胫病用药液浇淋烟株根胫部位，每株40～50ml；防根腐病由根旁插孔注药；防猝倒病用喷雾法。或于烟草移栽后7d，亩用25%甲霜灵可湿性粉剂20～40g，加80%代森锌可湿性粉剂40～80g，对水40～60L喷雾，间隔15d左右，共喷3次。

5. 棉花病害

防治棉苗疫病。每10kg种子用35%拌种剂25～30g拌种；或于棉苗初放真叶期，喷25%可湿性粉剂或乳油400～500倍液。防治棉苗猝倒病，每株用25%可湿性粉剂 300～500倍液500ml灌根。

【注意事项】该药单独喷雾容易诱发病菌抗药性，除土壤处理能单用外，一般都用复配制剂。

【主要制剂和生产企业】35%种子处理干粉剂，江苏宝灵化工股份有限公司。25%悬浮种衣剂，甘肃华实农业科技有限公司。25%可湿性粉剂，浙江禾本科技有限公司。

精甲霜灵（metalaxyl-m）

【作用机理分类】A1。
【化学结构式】

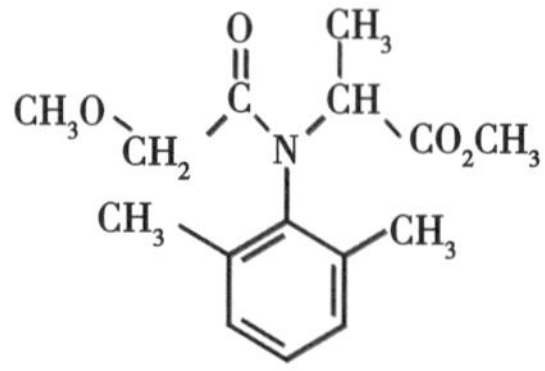

【理化性质】黄色至浅棕色黏稠液体，熔点-38.7℃，沸点270℃，蒸汽压3.3mPa（25℃），相对密度1.125（20℃）；水中溶解度26g / L（25℃），正己烷59g / L，溶于丙酮、乙酸乙酯、甲醇、二氯甲烷、甲苯、辛醇；在酸性和碱性条件下稳定。

【毒性】低毒，大鼠急性经口LD_{50}为667mg / kg，急性经皮LD_{50}>2 000mg；无人体中毒的报道；对鱼无毒；对蜜蜂无毒。

【防治对象】防治对象和使用方法参考甲霜灵。

【使用方法】可用于种子处理、土壤处理及茎叶处理。

【主要制剂和生产企业】35%种子处理微乳剂，53%可湿性粉剂（精甲霜灵+代森锰锌），68%可湿性粉剂精甲霜灵（精甲霜灵+代森锰锌），68%水分散粒剂（精甲霜灵+代森锰锌），3.5%悬浮种衣剂（精甲霜灵+咯菌腈），44%悬浮剂（精甲霜灵+百菌清）等。

生产企业：浙江嘉化集团股份有限公司、浙江禾本农药化学有限公司、瑞士先正达作物保护有限公司、浙江一帆化工有限公司、江苏中旗化工有限公司和江苏宝灵化工股份有限公司等。

乙嘧酚磺酸酯（bupirimate）

【作用机理分类】A2。
【化学结构式】

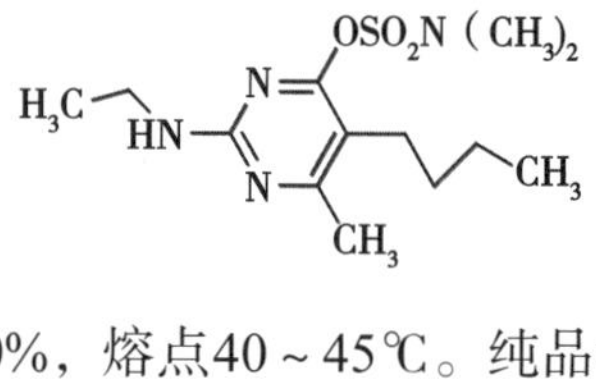

【理化性质】原药纯度为90%，熔点40 ~ 45℃。纯品棕色蜡状固体，熔点50 ~ 51℃。相对密度1.2。水中溶解度22mg / L（pH值为5.2，22℃），可快速溶解于大多数有机溶剂中。土壤降解DT_{50}35 ~ 90d。

【毒性】大鼠、小鼠、兔急性经口LD_{50}>4 000mg / kg。大鼠经皮LD_{50}4 800mg / kg。对兔皮肤和眼睛无刺激性，对豚鼠皮肤有中度致敏性。大鼠急性吸入LC_{50}（4h）>0.035mg / L。NOEL数据mg /（kg · d）：大鼠100（2年），大鼠1 000（90d），狗15（90d）。鹌鹑急性经口LD_{50}>5 200mg / kg，野鸭（8d）1 466mg / kg。山齿鹑和野鸭饲喂LC_{50}（5d）>

10 000mg/kg饲料。虹鳟鱼LC_{50}（96h）1.4mg/L。水蚤LC_{50}（48h）>7.3mg/L。蜜蜂LD_{50}（48h）：0.05mg/只（接触），0.2μg/只（经口）。

【防治对象】各种白粉病，如黄瓜、苹果、葡萄、草莓、玫瑰、甜菜白粉病。

【使用方法】茎叶处理，使用剂量为150～375g（a.i.）/hm^2。

【主要制剂和生产企业】25%微乳剂，西安近代农药科技有限公司。

二甲嘧酚（dimethirimol）

【作用机理分类】A2。

【化学结构式】

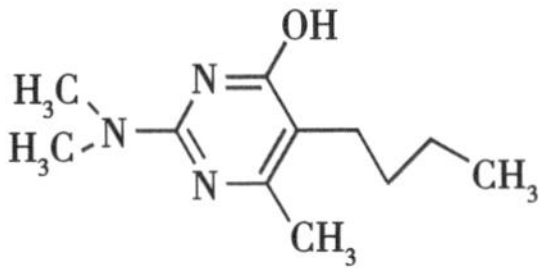

【理化性质】纯品为无色针状结晶固体，熔点102℃。相对密度1.2。水中溶解度1.2g/L（20℃）。有机溶剂中溶解度（g/kg，20℃）：氯仿1 200，二甲苯360，乙醇65，丙酮45。土壤降解DT_{50} 120d。

【毒性】急性经口LD_{50}（mg/kg）：大鼠2 350，小鼠800～1 600。大鼠急性经皮LD_{50}>400mg/kg。对兔皮肤和眼睛无刺激性。NOEL数据（2年），mg/（kg·d）：大鼠300，狗25。母鸡急性经口LD_{50}4 000mg/kg。虹鳟鱼LC_{50}（96h）28mg/L。

【防治对象】主要用于防治番茄、烟草、观赏植物的白粉病。

【使用方法】茎叶处理，使用剂量为50～100g（a.i.）/hm2。土壤处理，使用剂量为0.5～100kg（a.i.）/hm^2。

【主要制剂和生产企业】在国内无登记。

辛噻酮（octhilinone）

【作用机理分类】A3。

【化学结构式】

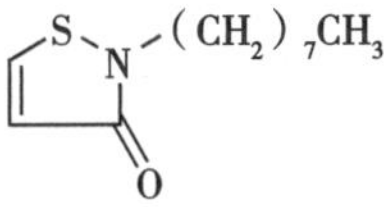

【理化性质】纯品为淡金黄色透明液体，具有弱的刺激气味。溶解度：蒸馏水0.05%（25℃），甲醇和甲苯中>800g/L，乙酸乙酯>900g/L，己烷64g/L。稳定性：对光稳定。

【毒性】大鼠急性经口LD_{50}1 470mg/kg，兔急性经皮LD_{50}4.22mg/kg。对大鼠、兔皮肤和眼睛无刺激性。大鼠急性吸入（4h）LC_{50}0.58mg/L。急性经口LD50：山齿鹑346mg/kg，野鸭>887mg/kg。山齿鹑和野鸭饲喂LC_{50}（8d）>5 620mg/kg饲料。鱼毒LC_{50}（96h，mg/L）：蓝鳃翻车鱼0.196mg/L、虹鳟鱼0.065mg/L。

【防治对象】防治各种疫霉、黑斑等真菌及细菌的侵染。

【主要制剂和生产企业】目前在国内无登记。

乙霉威（diethofencarb）

【作用机理分类】B2。

【化学结构式】

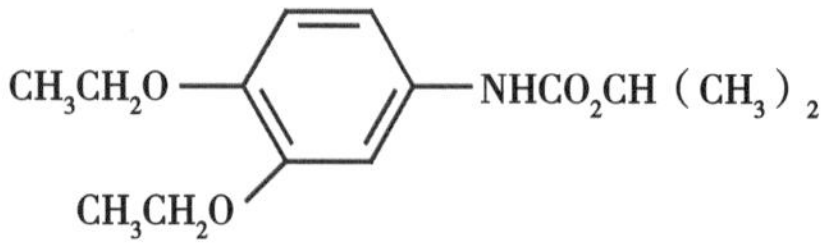

$$CH_3CH_2O-C_6H_3(OCH_2CH_3)-NHCO_2CH(CH_3)_2$$

【理化性质】原药为无色至浅褐色固体。纯品为白色结晶，熔点100.3℃。相对密度1.19。溶解度（20℃）：水26.6mg／L，己烷1.3g／kg，甲醇101g／kg，二甲苯30g／kg。闪点140℃。

【毒性】微毒，大鼠急性经口LD_{50}>5 000mg／kg，急性经皮LD_{50}>5 000mg／kg；大鼠急性吸入LC_{50}（4h）>1.05mg／L。Ames试验无诱变作用。山齿鹑和野鸭急性经口LD_{50}>2 250mg／kg。鲤鱼LC_{50}（96h）>18mg／L。水蚤LC_{50}（3h）>10mg／L。蜜蜂（接触）LD_{50}20μg／只。

【防治对象】能有效地防治对多菌灵产生抗性的灰葡萄孢病菌引起的葡萄和蔬菜灰霉病。

【使用方法】茎叶喷雾，使用剂量通常为250～500g（a.i.）／hm^2或250～500mg（a.i.）／L。具体使用方法如下：12.5mg（a.i.）／L喷雾，防治黄瓜灰霉病、茎腐病；50mg（a.i.）／L喷雾，防治甜菜叶斑病，其防效均为100%；25%乙霉威可湿性粉剂，以125mg（a.i.）／L，防治番茄灰霉病；用于水果保鲜防治苹果青霉病时，加入500mg／L硫酸链霉素和展着剂浸泡1min，用量为500～1 000mg／L，防效为95%。

【注意事项】

（1）不能与铜制剂及酸碱性较强的农药混用。

（2）乙霉威若用单剂，同样易引发病菌对它产生抗性，因此应与保护性杀菌剂制成混剂应用，并应用在关键时期和对多菌灵、腐霉利等有较高抗性菌的地区。

【主要制剂和生产企业】乙霉威主要用途是制备成混剂，50%乙霉·多菌灵可湿性粉剂（乙霉威+多菌灵），60%乙霉·多菌灵可湿性粉剂（乙霉威+多菌灵）等，江苏蓝丰生物化工股份有限公司。26%嘧胺·乙霉威水分散粒剂（乙霉威+嘧霉胺），山东省青岛瀚生生物科技股份有限公司等。

噻唑菌胺（ethaboxam）

【作用机理分类】B3。

【化学结构式】

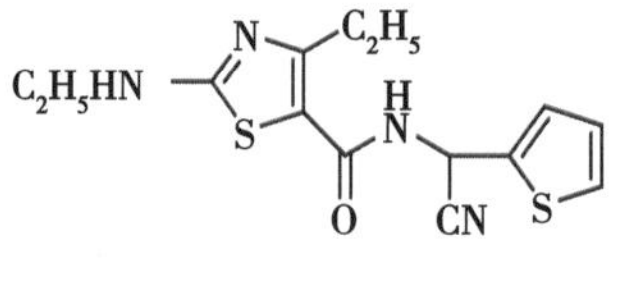

（结构式：C_2H_5HN-噻唑环（4-C_2H_5）-5-C(=O)-NH-CH(CN)-噻吩基）

【理化性质】纯品为白色晶体粉末，无固定熔点，在185℃熔化过程已分解。水中溶解度4.8mg／L（20℃）。在室温、pH值为7条件下的水溶液稳定，pH值为4和pH值为9时半衰期分别为89d和46d。

【毒性】大、小鼠（雄／雌）急性经口LD_{50}>5 000mg／kg，大鼠（雄／雌）急性经皮LD_{50}>5 000mg／kg。大鼠（雄／雌）急性吸入LC_{50}（4h）>4.89mg／L。对兔眼睛无刺激性，对兔皮肤无刺激性，对豚鼠皮肤无致敏性。无潜在诱变性，对兔、大鼠无潜在致畸性。山齿鹑急性经口LD_{50}>5 000mg／kg。蓝鳃太阳鱼LC_{50}>2.9mg／L（96h），黑头带鱼LC_{50}>4.6mg／L（96h），虹鳟鱼LC_{50}2.0mg／L（96h）。水蚤LC_{50}0.33mg／L（48h）。藻类EC_{50}>3.6mg／L（120h）。蜜蜂LD_{50}>100μg／只。蚯蚓LC_{50}>1 000mg／kg干土。

【防治对象】主要用于防治卵菌纲病原菌引起的病害如葡萄霜霉病和马铃薯晚疫病等。

【使用方法】温室和田间大量试验结果表明，噻唑菌胺对卵菌纲类病害如葡萄霜霉病、马铃薯晚疫病、瓜类霜霉病等具有良好的预防、治疗和内吸活性。根据使用作物、病害发病程度，其使用剂量通常为100～250g（a.i.）／hm^2。20%噻唑菌胺可湿性粉剂在大田应用时，施药时间间隔通常为7～10d，防治葡萄霜霉病、马铃薯晚疫病时推荐使用剂量分别为200g（a.i.）／hm^2、250g（a.i.）／hm^2。

【主要制剂和生产企业】无。

氟吡菌胺（fluopicolide）

【作用机理分类】B5。

【化学结构式】

【理化性质】原药外观为米色粉末状细微晶体，制剂为深米黄色、无味、不透明液体。熔点150℃，分解温度320℃。溶解度：水中4mg／L，有机溶剂（g／L）：乙醇19.2，正己烷0.2，甲苯20.5，二氯甲烷126，丙酮74.7，乙酸乙酯37.7，二甲基亚砜183，在水中稳定，受光照影响较小。常温贮存3年稳定。

【毒性】大鼠急性经口：>500mg／kg（雄／雌）；急性经皮：>500mg／kg（雄／雌）。

【防治对象】主要用于防治由真菌病原菌引起的各种植物病害，例如灰霉病、白粉病、晚疫病、霜霉病、稻瘟病、菌核病和念珠菌等病害，可用于70多种作物，如葡萄、梨果、核果、蔬菜和田间作物等。

【使用方法】

目前在国内主要以混配制剂使用。

防治辣椒疫病，有效成分用量为618.8～773.4g／hm^2喷雾处理；防治黄瓜霜霉病，有效成分用量为620～774g／hm^2喷雾处理；防治大白菜霜霉病、番茄晚疫病、马铃薯晚疫病和西瓜疫病，有效成分用量为618.8～773.4g／hm^2喷雾处理。

【主要制剂和生产企业】目前在国内无单剂登记。主要是687.5g／L氟菌·霜霉威悬浮剂。

生产企业：德国拜耳作物科学公司。

氟吡菌酰胺（fluopyram）

【作用机理分类】C2。

【化学结构式】

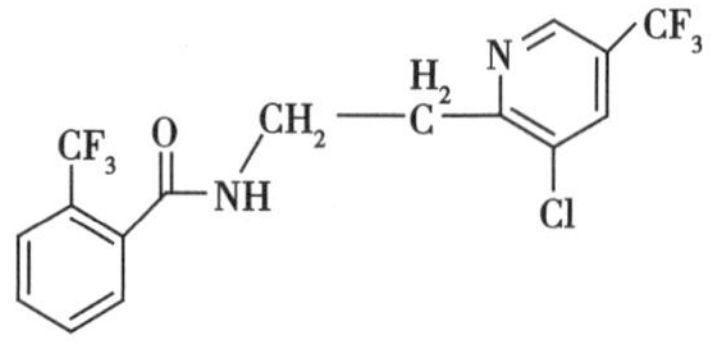

【理化性质】

原药外观为白色粉末，制剂外观为浅褐色。有机溶剂中溶解度（20℃，g／L）：庚烷0.66，甲苯62.2，二氯甲烷、丙酮、甲醇、乙酸乙酯、二甲基亚砜>250，微溶于水。

【毒性】大鼠急性经口：>2 000mg／kg（雄／雌）；急性经皮：>2 000mg／kg（雄／雌）。

【防治对象】该药剂广谱，用于防除包括葡萄、梨和核果、蔬菜和大田作物等在内的70多种作物上的灰霉病、白粉病、菌核病以及念珠菌属引起的病害。

【使用方法】

41.7%氟吡菌酰胺悬浮剂用于防治黄瓜白粉病，用药量为37.5～75g／hm^2，施用方法为喷雾。

【主要制剂和生产企业】41.7悬浮剂，德国拜耳作物科学公司。

呋吡菌胺（furametpyr）

【作用机理分类】C2。

【化学结构式】

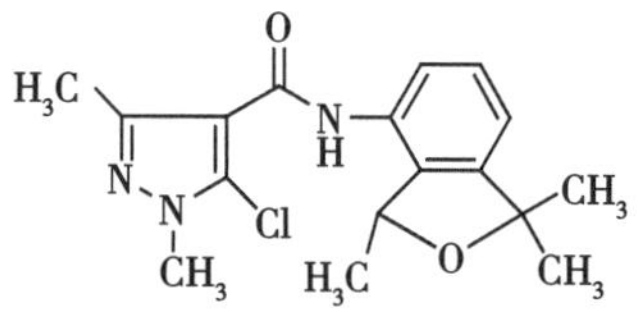

【理化性质】纯品为无色或浅棕色固体。熔点150.2℃。水中溶解度（25℃）225mg／L。在大多数有机溶剂中稳定。原药在40℃放置6个月仍较稳定，在60℃放置1个月几乎无分解，在阳光下分解较迅速。原药在pH值3～11水中（100mg／L溶液，黑暗环境）较稳定，14d后分解率低于2%。在加热条件下，原药于碳酸钠中易分解，在其他填料中均较稳定。

【毒性】大鼠急性经口LD_{50}（mg／kg）：雄640，雌590。大鼠急性经皮LD_{50}>2 000mg／kg（雄、雌）。对兔眼睛有轻微刺激，对皮肤无刺激作用。对豚鼠有轻微皮肤过敏现象。无致癌、致畸性，对繁殖无影响。在环境中对非靶标生物影响小，较为安全。

【防治对象】对担子菌纲的大多数病菌具有优良的活性，特别是对丝核菌属和伏革菌属引起的植物病害具有优异的防治效果。对丝核菌属和伏革菌属引起的的植物病害如水稻纹枯病、多种水稻菌核病、白绢病等有特效。由于呋吡菌胺具有内吸活性，且传导性能优良，故预防治疗效果卓著。对水稻纹枯病具有适度的长持效活性。

【使用方法】以颗粒剂于水稻田淹灌施药防治水稻纹枯病，防效优异。大田防治水稻纹枯病的剂量为450～600g（a.i.）／hm^2。

啶酰菌胺（boscalid）

【作用机理分类】C2。

【化学结构式】

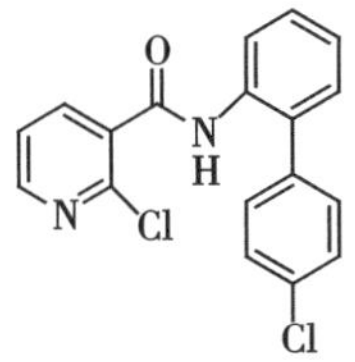

【理化性质】纯品为白色无嗅晶体，熔点142.8～143.8℃。水中溶解度4.6mg／L（20℃）；其他溶剂中的溶解度（20℃，g／L）：正庚烷<10，甲醇40～50，丙酮160～200。啶酰菌胺在室温下的空气中稳定，54℃可以放置14d，在水中不光解。

【毒性】大鼠急性经口LD_{50}>5 000mg／kg，大鼠急性经皮LD_{50}>2 000mg／kg。对兔皮肤和眼睛无刺激性。大鼠急性吸入LC_{50}（4h）>6.7mg／L。大鼠NOEL数据（2年）5mg／kg。ADI值0.04mg／kg。山齿鹑急性经口LD_{50}>2 000mg／kg。虹鳟鱼LC_{50}（96h）2.7mg／L。水蚤LC_{50}（48h）5.33mg／L。藻类EC_{50}（96h）3.75mg／L。其他水生藻类NOEC2.0mg／L。蜜蜂NOEC：166μg／只（经口）、200μg／只（接触）。蚯蚓LC_{50}（14d）>1 000mg／kg干土。

【防治对象】白粉病、灰霉病、各种腐烂病、褐腐病和根腐病。

【使用方法】茎叶喷雾。50%水分散颗粒剂使用剂量为0.5kg／hm^2。

【主要制剂和生产企业】50%水分散粒剂。

巴斯夫欧洲公司、上海绿泽生物科技有限责任公司等。

嘧菌酯（azoxystrobin）

【作用机理分类】C3。

【化学结构式】

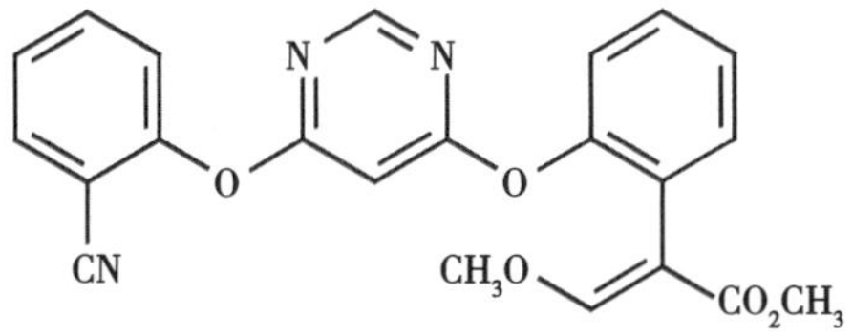

【理化性质】原药为棕色固体，熔点114～116℃。纯品为白色结固体，熔点116℃，相对密度1.34，水中溶解度6mg／L（20℃），微溶于己烷、正辛醇，溶于甲醇、甲苯、丙酮，易溶于乙酸乙酯、乙腈、二氯甲烷。水溶液中光解半衰期为2周，对水解稳定。

【毒性】微毒，雄、雌大白鼠和小白鼠急性经口LD_{50}>5 000mg／kg，大白鼠急性经皮LD_{50}>2 000mg／kg，对眼睛和皮肤具有轻微刺激作用（兔），不是皮肤致敏剂（豚鼠）。

【防治对象】醚菌酯具有广谱的杀菌活性，对几乎所有真菌纲（子囊菌纲、担子菌纲、卵菌纲和半知菌类）病害如白粉病、锈病、颖枯病、网斑病、黑星病、霜霉病、稻瘟病等数十种病害均有很好的活性。

【使用方法】嘧菌酯为新型高效杀菌剂，具有保护、治疗、铲除作用和良好的渗透、内吸活性，可用于茎叶喷雾、种子处理和土壤处理，施用剂量根据作物和病害的不同，一般亩用有效成分2.5～26g，通常为6.5～23g。

1. 蔬菜病害

（1）防治番茄晚疫病。亩用25%悬浮剂60～90ml（亩有效成分用量15～22.5g），对水喷雾。

（2）防治番茄早疫病。亩用25%悬浮剂24～40ml（亩有效成分用量6～8g），对水喷雾。

（3）防治番茄叶霉病。亩用25%悬浮剂60～90ml（亩有效成分用量15～22.5g），对水喷雾。

（4）防治花椰菜霜霉病。亩用25%悬浮剂40～72ml（亩有效成分用量10～18g），对水喷雾。

（5）防治黄瓜白粉病。亩用25%悬浮剂60～90ml（亩有效成分用量15～22.5g），对水喷雾。

（6）防治黄瓜黑星病。亩用25%悬浮剂60～90ml（亩有效成分用量15～22.5g），对水喷雾。

（7）防治黄瓜蔓枯病。亩用25%悬浮剂60～90ml（亩有效成分用量15～22.5g），对水喷雾。

（8）防治黄瓜霜霉病。亩用25%悬浮剂32～48ml（亩有效成分用量8～12g），对水喷雾。

（9）防治辣椒炭疽病。亩用25%悬浮剂32～48ml（亩有效成分用量8～12g），对水喷雾。

（10）防治辣椒疫病。亩用25%悬浮剂40～72ml（亩有效成分用量10～18g），对水喷雾。

（11）防治马铃薯晚疫病。亩用25%悬浮剂15～20ml（亩有效成分用量3.75～5g），对水喷雾。

（12）防治马铃薯早疫病。亩用25%悬浮剂30～50ml（亩有效成分用量7.5～12.5g），对水喷雾。

（13）防治丝瓜霜霉病。亩用25%悬浮剂48～90ml（亩有效成分用量12～22.5g），对水喷雾。

（14）防治冬瓜霜霉病、冬瓜炭疽病。用25%悬浮剂1 400～750倍液（有效成分180～337.5mg／L）喷雾。

2. 水果病害

（1）防治葡萄霜霉病。用25%悬浮剂1 400～750倍液（有效成分180～337.5mg／L）

喷雾。

（2）防治葡萄白腐病、黑痘病。用25%悬浮剂1 250～833倍液喷雾（有效成分200～300mg／L）喷雾。

（3）防治西瓜炭疽病。用25%悬浮剂1 667～833倍液（有效成分150～300mg／L）喷雾。

（4）防治香蕉叶斑病。用25%悬浮剂1 500～1 000倍液（有效成分166.7～250mg／L）喷雾。

（5）防治杧果炭疽病。用25%悬浮剂1 667～1 250倍液（有效成分150～200mg／L）喷雾。

（6）防治荔枝霜疫霉病。用25%悬浮剂1 667～1 250倍液（有效成分150～200mg／L）喷雾。

3. 草坪病害

防治枯萎病、褐斑病。在发病前或发病初期，亩用50%水分散粒剂26.7～53.4g（亩有效成分用量13.3～26.7g），对水均匀喷雾。

4. 防治大豆锈病

每亩用25%悬浮剂40～60（亩有效成分10～15g），对水喷雾。

5. 防治人参黑斑病

每亩用25%悬浮剂40～60（亩有效成分10～15g），对水喷雾。

6. 防治花卉白粉病

用25%悬浮剂稀释2 500～1 000倍液（100～250mg／L）喷雾。

【注意事项】嘧菌酯对作物安全，但某些苹果品种对嘧菌酯敏感，使用时要注意。

【主要制剂和生产企业】20%、50%、60%、80%水分散粒剂，英国先正达公司。25%、30%悬浮剂，250g／L悬浮剂，上海禾本药业有限公司、山东省青岛瀚生生物科技股份有限公司等。

丁香菌酯（coumoxystrobin）

【作用机理分类】C3。

【化学结构式】

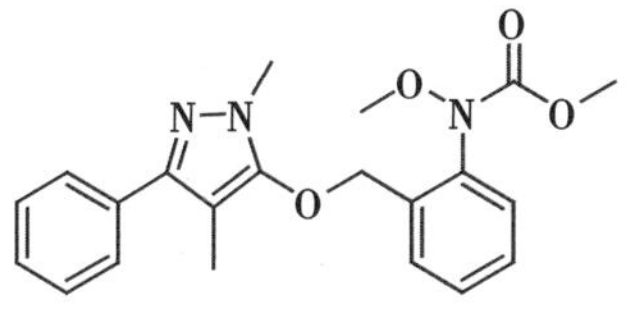

【理化性质】96%丁香菌酯原药外观为乳白色或淡黄色固体，熔点：109～111℃，pH值为6.5～8.5，溶解性：易溶于二甲基甲酰胺、丙酮、乙酸乙酯、甲醇、微溶于石油醚，几乎不溶于水。稳定性：常温条件不易分解。

【毒性】低毒，大鼠急性经口LD_{50}为1 260mg／kg（雄）、926mg／kg（雌），急性经皮LD_{50}2 150mg／kg；对皮肤和眼睛中度刺激性（兔）；对豚鼠弱致敏性，无三致作用。

【防治对象】广谱性杀菌剂，可有效防治多种作物的病害，如黄瓜霜霉病、白粉病、疫病、苹果树腐烂病、油菜菌核病、苹果斑点病、黄瓜黑星病、玉米小斑病、小麦赤霉病、番茄叶霉病、番茄炭疽病、小麦纹枯病和稻瘟病等。

【使用方法】

（1）防治黄瓜枯萎病。用20%丁香菌酯悬浮剂1 000～4 000倍液，根施拌种药土处理。

（2）防治苹果树腐烂病。用20%丁香菌酯悬浮剂500～1 500μg / kg，刮除苹果树腐烂病病斑，再对刮除部位进行涂抹处理。

（3）防治油菜菌核病。用20%丁香菌酯悬浮剂250～1 000g / hm^2，喷雾处理。

【主要制剂和生产企业】20%悬浮剂，吉林省八达农药有限公司。

烯肟菌酯（enoxastrobin）

【作用机理分类】C3。

【化学结构式】

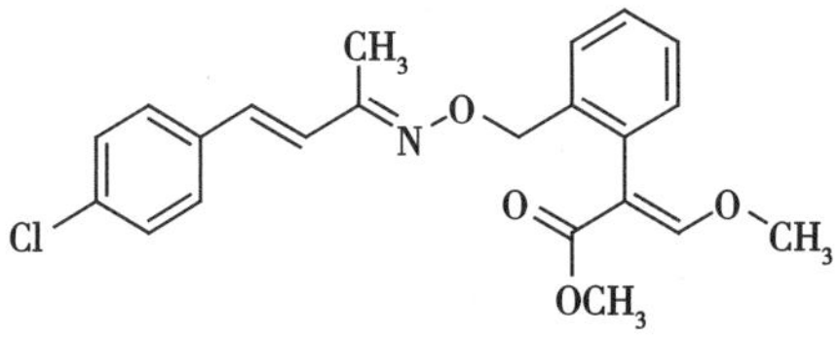

【理化性质】原药外观为棕褐色黏稠状物。易溶于丙酮、三氯甲烷、乙酸乙酯、乙醚，微溶于石油醚，不溶于水。对光、热比较稳定。

【毒性】大白鼠急性经口LD_{50}>1 470mg / kg，大白鼠急性经皮LD_{50}>2 000mg / kg。

【防治对象】。对由卵菌、子囊菌、担子菌及半知菌引起的病害均有很好的防治作用。

【使用方法】能有效地控制黄瓜霜霉病、葡萄霜霉病、番茄晚疫病、小麦白粉病、马铃薯晚疫病及苹果斑点落叶病的发生与为害，与苯基酰胺类杀菌剂无交互抗性。田间使用剂量100～200g（a.i.）/ hm^2。

【主要制剂和生产企业】25%乳油，沈阳科创化学品有限公司。

啶氧菌酯（picoxystrobin）

【作用机理分类】C3。

【化学结构式】

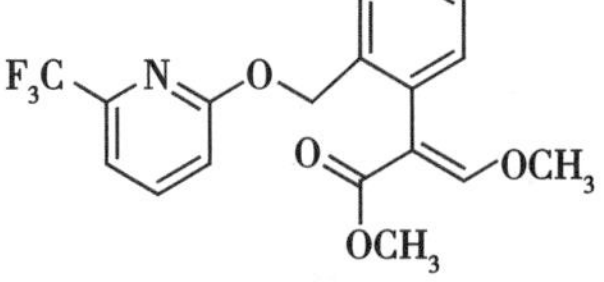

【理化性质】纯品为白色粉末状固体，熔点75℃。相对密度1.4（20℃）。水中溶解度0.128g / L（20℃）。

【毒性】大鼠急性经口 LD_{50}>5 000mg / kg，大鼠急性经皮LD_{50}>2 000mg / kg，大鼠急性吸入LC_{50}（4h）2.12mg / L。对兔皮肤和眼睛无刺激性。NOEL数据（狗）4.3mg / kg。

山齿鹑急性经口LD_{50}>5 200mg / kg。野鸭饲喂LD_{50}（NOEC，21周）1 350mg / kg饲料。鱼毒LC_{50}（96h）μg / L。蜜蜂LD_{50}（48h）>200μg / 只（经口和接触）。蚯蚓LC_{50}（14d）>6.7mg / kg土壤。

【防治对象】广谱、内吸性杀菌剂。主要用于防治黄瓜霜霉病、辣椒炭疽病、西瓜炭疽病、西瓜蔓枯病、枣树锈病、葡萄霜霉病、葡萄黑痘病、香蕉黑星病和香蕉叶斑病等。

【使用方法】茎叶喷雾，使用剂量为250g（a.i.）/ hm^2。

【主要制剂和生产企业】22.5%悬浮剂。

美国杜邦公司、上海生农生化制品有限公司。

唑菌酯（pyraoxystrobin）

【作用机理分类】C3。

【化学结构式】

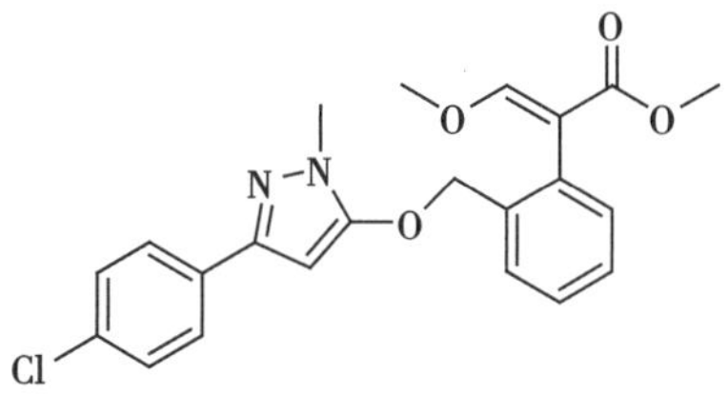

【理化性质】原药外观为白色结晶固体。极易溶于二甲基甲酰胺、丙酮、乙酸乙酯、甲醇，微溶于石油醚，不溶于水；在常温下贮存稳定。

【毒性】低毒，大鼠急性经口LD_{50}为1 022mg / kg，大鼠急性经皮LD_{50} >2 150mg / kg。

【防治对象】可有效地防治黄瓜霜霉病、小麦白粉病；对油菜菌核病菌、葡萄白腐病菌、苹果轮纹病菌、苹果斑点落叶病菌等均具有良好的抑菌活性，是高效低毒杀菌剂。

【主要制剂和生产企业】20%悬浮剂，沈阳化工研究院。

吡唑醚菌酯（pyraclostrobin）

【作用机理分类】C3。

【化学结构式】

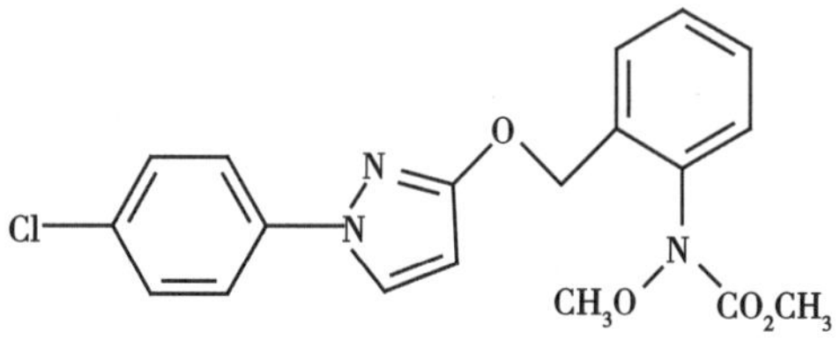

【理化性质】外观为白色至浅米色结晶状固体，无味。比重：1.367g / cm^3，溶点63.7～65.2℃。

【毒性】微毒，大鼠急性经口LD_{50}>5 000mg / kg，大鼠急性经皮LD_{50}>2 000mg / kg；对皮肤和眼睛无刺激性（兔）；对鱼高毒，对虹鳟鱼LC_{50}为0.006mg / L；对蜜蜂安全。

【防治对象】具有广谱的杀菌活性。主要用于防治白菜炭疽病，黄瓜白粉病与霜霉病，马铃薯晚疫病，西瓜炭疽病，香蕉轴腐病、叶斑病，茶树炭疽病，杧果树炭疽病，草坪褐斑病等病害。

【使用方法】

1. 在蔬菜上的应用

（1）防治白菜炭疽病。亩用25%乳油30～50ml（有效成分7.5～12.5g），对水喷雾。

（2）防治黄瓜白粉病。亩用25%乳油20～40ml（有效成分5～10g），对水喷雾。

（3）防治黄瓜霜霉病。亩用25%乳油20～40ml（有效成分5～10g），对水喷雾；或者用60%唑醚·代森联水分散粒剂40～60g（有效成分24～36g），对水喷雾；或每亩用18.7%烯酰·吡唑酯水分散粒剂75～125g（有效成分14～23.3g），对水喷雾。

（4）防治番茄晚疫病。用60%唑醚·代森联水分散粒剂40～60g（有效成分24～36g），对水喷雾。

（5）防治黄瓜疫病。用60%唑醚·代森联水分散粒剂60～100g（有效成分36～60g），对水喷雾。

（6）防治辣椒疫病。用60%唑醚·代森联水分散粒剂40～100g（有效成分24～60g），对水喷雾。

（7）防治马铃薯晚疫病。用60%唑醚·代森联水分散粒剂2 000～1 000倍液（有效成分300～600mg／L）喷雾；或每亩用18.7%烯酰·吡唑酯水分散粒剂75～125g（有效成分14～23.3g），对水喷雾。

（8）防治甘蓝霜霉病。每亩用18.7%烯酰·吡唑酯水分散粒剂75～125g（有效成分14～23.3g），对水喷雾。

2. 在果树上的应用

（1）防治香蕉黑星病。用25%乳油3 000～1 000倍液（有效成分83.3～250mg／L）喷雾。

（2）防治香蕉叶斑病。用25%乳油3 000～1 000倍液（有效成分83.3～250mg／L）喷雾。

（3）防治香蕉炭疽病。用25%乳油2 000～1 000倍液（有效成分125～250mg／L）喷雾。

（4）防治香蕉轴腐病。用25%乳油2 000～1 000倍液（有效成分125～250mg／L）喷雾。

（5）防治杧果树炭疽病。用25%乳油2 000～1 000倍液（有效成分125～250mg／L）喷雾。

（6）防治荔枝霜疫霉病。用60%唑醚·代森联水分散粒剂2 000～1 000倍液（有效成分300～600mg／L）喷雾。

（7）防治苹果轮纹病。用60%唑醚·代森联水分散粒剂2 000～1 000倍液（有效成分300～600mg／L）喷雾。

（8）防治葡萄霜霉病。用60%唑醚·代森联水分散粒剂2 000～1 000倍液（有效成分300～600mg／L）喷雾。

3. 在草坪上的应用

防治草坪褐斑病。用25%乳油2 000～1 000倍液（有效成分125～250mg／L）喷雾。

4. 在茶树上的应用

防治茶树炭疽病。用25%乳油2 000～1 000倍液（有效成分125～250mg／L）喷雾。

【注意事项】吡唑醚菌酯对鱼高毒，一定不要污染水源。

【主要制剂和生产企业】25%乳油，德国巴斯夫股份有限公司。

恶唑菌酮（famoxadone）

【作用机理分类】C3。

【化学结构式】

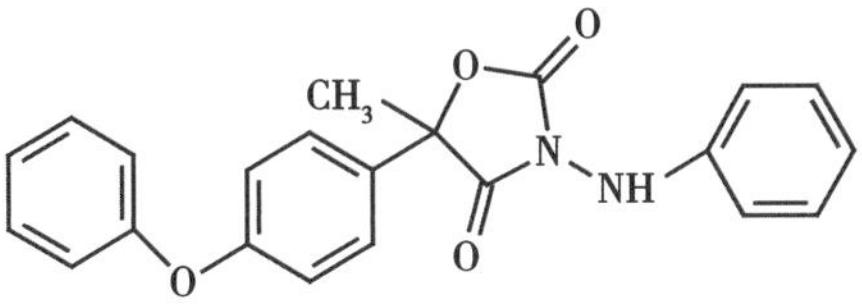

【理化性质】熔点141.3～142.3℃，蒸汽压6.4×10^{-4}mPa（20℃），相对密度1.31（22℃）；在水中溶解度0.052mg／L；在黑暗条件下稳定。

【毒性】微毒，大鼠急性经口 LD_{50}>5 000mg／kg，大鼠急性经皮LD_{50}>2 000mg／kg；对皮肤和眼睛无刺激性（兔）；对鱼高毒，对虹鳟鱼LC_{50}为0.011mg／L；对蜜蜂LD_{50}为0.025mg／只。

【使用方法】如表2-3-1所示。

表2-3-1 恶唑菌酮主要混剂和使用方法

<table>
<tr><th>混剂</th><th>剂型</th><th>有效成分I</th><th>有效成分II</th><th>防治对象</th><th>制剂用量（g／亩）</th><th>使用方法</th></tr>
<tr><td rowspan="3">52.5%恶唑菌酮·霜脲</td><td rowspan="3">水分散粒剂</td><td rowspan="3">22.5%恶唑菌酮</td><td rowspan="3">30%霜脲氰</td><td>黄瓜霜霉病</td><td>23.3～35</td><td rowspan="2">对水喷雾</td></tr>
<tr><td>辣椒疫病</td><td>32.5～43.3</td></tr>
<tr><td>荔枝霜疫霉病</td><td>2 500～1 500倍液</td><td rowspan="3">喷雾</td></tr>
<tr><td rowspan="2">206.7g／L恶唑菌酮·硅唑</td><td rowspan="2">乳油</td><td rowspan="2">100g／L恶唑菌酮</td><td rowspan="2">106.7g／L氟硅唑</td><td>苹果轮纹病</td><td>2 000～3 000倍液</td></tr>
<tr><td>香蕉叶斑病</td><td>1 000～1 500倍液喷雾</td></tr>
<tr><td rowspan="7">68.75%恶酮·锰锌</td><td rowspan="7">可分散粒剂</td><td rowspan="7">6.25%恶唑菌酮</td><td rowspan="7">62.5%代森锰锌</td><td>白菜黑斑病</td><td>45～75</td><td>对水喷雾</td></tr>
<tr><td>番茄早疫病</td><td>75～94</td><td>对水喷雾</td></tr>
<tr><td>柑橘树疮痂病</td><td>1 000～1 500倍液</td><td>喷雾</td></tr>
<tr><td>苹果树斑点落叶病</td><td rowspan="2">1 000～1 500倍液</td><td rowspan="2">喷雾</td></tr>
<tr><td>苹果轮斑病</td></tr>
<tr><td>葡萄霜霉病</td><td>800～1 200倍液</td><td rowspan="2">对水喷雾</td></tr>
<tr><td>西瓜炭疽病</td><td>45～56</td></tr>
</table>

【主要制剂和生产企业】没有单剂在市场上销售，我国登记的混剂如表2-3-1所示。

美国杜邦公司、上海农乐生物制品股份有限公司和兴农药业（上海）有限公司。

氰霜唑（cyazofamid）

【作用机理分类】C4。

【化学结构式】

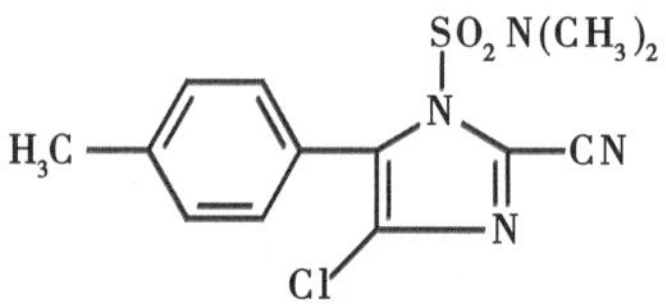

$$\text{4-chloro-2-cyano-}N,N\text{-dimethyl-5-}p\text{-tolylimidazole-1-sulfonamide: } H_3C\text{-}C_6H_4\text{-}(C_3N_2)(Cl)(CN)\text{-}SO_2N(CH_3)_2$$

【理化性质】乳白色、无味粉末，熔点152.7℃，蒸汽压1.3×10^{-2}mPa（35℃），相对密度1.446（20℃）。20℃时在水中溶解度0.121mg／L（pH值为5），0.107mg／L（pH值为7），0.109mg／L（pH值为9）。在水中稳定，半衰期24.6d（pH值为4），27.2d（pH值为5），24.8d（pH值为7）。

【毒性】微毒，大鼠和小鼠急性经口LD_{50}>5 000mg／kg，大鼠急性经皮LD_{50}>2 000mg／kg；对眼睛和皮肤无刺激性（兔试验）；对蜜蜂无毒。

【防治对象】霜霉病、疫病，如黄瓜霜霉病、葡萄霜霉病、番茄晚疫病、马铃薯晚疫病等。

【使用方法】

（1）防治黄瓜霜霉病、番茄晚疫病。亩用10%悬浮剂53～67ml，对水75L，即稀释1 100～1 500倍液，于发病前或发病初期喷雾，隔7～10d喷1次，一般共喷3次。防病效果好，对作物安全无药害。

（2）防治荔枝树霜疫病。用10%悬浮剂2 500～2 000倍液（有效成分40～50mg／L）喷雾。

（3）防治马铃薯晚疫病。用10%悬浮剂2 500～2 000倍液（有效成分40～50mg／L）喷雾。

（4）防治荔枝、葡萄霜霉病。用10%悬浮剂2 500～2 000倍液（有效成分40～50mg／L）喷雾。

可用于喷雾和土壤处理，喷雾处理方法已经获得登记，土壤处理方法仍在研究评价中。

【主要制剂和生产企业】10%悬浮剂。

日本石原产业株式会社，浙江石原金牛农药有限公司。

氟啶胺（fluazinam）

【作用机理分类】C5。

【化学结构式】

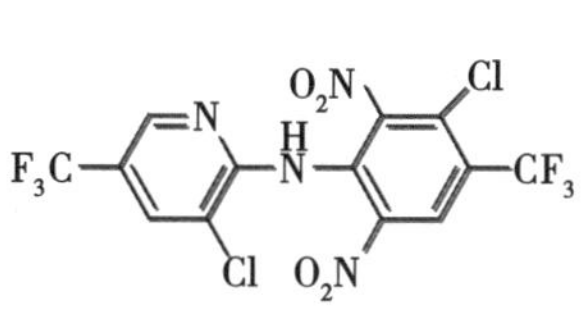

【理化性质】

原药外观为淡黄色粒状粉末。比重（20℃）1.81g／cm^3，熔点117℃。溶解度（g／L）：水 0.0001（pH值为5）、0.0017（pH值为6）、>1（pH值为11），正己烷12、1，2—丙二醇约8.6、环己烷14、乙酸乙酯680、甲苯410、丙醇470、乙醇470、二氯甲烷330。

【毒性】大鼠和小鼠急性经口LD_{50}>5 000mg／kg，大鼠急性经皮LD_{50}>2 000mg／kg。

【防治对象】对疫病、霜霉病、灰霉病和白菜根肿病有特效。

【使用方法】50～100g（a.i.）／hm^2剂量喷雾，可防治葡萄孢引起的病害；125～250g（a.i.）／hm^2土壤处理可防治根肿病，12.5～20mg（a.i.）／L土壤剂量可防治根霉病。

【主要制剂和生产企业】50%悬浮剂。

浙江石原金牛农药有限公司、日本石原产业株式会社。

三苯基乙酸锡（fentin acetate）

【作用机理分类】C6。

【化学结构式】

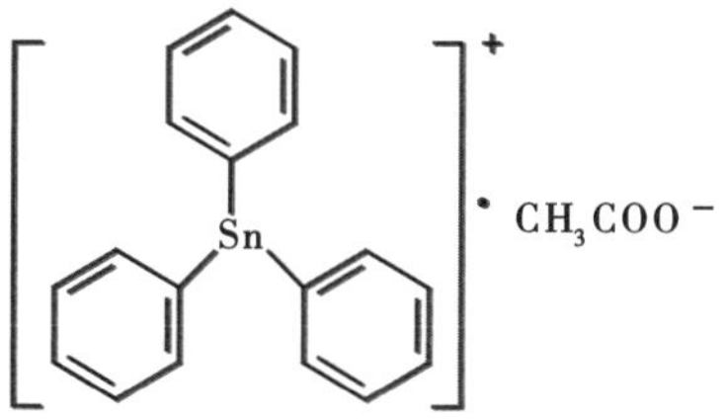

【理化性质】无色晶体，熔点121～123℃（原药为118～125℃），蒸汽压为1.9mPa（60℃），相对密度1.5（20℃）。水中溶解度大约为9mg／L（pH值为5，20℃），有机溶剂中溶解度（20℃）：乙醇中为22g／L，乙酸乙酯中为82g／L，正己烷中为5g／L，二氯甲烷中为460g／L。在干燥条件下稳定，在有水条件下转化成三苯基氢氧化锡；在酸性和碱性条件下不稳定，半衰期DT_{50}<h（pH值为5，7或9），闪点185±5℃。

【毒性】中等毒，大鼠急性经口LD_{50}为140～298mg／kg，兔急性经皮LD_{50}为127mg／kg，重复使用对皮肤黏膜有刺激作用，大鼠呼吸LC_{50}为0.044mg／L空气（4h）。

【防治对象】防治甜菜褐斑病、马铃薯晚疫病、大豆炭疽病、黑点病、褐纹病、紫斑病。对水稻稻瘟病、稻曲病、条斑病也有较好防效。对洋葱黑斑病、芹菜叶枯病、菜豆炭疽病、咖啡的生尾孢病也都有很好的防效。特别对福寿螺、藻类、水蜗牛有着特殊防效。

【使用方法】防治马铃薯早疫病和晚疫病。每亩次用45%可湿性粉剂30～40g，对水喷雾；防治甜菜褐斑病，三苯基乙酸锡对甜菜褐斑病效果好，并能提高块根产量和含糖量。当田间出现病斑时，用20%可湿性粉剂125～150g，对水喷雾；对甜菜蛇眼病也有防效。

防治水稻田水绵。采用毒土法，每亩地用25%可湿性粉剂108～125g，与一定量的细土拌匀，均匀撒于田间；防治水稻田福寿螺，采用毒土法，每亩地用20%可湿性粉剂100～134g，与一定量的细土拌匀，均匀撒于田间。

【注意事项】

（1）葡萄、园艺植物、部分水果和温室植物对其较敏感，易出现药害。

（2）不能与农药油剂和乳油制剂混用。

【主要制剂和生产企业】45%、25%、20%可湿性粉剂。

浙江禾本农药化学有限公司、广西南宁泰达丰化工有限公司、江苏禾业农化有限公司、吉林省瑞野农药有限公司和吉林省长春市长双农药有限公司。

嘧霉胺（pyrimethanil）

【作用机理分类】D1。

【化学结构式】

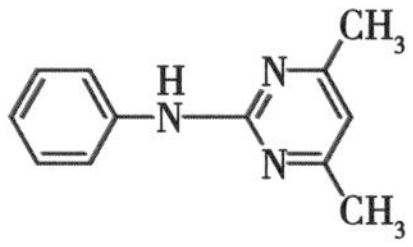

【理化性质】白色或白色带微黄色结晶。能溶于有机溶剂，微溶于水，室温下（25℃）在水中溶解度为0.121g／L。在25℃下熔点96.3℃（纯品），蒸汽压2.2×10^{-3}Pa（25℃）。在弱酸-弱碱性条件下稳定。

【毒性】低毒，大鼠急性经口LD_{50}4 159～5 971mg／kg，急性经皮LD_{50}>5 000mg／kg；大鼠急性吸入LC_{50}（4h）>1.98mg／L；对眼睛和皮肤无刺激（兔），对豚鼠皮肤无刺激；野鸭和山齿鹑急性经口LD_{50}>2 000mg／kg；野鸭和山齿鹑饲喂LC_{50}>5 200mg／kg食物；鱼毒LC_{50}（mg／L）：虹鳟鱼10.6，鲤鱼35.4，水蚤LC_{50}（48h）2.9mg／L；蜜蜂LD_{50}（48h）>100μg／只（经口和接触），蚯蚓LC_{50}（14d）>625mg／kg土壤。一般只对皮肤、眼有刺激症状。

【防治对象】对灰霉病有特效，可防治黄瓜、番茄、葡萄、草莓、豌豆、韭菜等作物灰霉病。还可用于防治梨黑星病、苹果黑星病和斑点落叶病。

【使用方法】在我国防治黄瓜、番茄病害时，每亩用40%悬浮剂25～95ml。每隔7～10d用药1次，共施2～3次。

【主要制剂和生产企业】80%、70%、40%水分散粒剂，40%悬浮剂，20%可湿性粉剂，25%乳油。

山西美邦农药有限公司、寿光晨阳农化有限公司、北京华戎生物激素厂、海利尔药业集团股份有限公司、山东省青岛奥迪斯生物科技有限公司和海南博士威农用化学有限公司等。

异菌脲（iprodione）

【作用机理分类】E3。

【化学结构式】

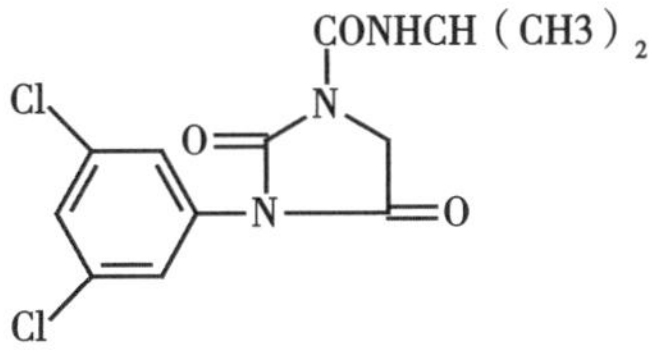

$CONHCH（CH3）_2$

Cl　O　N　N　O　Cl

【理化性质】白色无味，非吸湿性晶体或粉末，熔点134℃（原药128～128.5℃），蒸汽压 5×10^{-7}Pa（25℃），相对密度1.00（20℃），（原药1.434～1.435）；水中溶解度13mg／L（20℃），正辛醇10g／L，乙醇25g／L，乙腈g／L，甲苯150g／L，苯20g／L，乙酸乙酯225g／L，丙酮300g／L，二氯甲烷450g／L，氯甲烷500g／L，己烷590g／L（20℃）；酸性介质中稳定，碱性介质中水解，其水溶液在紫外光下分解。

【毒性】低毒，大鼠急性经口LD_{50}>2 000mg／kg，急性经皮LD_{50}>2 500mg／kg。一般只对皮肤和眼有刺激作用，经口毒性低，无人体中毒的报道，对皮肤有刺激作用。

【防治对象】异菌脲是保护性杀菌剂，也有一定的治疗作用。杀菌谱广，对葡萄孢属、链孢霉属、核盘菌属、小菌核属等引起的病害有较好防治效果，对链格孢属、蠕孢霉属、丝核菌属、镰刀菌属、伏草菌属等引起的病害也有一定防治效果。

【使用方法】

1.在蔬菜上应用

（1）防治番茄、茄子、黄瓜、辣椒、韭菜、莴苣等蔬菜的灰霉病。自菜苗开始，于育苗前，用50%可湿性粉剂或悬浮剂800倍液对苗床土壤、苗房顶部及四周表面喷雾，灭菌消毒。对保护地，在蔬菜定植前采用同样的方法对棚室喷雾消毒。在蔬菜作物生长期，于发病初期开始喷50%可湿性粉剂或悬浮剂1 000～1 500倍液，或每亩次用制剂75～100g对水喷雾，7～10d喷1次，连喷3～4次。

（2）防治黄瓜、番茄、油菜、茄子、芹菜、菜豆、荸荠等蔬菜菌核病。于发病初期开始喷50%可湿性粉剂1 000～1 500倍液，隔7～10d喷1次，共喷1～3次。

（3）防治番茄早疫病、斑枯病。必须在发病前未见病斑时即开始喷药，7～10d喷1次，连喷3～4次。每亩次用50%可湿性粉剂或悬浮剂75～100g对水喷雾或喷50%可湿性粉剂或悬浮剂800～1 200倍液。此外，还可用100～200倍液涂抹病部。

（4）防治甘蓝类黑胫病。喷50%可湿性粉剂1 500倍液，7d喷1次，连喷2～3次。药要喷到下部老叶、茎基部和畦面。

（5）防治大白菜黑斑病。用种子量0.3%的50%可湿性粉剂拌种后播种。发病初期喷50%可湿性粉剂1 500倍液，7～10d喷1次，连喷2～3次。

（6）防治石刁柏茎枯病。在春、夏季采茎期或割除老株留母茎后的重病田喷50%可湿性粉剂1 500倍液，保护幼茎出土时免受病害侵染。在幼茎期，若出现病株及时喷50%可湿性粉剂1 500倍液，7～10d喷1次，连喷3～4次。对前期病重的幼茎，用药液涂茎，可提高防效。

（7）防治大葱紫斑病、黑斑病、白腐病及洋葱白腐病、小菌核病。用种子量0.3%的

50%可湿性粉剂拌种后播种。出苗后发病喷50%可湿性粉剂1 500倍液，对白腐病和小菌核病可用药液灌淋根茎。贮藏期也可用本药剂防治。

（8）防治特种蔬菜。如绿菜花、紫甘蓝褐斑病，芥蓝黑斑病，豆瓣菜丝核菌腐烂病，魔芋白绢病等，于发病初期开始喷50%可湿性粉剂或悬浮剂1 000～1 500倍液，7～10d喷1次，连喷2～3次。

（9）防治水生蔬菜。如莲藕褐斑病、茭白瘟病、胡麻斑病与纹枯病、荸荠灰霉病、菱角纹枯病和芋污斑病等，于发病初期开始喷50%可湿性粉剂700～1 000倍液，7～10d喷1次，连喷2～3次。在药液中加0.2%中性洗衣粉后防病效果更好。

2.在果树上应用

异菌脲可防治多种果树生长期病害，也可用于处理采收的果实防治贮藏期病害。

（1）防治苹果斑点落叶病。可喷50%可湿性粉剂1 000～1 500倍液或50%悬浮剂1 000～2 000倍液。在苹果春梢开始发病时喷药，隔10～15d再喷1次；秋梢旺盛生长期再喷2～3次。防治苹果树的轮纹病、褐斑病，可喷50%可湿性粉剂1 000～1 500倍液。

（2）防治梨黑斑病。在始见发病时开始喷50%可湿性粉剂1 000～1 500倍液，以后视病情隔10～15d再喷1～2次。

（3）防治葡萄灰霉病。发病初期开始喷50%可湿性粉剂或悬浮剂750～1 000倍液，连喷2～3次。

（4）防治核果（杏、樱桃、桃、李等）果树的花腐病、灰霉病、灰星病。可亩用50%可湿性粉剂或悬浮剂67～100g，对水喷雾。花腐病于果树始花期和盛花期各喷施1次。灰霉病于收获前施药1～2次。灰星病于果实收获前1～2周和3～4周各喷施1次。

（5）防治柑橘疮痂病。于发病前半个月和初发病期，喷50%可湿性粉剂或悬浮剂1 000～1 500倍液或25%悬浮剂500～750倍液。

（6）防治柑橘贮藏期青霉病、绿霉病、黑腐病和蒂腐病。可用50%可湿性粉剂或悬浮剂500倍液与42%噻菌灵悬浮剂500倍液混合浸果1min后包装贮藏。

（7）防治香蕉贮藏期轴腐病、冠腐病、炭疽病、黑腐病。可用25.5%悬浮剂170倍液浸果2min；或者用16%咪鲜·异菌脲悬浮剂300～400倍液浸果2min。若与噻菌灵混用，防效更好，且可显著提高防治由镰刀菌引起腐烂病的效果。

异菌脲也可用于梨、桃防治贮藏期病害。

3.在草莓和西瓜上应用

（1）防治草莓灰霉病。亩用50%可湿性粉剂50～100g，对水50～75kg喷雾。于发病初期开始喷药，每隔8～10d喷1次，至收获前2～3周停止施药。

（2）防治西瓜叶枯病和褐斑病。可于播前用种子量0.3%的50%可湿性粉剂拌种，生长期发病可喷50%可湿性粉剂1 500倍液，隔7～10d喷1次，连喷2～3次。

4.在油料作物上应用

（1）防治油菜菌核病。在油菜始花期各施药1次，每亩次用50%可湿性粉剂或悬浮剂75～100g，对水60～75kg喷雾。

（2）防治花生冠腐病。播前每100kg种子用50%可湿性粉剂100～300g拌种后再播种。

（3）防治向日葵菌核病。播前每100kg种子用50%可湿性粉剂400g，拌种后再播种。

5.在烟草上应用

（1）防治烟草赤星病。在脚叶采收后发病初期，亩用50%可湿性粉剂50～60g加水50kg喷雾，或喷50%可湿性粉剂1 500倍液，7～10d喷1次，连喷3～5次。

（2）防治烟草枯萎病。于发病初期，用50%可湿性粉剂1 000～1 200倍液喷洒或浇灌，每株灌药液200～500ml，连灌2～3次。

（3）防治烟草菌核病。于发病初期，用50%可湿性粉剂1 000倍液喷淋烟株根茎部及周围土壤，10d左右喷淋1次，连喷3～4次。

6.在中药材上应用

（1）防治人参、西洋参、党参、北沙参、三七、板蓝根的黑斑病。用50%可湿性粉剂400倍液浸种子或种苗5min；田间于发病初期喷50%可湿性粉剂1 000～1 200倍液，7～10d喷1次，采前7d停止施药。

（2）防治党参和佛手的菌核病、贝母灰霉病、百合和肉桂的叶枯病等。于发病初期喷50%可湿性粉剂1 000～1 500倍液，10d左右喷1次，连喷3～4次。

7.在观赏植物上应用

防治观赏植物叶斑病、灰霉病、菌核病、根腐病。于发病初期开始，每隔7～14d喷药1次，每亩次用50%可湿性粉剂或悬浮剂75～100g，对水常规喷雾。插条可在50%可湿性粉剂或悬浮剂200～400倍液中浸泡15min后再扦插。

8.在玉米上应用

防治玉米小斑病。于发病初期，亩用50%可湿性粉剂或悬浮剂200～100g，对水喷雾，以后隔15d再喷1次。

9.在其他作物上应用

（1）防治亚麻、胡麻的假黑斑病、菌核病。于发病初期喷50%可湿性粉剂1 500倍液。

（2）防治啤酒花灰霉病。于发病初期喷50%可湿性粉剂1 500倍液。

（3）防治水稻胡麻斑病、纹枯病、菌核病。于发病初期开始，连续施药2～3次，每亩次用50%可湿性粉剂或悬浮剂67～100g，对水喷雾。

【注意事项】

（1）要避免与强碱性药剂混用。

（2）不宜长期连续使用，以免产生抗药性，应交替使用，或与不同性能的药剂混用。

【主要制剂和生产企业】制剂：50%、25.5%悬浮剂，50%可湿性粉剂；混剂：15%百·异菌烟剂（6%异菌脲+9%百菌清），16%咪鲜胺·异菌脲悬浮剂（8%咪鲜胺+8%异菌脲），20%异菌·多菌灵悬浮剂（5%异菌脲+15%多菌灵），52.5%异菌·多菌灵可湿性粉剂（35%异菌脲+17.5%多菌灵），50%异菌·福美可湿性粉剂（10%异菌脲+40%福美双），75%异菌·多·锰锌可湿性粉剂（15%异菌脲+20%多菌灵+40%代森锰锌），60%甲基硫菌灵·异菌脲可湿性粉剂（20%异菌脲+40%甲基硫菌灵），30%环锌·异菌脲可湿性粉剂（21%环己基甲酸锌+9%异菌脲），16%咪鲜·异菌脲悬浮剂（8%咪鲜胺+8%异菌脲）等。

新加坡生达有限公司、江苏蓝丰生物化工股份有限公司、江苏快达农化股份有限公司、广东珠海经济特区瑞农植保技术有限公司、德国拜耳作物科学公司、广东省东莞市瑞德丰生物科技有限公司、山东利邦农化有限公司、山东省潍坊科赛基农化工有限公司、山东省青岛海利尔药业有限公司、江苏龙灯化学有限公司、北京啄木鸟新技术发展公司、兴农药业（上海）有限公司和河南银田精细化工有限公司（烟剂）。

腐霉利（procymidone）

【作用机理分类】E3。

【化学结构式】

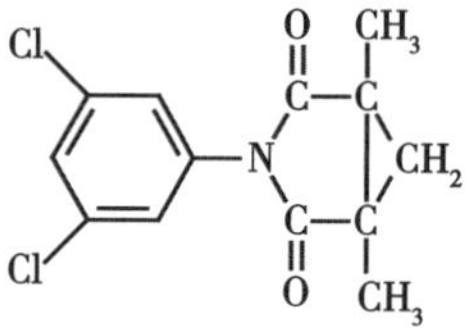

【理化性质】无色晶体，原药为浅棕色固体，熔点166～166.5℃（原药为164～166℃），蒸汽压18mPa（25℃），10.5mPa（20℃），相对密度1.452（25℃）；水中溶解度4.5mg / L（25℃），微溶于醇类，在丙酮中溶解度为180g / L，二甲苯43g / L，氯仿210g / L，二甲基甲酰胺230g / L，甲醇16g / L（25℃）；一般贮存条件下稳定，对光、热、潮湿稳定。

【毒性】微毒，大鼠急性经口LD_{50}为6 800mg / kg，急性经皮LD_{50}>2 500mg / kg。一般只对皮肤和眼有刺激作用，经口毒性低，无人体中毒的报道。

【防治对象】对在低温、高湿条件下发生的多种作物的灰霉病、菌核病有特效，对由葡萄孢属、核盘菌属所引起的病害均有显著效果，还可防治对甲基硫菌灵、多菌灵产生抗性的病原菌。

【使用方法】

1.防治蔬菜病害

（1）防治黄瓜灰霉病。在幼果残留花瓣初发病时开始施药，喷50%可湿性粉剂1 000～1 500倍液，隔7d喷1次，连喷3～4次。

（2）防治黄瓜菌核病。在发病初期开始施药，亩用50%可湿性粉剂35～50g，对水50kg喷雾；或亩用10%烟剂350～400g，点燃放烟，隔7～10d施1次。当茎节发病时，除喷雾，还应结合涂茎，即用50%可湿性粉剂加50倍水调成糊状液，涂于患病处。

（3）防治番茄灰霉病。在发病初亩用50%可湿性粉剂35～50g，对水常规喷雾。对棚室的番茄，在进棚前5～7d喷1次；移栽缓苗后再喷1次；开花期施2～3次，重点喷花；幼果期重点喷青果。在保护地里也可熏烟，亩用10%烟剂300～450g。也可与百菌清交替使用。

（4）防治番茄菌核病、早疫病。亩喷50%可湿性粉剂1 000～1 500倍液50kg，隔10～14d再施1次。

（5）防治辣椒灰霉病。发病前或发病初喷50%可湿性粉剂1 000～1 500倍液，保护地亩用10%烟剂200～250g放烟。

（6）防治辣椒等多种蔬菜的菌核病。在育苗前或定植前，亩用50%可湿性粉剂2kg进行土壤消毒。田间发病喷50%可湿性粉剂1 000倍液，保护亩用10%烟剂250～300g放烟。

（7）防治菜豆茎腐病、灰霉病。亩用50%可湿性粉剂30～50g，对水50kg喷雾，隔7～10d再喷1次。

在发病初期开始喷50%可湿性粉剂1 000～1 500倍液，隔6～8d喷1次，共喷2～3次，可防治绿菜花灰霉病、菌核病，芥蓝黑斑病，豆瓣菜褐斑病、丝核菌腐烂病，生菜灰霉病，荸荠灰霉病、菌核病等。可与其他杀菌剂交替使用。

2.防治果树病害

（1）防治葡萄、草莓灰霉病。于发病初期开始施药，用50%可湿性粉剂1 000～1 500倍液或20%悬浮剂400～500倍液喷雾，隔7～10d再喷1次。

（2）防治苹果、桃、樱桃褐腐病。于发病初期开始喷50%可湿性粉剂1 000～2 000倍液，隔10d左右喷1次，共喷2～3次。

（3）防治苹果斑点落叶病。于春、秋梢旺盛生长期喷50%可湿性粉剂1 000～1 500倍液2～3次，其他时间由防治轮纹烂果病药剂兼治。

（4）防治柑橘灰霉病。在开花前喷50%可湿性粉剂2 000～3 000倍液。防治柑橘果实贮藏期的青、绿霉病，在采果后3d内，用50%可湿性粉剂750～1 000倍液，加防落素或2,4-D250～520mg／L浓度的药液洗果。

（5）防治枇杷花腐病。喷50%可湿性粉剂1 000～1 500倍液。

3.防治油料作物病害

（1）防治油菜、大豆、向日葵的菌核病。于发病初期，亩用50%可湿性粉剂30～60g，对水60kg喷雾，隔7～10d喷1次。

（2）防治大豆纹枯病。在开花期，亩用50%可湿性粉剂50～60g，对水50kg喷雾。

4.防治中药材病害

防治北沙参黑斑病、百合叶枯病、贝母灰霉病、枸杞霉斑病、落葵紫斑病等药用植物病害，于发病初开始喷50%可湿性粉剂1 000～1 500倍液，隔7～10d喷1次，一般喷2～3次。

5.防治十字花科、菊科、豆科、茄科等花卉的菌核病

在刚发现中心病株时喷50%可湿性粉剂1 000倍液，重点喷植株中下部位及地面。

6.防治其他作物病害

（1）防治玉米大斑病、小斑病。有条件的制种田可考虑使用，在心叶末期至抽丝期，亩用50%可湿性粉剂50～100g，对水50～70kg喷2次。

（2）防治棉铃灰霉病。发病初期开始喷50%可湿性粉剂1 500～2 000倍液，隔7～10d喷1次，共喷2～3次。

（3）防治亚麻、胡麻菌核病。发病初期喷50%可湿性粉剂1 000～1 500倍液。

（4）防治甜菜叶斑病。发病初期喷50%可湿性粉剂1 000倍液，隔7～10d喷1次，共喷3～4次。

（5）防治烟草菌核病和赤星病。喷50%可湿性粉剂1 500～2 000倍液，防菌核病重点是喷淋烟株根茎部及周围土壤，隔7～10d喷1次，共喷3～4次。

（6）防治啤酒花灰霉病。喷50%可湿性粉剂2 000倍液。

【注意事项】

连年单用腐霉利防治同一种病害，特别是灰霉病，易引起病菌抗药，因此凡需多次防治时，应与其他类型杀菌剂轮换使用或使用混剂。

【主要制剂和生产企业】制剂：50%可湿性粉剂，20%悬浮剂，15%、10%烟剂。混剂：10%百·腐烟剂（百菌清+腐霉利），15%百·腐烟剂（百菌清+腐霉利），20%百·腐烟剂（百菌清+腐霉利），10%腐·霉威可湿性粉剂（腐霉利+乙霉威），16%腐·己唑悬浮剂（腐霉利+己唑醇），25%福·腐可湿粉剂（腐霉利+福美双），25%福·腐可湿粉剂（腐霉利+福美双），30%百·腐烟剂（百菌清+腐霉利），50%腐霉·多菌灵可湿性粉剂（腐霉利+多菌灵）等。

日本住友化学株式会社、陕西亿农高科药业有限公司、浙江省温州农药厂、四川省宜宾川安高科农药有限责任公司、上海升联化工有限公司、浙江禾益农化有限公司、北京华戎生物激素厂、陕西韦尔奇作物保护有限公司、海南正业中农高科股份有限公司、东部韩农（黑龙江）化工有限公司和辽宁省沈阳红旗林药有限公司等。

乙烯菌核利（vinclozolin）

【作用机理分类】E3。

【化学结构式】

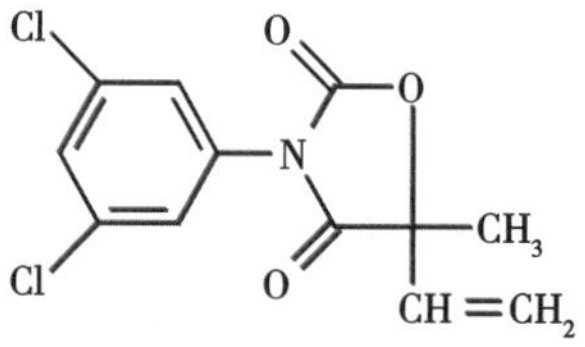

【理化性质】无色晶体，略带芳香味，熔点108℃（原药），沸点131℃／0.05mmHg，蒸汽压0.016mPa（20℃），相对密度1.51；水中溶解度3.4mg／L（20℃），有机溶剂中溶解度（20℃）分别为乙醇14g／L，丙酮435g／L，乙酸乙酯253g／L，环己烷9g／L，乙醚63g／L，苯146g／L，二甲苯110g／L，环己酮约540g／L，氯仿319g／L；50℃以下稳定，中性和微酸性介质中稳定。

【毒性】微毒，大鼠急性经口LD_{50}>10 000mg／kg，急性经皮LD_{50}>2 500mg／kg；一般只对皮肤和眼睛有刺激症状，经口毒性低，无中毒报道；对虹鳟鱼LC_{50}为22～32mg／L（96h）。

【防治对象】对果树蔬菜类作物的灰霉病、褐斑病、菌核病有良好的防治效果。

【使用方法】

1.防治蔬菜病害

一般是在发病初期开始喷50%水分散粒剂1 000～1 300倍液。

（1）防治番茄、辣椒、菜豆、茄子、莴苣、韭菜的灰霉病、菌核病。亩用50%水分散粒剂75～100g（亩有效成分用量为37.5～50g），对水喷雾。一般在第一朵花开放时，发现茎叶上有病菌侵染时开始喷药，隔7～10d喷1次，连喷3～4次。

（2）防治黄瓜及其他葫芦科蔬菜的灰霉病、茎腐病。亩用50%水分散粒剂75～100g（亩有效成分用量为37.5～50g），对水喷雾。一般在始花期发病初期开始喷药，隔7～14d喷1次，连喷3～5次。

（3）防治白菜类菌核病。发病初期喷50%水分散粒剂1 000倍液。另外，在定植时将菜苗的根在50%水分散粒剂500倍液中浸蘸一下后定植，防效较好。

（4）防治大白菜黑斑病。从早期发病开始喷50%水分散粒剂1 000倍液，隔10～14d喷1次，连喷3～5次。

（5）防治大葱紫斑病。喷50%水分散粒剂1 000倍液，隔7～10d喷1次，连喷2～3次。

（6）防治大蒜白腐病。病田在播后约5周喷50%水分散粒剂1 000～1 500倍液，隔7～10d喷1次，共喷1～2次，主要喷到叶鞘基部。

（7）防治蔬菜幼苗立枯病。于播前，每平方米苗床用50%水分散粒剂10g与床土掺匀后再播种。

2.防治果树病害

防治葡萄、草莓灰霉病、桃和樱桃褐斑病、苹果花腐病。于始见发病时开始喷50%水分散粒剂1 000～1 500倍液，隔7～10d喷1次，连喷3～4次。

3.防治油料作物病害

（1）防治油菜菌核病。在盛花期，亩用50%水分散粒剂67～100g，对水喷雾。重病年份需在始花期和盛花期各喷1次。

（2）防治向日葵菌核病、茎腐病。每100kg种子用50%可湿性粉剂200g拌种。在花期用50%水分散粒剂或50%可湿性粉剂1 500倍液喷雾2次，能收到较好的效果。

（3）防治大豆菌核病。在大豆2～3片复叶期，亩用50%可湿性粉剂100g，加米醋100ml，对水喷雾。隔15～20d后再喷1次。

【注意事项】防治灰霉病应在发病初期开始施用，共喷3～4次，间隔7～10d。

【主要制剂和生产企业】50%水分散粒剂，50%可湿性粉剂。

允发化工（上海）有限公司，德国巴斯夫股份有限公司。

霜霉威盐酸盐（propamocarb hydrochloride）

【作用机理分类】F4。

【化学结构式】

$$(CH_3)_2NCH_2CH_2CH_2NHC(=O)OCH_2CH_2CH_3 \cdot HCl$$

【理化性质】无色吸湿性晶体，熔点45～55℃，蒸汽压0.80mPa（25℃），相对密度1.085；在水中溶解度867g／L（25℃），甲醇>500g／L，二氯甲烷>430g／L，乙酸乙酯23g／L，异丙醇>300g／L，甲苯、己烷<0.1g／L（25℃）；低于400℃时稳定，光稳定。

【毒性】低毒，大鼠急性经口LD_{50}为2 000～2 900mg / kg，急性经皮LD_{50}>3 000mg / kg；对眼睛和皮肤无刺激性；对鱼安全；对蜜蜂安全。

【防治对象】对霜霉菌、腐霉菌、疫霉菌引起的土传病害和叶部病害均有好的效果。

【使用方法】适用于土壤处理，也可以种子处理或叶面喷雾，在土壤中持效期可达20d。

（1）防治蔬菜苗期猝倒病、立枯病和疫病。可在播种前或移栽前，用66.5%水剂400～600倍液浇灌苗床，每平方米浇灌药液3L。出苗后发病，可用66.5%水剂600～800倍液喷淋或灌根，每平方米用药液2～3L，隔7～10d施1次，连施2～3次。当猝倒病和立枯病混合发生时，可与50%福美双可湿性粉剂800倍液混合喷淋。

（2）防治辣（甜）椒疫病。还可于播种前用66.5%%水剂600倍液浸种12h，洗净后晾干催芽。

（3）喷雾法防治蔬菜叶部病。如黄瓜霜霉病、甜瓜霜霉病、莴苣霜霉病以及绿菜花、紫甘蓝、樱桃萝卜、芥蓝、生菜等的霜霉病，蕹菜白锈病，多种蔬菜的疫病，一般亩用有效成分45～75g，相当于66.5%水剂67～110ml或72.25%水剂60～100ml。50%热雾剂亩用120～140ml，用烟雾机喷烟雾。

（4）防治烟草病害。防治烟草苗床的猝倒病，在播种前和移栽前用72.2%水剂400～600倍液各苗床浇灌1次。防治烟草黑胫病、霜霉病，在移栽后发病初期施药，亩用72.2%水剂45～75ml，对水喷雾，或用72.2%水剂600～1 000倍液喷雾，隔7～10d喷1次，连喷3～4次。

（5）防治甜菜疫病。在播种时及移栽前，用66.5%水剂400～600倍液浇灌，在田间发病时再用600～800倍液喷雾，隔5～7d喷1次，连喷2～3次。

（6）防治荔枝霜霉病。在初花期及盛花期用66.5%水剂各喷1次，以后视病情每隔7d喷1次。可用66.5%水剂600～800倍液喷雾防治葡萄霜霉病、草莓疫病。

（7）防治红花猝倒病。于出苗后发病前喷72.2%水剂500倍液。

【注意事项】不可与碱性物质混用。

【主要制剂和生产企业】制剂：72.2%、40%、36%、35%水剂，50%热雾剂。混剂：20%霜霉・菌毒清水剂（霜霉威盐酸盐+菌毒清），68.75%氟菌・霜霉盐悬浮剂（氟吡菌酰胺+霜霉威盐酸盐），50%锰锌・霜霉可湿性粉剂（霜霉威盐酸盐+代森锰锌）。

浙江一帆化工有限公司、陕西省西安近代农药科技股份有限公司、辽宁省大连瑞泽农药股份有限公司、江苏蓝丰生物化工股份有限公司、江苏三泉农化有限责任公司、拜耳作物科学（中国）有限公司、山东菏泽源丰农药有限公司、比利时农化公司、山东省联合农药工业有限公司、天津市施普乐农药技术发展有限公司、陕西恒田化工有限公司和江苏宝灵化工股份有限公司等。

氟硅唑（flusilazole）

【作用机理分类】G1。

【化学结构式】

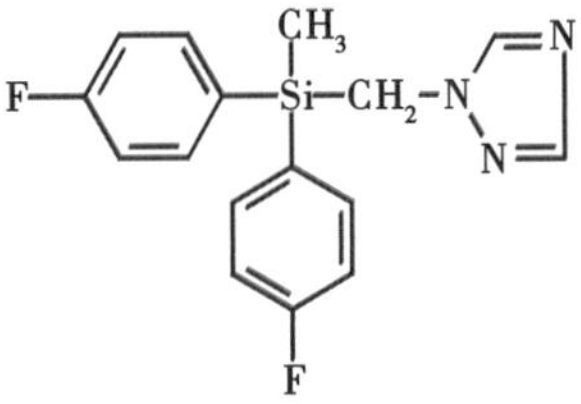

$$F-C_6H_4-Si(CH_3)(C_6H_4-F)-CH_2-N(1,2,4\text{-triazol-1-yl})$$

【理化性质】无色无味晶体，熔点53～55℃，蒸汽压3.9×10^{-2}mPa（25℃），相对密度1.30；在水中的溶解度为45mg／L（pH值为7.8，20℃），溶于大多有机溶剂（溶解度>2kg／L）；一般贮存条件下可保存2年以上，对光稳定；310℃以上分解。

【毒性】低毒，原药大鼠急性经口LD_{50}为1 100mg／kg，大鼠急性经皮LD_{50}>2 000mg／kg；一般只对皮肤、眼有刺激症状，无中毒报道；对鱼高毒，对虹鳟鱼LC_{50}为0.043mg／L（96h），对翻车鱼LC_{50}为0.14mg／L（96h）；对蜜蜂毒性低。

【防治对象】氟硅唑可防治子囊菌、担子菌及部分半知菌引起的病害。

【使用方法】

（1）黄瓜病害。防治黄瓜黑星病，于发病初期开始，每亩用40%乳油7.5～12.5ml，对水喷雾；或用40%乳油8 000～10 000倍液喷雾，常规喷雾，隔5～7d喷1次，连续喷3～4次。防治黄瓜白粉病，于发病初期，每亩用8%氟硅唑微乳剂（有效成分4～4.8g）。

（2）梨病害。氟硅唑是防治梨黑星病的特效药剂，在梨树谢花后，见到病芽稍时开始喷40%乳油8 000～10 000倍液，以后根据降雨情况15～20d喷1次，共喷5～7次，或与其他杀菌剂交替使用；防治梨轮纹烂果病，可用40%乳油8 000倍液喷雾。

（3）苹果病害。氟硅唑对苹果轮纹烂果病菌有很强的抑制作用，田间防治苹果轮纹烂果病，可用40%乳油8 000倍液喷雾。

（4）烟草病害。防治烟草赤星病，于发病初期喷40%乳油6 000～8 000倍液，隔5～7d喷1次，连续喷3～4次。

（5）药用植物病害。防治药用植物菊花、薄荷、车前草、田旋花、蒲公英的白粉病，以及红花锈病，于发病初期开始喷40%乳油9 000～10 000倍，隔7～10d喷1次。

据文献报道，氟硅唑还可以防治小麦锈病、白粉病、颖枯病，大麦叶斑病等，氟硅唑对蔬菜白粉病也有很好的防治效果。

【注意事项】

（1）酥梨类品种在幼果期对此药敏感，应谨慎使用。

（2）氟硅唑对砀山梨容易产生药害，不宜使用。

为避免病菌对氟硅唑产生抗药性，应与其他杀菌剂交替使用。

【主要制剂和生产企业】10%乳油、40%乳油、5%微乳剂、8%微乳剂、6%水乳剂、10%水乳剂和2.5%热雾剂。

美国杜邦公司、山东省青岛瀚生生物科技股份有限公司、山东省济南春秋龙生物制药有限公司、天津市绿亨化工有限公司、山东省青岛海利尔药业有限公司、北京华戎生物激素厂、深圳诺普信农化股份有限公司、江苏建农农药化工有限公司、江西农大锐特化工科技有限公司和天津久日化学工业有限公司等。

四氟醚唑（tetraconazole）

【作用机理分类】G1。

【化学结构式】

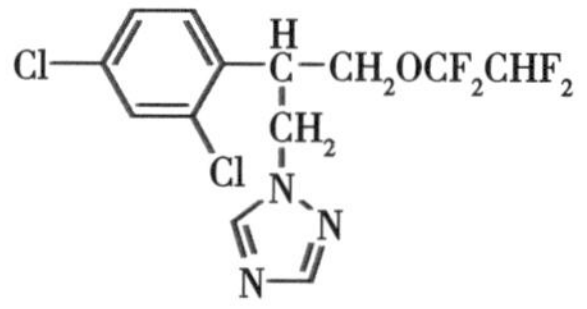

【理化性质】原药为黄色或棕黄色液体。纯品为无色黏稠油状物，熔点6℃，相对密度1.432（21℃）。水中溶解度（20℃，pH值为7.0）为156mg／L。可快速溶解于丙酮、二氯甲烷、甲醇中。稳定性：水溶液对日光稳定，在pH值为4～9下水解稳定。

【毒性】低毒，大鼠急性经口LD_{50}为1 248mg／kg（雄大鼠）、1 031mg／kg（雌大鼠），急性经皮LD_{50}>2 000mg／kg；对兔眼睛有轻微刺激，对兔皮肤无刺激性；鱼毒（96h，mg／L）：虹鳟鱼4.8，蓝鳃太阳鱼4.0；对蜜蜂LD_{50}>0.13mg／只（经口）。

【防治对象】防治禾谷类作物和甜菜病害，葡萄、观赏植物、仁果、核果病害。

【使用方法】既可茎叶处理，也可做种子处理使用。

（1）茎叶喷雾：用于防治禾谷类作物和甜菜病害，使用剂量为100～125g（a.i.）／hm^2；用于防治葡萄、观赏植物、仁果、核果病害，使用剂量为20～50g（a.i.）／hm^2；用于防治蔬菜病害，使用剂量为40～60g（a.i.）／hm^2。

（2）作种子处理：通常使用剂量为10～30g（a.i.）／100kg种子。

【主要制剂和生产企业】12.5%、4%水乳剂。

浙江省杭州宇龙化工有限公司、意大利意赛格公司、浙江博仕达作物科技有限公司、江苏省昆山市鼎烽农药公司，广东金皮达生物科技有限公司。

多抗霉素（polyoxins）

【作用机理分类】H4。

【化学结构式】

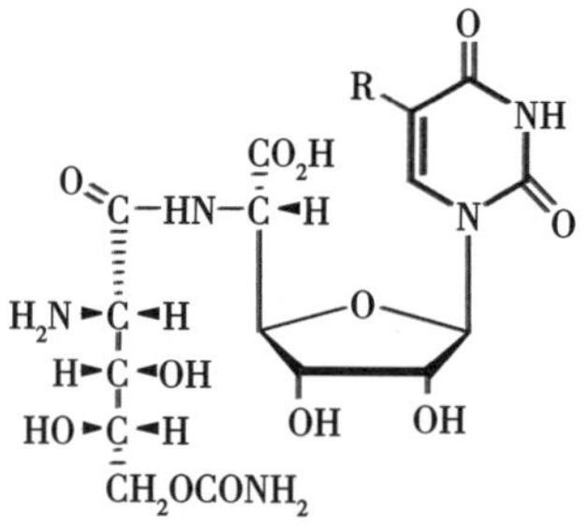

【理化性质】无定形粉末，熔点>160℃（分解），溶解度水1kg／L（20℃），丙酮，甲醇和常用有机溶剂中的溶解度<100mg／L，吸潮，应贮存于密闭，干燥的环境中。

【毒性】微毒，大鼠急性经口LD_{50}为21 000mg／kg，急性经皮LD_{50}>20 000mg／kg；对人及动物几乎没有毒性。

【防治对象】主要有黄瓜霜霉病、瓜类枯萎病、小麦白粉病、烟草赤星病、人参黑斑病、水稻纹枯病、苹果斑点落叶病、草莓及葡萄灰霉病、林木枯梢及梨黑斑病等多种真菌病害。

【注意事项】不能与酸性和碱性药剂混用。

【主要制剂和生产企业】制剂：10%、3%、2%、1.5%可湿性粉剂，3.5%、1%、0.3%水剂。

日本科研制药株式会社、山东省淄博市化工研究所长山实验厂、绩溪农华生物科技有限公司、山东省潍坊天达植保有限公司、吉林省延边春雷生物药业有限公司、江苏省南通丸宏农用化工有限公司、山东省乳山韩威生物科技有限公司、陕西标正作物科学有限公司、陕西省蒲城县美邦农药有限责任公司和河北博嘉农业有限公司等。

烯酰吗啉（dimethomorph）

【作用机理分类】H5。

【化学结构式】

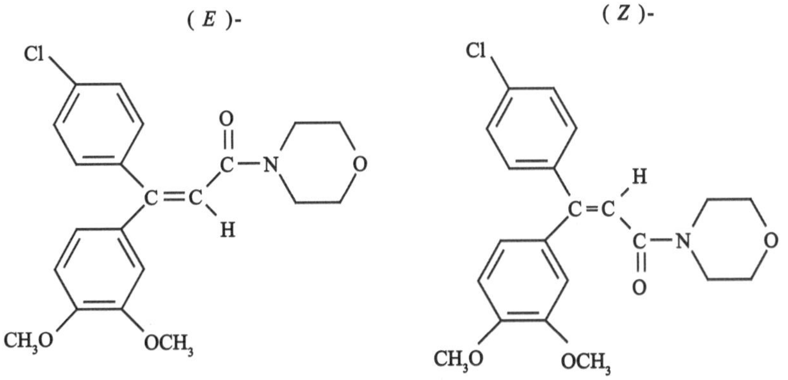

【理化性质】无色至白色结晶，熔点为125.2～149.2℃，其中，Z异构体为166.3～168.5℃，E异构体为136.8～138.3℃；Z异构体蒸汽压为1.0×10^{-3}mPa（25℃），E异构体蒸汽压为9.7×10^{-4}mPa（25℃）；相对密度为1 318（20℃）；水中溶解度为49.2mg／L（pH值为7），Z异构体在丙酮中溶解度为18mg／L、Z异构体为105.6mg／L。正常条件下对热和水稳定，在黑暗中可稳定保存5年，在光照条件下，E异构体和Z异构体可相互转化。

【毒性】低毒，大鼠急性经口LD_{50}为3 900mg／kg，大鼠急性经口LD_{50}>5 000mg／kg；对兔眼睛和皮肤无刺激作用。

【防治对象】对白粉病类没有效果，而是继甲霜灵之后防治葫芦、葡萄的霜霉病等卵菌纲病害的药剂。

【使用方法】烯酰吗啉与甲霜灵、恶霜灵等苯基酰胺类杀菌剂无交互抗性，很适合于苯基酰胺类杀菌剂抗性病原个体占优势的田间进行耐药性治理，即在对甲霜灵、恶霜灵等产生抗性的病区，可以使用烯酰吗啉来取代。

（1）防治黄瓜霜霉病、疫病。在发病初期每亩次用50%可湿性粉剂30～40g对水喷雾。

（2）防治烟草黑胫病。在发病初期每亩次用50%可湿性粉剂27～40g对水喷雾。

【主要制剂和生产企业】50%、30%、25%可湿性粉剂，80%、50%、40%水分散粒剂，20%悬浮剂，10%水乳剂。有关混剂及使用方法如表2-3-2所示。

表2-3-2　烯酰吗啉主要混剂配方、防治对象和用量

混剂	剂型	组分Ⅰ	组分Ⅱ	防治对象	制剂用量（g或ml／亩）	施用方法
50%烯酰·乙膦铝	可湿性粉剂	9%烯酰吗啉	41%三乙磷酸铝	黄瓜霜霉病	70～80	对水喷雾
60%烯酰·锰锌	可湿性粉剂	9%烯酰吗啉	60%代森锰锌	黄瓜霜霉病	100～133	对水喷雾
80%烯酰·锰锌	可湿性粉剂	10%烯酰吗啉	70%代森锰锌	黄瓜霜霉病	100～125	对水喷雾
50%烯酰·锰锌	可湿性粉剂	6.5%烯酰吗啉	43.5%代森锰锌	番茄晚疫病	162～186	对水喷雾
50%烯酰·福美双	可湿性粉剂	30%烯酰吗啉	20%福美双	荔枝霜疫霉病	1 000～1 500倍液	喷雾
35%烯酰·福美双	可湿性粉剂	5%烯酰吗啉	20%福美双	黄瓜霜霉病	200～280	对水喷雾
18.7%烯酰·吡唑酯	水分散粒剂	12%烯酰吗啉	6.7%吡唑醚菌酯	甘蓝霜霉病 黄瓜霜霉病 马铃薯晚疫病 甜瓜霜霉病	75～125	对水喷雾
50%烯酰·百菌清	可湿性粉剂	8%烯酰吗啉	18&百菌清	黄瓜霜霉病	140～160	对水喷雾

河北冠龙农化有限公司、江苏耕耘化学有限公司、江苏长青农化股份有限公司、安徽丰乐农化有限责任公司、允发化工（上海）有限公司、德国巴斯夫股份有限公司、中国农业科学院植保所廊坊农药中试厂、山东曹达化工有限公司、河北威远生物化工股份有限公司和四川国光农化有限公司等。

氟吗啉（flumorph）

【作用机理分类】H5。

【化学结构式】

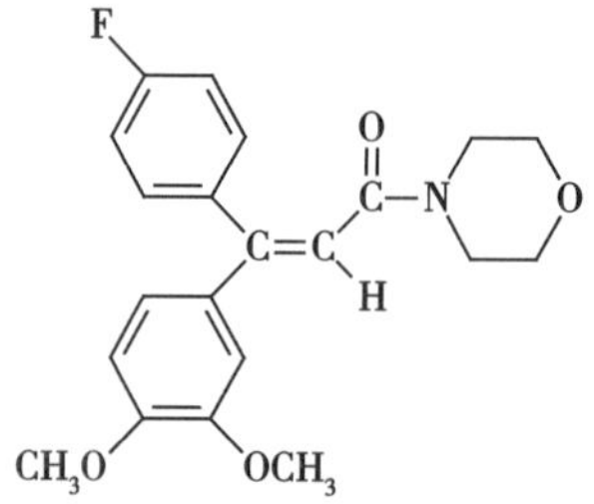

【理化性质】原药外观浅黄色固体，熔点110～135℃；水中溶解度<0.02g／L（25℃），微溶于石油醚，溶于甲苯、二甲苯、乙酸乙酯、丙酮等有机溶剂；在酸性及弱碱性介质中稳定，在醇类介质中加热产品几何异构体发生转化。

【毒性】低毒，雄大鼠急性经口LD_{50}为2 710mg／kg，雌大鼠急性经口LD_{50}>2 150mg／kg；对兔眼睛和皮肤无刺激作用。

【防治对象】对黄瓜霜霉病具有良好的防治效果。

【使用方法】防治黄瓜霜霉病，每亩次用20%可湿性粉剂25～50g，对水喷雾；也可以用60%氟吗啉·代森锰锌可湿性粉剂80～120g，对水喷雾。

防治烟草黑胫病，每亩次用50%氟吗啉·三乙膦酸铝可湿性粉剂对水稀释，采用灌根的方法。

【主要制剂和生产企业】20%可湿性粉剂。混剂：50%氟吗啉·三乙膦酸铝可湿性粉剂（5%氟吗啉+45%三乙膦酸铝），60%氟吗啉·代森锰锌可湿性粉剂（10%氟吗啉+50%代森锰锌）。

辽宁省沈阳化工研究院试验厂。

丁吡吗啉（pyrimorph）

【作用机理分类】H5。

【化学结构式】

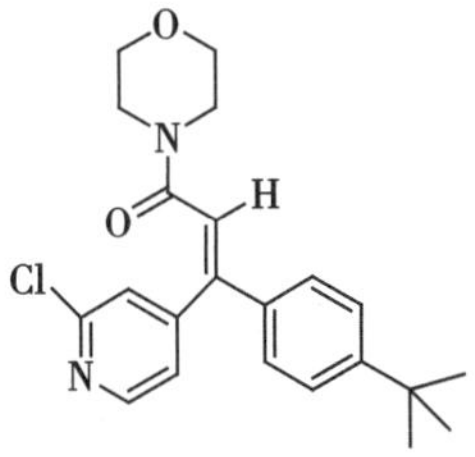

【理化性质】纯品为白色粉末，密度为$1.249\times 103kg/m^3$（20℃）；pH值为7.5（溶液浓度为50g／L）、pH值为7.3（溶液浓度为10g／L）；熔点：128～130℃，沸点：-420℃，溶解度（20℃，g／L）：苯55.95，甲苯20.40，二甲苯8.20，丙酮16.55，二氯甲烷315.45，三氯甲烷257.95，乙酸乙酯17.90，甲醇1.60，乙醇5.35。稳定性：水中易光解，土壤表面为中等光解，难水解，在土壤中较易降解。

【毒性】微毒，原粉大鼠急性经口LD_{50}>5 000mg／kg，大鼠急性经皮LD_{50}>2 000mg／kg。对鱼低毒，对斑马鱼LC_{50}为19.79mg／L（96h），但该药剂容易在斑马鱼体内积累。

【防治对象】对疫霉菌引起的病害有较好的防治效果 。对辣椒疫霉病及番茄晚疫病具有良好的防治效果。

【使用方法】防治番茄晚疫病、辣椒疫病，于发病初期施药，每隔7～10d用药1次，施药2～3次。有效成分用量375～450g／hm^2。

【主要制剂和生产企业】制剂：20%悬浮剂，江苏耕耘化学有限公司。

双炔酰菌胺（mandipropamid）

【作用机理分类】H5。

【化学结构式】

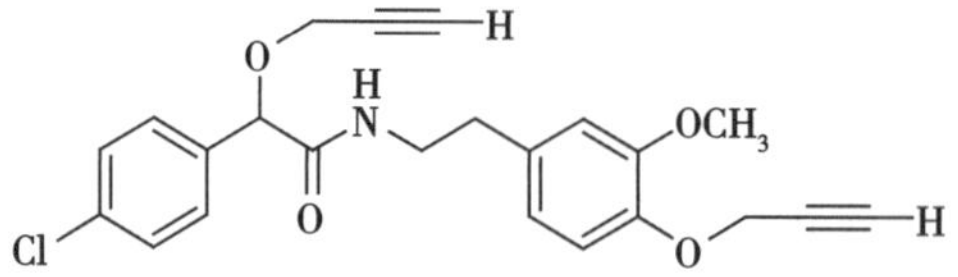

【毒性】低毒，大鼠急性经口LD_{50}>5 000mg／kg，急性经皮LD_{50}>5 000mg／kg；每日允许摄入量：0.05mg／（kg·d）。

【防治对象】对绝大多数由卵菌纲病原菌引起的叶部病害有很好的防效。

【主要制剂和生产企业】制剂：23.4%悬浮剂。

瑞士先正达作物保护有限公司，先正达（苏州）作物保护有限公司。

霜脲氰（cymoxanil）

【作用机理分类】U。

【化学结构式】

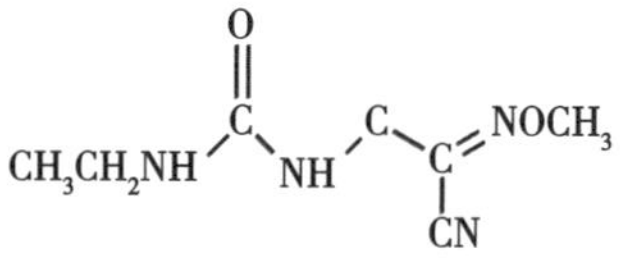

【理化性质】纯品为无色无味晶体，熔点160～161℃，相对密度1.32（25℃），蒸汽压为0.15mPa（20℃），25℃溶解度水中890mg／L（pH值为5），己烷为1.85g／L，甲苯为5.29g／L，乙腈为57g／L，乙酸乙酯为28g／L，正辛醇为1.43g／L，甲醇为22.9g／L，丙酮为62.4g／L，二氯甲烷133g／L（20℃）。pH值为2～7稳定，对光敏感。

【毒性】低毒，大鼠急性经口LD_{50}为1 196mg／kg，急性经皮LD_{50}>3 000mg／kg；对眼睛有轻微的刺激作用。

【防治对象】对霜霉菌、疫霉菌有特效，具有接触和局部内吸作用，可抑制孢子萌发，对葡萄霜霉病、疫病等有效。

【使用方法】霜脲氰单剂对病害的防治效果不突出，持效期也短，但与保护性杀菌剂混用，增效明显，因此，市场上无单剂出售，仅有混剂，如霜脲锰·锌混剂广泛应用（表2-3-3）。

表2-3-3　我国登记的霜脲氰主要混剂配方、防治对象和用量

混剂	剂型	组分I	组分II	防治对象	制剂用量（g或ml／亩）	施用方法
30%王铜·霜脲氰	可湿性粉剂	10%霜脲氰	30%氧氯化铜	黄瓜霜霉病	120～160	对水喷雾
72%霜脲·锰锌	可湿性粉剂	8%霜脲氰	64%代森锰锌	黄瓜霜霉病	125～167	对水喷雾

(续表)

混剂	剂型	组分I	组分II	防治对象	制剂用量（g或ml／亩）	施用方法
22%霜脲·百菌清	烟剂	3%霜脲氰	19%百菌清	黄瓜霜霉病	200～250	点燃放烟
50%琥铜·霜脲氰	可湿性粉剂	8%霜脲氰	42%琥胶肥酸铜	黄瓜霜霉病	500～700倍液	对水喷雾
				黄瓜细菌性角斑病		
52.5%恶酮·霜脲氰	水分散粒剂	30%霜脲氰	22.5%恶唑菌酮	黄瓜霜霉病	23.3～35	对水喷雾
				辣椒疫病	32.5～43.3	对水喷雾
				荔枝霜疫霉病	2 500～1 500倍液	喷雾
76%丙森·霜脲氰	可湿性粉剂	6%霜脲氰	70%丙森锌	黄瓜霜霉病	159～189	对水喷雾
25%霜脲·烯肟菌酯	可湿性粉剂	12.5%霜脲氰	12.5%烯肟菌酯	葡萄霜霉病	13.3～26.7	对水喷雾

【主要制剂和生产企业】市场上没有霜脲氰单剂，我国登记的有关混剂如表2-3-3所示。

河北省万全农药厂、利民化工有限责任公司、浙江省绍兴市东湖生化有限公司、美国杜邦公司、上海升联化工有限公司、宁夏裕农化工有限责任公司、陕西恒田化工有限公司、甘肃华实农业科技有限公司、河北省石家庄市三农化工有限公司和中国农业科学院植保所廊坊农药中试厂等。

三乙膦酸铝（fosetyl-aluminium）

【作用机理分类】U。

【化学结构式】

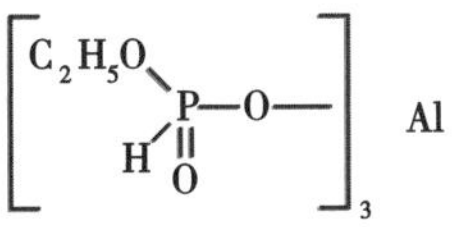

$$\left[C_2H_5O-\underset{\underset{O}{\|}}{\overset{}{P}}(H)-O- \right]_3 Al$$

【理化性质】无色粉末，蒸汽压<0.013mPa（25℃），挥发性小，熔点大于300℃；水中溶解度水为120g／L（20℃），有机溶剂中溶解度分别为：甲醇920mg／L，丙酮13mg／L，丙二醇80mg／L，乙酸乙酯5mg／L，乙腈5mg／L，己烷5mg／L（20℃）。一般贮存条件下稳定，遇强酸水解，能被氧化剂氧化，>200℃分解，无熔点。

【毒性】微毒，原粉大鼠急性经口LD_{50}为5 800mg／kg，大鼠急性经皮LD_{50}>5 800mg／kg。对蜜蜂及野生生物较安全，在试验剂量内，未见致畸、致突变作用。

【防治对象】防治蔬菜的霜霉病，防治瓜类白粉病、番茄晚疫病、马铃薯晚疫病、黄瓜疫病等，防治辣椒疫病，防治葡萄霜霉病、苹果黑星病、梨树颈腐病和橘苗期疫病。

【使用方法】

1.蔬菜病害

（1）防治蔬菜的霜霉病。用90%可溶性粉剂500～1 000倍液或80%可湿性粉剂400～800倍液或40%可湿性粉剂200～400倍液喷雾，间隔7～10d喷1次，共喷3～4次。

（2）防治瓜类白粉病、番茄晚疫病、马铃薯晚疫病、黄瓜疫病等。用90%可溶性粉剂500～1 000倍液喷雾。在黄瓜幼苗期施药，要适当降低使用浓度，否则会发生药害。

（3）防治辣椒疫病。主要采取苗床土壤消毒，每平方米用40%可湿性粉剂8g，与细土拌成毒土。取1／3的毒土撒施苗床内，播种后用余下的2／3毒土覆盖。防治辣椒苗期猝倒病，在发病初期开始用40%可湿性粉剂300倍液喷雾，隔7～8d喷1次，连喷2～3次，注意对茎基部及其周围地面都要喷到。

2.果树病害

（1）防治葡萄霜霉病。于发病初期开始施药，用80%可湿性粉剂400～600倍液喷雾，视降雨情况，隔10～15d与其他杀菌剂交替施药1次，共施药3～4次。

（2）防治苹果果实疫腐病。于发病初期喷80%可湿性粉剂700倍液，与其他杀菌剂交替使用，隔10～15d喷1次。防治苹果树干基部的疫病，可用刀尖划道后，涂抹80%可湿性粉剂50～100倍液。

（3）防治苹果黑星病。在刚发病时喷80%可湿性粉剂600倍液，以后视降雨情况，隔15d左右与其他杀菌剂交替喷药1次。

（4）防治梨树颈腐病。用刀尖划道后，涂抹80%可湿性粉剂50～100倍液。

（5）防治柑橘苗期疫病。在雨季发病初期，用80%可湿性粉剂200～400倍液喷雾。

（6）防治柑橘脚腐病。春季用80%可湿性粉剂200～300倍液喷布叶面。防治柑橘溃疡病，于夏、秋嫩梢抽发期，芽长1～3cm和幼果期，用80%可湿性粉剂300～600倍液各喷1次。

（7）防治荔枝霜疫病。在花蕾期、幼果期和果实成熟期，用80%可湿性粉剂600～800倍液各喷施1次。

（8）防治菠萝心腐病。在苗期和花期，用80%可湿性粉剂500～600倍液喷雾或灌根。

（9）防治油梨根腐病。用80%可湿性粉剂80～150倍液注射茎干或用200倍液淋灌根颈部。

（10）防治鸡蛋果茎腐病。用80%可湿性粉剂800倍液淋灌根颈部。

（11）防治草莓疫腐病。于发病初期，用80%可湿性粉剂400～800倍液灌根。

（12）防治西瓜褐斑病。用80%可湿性粉剂400～500倍液喷雾。

（13）防治啤酒花霜霉病。用80%可湿性粉剂600倍液喷雾，间隔10～15d，共喷2～3次。

（14）防治烟草黑胫病。在烟苗培土后，亩用80%可湿性粉剂500g，对水50kg，重喷根颈部，或每株用1g对水灌根，隔10～15d再施1次。

（15）防治水稻纹枯病、稻瘟病等。一般亩用有效成分94g，或用90%可溶性粉剂或

80%可湿性粉剂400倍液或40%可湿性粉剂200倍液喷雾。

（16）防治棉花疫病。用90%可溶性粉剂或80%可湿性粉剂400～800倍液喷雾，间隔7～10d，连喷2～3次。苗期疫病在棉苗初放真叶期开始喷药，棉铃疫病于盛花后1个月开始喷药。与多菌灵、福美双混用，可提高防效。

（17）防治棉铃红粉病。在发病初期开始施药，喷80%可湿性粉剂600倍液，隔10d喷1次，连喷2～3次。

（18）防治橡胶树割面条溃疡病。用80%可湿性粉剂100倍液，涂抹切口。

（19）防治胡椒瘟病。用80%可湿性粉剂100倍液喷洒，或每株用药1.25g，对水灌根。

（20）防治茶树病害。由腐霉菌引起的茶苗绵腐性根腐病（茶苗猝倒病），亩用90%可溶性粉剂150～175g，对水喷雾，喷雾时要对准茶苗茎基部，间隔10d喷1次，共施药2～3次。或用90%可溶性粉剂100～150倍液浇灌土壤，也可每株扦插茶苗用药0.5g对水淋浇根部。

（21）防治茶红锈藻病。于4～5月籽实体形成期，亩用40%可湿性粉剂190g，对水400倍，喷洒茎叶，间隔10d喷1次，共施药2～3次。

（22）防治药用植物病害。板蓝根、车前草和薄荷的霜霉病、西洋参疫病、百合疫病、怀牛膝白粉病等，用80%可湿性粉剂400～500倍液喷雾，间隔10d左右喷1次，共施药2～3次。采收前5d停止用药。

（23）防治延胡索（元胡）霜霉病。分两个时期施药：①种茎处理，播前用80%可湿性粉剂400倍液浸元胡块茎24～72h，晾干后播种。②在系统侵染症状出现初期，喷80%可湿性粉剂500倍液，间隔10d喷1次，共喷施2～3次。

3.花卉病害

（1）防治草本花卉霜霉病、月季霜霉病和金鱼草疫病等。用80%可湿性粉剂400～800倍液喷雾，间隔7～10d喷1次，共喷施2～3次。

（2）防治菊花、鸡冠花、凤仙花、紫罗兰、石竹、马蹄莲等多种花卉幼苗猝倒病。在发病初期及时喷80%可湿性粉剂400～800倍液，注意喷洒幼苗嫩茎和中心病株及其周围地面。间隔7～10d喷1次，共喷施2～3次。

（3）防治非洲菊等花卉的根茎腐烂病（根腐病）。用80%可湿性粉剂500～800倍液灌根。

4.麻类病害

（1）防治大麻霜霉病和苘麻霜霉病。于发病初期及时喷80%可湿性粉剂400～500倍液，间隔7～10d喷1次，共喷施2～3次。

（2）防治剑麻斑马纹病。用法有二：①田间喷雾，在病害流行期间，用40%可湿性粉剂400倍液，喷洒叶的正面及脚叶，每月喷1次，连喷4～5次，割叶后预报有雨，应在雨前喷药保护，减少病菌从伤口侵入，防止发生茎腐。②淋灌病穴。在病穴及其周围用40%可湿性粉剂400倍液淋灌，每穴2.5～5kg药液，同时喷洒地面。

关于三乙磷酸铝主要混剂配方、防治对象和用量，如表2-3-4所示。

表2-3-4 三乙磷酸铝主要混剂配方、防治对象和用量

混剂	剂型	组分I	组分II	防治对象	制剂用量（g或ml／亩）	施用方法
81%乙铝·锰锌	可湿性粉剂	32.4%三乙磷酸铝	48.6%代森锰锌	黄瓜霜霉病	160～220	对水喷雾
70%乙铝·锰锌	可湿性粉剂	25%三乙磷酸铝	45%代森锰锌	白菜白斑病	133～400	对水喷雾
				白菜霜霉病		
				黄瓜霜霉病		
64%乙铝·福美双	可湿性粉剂	32%三乙磷酸铝	32%福美双	黄瓜霜霉病	150～196	对水喷雾
75%乙铝·多菌灵	可湿性粉剂	50%三乙磷酸铝	25%多菌灵	苹果轮纹病	600～400倍液	喷雾
75%乙铝·百菌清	可湿性粉剂	38%乙膦铝	37%百菌清	黄瓜霜霉病	125～187.5	对水喷雾
50%烯酰·乙膦铝	可湿性粉剂	41%三乙磷酸铝	9%烯酰吗啉	黄瓜霜霉病	70～180	对水喷雾
48%琥铜·乙膦铝	可湿性粉剂	28%三乙磷酸铝	20%琥胶肥酸铜	黄瓜细菌性角斑病	125～187	对水喷雾
				黄瓜霜霉病		
50%氟吗·乙铝	水分散粒剂	45%三乙磷酸铝	5%氟吗啉	荔枝霜疫霉病	625～833倍液	喷雾
				葡萄霜霉病	67～120	对水喷雾
				烟草黑胫病	80～107	对水喷雾

【注意事项】

（1）勿与酸性、碱性农药混用，以免分解失效。

（2）本品易吸潮结块，贮运中应注意密封干燥保存。如遇结块，不影响使用效果。

（3）三乙膦酸铝连续单用，容易引起病菌产生耐药性，如遇有药效明显降低的情况，不宜盲目增加用药量，应与其他杀菌剂轮用、混用如表11所示。

【主要制剂和生产企业】90%可溶粉剂，80%乳油，80%、40%可湿性粉剂和80%水分散粒剂。

河北省石家庄市深泰化工有限公司、山东大成农药股份有限公司、浙江巨化股份有限公司兰溪农药厂、江苏省镇江江南化工有限公司、辽宁省海城市农药一厂、利民化工有限责任公司、江苏省金坛市兴达化工厂、浙江嘉华化工有限公司、天津市施普乐农药技术发展有限公司和成都皇牌作物科学有限公司等。

武夷菌素（wuyiencin）

【作用机理分类】U。

【化学结构式】

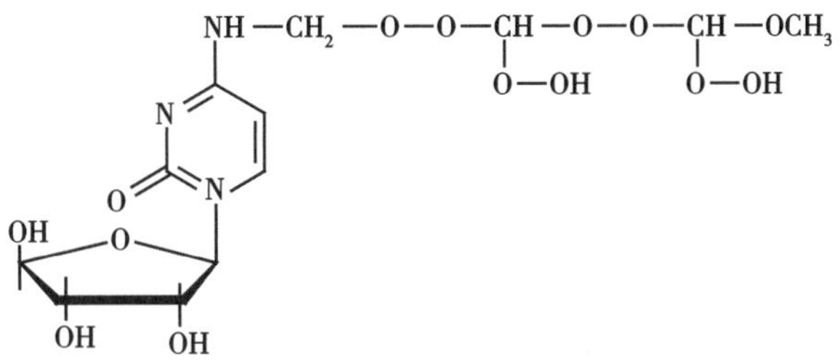

【防治对象】对多种植物病原真菌具有较强的抑制作用，对黄瓜、花卉白粉病有明显的防治效果。

【使用方法】

1.蔬菜病害

对多种病原真菌、细菌有明显的抑制作用。

（1）防治黄瓜白粉病、灰霉病。发病初期喷1%水剂100～150倍液，7d喷1次，连喷3次。

（2）防治番茄灰霉病、叶霉病、白粉病。发病初期喷1%水剂100～150倍液，7d喷1次，连喷2～3次。

（3）防治辣椒白粉病、茄子白粉病、韭菜灰霉病。喷1%水剂100～150倍液。

（4）防治石刁柏茎枯病。发病初期喷1%水剂100倍液，7～10d喷1次，连喷3～4次。若前期幼茎病重，用药液涂茎，可提高防效。

2.果树病害

（1）防治葡萄、山楂、黑穗醋栗白粉病。从发病初期开始喷1%水剂100倍液。10～15d喷1次，共喷3次。

（2）防治柑橘苗圃和幼树的炭疽病。喷1%水剂150～200倍液，15d喷1次，连喷2～3次；防治柑橘流胶病，刮除病部后涂抹1%水剂150～200倍液。

（3）防治柑橘贮藏期青霉病、绿霉病、酸腐病、黑腐病、褐腐病。用1%武夷霉素水剂25～50倍液加防落素500～750mg / g的混合液洗果。

（4）防治甜橙、红橘树脂病。于7～10月份喷1%水剂200倍液，15d喷1次，连喷2～3次。对龙眼、荔枝防腐保鲜，用1%水剂20倍液洗果，在低温冷库中可贮藏35d。

3.药用植物病害

防治肉桂叶枯病、落葵紫斑病。于发病初期开始喷1%水剂100倍液，10d左右喷1次，连喷2～4次。

【主要制剂和生产企业】1%水剂，山东潍坊万胜生物农药有限公司。

寡雄腐霉（pythium oligandrum）

【作用机理分类】U。

【理化性质】外观为白色粉末；气味真菌味；40℃下存放8周检测特性没有变化；常温下产品至少保存2年。

【毒性】寡雄腐霉菌原药和100万个孢子 / g可湿性粉剂均为低毒，寡雄腐霉菌500万个孢子／g原药和100万个孢子／g可湿性粉剂大鼠急性经口、经皮LD_{50}>5 000mg／kg；原药大鼠吸入LC_{50}>5mg／L；有轻微致敏性：100万个孢子／g可湿性粉剂对兔眼睛有轻度刺激性，皮肤无刺激性。

【防治对象】广谱杀菌剂，可以有效防治由疫霉属、轮枝菌属、镰刀菌属、核盘菌属、四核菌属、链格孢属、腐霉属、葡萄孢属、蠕孢属、根串珠霉菌数和粉痂菌属等引起的真菌病害。包括香蕉枯萎病、黄叶病、冠腐病、炭疽病、黑星病和叶斑病；草莓白粉病、灰霉病、蛇眼病、软腐病、疫病和褐斑病，番茄晚疫病、早疫病、枯萎病、灰霉病、斑枯病、炭疽病和白绢病，瓜类猝倒病、立枯病、枯萎病、蔓枯病、霜霉病、炭疽病、灰霉病、白粉病和疫病，辣椒疫病、灰霉病、果腐病、根腐病、褐斑病和炭疽病，甘蓝黑斑病、根肿病、油壶病，油菜黑茎病、灰霉病和菌核病。

【使用方法】寡雄腐霉菌100万个孢子／g可湿性粉剂对番茄晚疫病有较好的防效。用药量为100～300g（制剂）／hm^2 或6.7～20g（制剂）／亩；使用方法为喷雾。于番茄晚疫病发病初期开始使用，每隔7d施药1次，共施3次。在施药剂量范围内对作物安全，未见病害发生，未发现对周围环境产生不良影响。

防治蔬菜猝倒病、立枯病每亩用3～6g。在发病前或发病初期用药，通常施药2～3次，间隔7～10d。喷洒要彻底，使植株、叶片两面、花和果都喷到，部分液体下渗到根部。喷洒应在上午或傍晚、多云天气或雨后进行，不宜在太阳暴晒下或雨前施用。喷雾应在播下的种子发芽出土或幼苗移栽前2～5d。

【主要制剂和生产企业】100万个孢子／g可湿性粉剂，捷克生物制剂股份有限公司。

木霉菌（trichoderma sp）

【作用机理分类】U。

【理化性质】真菌孢子不少于1.5亿个／g，淡黄色至褐色粉末。

【毒性】低毒，大鼠急性经口LD_{50}>2 150mg／kg，经皮LD_{50}>4 640mg／kg。鱼毒：斑马鱼LC_{50}>3 200mg／L。

【防治对象】可有效防霜霉病、根腐病、猝倒病、立枯病、白绢病和疫病等病害。

【使用方法】

（1）防治黄瓜、大白菜等蔬菜的霜霉病。可在发病初期，每亩用木霉素可湿性粉剂200～300g对水50～60kg，均匀喷雾，每隔5～7d喷1次，连续防治2～3次；防治瓜类白粉病、炭疽病可用木霉素可湿性粉剂300倍液在发病初期喷雾，每隔5～ 7d喷1次，连续防治3～4次；防治黄瓜、番茄灰霉病、霜霉病等，用木霉素水分散粒剂600～800倍液喷雾防治，每隔7～10d喷1次，连喷2～3次。

（2）防治根腐病、猝倒病、立枯病、白绢病和疫病。用药量为种子量的5%～10%，先将种子喷适量水或黏着剂搅拌均匀，然后倒入干药粉，均匀搅拌，使种子表面都附着药粉，然后播种。

（3）防治黄瓜、苦瓜、南瓜、扁豆等蔬菜的白绢病。可在发病初期，每亩用木霉素可湿性粉剂400～450g和细土50kg拌匀，制成菌土，撒在病株茎基部，隔5～7d撒1次，连续2～3次。防治辣椒枯萎病，在辣椒苗定植时，每亩用木霉素可湿性粉剂100g与1.25kg米糠混拌均匀，把幼苗根部蘸上菌糠后栽苗。在田间初发病时，用木霉素可湿性粉剂600倍液灌根。

【主要制剂和生产企业】制剂：1亿个活孢子/g水分散粒剂，2亿个活孢子/g可湿性粉剂。

山东泰诺药业有限公司。

丙森锌（propineb）

【作用机理分类】M。

【化学结构式】

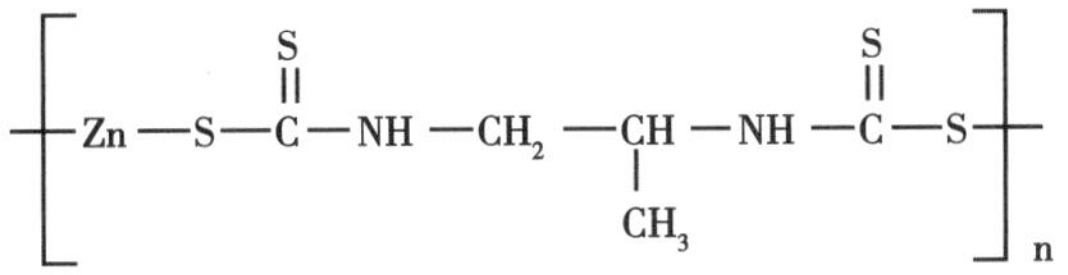

$$\left[-Zn-S-\overset{S}{\overset{\|}{C}}-NH-CH_2-\underset{CH_3}{\underset{|}{CH}}-NH-\overset{S}{\overset{\|}{C}}-S- \right]_n$$

【理化性质】白色或微黄色粉末，熔点160℃（分解），蒸汽压<1.6×10^{-7}mPa（20℃）；水中溶解度<1mg/L（20℃），在二氯甲烷、己烷、丙醇、甲苯等有机溶剂中的溶解度<0.1g/L。在干燥低温条件下贮存时稳定，遇酸、碱及高温分解。

【毒性】微毒，大鼠急性经口LD_{50}>5 000mg/kg，兔急性经口LD_{50}>2 500mg/kg，大鼠急性经皮LD_{50}>5 000mg/kg；对眼睛和皮肤无刺激性；对鱼有毒，对虹鳟鱼LC_{50}为0.4mg/L（96h）；对蜜蜂无毒。

【防治对象】防治黄瓜霜霉病、苹果斑点落叶病、烟草赤星病，还可用于防治水稻、花生、马铃薯、茶树、柑橘及花卉的病害。

【使用方法】

1.蔬菜病害

防治黄瓜霜霉病，发现病叶立即摘除并开始喷药，亩用70%可湿性粉剂150~215g对水喷雾或喷500~700倍液，隔5~7d喷1次，共喷3次。防治番茄早疫病，亩用70%可湿性粉剂125~187.5g，防治番茄晚疫病，亩用150~215g，对水喷雾，隔5~7d喷1次，连喷3次。防治大白菜霜霉病，发病初期或发现发病中心时喷药保护，亩用70%可湿性粉剂150~215g，对水喷雾，隔5~7d喷1次，连喷3次。

2.果树病害

防治苹果斑点落叶病，在春梢或秋梢开始发病时，用70%可湿性粉剂700~1 000倍液喷雾，每隔7~8d喷1次，连续喷3~4次。防治葡萄霜霉病，在发病初期开始喷70%可湿性粉剂400~600倍液，隔7d喷1次，连续喷3次。防治杧果炭疽病，在开花期、雨水较多易发病时，用70%可湿性粉剂500倍液喷雾，隔10d喷1次，共喷4次。

3.烟草病害

防治烟草赤星病，发病初期开始，亩用70%可湿性粉剂91~130g对水喷雾，或用500~700倍液喷雾，隔10d喷1次，连喷3次。

【注意事项】

（1）丙森锌不可与铜制剂和碱性农药混用，若两药连用，需间隔7d。

（2）如与其他杀菌剂混用，必须先进行少量混用试验，以避免药害和混合后药物发生分解作用。

【主要制剂和生产企业】70%可湿性粉剂。

德国拜耳作物科学公司、东部韩农（黑龙江）化工有限公司、利民化工有限责任公司、深圳诺普信农化股份有限公司、陕西省西安常隆正华作物保护有限公司、陕西省蒲城县美邦农药有限责任公司、山东信邦生物化学有限公司和天津市阿格罗帕克农药有限公司等。

福美双（thiram）

【作用机理分类】M。

【化学结构式】

$$(H_3C)_2N-\underset{\underset{S}{\|}}{C}-S-S-\underset{\underset{S}{\|}}{C}-N(CH_3)_2$$

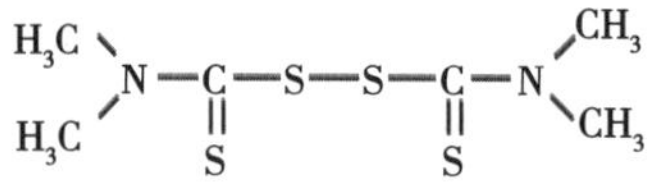

【理化性质】纯品为白色无味结晶（工业品为灰黄色粉末，有鱼腥味）。熔点155～156℃，蒸汽压2.3×10^{-3}Pa（25℃），相对密度1.29（20℃）。室温下在水中溶解度30mg／L，乙醇中溶解度<10g／L，丙酮80g／L，氯仿230g／L（室温），己烷0.04g／L，二氯甲烷170g／L，甲苯18g／L，异丙醇0.7g／L（20℃）。酸性介质中分解，长期接触日照、热、空气和潮湿会变质。

【毒性】中等毒杀菌剂，原粉大鼠急性经口LD_{50}为378～865mg／kg，小鼠急性经口LD_{50}为1 500～2 000mg／kg；对皮肤和黏膜有刺激作用；鱼毒（96h，mg／L）：对虹鳟鱼LC_{50}为0.128mg／L（96h），对翻车鱼LC_{50}为0.0445mg／L（96h）。

【防治对象】防治禾谷类黑穗病和多种作物的苗期立枯病，也可用于喷雾防治一些果树、蔬菜病害。

【使用方法】见第二章水稻杀菌剂重点产品介绍部分。

【注意事项】见第二章水稻杀菌剂重点产品介绍部分。

【主要制剂和生产企业】见第二章水稻杀菌剂重点产品介绍部分。

代森锌（zineb）

【作用机理分类】M。

【化学结构式】

$$\left[\begin{array}{l} H_2C-NH-\overset{\overset{S}{\|}}{C}-S \\ \quad| \qquad\qquad\qquad\quad \rangle Zn \\ H_2C-NH-\underset{\underset{S}{\|}}{C}-S \end{array}\right]_n$$

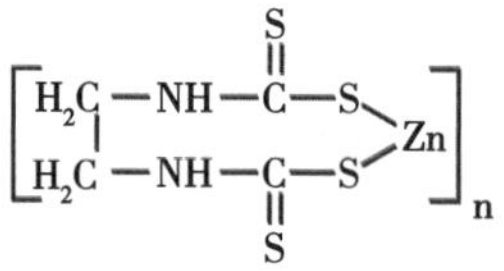

【理化性质】纯品为白色粉末，原粉为灰白色或淡黄色粉末，有臭鸡蛋味。挥发性小，蒸汽压<0.01mPa（20℃），无熔点，157℃分解，闪点138～143℃，难溶于水，室温下在水中溶解度10mg／L，不溶于大多数有机溶剂，能溶于吡啶。吸湿性强，在潮湿空气中能吸收水分而分解失效；遇光、热和碱性物质也易分解。当从浓溶液中形成聚合沉淀后，失去杀菌活性。

【毒性】微毒，原粉大鼠急性经口LD_{50}>5 200mg/kg，对人急性经口发现的最低致死剂量为5 000mg/kg，大鼠急性经皮LD_{50}>2 500mg/kg；对皮肤、黏膜有刺激性；对鲈鱼LC_{50}为2mg/L（96h）。

【防治对象】对许多病菌如霜霉病菌、晚疫病菌及炭疽病菌等有较强触杀作用。

【使用方法】

代森锌为广谱杀菌剂，多用于蔬菜、果树等作物的多种病害防治，多采用叶面喷雾法，在作物发病前或发病初期喷药，一般用65%或80%可湿性粉剂500～700倍液喷雾，因是保护剂，喷雾要均匀周到，必要时每隔7～10d重复喷1次。

（1）蔬菜病害。防治种传的炭疽病、黑斑病、黑星病等，在播前用种子量的0.3%的80%可湿性粉剂拌种。防治蔬菜苗期猝倒病、立枯病、炭疽病、灰霉病，在苗期喷80%可湿性粉剂500倍液1～2次。防治多种蔬菜叶部病害，如白菜、甘蓝、油菜、萝卜的黑斑病、白粉病、白锈病、黑胫病、褐斑病、斑枯病，茄子绵疫病、褐斑病、叶霉病，辣椒炭疽病，马铃薯早疫病、晚疫病，菜豆炭疽病、锈病，豇豆煤霉病，芹菜疫病、斑枯病，菠菜霜霉病、白锈病，黄瓜黑星病，荸荠秆枯病，葱紫斑病、霜霉病，大蒜霉斑病等，于发病初期开始喷药，亩用80%可湿性粉剂80～100g，对水喷雾，或用80%可湿性粉剂500倍液常量喷雾，7～10d喷1次，一般喷3次。防治十字花科蔬菜的霜霉病，用65%可湿性粉剂400～500倍液喷雾，必须喷洒周到，特别是下部叶片应喷到，否则影响防效。

（2）果树病害。

①防治苹果花腐病：在开花前和花期喷65%可湿性粉剂500倍液，可兼治锈病和白粉病；防治苹果黑星病，在谢花后至春梢停止生长期喷65%可湿性粉剂600倍液，10d左右喷1次，连续喷2～3次，同时可兼治轮纹病和黑斑病。防治梨黑星病，从谢花后3周左右至采收前半个月，每隔10～15d用65%可湿性粉剂500倍液或80%可湿性粉剂600～700倍液喷雾，同时兼治黑斑病、褐斑病。防治桃树褐斑病、疮痂病、炭疽病、细菌性穿孔病等，喷65%可湿性粉剂500倍液，15d左右喷1次，一般共喷2～3次。防治柑橘炭疽病，在春、夏、秋梢期各喷1次65%可湿性粉剂500倍液。

②防治草莓叶斑病：在苗期喷65%可湿性粉剂400～600倍液2～3次；防治草莓灰霉病，在花序显露至开花前喷65%可湿性粉剂500倍液。

（3）油料作物病害。防治油菜霜霉病、炭疽病、白锈病、白斑病、黑斑病、黑腐病、软腐病、黑胫病，于发病初期开始喷80%可湿性粉剂500倍液或80～100g对水喷雾，7～10d喷1次，一般喷3次。防治大豆霜霉病，自花期发病初期开始喷80%可湿性粉剂600～700倍液；防治大豆紫斑病，在结荚期开始喷400～500倍液，10d喷1次，一般喷2～4次。防治花生叶斑病，在病叶率10%～15%时开始亩喷80%可湿性粉剂600～700倍液50L，10d喷1次，共喷3～4次。用80%可湿性粉剂800～1 000倍液喷雾，可以防治芝麻黑斑病。

（4）防治麦类锈病。亩用80%可湿性粉剂80～120g，对水喷雾。

（5）防治烟草炭疽病、蛙眼病、白粉病、低头黑病。用65%可湿性粉剂500倍液或亩用80%可湿性粉剂80～100g，对水喷雾。

（6）棉花病害。防治棉花叶部的角斑病、褐斑病等，喷80%可湿性粉剂500～700倍液；防治棉铃的炭疽病、红腐病、疫病引起的烂铃，喷80%可湿性粉剂500倍液。

（7）药用植物病害。防治叶部病害，如三七炭疽病、珍珠梅褐斑病、百合叶尖枯病、银杏褐斑病，发病初期开始喷65%可湿性粉剂400～500倍液。防治枸杞根腐病，发病初期用65%可湿性粉剂400倍液灌根，有较好的防治效果。

（8）花卉病害。一般在发病前或发病初期喷第1次药，以后隔7～10d喷1次80%可湿性粉剂500～600倍液，可防治多种花卉的叶部病害，如炭疽病、霜霉病、叶斑病和锈病等。

【注意事项】

烟草、葫芦科植物对锌离子敏感，易产生药害；某些品种的梨树有时也容易发生轻微药害。

使用时要注意：

（1）不能与铜制剂或碱性药物混用。

（2）放置在阴凉、干燥、通风处，受潮和雨淋会分解。

【主要制剂和生产企业】80%、65%可湿性粉剂。

保加利亚艾格利亚有限公司、利民化工有限责任公司、江苏龙灯化学有限公司、河北双吉化工有限公司、天津市兴果农药厂、天津人农药业有限责任公司、深圳诺普信农化股份有限公司、辽宁省辽阳丰收农药有限公司、山东寿光双星农药有限公司和陕西上格之路生物科学有限公司等。

克菌丹（captan）

【作用机理分类】M。

【化学结构式】

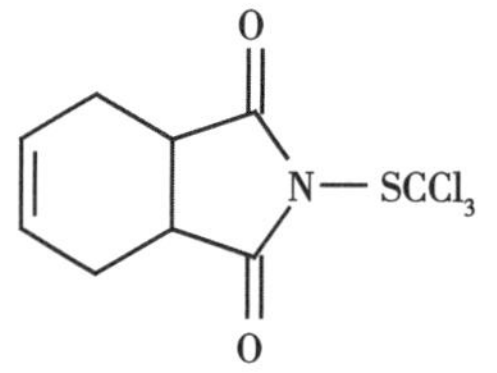

O N—$SCCl_3$ O

【理化性质】无色晶体，熔点178℃，蒸汽压<1.3mPa（25℃），相对密度1.74；水中溶解度3.3mg／L（25℃），有机溶剂溶解度（26℃，g／L）：二甲苯20，氯仿70，丙酮21，环己酮23，苯21，甲苯6.9，异丙醇1.7，乙醇2.9，乙醚2.5；不溶于石油。中性溶液中缓慢水解，碱性环境中水解迅速。

【毒性】微毒，大鼠急性经口LD_{50}>9 000mg／kg，兔急性经皮LD_{50}>4 500mg／kg。对皮肤、眼睛和呼吸道具中等刺激作用，无人体全身性中毒报道。

【防治对象】防治蔬菜苗期立枯病、猝倒病，姜根茎腐败病，可防治苹果、梨、桃、杏、李等果树轮纹烂果病、炭疽病、黑星病、疮痂病，葡萄霜霉病、黑痘病、炭疽病、褐斑痂，草莓灰霉病，果炭疽病、白粉病、叶斑病等。防治小麦腥黑穗病、高粱坚黑穗病、散黑穗病、炭疽病。

【使用方法】叶面喷雾或拌种均可，也能用于土壤处理，防治根部病害。

1.防治蔬菜病害

（1）防治蔬菜苗期立枯病、猝倒病。亩用50%可湿性粉剂500g，拌细土15～25kg，于播前施入土内。

（2）防治黄瓜炭疽病、霜霉病、白粉病、黑斑病，番茄早疫病、晚疫病、灰叶斑病，辣椒黑斑病，胡萝卜黑斑病，白菜黑斑病、白斑病，芥蓝黑斑病，菜心黑斑病等。喷50%可湿性粉剂400～500倍液，或亩用50%可湿性粉剂125～187.5g（每亩有效成分用量62.5～93.75g），对水喷雾。

（3）防治姜根茎腐败病。用50%可湿性粉剂500～800倍液浸姜种1～3h后播种。

2.防治果树病害

（1）在果树育苗期。亩用50%可湿性粉剂500g，拌细土15kg，撒施于土表，耙匀，可防治果树苗木的立枯病、猝倒病。

（2）在病菌侵染期和发病初期。喷50%可湿性粉剂400～800倍液，可防治苹果、梨、桃、杏、李等果树轮纹烂果病、炭疽病、黑星病、疮痂病；葡萄霜霉病、黑痘病、炭疽病、褐斑痂；草莓灰霉病，果炭疽病、白粉病、叶斑病等。

（3）防治杧果流胶病：用50%可湿性粉剂50～100倍液涂抹病疤。

（4）防治苹果、梨、桃、樱桃贮藏期病害：可用50%可湿性粉剂400倍液浸果。

3.在大田作物上的应用

（1）防治玉米茎基腐病。每100kg玉米种子用45%悬浮种衣剂150～175ml（有效成分67.5～78.75g／100kg种子），用45%悬浮种衣剂对玉米包衣处理，药种比高达1：570～667，在包衣时为了包衣均匀，需要加入10倍的清水稀释，再进行玉米种子包衣。

（2）防治小麦腥黑穗病、高粱坚黑穗病、散黑穗病和炭疽病。用种子量0.3%的50%可湿性粉剂拌种。

（3）防治麦类赤霉病、马铃薯晚疫病。亩用50%可湿性粉剂150～200g，对水喷雾。由于防效一般，现已多被其他高效杀菌剂所取代。

【注意事项】不得与碱性农药混用。

【主要制剂和生产企业】制剂：50%可湿性粉剂，45%悬浮种衣剂。

生产企业：江苏龙灯化学有限公司、以色列马克西姆化学公司、浙江省宁波中化化学品有限公司、美国科聚亚公司和日本科研制药株式会社。

百菌清（chlorothalonil）

【作用机理分类】M。

【化学结构式】

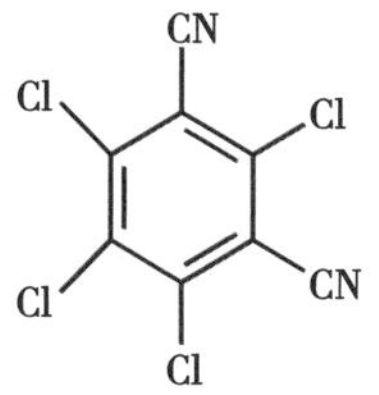

CN
Cl Cl
Cl CN
Cl

【理化性质】无色无味晶体，熔点250～251℃，蒸汽压0.076mPa（25℃），沸点350℃（760mmHg），密度1.8。百菌清在下列溶剂中的溶解度：水中为0.9mg／L

（25℃），二甲苯中为80g／kg，环己酮中为30g／kg，二甲基甲酰胺中为30g／kg，丙酮中为20g／kg，二甲亚砜中为20g／kg（25℃），煤油中小于10g／kg（25℃）。在正常条件下贮存稳定，对紫外光是稳定的（水介质和晶体状态），在酸性和微碱性溶液中稳定，pH值为9时慢慢水解。不腐蚀容器。

【毒性】微毒，原粉大鼠急性经口LD_{50}>10 000mg／kg，兔急性经皮LD_{50}>10 000mg／kg。大鼠急性吸入LC_{50}>4.7mg／L（1h）和0.54mg／L（4h）。对兔眼结膜和角膜有严重刺激作用，可产生不可逆的角膜浑浊，但未见对人眼睛有相同的作用。对某些人的皮肤有明显刺激作用。在动物体内无明显蓄积作用，在试验条件下，未见致突变、致畸作用。百菌清对鱼毒性大，虹鳟鱼96h急性LC_{50}为49μg／L。

【防治对象】防治蔬菜幼苗猝倒病，防治番茄叶霉病，防治黄瓜炭疽病，防治辣椒炭瘟病、早疫病、黑斑病及其他叶斑类病害。防治特种蔬菜，如山药炭疽病、石刁柏茎枯病、灰霉病、锈病，黄花菜叶斑病、叶枯病、姜白星病、炭疽病等（表2-3-5）。

表2-3-5　百菌清主要混剂配方、防治对象和用量

混剂	剂型	组分I	组分II	组分III	防治对象	制剂用量（g或ml／亩）	施用方法
75%乙铝·百菌清	可湿性粉剂	37%百菌清	38%乙膦铝	—	黄瓜霜霉病	125～187.5g	喷雾
56%烯酰·百菌清	可湿性粉剂	48%百菌清	8%烯酰吗啉	—	黄瓜霜霉病	140～160g	喷雾
22%霜脲·百菌清	烟剂	19%百菌清	3%霜脲氰	—	黄瓜（保护地）霜霉病	200～250g	点燃放烟
40%嘧霉·百菌清	悬浮剂	25%百菌清	15%嘧霉胺	—	番茄灰霉病	350～450ml	喷雾
56%嘧菌·百菌清	悬浮剂	50%百菌清	6%嘧菌酯	—	番茄早疫病	75～120ml	喷雾
					黄瓜霜霉病	60～120ml	喷雾
					辣椒炭疽病	80～120ml	喷雾
					西瓜蔓枯病	75～120ml	喷雾
					荔枝霜疫霉病	500～100倍液	喷雾
70%锰锌·百菌清	可湿性粉剂	30%百菌清	40%代森锰锌	—	番茄早疫病	100～150g	喷雾
64%锰锌·百菌清	可湿性粉剂	8%百菌清	56%代森锰锌	—	番茄早疫病	107～150g	喷雾
70%百·代锌	可湿性粉剂	35%百菌清	35%代森锌	—	黄瓜霜霉病	80～120g	喷雾
					葡萄炭疽病	80～120g	喷雾
70%百菌清·福美双	可湿性粉剂	20%百菌清	50%福美双	—	葡萄霜霉病	83～110g	喷雾
30%百菌清·福美双	可湿性粉剂	12%百菌清	18%福美双	—	食用菌木霉	0.3～0.6g／m^2	喷雾
					食用菌疣孢霉		喷雾

（续表）

混剂	剂型	组分I	组分II	组分III	防治对象	制剂用量（g或ml／亩）	施用方法
28%霉威·百菌清	可湿性粉剂	15.5%百菌清	12.5%乙霉威	—	番茄灰霉病	140～175g	喷雾
20%霉威·百菌清	可湿性粉剂	15%百菌清	5%乙霉威	—	番茄灰霉病	1750～200g	喷雾
40%硫磺·百菌清	可湿性粉剂	8%百菌清	32%硫磺	—	花生叶斑病	150～200g	喷雾
10%硫磺·百菌清	粉（尘）剂	5%百菌清	5%硫磺	—	黄瓜（保护地）霜霉病	1 000～1 200g	粉尘法
40%精甲·百菌清	悬浮剂	36%百菌清	4%精甲霜灵	—	番茄晚疫病	75～120	喷雾
					黄瓜霜霉病	90～150	喷雾
					辣椒疫病	75～120	喷雾
					西瓜疫病	100～150	喷雾
					荔枝霜疫霉病	500～800倍液	喷雾
81%甲霜·百菌清	可湿性粉剂	72%百菌清	9%精甲霜灵	—	黄瓜霜霉病	100～120g	喷雾
72%甲霜·百菌清	可湿性粉剂	64%百菌清	8%精甲霜灵	—	黄瓜霜霉病	107～150g	喷雾
50%腐霉·百菌清	可湿性粉剂	33.3%百菌清	16.7%腐霉利	—	番茄灰霉病	75～100g	喷雾
20%腐霉·百菌清	烟剂	13.3%百菌清	6.7%腐霉利	—	番茄（保护地）灰霉病	200～250g	点燃放烟
10%百·腐	烟剂	6%百菌清	4%腐霉利	—	黄瓜（保护地）灰霉病	250～300g	点燃放烟
15%百·腐	烟剂	12%百菌清	3%腐霉利	—	番茄（保护地）灰霉病	200～300g	点燃放烟
10%百·菌核	烟剂	5%百菌清	5%菌核净	—	黄瓜（保护地）灰霉病	350～400g	点燃放烟
12%百·噻灵	烟剂	10%百菌清	2%噻菌灵	—	番茄（保护地）灰霉病	300～450g	点燃放烟
18%百·霜脲	悬浮剂	16%百菌清	2%霜脲氰	—	黄瓜霜霉病	150～200ml	喷雾
50%百·甲硫	悬浮剂	25%百菌清	25%甲基硫菌灵	—	黄瓜白粉病	160～213ml	喷雾
16%咪·酮·百菌清	热雾剂	5%百菌清	5%咪鲜胺	6%三唑酮	橡胶树白粉病	119～138ml	烟雾机喷雾
					橡胶树炭疽病	119～138ml	烟雾机喷雾
75%百·多·福	可湿性粉剂	20%百菌清	25%多菌灵	30%福美双	苹果树轮纹病	600～800	倍液喷雾

【使用方法】

1.防治蔬菜病害

（1）防治蔬菜幼苗猝倒病。①播前3d，用75%可湿性粉剂400～600倍液将整理好的苗床全面喷洒1遍，盖上塑料薄膜闷2d后，揭去薄膜晾晒苗床1d，准备播种。②出苗后，当发现有少量猝倒时，拔除病苗，用75%可湿性粉剂400～600倍液泼浇病苗周围床土或喷到土面见水为止，再全苗床喷1遍。

（2）温室大棚蔬菜病害防治。可选用45%、30%、20%、10%、2.5%烟剂或者10%、5%粉（尘）剂，采用点燃放烟的方式或粉尘法施药。目前，市场上销售的烟剂外观为灰色粉末或圆柱状，适用于防治多种病害，如用于防治黄瓜霜霉病和黑星病、番茄叶霉病和早疫病、芹菜斑枯病等，大棚一般每亩用45%烟剂200～250g，从发病初期，每隔7～10d施放1次，全生长期用药4～5次即可控制病害。注意：施放烟剂一般在傍晚临收工前点燃，密闭一夜，第二天早晨打开大棚、温室门。

10%、5%百菌清粉尘剂是专供大棚、温室等保护地蔬菜用于粉尘法施药的制剂，可防治多种蔬菜的霜霉病、晚疫病、早疫病和炭疽病，一般每亩大棚或温室用5%粉尘剂1kg喷粉。喷粉前大棚、温室关闭，操作人员从棚室的里端开始退行喷粉，到棚室门口为止，然后关闭棚室大门（详细使用方法参见本书第一篇中有关粉尘法施药技术的介绍）。

（3）防治番茄叶霉病。用种子量0.4%的可湿性粉剂拌种后播种，田间发病初期喷75%可湿性粉剂600倍液。防治番茄早疫病，亩用40%悬浮剂150～175g，对水喷雾。

（4）防治黄瓜炭疽病。喷75%可湿性粉剂500～600倍液。防治黄瓜霜霉病，亩用40%悬浮剂150～175g，对水喷雾。

（5）防治辣椒炭瘟病、早疫病、黑斑病及其他叶斑类病害。于发病前或发病初期，喷75%可湿性粉剂500～700倍液，7～10d喷1次，连喷2～4次。

（6）防治甘蓝黑胫病。发病初期，喷75%可湿性粉剂600倍液，7d左右喷1次，连喷3～4次。

（7）防治特种蔬菜病害。如山药炭疽病、石刁柏茎枯病、灰霉病、锈病，黄花菜叶斑病、叶枯病、姜白星病、炭疽病等，于发病初期及时喷75%可湿性粉剂600～800倍液，7～10d喷1次，连喷2～4次。

（8）防治莲藕腐败病。可用75%可湿性粉剂800倍液喷种藕，闷种24h，晾干后种植；在莲始花期或发病初期，拔除病株，亩用75%可湿性粉剂500g，拌细土25～30kg，撒施于浅水层藕田，或对水20～30kg，加中性洗衣粉40～60g，喷洒莲茎秆，隔3～5d喷1次，连喷2～3次。防治莲藕褐斑病、黑斑病，发病初喷75%可湿性粉剂500～800倍液，7～10d喷1次，连喷2～3次。

（9）防治慈姑褐斑病、黑粉病。发病初期，喷75%可湿性粉剂800～1 000倍液，7～10d喷1次，连喷2～3次。

（10）防治芋污斑病、叶斑病、水芹斑枯病。于发病初期，喷75%可湿性粉剂600～800倍液，7～10d喷1次，连喷2～4次。在药液中加0.2%中性洗衣粉，防效会更好。

2.防治果树病害

（1）防治苹果白粉病。于苹果开花前、后喷75%可湿性粉剂700倍液。防治苹果轮纹烂果病、炭疽病、褐斑病，从幼果期至8月中旬，15d左右喷1次75%可湿性粉剂600～700倍液，或与其他杀菌剂交替使用。但在苹果谢花20d内的幼果期不宜用药。苹果一些黄色品种，特别是金帅品种，用药后会发生锈斑，影响果实质量。

（2）防治梨树黑胫病。仅能在春季降雨前或灌水前，用75%可湿性粉剂500倍液喷洒树干基部。不可用百菌清防治其他梨树病害，否则易产生药害。

（3）防治桃褐斑病、疮痂病。在桃树现花蕾期和谢花时各喷1次75%可湿性粉剂800～1000倍液，以后视病情隔14d左右喷1次。注意当喷洒药液浓度高时易发生轻微锈斑。

（4）防治葡萄白腐病。用75%可湿性粉剂500～800倍液，于开始发现病害时喷第一次药，隔10～15d喷1次，共喷3～5次，或与其他杀菌剂交替使用，可兼治霜霉病。防治葡萄黑痘病，从葡萄展叶至果实着色期，每隔10～15d喷1次75%可湿性粉剂500～600倍液，或与其他杀菌剂交替使用。防治葡萄炭疽病，从病菌开始侵染时喷75%可湿性粉剂500～600倍液，共喷3～5次，可兼治褐斑病。须注意葡萄的一些黄色品种用药后会发生锈斑，影响果实质量。

（5）防治草莓灰霉病、白粉病、叶斑病。在草莓开花初期、中期、末期各喷1次75%可湿性粉剂500～600倍液。

（6）防治柑橘炭疽病、疮痂病和沙皮病。在春、夏、秋梢嫩叶期和幼果期以及8～9月间，喷75%可湿性粉剂600～800倍液，10～15d喷1次，共喷5～6次，或与其他杀菌剂交替使用。

（7）防治香蕉褐缘灰斑病。用75%可湿性粉剂800倍液，从4月开始，轻病期15～20d喷1次，重病期10～12d喷1次，重点保护心叶和第一、第二片嫩叶，一年共喷6～8次，或与其他杀菌剂交替使用。防治香蕉黑星病，用75%可湿性粉剂1 000倍液，从抽蕾后苞叶未开前开始，雨季2周喷1次，其他季节每月喷1次，注意喷果穗及周围的叶片。

（8）防治荔枝霜霉病。重病园在花蕾、幼果及成熟期各喷1次75%可湿性粉剂500～1 000倍液。

（9）防治杧果炭疽病。重点是保护花朵提高穗实率和减少幼果期的潜伏侵染，一般是在新梢和幼果期喷75%可湿性粉剂500～600倍液。

（10）防治木菠萝炭疽病、软腐病。在发病初期喷75%可湿性粉剂600～800倍液。

（11）防治人心果肿枝病。冬末和早春连续喷75%可湿性粉剂600～800倍液。

（12）防治杨桃炭疽病。幼果期每10～15d喷1次75%可湿性粉剂500～800倍液。

（13）防治番木瓜炭疽病。于8～9月间每隔10～15d喷1次75%可湿性粉剂600～800倍液，共喷3～4次，重点喷洒果实。

3.防治茶树病害

（1）防治茶树白星病的关键是适期施药，应在茶鲜叶展开期或在叶发病率达6%时进行第一次喷药，在重病区，每隔7～10d再喷1次，用75%可湿性粉剂800倍液。

（2）防治茶树炭疽病、茶云纹叶枯病、茶饼病、茶红锈藻病，于发病初期喷75%可湿性粉剂600～1 000倍液。

4.防治林业病害

（1）防治林业病害。可选用10%百菌清油剂（河南省安阳市安林生物化工有限责任公司生产），每亩用10%油剂200 ~ 250ml，采用超低量喷雾或喷烟的方式施药。注意要在傍晚林地有逆温层时放烟。也可选用2.5%百菌清烟剂，每亩用2.5 ~ 4kg 2.5%烟剂，在林地内均匀布点点燃放烟。

（2）防治杉木赤枯病、松枯梢病。喷75%可湿性粉剂600 ~ 1 000倍液。

（3）防治大叶合欢锈病、相思树锈病、柚木锈病等。用75%可湿性粉剂400倍液，每半月喷1次，共喷2 ~ 3次。

5.防治橡胶树病害

防治橡胶树炭疽病、溃疡病。喷75%可湿性粉剂500 ~ 800倍液，或亩喷5%粉剂1.5 ~ 2kg。

6.防治油料作物病害

（1）防治油菜黑斑病、霜霉病。发病初期，亩用75%可湿性粉剂110g，对水喷雾，隔7 ~ 10d喷1次，连喷2 ~ 3次。防治油菜菌核病，在盛花期，叶病株率10%、茎病株率1%时开始喷75%可湿性粉剂500 ~ 600倍液，7 ~ 10d喷1次，共喷2 ~ 3次。

（2）防治花生锈病和叶斑病。发病初期，亩用75%可湿性粉剂100 ~ 125g，对水喷雾。或亩用75%可湿性粉剂800倍液常规喷雾，每隔10 ~ 14d喷1次，共喷2 ~ 3次。

（3）防治大豆霜霉病、锈病。喷75%可湿性粉剂700 ~ 800倍液，7 ~ 10d喷1次，共喷2 ~ 3次。对霜霉病自初花期发现少数病株叶背面有霜状斑点、叶面为退绿斑时即开始喷药。对锈病在花期下部叶片有锈状斑点时即开始喷药。

（4）防治向日葵黑斑病。一般在7月末发病初期，喷75%可湿性粉剂600 ~ 1 000倍液，7 ~ 10d喷1次，共喷2 ~ 3次。

（5）防治蓖麻枯萎病和疫病。在发病初，喷75%可湿性粉剂600 ~ 1 000倍液，7 ~ 10d喷1次，共喷2 ~ 3次。

7.防治棉麻病害

（1）防治棉苗根病。100kg棉籽用75%可湿性粉剂800 ~ 1 000g拌种。

（2）防治棉花苗期黑斑病（又叫轮纹斑病）。喷75%可湿性粉剂500倍液，有很好预防效果。

（3）防治红麻炭疽病。播前用75%可湿性粉剂100 ~ 150倍液浸种24h后，捞出晾干播种。苗期喷雾，一般在苗高30cm时用75%可湿性粉剂500 ~ 600倍液喷雾，对轻病田，拔除发病中心后喷药防止病害蔓延；对重病田，每7d喷1次，连喷3次。

（4）防治黄麻黑点炭疽病和枯腐病。播前用20 ~ 22℃的75%可湿性粉剂100倍液浸种24h；生长期于发病初喷75%可湿性粉剂400 ~ 500倍液。此浓度喷雾还可防治黄麻褐斑病、茎斑病。

（5）防治亚麻斑枯病（又叫斑点病）。在发病初，亩喷75%可湿性粉剂500 ~ 700倍液50 ~ 75kg。

（6）防治大麻秆腐病、霜霉病和苘麻霜霉病。喷75%可湿性粉剂600倍液。

8.防治烟草病害

（1）百菌清可用于防治烟草赤星病、炭疽病、白粉病、破烂叶斑病、蛙眼病、黑斑病（早疫病）、立枯病等。在发病前或发病初期开始喷药，7～10d喷1次，连喷2～3次，用75%可湿性粉剂500～800倍液。

（2）防治烟草根黑腐病。用75%可湿性粉剂800～1 000倍液喷苗床或烟苗茎基部。

9.防治糖料作物病害

（1）防治甘蔗眼点病。在发病初期喷75%可湿性粉剂400倍液，7～10d喷1次，有较好防治效果。

（2）防治甜菜褐斑病。当田间有5%～10%病株时开始喷药，亩用75%可湿性粉剂60～100g，15d后再喷1次。对发病早、降雨频繁且连续时间长时，需喷3～4次。

10.防治药用植物病害

（1）防治多种药用植物的炭疽病、白粉病、霜霉、叶斑类病。如人参斑枯病，北沙参黑斑病，西洋参黑斑病，白花曼陀罗黑斑病和轮纹病，枸杞炭疽病、灰斑病和霉斑病，牛蒡黑斑病，女贞叶斑病，阳春砂仁叶斑病，薄荷灰斑病，落葵紫斑病，白术斑枯病，黄芪、车前草、菊花、薄荷的白粉病，麦冬、萱草、红花、量天尺的炭疽病，百合基腐病，地黄轮纹病，板蓝根霜霉病和黑斑病等，于发病初期开始喷75%可湿性粉剂500～800倍液，7～10d喷1次，共喷2～3次，采收前5～7d停止用药。

（2）防治北沙参黑斑病。除喷雾外，还可于播前用种子量0.3%的75%可湿性粉剂拌种。防治玉竹曲霉病，可亩用75%可湿性粉剂1kg，拌细土50kg，撒施于病株基部。防治量天尺炭疽病可于植前用75%可湿性粉剂800倍液浸泡繁殖材料10min，取出待药液干后再插植。

11.防治花卉病害

（1）百菌清是花卉常用药，可防治多种花卉的幼苗猝倒病、白粉病、霜霉病、叶斑类病害。一般于发病初期开始喷75%可湿性粉剂600～1 000倍液，7～10d喷1次，共喷2～3次。防治幼苗猝倒病，注意喷洒幼苗嫩茎和中心病株及其附近的病土。防治疫霉病在喷植株的同时也应喷病株的土表。棚室里的花卉可使用烟剂。

（2）百菌清对梅花、玫瑰花易产生药害，不宜使用。适用的花卉病害有鸡冠花、三色堇、白兰花、茉莉花、栀子花、仙人掌类的炭疽病，月季、芍药、樱草、牡丹的灰霉病，鸡冠花、菊花、一串红的疫霉病及万寿菊茎腐病（疫霉菌），以及月季黑斑病、广玉兰褐斑病、紫微褐斑病、石竹褐斑病、大丽花褐斑病、荷花黑斑病、福禄考白斑病、朱顶红红斑病、香石竹叶斑病、唐菖蒲叶斑病、苏铁叶斑病、百合叶枯病、郁金香灰霉枯萎病等。

12.防治粮食作物病害

（1）防治麦类赤霉病、叶锈病、叶斑病。亩用75%可湿性粉剂80～120g，对水喷雾。防治玉米小斑病，亩用75%可湿性粉剂100～175g，对水喷雾。

（2）防治水稻稻瘟病和纹枯病。亩用75%可湿性粉剂100～125g，对水喷雾。但对上述病害的防治，现已被有关高效杀菌剂所取代。

【注意事项】

（1）百菌清对鱼类及甲壳类动物毒性大，药液不能污染鱼塘和水域。

（2）不能与石硫合剂、波尔多液等碱性农药混用。

（3）容易发生药害，梨、柿、桃、梅和苹果树等使用浓度偏高会发生药害；与杀螟松混用，桃树易发生药害；与克螨特、三环锡等混用，茶树会产生药害。

【主要制剂和生产企业】90%、75%水分散粒剂，75%可湿性粉剂，72%、50%、40%悬浮剂，45%、30%、20%、10%、2.5%烟剂，5%粉尘剂，10%油剂。以百菌清为有效成分的农药混剂很多，表2-3-5中列出了在我国登记的主要农药混剂品种和防治对象。

利民化工有限责任公司、湖南南天实业股份有限公司、云南天丰农药有限公司、江苏百灵农化有限公司、新加坡生达有限公司、新加坡利农私人有限公司、江苏泰州百力化学有限公司、山东大成农药股份有限公司、安徽中山化工有限公司、日本 SDS Biotech K.K、江苏省新河农用化工有限公司和江阴苏利化学有限公司。

二、蔬菜杀菌剂作用机理分类

蔬菜杀菌剂作用机理分类（表2-3-6）。

表2-3-6　蔬菜杀菌剂作用机理分类

作用机理编码	作用靶标位点及编码	化学类型名称	通用名称
A 核酸合成	A1RNA聚合酶I	苯酰胺类	苯霜灵、呋霜灵、噁霜灵、甲霜灵、精甲霜灵
	A2腺苷脱氨酶	羟基（2-氨基）-嘧啶类	乙嘧酚磺酸酯、二甲嘧酚
	A3DNA / RNA合成（建议）	芳香杂环类	辛噻酮
B 有丝分裂和细胞分裂	B2有丝分裂中β-微管蛋白合成	N-苯基氨基甲酸酯类	乙霉威
	B3有丝分裂中β-微管蛋白合成	噻唑类	噻唑菌胺
	B5膜收缩类蛋白不定位作用	苯乙酰胺类	氟吡菌胺
C 呼吸作用	C2复合体II 琥珀酸脱氢酶	琥珀酸脱氢酶抑制剂	氟吡菌酰胺、呋吡菌胺、啶酰菌胺
	C3复合体III 细胞色素bc1 Qo位泛醌醇氧化酶	QoI类（苯醌外部抑制剂）	嘧菌酯、丁香菌酯、烯肟菌酯、啶氧菌酯、唑菌酯、吡唑醚菌酯、噁唑菌酮
	C4复合体III 细胞色素bc1 Qi位质体醌还原酶	QiI类（苯醌内部抑制剂）	氰霜唑
	C5氧化磷酸化解偶联剂		氟啶胺
	6CATP合成酶	有机锡类	三苯基乙酸锡

(续表)

作用机理编码	作用靶标位点及编码	化学类型名称	通用名称
D 氨基酸和蛋白质合成抑制剂	D1甲硫氨酸生物合成（建议）	苯胺基嘧啶类	嘧霉胺
E 信号转导	E3蛋白激酶/组氨酸激酶（渗透信号传递）（os-2，Daf1）	二羧酸亚胺类	异菌脲、腐霉利、乙烯菌核利
F 脂质合成与膜完整性	F4细胞膜渗透性脂肪酸（建议）	氨基甲酸酯霜	霉威盐酸盐
G 膜的甾醇合成	G1c-14脱甲基酶	脱甲基抑制剂DMI（SBI 1类）	氟硅唑、四氟醚唑
H 细胞壁生物合成	H4几丁质合成酶		多抗霉素
	H5纤维素合成酶	羧酰胺类	烯酰吗啉、氟吗啉、丁吡吗啉、双炔酰菌胺
U 作用机理未知或不确定	未知	氰基乙酰胺肟类	霜脲氰
	未知	膦酸盐	三乙膦酸铝
			武夷菌素、寡雄腐霉、木霉菌
M 多作用位点	多作用位点活性	二硫代氨基甲酸酯类	丙森锌、福美双、代森锌
	邻苯二甲酰亚胺类	克菌丹	
	氯化腈	百菌清	

三、蔬菜病害轮换用药防治方案

1.防治黄瓜霜霉病的杀菌剂轮换用药方案

（1）使用单剂防治。可选用A1组杀菌剂如甲霜灵、精甲霜灵，或选用B3组杀菌剂如噻唑菌胺，或选用B5组杀菌剂如氟吡菌胺，或选用C3组杀菌剂嘧菌酯、丁香菌酯、烯肟菌酯、唑菌酯、吡唑醚菌酯和噁唑菌酮等，或选用C4组杀菌剂如氰霜唑，或选用F4组杀菌剂如霜霉威盐酸盐，或选用H5组杀菌剂烯酰吗啉、氟吗啉、丁吡吗啉、双炔酰菌胺等，或选用U组杀菌剂霜脲氰、三乙膦酸铝等，或选用M组杀菌剂丙森锌、代森锌等。

（2）使用复配制剂防治。可选用A1组杀菌剂如苯霜灵、噁霉灵和M组杀菌剂如代森锰锌混合使用，或选用C3组杀菌剂如吡唑醚菌酯和M组杀菌剂代森联混合使用，或选用B5组杀菌剂氟吡菌胺和F4组杀菌剂如霜霉威盐酸盐混合使用，或选用H5组杀菌剂如烯酰吗啉和M组杀菌剂如代森锰锌混合使用，或选用U组杀菌剂如霜脲氰和C3组杀菌剂如嘧菌酯混合使用，间隔7d左右，能够有效控制黄瓜霜霉病的扩展，降低由于病害造成的损失。

2.防治黄瓜白粉病的杀菌剂轮换用药方案

（1）使用单剂防治。可选用A2组杀菌剂如乙嘧酚磺酸酯，或选用C2组杀菌剂如氟吡菌酰胺和啶酰菌胺，或选用C3组杀菌剂如嘧菌酯、吡唑醚菌酯等，或选用G1组杀菌剂如硅氟唑和四氟醚唑等。

（2）使用复配制剂防治：可选用C2组杀菌剂如氟吡菌酰胺和C3组杀菌剂如肟菌酯混合使用，或选用C3组杀菌剂如嘧菌酯和G1组杀菌剂苯醚甲环唑混合使用。

3.防治番茄灰霉病的杀菌剂轮换用药方案

灰霉病预防容易防治难，主要以预防为主；田间摘除病果及病花叶时一定要装入塑料袋中，并带出大棚进行掩埋，防止人为传播；棚温达到发病温度时浇水前要用一次药，防止浇水后不能及时用药且湿度大造成病害集中发生；注意及时放风调节棚室温湿度。使用药剂要注意不同种类药剂轮换使用，以免病菌产生抗药性。

（1）使用单剂防治。可选用C2组杀菌剂如啶酰菌胺，或选用D1组杀菌剂如嘧霉胺，或选用E3组杀菌剂如异菌脲、腐霉利和乙烯菌核利等，或选用H4组杀菌剂如多抗霉素，或选用M组杀菌剂百菌清等。

（2）使用复配制剂防治。可选用C2组杀菌剂如啶酰菌胺和C3组杀菌剂如醚菌酯混合使用，或选用D1组杀菌剂如嘧霉胺和M组杀菌剂百菌清混合使用，或选用E3组杀菌剂如异菌脲和M组杀菌剂福美双混合使用。

第四章　小麦病害轮换用药防治方案

一、小麦杀菌剂重点产品介绍

硅噻菌胺（silthiofam）

【作用机理分类】C7。
【化学结构式】

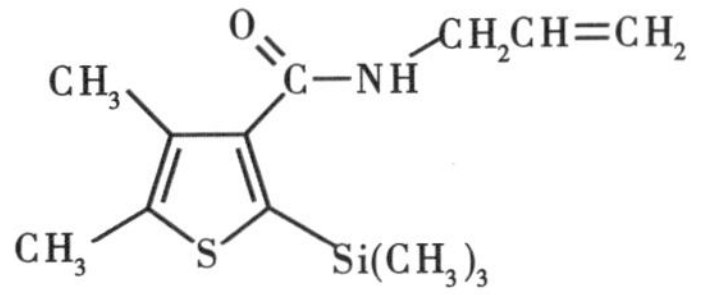

$$
\begin{array}{c}
\text{O} \\
\| \\
\text{(CH}_3)\text{-thiophene: 4,5-dimethyl, 3-C(=O)-NH-CH}_2\text{CH=CH}_2\text{, 2-Si(CH}_3)_3
\end{array}
$$

【理化性质】白色颗粒状固体，熔点为86.1～88.3℃，水中溶解度35.3mg／L（20℃）。

【毒性】微毒，大鼠急性经口LD_{50}>5 000mg／kg，急性经皮LD_{50}>5 000mg／kg。对兔皮肤和眼睛没有刺激性。

【防治对象】硅噻菌胺主要用于谷类作物（小麦、大麦和黑小麦）的种子处理。

【使用方法】防治冬小麦全蚀病，每100kg冬小麦种子用12.5%悬浮剂160～320ml，种子包衣。

【主要制剂和生产企业】12.5%悬浮剂。

天津市阿格罗Pag农药有限公司、美国孟山都公司等。

拌种咯（fenpiclonil）

【作用机理分类】E2。
【化学结构式】

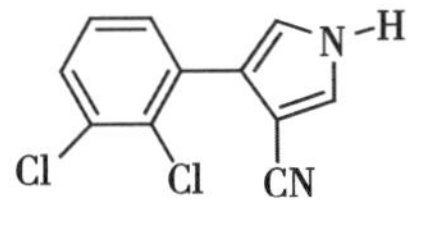

$$
\text{4-(2,3-dichlorophenyl)-1H-pyrrole-3-carbonitrile (Cl, Cl, CN, N-H)}
$$

【理化性质】纯品为无色晶体，熔点144.9～151.1℃。相对密度1.53（25℃）。溶解度（25℃）：水4.8mg／L，乙醇73g／L，丙酮360g／L，甲苯7.2g／L，正己烷0.026g／L，正辛醇41g／L。稳定性：250℃以下稳定，100℃、pH值为3～9，6h不水解。在土壤中移动性小，DT_{50}150～250d。

【毒性】大鼠、小鼠和兔的急性经口LD_{50}>5 000mg／kg，大鼠急性经皮LD_{50}>2 000mg／kg。对兔皮肤和眼睛没有刺激性。大鼠急性吸入LC_{50}（4h）1.5mg／L。无作用剂量NOELmg／（kg·d）：大鼠1.25，小鼠20，狗100。ADI值0.0125mg／（kg·d）。无致畸、

无突变、无胚胎毒性。山齿鹑急性经口LD_{50}>2 510mg／kg，野鸭急性经皮LD_{50}>5 620mg／L，山齿鹑急性经皮LD_{50}>3 976mg／L。鱼毒LC_{50}（96h，mg／L）：虹鳟鱼0.8，鲤鱼1.2，翻车鱼0.76，鲶鱼1.3。水蚤LC_{50}1.3mg／L（48h）。对蜜蜂无毒，LD_{50}（经口、接触）>5μg／只。蚯蚓LC_{50}（14d）67mg／kg干土。

【防治对象】防治小麦、大麦、玉米、棉花、大豆、花生、水稻、油菜、马铃薯、蔬菜等作物的许多病害。种子处理对禾谷类作物种传病原菌有特效，尤其是雪腐镰孢菌和小麦网腥黑粉菌。对非禾谷类作物的种传和土传病菌（链格孢属、壳二孢属、曲霉属、镰孢霉属、长蠕孢属、丝核菌属和青霉菌属）亦有良好的防治效果。

【使用方法】禾谷类作物和豌豆种子处理剂量为20g（a.i.）／100kg种子，马铃薯用10～50g（a.i.）／1 000kg。

苯醚甲环唑（difenoconazole）

【作用机理分类】G1。

【化学结构式】

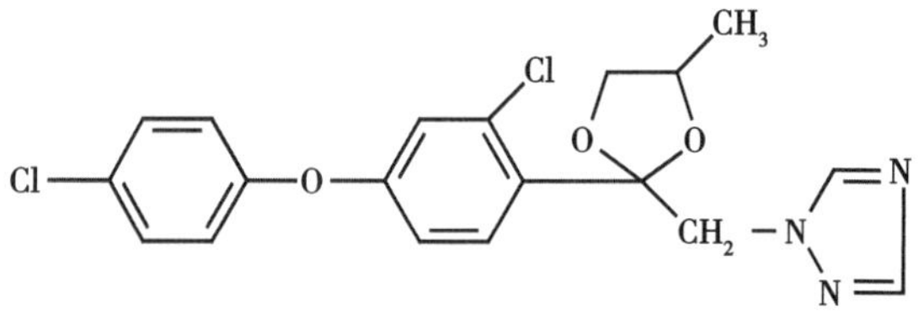

【理化性质】原药外观为灰白色粉状物，相对密度1.40（20℃），熔点82～83℃，蒸汽压3.3×10^{-5}mPa（25℃）；在水中溶解度15mg／L（25℃），在乙醇中330g／L，在丙酮中610g／L，在甲苯中490g／L，在正己烷中3.4g／L，在正辛醇中95g／L（以上均为25℃）；常温贮存稳定，在150℃下稳定。

【毒性】低毒，大鼠急性经口LD_{50}为1 453mg／kg，小鼠急性经口LD_{50}>2 000mg／kg，兔急性经皮LD_{50}>2 010mg／kg；对眼睛和皮肤无刺激性；鱼毒（96h，mg／L）：虹鳟鱼0.81，翻车鱼1.20mg／L；对蜜蜂无毒。

【防治对象】防治小麦根腐病、纹枯病和颖枯病，小麦全蚀病、白粉病，梨黑星病，苹果斑点落叶病，葡萄炭疽病、黑痘病，西瓜炭疽病和蔓枯病，草莓白粉病，番茄早疫病等。

【使用方法】苯醚甲环唑是广谱杀菌剂，可用种子包衣、喷雾等方式防治多种植物病害。

1.麦类病害

苯醚甲环唑对种传病害及土传病害均有效，每100kg麦种，用3%悬浮种衣剂200～400ml（小麦散黑穗病）、用67～100ml（小麦腥黑穗病）、133～400ml（小麦矮腥黑穗病）、200ml（小麦根腐病、纹枯病和颖枯病）、1 000ml（小麦全蚀病、白粉病），100～200ml（大麦条纹病、根腐叶斑病、网斑病）。

2.果树病害

（1）防治梨黑星病。一般用10%水分散粒剂6 000～7 000倍液。

病重的梨园建议用3 000～5 000倍液；保护性防治，从嫩梢至10mm幼果期每隔7～10d喷1次，以后视病情12～18d喷1次；治疗防治，发病后4d内喷第1次，以后每隔7～10d喷1次，最多喷4次。

（2）防治苹果斑点落叶病。于发病初用10%水分散粒剂2 500～3 000倍液喷雾，重病园用1 500～2 000倍液，隔7～14d连喷2～3次。

（3）防治葡萄炭疽病、黑痘病。用10%水分散粒剂1 500～2 000倍液喷雾。

（4）防治柑橘疮痂病。用10%水分散粒剂2 000～2 500倍液喷雾。

（5）防治西瓜炭疽病和蔓枯病。亩用10%水分散粒剂50～75g。

（6）防治草莓白粉病。亩用20～40g，对水50kg喷雾。

（7）防治石榴麻皮病。用10%水分散粒剂稀释2 000～1 000倍液喷雾（有效成分50～100mg／kg）。

3.蔬菜病害

（1）防治大白菜黑斑病。亩用10%水分散粒剂35～50g，对水常规喷雾。防治辣椒炭疽病，于发病初期用10%水分散剂800～1 200倍液喷雾，或亩用10%水分散粒剂40～60g，对水常规喷雾。

（2）防治番茄早疫病。于发病初期，亩用10%水分散粒剂70～100g（有效成分7～10g），对水喷雾。

（3）防治大蒜叶枯病。亩用10%水分散粒剂30～60g（有效成分3～6g），对水喷雾。

（4）防治洋葱紫斑病。亩用10%水分散粒剂30～75g（有效成分3～7.5g），对水喷雾。

（5）防治芹菜叶斑病。亩用10%水分散粒剂67～83g（有效成分6.7～8.3g），对水喷雾。

（6）防治辣椒炭疽病。亩用10%水分散粒剂50～83g（有效成分5～8.3g），对水喷雾。

（7）防治芦笋茎枯病。用10 %水分散粒剂稀释1 500～1 000倍液（有效成分66.7～100mg／kg）喷雾。

（8）防治菜豆锈病。亩用10%水分散粒剂50～100g（有效成分5～10g），对水喷雾。

4.其他作物病害

（1）防治大豆根腐病。每100kg种子用3%悬浮种衣剂200～400ml，进行种子包衣。

（2）防治棉花立枯病。每100kg种子用3%悬浮种衣剂800ml，进行种子包衣。

（3）防治茶树炭疽病。用10 %水分散粒剂稀释1 500～1 000倍液（有效成分66.7～100mg／kg）喷雾。

【注意事项】

苯醚甲环唑不宜与铜制剂混用，如果确需混用，则苯醚甲环唑使用量要增加10%。

苯醚甲环唑对鱼类有毒，勿污染水源。

【主要制剂和生产企业】3%悬浮种衣剂，5%水乳剂，37%、10%水分散粒剂，10%微乳剂，25%、20%乳油，30%悬浮剂。

瑞士先正达作物保护有限公司，先正达（苏州）作物保护有限公司、浙江省杭州宇龙化工有限公司，山东省烟台博瑞特生物科技有限公司，北京富力特农业科技有限责任公司、陕西上格之路生物科学有限公司、江苏侨基生物化学有限公司、天津科润北方种衣剂有限公司、中国农业科学院植保所廊坊农药中试厂、绩溪农华生物科技有限公司和深圳诺普信农化股份有限公司等。

烯唑醇（diniconazole）

【作用机理分类】G1。

【化学结构式】

$$\text{Cl-C}_6\text{H}_3(\text{Cl})\text{-CH=C(N}_3\text{C}_2\text{H}_2)\text{-CH(OH)-C(CH}_3)_3$$

【理化性质】纯品为白色颗粒，熔点134～156℃，蒸汽压2.93mPa（20℃），相对密度1.32（20℃）；在水中溶解度为4mg/L（25℃），溶于大多数有机溶剂，在丙酮中95g/L（25℃），在甲醇中95mg/L（25℃），在二甲苯中14g/L（25℃）；除碱性物质外，能与大多数农药混用；正常状态下贮存两年稳定。

【毒性】中等毒，纯品大鼠急性经口LD_{50}为639mg/kg（雄）和474mg/kg（雌），急性经皮LD_{50}>5 000mg/kg；对家兔眼睛有轻微刺激作用；对虹鳟鱼LC_{50}为1.58mg/L（96h）。

【防治对象】烯唑醇可用于防治多种植物的白粉病、锈病等多种病害。

【使用方法】

1.粮食作物病害

（1）防治小麦白粉病、锈病和纹枯病。亩用12.5%可湿性粉剂32～60g或12.5%乳油32～60ml，对水喷雾。防治小麦黑穗病，每1.0kg种子用2%粉剂200～250g拌种。

（2）防治玉米丝黑穗病。每100kg种子用12.5%可湿性粉剂480～640g或5%拌种剂1 200～1600g拌种。

（3）防治高粱丝黑穗病。每100kg种子用5%拌种剂300～400g拌种。

（4）防治水稻纹枯病。亩用12.5%可湿性粉剂40～50g，对水常规喷雾。

2.果树病害

（1）防治梨黑星病。于谢花后始见病梢时开始喷12.5%可湿性粉剂2 500～3 500倍液或12.5%乳油3 000～4 000倍液或25%乳油5 000～7 000倍液或10%乳油2 000～3 000倍液，以后视降雨情况，隔14～20d喷1次，共喷5～7次，或与其他杀菌剂交替使用。

（2）防治苹果白粉病、锈病。于展叶初期、谢花70%和谢花后10d左右，各喷12.5%可湿性粉剂2 500～3 500倍液1次。

（3）防治黑穗醋栗白粉病。于发病初期开始喷12.5%可湿性粉剂或12.5%乳油2 000～2 500倍液，隔20d左右喷1次，共喷2～3次。

（4）防治香蕉叶斑病。喷12.5%乳油1 000～1 500倍液或25%乳油1 500～2 000倍液或5%微乳剂500～700倍液。

（5）防治甜瓜白粉病。喷12.5%可湿性粉剂3 000～4 000倍液。

3.蔬菜病害

可防治豌豆、菜豆等多种蔬菜白粉病、锈病，于发病初期开始喷12.5%可湿性粉剂3 000～4 000倍液，隔10d左右喷1次，共喷2～3次。

（1）防治花生叶斑病。亩用5%微乳剂90～120ml，对水常规喷雾。

（2）防治烟草赤星病。于发病初期开始喷12.5%可湿性粉剂2 000倍液，隔7～10d喷1次，共喷3～5次。

（3）防治药用植物芦竹、紫苏、菊芋、薄荷、苦菜的锈病。于发病初期开始喷12.5%可湿性粉剂3 000～4 000倍液，隔10d左右喷1次，共喷2～3次。

【注意事项】

本品不可与碱性农药混用。

喷药时要避免药液吸入或沾染皮肤，喷药后要及时冲洗。

【主要制剂和生产企业】12.5%、2%可湿性粉剂，5%拌种剂，25%、12.5%、10%乳油，5%微乳剂等。

山西德威生化有限责任公司、山西省临猗中晋化工有限公司、江苏常隆化工有限公司、河南省普朗克生化工业有限公司、广东省惠州市中迅化工有限公司、四川省广汉市小太阳农用化工厂、河北省黄骅市绿园农药化工有限公司和四川国光农化有限公司等。

粉唑醇（flutriafol）

【作用机理分类】G1。

【化学结构式】

$$F-C_6H_4-C(OH)(C_6H_4F)-CH_2-N(1,2,4\text{-triazole})$$

【理化性质】外观为无色结晶固体，相对密度1.41（20℃），熔点130℃，蒸汽压7.1×10^{-7}mPa，（20℃）；在水中溶解度为130mg／L（20℃，pH值为7），在丙酮中190g／L，在二氯甲烷中150g／L，在甲醇中69g／L，在二甲苯中12g／L，在己烷中0.3g／L；对酸、碱、热、潮湿条件均稳定。

【毒性】低毒，大鼠急性经口LD_{50}>1 140mg／kg（雄）、1 480mg／kg（雌），大鼠急性经皮LD_{50}>1 000mg／kg，兔急性经皮LD_{50}>2 000mg／kg；对兔眼睛有中等的刺激性，对皮肤无刺激性；对鱼毒性较低，对翻车鱼LC_{50}为61mg／L（96h）。

【防治对象】麦类黑穗病，麦类白粉病，小麦条锈病，玉米丝黑穗病。

【使用方法】

（1）防治麦类黑穗病。每100kg种子用12.5%悬浮剂200～300ml拌种，先将拌种所需的药量加水调成药浆，调成药浆的量为种子重量的1.5%，拌种均匀后再播种。

（2）防治麦类白粉病。在剑叶零星发病至病害上升期，或上部三叶发病率达30%～50%时，亩用12.5%悬浮剂20ml（每亩有效成分用量3.75～7.5g），对水喷雾。

（3）防治小麦条锈病。在锈病盛发前，亩用12.5%悬浮剂34～50ml（每亩有效成分用量4～6g），对水喷雾。

（4）防治玉米丝黑穗病。每100kg种子用12.5%悬浮剂320～480ml拌种，拌种时，先将药剂调成药浆，药浆量为种子量的1.5%，拌匀后播种。

【主要制剂和生产企业】12.5%悬浮剂、25%悬浮剂，50%乳油。

江苏瑞邦农药厂、江苏丰登农药有限公司、江苏七洲绿色化工股份有限公司和江苏省盐城利民农化有限公司等。

叶菌唑（metconazole）

【作用机理分类】G1。

【化学结构式】

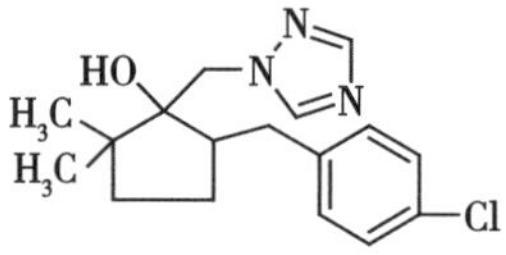

【理化性质】纯品（cis-和trans-混合物）为白色、无嗅结晶状固体，cis-活性高。熔点110～113℃（原药：100.0～108.4℃），沸点约285℃。相对密度1.307（20℃）。溶解度（20℃）：水15mg／L，甲醇235g／L，丙酮238.9g／L。有很好的热稳定性和水解稳定性。

【毒性】大鼠急性经口LD_{50} 661mg／kg，大鼠急性经皮LD_{50}>2 000mg／kg。大鼠急性吸入LC_{50}（4h） > 5.6mg／L。本品对兔皮肤无刺激，对兔眼睛有轻微刺激，无皮肤过敏现象。大鼠104周喂养试验无作用剂量为每天4.8mg／kg，狗52周喂养试验无作用剂量为每天11.1mg／kg，小鼠90d喂养试验无作用剂量为每天2.5mg／kg。Ames试验呈阴性。山齿鹑急性经口LD_{50}>790mg／kg，虹鳟鱼LC_{50}（96h）2.2～4.0mg／L，普通鲤鱼3.99mg／L，水蚤LC_{50}（48h）3.6～4.4mg／L。对蜜蜂无毒，经口LD_{50} （24h）97μg／只。对蚯蚓无毒。

【防治对象】用于防治小麦壳针孢、穗镰刀菌、叶锈病、条锈病、白粉病、颖枯病；大麦矮形锈病、白粉病、喙孢属；黑麦喙孢属、叶锈病；燕麦冠锈病；小黑麦叶锈病、壳针孢。对壳针孢属和锈病活性优异。兼具优良的保护及治疗作用。对小麦的颖枯病特别有效，预防、治疗效果俱佳。

【使用方法】既可茎叶处理又可作种子处理。茎叶处理，使用剂量为30～90g（a.i.）／hm^2，持效期5～6周。种子处理，使用剂量为2.5～7.5g（a.i.）／ 100kg种子。

三唑酮（triadimefon）

【作用机理分类】G1。

【化学结构式】

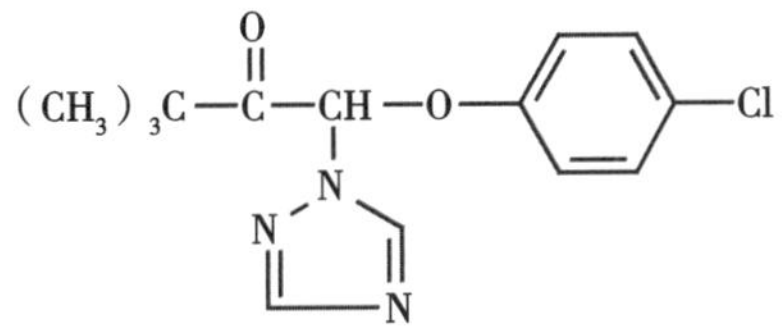

$$(CH_3)_3C-\overset{\overset{\large O}{\|}}{C}-\underset{\underset{\text{1,2,4-三唑-1-基}}{|}}{CH}-O-C_6H_4-Cl$$

【理化性质】纯品为无色结晶，原粉（有效成分含量为90%）外观为白色至浅黄色固体，有特殊芳香味。熔点82.3℃，蒸汽压0.02mPa（20℃），0.06mPa（25℃），相对密度1.22（20℃），溶解度水64mg／L（20℃），中度溶于许多有机溶剂，除脂肪烃类以外，二氯甲烷、甲苯>200，异丙醇50～100，已烷5～10g／L（20℃）。在酸性和碱性条件下（pH值为1～13）都较稳定。

【毒性】低毒，原粉对大鼠急性经口LD_{50}为1 000～1 500mg／kg，小鼠急性经口LD_{50}为990～1 070mg／kg，兔急性经口LD_{50}为250～500mg／kg，大鼠急性经皮LD_{50}>1 000mg／kg。对鱼有一定毒性，对虹鳟鱼LC_{50}为17.4mg／L，在试验剂量内对动物未见致畸、致突变和致癌作用。

【防治对象】对锈病和白粉菌具有预防、治疗、铲除和熏蒸等作用。

【使用方法】

1.麦类病害

（1）防治小麦白粉病。在小麦拔节前期和中期，亩用20%乳油20ml，对水20～25kg，全田喷雾，铲除菌源，保护麦株下部，控制流行；对白粉病的晚发病田和偶发病田，亩用20%乳油35～45ml，对水50～70kg喷雾，重点保护顶部功能叶片，并可兼治小麦叶枯病、颖枯病和大麦云纹病。

（2）防治小麦条锈病等。每100kg种子用15%可湿性粉剂200g拌种，春小麦播后药效能维持60d以上，可基本上控制条锈病的流行；冬小麦拌种后，冬前麦苗发病少，可推迟翌年病害流行期，减轻病害流行程度；拌种还可兼治小麦白粉病、白秆病、根腐病、全蚀病、黑粉病等常见病害；在小麦成株期叶面喷雾，亩用15%可湿性粉剂55～60g，对水75～100kg，于初见病害时喷药，喷药间隔30d左右，如遇重病田或封锁发病中心，亩用15%可湿性粉剂110g对水喷雾，可兼治小麦叶锈病、秆锈病、网斑病、叶枯病等。

（3）防治小麦全蚀病。除拌种外，在苗期病害侵染高峰期，亩用20%乳油50～70ml或25%可湿性粉剂40～60g或15%可湿性粉剂65～100g，对水50～60kg，顺麦行喷雾。

采用三唑酮拌种的麦田，在苗期60d内可保护小麦叶片不受锈菌、白粉菌的入侵，基本上保障了麦田冬前不发生条锈病、白粉病。春季小麦返青后，如当地没有越冬菌或者越冬菌很少，可推迟大田发病期20d左右，达到控制春季病害流行的作用。采用拌种防病，要大范围统一使用，防治效果才好。

2.玉米和高粱病害

防治玉米圆斑病，于果穗冒尖时，亩用20%乳油45～50ml，对水喷雾。防治玉米黑穗病，每1kg种子用15%可湿性粉剂650～750g拌种；防治高粱黑穗病，每100g种子用药200～250g拌种，为使药粉能均匀地沾在种子上，可先用5%玉米面糊水拌湿种子，然后再拌药。

3.水稻病害

水稻生长中后期病害有为害期集中，因而应掌握在这个时期施药为宜，其防效最高；齐穗期以后施药，其综合防效有所降低；但在以稻粒黑粉病为主的田块，应于齐穗后施药，综合防效最好；或于始穗期和始花期各施药1次为宜。三唑酮在防治水稻病害时的最适用量，因发病种类和发病程度而异，特别是发病程度的影响更大。在一般发病年份或田块，每亩次使用20%三唑酮乳油50ml左右或15%三唑酮可湿性粉剂60～70g；病情严重时，用药量需增加到20%三唑酮乳油75～100ml或15%三唑酮可湿性粉剂100～130g，对穗部的稻曲病、穗粒黑粉病，也采用这个剂量；防治穗颈瘟时的用药量要增加到20%三唑酮乳油150ml左右或15%三唑酮可湿性粉剂200g左右，方能取得较好的防效。三唑酮的施药次数，在一般发病年份或田块，施药防治1次即可；病情严重或发病期较长时施药2次，即在孕穗至抽穗期施第一次药，齐穗期再施1次，其综合防效可提高20%左右。在施药适期内，施药2次比施药1次的防效有明显提高，且防效稳定。防治水稻纹枯病，将1次用药量分2次施用，间隔7～10d，防效更好。

4.果树病害

防治苹果白粉病。在开花前芽露出1cm左右时和谢花70%时，各喷1次20%乳油2 000～2 500倍液，重病园在谢花后10d再喷1次。对葡萄白粉病、梨白粉病、桃树白粉病、核桃白粉病、栗白粉病、黑穗醋栗白粉病、贵州刺梨白粉病等，于发病初期开始喷15%可湿性粉剂1 000～1 200倍液或20%乳油1 500～2 000倍液，重病园隔15～20d后再喷1次。防治杧果白粉病用20%乳油1 000倍液，防治啤酒花白粉病用20%乳油1 600倍液，防治草莓白粉病亩用15%可湿性粉剂30～40g对水喷雾。防治苹果、梨、山楂等果树锈病，于果树展叶期、谢花70%和谢花后10d左右，各喷1次25%可湿性粉剂1 500倍液。防治枣树锈病，于7月上中旬和8月上中旬喷25%可湿性粉剂1 000～1 500倍液。防治葡萄白腐病、黑痘病，苹果炭疽病，喷25%可湿性粉剂1 000～1 500倍液。防治梨、苹果黑星病，于田间始见病梢或病叶时开始喷20%乳油2 000～2 500倍液，以后视降雨情况，15～20d喷1次，共喷4～7次，或与其他杀菌剂交替使用。防治柑橘贮藏期病害的青霉菌、绿霉菌，用20%乳油150～250倍液加2，4-D 250mg／L，浸果30～60s，晾干后贮藏，有良好防腐作用和保鲜效果，有效期100d左右。

5.橡胶病害

防治橡胶树白粉病，于发病初期，亩用15%热雾剂50～67ml，用烟雾机喷油雾。

6.蔬菜病害

防治瓜类白粉病。在病害发生初期，亩用20%三唑酮乳油30～50ml或15%可湿性粉剂45～60g，对水喷雾，一般年份施药1次，病重年份隔15～20d再施药1次。新疆在哈密瓜白粉病发生初期，亩用20%乳油50ml，对水喷雾，药效期可达30d以上，并可提高瓜的含糖量30%左右。防治菜豆、豇豆、豌豆、辣椒白粉病，用15%可湿性粉剂1 000～1 200倍液喷雾或用20%乳油1 500～2 000倍液喷雾。防治温室蔬菜白粉病用土壤处理法，每立方米土壤用15%可湿性粉剂10～15g处理，作为种植用土，药效期达2个月以上。防治豆类（菜豆、豇豆等）、辣椒的锈病，在发病初期，用20%乳油1 000～1 500倍液或25%可湿性粉剂

2 000～3 000倍液喷雾。防治黄瓜白绢病，在病害发生初期用15%可湿性粉剂与200倍的细土拌匀后，撒在病株根茎处，防效明显。防治水生蔬菜慈姑黑粉病、茭白锈病、魔芋白绢病，发病初期喷洒15%可湿性粉剂150倍液，7～10d喷1次，一般共喷2～3次。防治荸荠秆枯病，在发病初期亩用20%乳油50～100ml，对水75kg喷雾，重点保护新生荸荠秆。对已发病或病情较重的田块，亩用药量增至150ml，以利于控制病害的蔓延。防治马铃薯癌肿病，于70%植株出苗至齐苗期，用20%乳油1 500倍液浇灌；或于苗期、蕾期亩喷20%乳油2 000倍液50～60kg。

7.药用植物病害

防治紫薇白粉病、菊花白粉病、薄荷白粉病、田旋花白粉病、金银花白粉病、蒲公英白粉病、枸杞白粉病等。在发病初期，用20%乳油1 500～2 000～倍液喷雾，隔10～15d喷1次，共喷2～3次。防治紫苏锈病、芦竹锈病、菊芋锈病、薄荷锈病、苦菜锈病等，于发病初期开始喷15%可湿性粉剂1 000～1 500倍液，每15d左右喷1次，共喷1～2次。防治佩兰白绢病，于发病初期用15%可湿性粉剂与100～200倍细土拌匀后，撒在病部根茎处。防治薏苡黑穗病，用种子量0.4%的15%可湿性粉剂拌种。

8.花卉病害

防治大丽花、风仙花、瓜叶菊、月季等白粉病。在病害发生初期，使用20%三唑酮乳油2 000～3 000倍液喷雾；对其他花卉及观赏植物的白粉病用20%三唑酮乳油1 500～2 000倍液喷雾；对温室内花卉白粉病使用浓度要适当降低，即对水倍数要增加；用药剂处理温室土壤防治白粉病，每平方米用25%可湿性粉剂7.2g，加细土拌匀后撒施入土壤，持效期达60d以上。防治菊花锈病用20%三唑酮乳油2 000倍液喷雾，药效期约20d；防治草坪草锈病，亩用20%三唑酮乳油40～60ml，加水40～60kg喷雾，药效期约20d；防治其他花卉及观赏植物的锈病用2 000～3 000倍液喷雾。防治杜鹃花瓣枯萎病，在病害发生前，用20%三唑酮乳油1 300倍液喷雾。防治十字花科、菊科、豆科、茄科的多种观赏植物，如菊花、矢车菊、紫罗兰、金鱼草、桂竹香、芍药、飞燕草、香豌豆等的菌核病，在发现发病中心病株时，用25%可湿性粉剂3 000倍液，重点喷植株中下部和地面。

【注意事项】

（1）采用湿拌法或乳油拌种时，拌匀后立即晾干，以免发生药害。

（2）小麦用三唑酮拌种时，药剂用量不要超过说明书的规定，否则容易发生药害事故。

（3）在蔬菜上使用三唑酮要控制用药量，过量用药会使蔬菜植株出现生长缓慢、株型矮化、叶片变小变厚、叶色深绿等不正常现象。

（4）在温室里用喷雾法防治时，用药浓度过高，易引起瓜叶变脆。

【主要制剂和生产企业】20%、15%乳油，25%、15%、10%可湿性粉剂，15%热雾剂。

德国拜耳作物科学公司、天津科润北方种衣剂有限公司、江苏建农农药化工有限公司、深圳诺普信农化股份有限公司、浙江平湖农药厂、江苏省张家港市第二农药厂有限公司、上海升联化工有限公司、兴农药业（上海）有限公司、天津市中农化农业生产资料有限公司、河南省郑州大河农化有限公司、山东邹平农药有限公司和江苏剑牌农药化工有限公司等。

三唑醇（triadimenol）

【作用机理分类】G1。

【化学结构式】

【理化性质】略有特殊气味无色晶体，熔点110℃，原药118～130℃，蒸汽压<1mPa。异构体A在水中溶解度为62mg／L（20℃），在二氯甲烷、异丙醇中100～200g／L，在己烷中0.1～1.0mg／L，在甲苯中20～50g／L（20℃）；异构体B在水中溶解度为32mg／L（20℃），在己烷中0.1～1.0mg／L，在二氯甲烷、异丙醇中100～200g／L，在甲苯中10～20g／L。稳定性好，半衰期超过1年（22℃）。

【毒性】低毒，大鼠急性经口LD_{50}约为700mg／kg，小鼠急性经口LD_{50}约为1 300mg／kg，大鼠急性经皮LD_{50}>5 000mg／kg；对兔眼睛和皮肤无刺激性；对鱼有一定的毒性，对虹鳟鱼LC_{50}为21.3mg／L（96h），对翻车鱼LC_{50}为15mg／L（96h）；对蜜蜂无毒。

【防治对象】用于处理种子，在很低剂量下，对禾谷类作物种子带菌和叶部病原菌都有优良的防治效果。

【使用方法】

用于处理种子，在很低剂量下，对禾谷类作物种子带菌和叶部病原菌都有优良的防治效果，这是三唑醇的重要特点。对小麦散黑穗病、网腥黑穗病、根腐病，大麦散黑穗病、叶条纹病、网斑病，燕麦散黑穗病等，每100kg种子，用有效成分7.5～15g即10%可湿性粉剂75～150g拌种。

1.防治小麦锈病

每100kg种子用25%干拌种粉剂120～150g拌种，还可兼治白粉病、纹枯病、全蚀病等。防治小麦纹枯病，每100kg种子用10%可湿性粉剂300～450g拌种。

2.防治玉米丝黑穗病

每100kg种子用25%干拌种粉剂240～300g或15%可湿性粉剂400～500g拌种。

3.防治高粱丝黑穗病

每100kg种子，用15%干拌种粉剂100～150g拌种。

三唑醇也可用于喷雾，例如防治小麦白粉病，也可亩用15%可湿性粉剂50～60g，对水常规喷雾。

【注意事项】

三唑醇处理麦类种子，与三唑酮相似，在干旱或墒情不好时会影响出苗率，对幼苗生长有一定的抑制作用，其抑制强弱与用药浓度有关，也比三唑酮轻很多，基本上不影响麦类中后期的生长和产量。

用三唑醇拌种防治玉米、高粱丝黑穗病的效果不稳定，年度之间和地区之间波动较大，主要是受墒情影响，在春旱年份或地带的防效常偏低。

【主要制剂和生产企业】25%、15%干拌种粉剂，1.5%悬浮种衣剂，15%、10%可湿性粉剂。

德国拜耳作物科学公司、江苏省盐城利民农化有限公司、江苏省南通南沈植保科技开发有限公司、江苏七洲绿色化工股份有限公司、兴农药业（上海）有限公司、山东滨农科技有限公司和江苏剑牌农药化工有限公司等。

灭菌唑（triticonazole）

【作用机理分类】G1。

【化学结构式】

Cl C H CH_3 CH_3 CH_2 OH N N N

【理化性质】原药为外消旋混合物，纯品为白色粉状无味固体（20℃），熔点139～140.5℃；相对密度1.326～1.369（20℃）；蒸汽压<1.0×10^{-5}mPa（50℃）；水中溶解度9.3mg／L（20℃）；在180℃有轻微的分解 。

【毒性】低毒，大鼠急性经口LD_{50}>2 000mg／kg，急性经皮LD_{50}>2 000mg／kg；对皮肤和眼睛无刺激性；对鱼低毒，对虹鳟鱼的LC_{50}>10mg／L；对蚯蚓无毒。

【防治对象】主要用作种子处理剂，防治种传病害，也可用于叶面喷雾做保护处理，防治锈病、白粉病等。

【使用方法】用于防治小麦散黑穗病，每100kg种子，用制剂100～200ml，进行拌种。

【主要制剂和生产企业】制剂：25g／L悬浮种衣剂。

德国巴斯夫股份有限公司。

戊唑醇（tebuconazole）

【作用机理分类】G1。

【化学结构式】

OH Cl CH_2CH_2 —C—C（CH_3）$_3$ CH_2 N N N

【理化性质】无色晶体，熔点105℃，蒸汽压1.7×10^{-3}mPa（20℃），相对密度1.25（26℃）；在水中溶解度36mg／L（20℃，pH值为7），在二氯甲烷中溶解度>200g／L（20℃），在异丙醇、甲苯中50～100g／L（20℃），在正己烷中<0.1g／L（20℃）。稳定性好，水解半衰期超过1年。

【毒性】低毒，大鼠急性经口LD_{50}约为4 000mg／kg，急性经皮LD_{50}>5 000mg／kg；一般只对皮肤和眼有刺激作用；无人体中毒的报道；对虹鳟鱼LC_{50}为4.4mg／L（96h），对翻车鱼LC_{50}为5.7mg／L（96h）；在推荐浓度下喷洒对蜜蜂安全。

【防治对象】可防治白粉菌属、柄锈菌属、喙孢属、核腔菌属和壳针孢属病菌引起的病害。

【使用方法】戊唑醇杀菌性能与三唑酮相似，由于内吸性强，用于处理种子，可杀灭附着在种子表面的病菌，也可在作物体内向顶传导，杀灭作物体内的病菌。用于叶面喷雾，可以杀灭茎叶表面的病菌，也可在作物体内向上传导，杀灭作物体内的病菌。

【注意事项】

（1）若用量超过规定的限度，对小麦出苗会有影响，因而应严格按照产品卷标或说明书推荐的用药量使用。

（2）对水生动物有害，不得污染水源。

【主要制剂和生产企业】2%干拌剂，2%湿拌种剂，5%、2%、0.2%悬浮种衣剂，2%干粉种衣剂，25%、12.5%乳油，25%水乳剂，43%悬浮剂，6%微乳剂。

拜耳作物科学（中国）有限公司、美国科聚亚公司、云南省种衣剂有限责任公司、江苏七洲绿色化工股份有限公司、辽宁省沈阳化工研究院试验厂、山东华阳科技股份有限公司、绩溪农华生物科技有限公司、江苏克胜集团股份有限公司、山东省烟台绿云生物化学有限公司、山东省青岛奥迪斯生物科技有限公司、江苏华农种衣剂有限责任公司、江苏省盐城利民农化有限公司和江苏龙灯化学有限公司等。

丙环唑（propiconazole）

【作用机理分类】G1。

【化学结构式】

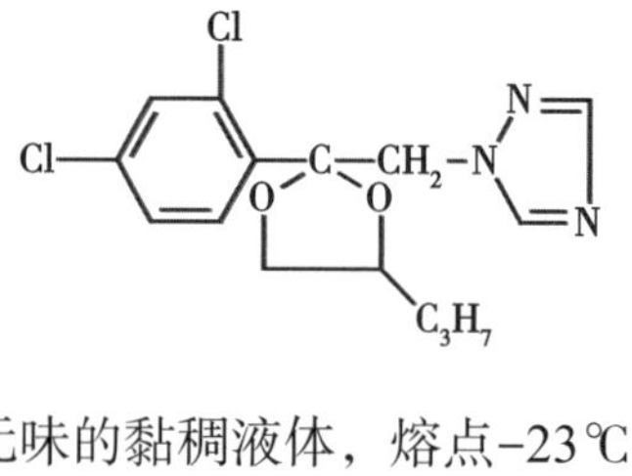

【理化性质】原药为黄色无味的黏稠液体，熔点-23℃，沸点99.9℃（0.32Pa），蒸汽压2.7×10^{-2}mPa（25℃），相对密度1.29（20℃）；在水中溶解度为100mg／L（20℃），在正己烷中47g／L，与乙醇、丙酮、甲苯和正辛醇充分混溶；320℃以下稳定，不易水解。

【毒性】低毒，原药大鼠急性经口LD_{50}为1 517mg／kg，小鼠1 490mg／kg，大鼠急性经皮LD_{50}>4 000mg／kg，兔急性经皮LD_{50}>6 000mg／kg；对兔眼睛和皮肤无刺激性；对

虹鳟鱼LC_{50}为4.3～5.3mg／L（96h），对翻车鱼LC_{50}为6.4mg／L（96h）；对蜜蜂无毒。

【防治对象】抑菌谱较宽，对子囊菌、担子菌、半知菌中许多真菌引起的病害，具有良好防治效果，但对卵菌病害无效。

【使用方法】见第二章水稻杀菌剂重点产品介绍部分。

【主要制剂和生产企业】见第二章水稻杀菌剂重点产品介绍部分。

丙硫菌唑（prothioconazole）

【作用机理分类】G1。

【化学结构式】

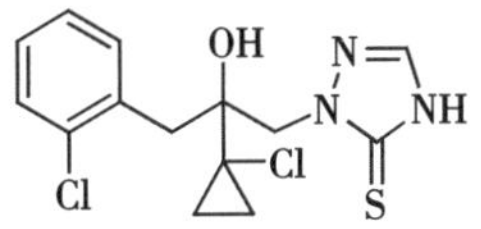

【理化性质】纯品为白色或浅棕色粉末状结晶，熔点为139.1～144.5℃。水中溶解度（20℃）0.3g／L。

【毒性】大鼠急性经口LD_{50}>6 200mg／kg，大鼠急性经皮LD_{50}>2 000mg／kg。大鼠急性吸入LC_{50} >4 990mg／L。对兔皮肤和眼睛无刺激，对豚鼠皮肤无过敏现象。无致畸、致突变性，对胚胎无毒性。鹌鹑急性经口LD_{50}>2 000mg／kg，虹鳟鱼LC_{50}（96h）1.83mg／L，藻类慢性EC_{50}（72h）2.18mg／L。蚯蚓LC_{50}（14d） >1 000mg／kg干土。对蜜蜂无毒，对非靶标生物／土壤有机体无影响。丙硫菌唑及其代谢物在土壤中表现出相当低的淋溶和积累作用。丙硫菌唑具有良好的生物安全性和生态安全性，对使用者和环境安全。

【防治对象】主要用于防治禾谷科作物如小麦、大麦，油菜、花生、水稻和豆类作物等的众多病害。几乎对所有麦类病害都有很好的效果，如小麦和大麦的白粉病、纹枯病、枯萎病、叶斑病、锈病、菌核病、网斑病、云纹病等。还能防治油菜和花生的土传病害，如菌核病，以及主要叶面病害，如灰霉病、黑斑病、褐斑病、黑胫病、菌核病和锈病等。

【使用方法】使用剂量通常为200g（a.i.）／hm^2。

苯锈啶（fenpropidin）

【作用机理分类】G2。

【化学结构式】

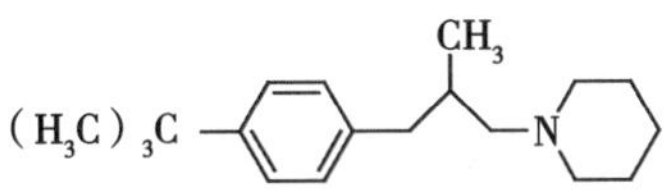

【理化性质】纯品为淡黄色、黏稠、无嗅液体。相对密度0.91（20℃）。溶解度（25℃）：水0.53g／L（pH值为7）、0.0062g／L（pH值为9），易溶于丙酮、乙醇、甲苯、正辛醇、正己烷等有机溶剂。在室温下密闭容器中稳定至少3a，其水溶液对紫外光稳定，呈强碱性。

【毒性】大鼠急性经口LD_{50}>1 447mg／kg，大鼠急性经皮LD_{50}>4 000mg／kg。对兔皮肤和眼睛有刺激性，对豚鼠皮肤无过敏性。大鼠急性吸入LC_{50}（4h）>

1 220mg / L空气。NOEL值：大鼠（2年）0.5mg /（kg · d），小鼠（1.5a）4.5mg /（kg · d），狗（1年）2mg /（kg · d）。ADI值0.005mg / kg。无致畸、致突变、致癌作用，对繁殖无影响。野鸭急性经口LD_{50}1 900mg / kg，野鸡急性经口LD_{50} 370mg / kg。对鱼有毒LC_{50}（96h，mg / L）：虹鳟鱼2.6，鲤鱼3.6，蓝鳃翻车鱼1.9。水蚤LC_{50}（48h）0.5mg / L。对蜜蜂无害，LD_{50}（48h）：> 0.01mg / 只（经口），0.046mg / 只（接触）。蚯蚓LC_{50}（14d）>1 000μg / kg土壤。

【防治对象】主要用于防治禾谷类作物的白粉病、锈病。

【使用方法】防治大麦白粉病、锈病使用剂量为375 ~ 750g（a.i.）/ hm^2，持效期约28d。

【主要制剂和生产企业】目前，苯锈啶没有单剂登记。只有42%苯锈 · 丙环唑乳油登记，瑞士先正达作物保护有限公司。

二、小麦杀菌剂作用机理分类

小麦杀菌剂作用机理分类（表2-4-1）。

表2-4-1　小麦杀菌剂作用机理分类

作用机理编码	作用靶标位点及编码	化学类型名称	通用名称
C 呼吸作用	C7ATP生成抑制剂（建议）	噻吩羧酰胺类	硅噻菌胺
E 信号转导	E2蛋白激酶 / 组氨酸激酶（渗透信号传递）（os–2，HOG1）	苯基吡咯类	拌种咯
G 膜的甾醇合成	G1c–14脱甲基酶	脱甲基抑制剂DMI（SBI 1类）	苯醚甲环唑、烯唑醇、粉唑醇、叶菌唑、丙环唑、戊唑醇、三唑酮、三唑醇、丙硫菌唑
	G2Δ14还原酶和Δ8→Δ7异构酶	吗啉类（SBI II类）	苯锈啶

三、小麦病害轮换用药防治方案

1.防治小麦白粉病的杀菌剂轮换用药方案

小麦白粉病是我国小麦生产中最严重的病害之一，病害发生的一般年份约减产5% ~ 10%，严重时减产高达30%。白粉病在小麦苗期至成株期均可为害。该病主要为害叶片，严重时也可为害叶鞘、茎秆和穗部。

（1）使用单剂防治。可选用G1组杀菌剂苯醚甲环唑、烯唑醇、粉唑醇、叶菌唑、丙环唑、戊唑醇、三唑酮、三唑醇、丙硫菌唑等。

（2）使用复配制剂防治。可选用G1组杀菌剂如丙环唑和G2组杀菌剂如苯锈啶混合使用。

2.防治小麦锈病的杀菌剂轮换用药方案

小麦锈病分条锈病、叶锈病和秆锈病3种，是我国小麦上发生面积广，为害最重的一类病害。条锈病主要为害小麦。叶锈病一般只侵染小麦。秆锈病小麦变种除侵染小麦外，还侵染大麦和一些禾本科杂草。

（1）使用单剂防治。可选用G1组杀菌剂苯醚甲环唑、烯唑醇、粉唑醇、叶菌唑、丙环唑、戊唑醇、三唑酮、三唑醇、丙硫菌唑等。

（2）使用复配制剂防治。可选用G1组杀菌剂如丙环唑和G2组杀菌剂如苯锈啶混合使用。

3.防治小麦散黑穗病的杀菌剂轮换用药方案

小麦散黑穗病在我国许多小麦产区都普遍发生，一般发病率在1%～5%，严重时可达10%以上。小麦散黑穗病主要在穗部发病，病穗比健穗较早抽出。

（1）使用单剂防治。可选用G1组杀菌剂苯醚甲环唑、戊唑醇、灭菌唑等。

（2）使用复配制剂防治。可选用G1组杀菌剂如戊唑醇和M组杀菌剂如福美双混合使用，或选用G1组杀菌剂如苯醚甲环唑和E2组杀菌剂如咯菌腈混合使用。

第五章　棉花病害轮换用药防治方案

一、棉花杀菌剂重点产品介绍

甲霜灵（metalaxyl）

【作用机理分类】A1。

【化学结构式】

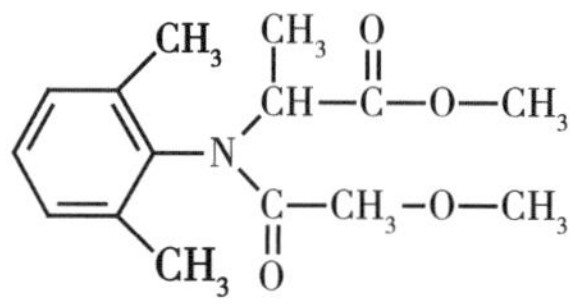

【理化性质】白色无味晶体，熔点71.8～72.3℃，蒸汽压0.75mPa（25℃），相对密度1.20（20℃）；溶解度：水8.4g／L（22℃）、乙醇400、丙酮450、甲 苯340、正己烷11、正辛醇68（g／L，25℃）。300℃以下稳定，中性、酸性介质 中稳定（室温）。

【毒性】：低毒，大鼠急性经口LD_{50}为633mg／kg，急性经皮LD_{50}>3 100mg／kg；无人体中毒的报道；对鱼无毒；对蜜蜂无毒。

【防治对象】甲霜灵持效期较长，选择性强，仅对卵菌纲病害有效，对其中的霜霉菌、疫霉菌、腐霉菌有特效。

【使用方法】见第三章蔬菜杀菌剂重点产品介绍部分。

【注意事项】见第三章蔬菜杀菌剂重点产品介绍部分。

【主要制剂和生产企业】见第三章蔬菜杀菌剂重点产品介绍部分。

精甲霜灵（metalaxyl-m）

【作用机理分类】A1。

【化学结构式】

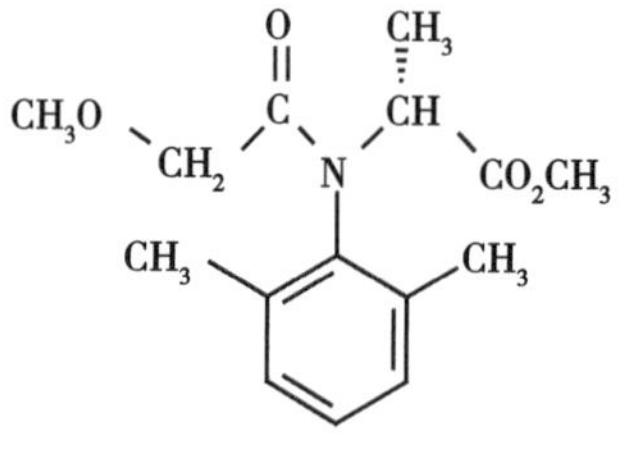

【理化性质】黄色至浅棕色黏稠液体，熔点-38.7℃，沸点270℃，蒸汽压3.3mPa（25℃），相对密度1.125（20℃）；水中溶解度26g／L（25℃），正己烷59g／L，溶于

丙酮、乙酸乙酯、甲醇、二氯甲烷、甲苯、辛醇；在酸性和碱性条件下稳定。

【毒性】低毒，大鼠急性经口LD_{50}为667mg／kg，急性经皮LD_{50}>2 000mg；无人体中毒的报道；对鱼无毒；对蜜蜂无毒。

【防治对象】防治对象和使用方法参考甲霜灵。

【使用方法】见第三章蔬菜杀菌剂重点产品介绍部分。

【注意事项】见第三章蔬菜杀菌剂重点产品介绍部分。

【主要制剂和生产企业】见第三章蔬菜杀菌剂重点产品介绍部分。

萎锈灵（carboxin）

【作用机理分类】C2。

【化学结构式】

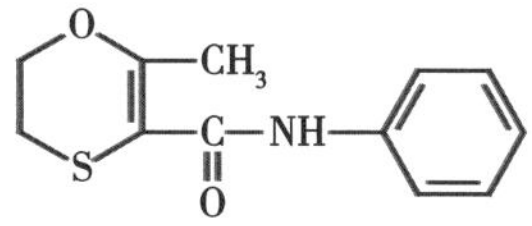

【理化性质】白色晶体，熔点91.5～92.5℃，98～100℃（视晶体结构而定），蒸汽压0.025mmPa （25℃），相对密度1.36；水中溶解度199mg／L，丙酮177mg／L，二氯甲烷353mg／L，醋酸乙酯93mg／L，甲 醇88mg／L（25℃）；25℃时pH值从5～9逐渐水解。

【毒性】低毒，大鼠急性经口LD_{50}为3 820mg／kg，兔急性经皮LD_{50}>8 000mg／kg；长期接触时出现皮肤过敏反应，眼睛受刺激而引起结膜炎和角膜炎，炎症消退较慢，但能完全恢复；无全身中毒报道；鱼毒LC_{50}（mg／L），对翻车鱼LC_{50}为3.6mg／L（48h），对虹鳟鱼LC_{50}为2.3mg／L（96h）；对蜜蜂无毒。

【防治对象】萎锈灵为内吸剂，主要对由锈菌和黑粉菌引起的锈病和黑粉（穗）病有高效，对棉花立枯病、黄萎病也有效。

【使用方法】

（1）棉花苗期病害的防治。每100kg种子用20%乳油875ml拌种，或者用20%悬浮种衣剂250～350ml，对水1.5L进行种子包衣。

（2）防治棉花黄萎病。可用20%乳油800倍液灌根，每株灌药液量约500ml。

（3）高粱散黑穗病、丝黑穗病、玉米丝黑穗病的防治。每100kg种子用20%萎锈灵乳油500～1 000ml拌种，或者用20%悬浮种衣剂250～350ml，对水1.5L进行种子包衣。

（4）麦类黑穗病的防治。每100kg种子用20%萎锈灵乳油500ml拌种；或者每100kg麦种用20%悬浮种衣剂250～350ml，对水1.5L拌匀进行种子包衣，可防小麦黑穗病、黑胚病、白粉病、锈病。

（5）麦类锈病的防治。每100kg种子用20%萎锈灵乳油188～375ml，对水喷雾，每隔10～15d1次，共喷2次。

（6）谷子黑穗病的防治。每100kg种子用20%乳油800～1 250ml拌种或闷种。

（7）防治玉米丝黑穗病。每100kg玉米种子用20%乳油或20%悬浮剂0.5～1.0kg（有效成分100～200g／100kg种子）拌种。

【注意事项】

（1）本剂不能与强酸性药剂混用。

（2）本剂100倍液对麦类作物可能有轻微为害，使用时要注意。

（3）本剂处理过的种子不能食用或作饲料。

咯菌腈（fludioxonil）

【作用机理分类】E2。

【化学结构式】

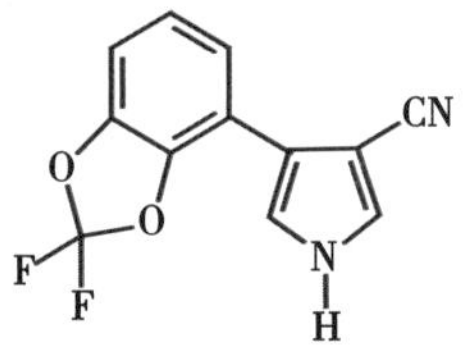

【理化性质】：原药外观为浅黄色粉末，相对密度1.54g／cm^3（纯品，20℃），熔点199.8℃（纯品），蒸汽压3.9×10^{-7}Pa（25℃）。水中溶解度为1.8mg／L（25℃），乙醇中44g／L，丙酮中190g／L，甲苯中2.7g／L，己烷中7.8mg／L，正辛醇20g／L。在pH值为5～9的范围内，70℃条件下不水解。

【毒性】微毒，大鼠急性经口LD_{50}>5 000mg／kg，大鼠急性经皮LD_{50}>2 000mg／kg。对眼睛和皮肤没有刺激性。鱼毒LC_{50}（96h，mg／L）翻车鱼0.31，鲤鱼1.5，虹鳟鱼0.5mg／L。

【防治对象】用于种子处理，可防治大部分种子带菌及土壤传染的真菌病害。

【使用方法】咯菌腈可用于种子处理，也可用于叶面喷雾处理，还可用于果实采后保鲜处理。

1.防治棉花立枯病

每100kg棉花种子用25g／L悬浮种衣剂600～800ml，进行种子包衣处理。

2.防治大豆根腐病

每100kg大豆种子用25g／L悬浮种衣剂600～800ml，进行种子包衣处理；为使包衣均匀，可先取600～800ml悬浮种衣剂，用1～2L清水稀释成药浆，将药浆与种子以1：（50～100）的比例充分搅拌，直到药液均匀分布在种子表面，晾干后即可播种。

3.防治花生根腐病

每100kg花生种子用25g／L悬浮种衣剂600～800ml，进行种子包衣处理，包衣方法同大豆。

4.防治水稻恶苗病

每100kg水稻种子用25g／L悬浮种衣剂400～600ml，进行种子包衣处理；也可采用浸种的方法，每100kg水稻种子，取25g／L悬浮种衣剂200～300ml，用200L清水稀释，浸种100kg，24h后催芽。

5.防治小麦根腐病

每100kg种子用25g／L悬浮种衣剂150～200ml进行种子包衣处理，为使包衣均匀，可先取150～200ml悬浮种衣剂，用1～2L清水稀释成药浆，将药浆与种子以1：（50～100）

的比例充分搅拌，直到药液均匀分布在种子表面，晾干后即可播种。

6.防治小麦散黑穗病

每100kg种子用25g／L悬浮种衣剂100～200ml进行种子包衣处理，包衣方法同上。

7.防治玉米茎基腐病

每100kg种子用35g／L咯菌・精甲霜悬浮种衣剂100～150ml进行种子包衣，先取100～150ml悬浮种衣剂，用1～2L清水稀释成药浆，将药浆与种子以1：（50～100）的比例充分搅拌，直到药液均匀分布在种子表面，晾干后即可播种。

8.防治观赏菊花灰霉病

用50%可湿性粉剂6 000～4 000倍液喷雾。

【注意事项】

（1）处理后的种子，播种后必须盖土，用剩种子可贮存于阴凉干燥处，一年内药效不减。

（2）禁止用于水田，以免杀伤水生生物。

【主要制剂和生产企业】50%可湿性粉剂，25g／L悬浮种衣剂；混剂：35g／L咯菌・精甲霜悬浮种衣剂（25g／L咯菌腈+10g／L精甲霜灵）。

瑞士先正达作物保护有限公司，先正达（苏州）作物保护有限公司。

五氯硝基苯（quintozene）

【作用机理分类】F3。

【化学结构式】

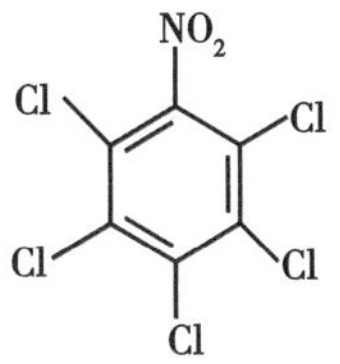

【理化性质】无色针状体，原药为浅黄色结晶，熔点143～144℃，142～145℃（原药），沸点328℃（略有分解），蒸汽压12.7mPa（25℃），密度1.907（21℃）。溶解度：在水中0.1mg／L（20℃），在甲苯中1 140g／L，在甲醇中20g／L，在庚烷中30g／L。加热稳定，酸性介质中稳定，碱性介质中水解，暴露于日光下10h后有些表面变色。

【毒性】微毒，大鼠急性经口LD_{50}>5 000mg／kg，兔急性经皮LD_{50}>5 000mg／kg。无全身中毒报道，皮肤、眼结膜和呼吸道受刺激引起结膜炎和角膜炎，炎症消退较慢。

【防治对象】是一种古老的保护性杀菌剂，无内吸性，在土壤中持效期较长，用作土壤处理和种子消毒。对丝核菌引起的病害有较好的防效，对甘蓝根肿病、多种作物白绢病等也有效。

【使用方法】

1.防治棉花苗期病害

（1）防治棉花苗期立枯病：每100kg棉花种子用40%粉剂1～1.5kg拌种；相同的拌种

方法，对棉苗炭疽病也有较好的效果。在干籽播种地区，先用少量清水喷湿棉籽后拌药。在浸种地区，浸种后，捞出棉籽，待绒毛刚发白时拌药；如为脱绒棉籽，沥水后拌药。

（2）因棉花苗期根病多为立枯病、炭疽病、红腐病、猝倒病等多种病害复合发生，单用五氯硝基苯拌种往往效果不佳，可用福美双、三唑酮、多菌灵、克菌丹等混合拌种。例如，用40%五氯硝基苯粉剂与25%多菌灵可湿性粉剂按等量混合后，每100kg种子用混合粉剂500g拌种。其他作物如有数种土传或种传病害并存时，也可采用混合药剂拌种。

2.防治粮食作物病害

（1）防治玉米茎基腐病，每100kg玉米种子用45%福・五可湿性粉剂40～53.3g拌种。

（2）防治小麦腥黑穗病、散黑穗病、秆黑粉病等，每100kg种子用40%粉剂500g拌种。

防治西瓜枯萎病，用40%多・五可湿性粉剂600～700倍液灌根。

3.防治蔬菜病害

（1）防治菜苗猝倒病、立枯病以及生菜、紫甘蓝的褐腐病。如果苗床是建在重茬地或旧苗床地，每平方米用40%粉剂8～10g，与适量细土混拌成药，取1／3药土撒施于床土上或播种沟内，余下的2／3药土盖于播下的种子上面。如果用40%五氯硝基苯粉剂与50%福美双可湿性粉剂按1∶1混用，则防病效果更好。施药后要保持床面湿润，以免发生药害。

（2）防治黄瓜、辣椒、番茄、茄子、菜豆、生菜等多种蔬菜的菌核病。在育苗前或定植前，每亩用40%粉剂2kg，与细土15～20kg混拌均匀，撒施于土中，也撒施于行间。

（3）防治黄瓜、豇豆、番茄、茄子、辣椒等蔬菜的白绢病。播种时施用40%粉剂与4 000倍细土制成的药土。发现病株时，用40%粉剂800～900g与细土15～20kg混拌成药土，撒施于病株基部及周围地面上，每平方米撒药土1～1.5kg；或用40%粉剂1 000倍液灌根，每株幼苗灌药液400～500ml。

（4）防治大白菜根肿病、萝卜根肿病。每平方米用40%粉剂7.5g，与适量细土混拌成药土，苗床土壤消毒于播前5d撒施，大田于移栽前5d穴施。当田间发现病株时，用40%粉剂400～500倍液灌根，每株灌药液250ml。

（5）防治番茄茎基腐病。在番茄定植发病后，按平方米表土用40%粉剂9g与适量细土混拌均匀后，施于病株基部，覆堆把病部埋上，促使病斑上方长出不定根，可延长寿命，争取产量。也可在病部涂抹40%粉剂200倍液，在药液中加0.1%菜籽油，效果更好。

（6）防治马铃薯疮痂病。每亩用40%粉剂1.5～2.5kg进行土壤消毒（施于播种沟、穴或根际，并覆土）。

（7）防治茄子猝倒病。每亩用40%粉剂5.5kg进行土壤消毒（施于播种沟、穴或根际，并覆土）。

（8）防治黄瓜枯萎病。对重病田块于定植前，每亩用40%粉剂3kg，与适量细土混拌均匀后沟施或穴施。

4.防治果树病害

（1）五氯硝基苯对果树白绢病、白纹羽病、根肿病很有效。

（2）防治苹果、梨的白纹羽病和白绢病。用40%粉剂500g，与细土15～30kg混拌均匀，施于根际。每株大树用药100～250g。

（3）防治柑橘立枯病。在砧木苗圃，亩用40%剂250～500g，与细土20～50kg混拌均匀，撒施于苗床上；当苗木初发病时，喷雾或泼浇40%粉剂800倍液。

（4）防治果树苗期丝核菌引起的病害。每平方米用40%粉剂5g，与细土15kg混拌均匀，1／3土作垫土，2／3土作盖土。

5.防治烟草病害

防治烟草苗期的猝倒病、立枯病、炭疽病，每平方米苗床用40%粉剂8～10g，与适量细土混拌均匀，取药土1／3撒于畦面，播种后，撒余下的2／3盖种。

6.防治花卉病害

五氯硝基苯对多种花卉的猝倒病、立枯病、白绢病、基腐病、灰霉病等有效。施用方法有：①拌种。10kg种子用40%粉剂300～500g拌种。②土壤消毒。每平方米用40%粉剂8～9g，与适量细土拌匀后施于播种沟或播种穴。对于疫霉病，在拔除病株后，再施药土。

【注意事项】

大量药剂与作物幼芽接触时易产生药害。

拌过药的种子不能用作饲料或食用。

用五氯硝基苯处理种子或处理土壤，一般不会发生药害，但过量使用会使莴苣、豆类、洋葱、番茄、甜菜幼苗受药害。

【主要制剂和生产企业】40%、20%粉剂。混剂：40%多·五可湿性粉剂（32%多菌灵+8%无氯硝基苯），45%福·五可湿性粉剂（20%福美双+25%五氯硝基苯）。

山西三立化工有限公司、四川国光农化有限公司、山西省运城市博获化工总厂、山西科锋农业科技有限公司、山东省德州天邦农化有限公司和河北省保定市科绿丰生化科技有限公司等。

甲基立枯磷（tolclofos-methyl）

【作用机理分类】F3。

【化学结构式】

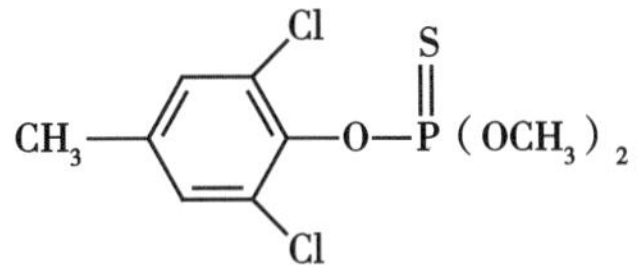

【理化性质】无色结晶，熔点78～80℃，蒸汽压57mPa（20℃）；水中溶解度1.1mg／L（25℃），正己烷38g／L，甲苯360g／L，甲醇59g／L；光、热、湿稳定，在碱性和酸性条件下分解。

【毒性】微毒，大鼠急性经口LD_{50}为5 000mg／kg，大鼠急性经皮LD_{50}>5 000mg／kg；对眼睛和皮肤无刺激性（兔）；鱼毒，对虹鳟鱼LC_{50}>0.72mg／L（96h）。

【防治对象】对半知菌、担子菌和子囊菌类各种病菌均有很强的杀菌活性。可有效地防治由丝核菌属、小菌核属和雪腐病菌引起的各种土传病害如马铃薯黑痣病和茎溃病，棉苗绵腐病，甜菜根腐病、冠腐病和立枯病，花生茎腐病，观赏植物的灰色菌核腐烂病以及草地或草坪的褐芽病等。甲基立枯磷除预防外还有治疗作用，对菌核和菌丝亦有杀菌活性。防治对五氯硝基苯产生抗性的苗立枯病菌也有效。

【使用方法】

施药方法有拌种、浸种、种苗浸秧、毒土、土壤浇灌、叶面喷雾（表2-5-1）。

表2-5-1　甲基立枯磷主要混剂配方、防治对象和用量

混剂	剂型	组分I	组分II	组分III	防治对象	制剂用量（g或ml／亩）	施用方法
20%甲枯·福美双	悬浮种衣剂	5%甲基立枯磷	15%福美双	—	棉花苗期立枯病 棉花炭疽病	1∶40～60（药种比）	种子包衣
26%多·福·甲枯	悬浮种衣剂	6%甲基立枯磷	15%福美双	5%多菌灵	棉花苗期立枯病 棉花猝倒病	1∶50～60（药种比）	种子包衣
20%福·甲枯·克	悬浮种衣剂	6%甲基立枯磷	8%福美双	6%克百威	水稻恶苗病 水稻蓟马	1∶40～50（药种比）	种子包衣
20%多·甲枯·克	悬浮种衣剂	5%甲基立枯磷	5%多菌灵	10%克百威	棉花立枯病 棉花猝倒病 棉花蚜虫 棉花炭疽病	1∶25～40（药种比）	种子包衣
13%多菌灵·福美双·甲基立枯磷	悬浮种衣剂	2%甲基立枯磷	6%福美双	5%多菌灵	水稻立枯病	1∶50（药种比）	种子包衣

1.防治棉花立枯病等苗期病害

每100kg种子用20%乳油1kg拌种。

2.防治蔬菜蔬菜病害

（1）防治黄瓜、冬瓜、番茄、茄子、甜（辣）椒、白菜、甘蓝苗期立枯病。发病初期喷淋20%乳油1 200倍液，每平方米喷2～3kg；视病情隔7～10d喷1次，连续防治2～3次。

（2）防治黄瓜、苦瓜、南瓜、番茄、豇豆、芹菜的白绢病。发病初期用20%乳油与40～80倍细土拌匀，撒在病部根茎处，每株撒毒土250～350g。必要时也可用20%乳油1 000倍液灌穴或淋灌，每株（穴）灌药液400～500ml，隔10～15d再施1次。

（3）防治黄瓜、节瓜、苦瓜、瓠瓜的枯萎病。发病初期用20%乳油900倍液灌根，每株灌药液500ml，间隔10d左右灌1次，连灌2～3次。

（4）防治黄瓜、西葫芦、番茄、茄子的菌核病。定植前每亩用20%油500ml，与细土20kg拌匀，撒施并耙入土中。或在出现子囊盘时用20%乳油1 000倍液喷施，间隔8～9d喷1次，共喷3～4次。病情严重时，除喷雾，还可用20%乳油50倍液涂抹瓜蔓病部，以控制病害扩张，并有治疗作用。

（5）防治甜瓜蔓枯病。发病初期在根茎基部或全株喷布20%乳油1 000倍液，隔8～10d喷1次，共喷2～3次。

（6）防治葱、蒜白腐病。每亩用20%乳油3kg，与细土20kg拌匀，在发病点及附近撒施，或在播种时撒施。

（7）防治番茄丝核菌果腐病。喷20%乳油1 000倍液。

3.防治水稻苗期立枯病

亩用20%乳油150～220ml，对水喷洒苗床。

4.防治烟草立枯病

发病初期，喷布20%乳油1 200倍液，隔7～10d喷1次，共喷2～3次。

5.防治甘蔗虎斑病

发病初期，喷布20%乳油1200倍液。

6.药用植物病害

（1）防治薄荷白绢病。当发现病株时及时拔除，对病穴及邻近植株淋灌20%乳油1 000倍液，每穴（株）淋药液400～500ml。

（2）防治佩兰白绢病。发病初期，用20%乳油与40～80倍细土拌匀，撒施在病部根茎处；必要时喷布20%乳油1 000倍液，隔7～10d再喷1次。

（3）防治莳萝立枯病。发病初期，喷淋20%乳油1 200倍液，间隔7～10d再防治1～2次。防治枸杞根腐病，发病初期，浇灌20%乳油1 000倍液，经一个半月可康复。

（4）防治红花猝倒病。采用直播的，用20%乳油1 000倍液，与细土100kg拌匀，撒在种子上覆盖一层，再覆土。

【注意事项】

不能与碱性农药混用。

【主要制剂和生产企业】20%乳油。

宁国市百立德生物科技有限公司、湖南沅江赤蜂农化有限公司、高密建滔化工有限公司和江苏省连云港市东金化工有限公司等。

土菌灵（etridiazole）

【作用机理分类】F3。

【化学结构式】

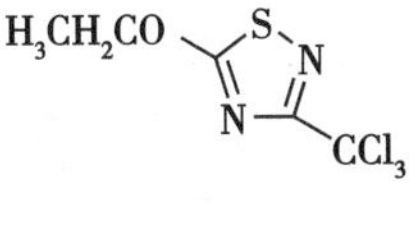

H_3CH_2CO S N N CCl_3

【理化性质】纯品呈淡黄色液体，具有微弱的持续性臭味。熔点19.9℃。相对密度

1.503。溶解度：水117mg / L（25℃），溶于乙醇、甲醇、芳烃、乙腈、正己烷。稳定性：在55℃下稳定14d，在日光20℃下，连续暴露7d，分解5.5%～7.5%。

【毒性】低毒，大鼠急性经口LD_{50}1 100mg / kg，兔急性经口LD_{50}799mg / kg。兔急性经皮LD_{50}>5 000mg / kg。对兔皮肤无刺激，对兔眼睛有轻微刺激。

【防治对象】防治镰孢属、疫霉属、腐霉属和丝核菌属真菌引起的病害。

【使用方法】主要用作种子处理，使用剂量为18～36g（a.i.）/ 100kg种子；也可以土壤处理，使用剂量为168～445g（a.i.）/ hm^2。若与五氯硝基苯混用可扩大杀菌谱。

【主要制剂和生产企业】35%、30%可湿性粉剂。

种菌唑（ipconazol）

【作用机理分类】G1。

【化学结构式】

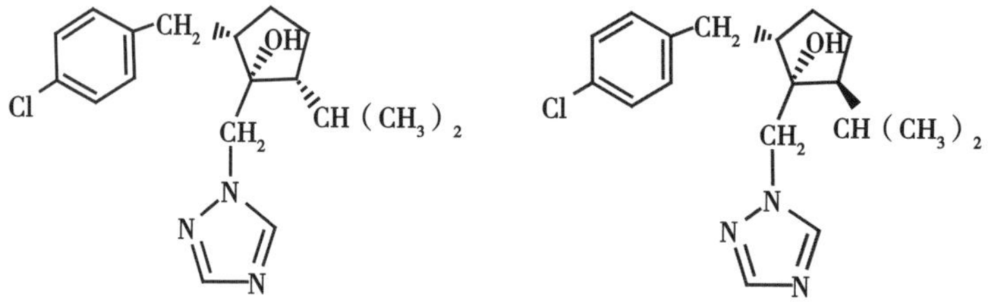

(1R，2S，5S)-isomer　　(1R，2S，5S)-isomer

【理化性质】无色结晶，熔点88～90℃，蒸汽压3.58 ×10^{-3} mPa（25℃）；在水中溶解度6.93mg / L（20℃）；有很好的热和水解稳定性。

【毒性】低毒，大鼠急性经口LD_{50}为1 338mg / kg，急性经皮LD_{50}>2 000mg / kg；对皮肤无刺激性，对兔眼睛有轻微刺激性，非皮肤致敏物；鱼毒，对鲤鱼的LC_{50}为2.5mg / L（48h）。

【防治对象】用于防治棉花立枯病，玉米茎基腐病和丝黑穗病。

【使用方法】主要以甲霜灵·灭菌唑复配制剂使用。防治棉花立枯病，用13.5～18g / 100kg种子的药种比进行拌种处理。

【主要制剂和生产企业】微乳剂。

美国科聚亚公司、中农住商（天津）农用化学品有限公司。

二、棉花杀菌剂作用机理分类

棉花杀菌剂作用机理分类（表2-5-2）。

表2-5-2　棉花杀菌剂作用机理分类

作用机理编码	作用靶标位点及编码	化学类型名称	通用名称
A核酸合成	A1RNA聚合酶I	苯酰胺类	甲霜灵、精甲霜灵

(续表)

作用机理编码	作用靶标位点及编码	化学类型名称	通用名称
C 呼吸作用	C2复合体II 琥珀酸脱氢酶	琥珀酸脱氢酶抑制剂	萎锈灵
E 信号转导	E2蛋白激酶 / 组氨酸激酶（渗透信号传递）（os–2，HOG1）	苯基吡咯类	咯菌腈
F 脂质合成与膜完整性	F3类脂过氧化作用（建议）	芳烃类	五氯硝基苯（PCNB）、甲基立枯磷
		芳杂环类	土菌灵
G 膜的甾醇合成	G1c–14脱甲基酶	脱甲基抑制剂DMI（SBI 1类）	种菌唑

三、棉花病害轮换用药防治方案

防治棉花立枯病的杀菌剂轮换用药方案

（1）使用单剂防治。可选用C2组杀菌剂如萎锈灵，或选用E2组杀菌剂如咯菌腈，或选用F3组杀菌剂如五氯硝基苯和甲基立枯磷，或选用G1组杀菌剂种菌唑。

（2）使用复配制剂防治。可选用G1组杀菌剂如种菌唑和A1组杀菌剂如甲霜灵混合使用，或选用C2组杀菌剂如萎锈灵和M组杀菌剂如福美双混合使用。

第六章　果树病害轮换用药防治方案

一、果树杀菌剂重点产品介绍

苯菌灵（benomyl）

【作用机理分类】B1。

【化学结构式】

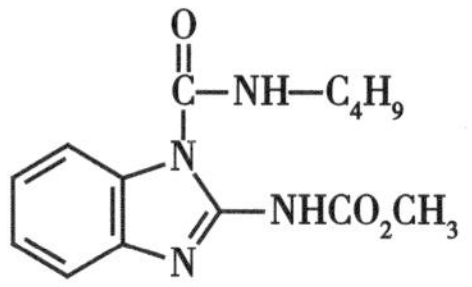

【理化性质】纯品为无色晶体，熔点140℃。相对密度0.38。水中溶解度（μg / L，室温）：3.6（pH值为5），2.9（pH值为7），1.9（pH值为9）。有机溶剂中溶解度（g / kg，25℃）：氯仿94，二甲基甲酰胺53，丙酮18，二甲苯10，乙醇4，庚烷0.4。稳定性：在某些溶剂中离解形成多菌灵和异氰酸酯，在水中溶解并在各种pH值下稳定，对光稳定，遇水及潮湿土壤中分解。

【毒性】微毒，原粉大鼠急性经口LD_{50}>10 000mg / kg，大鼠急性经皮LD_{50}>10 000mg / kg；一般只对皮肤和眼睛有轻微刺激症状，经口中毒低，无中毒报道；鱼毒：对虹鳟鱼LC_{50}为0.27mg / L；对蜜蜂无毒。

【防治对象】用于防治苹果、梨、葡萄白粉病，苹果、梨黑星病，小麦赤霉病，水稻稻瘟病，瓜类疮痂病、炭疽病，茄子灰霉病，番茄叶霉病，葱类灰色腐败病，芹菜灰斑病，柑橘疮痂病、灰霉病，大豆菌核病，花生褐斑病，甘薯黑斑病和腐烂病。苯菌灵除了具有杀菌活性外，还具有杀螨、杀线虫活性。

【使用方法】

1.果树病害

本品是防治苹果轮纹烂果病最好的药剂之一，从谢花后1周有降雨后开始喷50%可湿性粉剂800～1 000倍液，以后每隔12～14d有降雨即喷药，直到8月下旬或9月上旬为止；同时可兼治苹果炭疽病、褐斑病、褐腐病、黑星病。防治苹果霉心病，于花蕾期至谢花后，每隔10d左右喷1次50%可湿性粉剂1 000倍液，共喷2～3次，同时兼治白粉病。

（1）防治柑橘疮痂病、灰霉病。于发病初期喷50%可湿性粉剂1 000～1 500倍液，隔10～15d喷1次，共喷2～3次。防治柑橘流胶病、脚腐病，于发病初期，用刀纵刻至木质部后，用50%可湿性粉剂100～200倍液涂抹。

（2）防治菠萝心腐病。在花期喷50%可湿性粉剂800～1 000倍液。防治菠萝黑心病，用50%可湿性粉剂250倍液浸泡刚采下的菠萝果实或果梗切口5min。

（3）防治柑橘贮藏期绿霉病、青霉病。在采收前10～15d用50%可湿性粉剂2 500～3 500倍液喷树冠及果实；或采收后用1 500～2 000倍液浸果5min。为控制桃在贮藏和后熟期的烂果，用46℃的50%可湿性粉剂5 000倍液浸5min。苯菌灵也可用作其他果品的贮藏防腐剂，常用浓度为600～1 200mg／L药液，相当于50%可湿性粉剂420～830倍液或40%悬浮剂340～670倍液。

2.蔬菜病害

防治种传和土传病害，每10kg种子用50%可湿性粉剂10～20g拌种。

（1）防治蔬菜叶部病害。如番茄叶霉病、芹菜灰斑病、茄子赤星病、慈姑叶斑病等，于发病初期开始喷50%可湿性粉剂1 000～1 500倍液，隔10d左右喷1次，连喷2～3次。

（2）防治番茄、黄瓜、韭菜等多种蔬菜的灰霉病。于发病前或发病初期喷50%可湿性粉剂800～1 000倍液。

（3）防治蔬菜贮藏期病害。在收获前喷雾或收获后浸渍，如防治大蒜青霉病，在采前7d喷50%可湿性粉剂1 500倍液。

（4）防治芦笋茎枯病。在发病初期用50%可湿性粉剂1 500～1 875倍液喷雾。

3.防治棉花病害

防治炭疽病、白腐病、棉茎枯病、棉铃红腐病和曲霉病。于发病初期喷50%可湿性粉剂1 500倍液，亩喷药液60～80L，隔7～10d喷1次，连喷2～3次。

4.麻类病害

防治黄麻黑点炭疽病和枯腐病。每10kg种子用50%可湿性粉剂50g拌种；防治亚麻、胡麻炭疽病和斑点病，每10kg种子用50%可湿性粉剂20～30g拌种，密闭15d左右播种。防治麻类作物生长病害，如炭疽病、叶斑类病害、白粉病、白星病等，于发病初期喷50%可湿性粉剂1 500倍液，每隔10d左右喷1次，连喷2～3次。

5.防治甘蔗风梨病

对窖藏的蔗苗用50%可湿性粉剂250倍液淋浸切口。在种苗移栽前先用2%石灰水或清水浸1d后，再用50%可湿性粉剂1 000倍液浸5～10min。防治甘蔗眼点病、黄点病、梢腐病，喷50%可湿性粉剂1 000倍液，隔7～10d喷1次，连喷3～4次。

防治甜菜褐斑病及其他叶斑病。喷50%可湿性粉剂1 500倍液，隔7～10d喷1次，连喷3～4次。

6.防治烟草根黑腐病

苗床每平方米用50%可湿性粉剂10g消毒，移栽时每亩用50g药剂与细土拌匀后穴施。防治烟草枯萎病，于发病初期开始用50%可湿性粉剂1 000倍液喷洒或浇灌，每株灌药液500ml，连灌2～3次。

7.药用植物病害

防治川芎根腐病、黄芪根腐病、山药枯萎病、穿心莲枯萎病。于发病初期用50%可湿性粉剂1 500倍液喷淋基部或浇灌，10～15d施药1次，共施2～3次。防治量天尺枯萎腐烂病，用刀挖除轻病基节的肉质部，切口用50%可湿性粉剂200倍液涂抹。喷雾防治多种药用植物的叶部病，一般于发病初期喷50%可湿性粉剂1 500倍液，隔10d左右喷1次，连喷2～3次，可防治三七炭疽病、麦冬炭疽病、萱草炭疽病、山药炭疽病和斑枯病、黄芪白粉病、枸杞白粉病和炭疽病、藏红花腐烂病、香草兰茎腐病以及多种药用植物的叶斑类病害。

8.花卉病害

防治翠菊枯萎病和菊花枯萎病，用50%可湿性粉剂500倍液浇灌根际土壤。对香石竹枯萎病在种植前用1 000倍液浇灌土壤。防治百合基腐病和水仙鳞茎基腐病，于种植前用50%可湿性粉剂500倍液浸15～30min，发病后及时用800倍液浇灌根部。防治叶部病害可用50%可湿性粉剂1 500倍液喷雾。

【注意事项】

（1）在梨、苹果、柑橘、甜菜上安全间隔期为7d，葡萄上为21d，收获前在此期限内不得使用苯菌灵。

（2）该药不能同波尔多液和石灰硫磺合剂等碱性农药混用。

（3）连续使用该药剂时可能产生抗药性，为防止此现象的发生，最好和其他药剂交替使用。

【主要制剂和生产企业】50%可湿性粉剂。

允发化工（上海）有限公司、安徽华星化工股份有限公司和陕西上格之路生物科学有限公司等。

多菌灵（carbendazim）

【作用机理分类】B1。

【化学结构式】

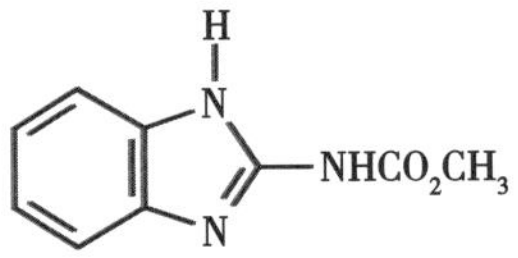

H
N
$-NHCO_2CH_3$
N

【理化性质】纯品为无色结晶粉末，熔点302～307℃（分解）。水中溶解度（m／L，24℃）：29（pH值为4），8（pH值为7），7（pH值为8）。有机溶剂中溶解度（g／L，24℃）：氯仿0.1，二甲基甲酰胺5，丙酮0.3，乙醇0.3，乙酸乙酯0.135，二氯甲烷0.068，苯0.036，环己烷<0.01，乙醚<0.01，正己烷0.0005。稳定性：熔点以下不分解，在碱性溶液中缓慢分解，在酸性介质中稳定，可形成水溶性盐。

【毒性】微毒，原粉大鼠急性经口LD_{50}>6 400mg／kg，大鼠急性经皮LD_{50}>10 000mg／kg；对皮肤和眼睛有刺激作用；动物试验未见致癌作用；鱼毒LC_{50}（mg／L）：虹鳟鱼0.83，鲤鱼0.61；对蜜蜂低毒。

【防治对象】用于防治水稻稻瘟病、纹枯病和胡麻斑病，番茄褐斑病、灰霉病，小麦网腥黑穗病、散黑穗病，燕麦散黑穗病，小麦颖枯病，谷类茎腐病，棉花苗期立枯病、黑腐病，苹果、梨、葡萄、桃的白粉病，葡萄灰霉病，甘蔗凤梨病，花生黑斑病，烟草炭疽病。

【使用方法】见第二章水稻杀菌剂重点产品介绍部分。

【注意事项】见第二章水稻杀菌剂重点产品介绍部分。

【主要制剂和生产企业】见第二章水稻杀菌剂重点产品介绍部分。

噻菌灵（thiabendazole）

【作用机理分类】B1。

【化学结构式】

【理化性质】灰白色无味粉末，熔点297～298℃，蒸汽压4.6×10^{-4}mPa（25℃），加热超过310℃即升华；在水中溶解度随pH值而改变，在pH值为2时10g／L，pH值为5～12时<0.05g／L，pH值为12时>0.05g／L（25℃），在室温下二甲基甲酰胺中39g／L，在苯中0.23g／L，在氯仿中0.08g／L，在二甲亚砜中80g／L，在甲醇中9.3g／L；在酸性介质和悬浮液中很稳定，对热和光稳定。

【毒性】低毒，原粉大鼠急性经口LD_{50}为3 100mg／kg，兔急性经皮LD_{50}>2 000mg／kg；对兔眼睛和皮肤无刺激性，无中毒报道；对鱼低毒，对虹鳟鱼LC_{50}为0.55mg／L（96h），对翻车鱼LC_{50}为19mg／L（96h）；对蜜蜂无毒。

【防治对象】柑橘青霉病、绿霉病、蒂腐病、花腐病，草莓白粉病、灰霉病，甘蓝灰霉病，芹菜斑枯病、菌核病，果炭疽病，苹果青霉病、炭疽病、灰霉病、黑星病、白粉病等。

【使用方法】噻菌灵主要用于果品和蔬菜等产后防腐保鲜，采用喷雾或浸蘸方式施药。

1.防治香蕉、菠萝贮运期烂果

采收后用40%可湿性粉剂或42%～50%悬浮剂的600～900倍液，浸果1～3min，捞出晾干装箱。防治香蕉冠腐病，用15%悬浮剂150～250倍液或50%悬浮剂660～1 000倍液浸果1min。

2.防治柑橘青霉病、绿霉病、蒂腐病、炭疽病等

采后用42%悬浮剂300～420倍液或50%悬浮剂400～600倍液浸果1min，捞出、晾干、装筐、低温保存。

3.苹果、梨、葡萄、草莓等果实处理

采收后用750～1 500mg／L浓度药液，相当于50%悬浮剂330～670倍液浸果1min，捞出晾干，能预防苹果、梨果实的青霉病、黑星病和葡萄、草莓的灰霉病等。

（1）防治苹果树轮纹病。用40%悬浮剂稀释1 500～1 000倍液田间喷雾。

（2）防治葡萄黑痘病。用40%悬浮剂稀释1 500～1 000倍液田间喷雾。

4.甘薯防病处理

用42%悬浮剂280～420倍液浸薯半min左右，捞出滴干，入窖贮藏，可防治窖贮期的黑疤病、软腐病，效果优于多菌灵。

5.冷库和常温贮藏蔬菜水果的防腐保鲜

保鲜灵烟剂是以噻菌灵为主，配以其他药剂加工而成，主要作为冷库或常温贮存各种水果及蔬菜的防腐保鲜烟剂，目前，主要用于蒜薹冷库贮藏保鲜，具体方法：经过整理上架的蒜薹，预冷达到规定温度后，用保鲜灵烟剂处理。使用烟剂为每立方米空间5～7g。以2 000m^3冷库为例，需用烟剂10～14kg，均匀堆放在过道或货架中间，每堆0.5～1kg，堆成塔形，先点燃最上面一堆，再顺序往下点燃，点毕，密封4h后开启风机正常通风。

6.保护地蔬菜病害

3%噻菌灵烟剂主要作为保护地作物防治多种真菌病害的专用烟剂，对黄瓜、番茄、韭菜、芹菜、青椒、蒜苔的灰霉病、叶霉病、白粉病、叶斑病、炭疽病等有显著防治效果。在病害发生初期，每亩保护地用3%噻菌灵烟剂300～400g，于日落后将烟剂放在干地面上，均匀摆布，用火柴点燃即可离开，门窗关闭，次日清晨打开气窗通气。

由于成本问题，在作物生长期使用噻菌灵喷雾防治病害较少。防治苹果轮纹病，用40%可湿性粉剂1 000～1 500倍液喷雾。防治某些蔬菜的灰霉病、菌核病、芹菜斑枯病，可用50%悬浮剂1 000～1 500倍液喷雾。

防治蘑菇褐腐病。每平方米菇床用40%可湿性粉剂或40%悬浮剂0.75～1g（有效成分0.3～0.4g／m^2），对水喷雾。

防治西葫芦曲霉病。用45%悬浮剂与50倍细土混拌后撒在瓜秧的基部，发病初还可用3 000倍液喷洒茎叶。

【注意事项】

（1）本剂对鱼有毒，注意不要污染池塘和水源。

（2）避免与其他药剂混用，不应在烟草收获后的叶子上施用。

【主要制剂和生产企业】60%水分散粒剂，40%可湿性粉剂，50%、45%、42%、15%悬浮剂，3%烟剂，水果保鲜剂等。

深圳诺普信农化股份有限公司、陕西汤普森生物科技有限公司、瑞士先正达作物保护有限公司、台湾隽农实业股份有限公司、合肥星宇化学有限责任公司和江苏百灵农化有限公司等。

甲基硫菌灵（thiophanate-methyl）

【作用机理分类】B1。

【化学结构式】

$$\text{C}_6\text{H}_4\left(-\text{NH}\overset{\text{S}}{\overset{\|}{\text{C}}}\text{NH}\overset{\text{O}}{\overset{\|}{\text{C}}}\text{OCH}_3\right)_2$$

【理化性质】纯品为无色结晶固体，熔点172℃（分解）。不溶于水；有机溶剂中溶解度（g／kg，23℃）：丙酮58.1，环己酮43，甲醇29.2，氯仿26.2，乙腈24.4，乙酸乙酯11.9，微溶于正己烷。稳定性：室温下，在中性溶液中稳定，在酸性溶液中相当稳定，在碱性溶液中不稳定。

【毒性】微毒，大鼠急性经口LD_{50}为7 500mg／kg，大鼠急性经皮LD_{50}>10 000mg／kg；无全身中毒报道，皮肤、眼结膜和呼吸道受刺激引起结膜炎和角膜炎，炎症消退较慢；对虹鳟鱼LC_{50}为7.8mg／L（48h）；对蜜蜂无毒。

【防治对象】用于防治水稻稻瘟病、纹枯病，瓜类白粉病，番茄叶霉病，麦类赤霉病，小麦锈病、白粉病，果树和花卉黑星病、白粉病、炭疽病，葡萄白粉病，油菜菌核病，玉米大、小斑病，高粱炭疽病、散黑穗病等。

【使用方法】见第二章水稻杀菌剂重点产品介绍部分。

【注意事项】见第二章水稻杀菌剂重点产品介绍部分。

【主要制剂和生产企业】见第二章水稻杀菌剂重点产品介绍部分。

醚菌酯（kresoxim-methyl）

【作用机理分类】C3。

【化学结构式】

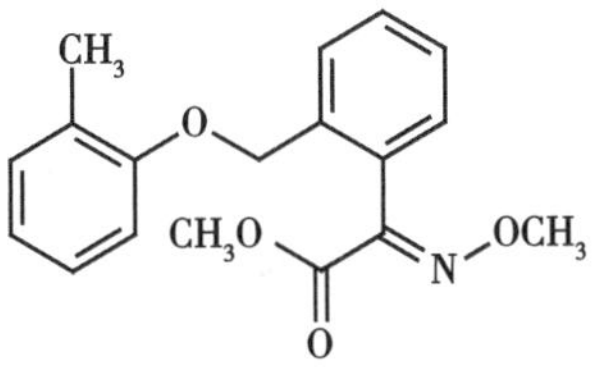

【理化性质】外观为浅棕色粉末，带芳香味，熔点101℃，蒸汽压2.3×10^{-3}mPa（20℃），相对密度1.258（20℃）；水中溶解度2mg／L（20℃）。

【毒性】微毒，大鼠急性经口 LD_{50}>5 000mg／kg，大鼠急性经皮 LD_{50}>2 000mg／kg；对兔眼睛和皮肤没有刺激性；对鱼有毒，对翻车鱼LC_{50}为0.499mg／L（96h），对虹鳟鱼LC_{50}为0.19mg／L（96h）；对蜜蜂安全。

【防治对象】对子囊菌纲、担子菌纲、半知菌纲和卵菌亚纲等致病菌引起的大多数病害具有保护、治疗和铲除作用。

【使用方法】

1.防治果树病害

（1）防治葡萄霜霉病。30%悬浮剂用水稀释3 200～2 200倍液（94～136mg／L）喷雾。

（2）防治梨树黑星病。在发病初期，用50%水分散粒剂5 000～3 000倍液（有效成分100～166.7mg／L）喷雾，隔7d喷1次，连喷3次，对叶和果实上的黑星病防效均好。

（3）防治苹果树黑星病。用50%水分散粒剂稀释5 000～7 000倍液喷雾。

（4）防治苹果树斑点落叶病。用50%水分散粒剂4 000～3 000倍液（有效成分125～166.7mg／L）喷雾。

2.防治蔬菜病害

（1）防治黄瓜白粉病。亩用50%水分散粒剂13.4～20g（有效成分6.7～10g／亩），对水喷雾。

（2）防治番茄早疫病。用30%悬浮剂40～60ml（12～18g／亩），对水喷雾。

3.防治草莓病害

（1）防治草莓白粉病。用50%水分散粒剂5 000～3 000倍液（有效成分100～166.7mg／L）喷雾。

（2）防治甜瓜白粉病。每亩用100～150g，对水常规喷雾，隔6d再喷1次。

4.防治小麦病害

（1）防治小麦白粉病。用30%悬浮剂30～50ml（有效成分9～15g／亩），对水喷雾。

（2）防治小麦锈病。用30%悬浮剂50～70ml（有效成分15～21g／亩），对水喷雾。

【主要制剂和生产企业】50%水分散粒剂，30%悬浮剂，30%可湿性粉剂。

德国巴斯夫股份有限公司、江苏耕耘化学有限公司、允发化工（上海）有限公司、江苏龙灯化学有限公司、安徽华星化工股份有限公司和山东京博农化有限公司。

嘧菌酯（azoxystrobin）

【作用机理分类】C3。

【化学结构式】

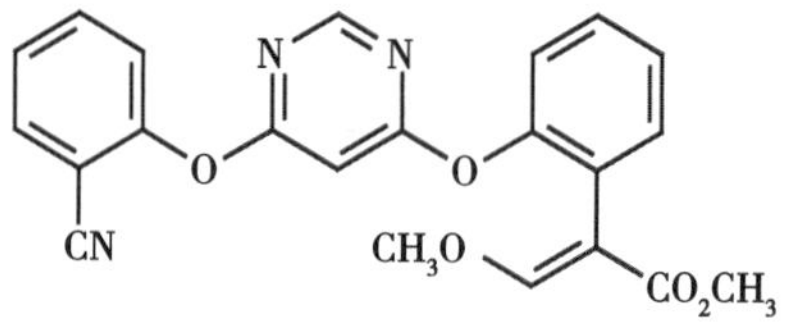

CN　O　N　N　O　CH_3O　CO_2CH_3

【理化性质】原药为棕色固体，熔点114～116℃。纯品为白色结固体，熔点116℃，相对密度1.34，水中溶解度6mg／L（20℃），微溶于已烷、正辛醇，溶于甲醇、甲苯、丙酮，易溶于乙酸乙酯、乙腈、二氯甲烷。水溶液中光解半衰期为2周，对水解稳定。

【毒性】微毒，雄、雌大白鼠和小白鼠急性经口 LD_{50}>5 000mg／kg，大白鼠急性经皮LD_{50}>2 000mg／kg，对眼睛和皮肤具有轻微刺激作用（兔），不是皮肤致敏剂（豚鼠）。

【防治对象】嘧菌酯具有广谱的杀菌活性，对几乎所有真菌纲（子囊菌纲、担子菌纲、卵菌纲和半知菌类）病害如白粉病、锈病、颖枯病、网斑病、黑星病、霜霉病、稻瘟病等数十种病害均有很好的活性。

【使用方法】见第三章蔬菜杀菌剂重点产品介绍部分。

【注意事项】见第三章蔬菜杀菌剂重点产品介绍部分。

【主要制剂和生产企业】见第三章蔬菜杀菌剂重点产品介绍部分。

氰霜唑（cyazofamid）

【作用机理分类】C4。

【化学结构式】

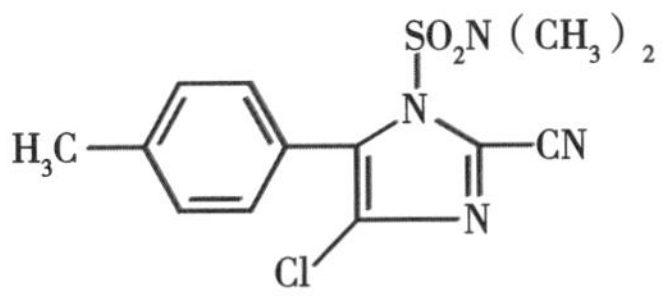

【理化性质】乳白色、无味粉末，熔点152.7℃，蒸汽压1.3×10^{-2}mPa（35℃），相对密度1.446（20℃）。20℃时在水中溶解度0.121mg／L（pH值为5），0.107mg／L（pH值为7）0.109mg／L（pH值为9）。在水中稳定，半衰期24.6d（pH值为4），27.2d（pH值为5），24.8d（pH值为7）。

【毒性】微毒，大鼠和小鼠急性经口LD_{50}>5 000mg／kg，大鼠急性经皮LD_{50}>2 000mg／kg；对眼睛和皮肤无刺激性（兔试验）；对蜜蜂无毒。

【防治对象】霜霉病、疫病如黄瓜霜霉病、葡萄霜霉病、番茄晚疫病、马铃薯晚疫病等。

【使用方法】见第三章蔬菜杀菌剂重点产品介绍部分。

【注意事项】见第三章蔬菜杀菌剂重点产品介绍部分。

【主要制剂和生产企业】见第三章蔬菜杀菌剂重点产品介绍部分。

嘧菌环胺（cyprodinil）

【作用机理分类】D1。

【化学结构式】

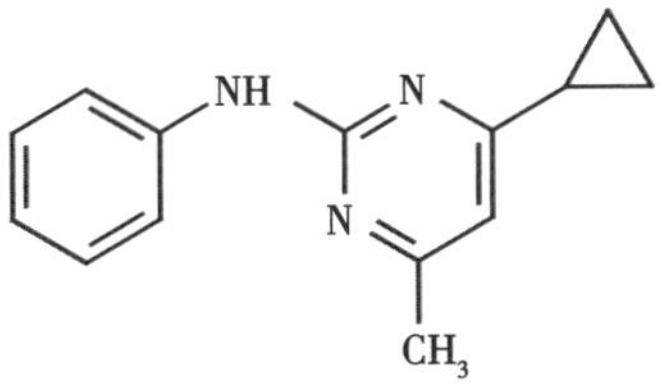

【理化性质】浅褐色细粉末，有轻微的气味，具一定弱碱性；熔点75.9℃，蒸汽压5.1×10^{-1}mPa（25℃），相对密度1.21（20℃）；水中溶解度为20mg／L（pH值为5，25℃），乙醇中溶解度为160g／L，丙酮中610g／L，甲苯中440g／L；贮存稳定，在25℃（pH值为4～9）的条件下，其分解50%所需要的时间远远大于1年。

【毒性】低毒，大鼠急性经口LD_{50}>2 000mg／kg，急性经皮LD_{50}>2 000mg／kg；对兔皮肤和眼睛没有刺激性，对豚鼠的皮肤有轻微的刺激作用。对虹鳟鱼的LC_{50}为2.41mg／L（96h）。

【防治对象】主要用于防治灰霉病、白粉病、黑星病、网斑病、颖枯病以及小麦眼纹病。

【使用方法】

防治草莓灰霉病。每亩用50%水分散粒剂60～96g，对水喷雾；防治辣椒灰霉病，亩用50%水分散粒剂60～96g，对水喷雾；防治葡萄灰霉病，用50%水分粒剂625～1 000倍液喷雾。

【主要制剂和生产企业】50%水分粒剂。混剂：嘧菌环胺+丙环唑。

瑞士先正达作物保护有限公司、先正达（苏州）作物保护有限公司和江苏丰登农药有限公司。

链霉素（streptomycin）

【作用机理分类】D4。

【化学结构式】

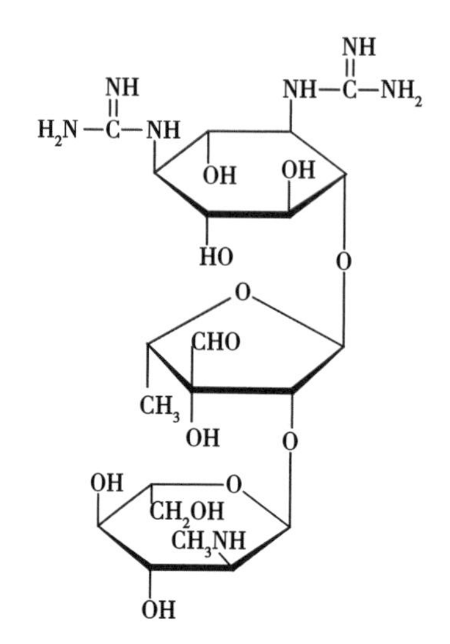

【理化性质】白色无定形粉末，有吸湿性，易溶于水，在水中溶解度>20g／L（28℃），不溶于大多数有机溶剂。强酸、强碱时不稳定。

【毒性】低毒，大鼠急性经口LD_{50}>10 000mg／kg，大鼠急性经皮LD_{50}为400mg／kg（雄）、325mg／kg（雌），可能引起皮肤过敏；无人体中毒报道。

【防治对象】主要用于防治柑橘溃疡病、细菌性角斑病等细菌性病害。

【使用方法】链霉素主要用于防治多种作物的细菌性病害。

1.果树病害

（1）防治柑橘溃疡病。对苗木和接穗用10%可溶性粉剂143～167倍液或72%可溶性粉剂1 000～1 200倍液加1%酒精或高度白酒浸泡30～60min消毒。对成年结果树可在春秋梢抽发，芽长1.5～3cm时或谢花后10d、30d、50d各喷1次10%可溶性粉剂500～600倍液。

（2）防治猕猴桃细菌性溃疡病。于发病初期喷10%可溶性粉剂1 000～2 000倍液，7d喷1次，共喷6～7次；或刮除病斑后，涂抹10%可溶性粉剂170～200倍液，5d涂1次，共涂6次。

（3）防治杨梅细菌性溃疡病。在谢花后喷10%可溶性粉剂500倍液。

（4）防治核桃细菌性穿孔病。于展叶时（雌花出现之前）、谢花后和幼果期各喷1次10%可溶性粉剂2 000倍液。

（5）防治枣缩果病。喷10%可溶性粉剂700～1 400倍液，7d左右喷1次，共喷3～4次。

2.蔬菜病害

（1）浸种防治种传细菌性病害。一般是用1 000mg／kg浓度药液（相当于72%可溶性粉剂720倍液）浸种1.5h，捞出用清水洗净后催芽播种，可防治黄瓜细菌性角斑病、辣椒疮痂病、花椰菜黑腐病、油菜黑腐病。对芋的软腐病和青枯病，先将种芋晒1～2d后，用200mg／kg浓度药液（相当于72%可溶性粉剂3 600倍液）浸1h。对姜瘟，先将种姜晒5～7d后，用72%可溶性粉剂1 500倍液浸48h。

（2）防治大白菜软腐病。每亩用24%可溶性粉剂56～80g对水喷雾，也可用72%可溶性粉剂4 000倍液喷雾，7～10d喷1次，连喷2～3次。喷药时要使药液流入白菜的根茎和叶柄基部。此法也可防治芹菜软腐病。

（3）喷雾法还可用于防治白菜细菌性角斑病、甘蓝类软腐病和黑腐病、辣椒疮痂病和软腐病、菜豆细菌性疫病、番茄、马铃薯、辣椒的青枯病等。于发病初期开始喷72%可溶性粉剂3 000～4 000倍液，7～10d喷1次，连喷2～3次。

（4）防治番茄溃疡病、青枯病。在移栽时用药液作定根水，每株灌72%可溶性粉剂4 000倍液150ml；当田间发现病株即刻拔除，并用72%可溶性粉剂4 000倍液喷洒；对青枯病还可在拔除病株后向穴内灌药液500ml。

（5）防治油菜黑腐病。用72%可溶性粉剂1 000倍液浸种2h。防治油菜软腐病、细菌性角斑病和黑斑病，发病初期喷72%可溶性粉剂4 000倍液，7～10d喷1次，共喷2～3次。

3.烟草病害

（1）防治烟草野火病和细菌性角斑病。每亩用68%可溶性粉剂35～50g，对水喷雾。

（2）防治烟草青枯病。烟草青枯病是一种土传细菌性病害，采用链霉素防治，可以采用喷雾、灌蔸、药签插茎等方法，也可以相互结合使用，药液灌根结合药签插茎法对烟草青枯病的防治效果最好。

（3）喷雾法。发病初期用72%可溶性粉剂4 000倍液喷雾或每株灌药液400～500ml，10d防1次，共防2～3次。

（4）灌根法。发病初期用72%可溶性粉剂4 000倍液，每株灌药液400～500ml，10d防1次，共防2～3次。

（5）药签插茎法。每100万单位农用链霉素加水溶解后泡100根木质牙签，每牙签带1万单位的农用链霉素，再将药签插入烟草植株基部，每隔30d再插1次。

4.其他植物病害

（1）防治甜菜细菌性斑枯病。喷72%可溶性粉剂3 000～4 000倍液。

（2）防治药用植物葛细菌性叶枯病。用72%可溶性粉剂720倍液浸种2～3h后催芽播种。

（3）防治百合细菌性软腐病。可喷72%可溶性粉剂4 000倍液。

5.花卉病害

可防治多种花卉的细菌性叶斑病、软腐病和根癌病。喷雾用72%可溶性粉剂3 000～4 000倍液，灌根用72%可溶性粉剂400～720倍液。防治月季、梅花、樱花、大丽花等的根癌病，在移栽或换盆时，将病株癌瘤切除后，将根茎与根部在72%可溶性粉剂500～1 000倍液中浸泡30min。

6.水稻病害

防治水稻白叶枯病、细菌性条斑病。于零星发病时，每亩用24%可溶性粉剂

42～80g，对水喷雾，7d左右喷1次，连喷2～3次。

【注意事项】

（1）本制剂容易吸潮，应贮存在避光通风处，结块不影响药效。

（2）避免和碱性农药、污水混合，否则易失效。

（3）本药现用现配，药液不能久存。

【主要制剂和生产企业】72%可溶性粉剂。

重庆丰化科技有限公司、四川成都惠普生物工程有限公司、华北制药股份有限公司和河北三农农用化工有限公司等。

抑霉唑（imazalil）

【作用机理分类】G1。

【化学结构式】

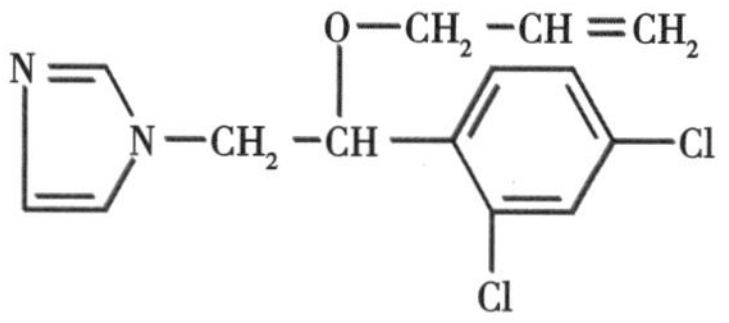

【理化性质】纯品为浅黄色至棕色结晶体，熔点52.7℃，沸点>340℃，蒸汽压0.158mPa（20℃），相对密度1.348（26℃）；在水中溶解度0.18g／L（pH值为7.6，20℃），在丙酮、二氯甲烷、乙醇、甲醇、异丙醇、二甲苯、甲苯、苯等有机溶剂中均>500g／L（20℃），在己烷中19g／L（20℃），溶于庚烷、石油醚；室温避光、稀酸、碱液中稳定，285℃以下稳定，通常贮存条件下对光稳定。

【毒性】中等毒杀菌剂，大鼠急性经口LD_{50}为227～343mg／kg，狗急性经口LD_{50}>640mg／kg，急性经皮LD_{50}为4 200～4 880mg／kg；对鱼有毒，对虹鳟鱼LC_{50}为1.5mg／L（96h），对翻车鱼LC_{50}为4.04mg／L（96h）；对蜜蜂无毒。

【防治对象】镰刀菌属、长蠕孢属病害，以及瓜类、观赏植物白粉病，柑橘青霉病、绿霉病，香蕉轴腐病、炭疽病。

【使用方法】

（1）防治柑橘贮藏期的青霉病、绿霉病。采收的当天用浓度250～500mg／L药液（相当于50%乳油1 000～2 000倍液或22.2%乳油500～1 000倍液）浸果1～2min，捞起晾干，装箱贮藏或运输。单果包装，效果更佳。

（2）柑橘果实可用0.1%涂抹剂原液涂抹。果实用清水清洗，并擦干或晾干，再用毛巾或海绵蘸药液涂抹，晾干。尽量涂薄些，一般每吨果品用0.1%涂抹剂2～3L。

（3）防治香蕉轴腐病。用50%乳油1 000～1 500倍液浸果1min，捞出晾干，贮藏。

（4）防治苹果、梨贮藏期青霉病、绿霉病。采后用50%乳油100倍液浸果30s，捞出晾干后装箱贮存。

（5）防治谷物病害，每100kg种子用50%乳油8～10g，加少量水拌种。

【注意事项】不能与碱性农药混用。

【主要制剂和生产企业】85%、50%、22.2%乳油，0.1%涂抹剂（仙亮）。

比利时杨森制药公司、浙江一帆化工有限公司、以色列马克西姆化学公司、江苏省农垦生物化学有限公司、江苏龙灯化学有限公司、北京燕化永乐农药有限公司、河南省周口山都丽化工有限公司、陕西上格之路生物科学有限公司和美国仙农有限公司等。

氟菌唑（triflumizole）

【作用机理分类】G1。

【化学结构式】

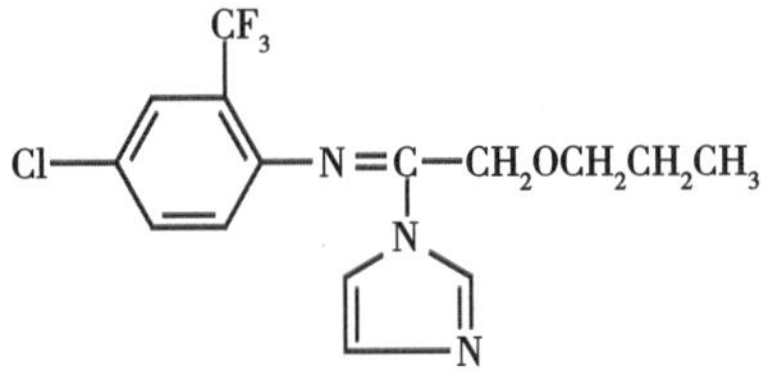

【理化性质】无色晶体，熔点63.5℃，蒸汽压0.186mPa（25℃）；在水中溶解度12.5g／L（20℃），在氯仿中2 220g／L，在已烷中17.6g／L，在二甲苯中639g／L，在丙酮中1440g／L，在甲醇中496g／L（20℃）。强酸碱下不稳定，水溶液见光分解。

【毒性】低毒，大鼠急性经口LD_{50}为715mg／kg（雄）、695mg／kg（雌），急性经皮LD_{50}>5 000mg／kg；对眼睛有轻微刺激症状，对皮肤无刺激性，无中毒报道；鱼毒：对鲤鱼LC_{50}为1.26mg／L（48h）；对蜜蜂有毒，LD_{50}为0.14mg／只。

【防治对象】白粉病、锈病，茶树炭疽病、茶饼病，桃褐腐病等。

【使用方法】

1.防治水稻恶苗病、胡麻叶斑病

用30%可湿性粉剂20～30倍液浸种10min，或用200～300倍液浸种1～2d。

2.防治麦类条纹病、黑穗病

每100kg种子用30%可湿性粉剂500g拌种。对小麦白粉病，在发病初期用30%可湿性粉剂1 000～1 500倍液喷雾，隔7～10d再喷1次。

3.防治黄瓜黑星病、番茄叶霉病、瓜类白粉病

在发病初期，每亩用30%可湿性粉剂35～40g，对水喷雾，隔10d再喷1次。

4.防治梨树黑星病

用30%可湿性粉剂稀释4 000～3 000倍液（药液浓度75～100mg／L）喷雾。

5.防治瓜类、豆类、番茄等蔬菜白粉病

在发病初期，亩用30%可湿性粉剂14～20g（每亩有效成分4～6g），对水稀释3 000～3 500倍液喷雾，隔10d后再喷1次。

【注意事项】

（1）不可将剩余药液倒入池、塘、湖，预防鱼类中毒，同时防止刚施过药的田水流入河、塘。

（2）用于梨树时，当树长势弱而又以高浓度喷洒，叶片会发生轻微黄斑，须在规定的低浓度下使用。高浓度用于瓜类前期时会发生深绿化症，须以规定浓度使用。

【主要制剂和生产企业】35%、30%可湿性粉剂。

山西韦尔奇作物保护有限公司、浙江禾本农药化学有限公司、日本曹达株式会社、江苏省南通丸宏农用化工有限公司、天津市中农化农业生产资料有限公司和允发化工（上海）有限公司。

氟环唑（epoxiconazole）

【作用机理分类】G1。

【化学结构式】

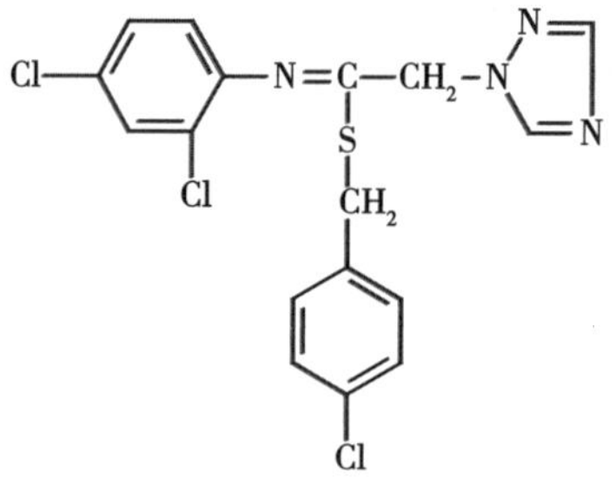

【理化性质】原药外观为无色粉末，相对密度1.384（室温）；熔点136.2℃，蒸汽压<0.01mPa（20℃）；水中溶解度6.63mg / L（20℃），丙酮中溶解度144g / L，二氯甲烷291g / L，庚烷0.4g / L；在pH值为5 ~ 7条件下不水解（12d）。

【毒性】低毒，大鼠急性经口LD_{50}>5 000mg / kg，急性经皮LD_{50}>2 000mg / kg；对皮肤和眼睛无刺激性；鱼毒：对虹鳟鱼的LC_{50}为2.2 ~ 4.6mg / L（96h）。

【防治对象】立枯病、白粉病、眼纹病等十多种病害。

【使用方法】

1.防治香蕉叶斑病

用75g / L乳油（即7.5%乳油）400 ~ 750倍液，均匀喷雾；防治苹果斑点落叶病，用18%烯肟·氟环唑悬浮剂900 ~ 1 800倍液，均匀喷雾。

2.防治小麦锈病

每亩用125g / L悬浮剂（即12.5%悬浮剂）48 ~ 60ml，对水喷雾。

【主要制剂和生产企业】125g / L悬浮剂，75g / L乳油；混剂：18%烯肟·氟环唑悬浮剂（6%氟环唑+12%烯肟菌酯）。

德国巴斯夫股份有限公司、江苏耕耘化学有限公司、辽宁省沈阳化工研究院试验厂、上海生农生化制品有限公司、江苏中旗化工有限公司、江苏辉丰农化股份有限公司、江苏丰登农药有限公司、江苏七洲绿色化工股份有限公司、利尔化学股份有限公司和允发化工（上海）有限公司等。

亚胺唑（imibenconazole）

【作用机理分类】G1。

【化学结构式】

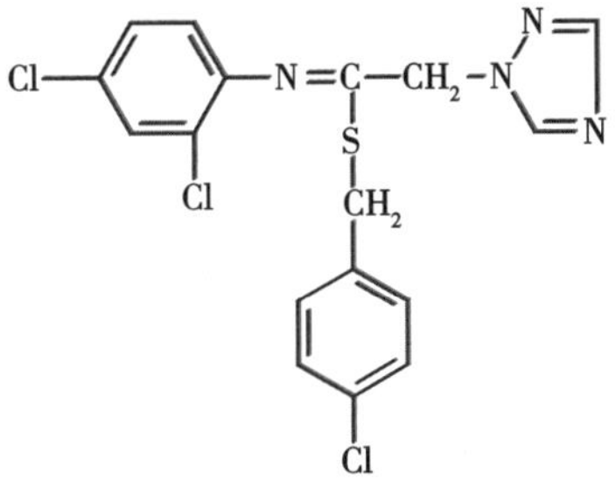

【理化性质】浅黄色晶体，熔点89.5～90℃，蒸汽压为8.5×10^{-5}mPa（25℃）；在水中溶解度1.7mg／L（20℃），在丙酮中1 063g／L，在二甲苯中250g／L，在甲醇中120g／L（25℃）；在弱碱性条件下稳定，但在酸性条件和强碱性条件下易分解。

【毒性】低毒，大鼠急性经口LD_{50}为2 800mg／kg，急性经皮LD_{50}>2 000mg／kg；对眼睛有轻度刺激性，对皮肤无刺激性；鱼毒，对虹鳟鱼LC_{50}为0.67mg／L（96h），对翻车鱼LC_{50}为1.0mg／L（96h）；对蜜蜂无毒。

【防治对象】能有效地防治子囊菌、担子菌和半知菌所致病害，如桃、日本杏、柑橘树疮痂病，梨黑星病、锈病，苹果黑星病、锈病、白粉病、轮斑病，葡萄黑痘病，西瓜、甜瓜、烟草、玫瑰、日本卫茅、紫薇白粉病，花生褐斑病，茶炭疽病，玫瑰黑斑病，菊、草坪锈病等。尤其对柑橘疮痂病、葡萄黑痘病、梨黑星病具有显著性的防治效果。对藻类真菌无效。

【使用方法】

1.果树病害

（1）防治梨黑星病。在发病初期开始用15%可湿性粉剂3 000～3 500倍液或5%可湿性粉剂1 000～1 200倍液喷雾，隔7～10d喷1次，连喷5～6次，在病害发生高峰期，喷药间隔期应适当缩短，对梨赤星病有兼治作用。

（2）防治苹果斑点落叶病。于发病初期开始喷5%可湿性粉剂600～700倍液。

（3）防治葡萄黑痘病。于春季新梢生长达10cm时开始喷5%可湿性粉剂600～800倍液，发病严重的葡萄园应适当提早喷药，以后每隔10～15d喷1次，共喷4～5次。雨水较多时，需适当缩短喷药间隔期和增加喷药次数，对葡萄白粉病也有较好的防治效果。

（4）防治柑橘疮痂病。喷5%可湿性粉剂600～900倍液。在春芽开始萌发时喷第1次药，谢花2／3时喷第2次药，以后每10d喷1次，共喷3～4次。

（5）防治青梅黑星病。用5%可湿性粉剂600～800倍液（有效成分62.5～83.3mg／kg）

2.防治麦类黑穗病

每100kg种子用15%可湿性粉剂100g拌种。

【注意事项】

（1）亚胺唑不宜在鸭梨上使用，以免引起轻微药害。

（2）亚胺唑防治葡萄病害，应于采收前21d停止使用；防治柑橘病害，采收前30d停止使用。

【主要制剂和生产企业】15%、5%可湿性粉剂。

日本北兴化学工业株式会社、广东省江门市植保有限公司。

腈菌唑（myclobutanil）

【作用机理分类】G1。

【化学结构式】

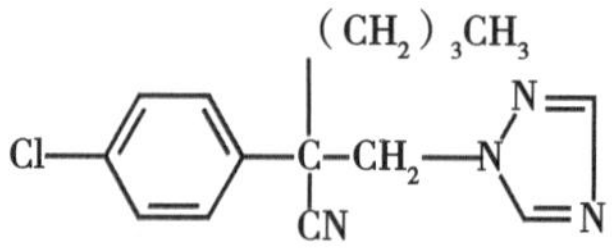

$(CH_2)_3CH_3$

Cl　C—CH_2—N　N

CN　N

【理化性质】纯品外观为浅黄色固体，原药为棕色或棕褐色黏稠液体，熔点63～68℃（原药），沸点202～208℃（1mm汞柱），蒸汽压0.213mPa（25℃）；在水中溶解度142mg／L（25℃），溶于一般有机溶剂，在酮类、酯类、醇类和芳香烃类溶剂中溶解度为50～100g／L，不溶于脂肪烃类。一般贮存条件下稳定，水溶液暴露于光下分解。

【毒性】低毒，原药大鼠急性经口LD_{50}为1 870mg／kg（雄）、2 090mg／kg（雄），大鼠急性经皮LD_{50}>1 000mg／kg，兔急性经皮LD_{50}>5 000mg／kg；对眼睛有轻微刺激作用，对皮肤无刺激性；对虹鳟鱼LC_{50}为2.0mg／L（96h），对翻车鱼LC_{50}为2.4mg／L（96h）；对蜜蜂无毒。

【防治对象】白粉病、黑星病、腐烂病、锈病等。

【使用方法】

1.果树病害

（1）防治梨、苹果黑星病。喷5%乳油1 500～2 000倍液或40%可湿性粉剂8 000～10 000倍液或25%乳油4 000～5 000倍液；如与代森锰锌混用，防病效果更好。

（2）防治苹果和葡萄白粉病。喷25%乳油3 000～5 000倍液，每两周喷1次，具有明显的治疗作用。

（3）防治香蕉叶斑病。喷5%乳油1 000～1 500倍液。用1%药液处理采收后的柑橘，可防治柑橘果实的霉病。

（4）防治葡萄炭疽病。用40%可湿性粉剂4 000～6 000倍液喷雾。

2.麦类病害

防治小麦白粉病。每亩用有效成分2～4g，折合5%乳油40～80ml，或6%乳油34～67ml，或12%乳油17～33ml，或12.5%乳油16～32ml，或25%乳油8～16ml，对水常规喷雾。防治麦类种传病害，对腥黑穗病、散黑穗病，每100kg种子用25%乳油40～60ml；对小麦颖枯病每100kg种子用25%乳油60～80ml，对少量水拌种。

3.蔬菜病害

防治黄瓜白粉病。每亩用5%乳油30～40ml，对水常规喷雾。防治茭白胡麻斑病和锈病，在病害初发期和盛发期各喷1次12.5%乳油1 000～2 000倍液，效果显著。

【主要制剂和生产企业】25%、12.5%、12%、5%乳油，12.5%、5%微乳剂，40%、12.5%可湿性粉剂，40%、20%悬浮剂，40%水分散粒剂，12.5%水乳剂。

广东省江门市大光明农化有限公司、美国陶氏益农公司、辽宁省沈阳化工研究院试验厂、河南省开封市丰田化工厂、广东省东莞市瑞德丰生物科技有限公司、陕西汤普森生物科技有限公司、北京华戎生物激素厂、浙江省杭州宇龙化工有限公司、华北制药集团爱诺有限公司和江苏耕耘化学有限公司等。

戊菌唑（penconazole）

【作用机理分类】G1。

【化学结构式】

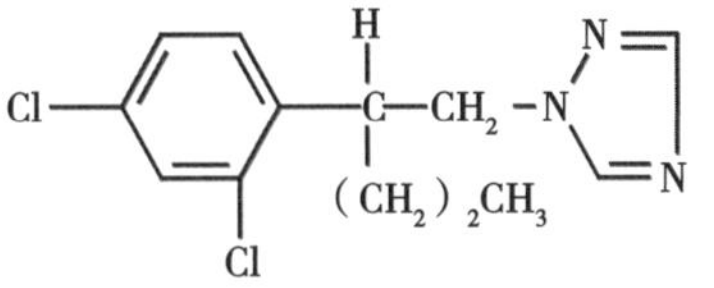

【理化性质】外观为白色结晶粉末，熔点60.3～61.0℃，沸点>360℃，蒸汽压0.17mPa（20℃）；相对密度1.30（20℃）；水中溶解度73mg／L（25℃），乙醇中730g／L，丙酮中770g／L，甲苯中610g／L，正己烷中22g／L，正辛醇中400g／L；在酸、碱性条件下稳定，对热稳定。

【毒性】低毒，大鼠急性经口LD_{50}为2 125mg／kg，大鼠急性经皮LD_{50}>3 000mg／kg；对皮肤无刺激性，对兔眼睛有轻微刺激性，非皮肤致敏物；对鱼有毒，对虹鳟鱼的LC_{50}为1.7～4.3mg／L（96h），对鲤鱼的LC_{50}为3.8～4.6mg／L（96h）；对蜜蜂无毒。

【防治对象】能有效地防治子囊菌、担子菌和半知菌所致病害尤其对白粉病、黑星病等具有优异的防效。

【使用方法】

戊菌唑可用于防治葡萄、啤酒花、蔬菜、果树等的白粉病、白腐病、疮痂病等。防治葡萄白粉病，用10%乳油2 000～4 000倍液喷雾。

【主要制剂和生产企业】20%水乳剂，10%乳油。

海利尔药业集团股份有限公司、浙江省宇龙化工有限公司。

联苯三唑醇（bitertanol）

【作用机理分类】G1。

【化学结构式】

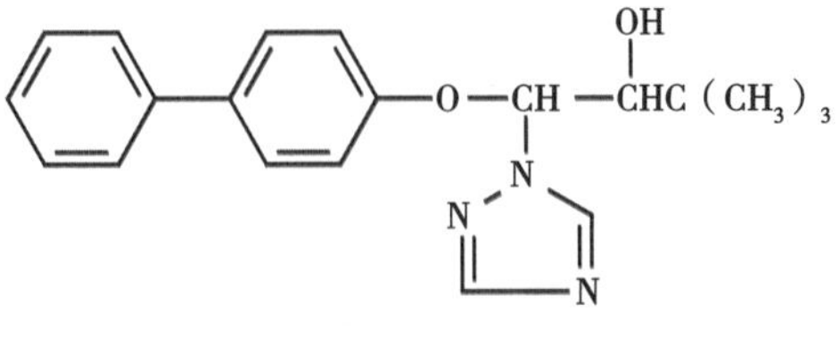

【理化性质】原药是一种无色晶体，熔点125～129℃，20℃时在水中的溶解度为5mg／L，在正己烷中1～10g／L，在二氯甲烷中100～200g／L，在异丙醇中30～100g／L，在甲苯中10～30g／L。在酸性和碱性介质中均较稳定，在pH值为3～10时贮存一年，其有效成分无分解现象。

【毒性】微毒，原药大鼠急性经口LD_{50}>5 000mg／kg，小鼠急性经口LD_{50}为4 200～4 500mg／kg，急性经皮LD_{50}>5 000mg／kg；对兔皮肤和眼睛有轻微刺激性；鱼毒LC_{50}（96h，mg／L）：对虹鳟鱼LC_{50}为2.14mg／L（96h），对翻车鱼LC_{50}为3.54mg／L（96h）；对蜜蜂无毒。

【防治对象】白粉病、叶斑病、黑斑病以及锈病等。

【使用方法】主要用于防治果树黑星病，花生和香蕉等叶斑病，以及多种作物的白粉病、锈病、黑粉病等。

1.果树病害

对黑星病有特效，在梨、苹果树发病初期开始喷药5～8月间，每隔15～20d，连喷5～8次，每次用25%可湿性粉剂1 000～1 250倍液，或用30%乳油1 500～2 000倍液喷雾。采用有效低浓度喷洒，即将应该用的药量加水至每亩270L，可提高防治效果。对苹果锈病、煤污病用25%可湿性粉剂1 500～2 000倍液喷雾。对桃疮痂病、叶片穿孔病、污叶病用25%可湿性粉剂1 000～1 500倍液喷雾。防治香蕉叶斑病，每亩用25%可湿性粉剂60～70g，对水喷雾，每隔12～15d，连喷2～3次。可兼治锈病等其他叶部病害。

2.蔬菜病害

对菜豆、大豆及葫芦科蔬菜叶斑病、白粉病、锈病、炭疽病、角斑病等，各用25%可湿性粉剂80g或30%乳油50ml，对水喷雾。

3.拌种防治玉米丝黑穗病

每100kg种子用25%可湿性粉剂240～300g，高粱丝黑穗病用60～90g，小麦锈病用120～150g。

4.花卉病害

防治观赏植物菊花、石竹、天竹葵、蔷薇的锈病、黑斑病，用25%可湿性粉剂500～700倍液喷雾，白粉病用1 000～1 500倍液喷雾。

【注意事项】不能用于紫罗兰，因它会损伤花瓣。

【主要制剂和生产企业】25%可湿性粉剂，江苏剑牌农药化工有限公司。

腈苯唑（fenbuconazole）

【作用机理分类】G1。

【化学结构式】

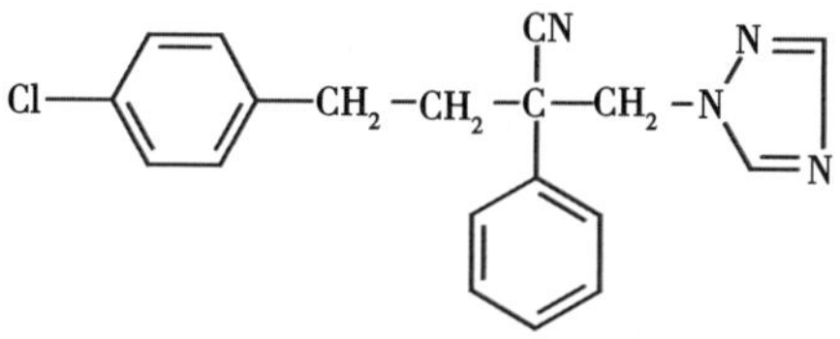

【理化性质】无色结晶，有轻微的硫磺气味，熔点126.5～127℃，蒸汽压3.4×10^{-1}mPa（20℃），相对密度1.27（20℃）；在水中溶解度为3.8mg／L（25℃）；能溶于大多数有机溶剂，在丙酮溶解度>250g／L（25℃），在甲醇中60.9g／L（25℃），不溶于脂肪烃中；在黑暗中贮存稳定，300℃下以下稳定。

【毒性】低毒，大鼠急性经口LD_{50}为2 000mg／kg，急性经皮LD_{50}>5 000mg／kg；

对眼睛和皮肤无刺激性；鱼毒，对虹鳟鱼LC_{50}为1.5mg／L（96h），对翻车鱼LC_{50}为1.68mg／L（96h）；对蜜蜂LD_{50}>0.29mg／只（96h暴露于粉尘中）。

【防治对象】腈苯唑对禾谷类作物的壳针孢属、柄锈菌属和黑麦喙孢，甜菜上的甜菜生尾孢，葡萄上的葡萄孢属、葡萄球座菌和葡萄钩丝壳，核果上的丛梗孢属，苹果黑星病以及对大田作物、水稻、香蕉、蔬菜和园艺作物的多种病害均有效。

【使用方法】

1.果树病害

防治香蕉叶斑病。在香蕉下部叶片出现叶斑之前或刚出现叶斑，用24%悬浮剂960～1 200倍液喷雾，隔7～14d喷1次。防治桃树褐斑病，在发病初期，喷24%悬浮剂2 500～3 000倍液，隔7～10d喷1次，连喷2～3次。防治苹果黑星病、梨黑星病用24%悬浮剂6 000倍液喷雾，防治梨黑斑病用3 000倍液喷雾，隔7～10d喷1次，一般连喷2～3次。

2.禾谷类作物病害

防治禾谷类黑粉病、腥黑穗病。每100kg种子，用24%悬浮剂40～80ml拌种。防治麦类锈病，于发病初期，每亩用24%悬浮剂20ml，对水30～50kg喷雾。

3.蔬菜病害

防治菜豆锈病、蔬菜白粉病。于发病初期，亩用24%悬浮剂18～75ml，对水30～50kg喷雾，隔5～7d喷1次，连喷2～4次。

【注意事项】与其他三唑类杀菌剂不同，腈苯唑对禾谷类白粉病无效。

【主要制剂和生产企业】24%悬浮剂。

美国陶氏益农公司，广东德利生物科技有限公司。

十三吗啉（tridemorph）

【作用机理分类】G2。

【化学结构式】

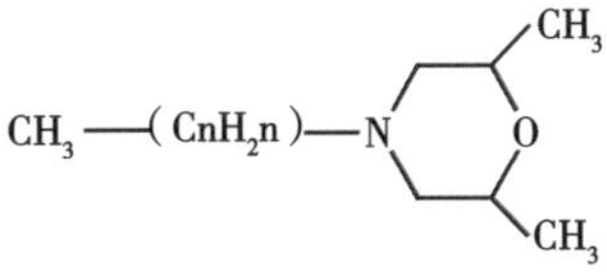

$CH_3—(C_nH_{2n})—N$（吗啉环，O，2个CH_3）

n=10，11，12（60%～70%）或13。

【理化性质】此化合物的杀菌活性于1969年被报道，开始时认为其有效成分就是十三烷基（C13）吗啉，但后来的研究发现其组成中有C11～C14的同系物。原药为黄色油状液体，有轻微胺味，沸点134℃／0.4mmHg（原药），蒸汽压12mPa（20℃），相对密度0.86（原药）；在水中溶解度为1.7mg／L（pH值为7，20℃），能与乙醇、苯、氯仿、环己烷、乙醚、橄榄油混溶；50℃以下稳定，在紫外光照射下，浓度为20mg／kg水溶液在16.5h后水解50%。

【毒性】中等毒，大鼠急性经口LD_{50}为480mg／kg，大鼠急性经皮LD_{50}>5 000mg／kg；对皮肤有刺激作用，对眼睛无刺激作用（兔），无中毒报道。

【防治对象】橡胶树白粉病，香蕉叶斑病，小麦和大麦白粉病、叶锈病和条锈病，黄瓜、马铃薯、豌豆白粉病。

【使用方法】

十三吗啉对白粉病类有很好防效，目前主要用于橡胶和香蕉上。我国农药生产企业把十三吗啉主要登记在橡胶红根病的防治上。防治橡胶红根病和白根病，在病树基部周围挖一条15～20cm深的环形沟，每株用75%乳油20～40ml，对水2L，先用1L药液淋浇沟内，覆土后将另1L药液淋浇沟上，每6个月施药1次；防治甜菜白粉病，发病初及时喷75%乳油5 000倍液；防治麦类白粉病，发病初期，一般喷75%乳油2 000～3 000倍液，或每亩用75%乳油33ml，对水常规喷雾。

防治香蕉褐缘灰斑病，用75%乳油500倍液喷雾，效果较好。

防治茶树茶饼病，于发病初期，亩用75%乳油13～33ml，对水60～70kg喷雾。

【注意事项】在某些气象条件下，某些小麦品种上使用，可能会造成枯黄现象。

处理剩余农药和废容器时，不要污染环境。

【主要制剂和生产企业】86%油剂、75%乳油。

江苏联合农用化学有限公司、海南博士威农用化学有限公司、浙江世佳科技有限公司、江苏飞翔化工股份有限公司、上海生农生化制品有限公司、福建新农大正生物工程有限公司、陕西省蒲城县美邦农药有限责任公司和德国巴斯夫股份有限公司。

烯酰吗啉（dimethomorph）

【作用机理分类】H5。

【化学结构式】

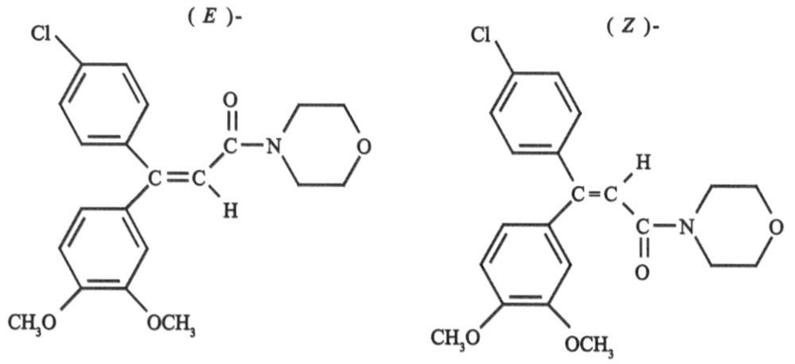

【理化性质】无色至白色结晶，熔点为125.2～149.2℃，其中，*Z*异构体为166.3～168.5℃，*E*异构体为136.8～138.3℃；*Z*异构体蒸汽压为1.0×10^{-3}mPa（25℃），*E*异构体蒸汽压为9.7×10^{-4}mPa（25℃）；相对密度为1 318（20℃）；水中溶解度为49.2mg／L（pH值为7），*Z*异构体在丙酮中溶解度为18mg／L、Z异构体为105.6mg／L。正常条件下对热和水稳定，在黑暗中可稳定保存5年，在光照条件下，*E*异构体和*Z*异构体可相互转化。

【毒性】低毒，大鼠急性经口LD_{50}为3 900mg／kg，大鼠急性经皮LD_{50}>5 000mg／kg；对兔眼睛和皮肤无刺激作用。

【防治对象】对白粉病类没有效果，而是继甲霜灵之后防治葫芦、葡萄的霜霉病等。

【使用方法】见第三章蔬菜杀菌剂重点产品介绍部分。

【注意事项】见第三章蔬菜杀菌剂重点产品介绍部分。

【主要制剂和生产企业】见第三章蔬菜杀菌剂重点产品介绍部分。

代森锰锌（mancozeb）

【作用机理分类】M。

【化学结构式】

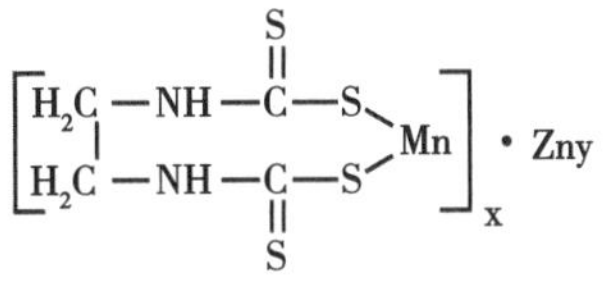

$$\left[\begin{array}{l} H_2C-NH-\overset{S}{\overset{\|}{C}}-S \searrow \\ \;\;| \qquad\qquad\qquad\qquad\quad Mn \\ H_2C-NH-\underset{S}{\underset{\|}{C}}-S \nearrow \end{array}\right]_x \cdot Zn_y$$

x：y=1：0.091。

【理化性质】原药为灰黄色粉末，为代森锰与代森锌的混合物，锰含20%，锌含2.55%。熔点 192～204℃（分解），蒸汽压<1.33×10^{-2}mPa（20℃），水中溶解度6～20mg／L，不溶于大多数有机溶剂，溶于强螯合剂溶液中。通常干燥环境中稳定，加热、潮湿环境中缓慢分解。

【毒性】微毒，原药雄性大鼠急性经口LD_{50}为10 000mg／kg，小鼠急性经口LD_{50}>7 000mg／kg；对虹鳟鱼LC_{50}为1.0mg／L（96h），对翻车鱼LC_{50}为1.0mg／L（96h）。

【防治对象】用于防治卵菌纲的疫霉属，半知菌类的尾孢属、壳二孢属等引起的多种病害。对果树、蔬菜上的炭疽病、早疫病等多种病害有效，如香蕉叶斑病、苹果斑点落叶病、轮纹病、炭疽病，梨黑星病，葡萄霜霉病，荔枝霜疫病，瓜类的炭疽病、霜霉病、轮斑病和褐斑病等，辣椒疫病，番茄、茄子、马铃薯的疫病、灰斑病、炭疽病、斑点病等，甜菜、白菜、甘蓝、芹菜的褐斑病、斑点病、白斑病和霜霉病等，麦类、玉米的网斑病、条斑病、叶斑枯病和大斑病，棉花、花生立枯病、苗斑病、铃疫病、茎枯病、云纹斑病、黑斑病、锈病等，葡萄、啤酒花的灰霉病、霜霉病、炭疽病、黑痘病等，烟草赤星病等，玫瑰花、月季花的黑星病等。同时它常与内吸性杀菌剂混配，用于扩大杀菌谱，增强防治效果，延缓抗性产生。

【使用方法】

1.果树病害

（1）防治苹果斑点落叶病。于谢花后20～30d开始喷药，春梢期喷2～3次，秋梢期喷2次，间隔10～15d，同时可兼治果实轮纹病、疫腐病，一般用70%可湿性粉剂400～500倍液或80%可湿性粉剂600～800倍液。

（2）防治梨黑星病。在病菌开始侵染时和发病初期，喷70%可湿性粉剂700～800倍液或80%可湿性粉剂700～800倍液，15d喷1次，共喷2～3次。

（3）防治葡萄霜霉病。在发病前或发病初期喷80%可湿性粉剂600～800倍液，7～10d喷1次，连续喷4～6次；防治葡萄黑痘病，在葡萄萌芽后，每隔2周喷药，连续阴雨应缩短间隔期，喷80%可湿性粉剂600倍液。

（4）防治柑橘疮痂病、炭疽病、黄斑病、黑星病、树脂病。于发病初期开始喷70%可湿性粉剂500～800倍液。一般是在春梢萌动芽长2mm时喷药2次，保春梢；谢花2／3时喷1～2次，保幼果；5月下旬至6月上旬喷1～2次，保幼果和夏梢。

（5）防治杧果炭疽病。用80%可湿性粉剂400～500倍液，自开花盛期起连续喷4次。

（6）防治香蕉叶斑病。用80%可湿性粉剂400～500倍液或42%悬浮剂300～400倍液或43%悬浮剂400倍液，雨季每月喷药2次，旱季每月喷药1次。

（7）防治西瓜炭疽病。于发病初期，每亩用80%可湿性粉剂100～120g，对水喷雾，10d喷1次，连续喷3次。防治甜瓜、白兰瓜的炭疽病、霜霉病、疫病、蔓枯病等，每亩用80%可湿性粉剂150～180g，对水喷雾，7～10d喷1次，一般喷药3～6次。

（8）防治草莓炭疽病、疫病、灰霉病。用50%可湿性粉剂800倍液喷雾。

2.蔬菜病害

（1）防治黄瓜霜霉病、炭疽病、角斑病、黑腐病。于发病初期或爬蔓时开始，每亩用80%可湿性粉剂150～190g或75%干悬浮剂125～150g或42%悬浮剂125～188g，对水喷雾。7～10d喷1次，采摘前5d停止喷雾。

（2）防治番茄早疫病、晚疫病、炭疽病、灰霉病、叶霉病、斑枯病。发病初期开始每亩用80%可湿性粉剂150～180g或30%悬浮剂250～300g，对水喷雾。7～10d喷1次，采摘前5d停止喷雾。防治早疫病还可结合涂茎，用毛笔或小棉球蘸取80%可湿性粉剂100倍液，在发病部位涂刷1次。

（3）防治辣（甜）椒炭疽病、疫病、叶斑类病害。发病前或发病初期，用70%或80%可湿性粉剂500～700倍液喷雾。若防治辣椒猝倒病，要注意植株茎基部及其周围地面也需喷药。

（4）防治菜豆炭疽病、锈病。每亩用80%可湿性粉剂100～130g，对水喷雾。

（5）防治莴苣、白菜、菠菜的霜霉病，茄子绵疫病、褐斑病，芹菜疫病、斑枯病，以及十字花科蔬菜炭疽病。发病初期用70%可湿性粉剂500～600倍液喷雾。

3.油料作物病害

防治花生褐斑病、黑斑病、灰斑病、网斑病等叶斑病。发病初期，每亩用80%可湿性粉剂160～200g或70%可湿性粉剂175～225g，对水喷雾，10d喷1次，连续喷2～3次。防治芝麻疫病，发病初期，每亩喷70%可湿性粉剂300～400倍液50L，14d喷1次，连续喷2～3次。防治大豆锈病，于大豆初开花期，每亩用80%可湿性粉剂200g，对水喷雾，7～10d喷1次，连续喷4次。防治蓖麻疫病，在幼苗发病初期，每亩用70%可湿性粉剂180～220g，对水喷雾，10～15d喷1次，共喷2～4次。

4.粮食作物病害

防治水稻稻瘟病，叶瘟于发病初期，田间见急型病斑开始喷药；穗瘟于孕穗末期至抽穗期进行施药，每亩用80%可湿性粉剂130～160g，对水喷雾。防治小麦叶枯病，每亩用70%可湿性粉剂140～160g，对水喷雾，从春季分蘖期开始7～10d喷1次，共喷2～3次；防治小麦根腐病，用种子量的0.2%～0.3%的50%可湿性粉剂拌种。防治玉米大、小斑病、锈病、灰叶斑病，初见病斑时开始用药，每亩用80%可湿性粉剂165g，对水喷雾。

5.棉花病害

对由炭疽病、红腐病引起的棉苗病，每100kg棉籽用70%可湿性粉剂400～500g拌种；对棉苗疫病，可在棉苗初真叶期，用70%可湿性粉剂400～500倍液喷雾；对于棉花生长期的轮纹病、茎枯病、棉铃的疫病、黑果病、曲霉病，发病初期及时喷70%可湿性粉剂600倍液；对由炭疽病、红腐病、疫病等引起的棉花烂铃，在发病前10d或盛花期后1个月，喷70%可湿性粉剂400～500倍液，10d喷1次，共喷2～4次，在喷洒药液中添加1%聚乙烯醇或适量洗衣粉，可提高防效。

6.麻类病害

对红麻、亚麻、苎麻的炭疽病，大麻霜霉病、秆腐病，黄麻茎斑病、黑点炭疽病、枯萎病等，发病初期开始喷70%可湿性粉剂500～700倍液。

7.烟草病害

于发病初期开始喷70%可湿性粉剂500倍液，7～10d喷1次，连续喷2～3次，可防治烟草炭疽病、赤星病、蛙眼病、立枯病、黑斑病等。

8.药用植物病害

用70%或80%可湿性粉剂500～600倍液，间隔7～10d喷1次，可防治西洋参黑斑病、珍珠梅褐斑病、板蓝根黑斑病、甘草褐斑病、白芍药轮纹病、红花炭疽病和锈病、白花曼陀罗黑斑病和轮纹病、龙葵轮纹病。

9.花卉病害

用80%可湿性粉剂400～600倍液喷雾，可防治菊花褐斑病、玫瑰锈病、桂花叶斑病、碧桃叶斑病、百日草黑斑病、牡丹褐斑病、鸡冠花黑胫病、鱼尾葵黑斑病等。在温室大棚使用时，适当降低用药浓度。

【注意事项】

该药不能与铜及强碱性农药混用，在喷过铜、汞、碱性药剂后要间隔一周后才能喷此药。

在茶树上的间隔期为半个月。

瓜类在采摘前5d停止喷药。

【主要制剂和生产企业】80%、70%、65%、50%可湿性粉剂，43%、42%、30%悬浮剂，75%水分散粒剂。

美国杜邦公司、美国陶氏益农公司、美国仙农公司、先正达（苏州）作物保护有限公司、日本日友商社（香港）有限公司、台湾兴农股份有限公司、台湾日产化工股份有限公司、印度联合磷化物有限公司、河北双吉化工有限公司、河北胜源化工有限公司、利民化工有限责任公司、江苏龙灯化学有限公司、深圳诺普信农化股份有限公司和山东省青岛瀚生生物科技股份有限公司等。

福美锌（ziram）

【作用机理分类】M。

【化学结构式】

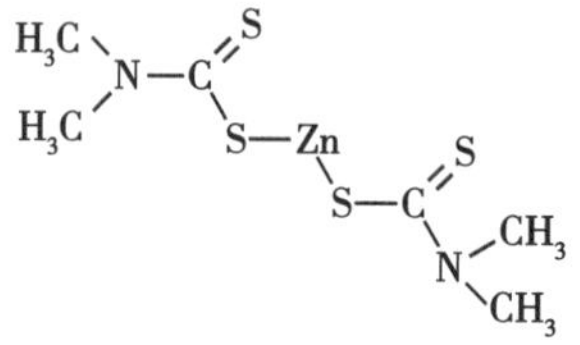

【理化性质】无色粉末，熔点246℃，蒸汽压<1×10^{-3}mPa（推算），相对密度1.66（25℃）；在水中溶解度为1.58～18.3mg/L（20℃），在丙酮中2.88g/L（20℃），在甲醇中0.22mg/L（20℃），在甲苯中2.33mg/L（20℃），溶于氯仿、二硫化碳、稀碱；在酸性介质中分解，紫外光照射分解。

【毒性】低毒，大鼠急性经口LD_{50}为2 068mg/kg，兔急性经口LD_{50}为100～300mg/kg，兔急性经皮LD_{50}>2 000mg/kg；对眼睛有强烈的刺激性，对皮肤无刺激性；对鱼有毒，对虹鳟鱼LC_{50}为1.9mg/L（96h）；对蜜蜂无毒。

【防治对象】主要用于果树炭疽病，棉花立枯病，橡胶树炭疽病的防治。

【使用方法】福美锌既是一种保护性杀菌剂，也是一种驱散野生动物的驱避剂（如驱避鸟、老鼠等）。我国目前只是登记用于杀菌剂，作为驱避剂还有待进一步开发。

（1）防治苹果炭疽病。72%可湿性粉剂稀释400～600倍液常规喷雾。

（2）防治黄瓜炭疽病。每亩用80%福·福锌可湿性粉剂125～150g，对水喷雾。

（3）防治西瓜炭疽病。每亩用80%福·福锌可湿性粉剂125～150g，对水喷雾。

（4）防治麻炭疽病。可用拌种法，每100kg种子用80%福·福锌可湿性粉剂300～500g，均匀拌种。

（5）防治棉花立枯病。用80%福·福锌可湿性粉剂稀释160倍，进行浸种。

（6）防治杉木炭疽病。用80%福·福锌可湿性粉剂500～600倍液喷雾。

（7）防治橡胶树炭疽病。用80%福·福锌可湿性粉剂500～600倍液喷雾。

【注意事项】

（1）烟草和葫芦等对锌敏感，应慎用。

（2）不能与石灰、硫磺、铜制剂和砷酸铅混用，主要以防病为主，宜早期使用。

【主要制剂和生产企业】72%可湿性粉剂。

生产企业：山东恒利达生物科技有限公司、陕西恒田化工有限公司和山西美邦农药有限公司等。

波尔多液（bordeaux mixture）

【作用机理分类】M。

【化学分子式】

$CuSO_4 \cdot xCu(OH)_2 \cdot yCa(OH)_2 \cdot zH_2O$

波尔多液化学式中的x、y、z因硫酸铜、生石灰和水的配比及配制方法不同而异，在硫酸铜与生石灰分别为1kg、水为100kg配制时，称为等量式波尔多液；生石灰为硫酸铜的二倍时，称为倍量式波尔多液；反之，生石灰量为硫酸铜的1/2时，称半量式波尔多液。此药剂因1882年在法国波尔多城发现其防治葡萄霜霉病的效果而得名，并从此得到推广应用。

【理化性质】不溶于水，也不溶于有机溶剂，可溶于氨水，形成铜铵化合物。

【毒性】低毒，大鼠急性经口LD_{50}>4 000mg/kg，对蜜蜂无毒，对鱼有一定的毒性。

【防治对象】用于防治苹果黑点病、褐斑病、赤星病，梨黑斑病、黑星病和赤星病，瓜类炭疽病、霜霉病、黑星病和蔓枯病，大豆霜霉病、炭疽病、黑痘病，小麦雪腐病等病害。

【使用方法】波尔多液用途非常广泛，可在果园、蔬菜、花卉、麻类作物、油料作物、棉花和林木等上应用，用于防治多种真菌和细菌病害。

1.在果树上的应用（表2-6-1和表2-6-2）

铜制剂在柑橘上最大残留限量指标比其他农药宽很多。另外，波尔多液对柑橘病害防治效果好，因此，波尔多液目前仍是柑橘病害防治的重要药剂。

表2-6-1 波尔多液在柑橘树上的应用

柑橘病害	防治时期	波尔多液
疮痂病	发芽前至芽长0.2cm	0.5%～0.8%倍量式波尔多液喷雾
溃疡病	新梢抽发至芽长1.5～3cm，叶片刚转绿	0.5%～1%等量式波尔多液喷雾
	谢花2/3时	0.5%倍量式波尔多液喷雾
		80%波尔多液WP，药液浓度1 333～2 000mg/kg喷雾
炭疽病	春、夏嫩梢生长期	间隔15～20d喷0.5%半量式波尔多液
黑斑病、黄斑病	谢花后30～45d	0.5%等量式波尔多液喷雾
立枯病	发病初期	0.5%等量式波尔多液喷雾
藻斑病	生长季节	1%等量式波尔多液喷雾
树脂病	剪除病死枝条后	0.5%～1%等量式波尔多液喷雾
脚腐病和膏药病	刮除病部烂皮后	涂抹10%等量式波尔多液

柑橘树喷洒波尔多液防治柑橘树病害，宜在早春季节进行，最佳喷药季节在柑橘树发芽前至芽长0.2cm时喷洒波尔多液。

当柑橘树大部分花已凋谢、幼果开始曝露后，潜伏在腋芽鳞片内越冬的锈壁虱就爬到新梢上为害，波尔多液中的铜离子能够刺激锈壁虱生长，使其卵期缩短，幼螨发育加快，成螨产卵量增加，同时还杀死重要天敌多毛菌。所以在夏、秋季要慎用波尔多液，以免造成锈壁虱、红蜘蛛暴发成灾，可换用多菌灵、甲基托布津等其他杀菌剂。

柑橘花期喷波尔多液后当时和喷后遇阴雨及多雾天气，容易发生药害，要多注意。

表2-6-2 波尔多液在其他果树上的应用

果树	病害	防治时期	波尔多液
葡萄	霜霉病	花蕾期、幼果期及果实近成熟期	0.5%半量式波尔多液；80% WP，药液浓度2 000～2 667mg / kg（300～400倍液）喷雾
荔枝	霜霉病	花蕾期、幼果期及果实近成熟期	0.5%等量式波尔多液
杧果	炭疽病	冬季	喷1%等量式波尔多液1次
		春梢萌动和抽出时花期和结果期间	每15～20d喷1次0.5%～1%等量式波尔多液
枇杷	炭疽病	果实成熟前	喷0.5%等量式波尔多液
	叶斑病	春梢新叶长出后	喷0.3%～0.5%等量式波尔多液，隔10～15d再喷1次
香蕉	炭疽病	结果开始	喷0.5%半量式波尔多液，隔10～15d 1次，连续喷2～3次
	叶斑病	4～6月	喷1%半量式波尔多液，并加入0.2%木薯粉或面粉，以增加黏着力
番木瓜	炭疽病	冬季	1%等量式波尔多液，并加入0.2%木薯粉或面粉，以增加黏着力
		8～9月	喷0.5%等量式波尔多液，每隔10～15d 1次，共喷3～4次
腰果	炭疽病	发病前或初期	喷0.5%等量式波尔多液
	枯梢病		切口涂抹10%倍量式波尔多液
杨桃	赤斑病	春梢初生	喷0.5%等量式波尔多液
	炭疽病	幼果期	喷碳酸氢钠波尔多液（硫酸铜500g、碳酸氢钠600g、水100kg），成年树每株喷药液7～10kg，10～15d 1次，连续喷2～3次
油梨	溃疡病	开花前后	喷0.5%倍量式波尔多液
梨树	在梨树生长中后期用0.5%倍量式波尔多液与有机杀菌剂交替使用，可防治梨黑星病、轮纹烂果病、黑斑病、锈病、褐斑病，视侵染期和降雨情况确定喷药次数，多为15d左右喷1次。 梨的某些品种，如鸭梨、白梨易受药害，使用时应降低药液浓度。		
苹果树	轮纹病	病原菌侵染前	80% WP，稀释300～400倍液喷雾 0.5%倍量式波尔多液喷雾
	苹果枝溃疡病	刮去病斑后	用1：3：15倍波尔多液涂抹刮治后的病部
	苹果的某些品种（如金冠）易受药害，使用时应降低药液浓度。		

(续表)

果树	病害	防治时期	波尔多液
李树	李袋果病，细菌性穿孔病	春季发芽至花蕾露红期	喷0.5%等量式波尔多液
	红点病	李树展叶时	喷0.5%倍量式波尔多液
	*李树对波尔多液敏感，生长期不能使用		
桃树	炭疽病和细菌性穿孔病	发芽前	喷1：1.5：120倍波尔多液
	缩叶病	花芽露红时	喷1：1：150倍波尔多液，铲除初侵染源
	*生长期不能使用		
杏树	杏丁病	展叶期	喷0.3%倍量式波尔多液
	细菌性穿孔病	发芽前	喷1%等量式波尔多液
	叶肿病	花芽开绽期	喷0.5%倍量式波尔多液
	*生长期不能使用		
柿树	园斑病	谢花后	喷1：5：（400～600）倍波尔多液
	角斑病	6～8月	喷1～2次1：5：（400～600）倍波尔多液
	炭疽病	6～7月	喷2次1：5：（400～600）倍波尔多液
樱桃	幼果菌核病	开花前	喷1：3：300倍波尔多液
枣树	锈病	7月～8月	喷1：2：300倍波尔多液
板栗	芽枯病	4～5月	喷1%半量式波尔多液
	锈病	发病前	喷1：1：160波尔多液
	干枯病	刮除病患部位后	涂抹10%等量式波尔多液
核桃	黑斑病	展叶期、谢花后和幼果期	各喷1次0.5%半量式波尔多液
	炭疽病	发芽前和生长季降雨前	喷0.5%半量式波尔多液

2.在蔬菜上的应用

（1）在蔬菜上一般是使用0.5%等量式波尔多液，即0.5份硫酸铜0.5份生石灰、100份水配制而成的波尔多液，可防治辣椒叶斑病、早疫病、疮痂病、番茄晚疫病、溃疡病、青枯病、洋葱霜霉病、茄子褐纹病、马铃薯晚疫病、石刁柏茎枯病、莴苣白粉病、蚕豆炭疽病等，一般在发病前或发病初期开始喷药，隔10d左右喷1次，共喷2～4次；瓜类对石灰敏感，宜选用0.5%半量式波尔多液，防治黄瓜霜霉病、西瓜细菌性果腐病。

（2）美国仙农有限公司生产的80%波尔多液WP，药剂稀释浓度1 600～2 667mg／kg

（稀释300～400倍液），登记用于防治辣椒炭疽病。

（3）江苏省通州正大农药化工有限公司生产的80%波尔多液WP，稀释600～800倍液，登记用于防治黄瓜霜霉病。

3.在烟草上的应用

在烟草上使用0.5%等量式波尔多液，可防治烟草的赤星病、黑胫病、蛙眼病、破烂叶斑病、炭疽病、穿孔病、野火病、细菌性角斑病等，病害初生时开始喷药；对黑胫病在培土后用波尔多液喷淋，一般间隔10d左右，共喷2～3次。

4.在麻类上的应用

（1）对黄麻黑点炭疽病、炭疽病和苗枯病。在发病初喷0.5%等量式波尔多液；对黄麻褐斑病，在发病初期（特别是寒流侵袭之前），用0.25%～0.5%倍量式波尔多液喷雾，有良好的防治效果。

（2）对黄麻细菌性斑点病。在重病区喷1%等量式波尔多液1～2次，有一定防治效果。

（3）防治红麻腰折病和苎麻茎腐病。在发病初喷0.5%等量式波尔多液。

（4）防治大麻霉斑病、白星病。在发病初开始喷0.5%～1%等量式或半量式波尔多液。

（5）防治剑麻的炭疽病、褐斑病、马纹病等。喷1%等量式波尔多液。

5.在棉花上的应用

在棉花上使用0.5%等量式波尔多液，可预防棉花苗期的炭疽病、褐斑病、黑斑病、疫病、茎枯病、角斑病等以及棉花生长期的茎枯病、角斑病等，在病害初发生时开始喷药，一般2～3次，每次间隔7～10d。

6.在油菜上的应用

多用0.5%等量式或倍量式波尔多液，对油菜霜霉病和白锈病，一般在油菜初花期初发病时，每亩喷0.5%等量式或倍量式波尔多液50～75L，一般喷药2次，每次间隔7～10d；防治油菜黑斑病和白斑病，在油菜初花期发病后，每亩喷0.5%等量式波尔多液50～75L，一般喷药2次，每次间隔7～10d；防治油菜炭疽病，在发病初期，每亩喷0.5%等量式波尔多液50～75L，一般喷药2次，每次间隔7～10d。

7.在大豆上的应用

防治大豆锈病，在花期下部叶片开始有锈状斑点时开始喷药，每亩喷0.5%等量式波尔多液50L，喷药2次，间隔7～10d。防治大豆紫斑病，在蕾期、结荚期和嫩荚期喷0.5%倍量式波尔多液各1次，喷药液量50L。

8.在花生上的应用

防治花生叶斑病，在发病初期、病叶率10%～15%时开始喷药，每亩喷0.5%～1%等量式波尔多液50～75L，一般喷药2次，每次间隔7～10d；防治花生锈病、立枯病，在发病初期，开始每亩喷0.5%倍量式波尔多液2次，每亩喷药液量50～75L，每次间隔7～10d。

9.在芝麻上的应用

用0.5%等量式波尔多液可防治芝麻疫病、细菌性角斑病、黑斑病等，每亩喷药液40～60L，一般喷药2次，每次间隔7～10d。

10.在蓖麻上的应用

防治蓖麻枯萎病和疫病，在发病初期，每亩喷0.5%等量式波尔多液75～100L，每10～15d喷1次，喷药2～3次。

11.在药用植物上的应用

（1）波尔多液可防治多种药用植物的多种病害。例如防治叶部病害，在发病初期开始喷药，多采用0.5%～1%等量式波尔多液喷雾，可防治西洋参黑斑病、珍珠梅褐斑病、玄参斑点病、山药斑纹病、白芷斑枯病、枸杞霉斑病、女贞叶斑病、白花曼陀罗眼斑病、薄荷霜霉病和斑枯病、裂叶牵牛白锈病、稠李白霉病、山茱萸炭疽病和角斑病等。

（2）防治三七镰刀菌根腐病（烂根病、鸡屎烂病等）和玉竹镰刀菌根腐病。在发病初期用0.3%～0.4%倍量式波尔多液灌根部，有一定效果。

（3）防治藏红花腐烂病（枯萎病）。播前用1：1：150倍波尔多液浸种15min，晾干后播种。防治薏苡黑穗病，用0.5%等量式波尔多液浸种24～72h，及时晾干播种。

12.在花卉上的应用

（1）防治花卉的灰霉病。如樱草类报春花、瓜叶菊、月季、茶花、龟背竹、一品红、牡丹、大丽花、秋海棠、天竺葵、含笑、香石竹等近百种草本和木本花卉的灰霉病，在发病前喷0.5%等量式波尔多液，保护新叶和花蕾不受侵染。

（2）防治多种花卉的叶斑类病害、炭疽病等。常用0.5%～1%等量式波尔多液。防治仙人掌类的茎枯病，用0.5%等量式波尔多液。

13.在甘蔗上的应用

防治甘蔗黄点病和眼点病，分别用0.5%倍量式或等量式波尔多液；防治甘蔗霜霉病和梢腐病，用0.7%等量式波尔多液。

【注意事项】

（1）波尔多液不能与石硫合剂混用或连用。波尔多液与石硫合剂相混，石硫合剂中的硫化物能使波尔多液发生分解，产生过量的可溶性铜，易使作物发生药害。受害叶片或果实呈灼烧状病斑、叶片干缩，并能引起落叶、落果。波尔多液与石硫合剂也不能连用。波尔多液用后要间隔2周（柑橘）、1月（梨、苹果、葡萄）才能施用石硫合剂。石硫合剂使用后要间隔8～15d才能施用波尔多液。

（2）阴雨天、雾天或露水未干时喷药，会增加药剂中铜离子的释放及对叶、果部位的渗透，易产生药害，这点在沿海地区更须注意。

（3）盛夏气温过高时喷药，易破坏树体水分平衡，灼伤叶片和果实。

（4）在橘园、苹果园、梨园生长期喷波尔多液，由于杀伤了叶螨、锈螨、介壳虫的寄生菌天敌，还对某些锈螨有刺激生长的作用，所以易导致这些虫成灾；所以，喷施波尔多液后应注意，在必要时及时喷杀螨剂、杀蚧药剂。

（5）波尔多液不得用于采摘茶园。①波尔多液性质稳定，喷药后不易降解，而铜在茶叶中的最大残留限量（MRL）国内外规定均很严格；②波尔多液中的石灰对茶叶品质也有影响。

（6）白菜对铜敏感，不可使用波尔多液。

【主要制剂和生产企业】可自配自制，商品化有80%可湿性粉剂和28%悬浮剂。

美国仙农有限公司、江苏省通州正大农药化工有限公司、江苏龙灯化学有限公司、天津市阿格罗帕克农药有限公司和沙隆达郑州农药有限公司等。

氢氧化铜（copper hydroxide）

【作用机理分类】M。

【化学结构式】

$$\mathrm{OH} \diagup \mathrm{CU-OH}$$

【理化性质】蓝绿色固体，结晶物成天蓝色片状或针状，相对密度3.37，水中溶解度2.9mg / L（pH值为7，25℃）；溶于氨水中，不溶于有机溶剂，140℃分解，溶于酸。

【毒性】低毒，原药大鼠急性经口LD_{50}>1 000mg / kg，兔急性经皮LD_{50}>3160mg / kg，大鼠急性吸入LC_{50}2 000mg / kg。对兔眼睛有较强刺激作用，对兔皮肤有轻微刺激作用；对虹鳟鱼LC_{50}为0.08mg / L（96h），对翻车鱼为LC_{50}180mg / L（96h）；对蜜蜂LD_{50}为68.29μg / 只。

【防治对象】用于防治柑橘疮痂病、树脂病、溃疡病，水稻白叶枯病、细菌性条斑病、稻瘟病、纹枯病，马铃薯早疫病、晚疫病，十字花科蔬菜黑斑病、黑腐病，胡萝卜叶斑病，芹菜细菌性斑点病、早疫病、斑枯病，茄子早疫病、炭疽病、褐斑病等病害。

【使用方法】

1.柑橘病害

防治柑橘溃疡病，在各次新梢芽长1.5 ~ 3cm、新叶转绿时喷77%可湿性粉剂400 ~ 600倍液，每7d喷1次，连续喷施3 ~ 4次；防治柑橘脚腐病，刮除病部后，涂抹77%可湿性粉剂10倍液；防治柑橘炭疽病喷77%可湿性粉剂400 ~ 600倍液。

2.荔枝霜霉病

在花期、幼果期喷37.5%悬浮剂1 000 ~ 1 200倍液，在中果、成熟期喷800 ~ 1 000倍液。

3.杧果病害

防治杧果炭疽病、黑斑病，在发病初期开始喷77%可湿性粉剂400 ~ 700倍液。

4.葡萄病害

防治葡萄霜霉病、黑痘病，在发病初期开始喷77%可湿性粉剂400 ~ 600倍液，10 ~ 14d喷1次，连续喷3 ~ 4次。

5.梨病害

防治梨黑星病、黑斑病，喷77%可湿性粉剂600 ~ 800倍液，间隔7 ~ 10d喷1次，连续喷3 ~ 4次。

6.苹果病害

苹果生长中后期，喷77%可湿性粉剂600 ~ 800倍液，可防治苹果轮纹烂果病、炭疽病、褐斑病等，7 ~ 10d喷1次，连续喷3次。

7.番茄病害

防治番茄早疫病、灰霉病，在发病初期，每亩用77%可湿性粉剂140～200g，对水喷雾；防治番茄细菌性角斑病，在发病初期喷77%可湿性粉剂500～800倍液，隔7～10d喷1次，共喷2～3次；防治番茄青枯病，发病初期用77%可湿性粉剂500倍液灌根，每株灌药液300～500ml，隔10d灌1次，共灌3～4次。

8.黄瓜病害

防治黄瓜角斑病，在发病初期，每亩用77%可湿性粉剂150～200g或53.8%干悬浮剂68～93g对水喷雾；防治黄瓜霜霉病、灰霉病，喷77%可湿性粉剂500～800倍液。

9.辣椒病害

防治辣椒疫霉病，在发病初期，每亩用37.5%氢氧化铜悬浮剂500～800倍液喷雾。

10.豇豆病害

防治豇豆细菌性角斑病、豇豆角斑病等，发病初期喷77%可湿性粉剂500～800倍液，隔7～10d喷1次，共喷2～3次。

11.烟草病害

防治烟草细菌性角斑病和黑胫病，发病初期喷77%可湿性粉剂500倍液；防治烟草青枯病，发病初期适时用77%可湿性粉剂500倍液灌根，每株灌药液400～500ml，隔10d防治1次，共防治2～3次。

12.棉花病害

防治棉铃软腐病，于发病初期喷77%可湿性粉剂500～600倍液，10d左右喷1次，共喷2～3次。

13.药用植物病害

于发病初期适时喷77%可湿性粉剂500～600倍液，可防治山药斑纹病、葛细菌性叶斑病、菊苣软腐病、牛蒡细菌性叶斑病和黑斑病，隔10d左右喷1次，共喷2～3次。

14.生态安全性

在高浓度下对水生生物有一定的毒性，可能会造成水中无脊椎动物、水生植物和鱼类种群数量的减少。

【注意事项】

为预防性杀菌剂，应在发病前及发病初期施药。

避免与强酸或强碱性物质混用。

使用时要注意药害，在果树幼果期、幼苗期、阴雨天、多雾天及露水未干时不要用药。

对铜敏感作物慎用。与春雷霉素的混用对苹果、葡萄、大豆和藕等作物的嫩叶敏感，因此，一定要注意浓度，宜在16：00后喷药。

【主要制剂和生产企业】77%和53.8%可湿性粉剂，57.6%、53.8%和46%水分散粒剂，57.6%可分散粒剂，37.5%悬浮剂。

澳大利亚纽发姆有限公司、美国杜邦公司、斯洛文尼亚辛卡那策列公司、河北省石家庄市青冠化工有限公司、深圳诺普信农化股份有限公司、浙江禾本农药化学有限公司、浙江台州生物农化厂、东方润博农化（山东）有限公司和广东省惠州市中迅化工有限公司等。

氧化亚铜（cuprous oxide）

【作用机理分类】M。

【化学分子式】

Cu_2O

【理化性质】为黄色至红色粉末，铜离子含量86%，分子质量143.1，熔点1 235℃，沸点1 800℃，不溶于水和有机溶剂，溶于稀无机酸和氨水中。在常温条件下稳定，在潮湿的空气中可能氧化为氧化铜。

【毒性】低毒，大鼠急性经口LD_{50}1 500mg／kg，急性经皮LD_{50}>2 000mg／kg；对皮肤和眼睛有轻微刺激；对鸟无毒；对鱼低毒。

【防治对象】用于防治果树溃疡病，葡萄霜霉病，黄瓜霜霉病，烟草赤星病，以及蔬菜和果树的白粉病、叶斑病、枯萎病、疫病等病害。

【使用方法】

1.果树病害

防治柑橘溃疡病，主要是根据病菌侵染时期或柑橘易发病时期施药，通常是在春梢和秋梢初出时开始喷86.2%可湿性粉剂800～1 200倍液，隔7～10d喷1次，连续喷3～4次。防治葡萄霜霉病，于发病初期喷86.2%可湿性粉剂800～1 200倍液，隔10d左右喷1次，连续喷3～4次。

2.蔬菜病害

防治黄瓜霜霉病、辣（甜）椒疫病，每亩用86.2%可湿性粉剂140～185g，对水喷雾。防治番茄早疫病，每亩用86.2%可湿性粉剂76～97g，对水喷雾。均在发病前或发病初期开始喷药防治，每隔7～10d喷1次，连续喷2～3次进行防治。

3.其他作物病害

如烟草赤星病和蛙眼病、棉花的棉铃软腐病、丹参疫病、地黄疫病等，于发病初期开始喷施86.2%可湿性粉剂800～1 200倍液，隔10d左右喷1次，连续喷2～3次。

【注意事项】

氧化亚铜易引起药害，使用时的注意要点参见氢氧化铜。

【主要制剂和生产企业】86.2%可湿性粉剂、86.2%水分散粒剂。

挪威劳道克公司、河南省南阳市福来石油化学有限公司、江苏省南京惠宇农化有限公司和江苏省苏州市宝带农药有限责任公司。

琥胶肥酸铜（copper+succinate+glutarate+adipate）

【作用机理分类】M。

【化学结构式】

```
        O              O                          O
        ‖              ‖                          ‖
CH2 —C—O       CH2 —C—O           CH2 —C—O
|          \      |              \          |            \
|           Cu  CH2               Cu (CH2)2          Cu
|          /      |              /          |            /
CH2 —C—O       CH2 —C—O           CH2 —C—O
        ‖              ‖                          ‖
        O              O                          O
```

【理化性质】琥胶肥酸铜为混合物，有效成分是丁二酸铜、戊二酸铜和己二酸铜。外观为淡蓝色固体粉末，比重1.43～1.61，二元酸铜含量在92%以上，混合二元酸含量为63%～66%，有效铜含量为31%～32%，游离铜小于2%，水中溶解度≤0.1%。

【毒性】低毒，原粉小鼠急性经口LD_{50}为2 646mg / kg。

【防治对象】主要用于防治柑橘溃疡病、葡萄黑痘病、霜霉病，黄瓜细菌性角斑病、芹菜软腐病、洋葱球茎软腐病、大蒜细菌性软腐病，水稻稻曲病等病害。

【使用方法】

琥胶肥酸铜的防治对象与波尔多液相同，但对细菌性病害以及真菌中霜霉病和疫霉菌引起的病害防效优于一般药剂。

1.果树病害

防治柑橘溃疡病，在新梢初出时开始喷30%悬浮剂的400～500倍液，隔7～10d喷1次，连续喷3～4次。防治苹果树腐烂病，用30%悬浮剂20～30倍液涂抹刮治后的病疤，7d后再涂1次，具有防止病疤复发的作用。防治葡萄黑痘病、霜霉病，在病菌侵染期和发病初期开始喷30%悬浮剂200倍液，隔10d再喷1次，或与其他杀菌剂交替使用。

2.蔬菜病害

防治细菌性角斑病、芹菜软腐病、洋葱球茎软腐病、大蒜细菌性软腐病，在发病初期开始每亩喷施30%可湿性粉剂200～233g，每隔5～7d喷1次。防治辣椒炭疽病，在发病初期开始每亩喷施30%可湿性粉剂65～93g。防治番茄青枯病、辣椒黄萎病、菜豆枯萎病等微管束病害，用50%可湿性粉剂400倍液灌根，每株灌药液250～300ml，隔7～10d灌1次，共灌2～3次。防治黄瓜疫病、番茄和马铃薯疫病，在发病前开始喷50%可湿性粉剂500～700倍液，隔7～8d喷1次。防治黄瓜霜霉病，喷50%可湿性粉剂800～1 000倍液，隔10d左右喷1次。防治姜瘟，在发现病苗时立即拔除并喷50%可湿性粉剂500倍液，隔7d喷1次，连续喷2～3次。

3.水稻病害

防治水稻稻曲病，每亩喷施30%可湿性粉剂83～100g。

4.棉花病害

防治棉花黄萎病，用50%可湿性粉剂500倍液浇灌，每株灌药液250～400ml；防治棉花铃软腐病，发病初期喷50%可湿性粉剂500倍液，隔10d左右喷1次，连续喷2～3次。

5.大麻病害

防治大麻霉斑病、白星病，发病初期喷50%可湿性粉剂500倍液。

6.烟草病害

防治烟草破烂叶斑病，发病初期喷50%可湿性粉剂500倍液，每7～10d喷1次，连续喷

2～4次。

7.药用植物病害

防治葛细菌性叶斑病、牛蒡细菌性叶斑病等，发病初期喷50%可湿性粉剂500倍液，每7～10d喷1次，连续喷2～4次。

【注意事项】

建议整个作物生长期最多使用4次，叶面喷雾时药剂稀释浓度不得低于400倍，安全间隔期5～7d。

【主要制剂和生产企业】30%可湿性粉剂、30%悬浮剂。

黑龙江省齐齐哈尔四友化工有限公司、黑龙江省齐齐哈尔市田丰农药化工有限公司、江阴苏利化学有限公司和福建新农大正生物工程有限公司等。

硫磺（sulphur）

【作用机理分类】M。

【化学结构式】

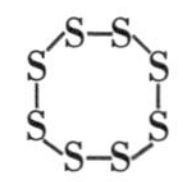

【理化性质】原药为黄色固体粉末，熔点114.5℃，沸点444.6℃，闪点206℃，蒸汽压0.527mPa（30.4℃）；相对密度2.07；不溶于水，微溶于乙醇和乙醚。有吸湿性，易燃，自燃温度为248～266℃，与氧化剂混合能发生爆炸。

【毒性】低毒，小鼠急性经口LD_{50}为3 000mg / kg，人每日口服500～750mg / kg未发生中毒。硫磺粉尘对眼结膜和皮肤有一定的刺激作用。对水生生物低毒，鲤鱼和水蚤LC_{50}（48h）均>1 000mg / kg；对蜜蜂几乎无毒。

【防治对象】用于防治苹果、梨、桃黑星病，葡萄白粉病，小麦白粉病、锈病、黑穗病、赤霉病，瓜类白粉病等病害。

【使用方法】硫磺可以采用喷雾、喷粉、熏烟、电热熏蒸等多种方式使用，防治农作物病害。

（一）喷雾法

1.果树病害

在苹果发芽前喷45%悬浮剂200倍液，谢花后喷45%悬浮剂300～400倍液，可防治苹果白粉病，兼治山楂红蜘蛛。防治桃褐腐病，在谢花后开始喷45%悬浮剂300～400倍液，间隔10d左右喷1次，连续喷4～5次，可同时兼治桃炭疽病、畸果病。防治山楂白粉病，在现蕾期及6月上旬左右喷45%悬浮剂400倍液各1次。防治葡萄白粉病和梨白粉病，在葡萄发芽后或白粉病发病初期，开始喷45%悬浮剂300～400倍液，隔10d左右喷1次，共喷2～3次。防治柑橘白粉病，在发病初期喷45%或50%悬浮剂300～400倍液，间隔10d左右喷1次，连续喷2次。防治多种果树上的叶螨、锈螨、瘿螨，在冬季和早春喷45%或50%悬浮剂200～300倍液，夏天和秋季气温高时喷400～500倍液。

2.蔬菜病害

防治蔬菜（番茄、茄子、瓜类等）白粉病，在发病初期喷45%或50%悬浮剂300～400倍液，隔10d后再喷1次。防治菜豆和豇豆锈病、黄瓜蔓枯病和炭疽病、辣椒炭疽病、苦瓜灰斑病、茭白胡麻斑病，发病初期喷45%或50%悬浮剂400～500倍液，隔3～4d后再喷1次，以后根据病情变化决定是否再喷药。防治甜（辣）椒根腐病，发病初期用45%悬浮剂400倍液喷淋或浇灌，隔10d左右施药1次，连续施药2～3次。

3.油料病害

防治油菜和芝麻白粉病，发病初期喷药，每亩用45%悬浮剂250～500g，对水喷雾，隔7d再喷1次。

4.小麦病害

防治小麦白粉病和螨类，每亩用45%或50%悬浮剂400g，对水喷雾，隔7d再喷1次。

5.药用植物病害

防治药用植物，如芦竹、紫苏、菊芋、薄荷、苦菜等的锈病，用45%或50%悬浮剂300倍液喷雾，一般防治2次。

6.防治橡胶白粉病

每亩用50%悬浮剂250～400g，可直接用飞机或地面超低容量喷雾，也可对水常规喷雾。

7.花卉病害

防治多种花卉的白粉病和螨类，一般每亩用50%悬浮剂100～200g，对水喷雾。

（二）电热熏蒸法

在温室大棚防治草莓白粉病、黄瓜白粉病等病害，可采用硫磺电热熏蒸法实施，把电热硫磺熏蒸器安装高度距棚室顶部1m；电热熏蒸器的间距设为12～16m；为避免对操作人员的危害，电热熏蒸施药时间以每天傍晚为宜；为避免电热熏蒸过程中产生SO_2造成药害，熏蒸施药过程中应能够自动控温，温度不得超过158℃；为避免硫磺沸腾飞溅，熏蒸器中硫磺加入量不得超过30g。对于温室大棚草莓、黄瓜等白粉病防治，在发病前或发病初期，往每个大棚中加入30g左右硫磺粉，傍晚闭棚后，接通熏蒸器电源，2～4h后关闭电源。第二天清晨开棚1h后，人员再进入棚室内从事农事作业。间隔2d后再次对棚室熏蒸处理，可有效防治草莓白粉病，并兼治炭疽病等其他病害。

（三）喷粉法

可用喷粉法防治橡胶树白粉病，每公顷撒施91%硫磺粉剂11.15～15.0kg，省工、省时，工效高。

（四）涂抹法

10%硫磺油膏剂，用于防治苹果树腐烂病，在刮治后用10%油膏剂直接涂抹，每平方米涂药液100～150g。

【注意事项】

（1）硫磺制剂的防治效果与气温的关系密切，4℃以下防效不好，32℃以上易产生药害，在适当的温度范围内气温高则药效好。

（2）为防止发生药害，在气温较高的季节应早、晚施药，避免中午施药。对硫磺敏感的作物如黄瓜、大豆、马铃薯、桃、李、梨、葡萄等，使用时应适当降低施药浓度和减少施药次数。

（3）本剂不要与硫酸铜等金属盐类药剂混用，以防降低药效。

（4）不要与矿油乳剂混用，也不要在矿油乳剂喷洒前后立即施用。

【主要制剂和生产企业】91%粉剂，50%、45%悬浮剂，80%干悬浮剂，80%水分散粒剂，10%膏剂。

德国巴斯夫股份有限公司、葡萄牙斯佩科农化有限公司、中国农业科学院植保所廊坊农药中试厂、云南天丰农药有限公司、江苏蓝丰生物化工股份有限公司、福建新农大正生物工程有限公司、河北双吉化工有限公司、福建省泉州德盛农药有限公司、山西省芮城华农生物化学有限公司、昆明农药有限公司和天津市施普乐农药技术发展有限公司等。

石硫合剂（lime sulfur）

【作用机理分类】M。

【化学分子式】

CaS_x

【理化性质】深褐色液体，具有强烈的臭蛋味。密度为1.28（15.6℃），呈碱性，遇酸和二氧化碳易分解，在空气中易氧化；可溶于水。

【毒性】低毒，急性经口LD_{50}为400～500mg/kg，对人的眼和皮肤有强烈的腐蚀性。

【防治对象】用于防治苹果、梨腐烂病、干腐病、枝枯病、枝溃疡病、炭疽病、轮纹病，葡萄黑痘病，蔬菜白粉病等病害。

【使用方法】

1.果树病害

（1）春季果树发芽前，全树喷洒3～5波美度药液，可防治苹果树腐烂病、干腐病、枝枯病、枝溃疡病、炭疽病、轮纹病等。苹果开花前（现蕾期）、谢花70%和谢花后10d，各喷1次0.3～0.5波美度的石硫合剂，可防治苹果花腐病、白粉病、锈病和霉心病；苹果开始展叶时、降雨后，往桧柏喷3波美度石硫合剂，铲除锈病菌，可防治苹果锈病；预防苹果枝溃疡病疤复发，可用5波美度药液涂抹刮治后的病疤。

（2）梨树病害的防治。在春季梨树发芽前，全树喷3～5波美度药液，可防治梨树腐烂病、轮纹病、干枯病；防治梨树锈病，可在梨树开始展叶期和谢花后，用0.5波美度药液喷洒梨树和桧柏。

（3）葡萄病害的防治。在春季葡萄芽鳞开始膨大期，喷5波美度的药液，可防治葡萄黑痘病、毛毡病，兼治白粉病、炭疽病。

（4）防治桃、李、杏、樱桃树的细菌性穿孔病。于树发芽前喷5波美度的药液，展叶后喷0.3波美度的药液，此法还可兼治褐斑病、疮痂病、炭疽病及桃畸果病、缩叶病和李袋果病。

（5）防治板栗树腐烂病、核桃黑斑病和炭疽病。于发芽前喷3～5波美度的石硫合剂药液。

（6）防治柿树炭疽病。发芽前喷5波美度的药液。

（7）防治山楂白粉病。发芽前喷5波美度的药液，展叶期及生长期喷0.3～0.4波美度药液。

（8）防治北方果树上的螨类、介壳虫。在果树发芽前喷3～5波美度药液，均有较好的防治效果。

（9）防治柑橘病害及螨类。对于柑橘炭疽病、疮痂病、树脂病、黄斑病、黑星病及全爪螨、施叶螨、裂爪螨、锈螨等，冬季和地面喷药用5波美度药液，春秋季喷0.3～0.5波美度的药液，夏季高温喷0.3波美度的药液。

（10）防治荔枝霜霉病。在采果后喷0.3～0.5波美度药液。

2.蔬菜病害

主要用于防治某些蔬菜的白粉病，例如，防治豌豆、甜瓜白粉病，可喷0.1～0.2波美度液；防治茄子、南瓜、西瓜白粉病，可喷0.2～0.5波美度液。

3.麦类病害

防治麦类白粉病、锈病，喷0.5波美度液，可兼治麦蜘蛛；防治大麦条纹病、网斑病，喷0.8波美度液。防治玉米锈病，喷0.2波美度液，7～10d喷1次，共喷2～3次，可兼治玉米叶螨。防治谷子锈病，喷0.4～0.5波美度液。

4.药用植物病害

防治药用植物的白粉病、锈病，生长季节喷0.2～0.3波美度液，冬季铲除病原菌喷1～3波美度液。

5.花卉病害

防治花卉等观赏植物白粉病、介壳虫、茶黄螨等，生长季节喷0.2～0.3波美度液，早春花卉发芽前喷3～5波美度液。

6.林业病害

在林木生长期，喷0.2～0.3波美度液，可防治松苗叶枯病、落叶松褐锈病、青杨叶锈病、桉树溃疡病、香椿叶锈病、大叶合欢锈病等。喷0.3～0.5波美度液，可防治油松松针锈病、毛白杨锈病、相思树锈病、油茶茶苞病、油茶霉污病等。一般半个月喷1次，至发病期结束。

7.使用29%石硫合剂水剂时

采用29%水剂防治葡萄白粉病、黑痘病。在发芽前用6～11倍液喷雾。对苹果白粉病、花腐病、锈病、山楂红蜘蛛等，用57倍液喷雾。对柑橘白粉病、红蜘蛛以及核桃白粉病，在冬季用28倍液喷雾。对茶树红蜘蛛、麦类白粉病以及观赏植物白粉病、介壳虫，用60倍液喷雾。

8.使用45%固体和45%结晶时

对苹果红蜘蛛于早春萌芽前，用20~30倍液喷雾。柑橘红蜘蛛、锈壁虱、介壳虫，早春用180~300倍液喷雾，晚秋用300~500倍液喷雾。茶树红蜘蛛以及麦类白粉病用150倍液喷雾。

【注意事项】

（1）石硫合剂不能与波尔多液混用或连用。

（2）石硫合剂不能与松脂合剂或肥皂混用，因为会生成不溶于水的钙皂，降低药效，还易产生药害。喷施松脂合剂后需20d才能使用石硫合剂。

（3）喷过矿物油乳剂后要隔1个月才能使用石硫合剂。

（4）为防止产生药害，高温季节（32℃以上）使用石硫合剂应降低使用浓度。

（5）桃、李、梅等果树易受药害，生长期使用须注意用药浓度。

（6）对石硫合剂敏感的蔬菜有马铃薯、番茄、豆类、圆葱、姜、黄瓜等，这些蔬菜通常不能用石硫合剂，尤其是温室黄瓜更敏感。

【主要制剂和生产企业】自制自用，29%水剂，45%结晶和结晶粉。

河北双吉化工有限公司、河北省保定市亚达化工有限公司、河北省保定市科绿丰生化科技有限公司、天津农药股份有限公司、山东省青岛农冠农药有限责任公司、湖北太极生化有限公司、广西桂林井田生化有限公司、山东东信生物农药有限公司、陕西省蒲城美尔果农化有限责任公司、辽宁省大连瓦房店市无机化工厂和四川省宜宾川安高科农药有限责任公司等。

双胍辛胺三苯磺酸盐［iminoctadine tris（albesilate）］

【作用机理分类】M。

【化学结构式】

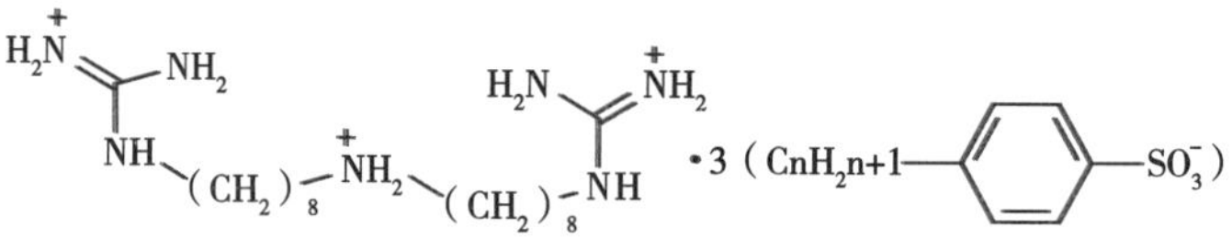

n=10~13，平均为12

【理化性质】该药分子是由不同链长的苯磺酸盐（C_{10}~C_{13}）组成的混合物；原药为棕色固体，相对密度为1.076，熔点92~96℃，蒸汽压<1.6×10^{-1}mPa；在水中的溶解度为6mg/L（20℃），在甲醇中5 660g/L，在乙醇中3 280g/L，在异丙醇中1 800g/L，在苯中为0.02g/L；室温下在酸、碱性条件下稳定。

【毒性】低毒，大鼠急性经口LD_{50}为1 400mg/kg，雄小鼠急性经口LD_{50}为4 300mg/kg，大鼠急性经皮LD_{50}>2 000mg/kg；对皮肤、眼睛和呼吸道具有中度刺激作用，使皮肤产生过敏反应。对鲤鱼的LC_{50}为200mg/L（96h）。

【防治对象】对大多数由子囊菌和半知菌引起的真菌病害有很好的效果。可有效防治灰霉病、白粉病、菌核病、茎枯病、蔓枯病、炭疽病、轮纹病、黑星病、叶斑病、斑点落叶病、果实软腐病、青霉病、绿霉病。还能十分有效地防治苹果花腐病和苹果腐烂病以及小麦雪腐病等。同目前市场上的杀菌剂无交互抗性。

【使用方法】

1.果树病害

防治苹果斑点落叶病，在早春苹果春梢初见病斑时开始喷40%可湿性粉剂800～1 000倍液，10～15d喷1次，连喷5～6次。在谢花后20d内喷药会造成“锈果”。

对葡萄灰霉病喷40%可湿性粉剂1 500～2 500倍液，对葡萄炭疽病，桃黑星病、灰星病，梨黑星病、黑斑病、轮纹病，柿炭疽病、白粉病、落叶病、灰霉病等喷40%可湿性粉剂1 000～1 500倍液。对猕猴桃果实软腐病，西瓜蔓枯病、白粉病、炭疽病，草莓炭疽病、白粉病等喷40%可湿性粉剂1 000倍液。

防治柑橘贮藏病害青霉病和绿霉病，采收当天的果实，用40%可湿性粉剂1 000～2 000倍液浸果1min，捞出晾干，单果包装贮藏于室温下。

2.蔬菜病害

防治番茄灰霉病，在开花期或发病初期开始，亩用40%可湿性粉剂30～50g，对水常规喷雾，7～10d喷1次，连喷3～4次。

防治芦笋茎枯病，在采笋结束后，留母笋田的嫩芽或新种植笋田的嫩芽长至5～10cm时，用40%可湿性粉剂800～1 000倍液喷雾或涂茎。芦笋生长初期每2～3d施药1次，在笋叶长成期每7d喷1次。对笋嫩茎可能造成轻微弯曲，但对母茎生长无影响。

防治生菜灰霉病、菌核病，喷40%可湿性粉剂1 000倍液。

本产品还可用于茶、黄瓜、洋葱、菜豆、马铃薯、甜菜、小麦等作物。

【注意事项】

（1）本产品的原材料之一的双胍辛胺也是具有很好杀菌活性的杀菌剂，但由于对实验动物急性吸入毒性高和慢性毒性问题已被撤销登记使用。

（2）本品会造成芦笋茎轻微弯曲，但对母茎生长无影响。

（3）在苹果落花后20d之内喷雾会造成锈果。

（4）喷雾时避免接触玫瑰花等花卉。

【主要制剂和生产企业】40%可湿性粉剂。

江苏龙灯化学有限公司、日本曹达株式会社、江苏省苏州富美实植物保护剂有限公司和广东省江门市大光明农化有限公司等。

二、果树杀菌剂作用机理分类

果树杀菌剂作用机理分类（表2-6-3）。

表2-6-3 果树杀菌剂作用机理分类表

作用机理编码	作用靶标位点及编码	化学类型名称	通用名称
B有丝分裂和细胞分裂抑制剂	B1有丝分裂中β-微管蛋白合成	苯并咪唑氨基酸酯类苯	菌灵、多菌灵、噻菌灵、甲基硫菌灵

(续表)

作用机理编码	作用靶标位点及编码	化学类型名称	通用名称
C 呼吸作用	C3复合体III 细胞色素bc1 Qo位泛醌醇氧化酶	QoI类（苯醌外部抑制剂）	醚菌酯、嘧菌酯
	C4复合体III 细胞色素bc1 Qi位质体醌还原酶	QiI类（苯醌内部抑制剂）	氰霜唑
D 氨基酸和蛋白质合成抑制剂	D1甲硫氨酸生物合成（建议）	苯胺基嘧啶类	嘧菌环胺
	D4蛋白质合成	吡喃葡萄糖苷抗生素类	链霉素（细菌）
G 膜的甾醇合成	G1c-14脱甲基酶	脱甲基抑制剂DMI（SBI 1类）	抑霉唑、氟菌唑、联苯三唑醇、氟环唑、腈苯唑、亚胺唑、腈菌唑、戊菌唑
	G2Δ14还原酶和Δ8→Δ7异构酶	吗啉类（SBI II类）	十三吗啉
H 细胞壁生物合成	H5纤维素合成酶	羧酰胺类	烯酰吗啉、氟吗啉、丁吡吗啉、苯噻菌胺、缬霉威、valifenalate、双炔酰菌胺
M 多作用位点	多作用位点活性	无机类	铜剂、硫磺
		二硫代氨基甲酸酯类	代森锰锌、福美锌
		胍类	双胍辛胺三苯磺酸盐

三、果树病害轮换用药防治方案

1.防治苹果轮纹病的杀菌剂轮换用药方案

苹果轮纹病是我国南北方苹果栽培地区普遍发生的重要病害，易感轮纹病的富士品种占种植面积的70%以上。轮纹病可引起果实腐烂，雨水多的年份可造成20% ~ 30%的烂果，每年造成较大的经济损失，影响我国苹果产业的可持续发展。

（1）使用单剂防治。可选用B1组杀菌剂如苯菌灵、多菌灵和甲基硫菌灵等，或选用M组杀菌剂如波尔多液、氧化亚铜、石硫合剂等。

（2）使用复配制剂防治。可选用B1组杀菌剂如苯菌灵和M组杀菌剂福美双和代森锰锌混合使用，或选用B1组杀菌剂如多菌灵和U组杀菌剂如三乙膦酸铝混合使用。

2.防治苹果斑点落叶病的杀菌剂轮换用药方案

苹果斑点落叶病是我国苹果主栽区普遍发生的病害之一，主要为害幼嫩组织，包括新梢、嫩叶和幼果。该病可导致苹果树早期落叶，严重消滞树势，进而致使苹果树早期落果，降低当年苹果产量，且影响花芽形成，降低次年产量。

（1）使用单剂防治。可选用C3组杀菌剂如醚菌酯等，或选用G1组杀菌剂如氟环唑、亚胺唑等，或选用M组杀菌剂如波尔多液、氧化亚铜、石硫合剂、代森锰锌、双胍辛胺三苯磺酸盐等。

（2）使用复配制剂防治。可选用B1组杀菌剂如多菌灵和M组杀菌剂代森锰锌混合使用，或选用G1组杀菌剂如氟环唑和C3组杀菌剂如烯肟菌酯混合使用。

3.防治梨黑星病的杀菌剂轮换用药方案

梨黑星病是我国南、北各梨区普遍发生、流行性强、损失大的一种重要病害。该病还可危害梨树所有绿色幼嫩组织：花序、叶片、叶柄、新梢、芽鳞及果实等，其中，以叶片、果实为主，此病从开花期到采收期均可发生为害，具有多次的再侵染。

（1）使用单剂防治。可选用B1组杀菌剂如苯菌灵、多菌灵和甲基硫菌灵等，或选用C3组杀菌剂如醚菌酯，或选用G1组杀菌剂如氟菌唑、联苯三唑醇、腈苯唑和腈菌唑等，或选用M组杀菌剂如波尔多液、代森锰锌等。

（2）使用复配制剂防治。可选用B1组杀菌剂如多菌灵与M组杀菌剂如代森锰锌、福美双混合使用，或选用C3组杀菌剂如醚菌酯和B1组杀菌剂如多菌灵或G1组杀菌剂氟菌唑混合使用。

4.防治葡萄霜霉病的杀菌剂轮换用药方案

（1）使用单剂防治。可选用C3组杀菌剂嘧菌酯，或选用C4组杀菌剂氰霜唑，或选用H5组杀菌剂如烯酰吗啉，或选用M组杀菌剂如波尔多液、代森锰锌、克菌丹等。

（2）使用复配制剂防治。可选用H5组杀菌剂如烯酰吗啉与M组杀菌剂如代森锰锌混合使用，或选用B1组杀菌剂如多菌灵与M组杀菌剂如代福美双混合使用，或选用M组杀菌剂如克菌丹和G1组杀菌剂如戊唑醇混合使用。

参考文献

REFERENCES

1.邵振润，张帅，高希武.杀虫剂科学使用指南[M]. 北京：中国农业出版社，2013.
2.袁会珠，李卫国.现代农药应用技术图解[M]. 北京：中国农业科学技术出版社，2013.
3.韩熹莱，等.中国农业百科全书.农药卷[M]. 北京：中国农业出版社，1993.
4.屠豫钦.简明农药使用技术手册[M]. 北京：金盾出版社，2003.
5.郑斐能，等.农药使用技术手册[M]. 北京：中国农业出版社，2000.
6.刘长令.世界农药大全杀菌剂卷[M]. 北京：化学工业出版社，2008.
7.张一宾，张泽，伍贤英.世界农药新进展（三）[M]. 北京：化学工业出版社，2014.
8.刘长令，关爱莹.世界重要农药品种与专利分析[M]. 北京：化学工业出版社，2014.
9.刘飞，黄青春，徐玉芳.杀菌剂作用机制的最新研究进展[J]. 世界农药，2006，28（1）：10-15.
10.赵平，严秋旭，李新，等.甲氧基丙烯酸酯类杀菌剂的开发及抗性发展现状[J]. 农药，2011，50（8）：547-572.
11.朱书生，卢晓红，陈磊，刘西莉.羧酸酰胺类（CAAs）杀菌剂研究进展[J]. 农药学学报，2010，12（1）：1-12.
12.C.MacBean.The Pesticide Manual.16th ed[G]. UK： BCPC， 2012.
13.http://www.frac.info
14.http://www.chinapesticide.gov.cn / service
15.Cools H J，Hammond-Kosack K E.Exploitation of genomics in fungicide research：current status and future perspectives[J]. Molecular plant Pathology， 2013， 14（2）：197-210.
16.Latijnhouwers M, de Wit P, Govers F.Oomycetes and fungi : similar weaponry to attack plants[J]. Trends in microbiology， 2003， 11（10）： 462-469.
17.Russell P E.Fungicide resistance - occurrence and management[J]. Journal of agricultural science， 1995， 124（3）：317-323.
18.Walters D， Walsh D， Newton A， Lyon G.Induced resistance for plant disease control： Maximizing the efficacy of resistance elicitors[J]. Phyto Pathology， 2005， 95（12）：1368-1373.
19.van den Bosch F， Gilligan C A.Models of fungicide resistance dynamics[J]. Annual review of Phyto Pathology， 2008 （46）：123-147.

第三篇

除草剂安全科学使用指南

CHUCAOJI ANQUAN KEXUE SHIYONG ZHINAN

第一章　除草剂作用机理分类

除草剂是农药的重要组成部分，是以杂草为防治对象的一类物质。除草剂的发现是近代农业科学的重大成就之一。作为一项农业技术措施，它具有省工、快速、高效的优点。过去几十年间，除草剂在农业生产中发挥了重大作用，今后随着科学进步及生产的发展，在杂草综合治理体系中，化学防除仍将是一项不可取代的重要手段。

据报道，全世界广泛分布的杂草约有30 000种，我国田园杂草1 400种以上，生长在主要作物田的杂草200种左右，其中，约40种危害最为严重。

一、除草剂的分类

除草剂的种类繁多，可根据合成除草剂的材料来源、除草剂作用方式、使用方法、施药时间、化学结构及作用机理等对其进行分类。

（一）按原材料的来源，可将除草剂分为3类

（1）无机和矿物除草剂。包括无机盐如硫酸铜、硼砂、氨基磺酸胺等，砷盐如亚砷酸钾、亚砷酸钠、六氟砷酸钾等。上述药剂一般对杂草防效低、对作物安全性差、对人畜毒性高，大多数已经不再使用。

（2）生物源除草剂。分为植物源除草剂、动物源除草剂及微生物除草剂。如Biochon（*Chondroaereum purpureum*）、Stumpout（*Cylindrobasidium leave*）、Camperico（*Xanthomonas campestris* pv.*poae*）等。由于其专化性差、杀草谱窄、药效发挥对环境要求严格等原因，无太多成功先例。

（3）有机合成除草剂。即除草剂的有效成分为有机化合物的除草剂。是目前品种最多、使用最广泛的一类除草剂。从结构或作用机制分，全球除草剂有30多类的近260个品种。

（二）按作用方式，可将除草剂分为2类

（1）内吸性除草剂。除草剂有效成分被植物根、茎、叶吸收后，通过输导组织运输到植物体的各部位，破坏其内部结构和生理平衡，从而造成植株死亡，这种方式称为内吸性，具有这种作用方式的除草剂叫内吸性除草剂，或内吸性传导型除草剂。如苯磺隆、精喹禾灵、草甘膦等。内吸性除草剂既能杀死杂草的地上部分，也能杀除杂草地下部分，有的除草剂如草甘膦传导性很强，可传导至多年生杂草地下根茎，对其彻底杀除。

（2）触杀性除草剂。除草剂有效成分喷施到植株表面，只能杀死直接接触到药剂的那部分植物组织，不能内吸传导到其他部位，具有这种作用方式的除草剂叫触杀性除草剂。这类除草剂只能杀死杂草的地上部分，对杂草地下部分或有地下繁殖器官的多年生杂

草效果较差，如唑草酮、乙羧氟草醚、灭草松等。

（三）按作用性质，可将除草剂分为2类

（1）灭生性除草剂。除草剂有效成分喷施到植株表面，可不加选择地杀死各种杂草和作物，这种除草剂称为灭生性除草剂，例如百草枯、草甘膦等。

（2）选择性除草剂。除草剂能杀死某些杂草，而对另一些作物则无杀除效果，此谓选择性，具有这种特性的除草剂称为选择性除草剂。例如，氰氟草酯做苗后茎叶处理能杀死稗草、千金子，对水稻安全。莠去津做播后苗前处理，可杀死稗草、牛筋草、反枝苋等杂草，对玉米安全。野燕枯做茎叶处理能杀死野燕麦，对小麦安全等。

除草剂的选择性是相对的，它在一定剂量范围内具有较好的选择性，超过了选择性剂量范围就变成了灭生性除草剂；在某些杂草和某种作物之间有良好选择性的药剂，对另一种作物可能就不具有选择性；除草剂的选择性还受施药时间、用药技术、方法和施药前后环境条件下的影响。如乙草胺推荐剂量下在杂草和大豆之间具较好的选择性，如施药后遇大雨，造成田间积水，对大豆的选择性则降低。

（四）按施药对象和施药方法，可将除草剂分为2类

（1）土壤处理剂。喷撒于土壤表层或通过混土操作把除草剂拌入土壤中一定深度，形成一个除草剂封闭层，在杂草萌发穿过封闭层的过程使杂草受害，采取这种施药方法的除草剂称为土壤处理剂。如乙草胺、莠去津、氟乐灵等。

（2）茎叶处理剂。喷撒于杂草茎叶上，利用药剂的触杀或内吸传导达到作用部位，使杂草受害，采取这种施药方法的除草剂称为茎叶处理剂。茎叶处理剂主要是利用除草剂的生理生化选择性来达到杀死杂草的目的。如乳氟禾草灵、高效氟吡甲禾灵、烟嘧磺隆等。

（五）按施药时间，可将除草剂分为3类

（1）播前处理剂。指在作物播种前对土壤进行封闭处理的药剂，如在棉花田使用氟乐灵、东北地区大豆田使用咪唑乙烟酸、乙草胺等。这种处理方式是在作物播种前把除草剂喷洒到土壤，以便为杂草幼根、幼芽所吸收，一般通过混土等措施防止或减少除草剂的挥发和光解损失。

（2）播后苗前处理剂。指在作物播种后出苗前进行土壤处理的药剂。这种处理方式主要用于杂草幼根、芽鞘和幼叶吸收向生长点传导的选择性除草剂，如乙草胺、莠去津和丙炔氟草胺等。

（3）苗后处理剂。指在杂草出苗后，直接喷洒到杂草植株上的药剂。这种施药方式既包括选择性茎叶处理剂，如精唑禾草灵、2，4-D和灭草松等，也包括灭生性茎叶处理剂如百草枯、草甘膦，在免耕作物播种前灭生性除草或作物生长期行间定向喷雾。

有的除草剂既有土壤处理效果又有茎叶处理效果，可做播后苗前处理，也可做茎叶处理，如烟嘧磺隆在玉米田除草，噻吩磺隆、苯磺隆在小麦田除草等。

目前，采用较多的是按化学结构对除草剂进行分类。除草剂的不同化学结构类型及同

类化合物上的不同基团取代对除草剂的生物活性具有规律性的影响，使得同一类化学结构的除草剂有很多共性。目前，除草剂大致分为酚类、苯氧羧酸类、苯甲酸类、二苯醚类、联吡啶类、氨基甲酸酯类、硫代氨基甲酸酯类、酰胺类、取代脲类、均三氮苯类、二硝基苯胺类、有机磷类、磺酰脲类、咪唑啉酮类、环己烯酮类和磺酰胺类等。

随着对除草剂作用机理研究的深入，发现具有相似化学结构的除草剂可能具有不同的作用靶标，而不同化学结构的除草剂也可能具有相同的作用靶标，从而总结出一种除草剂新分类方法，即按除草剂作用机理分类，根据除草剂的作用位点（靶酶）、作用机理，结合除草剂的化学结构类型对除草剂分类，也称作用靶标分类法。

二、除草剂的作用机理

从生物学角度讲，杂草和作物都是依靠光合作用而生存的绿色植物，许多重要杂草如节节麦、杂草稻、野芥菜等与农作物在分类地位上十分接近，在生理生化特性上也非常相似，因此，除草剂的使用要比杀虫剂和杀菌剂的使用更为复杂。除草剂与其在植物体内的作用靶标结合而杀死杂草的途径称为除草剂的作用机理，不同类型除草剂的作用机理有很大差异。

（一）抑制脂类合成及代谢

如氰氟草酯、炔草酯、精唑禾草灵等通过抑制乙酰辅酶A羧化酶，使植物体内脂肪酸合成停止，植物缺少重要能源而死亡。硫代氨基甲酸酯类除草剂不抑制该酶活性，但抑制脂肪酸及类脂物形成。

（二）抑制氨基酸及蛋白质合成

乙酰乳酸合成酶抑制剂通过抑制植物乙酰乳酸合成酶活性，导致缬氨酸、亮氨酸和异亮氨酸合成受阻，蛋白质合成停止，使植物细胞有丝分裂不能正常进行而死亡。草甘膦的作用靶标是植物体5-烯醇丙酮酰莽草酸-3-磷酸合成酶，由于抑制了该酶的活性，从而抑制莽草酸向苯丙氨酸、酪氨酸及色氨酸的转化，使蛋白质的合成受到干扰导致植物死亡。

（三）抑制光合作用

如三嗪类、取代脲类除草剂，是光合电子传递抑制剂，通过与叶绿体类囊体膜光系统Ⅱ的D_1蛋白Q_B位点结合，改变了其结构，阻止从Q_A到Q_B之间的电子传递，使CO_2固定、ATP和NADPH合成停止，植物得不到生长必须的能量而死亡。联吡啶类除草剂则通过影响光系统Ⅰ的电子传递过程来抑制光合作用。

（四）抑制呼吸作用

除草剂通过与呼吸作用中某些复合物反应，阻断呼吸链中的电子流，造成呼吸作用受阻；或通过抑制呼吸作用的第三阶段即磷酸化作用的电子传递；或通过氧化与磷酸化解偶联使呼吸作用不能正常进行。这类除草剂如五氯酚钠及二硝酚等。

（五）影响细胞分裂

如二硝基苯胺类除草剂影响细胞分裂时纺锤体的形成；氯酰胺、乙酰胺、四唑啉酮类药剂，抑制长链脂肪酸合成，从而影响细胞分裂。

（六）影响光合色素及相关组分的合成及代谢

这类除草剂主要抑制类胡萝卜素合成、二萜合成及抑制4-羟基苯基丙酮酸双氧化酶。施用后的典型症状是植物白化至半透明，最终死亡。如吡氟酰草胺、氟草敏等类胡萝卜素生物合成抑制剂通过抑制八氢番茄红素脱氢酶，阻碍类胡萝卜素生物合成；三酮类除草剂硝磺草酮和异唑类除草剂异唑草酮等抑制4-羟基苯基丙酮酸双氧酶，阻碍4-羟苯基丙酮酸向脲黑酸的转变并间接抑制类胡萝卜素的生物合成。

（七）生长刺激或抑制

2，4-D、麦草畏、二氯吡啶酸等除草剂与内源生长素的作用类似。该类药剂的特定结合位点不十分清楚。可能最初通过影响细胞壁可塑性和核酸代谢而起作用。药剂低浓度下还刺激RNA聚合酶活性，导致DNA、RNA及蛋白质的生物合成增加，使细胞分裂和生长过度，从而导致输导组织破坏。相反，高浓度的除草剂则抑制细胞分裂和生长。该类药剂还刺激乙烯释放，引起植物偏上性。

有的除草剂具有多靶标抑制植物生长的作用机制。如硫代氨基甲酸酯类、苯并呋喃和二硫代磷酸酯类药剂，既影响脂肪酸及类脂物形成，从而影响膜的完整性，使细胞表皮蜡质层沉积减少，也影响蛋白质类、异戊二烯类（包括赤霉素）及类黄酮（包括花色苷）的生物合成，同时还抑制植物的光合作用。

三、除草剂的作用机理分类方法

除草剂抗性行动委员会（Herbicide Resistance Action Committee，HRAC）公布的除草剂作用机理分类方法（也称作用靶标分类法）以除草剂作用机理为基础，根据除草剂的作用位点（靶标），结合其化学结构类型和引起的症状表现等对除草剂进行分类。该分类方法在除草剂新有效成分的设计、合成与筛选，除草剂混用和混剂研制，杂草抗药性的预防与治理，除草剂药害鉴别及制定正确使用技术等方面具有较大价值。该分类方法是HRAC与美国杂草学会（Weed Science Society of America，WSSA）合作制定的。

（一）除草剂作用机理分类原则

将具有相同作用位点或作用机理的除草剂归为一组，用一个英文大写字母表示，如乙酰辅酶A羧化酶抑制剂为A组，乙酰乳酸合成酶抑制剂为B组，光系统Ⅰ电子传递抑制剂为D组等。不同化学结构的除草剂，只要有相同的作用位点就归为同一组。有些情况下，同一组除草剂又分成几个亚类，如按照除草剂有效成分对D_1结合蛋白不同的结合方式或除草剂结构类型，将光系统Ⅱ抑制剂分成C_1、C_2、C_3三个亚类；根据引起植物叶片失绿症状的原因，将色素合成抑制剂分成F_1、F_2、F_3三个亚类；细胞生长抑制剂分成K_1、K_2、K_3三个亚类。

（二）除草剂作用机理分类方法

将所有除草剂类别以字母A到字母Z来表示（表3-1-1），为了避免与字母I和字母O混淆，没有将字母J和字母Q用于该分类表，目前，尚不清楚作用位点和作用机理的除草剂均归到Z类，该表还为未来研制的新作用位点的药剂留出了位置，将标以R类、 S类、T类……等。上述除草剂分类方法与美国杂草学会之前采用的除草剂作用机理分类方法大同小异，只是美国杂草学会将不同作用机理的除草剂组采用数字表示。本书将美国杂草学会的除草剂分组列于表1的最后一列，以便比较。

表3-1-1 除草剂作用机理分类

HRAC分组	作用靶标	化学结构亚组	举例	WSSA分组
A	乙酰辅酶A羧化酶抑制剂	芳氧苯氧基丙酸酯类	炔草酯、氰氟草酯、禾草灵、精唑禾草灵、精吡氟、高效氟吡甲禾灵、精喹禾灵	1
		环己烯酮类	烯草酮、噻草酮、烯禾啶、丁苯草酮、三甲苯草酮、吡喃草酮	
		苯基吡唑啉类	唑啉草酯	
B	乙酰乳酸合成酶抑制剂	磺酰脲类	苄嘧磺隆、氯嘧磺隆、氯磺隆、环丙嘧磺隆、胺苯磺隆、氯吡嘧磺隆、甲酰胺磺隆、碘甲磺隆、甲基二磺隆、甲磺隆、烟嘧磺隆、吡嘧磺隆、砜嘧磺隆、苯磺隆	2
		咪唑啉酮类	甲咪唑烟酸、咪唑乙烟酸、咪唑喹啉酸	
		三唑并嘧啶磺酰胺类	氯酯磺草胺、双氟磺草胺、唑嘧磺草胺、五氟磺草胺、啶磺草胺	
		嘧啶硫代苯甲酸酯类	双草醚、嘧啶肟草醚、环酯草醚、嘧草醚（metosulam）	
C_1	光系统Ⅱ抑制剂	磺酰胺羰基三唑啉酮类	氟唑磺隆、丙苯磺隆	2

(续表)

HRAC分组	作用靶标	化学结构亚组	举例	WSSA分组
C_1	光系统Ⅱ抑制剂	三嗪类	莠灭净、莠去津、氰草津、扑灭津、西草净、扑草净、西玛津	5
		三嗪酮类	嗪草酮、环嗪酮	
		三唑啉酮类	胺唑草酮	
		脲嘧啶类	除草定、特草定	
		哒嗪酮类	氯草敏	
		氨基甲酸酯类	甜菜安、甜菜宁	
C_2	光系统Ⅱ抑制剂	取代脲类	异丙隆、绿麦隆、敌草隆、特丁噻草隆	7
		酰胺类	敌稗	
C_3	光系统Ⅱ抑制剂	苯腈类	溴苯腈、辛酰溴苯腈等	6
		苯并噻二嗪酮类	灭草松	
		苯哒嗪类	哒草特	
D	光系统Ⅰ电子传递抑制剂	联吡啶类	百草枯、敌草快	22
E	原卟啉原氧化酶抑制剂	E二苯醚类	三氟羧草醚、乙羧氟草醚、氟磺胺草醚、乳氟禾草灵、乙氧氟草醚	14
		苯基吡唑类	吡草醚	
		N-苯基酞酰亚胺类	丙炔氟草胺、吲哚酮草酯、氟烯草酸	
		噻二唑类	嗪草酸甲酯、噻二唑草胺	
		二唑酮类	草酮、丙炔草酮	
		三唑啉酮类	唑草酮、甲磺草胺、唑啶草酮	
		唑啉酮类	环戊草酮	
		嘧啶二酮类	双苯嘧草酮、氟苯嘧草酯	
		其他	双唑草腈（pyraclonil）、氟唑草胺（profluazol）、氟哒嗪草酯（flufenpyr-ethyl）	

(续表)

HRAC分组	作用靶标	化学结构亚组	举例	WSSA分组
F_1	类胡萝卜素生物合成抑制剂：八氢番茄红素脱氢酶抑制剂	哒嗪酮类	氟草敏	12
		烟酰替苯胺类	吡氟酰草胺	
		其他	氟啶草酮、氟咯草酮、呋草酮	
F_2	24-羟基苯基丙酮酸双氧酶抑制剂	三酮类	磺草酮、硝磺草酮	27
		异唑类	异唑草酮、异氯草酮（isoxachlortole）	
		苯甲酰吡唑酮类	吡唑特、吡草酮、苄草唑、苯唑草酮	
		其他	苯并双环酮	
F_3	类胡萝卜素生物合成抑制剂（未知位点）	三唑类	杀草强	13
		异唑酮类	异草松	
		脲类	氟草啶（伏草隆）	
		联苯醚类	苯草醚	
G	5-烯醇丙酮酰莽草酸-3-磷酸合成酶抑制剂	有机磷类	草甘膦	9
H	谷氨酰胺合成酶抑制剂	膦酸类	草胺膦、双丙氨膦	10
I	DHP合成酶抑制剂	氨基甲酸酯类	磺草灵	18
K_1	微管组装抑制剂	二硝基苯胺类	氟乐灵、二甲戊灵、仲丁灵	3
		氨基磷酸盐类	胺草磷、异草磷	
		吡啶类	噻唑烟酸	
		苯甲酰胺类	炔苯酰草胺	
		苯甲酸类	氯酞酸甲酯	
K_2	有丝分裂抑制剂	氨基甲酸酯类	苯胺灵、氯苯胺灵	23

（续表）

HRAC分组	作用靶标	化学结构亚组	举例	WSSA分组
K_3	细胞分裂抑制剂	氯酰胺类	乙草胺、甲草胺、丁草胺、异丙甲草胺、丙草胺、毒草胺、异丙草胺	15
		乙酰胺类	敌草胺、草萘胺、萘丙胺、克草胺	
		芳氧乙酰胺类	氟噻草胺、苯噻酰草胺	
		四唑啉酮类	四唑酰草胺	
		其他	莎稗磷、唑草胺、哌草磷	
L	细胞壁（纤维素）合成抑制剂	腈类	敌草腈、草克乐（chlorthiamid）	21
		苯甲酰胺类	异酰草胺	
		三唑羧基酰胺类	氟胺草唑	
M	解偶联（破坏细胞膜）	二硝基苯酚类	地乐酚、特乐酚（dinoterb）	24
N	脂肪合成抑制剂—非ACC酶抑制剂	硫代氨基甲酸酯类	丁草特、哌草丹、戊草丹、禾草丹、野麦畏、禾草敌、灭草敌	
		二硫代磷酸酯类	地散膦	
		苯并呋喃	呋草黄	
		氨碳酸类	去草隆、茅草枯、四氟丙酸（fluproPanate）	
O	合成激素类	苯氧羧酸类	2，4-D、2，4-D丁酯、2甲4氯	4
		苯甲酸类	麦草畏	
		吡啶羧酸类	氯氟吡氧乙酸、氨氯吡啶酸、二氯吡啶酸、啶酸	
		喹啉羧酸类	二氯喹啉酸（也属于L类）	
		其他	草除灵	
P	抑制生长素运输	氨基羰基脲类	萘草胺、氟吡草腙	19

(续表)

HRAC分组	作用靶标	化学结构亚组	举例	WSSA分组
Z	未知	芳香氨基丙酸类	麦草伏	25
		吡唑类	野燕枯	26
		有机砷	甲基砷酸钠	17
		其他	环庚草醚、苄草隆、嗪草酮	NC

（三）除草剂作用机理分类方法较传统分类方法的优点

（1）有利于除草剂新有效成分的设计、合成与筛选。近些年来，世界各大农药公司都在集中人力和财力研究具有特殊作用机制的化合物类型和分子结构，在除草剂作用机理（靶标）分类的指导下，采用针对性强的对靶生物筛选方法，开发用量低、收益高的小规模生产的产品。

（2）有利于混剂开发和药剂混用。选择两种具有不同作用靶标的除草剂进行混用或制成混剂是一项治理杂草抗性的行之有效的措施。作用机理分类法为混用和开发混剂时选择单剂提供了一个简便、有效的途径。

（3）有利于杂草抗药性的预防与治理。杂草抗药性问题日益普遍与严重，为此，有些国家政府规定在除草剂使用标签中必须注明除草剂的化合物类型和作用靶标，以便交替使用或混用。交替使用作用靶标不同的除草剂品种，能预防及解决杂草抗药性问题。否则，交替使用作用靶标相同的除草剂品种，不仅不能延缓或解决抗性，反而由于交互抗性的产生而导致抗性形成速度加快。选择防治抗性杂草的除草剂，要选择作用靶标不同的除草剂。

（4）有利于药害鉴别。同一作用靶标的除草剂品种对作物造成的药害症状基本相同或相似，因而可以根据作用靶标分类法诊断药害症状，也可以根据造成药害的除草剂类别采取相应的补救措施。

（5）有利于制定除草剂正确使用技术。除草剂使用前明确所用除草剂的作用靶标，才能制定合理的使用技术。例如，酰胺类除草剂甲草胺、异丙甲草胺、乙草胺等是以脂类合成为靶标，芽前土表处理后，禾本科杂草种子萌芽和出土过程中胚芽鞘不断吸收药剂，并在出土前或出土时死亡。但如果施药期较晚，幼芽及胚芽鞘出土后除草效果就会下降。

四、各类除草剂作用机理描述

（一）抑制脂类合成及代谢

脂肪酸是各种类脂的基本结构组分，是构成细胞膜、细胞器膜与植物蜡质层的主要成分。

A组：乙酰辅酶A羧化酶抑制剂。乙酰辅酶A羧化酶（ACCase）是在脂肪酸生物合成过程中起关键作用的一类生物素蛋白，催化乙酰辅酶A羧化生成丙二酰辅酶A。丙二酰辅酶A在细胞质中参与脂肪酸链的延长和次生代谢产物的合成。乙酰辅酶A羧化酶抑制剂以乙酰辅酶A羧化酶为作用靶标。目前，商品化的该组除草剂主要包括芳氧苯氧基丙酸酯类（氰氟草酯、炔草酯、精唑禾草灵等）、环己烯酮类（烯草酮、烯禾啶）和苯基吡唑啉类（唑啉草酯）。该组除草剂均为选择性内吸、传导型除草剂。药剂有效成分由植物体的叶片和叶鞘吸收，经韧皮部传导，积累于分生组织区，抑制乙酰辅酶A羧化酶活性，造成植物体内脂肪酸合成停止，细胞的生长分裂不能正常进行，膜系统等含脂结构破坏，最后导致植物死亡。

N组：脂肪合成抑制剂。抑制脂肪酸及类脂物形成，但不抑制ACCase活性。该组除草剂目前使用较广的有硫代氨基甲酸酯类的禾草敌、禾草丹、野麦畏等。多为选择性内吸、传导型土壤处理除草剂。杂草接触除草剂后，经植物幼根、幼芽、芽鞘吸收并积累在生长点的分生组织，阻止脂类及蛋白质的合成，使细胞分裂失去能量供给。

（二）抑制氨基酸及蛋白质合成

B组：乙酰乳酸合成酶抑制剂。乙酰乳酸合成酶（ALS／AHAS）是植物和微生物体内支链氨基酸（缬氨酸、亮氨酸、异亮氨酸）生物合成过程中第一阶段的关键性酶。乙酰乳酸合成酶抑制剂以乙酰乳酸合成酶为作用靶标。目前，商品化的该组除草剂主要包括磺酰脲类、咪唑啉酮类、三唑并嘧啶类、嘧啶硫代苯甲酸酯类、磺酰胺羰基三唑啉酮类。该组除草剂均为选择性内吸、传导型除草剂。药剂有效成分由植物体吸收后，抑制植物乙酰乳酸合成酶活性，导致支链氨基酸合成受阻，蛋白质合成停止，植物细胞有丝分裂不能正常进行而死亡。

G组：5-烯醇丙酮酰莽草酸-3-磷酸合成酶抑制剂。植物中主要的3种芳族氨基酸——苯丙氨酸、酪氨酸和色氨酸是莽草酸代谢途径的产物。5-烯醇丙酮酰莽草酸-3-磷酸酯合成酶（EPSPS）催化莽草酸-3-磷酸酯和磷酸烯醇丙酮酸缩合生成5-烯醇丙酮酸基莽草酸-3-磷酸酯（EPSP），由于草甘膦抑制了EPSPS 活性，因而阻断了上述3种芳族氨基酸的合成，使植物体缺少蛋白质合成的重要原材料而死亡。

H组：谷氨酰胺合成酶抑制剂。谷氨酰胺合成酶（GS）是植物体内无机氮转化为有机氮过程中的关键酶系。草铵膦抑制GS 活性，导致植物组织中NH_3的积累，使氨基酸合成受阻。

（三）抑制光合作用

大部分光合作用抑制剂通过与光系统Ⅱ反应中心D1蛋白的A或B位点结合，改变蛋白质的氨基酸结构，阻止正常电子传递，影响光合作用。该组药剂，根据其与蛋白质结合位点的不同，分成C_1、C_2、C_3组。联吡啶类除草剂则通过抑制光系统Ⅰ影响光合作用。

C_1组：该组药剂的结合位点是光系统Ⅱ反应中心D_1蛋白的A位点。通常用于禾本科作物田除草，有茎叶处理效果并具较高土壤残留活性。三嗪类、脲嘧啶类、哒嗪酮类、氨基甲酸酯类等除草剂都属于此类。

C_2组：该组药剂的结合位点是光系统Ⅱ反应中心D_1蛋白的A_2位点。通常具有土壤处理及茎叶处理活性，其在土壤中的移动性不如C_1组，杀草谱及选择性也比C_1组差。该组除草剂如异丙隆、绿麦隆、敌草隆等。

C_3组：该组药剂的结合位点是光系统Ⅱ反应中心D_1蛋白的B位点。它们通常作为茎叶处理剂防除阔叶杂草，对禾本科杂草无效，而且土壤残留活性较低。

D组：联吡啶类除草剂通过截断光系统Ⅰ的电子传递，阻止氧化还原蛋白的还原及其后的反应，本身的阳离子在拦截电子后被还原成自由基，在氧的参与下形成过氧化物，破坏植物细胞膜。

（四）抑制呼吸作用

M组：氧化磷酸化解偶联剂。植物主要通过呼吸作用，借助于氧化磷酸化过程提供生命所需要的能量。二硝基苯酚类药剂通过氧化磷酸化的解偶联作用，使植物细胞膜受损，造成死亡。但其在较高浓度下也会抑制光合作用电子传递至质体醌之前的反应。

（五）影响细胞分裂

I组：二氢蝶呤合成酶抑制剂。二氢蝶呤（dihydropteroate，DHP）合成酶是在叶酸合成过程中的关键酶，由于抑制了该酶活性，使叶酸合成及以后的嘌呤核苷酸合成受阻，影响植物细胞分裂及增大。该组除草剂仅磺草灵一种。

K_1组：微管形成抑制剂。抑制植物细胞微管蛋白的形成，从而使细胞分裂时纺锤体形成受影响，有丝分裂过程中染色体配对及分离不能正常进行，植物幼芽及幼根不能生长，导致杂草死亡。如二硝基苯胺类的氟乐灵、仲丁灵，苯甲酰胺类的炔苯酰草胺等。

K_2组：有丝分裂抑制剂。苯胺灵、氯苯胺灵等抑制细胞有丝分裂及微管聚合。

K_3组：细胞分裂抑制剂。氯酰胺类、乙酰胺类、四唑啉酮类药剂抑制长链脂肪酸合成，从而影响细胞分裂。

L组：纤维素合成抑制剂。抑制纤维素生成，使细胞有丝分裂过程中不能形成正常的细胞壁。如敌草腈、异酰草胺、氟胺草唑。二氯喹啉酸也有这样的作用。

（六）影响光合色素及相关组分的合成及代谢

这类药剂干扰植物光合色素、叶绿素或类胡萝卜素的生物合成，由于药后叶片常出现白化症状，通常被称为“白化除草剂”。该类大部分为触杀型除草剂。

E组：原卟啉原氧化酶抑制剂。原卟啉原氧化酶（PPO）催化原卟啉原IX氧化成原卟啉IX，并在Mg螯合酶和Fe螯合酶作用下分别生成叶绿素和血红素。由于抑制原卟啉原氧化酶活性，造成原卟啉原的积累并进入细胞质，在除草剂诱导的氧化因素作用下氧化成原卟啉IX，进一步代谢产生的单线态氧引起光合作用膜的脂类过氧化，使膜丧失完整性，导致细胞死亡。目前商品化的该组除草剂主要包括二苯醚类、噻二唑类、二唑类、三唑啉酮类、嘧啶二酮类（pyrimidindione）等除草剂。

F_1组：类胡萝卜素生物合成抑制剂。主要通过抑制八氢番茄红素去饱和酶（PDS）活性，导致体内八氢番茄红素大量积累，从而阻碍类胡萝卜素合成。由于类胡萝卜素有保护叶绿素不被光照伤害的作用，植物体内类胡萝卜素减少后造成分生组织产生白化现象，最终导致死亡。目前，商品化的该组除草剂主要有吡氟酰草胺、氟啶草酮、呋草酮等。

F_2组：4-羟基苯基丙酮酸双氧酶抑制剂。通过抑制4-羟基苯基丙酮酸双氧酶（4-HPPD）活性，导致质体醌数量减少， 而质体醌是八氢番茄红素去饱和酶完成正常功能所必需的协同因子，这样就间接抑制了类胡萝卜素的生物合成。目前商品化的该组除草剂主要有磺草酮、硝磺草酮、异唑草酮、苯唑草酮等。

F_3组：类胡萝卜素生物合成抑制剂（未知位点）。本组药剂为类胡萝卜素生物合成抑制剂，但靶标尚未确定。目前商品化的该组除草剂主要包括异草松、苯草醚、氟草啶等。

（七）生长刺激或抑制

O组：合成激素类除草剂。该组药剂的特定结合位点不十分清楚，其作用机制与内源生长素（IAA）的作用类似。植物吸收药剂后，很快产生茎叶弯曲、扭转，随后产生根、茎、叶组织和器官畸形。主要包括苯氧羧酸类、苯甲酸类、吡啶羧酸类、喹啉羧酸类除草剂。这类药剂均为选择性内吸、传导型除草剂。

P组：生长素运输抑制剂。氨基羰基脲类（phthalamate semicarbazone）除草剂萘草胺（naptalam）、氟吡草腙钠盐（diflufenzopyr-Na）通过影响生长素运输抑制杂草正常生长。

（八）未知

Z组：未知靶标。如环庚草醚、嗪草酮及吡唑类（pyrazolium）除草剂野燕枯等靶标位点尚不明确。

五、杂草抗药性及除草剂交替和轮换使用

（一）杂草抗药性

某种除草剂原来防治某种杂草的效果很好，但经过使用几年之后，继续使用原来的推荐剂量所取得的除草效果不断下降，在一定程度上增加剂量也不能取得很好的防治效果，这种现象称为杂草的抗药性，即表明这种杂草有了抵抗这种除草剂的能力。杂草产生抗药性的原因是自然界存在着对除草剂产生抗药性的突变体，也就是说原来能被某种除草剂杀死，现在由于基因突变、代谢改变或其他原因，有的杂草植株不能被杀死了。杂草性状的变异是一种自然现象，例如，开粉色花朵的某种杂草群体中会出现个别开白色花朵的植株。杂草种子繁殖量比作物大得多，一株杂草每年能产生成千上万的种子，田间某种杂草种群繁殖的后代当中有个别植株对某种除草剂产生抗性不足为奇。如果不使用除草剂，这些有抗药性的杂草个体如沧海一粟，或存在于田间或被农民拔除，不会受到人们的关注，而且有的抗药性杂草在生长势、繁殖能力等方面不如没有抗药性的个体，随着时间的推移可能被自然淘汰。在使用除草剂的情况下，除草剂会杀死没有抗药性的杂草，这些有抗药性的个体就会保留下来，繁殖后代，随着这种除草剂年复一年的使用，有抗药性的个体在田间就会越来越多。为了有效防治抗药性杂草，农民随之会连年增加这种除草剂单位面积

用量，当这种除草剂效果很差的时候，就会引起农民、农药生产企业及相关技术部门的注意，这时抗药性的问题就凸显出来。这样年复一年的使用同种除草剂称为除草剂的选择压，因此，除草剂的选择压是抗药性杂草种群形成的主要原因。到2013年12月31日，全球有224种杂草对21类除草剂产生了抗药性，其中，双子叶杂草129种，单子叶杂草95种。抗药性杂草发生频度高的3类除草剂为A组、B组和C组，即ALS抑制剂、ACCase抑制剂和三氮苯类除草剂。

（二）除草剂交替和轮换使用

如前所述，每种除草剂有其独特的作用机理，连年使用同一种作用机理的除草剂，杂草抗药性会迅速发展，如果杂草失去了这种选择压，而改用另外一种作用机理的除草剂，抗药性杂草就会被有效杀除。不同作用机理的除草剂轮换使用，为杂草抗药性治理提供了有效的和可持续的办法，确保了任一作用机理的除草剂对杂草的选择压最小化，不但能够有效防治已有的抗药性杂草，对延缓整个田间杂草群体抗药性发生也有很好的作用。

不同作用机理的除草剂品种交替和轮换使用，与除草剂年复一年单一使用相比，降低了药剂单向的选择压，可以有效地延缓杂草抗药性的发展。除草剂轮换和交替使用是采用作用机制不同的一种或几种除草剂之间的轮换。如小麦田连年使用B组除草剂乙酰乳酸合成酶抑制剂苯磺隆防除阔叶杂草造成田间抗该类药剂杂草播娘蒿、荠菜密度增加，通过与O组苯氧羧酸类除草剂2，4-D的轮换使用或与C_3组苯腈类除草剂溴苯腈的交替使用能有效地防止上述杂草抗药性的产生。而同一作用机制的除草剂往往具有较强的交互抗性，在这些相同作用机理的除草剂之间轮换使用，没有减低药剂对杂草的单一选择压，对预防和减缓杂草抗药性产生效果不大。例如，小麦田使用B组除草剂苯磺隆与甲磺隆或醚苯磺隆等轮换使用，不能降低田间杂草对乙酰乳酸合成酶抑制剂产生抗性的风险。

除草剂的交替轮换使用不是只在一块农田内，而是要在当地农业技术部门的指导下，有计划地在一个大的县域、市域范围内对使用的除草剂进行轮换。在多熟制地区，除草剂的交替轮换使用还包括了上下茬作物避免使用同种作用机制的除草剂。

有的情况下，作物的种植结构在一个地区是固定的，例如，东北地区普遍采用大豆连作或玉米连作的种植模式，同一种作物田可选择的优良除草剂较少，不同作用机制除草剂之间轮换使用就比较困难。如上述大豆连作，防除禾本科杂草的苗后除草剂主要是A组药剂，这类药剂不同品种之间的轮换起不到延缓禾本科杂草抗药性的目的，这时可以通过改变施药方式，如与播后苗前除草剂乙草胺轮换使用，或通过种植结构调整，使大豆与玉米、水稻等轮换种植，就可以轮换使用不同作用机理的除草剂，从而预防杂草抗药性产生。另外，除草剂的轮换使用还应与其他除草措施结合起来，如物理措施、农作措施、生态措施等，以达到事半功倍的效果。

第二章　水稻田杂草防除轮换用药防治方案

一、水稻田除草剂重点产品介绍

氰氟草酯（cyhalofop—butyl）

【作用机理分类】A组（芳氧苯氧基丙酸酯类亚组）。

【化学结构式】

NC–⟨苯环(F)⟩–O–⟨苯环⟩–OCH(CH_3)–CO(=O)–C_4H_9–n

【曾用名】千金。

【理化性质】原药为白色结晶体，相对密度1.172，熔点50℃，沸点>270℃（分解），蒸汽压1.2×10^{-6}Pa（20℃）。水中溶解度（mg／L，20℃）：0.44（pH值为7）、0.46（pH值为5），有机溶剂中溶解度（mg／L，20℃）：乙腈、丙酮、乙酸乙酯、甲醇、二氯甲烷>250，正辛醇16.0。pH值为4时稳定，pH值为7分解缓慢，pH值为1.2或pH值为9时迅速分解。

【毒性】低毒。大鼠急性经口LD_{50}>5 000mg／kg。大鼠急性经皮LD_{50}>2 000mg／kg，大鼠急性吸入LC_{50}（4h）>5.63mg／L。对兔眼睛有轻微刺激性，对兔皮肤无刺激性和致敏性。大鼠无作用剂量（mg／kg·d）：0.8（雄性）、2.5（雌性）。

对鱼类高毒。虹鳟鱼LC_{50}（96h）>0.49mg／L，大翻车鱼LC_{50}(96h）>0.76mg／L。对鸟、蜜蜂低毒。野鸭和鹌鹑急性经口LD_{50}>5 620mg／kg。蜜蜂经口LD_{50}>100μg／只。蚯蚓LC_{50}（14d）>1 000mg／kg。由于本剂在水和土壤中降解迅速，且使用量低，实际应用时一般不会对鱼类产生毒害。

【作用特点】选择性内吸、传导型除草剂。由植物体的叶片和叶鞘吸收，韧皮部传导，积累于分生组织区，抑制乙酰辅酶A羧化酶（ACCase），使脂肪酸合成停止，细胞的生长分裂不能正常进行，膜系统等含脂结构破坏，最后导致植物死亡。杂草从吸收氰氟草酯到死亡比较缓慢，一般需要1～3周。药剂在水稻体内可被迅速降解为对乙酰辅酶A羧化酶无活性的二羧态，因此对水稻安全。

【防治对象】水稻田稗、千金子等禾本科杂草。对莎草科杂草和阔叶杂草无效。

【应用技术】直播田、移栽田、抛秧田除草：稗草2～4叶期，每亩用100g／L氰氟草酯乳油50～70g（有效成分5～7g），对水30L茎叶喷雾。施药前排干田水，使杂草茎叶2／3以上露出水面，施药后1～2d灌水，保持3～5cm水层5～7d。除大龄稗草（5～7叶期）或田面干燥应适当增加施药量。秧田除草：稗草1.5～2.5叶期，每亩用100g／L氰氟草酯乳油

50～70g（有效成分5～7g），对水30L茎叶喷雾。

【注意事项】

（1）氰氟草酯在土壤和水中降解迅速，应做茎叶处理，不宜采用毒土或药肥法撒施。

（2）该药与2甲4氯、灭草松、磺酰脲类阔叶草除草剂混用可能产生拮抗作用，如需防除阔叶草及莎草科杂草，应在喷施氰氟草酯7d后再施用防阔叶杂草除草剂。

（3）该药对鱼类等水生生物有毒。施药时避开水产养殖区，禁止在水体中清洗施药器具。

【主要制剂和生产企业】10%、15%、20%、100g／L乳油，10%、100g／L水乳剂，10%微乳剂。

江苏辉丰农化股份有限公司、美丰农化有限公司、山东省青岛瀚生生物科技股份有限公司、山东滨农科技有限公司、美国陶氏益农公司等。

唑酰草胺（metamifop）

【作用机理分类】A组（芳氧苯氧基丙酸酯类亚组）。

【化学结构式】

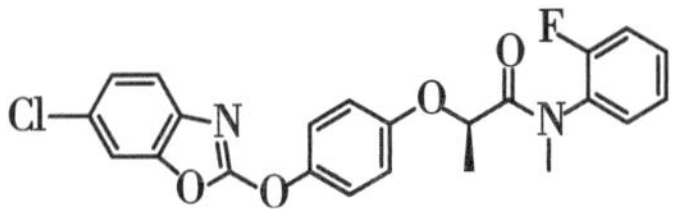

【曾用名】韩秋好。

【理化性质】原药为淡橘色粉末，无味，相对密度1.364，熔点77.0～78.6℃，沸点>589.6℃，闪点310.4℃，蒸汽压1.51×10^{-4}Pa（25℃）。水中溶解度6.87×10^{-4}g／L（20℃），溶于大多数有机溶剂。

【毒性】低毒。雌、雄大鼠急性经口LD_{50}>2 000mg／kg，急性经皮LD_{50}>2 000mg／kg，急性吸入LC_{50}>2 000mg／L。对皮肤无刺激，对眼睛轻微刺激，可能导致皮肤致敏。

对鱼高毒，对蜜蜂低毒。

【作用特点】选择性内吸、传导型除草剂。被禾本科杂草的叶片吸收后，迅速传导至整个植株，积累于分生组织，抑制植物体内乙酰辅酶A羧化酶，导致脂肪酸合成受阻，杂草最终死亡。用药后1周内敏感杂草叶片褪绿、生长受到抑制，药后2周杂草逐渐死亡。该药对水稻安全性好于同类除草剂。

【防治对象】水稻田稗、千金子等主要禾本科杂草。

【应用技术】直播田除草：稗、千金子等禾本科杂草2～3叶期，每亩用10%唑酰草胺乳油60～80g（有效成分6～8g），对水30L茎叶喷雾。施药前排干田水，均匀喷雾，药后1d复水，深度以不淹没稻心为宜，保持水层3～5d。随着杂草叶龄增加，适当增加用施药量。

【注意事项】

（1）该药不能与吡嘧磺隆、苄嘧磺隆等混用，以免降低药效。

（2）避免中午干旱时施药，以防水稻产生药害。

（3）该药对鱼类等水生生物有毒，需远离水产养殖区施药。并避免其污染地表水、鱼塘和沟渠等。

（4）该药对赤眼蜂高风险，施药时需注意保护天敌生物。

【主要制剂和生产企业】10%乳油，10%可湿性粉剂。

江苏省苏州富美实植物保护剂有限公司、美国富美实公司。

苄嘧磺隆（bensulfuron-methyl）

【作用机理分类】B组（磺酰脲类亚组）。

【化学结构式】

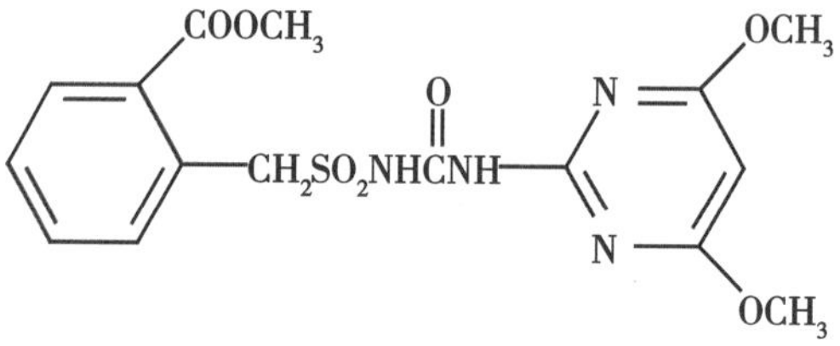

$COOCH_3$　OCH_3

O　N

CH_2SO_2NHCNH

N

OCH_3

【曾用名】农得时。

【理化性质】原药为白色略带浅黄色无臭固体，纯品为白色固体，相对密度1.410，熔点185～188℃，蒸汽压2.8×10^{-12}Pa（25℃）。溶解度（20℃，g／L）：二氯甲烷11.72，乙腈5.38，醋酸乙酯1.66，丙酮1.38，甲醇0.99，二甲苯0.28，己烷>0.01。在微碱性（pH值为8）水溶液、醋酸乙酯、二氯甲烷、乙腈和丙酮中稳定，在酸性水溶液中缓慢降解，在甲醇中可能分解。

【毒性】微毒。大鼠急性经口LD_{50}>5 000mg／kg，小鼠急性经口LD_{50}>10 985mg／kg，兔急性经皮LD_{50}>2 000mg／kg，大鼠急性吸入LC_{50}>7.5mg／L。饲喂试验无作用剂量（90d，mg／kg·d）：大鼠1 500，雄小鼠300，雌小鼠3 000，狗1 000。在试验条件下，对动物未发现致畸、致突变、致癌作用。

对鱼类、鸟、蜜蜂低毒。虹鳟鱼LC_{50}（96h）50mg／L，翻车鱼LC_{50}（96h）>150mg／L，鲤鱼LC_{50}（48h）>1 000mg／L，水蚤LC_{50}（48h）>100mg／L。绿头鸭经口LD_{50}>2 510mg／kg。蜜蜂经口LD_{50}>12.5μg／只。

【作用特点】选择性内吸、传导型除草剂。施药后有效成分在水中迅速扩散，被杂草根和叶片吸收后转运到植株各部位，抑制乙酰乳酸合成酶（ALS）活性，从而影响支链氨基酸（亮氨酸、异亮氨酸、缬氨酸等）的生物合成。植物受害后表现为生长停止，生长点逐渐坏死、叶片发黄，最终全株枯死。该药进入水稻株体内，能很快被分解成无毒物质，所以对水稻安全。

【防治对象】水稻田阔叶杂草，如鸭舌草、眼子菜、节节菜、陌上菜、野慈姑等。对牛毛毡、异型莎草、水莎草、碎米莎草、萤蔺等莎草科杂草也有控制效果。

【应用技术】直播田、秧田除草：水稻播种后至杂草2叶期，每亩用10%苄嘧磺隆可湿性粉剂15～20g（有效成分1.5～2g），混土20kg均匀撒施或对水30L茎叶喷雾施药。移栽田除草：水稻移栽后5～7d，每亩用10%苄嘧磺隆可湿性粉剂20～30g（有效成分2～3g），混土20kg均匀撒施或对水30L茎叶喷雾施药。施药后保持3～5cm浅水层7～10d。抛秧田除草：水稻抛秧后5～7d，每亩用10%苄嘧磺隆可湿性粉剂15～20g（有效成分1.5～2g），混土20kg均匀撒施或对水30L茎叶喷雾施药。施药时保持浅水层使杂草露出水面，施药后保持3～5cm水层7～10d。

【注意事项】

（1）苄嘧磺隆适用于阔叶杂草及莎草科杂草占优势、稗草少的地块。

（2）施药时稻田内需有3～5cm水层，使药剂均匀分布，施药后7d内不排水、不串水，以免降低药效。

（3）该药不能与碱性物质混用，以免药剂分解影响药效。

（4）该药可与除稗剂混用扩大杀草谱，但不得与氰氟草酯混用，两者施用间隔期至少10d。

（5）与后茬作物安全间隔期：南方地区80d，北方地区90d。

【主要制剂和生产企业】10%、30%、32%可湿性粉剂，30%、60%水分散粒剂。

江苏常隆化工有限公司、安徽华星化工股份有限公司、广东浩德作物科技有限公司、吉林省八达农药有限公司、上海杜邦农化有限公司等。

醚磺隆（cinosulfuron）

【作用机理分类】B组（磺酰脲类亚组）。

【化学结构式】

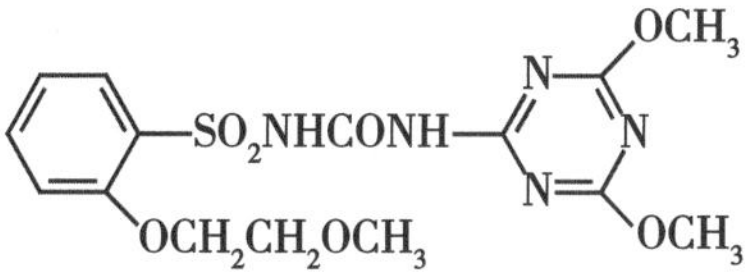

OCH_3

$-SO_2NHCONH-$ N N N

$OCH_2CH_2OCH_3$　　OCH_3

【曾用名】莎多伏、甲醚磺隆。

【理化性质】原药为无色粉状结晶体，相对密度1.47（20℃），熔点144.6℃，蒸汽压$<1\times10^{-5}$Pa（25℃）。水中溶解度（25℃，g／L）：0.12（pH值为5）、4（pH值为6.7）、19（pH值为8.1），有机溶剂中溶解度（25℃，g／L）：丙酮36、乙醇19，甲苯0.54、二氯甲烷9.5、二甲基亚砜320。在pH值为7～10时无明显分解现象，pH值为3～5时水解。稻田水中半衰期19～48d，土壤中半衰期20d。

【毒性】低毒。大鼠急性经口LD_{50}>5 000mg／kg，大鼠急性经皮LD_{50}>2 000mg／kg，大鼠急性吸入LC_{50}（4h）>5mg／L。对兔眼睛和皮肤无刺激性。饲喂试验无作用剂量（mg／kg·d）：大鼠400（2年），小鼠60（2年），狗2500（1年）。

对鱼、蜜蜂、鸟类低毒。虹鳟鱼、鲤鱼、翻车鱼LC_{50}（96h）>100mg／L。蜜蜂经口LD_{50}>100μg／只。日本鹌鹑经口LD_{50}>2 000mg／kg。

【作用特点】选择性内吸、传导型除草剂。主要通过植物根系及茎部吸收，传导至叶部。有效成分进入植物体内后，由输导组织传递至分生组织，抑制乙酰乳酸合成酶活性，阻碍支链氨基酸的合成，从而抑制细胞分裂及增大。用药后杂草生长停止，5～10d植株开始黄化、枯萎，最后死亡。在水稻体内，通过脲桥断裂、甲氧基水解、脱氨基及苯环水解后与蔗糖轭合等途径，代谢成无毒物，所以对水稻安全。

醚磺隆在水稻叶片中半衰期3d，在水稻根中半衰期小于1d。由于醚磺隆水溶性大，在漏水田中可能会随水集中到水稻根区，造成药害。该药对后茬作物安全性较好。

【防治对象】水稻田一年生阔叶杂草和莎草科杂草，如水苋菜、鸭舌草、沟酸浆、尖瓣花、鳢肠、丁香蓼、眼子菜、陌上菜、小茨藻、日照飘拂草、牛毛毡、异型莎草、萤蔺等。对空心莲子草、泽泻、节节菜、矮慈姑、野慈姑、碎米莎草等也有控制防效。

【应用技术】移栽田除草：水稻插秧后5～10d，杂草萌发至1叶期，每亩用10%醚磺隆可湿性粉剂12～20g（有效成分1.2～2g），拌细土20kg，均匀撒施，药后保持水层3～5cm、保水3～5d。

【注意事项】

（1）有效成分水溶性高，施药时需封闭进、出水口，药后保水以保证防效。

（2）漏水田禁用，否则会因有效成分向下移动，伤害水稻根部。

（3）与后茬作物安全间隔期80d。

（4）该药对人畜眼睛、皮肤、黏膜有刺激作用，无特效解毒剂。

【主要制剂和生产企业】10%醚磺隆可湿性粉剂。

江苏安邦电化有限公司。

环丙嘧磺隆（cyclosulfamuron）

【作用机理分类】B组（磺酰脲类亚组）。

【化学结构式】

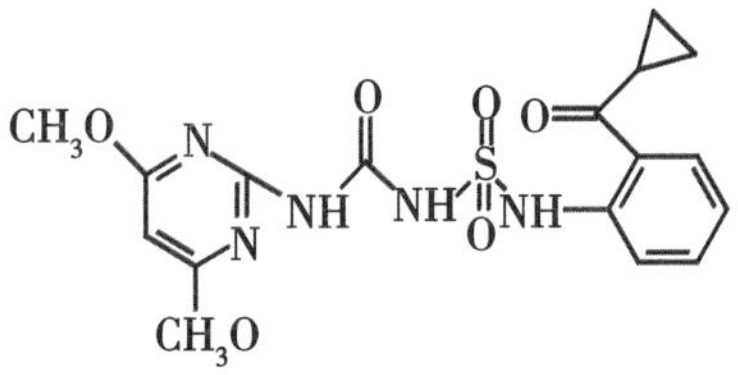

【曾用名】环胺磺隆、金秋。

【理化性质】淡白色固体，相对密度0.64（20℃），熔点170～171℃，蒸汽压2.2×10^{-5}Pa（20℃）。水中溶解度（mg／L）：0.17（pH值为5）、6.5（pH值为7）、549（pH值为9）。可溶于丙酮和二氯甲烷。pH值≤5时水解迅速。在室温下存放18个月稳定。水中半衰期（d）：2.2（pH值为5）、5.1（pH值为6）、40（pH值为7）、91（pH值为8）。

【毒性】微毒。大、小鼠急性经口LD_{50}>5 000mg／kg，兔急性经皮LD_{50}>4 000mg／kg，大鼠急性吸入LC_{50}（4h）>5.2mg／L。对兔皮肤无刺激，对兔眼睛有轻微刺激。饲喂试验无作用剂量（mg／kg·d）：大鼠50（2年），狗3（1年）。

对鱼、蜜蜂低毒。鲤鱼LC_{50}（48h）>10mg／L，虹鳟鱼LC_{50}（96h）>7.7mg／L。蜜蜂接触LD_{50}（24h）>106μg／只。

【作用特点】选择性内吸、传导型除草剂。有效成分被杂草吸收后转运到植株各部位，抑制杂草体内乙酰乳酸合成酶，从而阻碍支链氨基酸的合成，使细胞停止分裂，最后导致死亡。一年生杂草药后5～15d枯死，除草效果优于苄嘧磺隆和吡嘧磺隆。

【防治对象】水稻田阔叶杂草及部分莎草科杂草，如鸭舌草、雨久花、泽泻、狼巴草，母草、矮慈姑、日照飘拂草、牛毛毡、异型莎草等。对扁秆藨草有抑制效果。

【应用技术】移栽田除草：水稻移栽缓苗后（南方3～6d，北方7～10d），每亩用10%环丙嘧磺隆可湿性粉剂15～30g（有效成分1.5～3g，南方）或30～40g（有效成分3～4g，北方），毒土法施药或对水30L茎叶处理。施药时有3～5cm水层，施药后保水5～7d。直播田除草：秧苗1.5叶期，每亩用10%环丙嘧磺隆可湿性粉剂15～30g（有效成分1.5～3g，南方）或30～40g（有效成分3～4g，北方），毒土法施药或对水30L茎叶处理。施药时田面保持潮湿或混浆状态。

【注意事项】

（1）该药对3叶期以上稗草无效，田间稗草较多时需与二氯喹啉酸等混用。

（2）不能与碱性物质混用，以免分解失效。

（3）在推荐剂量高量下，水稻会发生矮化或白化现象，但能很快恢复，对后期生长和产量无任何影响。

【主要制剂和生产企业】10%可湿性粉剂。

巴斯夫股份欧洲公司。

乙氧磺隆（ethoxysulfuron）

【作用机理分类】B组（磺酰脲类亚组）。

【化学结构式】

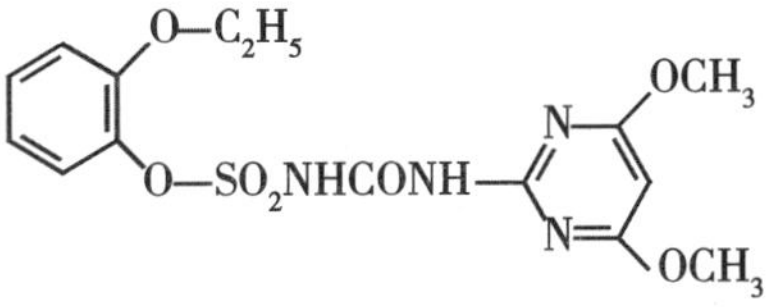

$O—C_2H_5$　OCH_3
$O—SO_2NHCONH—$　N　N
OCH_3

【曾用名】太阳星。

【理化性质】纯品为白色至粉色粉状固体，熔点144～147℃，蒸汽压6.6×10^{-5}Pa（20℃）。水中溶解度（20℃，mg／L）：26（pH值为5）、1353（pH值为7）、7628（pH值为9）。

【毒性】低毒。大鼠急性经口LD_{50}>3 270mg／kg，大鼠急性经皮LD_{50}>4 000mg／kg，大鼠急性吸入LC_{50}（4h）>6.0mg／L。对兔眼睛和皮肤无刺激性。无致突变性。

【作用特点】选择性内吸、传导型除草剂。抑制乙酰乳酸合成酶活性，阻断缬氨酸和异亮氨酸等的生物合成，从而阻止细胞分裂和植物生长。其杀草原理与苄嘧磺隆相同。该药具土壤处理及茎叶处理效果。在土壤中残留期短，施药80d后对后茬作物生长无影响。

【防治对象】水稻田泽泻、鳢肠、鸭舌草、矮慈姑、野慈姑、节节菜、眼子菜、耳叶水苋、水苋菜、水绵、四叶萍、小茨藻、牛毛毡、日照飘拂草、异型莎草、碎米莎草、水莎草、萤蔺、野荸荠等。

【应用技术】移栽、抛秧田除草：水稻插秧或抛秧后，杂草2叶期前，每亩用15%乙氧磺隆水分散粒剂3～5g（有效成分0.45～0.75g，华南地区），或5～7g（有效成分0.75～1.05g，长江流域），或7～14g（有效成分1.05～2.1g，东北地区和华北地区），对水30L茎叶喷雾施药或混土20kg均匀施药。施药时有3～5cm水层，施药后保水7～10d，水层深度以不淹没稻苗心叶为宜。直播田除草：稻苗2～4叶期，每亩用15%乙氧磺隆水分散粒剂4～6g（有效成分0.6～0.9g，华南地区），或6～9g（有效成分0.9～1.35g，长江流域），或10～15g（有效成分1.5～2.25g，东北地区和华北地区），对水30L茎叶喷雾施药或混土20kg均匀撒施。

【注意事项】

（1）该药和其他磺酰脲类药剂一样，活性高、用药量少。喷药需用二次稀释法，采用毒土法施药时应充分搅拌，均匀撒施。

（2）施药后10d内勿使田水外流和淹没稻苗心叶。

（3）碱性土壤稻田采用推荐剂量的下限，以免产生药害。

（4）当稗草等禾本科杂草与阔叶杂草、莎草均有发生时，该药可与二氯喹啉酸、丙炔草酮、丁草胺等杀稗剂混用。

（5）该药对水生藻类有毒，需远离水产养殖区施药。并避免其污染地表水、鱼塘和沟渠等。

【主要制剂和生产企业】15%水分散粒剂。

江苏江南农化有限公司、德国拜耳作物科学公司。

氟吡磺隆（flucetosulfuron）

【作用机理分类】B组（磺酰脲类亚组）。

【化学结构式】

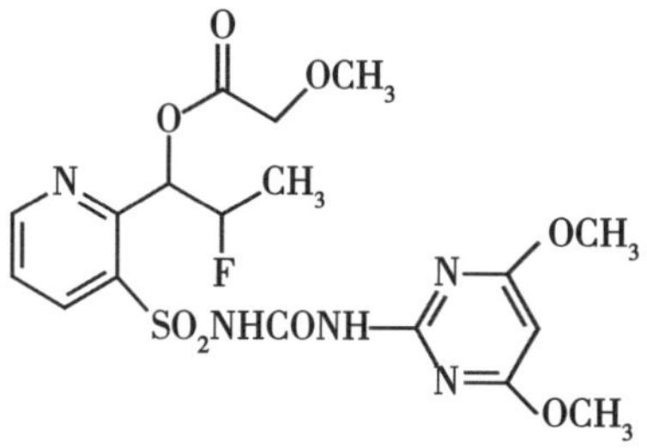

【曾用名】韩乐盛。

【理化性质】白色固体粉末，熔点172～176℃，蒸汽压1.86×10^{-5} Pa（25℃）。溶解度（25℃，g/L）：水114，二氯甲烷113、丙酮22.9、乙酸乙酯11.7、甲醇3.8、乙醚1.1、己烷0.006。

【毒性】低毒。大鼠急性经口LD_{50}>5 000mg/kg，急性经皮LD_{50}>2 000mg/kg，急性吸入LC_{50}>5.11mg/L。对兔眼睛有中度刺激性，对兔皮肤无刺激性，对豚鼠皮肤无致敏性。大鼠亚慢性饲喂试验无作用剂量（90d，mg/kg·d）：雄15.2，雌18.8。无致突变性。

【作用特点】选择性内吸、传导型除草剂。可被植物根、茎、叶吸收并迅速传导到分生组织，阻碍支链氨基酸的生物合成，影响细胞分裂和生长，引起杂草死亡。

【防治对象】稻田稗、鸭舌草、雨久花、节节菜、矮慈姑、野慈姑、泽泻、陌上菜、鳢肠、丁香蓼、扁秆藨草等。对千金子、双穗雀稗、眼子菜防效较差。

【应用技术】移栽田除草：杂草出苗前，每亩用10%氟吡磺隆可湿性粉剂13.3～20g（有效成分1.33～2g），混土20kg均匀撒施；杂草出苗后2～4叶期，每亩用10%氟吡磺隆可湿性粉剂20～26.7g（有效成分2～2.67g），混土20kg均匀撒施。直播田除草：水稻苗后，每亩用10%氟吡磺隆可湿性粉剂13.3～20g（有效成分1.33～2g），对水30L茎叶喷雾。

【注意事项】

（1）后茬仅可种植水稻、小麦、油菜、大蒜、胡萝卜、萝卜、菠菜、移栽黄瓜、甜瓜、辣椒、番茄、草莓、莴苣。

（2）移栽田施药时需有浅水层，药后保水3～5d；直播田施药前需排干田间积水。

【主要制剂和生产企业】10%可湿性粉剂。

苏州富美实植物保护有限公司、LG生命科学有限公司。

嘧苯胺磺隆（orthosulfamuron）

【作用机理分类】B组（磺酰脲类亚组）。

【化学结构式】

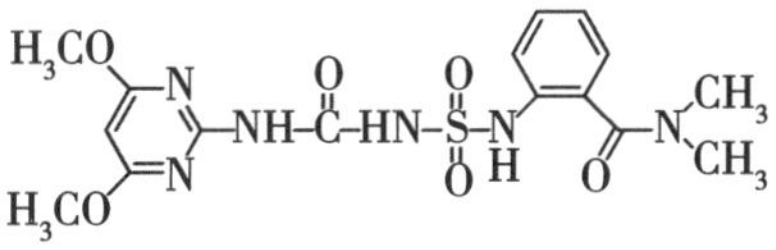

【理化性质】纯品为无味白色细粉末。相对密度1.466，熔点157℃；分解温度185℃；蒸汽压<1.4×10^{-4} Pa（25℃）。水中溶解度（20℃，mg/L）：26.2（pH值为4）、629（pH值为7）、38 900（pH值为8.5），有机溶剂溶解度（20℃，g/L）：二甲苯0.13、丙酮中19.3、乙酸乙酯3.6、二氯甲烷59.8、甲醇8.3。

【毒性】微毒。大鼠急性经口、经皮LD_{50}>5 000mg/kg；急性吸入LC_{50}>2.19mg/L。对兔眼睛和皮肤无刺激性。大鼠亚慢性饲喂试验无作用剂量（90d，mg/kg·d）：雄113、雌131。

对鱼、鸟、蜜蜂、家蚕低毒。斑马鱼LC_{50}（96h）>492.7mg/L。鹌鹑LC_{50}（7d）>750mg/kg。蜜蜂经口LD_{50}（48h）>109.4μg/只。家蚕经口LD_{50}>6 000mg/kg。

【作用特点】选择性内吸、传导型除草剂。有效成分被杂草根部和叶片吸收后转运到植株各部位，抑制乙酰乳酸合成酶的活性，阻止杂草蛋白质的合成，使杂草细胞分裂停止，最后杂草枯死。

【防治对象】水稻田鸭舌草、节节菜、陌上菜、野慈姑等阔叶杂草及碎米莎草、萤蔺等莎草科杂草，对稗草有控制效果。

【应用技术】移栽田除草：水稻移栽后5～7d，每亩用50%嘧苯胺磺隆水分散粒剂8～10g（有效成分4～5g），混土20kg均匀撒施或对水30L茎叶喷雾。施药后保持3～5cm浅水层7～10d。

【注意事项】

（1）施药时需有3～5cm水层，使药剂均匀分布，施药后7d内不排水、不串水，以免降低药效。

（2）适用于阔叶杂草及莎草占优势、稗草少的地块。

（3）可与无拮抗作用的除稗剂混用，扩大杀草谱。

【主要制剂和生产企业】50%水分散粒剂。

允发化工（上海）有限公司、意大利意赛格公司、美国科聚亚公司。

吡嘧磺隆（pyrazosulfuron-ethyl）

【作用机理分类】B组（磺酰脲类亚组）。

【化学结构式】

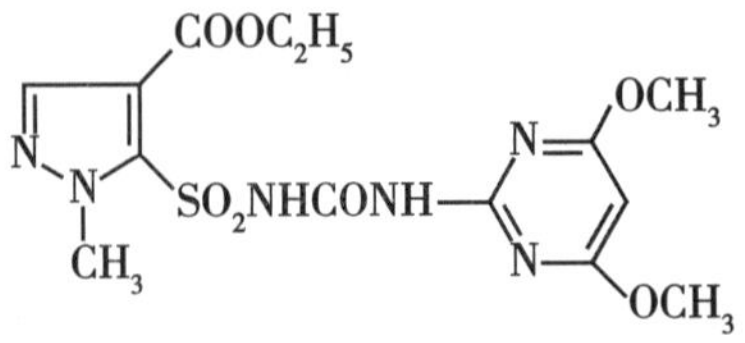

$COOC_2H_5$　OCH_3　N　N　N　$SO_2NHCONH$　N　CH_3　N　OCH_3

【曾用名】草克星。

【理化性质】原药灰白色结晶体，相对密度1.44（20℃），熔点177.8～179.5℃，蒸汽压4.2×10^{-8}Pa（20℃）。溶解度（20℃，g／L）：水0.01，甲醇4.32、正己烷0.0185、氯仿200、苯15.6和丙酮33.7。正常条件下贮存稳定，pH值为7时相对稳定，在酸、碱条件下不稳定。

【毒性】低毒。原药大鼠和小鼠急性经口LD_{50}>5 000mg／kg，大鼠急性经皮LD_{50}>2 000mg／kg，大鼠急性吸入LC_{50}>3.9mg／L。对兔皮肤和眼睛无刺激作用。在试验剂量内，对动物无致畸、致突变、致癌作用。大鼠饲喂试验无作用剂量（18个月，mg／kg·d）：4.3。在试验条件下，对动物未发现致畸、致突变、致癌作用。

对鱼、鸟、蜜蜂无毒。虹鳟鱼$LC_{50}LC_{50}$（96h）>100mg／L，水蚤EC50>700mg／L。蜜蜂LD_{50}>100μg／只。山齿鹑急性经口LD_{50}>2 250mg／kg。

【作用特点】选择性内吸、传导型除草剂。有效成分可在水中迅速扩散，被杂草根部吸收后传导到植物体内，阻碍支链氨基酸的合成。抑制杂草根、茎、叶生长，至完全枯死。对水稻安全。

【防治对象】水稻田阔叶杂草，如鸭舌草、眼子菜、节节菜、陌上菜、水芹、野慈姑、鳢肠、青萍等。对异型莎草、水莎草、碎米莎草、萤蔺等莎草科杂草也有控制效果。

【应用技术】直播田、秧田除草：水稻播种后5～20d，每亩用10%吡嘧磺隆可湿性粉剂10～20g（有效成分1～2g），混土20kg均匀撒施或对水30L茎叶喷雾施药。药土法施药时田间须有浅水层，保水3～5d。移栽田除草：水稻移栽后5～7d，每亩用10%吡嘧磺隆可湿性粉剂15～20g（有效成分1.5～2g），混土20kg均匀撒施或对水30L茎叶喷雾施药。施药后保持3～5cm浅水层7～10d。抛秧田除草：水稻抛秧后5～7d，稗草1叶1心期，每亩用10%吡嘧磺隆可湿性粉剂10～20g（有效成分1～2g），混土20kg均匀撒施或对水30L茎叶喷雾施药。施药时保持浅水层，使杂草露出水面，施药后保持3～5cm水层5～7d。

【注意事项】

（1）适用于阔叶杂草及莎草占优势、稗草少的地块。

（2）施药时稻田内必须有3～5cm水层，使药剂均匀分布，水层不可淹没稻苗心叶，施药后7d内不排水、不串水，以免降低药效。

（3）不能与碱性物质混用，以免分解失效。

（4）可与除稗剂混用扩大杀草谱，但不得与氰氟草酯混用，两者施用间隔期至少10d。

（5）不同水稻品种的耐药性有差异，早籼品种安全性好，晚稻品种相对敏感，应尽量避免在晚稻芽期施用，否则易产生药害。

【主要制剂和生产企业】7.5%、10%、20%可湿性粉剂。

江苏富田农化有限公司、安徽佳田森农药化工有限公司、河北宣化农药有限责任公司、山东乐邦化学品有限公司、东部福阿母韩农（黑龙江）化工有限公司、日本日产化学工业株式会社等。

五氟磺草胺（penoxsulam）

【作用机理分类】B组（三唑并嘧啶磺酰胺类亚组）。

【化学结构式】

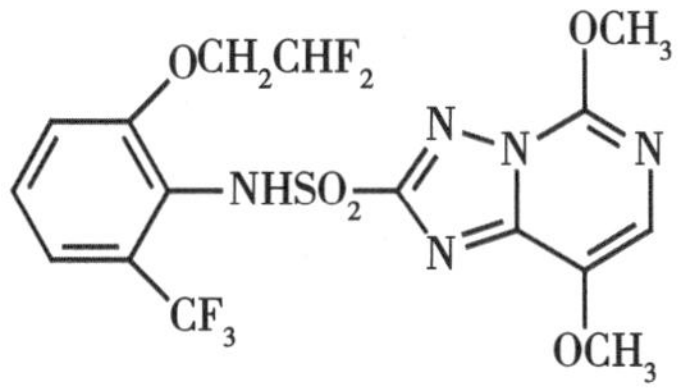

OCH_2CHF_2 $NHSO_2$ CF_3 OCH_3 N N N N OCH_3

【曾用名】稻杰。

【理化性质】白色固体，有霉味，熔点223～224℃，蒸汽压（20℃）2.49×10^{-14}Pa。溶解度（19℃，g／L）：水0.408（pH值为7），丙酮20.3、乙腈15.3、甲醇1.48、辛醇0.035、二甲基甲酰胺39.8、二甲苯0.017。常温下稳定，在pH值为4～9缓冲液中稳定。

【毒性】低毒。大鼠急性经口、经皮LD_{50}>5 000mg／kg，急性吸入LC_{50}（4h）>3.5mg／L。对兔眼睛有刺激性，对兔皮肤有轻度刺激性。对豚鼠皮肤无致敏性。亚慢性饲喂试验无作用剂量（90d，mg／kg·d）：雄大鼠17.8、雌大鼠19.9。无致突变性。

对鱼、蜜蜂、鸟低毒，对家蚕中毒。

【作用特点】选择性内吸、传导型除草剂，由杂草的根系和叶片吸收，木质部和韧皮部传导，在植物分生组织内积累，抑制植物体内乙酰乳酸合成酶，使支链氨基酸（亮氨酸、缬氨酸、异亮氨酸）生物合成停止，蛋白质合成受阻，植物生长停滞，最终导致死亡。

【防治对象】水稻田稗、鸭舌草、雨久花、陌上菜、狼把草、鳢肠、泽泻、眼子菜、异型莎草等。

【应用技术】移栽田除草：在稗草2～3叶期，每亩用25g／L五氟磺草胺可分散油悬浮剂40～80g（有效成分1～2g），对水30L茎叶喷雾。施药前排干田水，使杂草茎叶2／3以上露出水面，施药后1～2d灌水，保持3～5cm水层5～7d。也可每亩用25g／L的五氟磺草胺可分散油悬浮剂60～100g（有效成分1.5～2.5g）药土法均匀撒施。土壤处理施药时应有3～5cm浅水层。秧田除草：在稗草1.5～2.5叶期，每亩用25g／L五氟磺草胺可分散油悬浮剂33～47g（有效成分0.83～1.18g），对水30L茎叶喷雾。

【注意事项】

（1）稗草叶龄较大时需采用高剂量，以保证防效。

（2）高温会降低药效，施药时应避开高温尤其是中午时间。

（3）秧田除草时，东北、西北地区宜采用药土法。

（4）制种田因遗传背景复杂，使用该药前须进行小面积试验。

（5）对水生生物有毒，需远离水产养殖区施药。应避免其污染地表水、鱼塘和沟渠等。

【主要制剂和生产企业】25g／L可分散油悬浮剂。

美国陶氏益农公司。

双草醚（bispyribac-sodium）

【作用机理分类】B组（嘧啶硫代苯甲酸酯类亚组）。

【化学结构式】

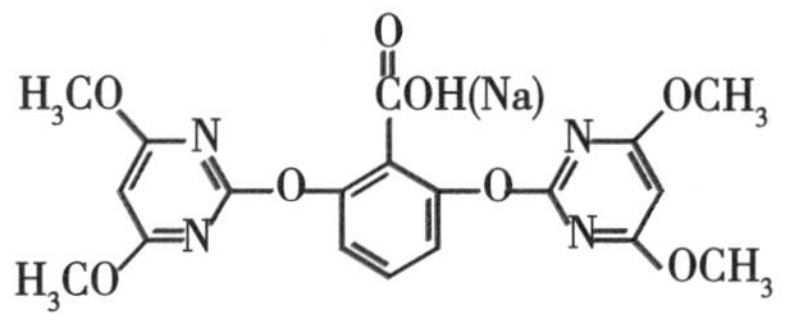

【曾用名】农美利。

【理化性质】白色粉状固体，相对密度0.0737（20℃），熔点223～224℃，蒸汽压$<5.05\times10^{-9}$Pa（25℃）。溶解度（25℃，g／L）：水73.3，甲醇26.3、丙酮0.043。在水中半衰期为1d（pH值为7～9）、448h（pH值为4）。

【毒性】低毒。大鼠急性经口LD_{50}4111mg／kg（雄）、>2 635mg／kg（雌），急性经皮LD_{50}>2 000mg／kg，急性吸入LC_{50}（4h）4.48mg／L。对兔眼睛有轻微刺激。慢性饲喂试验无作用剂量（2年，mg／kg·d）：雄大鼠1.1、雌大鼠1.4、雄小鼠14.1、雌小鼠1.7。无致突变性、致癌性。

对鱼、蜜蜂、鸟低毒。虹鳟鱼和翻车鱼LC_{50}（96h）>100mg／L。蜜蜂经口LD_{50}>100μg／只。鹌鹑急性经口LD_{50}>2 250mg／kg。蚯蚓无作用剂量（14d）>1 000mg／kg。

【作用特点】有效成分被植物茎叶吸收后，传导至整个植株，抑制乙酰乳酸合成酶活性，使支链氨基酸（亮氨酸、缬氨酸、异亮氨酸）生物合成停止，蛋白质合成受阻，植物生长停滞，最终导致死亡。

【防治对象】稻田稗及双穗雀稗、稻李氏禾、马唐、匍茎剪股颖、看麦娘等禾本科杂草。兼治某些阔叶杂草及莎草科杂草，如眼子菜、鸭舌草、雨久花草、野慈姑、泽泻、节节菜、陌上菜、狼把草、水竹叶、空心莲子草、牛毛毡、异型莎草、日照飘拂草、碎米莎草、萤蔺、花蔺、扁秆藨草等。

【应用技术】直播田除草：在水稻5叶期后，稗草3～4叶期，每亩用100g／L双草醚悬浮剂15～20g（有效成分1.5～2g，南方），或20～25g（有效成分2～2.5g，北方），对水30L茎叶喷雾。喷药前排干田水，喷药后1～2d灌浅水层，保水4～5d。

【注意事项】

北方干旱气候条件下施药可加入0.03%～0.1%展着剂，以提高效果。

【主要制剂和生产企业】40%、100g/L悬浮剂，10%可分散油悬浮剂，20%可湿性粉剂等。

合肥星宇化学有限责任公司、江苏联合农用化学有限公司、江苏省激素研究所股份有限公司、浙江天丰生物科学有限公司、日本组合化学工业株式会社等。

嘧啶肟草醚（pyribenzoxim）

【作用机理分类】B组（嘧啶硫代苯甲酸酯类亚组）。

【化学结构式】

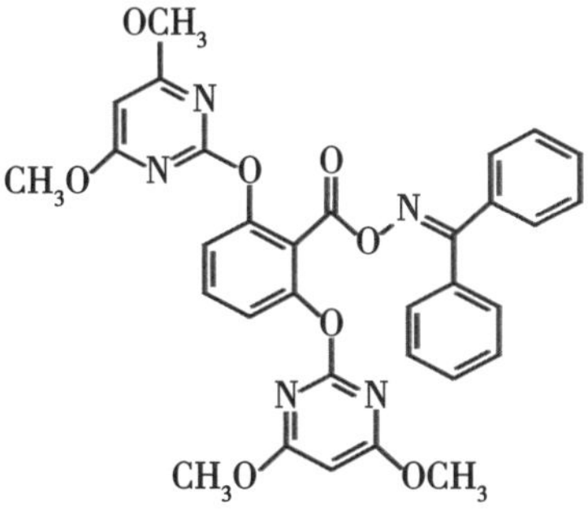

【曾用名】双嘧双苯醚、嘧啶水杨酸、韩乐天。

【理化性质】白色固体，熔点128～130℃，蒸汽压<7.4×10^{-6}Pa。溶解度（25℃，g/L）：水0.0035，丙酮1.63、己烷0.4、甲苯110.8。

【毒性】低毒。大、小鼠急性经口LD_{50}>5 000mg/kg，急性经皮LD_{50}>2 000mg/kg。大鼠亚慢性试验无作用剂量（90d）>2 000mg/kg·d。对兔皮肤、眼睛中等刺激。无致畸、致突变、致癌作用。

对鱼、鸟、蜂、蚕低毒。鱼（ricefish）LC_{50}（96h）>100mg/L，水蚤LC_{50}（48h）>100mg/L。鸟EC_{50}（4d）>100mg/kg。蜜蜂LD_{50}（24h）>100μg/只。家蚕LD_{50}（24h）>10 000mg/kg。

【作用特点】有效成分被植物茎叶吸收后，传导至整个植株，抑制乙酰乳酸合成酶，影响支链氨基酸（亮氨酸、缬氨酸、异亮氨酸）生物合成，使蛋白质合成受阻，施药后杂草停止生长，两周后开始死亡。用药适期较宽，对1.5～6.5叶期稗草均有效，无芽前除草活性。

【防治对象】稻田稗属杂草、双穗雀稗、稻李氏禾、眼子菜、狼把草、鳢肠、鸭跖草、丁香蓼、田菁、异型莎草等。对千金子防效较差。

【应用技术】直播田、移栽田除草：水稻2～3叶期，杂草2～5叶期，每亩用5%嘧啶肟草醚乳油40～50g（有效成分2～2.5g，南方地区），或50～60g（有效成分2.5～3g，北方地区），对水30L茎叶喷雾。施药前排干田水，施药后1～2d灌薄水层3～5cm，保水5～7d。

【注意事项】

（1）低温条件施药，水稻会出现黄叶、生长受抑制，1d后可恢复正常生长，一般不影响产量。施药过量（每亩有效成分5g），影响水稻分蘖及产量。

（2）千金子发生严重的地块，可与氰氟草酯混用，扩大杀草谱。

【主要制剂和生产企业】5%乳油。

东部福阿母韩农（黑龙江）化工有限公司、韩国LG生命科学有限公司。

环酯草醚（pyriftalid）

【作用机理分类】B组（嘧啶硫代苯甲酸酯类亚组）。

【化学结构式】

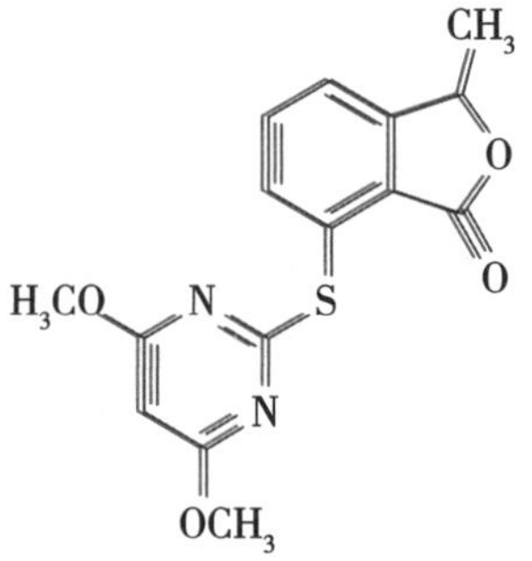

CH_3 O O S H_3CO N N OCH_3

【理化性质】原药外观为浅褐色细粉末，熔点163℃，300℃时开始热分解，蒸汽压2.2×10^{-8}Pa（25℃）。水中溶解度（25℃）1.8mg／L，有机溶剂溶解度（25℃，g／L）：丙酮14、二氯甲烷99、乙酸乙酯6.1、已烷30、甲醇1.4、辛醇400、甲苯4.0。

【毒性】低毒。大鼠急性经口LD_{50}>5 000mg／kg，急性经皮LD_{50}>2 000mg／kg，急性吸入LC_{50}>5 540mg／L。对兔眼睛和皮肤无致敏性。大鼠亚慢性试验无作用剂量（90d，mg／kg·d）：雄23.8，雌25.5。

对鱼、鸟类、蜜蜂、家蚕、蚯蚓低毒。鲤鱼LC_{50}（96h）>100mg／L。鹌鹑LD_{50}>2 000mg／kg。蜜蜂LD_{50}（48h）>138μg／只。家蚕LC_{50}（96h）>1 250mg／kg。

【作用特点】药剂大部分被杂草根尖吸收，少部分被杂草叶片吸收，迅速由根部转运到植株其他部位，抑制乙酰乳酸合成酶活性。该药显效较快，药后几天即可看到效果，杂草受药后10～21d内死亡。由于水稻根部处于含除草剂的土层下面，加上环酯草醚在水稻植株里的代谢比在稗草体内快，因此，具有很好的选择性。

【防治对象】稻田稗、千金子，对雨久花、丁香蓼、节节菜、鸭舌草、碎米莎草、水莎草、牛毛毡等阔叶杂草和莎草有一定效果。

【应用技术】移栽田除草：水稻移栽后5～7d，杂草2～3叶期（稗草2叶期前），每亩用24.3%环酯草醚悬浮剂50～80g（有效成分12.5～20g），对水30L茎叶喷雾。施药前一天排干田水，施药后1～2d灌薄水层3～5cm，保水5～7d。

【注意事项】

（1）仅限用于南方移栽水稻田的杂草防除。

（2）如同其他ALS抑制剂一样，最佳用药时期为水稻移栽成活后。稗草2叶期后效果差。

（3）施药时避免雾滴飘移至邻近作物。

【主要制剂和生产企业】24.3%环酯草醚悬浮剂。

瑞士先正达作物保护有限公司。

嘧草醚（pyriminobac-methyl）

【作用机理分类】B组（嘧啶硫代苯甲酸酯类亚组）。

【化学结构式】

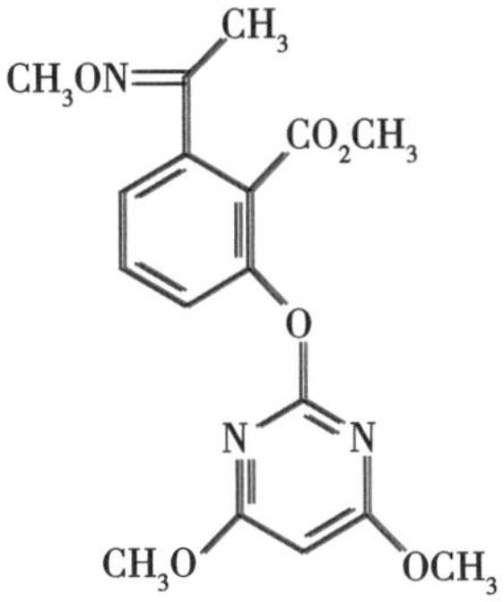

【曾用名】必利必能。

【理化性质】原药为淡黄色颗粒状固体，顺式占75%～78%，反式占21%～11%。纯品为白色粉状固体，相对密度（20℃）：顺式1.3868，反式1.2734。熔点108℃（纯顺式70℃，纯反式107～109℃）。蒸汽压（25℃）：顺式2.681×10^{-5}Pa，反式3.5×10^{-5}Pa。溶解度（20℃，g／L）：水0.00925（顺式）、水0.175（反式），甲醇14.6（顺式）、甲醇14.0（反式）。在pH值为4～9的水中存放1年稳定。

【毒性】低毒。大鼠急性经口LD50>5 000mg／kg，兔急性经皮LD_{50}>5 000mg／kg，大鼠急性吸入LC_{50}（4h）5.5mg／L。对兔眼睛和皮肤有轻微刺激性。慢性饲喂试验无作用剂量（2年，mg／kg·d）：雄大鼠0.9，雌大鼠1.2，雄小鼠8.1，雌小鼠9.3。无致突变性、致畸性。

对鱼、蜜蜂、鸟低毒。虹鳟鱼LC_{50}（96h）21.2mg／L，鲤鱼LC_{50}（96h）30.9 mg／L。蜜蜂经口与接触LD_{50}（24h）>200μg／只。鹌鹑急性经口LD_{50}>2 000mg／kg。蚯蚓LC_{50}（14d）>1 000mg／kg。

【作用特点】选择性内吸、传导型除草剂。有效成分被植物茎叶吸收后，传导至整个植株，抑制乙酰乳酸合成酶，从而抑制和阻碍杂草体内的细胞分裂，使杂草停止生长。

【防治对象】水稻田稗草。对鸭舌草、陌上菜、异型莎草等也有很好的防效。

【应用技术】 直播田和移栽田除草：水稻直播后或移栽缓苗后，稗草1～3叶期，每亩用10%嘧草醚可湿性粉剂20～30g（有效成分2～3g），混土20kg均匀撒施。施药时田间有浅水层，药后保水5～7d。

【注意事项】

（1）应在稗3叶期前使用，以提高防效。

（2）可与苄嘧磺隆混用扩大杀草谱。与其他药剂混用应预先进行小面积试验。

【主要制剂和生产企业】10%可湿性粉剂。

江苏省农垦生物化学有限公司、日本组合化学工业株式会社。

仲丁灵（butralin）

【作用机理分类】K_1组（二硝基苯胺类亚组）。

【防治对象】水稻田稗草、马唐、鸭跖草、野慈姑、节节菜、异型莎草、牛毛毡等。

【应用技术】移栽田除草：水稻移栽缓苗后、杂草出苗前，每亩用48%仲丁灵乳油200～250g（有效成分96～120g），混土20kg均匀撒施。施药时田间保持3～5 cm水层，用药后保水5～7 d。

【注意事项】

杂草出苗后施用效果差，应尽早施药。

【主要制剂和生产企业】48%乳油。

甘肃省张掖市大弓农化有限公司。

其他参见棉田除草剂重点产品介绍。

二甲戊灵（pendimethalin）

【作用机理分类】K_1组（二硝基苯胺类亚组）。

【防治对象】水稻田稗草、马唐、鸭跖草、野慈姑、节节菜、异型莎草、牛毛毡等。

【应用技术】旱育秧田除草：水稻播后苗前，每亩用33%二甲戊灵乳油150～200g（有效成分49.5～66g），对水30L土壤喷雾。

【注意事项】

只能做土壤处理，杂草苗后施用效果差。

【主要制剂和生产企业】33%、330g／L乳油。

江苏龙灯化学有限公司、黑龙江省哈尔滨利民农化技术有限公司、巴斯夫欧洲公司。

其他参见棉田除草剂重点产品介绍。

扑草净（prometryn）

【作用机理分类】C_1组（三嗪类亚组）。

【化学结构式】

$$(CH_3)_2CHNH-C_3N_3(SCH_3)-NHCH(CH_3)_2$$

【曾用名】扑灭通、扑蔓尽、割草佳。

【理化性质】白色结晶，相对密度1.157（20℃），熔点118～120℃，蒸汽压1.6×10^{-4}Pa（25℃）、1.3×10^{-4}Pa（20℃）。溶解度（25℃，g／L）：水0.033，丙酮300、乙醇140、正辛醇110、己烷6.3、甲苯200。弱酸和弱碱性介质中稳定，遇中等强度的酸和碱分解，遇紫外光分解。

【毒性】低毒。大鼠急性经口LD_{50}>2 100mg／kg，兔急性经皮LD_{50}>2 000mg／kg，大鼠急性吸入LC_{50}（4h）>5.17mg／L。对兔眼睛有轻微刺激性，对兔皮肤无刺激性，对豚鼠皮肤无致敏性。饲喂试验无作用剂量（mg／kg·d）：大鼠750（2年）、狗150（2年）、小鼠10（21个月）。

对鱼、蜜蜂、鸟低毒。鱼LC_{50}（96h，mg／L）：虹鳟鱼5.5、鲤鱼8～9、银鱼7、蓝鳃鱼10。蜜蜂LD_{50}>99μg／只（经口）、>130μg／只（接触）。野鸭和鹌鹑饲喂

LC_{50}（8d）>500mg／kg。蚯蚓LC_{50}（14d）>153mg／kg。

【作用特点】选择性内吸、传导型除草剂。可从根部吸收，也可从茎叶渗入体内，运输至叶片抑制杂草光合作用，受害杂草失绿、逐渐干枯死亡。其选择性与植物生态和生化反应的差异有关，对刚萌发的杂草防效最好。

扑草净水溶性较低，施药后可被土壤黏粒吸附在0～5cm水田表土中，形成药层，杂草萌发出土时接触药剂而受害。该药持效期20～70d，旱地较水田长，黏土比沙壤土长。

【防治对象】水稻田眼子菜、四叶萍、藻类、牛毛毡、异型莎草等，对稗、鸭舌草也有控制效果。

【应用技术】移栽田除草：防除一般阔叶杂草，在水稻移栽后5～7d，每亩使用50%扑草净可湿性粉剂20～40g（有效成分10～20g），拌20kg毒土撒施。施药后保持水层3～5cm，保水7d以上，保水期间不得下田作业。防除眼子菜和莎草，应在水稻插秧后眼子菜叶片由红转绿时，每亩使用50%扑草净可湿性粉剂30～40g（有效成分15～20g／亩，南方），或80～120g（有效成分40～60 g／亩，北方），拌20kg毒土撒施。水层管理同上。在南方稻区水稻收割后防除眼子菜、四叶萍等，应在水稻收割后，每亩使用50%扑草净可湿性粉剂100～150g（有效成分50～75 g），拌20kg毒土撒施，药后保持水层6～9cm，保水7d。对已翻耕的稻田，可待新杂草出苗后，按同样方法进行处理。

【注意事项】

（1）该药在稻田只能做土壤处理，茎叶处理易产生药害，药效不佳。

（2）该药水溶性大，在土壤中易移动至下层，沙质土不宜使用。

（3）有机质含量少的沙质土、盐碱土及较强的酸性土使用易发生药害。

（4）气温35℃以上不宜施药。

【主要制剂和生产企业】25%、40%、50%可湿性粉剂，50%悬浮剂，25%泡腾颗粒剂。

浙江省长兴第一化工有限公司、山东滨农科技有限公司、陕西汤普森生物科技有限公司、吉林省吉林市新民农药有限公司、辽宁三征化学有限公司等。

西草净（simetryn）

【作用机理分类】C_1组（三嗪类亚组）。

【化学结构式】

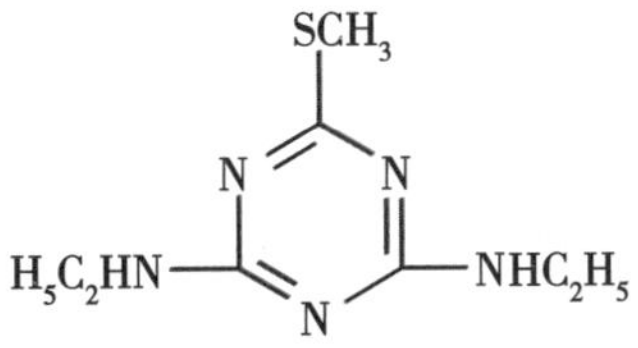

SCH_3

N　N

H_5C_2HN　　NHC_2H_5

N

【理化性质】白色结晶，熔点81～82.5℃，蒸汽压9.4×10^{-5}Pa（20℃）。水中溶解度450mg／L（22℃），易溶于甲醇、乙醇、氯仿等有机溶剂。强酸、强碱或高温下易分解。

【毒性】低毒。大鼠急性经口LD_{50}>1 830mg／kg，小鼠急性经口LD_{50}>535mg／kg，雄性豚鼠急性经皮LD_{50}>5 000mg／kg。

【作用特点】选择性内吸、传导型除草剂。可经植物根部及茎叶吸收，运输至绿色叶片内抑制光合作用希尔反应，影响糖类合成和淀粉积累。

【防治对象】稻田防除眼子菜特效。对稗草、牛毛毡有较好防除效果。

【应用技术】移栽田除草：水稻移栽后12～18d，每亩用25%西草净可湿性粉剂100～200g（有效成分25～50g），毒土法施药。施药时保持水层3～5cm，保水7d以上。防除眼子菜时，可在水稻插秧后20～30d，眼子菜叶片由红转绿时，每亩用25%西草净可湿性粉剂100～150g（有效成分25～37.5g，南方地区）或150～200g（有效成分37.5～50g，北方地区），毒土法施药。施药时保持水层3～5cm，保水7d以上。

【注意事项】

同扑草净。

【主要制剂和生产企业】13%乳油、25%可湿性粉剂。

浙江中山化工集团股份有限公司、山东滨农科技有限公司、辽宁正诺生物技术有限公司、吉林金秋农药有限公司、吉林省吉林市新民农药有限公司等。

敌稗（propanil）

【作用机理分类】C_2组（酰胺类亚组）。

【化学结构式】

Cl

O

C_2H_5CNH

Cl

【理化性质】白色针状结晶，相对密度1.41，熔点91.5℃，蒸汽压5×10^{-5}Pa（25℃）。溶解度（20℃，g／L）：水0.13，异丙醇、二氯甲烷>200、甲苯50～100、苯70、乙醇1 100、丙酮1 700。在强酸、强碱介质中分解为3，4–二氯苯胺和丙酸。

【毒性】低毒。急性经口LD_{50}（mg／kg）：大鼠>2 500，小鼠>1 800；急性经皮LD_{50}（mg／kg）：大鼠>5 000，兔>7 080；大鼠急性吸入LC_{50}（4h）>1.25mg／L。对兔眼睛和皮肤无刺激性，对豚鼠皮肤无致敏性。饲喂试验无作用剂量（2年，mg／kg·d）：大鼠400、狗600。每日允许摄入量0.005mg／kg。在试验剂量内无致突变和致癌作用。

对鱼、鸟低毒。鲤鱼LC_{50}（96h）>8～11mg／L。野鸭急性经口LD_{50}>375mg／kg，山齿鹑急性经口LD_{50}>196mg／kg。

【作用特点】选择性触杀型除草剂。在植物体内几乎不传导，只在药剂接触部位起触杀作用。该药是光系统Ⅱ抑制剂，破坏植物光合作用的电子传递，另外还抑制呼吸作用的氧化磷酸化，改变膜透性，干扰核酸与蛋白质合成等，从而使敏感植物的生理机能受到影响，杂草受害后叶片失水加速，逐渐干枯、死亡。该药在水稻体内被芳基羧基酰胺酶分解成无毒物质。敌稗在土壤中很快分解失效，仅宜用作茎叶处理剂。

【防治对象】稻田稗、雨久花、泽泻、鸭舌草、水芹、水蓼、水马齿、野慈姑、牛毛毡等。对水稻田的四叶萍、野荸荠、眼子菜等基本无效。

【应用技术】移栽田除草：插秧后稗1叶1心期，每亩用34%敌稗乳油589～882g（有效成分200～300g），对水30kg喷雾。施药前排干田水，药后1～2d不灌水，晒田2d后复水淹没稗草心叶，并保水2～4d。水层不可淹没水稻心叶。

【注意事项】

（1）该药杀除稗草最适时期为稗2叶期，待稗草长至3～4片真叶施药防效变差。

（2）敌稗可与多种除草剂混用，如2甲4氯、丁草胺等，扩大杀草谱。

（3）粳稻对敌稗的抗药力较强，糯稻次之，籼稻较差，施药时应注意水稻安全性。另外，受寒、有毒物质伤害、生长较弱的稻田不宜使用该药。

（4）敌稗不能与仲丁威、异丙威、甲萘威等氨基甲酸酯类农药和马拉硫磷、敌百虫等有机磷农药混用，以免产生药害。喷敌稗前后10d内也不能喷上述药剂。敌稗也不能与2，4-D丁酯混用。

【主要制剂和生产企业】16%、34%乳油。

辽宁抚顺丰谷农药有限公司、辽宁省沈阳丰收农药有限公司、鹤岗市旭祥禾友化工有限公司。

灭草松（bentazone）

【作用机理分类】C_3组（苯并噻二嗪酮类亚组）。

【化学结构式】

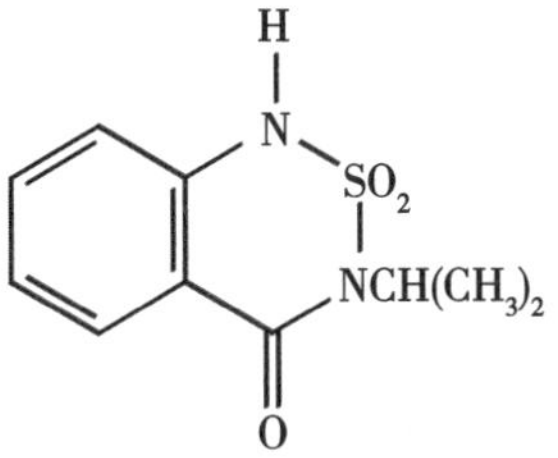

【理化性质】白色结晶，相对密度1.41（20℃），熔点138℃，蒸汽压9×10^{-6}Pa（20℃）。水中溶解度（20℃）570mg／L（pH值为7），有机溶剂中溶解度（20℃，g／L）：丙酮1387、甲醇106.1、乙醇801、乙酸乙酯582、二氯甲烷206、乙醚616、苯33。在酸、碱介质中易水解，日光下分解。

【毒性】低毒。大鼠急性经口LD_{50} >1 000mg／kg，大鼠急性经皮LD_{50}>2 500mg／kg，大鼠急性吸入LC_{50}（4h）>5.1mg／L。对兔眼睛和皮肤有中度刺激性。饲喂试验无作用剂量（mg／kg·d）：大鼠10（2年）、25（90d），狗13.1（1年）。试验条件下未见致畸、致突变、致癌作用。

对鱼、蜜蜂、鸟低毒。虹鳟鱼和大翻车鱼LC_{50}（96h）>100mg／L，水蚤LC_{50}（48h）125mg／L，水藻EC50（72h）47.3mg／L。蜜蜂经口LD_{50}>100μg／只。山齿鹑急性经口LD_{50}>1 140mg／kg。蚯蚓LC_{50}（14d）>1 000mg／kg。

【作用特点】选择性触杀型茎叶处理剂。旱田条件下，药剂只通过杂草茎叶吸收，水田条件下，杂草茎叶和根吸收药剂后传导，影响光合作用和水分代谢，造成杂草营养饥饿、生理机能失调而死。有效成分在耐药作物体内代谢成活性弱的糖轭合物，对水稻安全。

【防治对象】稻田眼子菜、节节菜、泽泻、鸭舌草、矮慈姑、野慈姑、水莎草、异型莎草、碎米莎草、荆三棱、牛毛草、萤蔺等杂草。对扁秆藨草也有较好防效。

【应用技术】移栽及直播田除草：水稻插秧后20～30d，或播种后30～40d，杂草3～5叶期，每亩使用480g／L灭草松水剂150～200g（有效成分72～96g），对水30L茎叶喷雾处理。施药前排干田水，使杂草全部露出水面，药后1～2d复水，保水5～7d。

【注意事项】

（1）药效发挥作用的最佳温度为15～27℃，最佳湿度65%以上。施药后8h内应无雨。

（2）可与二氯喹啉酸、2甲4氯、敌稗等混用，防除稗草、莎草科杂草和阔叶杂草。

（3）喷药时防止药液飘移到棉花、蔬菜等敏感阔叶作物。

【主要制剂和生产企业】25%、40%、48%、480g／L水剂。

江苏绿利来股份有限公司、江苏省农用激素工程技术研究中心、江苏剑牌农化股份有限公司、安徽丰乐农化有限责任公司、山东中禾化学有限公司、中农住商（天津）农用化学品有限公司等。

百草枯（paraquat）

【作用机理分类】D组（联吡啶类亚组）。

【防治对象】禾本科杂草及阔叶杂草。

【应用技术】免耕水稻田灭生性除草： 水稻播种前，每亩使用200g／L百草枯水剂150～300g（有效成分30～60g），加水30L喷施全田及田埂喷雾。

【注意事项】

（1）对深根性杂草及多年生杂草根部防效差，可与传导性除草剂混用。

（2）施药时天气干旱可加喷雾助剂提高药效。

（3）喷雾时防止药液飘移到周围作物。

【主要制剂和生产企业】200g／L水剂。

先正达南通作物保护有限公司。

其他参看玉米田除草剂重点产品介绍。

乙氧氟草醚（oxyfluorfen）

【作用机理分类】E组（二苯醚类亚组）。

【化学结构式】

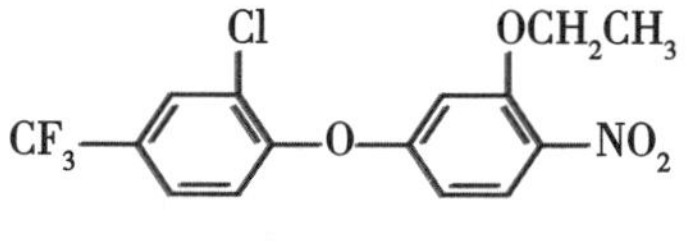

Cl　OCH_2CH_3

CF_3—⟨苯环⟩—O—⟨苯环⟩—NO_2

【曾用名】果尔。

【理化性质】橘色结晶体，相对密度1.35（73℃），熔点85～90℃（工业品65～84℃），沸点358.2℃（分解），蒸汽压2.67×10^{-4}Pa（25℃）。水中溶解度0.116mg／L（25℃），有机溶剂中的溶解度（20℃，g／L）：丙酮725、氯仿500～550、环己酮615、二甲基甲酰胺>500。

【毒性】低毒。大鼠急性经口LD_{50}>5 000mg／kg，兔急性经皮LD_{50}>10 000mg／kg，

大鼠急性吸入LC_{50}（4h）>5.4mg／L。对兔皮肤有轻度刺激性，对兔眼睛有中度刺激性。饲喂试验无作用剂量（2年，mg／kg·d）：大鼠40、小鼠2、狗100。试验剂量下未见致畸、致突变、致癌作用。

对鱼和某些水生动物高毒。LC_{50}（mg／L）：虹鳟鱼0.41、翻车鱼0.2、草虾0.018、螃蟹LC_{50}>320mg／L。对蜜蜂毒性较低。蜜蜂急性经口LD_{50}>25.38μg／只。对鸟类低毒。野鸭LC_{50}（8d）>5 000mg／kg，鹌鹑LD_{50}>2 150mg／kg。

【作用特点】触杀型除草剂。在有光条件下发挥杀草作用。主要通过胚芽鞘、中胚轴进入植物体，经根部吸收运输很少。因此，该药在芽前及芽后早期施用效果好。土壤中半衰期30d左右。

【防治对象】水稻田稗、鸭舌草、陌上菜、节节菜、水苋菜、半边莲、沟繁缕、泽泻、千金子、异型莎草、碎米莎草、日照飘拂草等。对眼子菜、牛毛毡、扁秆藨草等防效较差。

【应用技术】移栽田除草：水稻秧龄30d以上，苗高20cm以上，移栽后4～6d，稗草芽期至1.5叶期，每亩使用24%乙氧氟草醚乳油10～20g（有效成分2.4～4.8g），混毒土20kg撒施，或加水1.5～2kg稀释后装瓶，田间均匀甩施。应在露水干后施药，施药后保持3～5cm浅水层5～7d。

【注意事项】

（1）乙氧氟草醚是触杀型除草剂，喷药时要均匀周到，不可重喷、漏喷。

（2）插秧田，露水干后药土法施用安全。

（3）气温低于20℃、土温低于15℃或秧苗过小、嫩弱或不健壮苗用药易出药害。

（4）施药后遇暴雨田间水层过深，需要排水，否则易出药害。

【主要制剂和生产企业】20%、24%、240g／L乳油，2%颗粒剂。

江苏绿利来股份有限公司、山东滨农科技有限公司、浙江兰溪巨化氟化学有限公司、辽宁三征化学有限公司、美国陶氏益农公司等。

草酮（oxadiazon）

【作用机理分类】E组（二唑酮类亚组）。

【化学结构式】

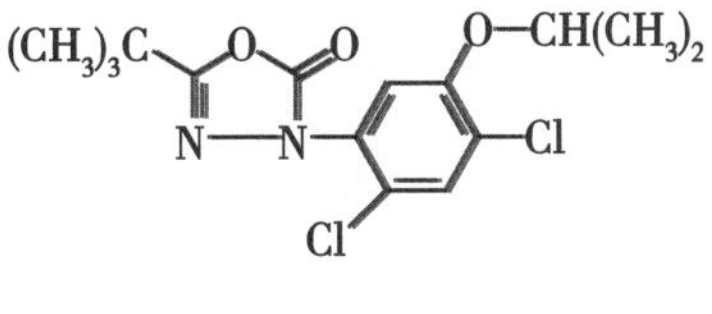

【曾用名】农思它、草灵。

【理化性质】白色固体，熔点87℃，蒸汽压133.3×10^{-6}Pa（20℃）、1×10^{-4}Pa（25℃）。水中溶解度0.7mg／L（20℃），有机溶剂中溶解度（20℃，g／L）：甲苯、二甲苯、氯仿1 000，丙酮、丁酮、四氯化碳600，环已烷200，甲醇、乙醇100。一般贮存条件下稳定性良好，中性或酸性条件下稳定，碱性条件下不稳定。

【毒性】低毒。大鼠急性经口LD_{50}>5 000mg／kg，大鼠和兔急性经皮LD_{50}>2 000mg／kg，大鼠急性吸入LC_{50}（4h）>2.77mg／L。大鼠饲喂试验无作用剂量10mg／kg·d（2年）。

试验剂量下未见致突变性、致癌性。

对鱼类毒性中等。LC_{50}（96h，mg／L）：虹鳟鱼1～9，鲤鱼1.76。对蜜蜂、鸟低毒。蜜蜂经口LD_{50}>400μg／只。野鸭急性经口LD_{50}>1 000mg／kg，鹌鹑急性经口LD_{50}>2 150mg／kg。

【作用特点】选择性芽前、芽后除草剂。主要经幼芽吸收，幼苗和根也能吸收，积累在生长旺盛的部位，抑制原卟啉原氧化酶的活性，在光照条件下，使杂草接触药剂部位的细胞组织及叶绿素遭到破坏，幼芽、叶片枯萎死亡。杂草萌芽至2～3叶期均对草酮敏感，以萌芽期施药效果最好，随杂草长大效果下降。水稻田施药后药液很快在水面扩散，迅速被土壤吸附，向下移动量较少。该药在土壤中代谢较慢，半衰期为2～6个月。

【防治对象】水稻田稗、千金子、鸭舌草、水苋菜、节节菜、陌上菜、鳢肠、异型莎草、牛毛毡等一年生杂草。对多年生杂草无效。

【应用技术】移栽田除草：水稻移栽前，整地后趁水浑浊时，每亩用25%草酮乳油65～100g（有效成分16～25g，南方地区），或120～150g（有效成分30～37.5g，北方地区），加水1.5～2kg稀释瓶甩。也可在栽后用喷雾法或毒土法施药。施药时田间保持3cm水层，药后保水2～3d。

【注意事项】

（1）水稻插秧后施药，弱苗、小苗、水层淹没心叶，易发生药害；秧田及水直播田使用催芽种子，易发生药害。

（2）本品对蜜蜂、鸟类及水生生物有毒。施药时应避免对周围蜂群的影响，蜜蜂花期禁用。远离水产养殖区施药，禁止在河塘等水体中清洗施药器具。

【主要制剂和生产企业】12.5%、13%、25%、120g／L、250g／L乳油，30%微乳剂，380g／L悬浮剂，30%可湿性粉剂。

江苏龙灯化学有限公司、浙江嘉化集团股份有限公司、河北新兴化工有限责任公司、辽宁省大连松辽化工有限公司、德国拜耳作物科学公司等。

丙炔草酮（oxadiargyl）

【作用机理分类】E组（二唑酮类亚组）。

【化学结构式】

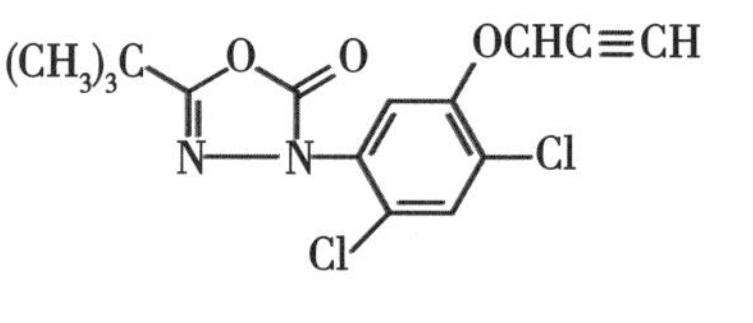

【曾用名】炔草酮。

【理化性质】白色或米色粉状固体，相对密度1.484（20℃），熔点131℃，蒸汽压2.5×10^{-6}Pa。水中溶解度为0.37mg／L（20℃），有机溶剂中溶解度（20℃，g／L）：丙酮250、二氯甲烷500、乙酸乙酯121.6、乙腈94.6、甲醇14.7、正辛醇3.5、甲苯77.6。对光稳定，在pH值为4、pH值为5和pH值为7时稳定。

【毒性】低毒。大鼠急性经口LD_{50}>5 000mg／kg，大鼠急性经皮LD_{50}>2 000mg／kg，兔急性经皮LD_{50}<2 000mg／kg，大鼠急性吸入LC_{50}>5.16mg／L。对兔皮肤无刺激性，对兔眼睛有轻度刺激性。无致突变性、致畸性。

对鱼、蜜蜂、鸟低毒。虹鳟鱼LC_{50}（96h）>201mg／L。蜜蜂经口和接触LD_{50}>200μg／只。鹌鹑急性经口LD_{50}>2 000mg／kg。野鸭和鹌鹑饲喂LC_{50}（8d）>5 200mg／kg。

【作用特点】选择性芽前、芽后除草剂。主要经幼芽吸收，幼苗和根也能吸收，积累在生长旺盛的部位，抑制原卟啉原氧化酶的活性而起到杀草作用。生物活性与草酮基本相同。

【防治对象】水稻田稗、千金子、节节菜、鸭舌草、雨久花、泽泻、紫萍、水绵、小茨藻、牛毛毡、碎米莎草、异型莎草、萤蔺、野荸荠等。

【应用技术】 移栽田除草：水稻移栽前3～7d，杂草萌发初期，每亩用80%丙炔草酮可湿性粉剂6g（有效成分4.8g，南方）；或6～8g（有效成分4.8～6.4g，北方），加水1.5～2kg稀释，将配好的药液以瓶甩法均匀施药。也可在插秧后5～7d，采用上述剂量毒土法施药，药后保持3～5cm水层5～7d。

【注意事项】

（1）本剂仅适用于籼稻和粳稻的移栽田，不得用于糯稻田。也不宜用于弱苗田、抛秧田和制种田。

（2）为提高对阔叶杂草防效，可与苄嘧磺隆等混用。

【主要制剂和生产企业】80%可湿性粉剂。

辽宁省丹东市农药总厂、拜耳作物科学公司。

草甘膦（glyphosate）

【作用机理分类】G组（有机磷类亚组）。

【化学结构式】

$$(HO)_2P(=O)-CH_2NHCH_2COOH$$

【曾用名】农达。

【理化性质】白色结晶固体，相对密度1.705，熔点189.5℃，蒸汽压$<1\times10^{-5}$Pa（25℃）。水中溶解度11.6g／L（25℃），不溶于多数有机溶剂，其碱金属、铵、胺盐均溶于水。草甘膦及其所有的盐不挥发，在空气中稳定。

【毒性】低毒。急性经口LD_{50}（mg／kg）：大鼠5 600，小鼠11 300。兔急性经皮LD_{50}>5 000mg／kg，大鼠急性吸入LC_{50}（4h）>4.98mg／L。对兔眼睛有刺激性，对兔皮肤无刺激性。饲喂试验无作用剂量（mg／kg·d）：大鼠410（2年），狗500（1年）。试验中无致畸、致突变、致癌作用。

对鱼、蜜蜂、鸟低毒。鱼LC_{50}（96h，mg／L）：虹鳟鱼86，翻车鱼120，水蚤LC_{50}（48h）>780mg／L。蜜蜂经口和接触LD_{50}>100μg／只。山齿鹑急性经口LD_{50}>3 581mg／kg。

【作用特点】内吸、传导型除草剂。抑制植物体内5-烯醇丙酮酰莽草酸-3-磷酸合成酶，从而抑制莽草酸向苯丙氨酸、酪氨酸及色氨酸的转化，使蛋白质的合成受到干扰导致植物死亡。该药内吸、传导性强，对多年生深根杂草的地下组织有杀伤作用，能达到一般农业机械无法达到的深度。该药杀草谱广，对大部分禾本科、阔叶、莎草科杂草及灌木有效。豆科和百合科植物对该药耐受性较强。草甘膦接触土壤后与铁、铝等金属离子结合而失去活性。该药对天敌及有益生物安全。

【防治对象】禾本科杂草及阔叶杂草。

【应用技术】免耕水稻田灭生性除草：水稻播种前10d左右，每亩用30%草甘膦异丙铵盐水剂200～400g（有效成分60～120g），加水30L喷施全田及田埂。

【注意事项】

（1）草甘膦施药后7～10d才能见明显药效，不应在未见到杂草死亡前急于锄草。

（2）施药时天气干旱可加喷雾助剂提高药效。

【主要制剂和生产企业】30%、41%水剂，60%可溶性粒剂。

江苏丰山集团有限公司、江苏腾龙生物药业有限公司、合肥星宇化学有限责任公司、安徽省合肥福瑞德生物化工厂、山东潍坊万盛生物农药有限公司、黑龙江省新兴农药有限责任公司、美国孟山都公司等。

哌草丹（dimepiperate）

【作用机理分类】N组（硫代氨基甲酸酯类亚组）。

【化学结构式】

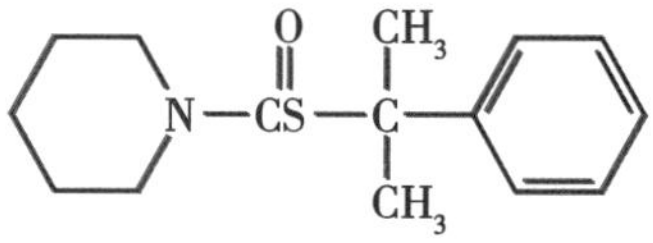

【曾用名】优克稗。

【理化性质】蜡状固体，熔点38.8～39.3℃，沸点164～168℃（100Pa），蒸汽压0.53×10^{-3}Pa（30℃）。水中溶解度20mg/L（25℃），有机溶剂中溶解度（25℃，kg/L）：丙酮6.2、环己酮4.9、乙醇4.1、氯仿5.8、己烷2.0。

【毒性】低毒。急性经口LD_{50}（mg/kg）：雄大鼠946，雌大鼠959，雄小鼠4 677，雌小鼠4 519。大鼠急性经皮LD_{50}>5 000mg/kg，大鼠急性吸入LC_{50}（4h）>1.66mg/L。对兔眼睛和皮肤无刺激性，对豚鼠皮肤无致敏性。饲喂试验无作用剂量（mg/kg·d）：大鼠0.5（2年），小鼠>65（1.5年）。

对鱼中等毒。LC_{50}（mg/L）：虹鳟鱼5.7（48h）、1.7（96h），鲤鱼5.8（48h），翻车鱼4.2（96h）。对鸟低毒。急性经皮LD_{50}（mg/kg）：雄日本鹌鹑>2 000，母鸡>5 000。

【作用特点】类脂合成抑制剂，也是植物内源激素颉颃剂，有效成分被植物吸收后打破内源激素的平衡，使细胞内蛋白质合成受阻，破坏生长点细胞分裂，致使其生长停止。

【防治对象】稗草、牛毛毡、马唐，对异型莎草、碎米莎草、萤蔺等莎草科杂草有抑制效果。对阔叶杂草无效。

【应用技术】秧田、直播田（南方）防除稗草、牛毛草。该药目前以混剂（与苄嘧磺隆）登记。直播田：水稻播种后，稗草2叶期前，每亩使用17.2%苄嘧磺隆·哌草丹可湿性粉剂200～300g（有效成分34.4～51.6g），对水30L进行喷雾处理。水育秧田：播后1～4d，每亩使用17.2%苄嘧磺隆·哌草丹可湿性粉剂200～300g（有效成分34.4～51.6g），拌细土撒施。

【注意事项】

该药单用杀草谱窄，连续使用会使稻田杂草群落发生明显变化，应与其他除草剂混用或交替使用。其他同禾草丹。

【主要制剂和生产企业】17.2%苄嘧磺隆·哌草丹可湿性粉剂。

浙江乐吉化股份有限公司。

禾草敌（molinate）

【作用机理分类】N组（硫代氨基甲酸酯类亚组）。

【化学结构式】

$$\text{(azepan-1-yl)}\ N-\overset{\overset{\displaystyle O}{\|}}{C}S-CH_2CH_3$$

【曾用名】禾大壮、禾草特。

【理化性质】透明液体，有芳香气味，相对密度1.063（20℃），沸点202℃（1333.3Pa），蒸汽压7.46×10^{-1}Pa（25℃）。水中溶解度（25℃，mg／L）：990（pH值为5）、900（pH值为9），可溶于丙酮、甲醇、乙醇、异丙醇、苯、甲苯、二甲苯等有机溶剂，对光不稳定。

【毒性】低毒。急性经口LD_{50}（mg／kg）：雄大鼠369，雌大鼠450，小鼠259。急性经皮LD_{50}（mg／kg）：兔>4 640，大鼠>1 200。大鼠急性吸入LC_{50}（4h）1.36mg／L。对兔眼睛和皮肤有刺激性。饲喂试验无作用剂量（mg／kg·d）：大鼠8（90d），狗20（90d），大鼠0.63（2年），小鼠7.2（2年）。试验剂量下无致畸、致突变、致癌作用。

对鱼、鸟低毒。LC_{50}（48h）：虹鳟鱼13.0，大翻车鱼29，金鱼30。饲喂LC_{50}（mg／kg）：野鸭（5d）13 000，山齿鹑（11d）5 000。蚯蚓LC_{50}（14d）289mg／kg。

【作用特点】选择性内吸、传导型除草剂。可做土壤处理兼茎叶处理。该药比重比水大，施药后沉降在水与泥的界面形成高浓度药层。杂草通过药层时，初生根和芽鞘吸收药剂并积累在生长点的分生组织，阻止蛋白质合成；禾草敌还能抑制α-淀粉酶活性，使杂草种子中的淀粉不能水解成糖，杂草幼芽蛋白质合成及细胞分裂失去能量供给，造成细胞膨大，生长点扭曲而死亡。稻根向下生长穿过药层吸收药量少，因而不会受害。

【防治对象】水稻田稗草、异型莎草，对牛毛毡、碎米莎草、萤蔺等莎草科杂草有抑制效果。对阔叶杂草无效。

【应用技术】 主要用于防除稗草。水稻移栽或抛秧后3～5d，或直播稻灌水后播种前，或秧田播种前或水稻立针期后，稗草萌发至2叶1心期，每亩使用90.9%禾草敌乳油100～150g（有效成分91～137g，华南、华中、华东地区），或150～220g（有效成分133～200g，华北及东北地区），混土20kg均匀撒施。药后保持3～5cm水层，保水5～7d。禾草敌对防治1～4叶期的稗草有效，防除4叶期以上的大龄稗草需增加用量。

【注意事项】

（1）该药易挥发，毒土应随拌随用；施药时田面有水层、药后保水，才能取得理想效果。

（2）籼稻对禾草敌较敏感，用药量过高或施药不匀，易产生药害。

（3）可与2甲4氯、苄嘧磺隆等混用，不能与2，4-D混用。

（4）该药杀草谱窄，连续使用会使稻田杂草群落发生明显变化，应与其他除草剂混用或交替使用。

【主要制剂和生产企业】90.9%禾草敌乳油。

天津市施普乐农药技术发展有限公司、中农住商（天津）农用化学品有限公司、先正达（苏州）作物保护有限公司、英国先正达有限公司。

禾草丹（thiobencarb）

【作用机理分类】N组（硫代氨基甲酸酯类亚组）。

【化学结构式】

$$Cl-C_6H_4-CH_2S\overset{O}{\overset{\|}{C}}N(CH_2CH_3)_2$$

【曾用名】杀草丹、灭草丹。

【理化性质】淡黄色液体，相对密度1.16（20℃），沸点126～129℃（1.07Pa），熔点3.3℃，闪点172℃，蒸汽压2.93×10^{-3}Pa（23℃）。水中溶解度30mg／L（20℃），易溶于二甲苯、丙酮、醇类等有机溶剂。对酸、碱、热稳定，对光较稳定。

【毒性】低毒。急性经口LD_{50}（mg／kg）：雄大鼠1 033，雌大鼠1 130，雄小鼠1 102，雌小鼠1 402。急性经皮LD_{50}（mg／kg）：大鼠>1 000，兔>2 000。大鼠急性吸入LC_{50}（1h）4.3mg／L。对兔眼睛和皮肤有一定刺激性。饲喂试验无作用剂量（mg／kg·d）：雄大鼠0.9（2年），雌大鼠1.0（2年），狗1.0（1年）。在试验剂量内无致畸、致突变、致癌作用。

对鱼类中等毒。LC_{50}（48h，mg／L）：鲤鱼3.6，翻车鱼2.4，白虾LC_{50}（96h）0.264mg／L。对蜜蜂、鸟低毒。急性经口LD_{50}（mg／kg）：母鸡2 629，山齿鹑>7 800，野鸭>10 000，山齿鹑和野鸭饲喂LC_{50}（8d）>5 000mg／kg。

【作用特点】选择性内吸、传导型土壤处理除草剂。主要由杂草的根和幼芽吸收，传导到体内，阻碍淀粉酶和蛋白质的生物合成，抑制细胞的有丝分裂，使已发芽的杂草种子中的淀粉不能水解成为容易被植物吸收利用的糖类，杂草得不到养料而死亡。受害杂草叶片先呈现浓绿色，生长停止，畸形，以后逐渐枯死。水稻吸收药剂较少、降解速度较快，因此不受伤害。药剂能迅速被土壤吸附，淋溶性较差，一般分布在土层2cm处。药剂在通风良好土壤中的半衰期为2～3周，厌氧条件下为6～8月。该药能被土壤微生物降解，厌氧条件下被土壤微生物形成的脱氯禾草丹，能强烈抑制水稻生长。

【防治对象】水稻田稗草、鸭舌草、野慈姑、水苋菜、母草、牛毛毡、千金子、日照飘拂草、异型莎草、碎米莎草、萤蔺等杂草。

【应用技术】移栽田除草：水稻移栽后5～7d，每亩用50%禾草丹乳油150～250g（有效成分75～125 g），对水30L茎叶喷雾或药土法施药。施药时田间水层3～5 cm，施药后保水5～7d。直播田除草：水稻播前或播后2～3叶期，每亩用50%禾草丹乳油200～300 g（有效成分100～150 g），对水30L茎叶喷雾。施药时应保持水层3～5 cm，药后保水5～7d。秧田除草：在播种前或水稻立针期后，每亩用50%禾草丹乳油150～250g（有效成分75～125g），药土法均匀撒施，施药时田面留有浅水层或湿润，施药后保水2～3d。

【注意事项】

（1）该药仅对萌芽期杂草杀除效果好，对未萌发的种子和2～3叶期以上的大草防效差。

（2）可与2甲4氯、苄嘧磺隆等混用，不能与2，4-D混用。

（3）秧田覆膜、施药后灌深水、出苗至立针期用药、施药后水层淹没水稻心叶、高温均易使秧苗产生药害。

（4）该药厌氧条件下被土壤微生物分解形成脱氯禾草丹，能抑制水稻生长。因此，冷湿田或使用大量未腐熟有机肥的田块，禾草丹用量不能过高，如水稻因上述情况抑制生长，应注意及时排水、晒田。

（5）沙质田及漏水田不宜使用该药。

【主要制剂和生产企业】50%、90%、900g／L乳油。

连云港纽泰科化工有限公司、镇江建苏农药化工有限公司、浙江威尔达化工有限公司、重庆市山丹生物农药有限公司、北京比荣达生化技术开发有限责任公司、辽宁省沈阳市和田化工有限公司、日本组合化学工业株式会社。

异草松（clomazone）

【作用机理分类】F_3组（异噁酮类亚组）。

【防治对象】水稻田稗、千金子、异型莎草、日照飘拂草、鳢肠、节节菜、陌上菜、耳叶水苋等。

【应用技术】 移栽田除草：插秧后3～5d，稗草1叶1心期，亩用36%异草松微囊悬浮剂28～35g（有效成分10～12g），拌细土20kg撒施，药后保持3～5cm水层5～7d。直播田除草：北方可于播前3～5d，用36%微囊悬浮剂35～40g（有效成分12～14g），撒毒土或喷雾；南方可在播后稗草高峰期，用36%异草松微囊悬浮剂25～30g（有效成分9～10.8g），撒毒土或喷雾。施药时田间排水保持秧田湿润。施药2 d后灌3 cm水层，并保水5～7d。

【注意事项】

（1）药剂接触到水稻叶片可出现白色斑点，或整个叶变黄、变白，但对新出叶片无影响。

（2）北方移栽稻田，水层过深、插秧过深、井灌水不晒水、苗床使用某些促长植调剂等，使用异草松后可能抑制水稻生长。

（3）该药在土壤中的残留期长，后茬不宜种植麦类、谷子、苜蓿、甜菜等。

（4）本品不能与碱性等物质混用。

【主要制剂和生产企业】360g／L微囊悬浮剂。

江苏省苏州富美实植物保护剂有限公司、美国富美实公司。

其他参见大豆田除草剂重点产品介绍。

乙草胺（acetochlor）

【作用机理分类】K_3组（氯酰胺类亚组）。

【防治对象】水稻田稗、千金子、鸭舌草、泽泻、母草、藻类、异型莎草等。

【应用技术】移栽田除草：水稻移栽缓苗后（早稻移栽后6～8d，晚稻移栽后5～6d），杂草萌芽期，每亩用20%乙草胺可湿性粉剂35～50g（有效成分7～10g，北方地区），或30～37.5g（有效成分6～7.5g，南方地区），拌毒土20kg撒施。施药时田间保持3～5cm水层，药后保水5～7d。不能排水和串水，水深不能淹没水稻心叶。

【注意事项】

（1）水稻萌芽及幼苗期对乙草胺敏感，不能用药。

（2）秧田、直播田、小苗（秧龄25d以下）、弱苗移栽田，用乙草胺及其混剂易出药害。

（3）本品对鱼高毒，施药时应远离鱼塘或沟渠，施药后的田水及残药不得排入水体，也不能在养鱼、虾、蟹的水稻田使用本药剂。

【主要制剂和生产企业】900g／L乳油、20%可湿性粉剂。

江苏常隆化工有限公司、江苏连云港立本农药化工有限公司、江苏绿利来股份有限公司、江西抚州新兴化工有限公司、辽宁省大连瑞泽农药股份有限公司、重庆双丰化工有限公司、黑龙江省哈尔滨市联丰农药化工有限公司等。

其他参见玉米田除草剂重点产品介绍。

丁草胺（butachlor）

【作用机理分类】K_3组（氯酰胺类亚组）。

【化学结构式】

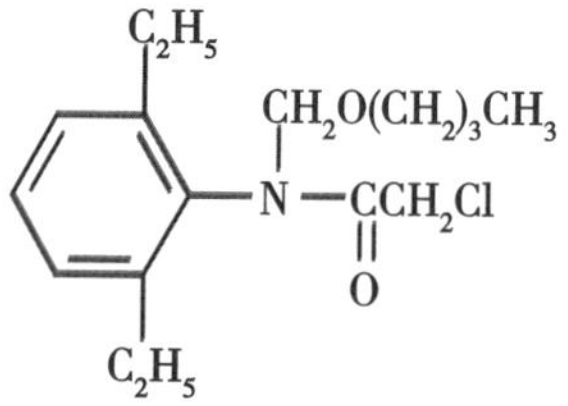

C_2H_5

$CH_2O(CH_2)_3CH_3$

N — CCH_2Cl

O

C_2H_5

【曾用名】马歇特、灭草特、去草胺。

【理化性质】淡黄色油状液体，带甜香气味，相对密度1.076（25℃），熔点-2.8～1.0℃，沸点156℃（66.7Pa），蒸汽压6×10^{-4}Pa（25℃）。水中溶解度20mg／L（20℃），能溶于丙酮、乙醇、乙酸乙酯、乙醚、苯、己烷等有机溶剂。

【毒性】低毒。大鼠急性经口LD_{50}>2 000mg／kg，兔急性经皮LD_{50}>1 300mg／kg，大鼠急性吸入LC_{50}（4h）>3.34mg／L。对兔眼睛有轻度刺激，对兔皮肤有中度刺激。试验剂量内无致畸、致突变作用。饲喂试验无作用剂量（2年，mg／kg·d）：大鼠100，狗1 000。

对鱼高毒。LC_{50}（96h，mg／L）：虹鳟鱼0.52，鲤鱼0.32，翻车鱼0.44。对蜜蜂、鸟低毒。蜜蜂接触LD_{50}>100μg／只。野鸭急性经口LD_{50}>4 640mg／kg。饲喂LC_{50}（7d，mg／kg）：野鸭>10 000，山齿鹑>6 597。

【作用特点】有效成分通过杂草幼芽和幼根吸收，抑制体内蛋白质合成，杂草出土过程中幼芽被杀死。症状为芽鞘紧包生长点，稍变粗，胚根细而弯曲，无须根，植株肿大、畸形，深绿色，最终死亡。丁草胺被水稻吸收后，在体内迅速分解代谢，对水稻安全。丁草胺能被土壤微生物分解。持效期为30～40d。该药苗后使用活性低。

【防治对象】稻田稗、千金子、陌上菜、泽泻、异型莎草、碎米莎草、牛毛毡等。对鸭舌草、鳢肠、节节菜、尖瓣花和萤蔺有较好抑制作用，对扁秆藨草、野慈姑等多年生杂草无防效。

【应用技术】移栽田除草：水稻移栽后3～5d，每亩用60%丁草胺乳油100～120g（有效成分60～72g，南方地区），或80～140g（有效成分50～85g，北方地区），对水30kg或拌药土20kg均匀喷雾或撒施。施药时保持3～5cm水层，药后保水3～5d，后恢复正常水分及田间管理。

【注意事项】

（1）水稻幼苗期对丁草胺分解能力较差，秧田、直播田、小苗（秧龄25d以下）、弱苗移栽田，应慎用该药。

（2）杂交稻的品种间对丁草胺敏感性有差别，应先小面积试验。

（3）本品对鱼高毒，施药时应远离鱼塘或沟渠，施药后的田水及残药不得排入水体，也不能在养鱼、虾、蟹的水稻田使用本剂。

【主要制剂和生产企业】50%、60%、 85%、900g／L乳油，40%、600g／L水乳剂，50%微乳剂，5%颗粒剂，10%微粒剂等。

美丰农化有限公司、浙江省杭州庆丰农化有限公司、山东乐邦化学品有限公司、山东潍坊润丰化工股份有限公司、美国孟山都公司等。

异丙甲草胺（metolachlor）

【作用机理分类】K_3组（氯酰胺类亚组）。

【防治对象】水稻田稗、千金子、鸭舌草、节节菜、母草、异型莎草、碎米莎草、牛毛毡等。对扁秆藨草、野慈姑等多年生杂草无明显防效。

【应用技术】移栽田除草：水稻移栽5～7d缓苗后，每亩用72%异丙甲草胺乳油10～20g（有效成分7.2～14.4g），对水30kg均匀喷雾或混土20kg撒施。施药时田间保持3～5cm浅水层，药后保水5～7d，以后恢复正常水层管理。水层不能淹没水稻心叶。

【注意事项】

只能用于水稻大苗（5.5叶以上）移栽田。秧田、直播田、抛秧田和小苗移栽田不能使用。

【主要制剂和生产企业】72 %、720g／L乳油。

江苏常隆化工有限公司、陕西汤普森生物科技有限公司、山东麒麟农化有限公司、江西新兴农药有限公司。

其他参见玉米田除草剂重点产品介绍。

丙草胺（pretilachlor）

【作用机理分类】K_3组（氯酰胺类亚组）。

【化学结构式】

C_2H_5

$CH_2CH_2O(CH_2)_2CH_3$

$N—CCH_2Cl$

O

C_2H_5

【曾用名】扫弗特。

【理化性质】无色油状液体，相对密度1.076（20℃），沸点135℃（0.133Pa），蒸汽压1.33×10^{-4}Pa（20℃）。水中溶解度50mg／L（20℃），易溶于苯、甲醇、己烷、二氯乙烷等有机溶剂。

【毒性】低毒。大鼠急性经口LD_{50} 6 099mg／kg，大鼠急性经皮LD_{50}>3 100mg／kg，大鼠急性吸入LC_{50}（4h）>2.9mg／L。对兔眼睛无刺激，对兔皮肤有中度刺激。饲喂试验无作用剂量（mg／kg·d）：大鼠30（2年），小鼠300（2年），狗300（0.5年）。试验剂量下无致畸、致突变、致癌作用。

对鱼高毒。LC_{50}（96h，mg／L）：虹鳟鱼0.9，鲤鱼2.3。对蜜蜂、鸟低毒。蜜蜂接触LD_{50}>93μg／只。日本鹌鹑急性经口LD_{50}>10 000mg／kg，饲喂LC_{50}>1 000mg／kg。

【作用特点】有效成分由禾本科植物胚芽鞘和阔叶植物下胚轴吸收，向上传导，进入植物体内抑制蛋白酶合成，使杂草幼芽和幼根停止生长，不定根无法形成。受害症状为禾本科植物芽鞘紧包生长点，稍变粗，胚根细而弯曲，无须根，生长点扭曲、萎缩，阔叶杂草叶片皱缩变黄，逐渐变褐枯死。杂草种子萌发时穿过药土层吸收药剂而被杀死，茎叶处理效果差。

药剂中加入安全剂后，可加速水稻幼苗体内丙草胺的分解，使水稻免受伤害，对秧苗和直播稻安全，不加安全剂的产品不能用于秧田及直播田。

【防治对象】水稻田稗、千金子、鸭舌草、泽泻、母草、藻类、异型莎草等。

【应用技术】移栽田除草：水稻移栽后3～5d，每亩用30%丙草胺乳油110～150g（有效成分33～45g），对水30kg均匀喷雾或混土20kg撒施。施药时田间应有3cm左右的水层，药后保水3～5d。直播田除草：稻苗2叶期（南方播种后2～4d，北方播种后10～15d），稗草1.5叶期以下，每亩用30%丙草胺乳油100～120g（有效成分30～36g），对水30kg均匀喷雾或混土20kg撒施。药前灌浅水，药后保持水层3～4d。水稻需先催芽，芽长至谷粒的一半或与谷粒等长，且根和芽均生长正常时播种。秧田除草：水稻播种后有根芽长出时，每亩用30%丙草胺乳油110～150g（有效成分33～45g），对水30kg喷雾。施药时，使土壤水分处于饱和状态，土表能见水膜。施药后24h，灌浅水层，保水3d后正常管理。抛秧田除草：水稻抛秧后4～5d（南方地区），每亩用30%丙草胺乳油110～150g（有效成分33～45g），药土法撒施，施药时田面保持3～4cm水层，药后保水5～7d。

【注意事项】

（1）地整好后要及时播种、施药，否则杂草出土后再施药会影响药效。

（2）直播田及秧田需选用含安全剂的产品，并在水稻扎根后、能吸收安全剂时施药。抛秧田和移栽田可以不选用含安全剂产品。

（3）少数米质优良、抗逆性差的品种对该药敏感，因此特种米施药前需先进行试验。

（4）本品对鱼和藻类高毒，施药时应远离鱼塘或沟渠，施药后的田水及残药不得排入水体，也不能在养鱼、虾、蟹的水稻田使用本药剂。

【主要制剂和生产企业】30%、50%、52%、300g / L乳油，50%水乳剂等。

江苏绿利来股份有限公司、湖南农大海特农化有限公司、山东省济南绿邦化工有限公司、齐齐哈尔盛泽农药有限公司、瑞士先正达作物保护有限公司等。

异丙草胺（propisochlor）

【作用机理分类】K_3组（氯酰胺类亚组）。

【防治对象】水稻田稗、千金子、鸭舌草、节节菜、母草、异型莎草、碎米莎草、牛毛毡等。对扁秆藨草、野慈姑等多年生杂草无明显防效。

【应用技术】南方地区水稻移栽田除草：在水稻移栽5 ~ 7d缓苗后，每亩用50%异丙草胺乳油15 ~ 20g（有效成分7.5 ~ 10g），混土20kg均匀撒施。施药时田间保持3 ~ 5cm浅水层，药后保水5 ~ 7d，以后恢复正常水层管理。水层不能淹没水稻心叶。

【注意事项】同其他酰胺类药剂。

【主要制剂和生产企业】50%乳油。

江苏常隆化工有限公司。

其他参见玉米田除草剂重点产品介绍。

克草胺（ethachlor）

【作用机理分类】K_3组（乙酰胺类亚组）。

【化学结构式】

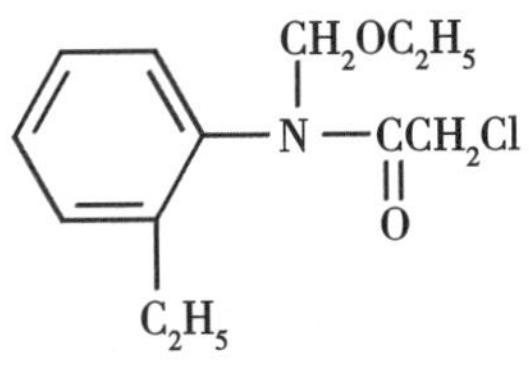

$CH_2OC_2H_5$

N—$\underset{\|}{C}CH_2Cl$

O

C_2H_5

【理化性质】棕色油状液体，相对密度1.058（25℃），蒸汽压2.67×10^{-3}Pa。不溶于水，可溶于丙酮、乙醇、苯、二甲苯等有机溶剂。

【毒性】低毒。小鼠急性经口LD_{50}（mg / kg）：雄774，雌464。对眼睛黏膜及皮肤有刺激作用。

【作用特点】有效成分通过杂草幼芽和幼根吸收，抑制体内蛋白质合成，杂草出土过程中幼芽被杀死。

【防治对象】水稻田稗、千金子、鸭舌草、节节菜、母草、泽泻、异型莎草、碎米莎草、牛毛毡等。对扁秆藨草、野慈姑等多年生杂草无防效。

【应用技术】移栽田除草：水稻移栽后（北方地区5 ~ 7d，南方地区4 ~ 6d），每亩使用47%克草胺乳油75 ~ 100g（有效成分35.3 ~ 47g，东北地区）或50 ~ 75g（有效成分23.5 ~ 50g，其他地区），混土20kg在水稻缓苗后撒施。

【注意事项】

（1）本品应在稗草1叶1心前施药，施药过晚及水温过低均会影响药效。

（2）本品适用于移栽稻田，未经试验不能用于其他栽培方式稻田。

（3）小苗、弱苗、漏水田、沙质土慎用，并严格控制施药量。

（4）施药后严禁水层淹没水稻心叶，药后如遇大雨应注意排水，否则易对水稻产生药害。

（5）田间阔叶杂草较多时，可与苄嘧磺隆等混用，莎草科杂草较多时，可与灭草松等混用。

【主要制剂和生产企业】47%乳油。

大连瑞泽农药股份有限公司。

苯噻酰草胺（mefenacet）

【作用机理分类】K_3组（芳氧乙酰胺类亚组）。

【化学结构式】

【曾用名】苯噻草胺。

【理化性质】白色固体，熔点134.8℃，蒸汽压6.4×10^{-7}Pa（20℃）。水中溶解度4mg／L（20℃），有机溶剂中溶解度（20℃，g／L）：丙酮60～100、甲苯20～50、二氯甲烷>200、二甲基亚砜110～220、乙腈30～60、乙酸乙酯20～50、异丙醇5～10、己烷0.1～1.0。对光、热、酸、碱（pH值为4～9）稳定。

【毒性】低毒。大鼠和小鼠急性经口LD_{50}>5 000mg／kg，大鼠和小鼠急性经皮LD_{50}>5 000mg／kg，大鼠急性吸入LC_{50}（4h）0.02mg／L。对眼睛和皮肤无刺激性。大鼠饲喂试验无作用剂量100mg／kg·d（2年）。

对鱼中等毒。LC_{50}（96h，mg／L）：鲤鱼6.0、虹鳟鱼6.8。对鸟低毒。山齿鹑LC_{50}（5d）>5 000mg／kg。蚯蚓LC_{50}（28d）>1 000mg／kg。

【作用特点】选择性内吸、传导型除草剂。主要通过芽鞘和根吸收，经木质部和韧皮部传导至杂草的幼芽和嫩叶，阻止杂草生长点细胞分裂伸长，最终导致植物死亡。土壤对本品吸附力强，药剂多吸附在土壤表层，杂草生长点处在该土层易被杀死，而水稻生长点处于该层以下，避免了与该药剂的接触。该药在水中溶解度低，保水条件下施药除草效果好。

【防治对象】稻田稗、鸭舌草、泽泻、节节菜、沟繁缕、母草、牛毛毡、异型莎草、碎米莎草、萤蔺等杂草。

【应用技术】抛秧田、移栽田除草：水稻抛秧或移栽后（北方地区5～7d，南方地区4～6d），每亩使用50%苯噻酰草胺可湿性粉剂50～60g（有效成分25～30g，南方地区）或60～80g（有效成分30～40g，北方地区），混土20kg撒施。施药时有3～5cm浅水层，药后保水5～7d。如缺水可缓慢补水（不能排水），水层不应淹过水稻心叶。

【注意事项】

（1）本品适用于移栽稻田和抛秧田，未经试验不能用于直播田和其他栽培方式稻田。

（2）漏水田、沙质土该药除草效果差。

（3）对鱼有毒，对藻类高毒，喷药操作及废弃物处理应避免污染水体。

【主要制剂和生产企业】50%、88%可湿性粉剂。

美丰农化有限公司、江苏快达农化股份有限公司、吉林邦农生物农药有限公司、辽宁省丹东市农药总厂、黑龙江省哈尔滨富利生化科技发展有限公司等。

莎稗磷（anilofos）

【作用机理分类】K_3组（其他类亚组）。

【化学结构式】

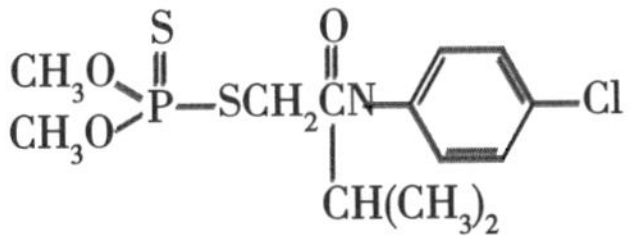

【曾用名】阿罗津。

【理化性质】白色结晶固体，相对密度1.27（25℃），熔点50.5～52.5℃，150℃分解，蒸汽压2.2×10^{-3}Pa（60℃）。溶解度（20℃，g／L）：水0.0136，丙酮、甲苯、氯仿>1 000，苯、乙醇、乙酸乙酯、二氯甲烷>200，已烷12。

【毒性】低毒。急性经口LD_{50}（mg／kg）：雄大鼠830，雌大鼠472。兔急性经皮LD_{50}>2 000mg／kg，大鼠急性吸入LC_{50}（4h）26mg／L。对兔皮肤有轻微刺激性，对兔眼睛有一定的刺激性。饲喂试验无作用剂量（mg／kg）：大鼠10（90d），狗5（6个月）。在试验剂量下无致突变作用。

对鱼中等毒。LC_{50}（96h，mg／L）：虹鳟鱼2.8，金鱼4.6。对蜜蜂、鸟低毒。蜜蜂经口LD_{50}0.66μg／只。日本鹌鹑急性经口LD_{50}（mg／kg）：雄3 360、雌2 339。

【作用特点】选择性内吸、传导型除草剂。药剂主要通过植物的幼芽和幼根吸收，抑制细胞分裂伸长。杂草受药后生长停止，叶片深绿，变短变厚，极易折断，心叶不抽出，最后整株枯死。对正在萌发的杂草效果好，对已经长大的杂草效果较差。持效期30d左右。对水稻安全。

【防治对象】水稻田稗、千金子、碎米莎草、异型莎草、牛毛草、鸭舌草等。对扁秆藨草无效。

【应用技术】移栽田除草：水稻移栽后4～8d，稗草2.5叶期前，每亩用30%莎稗磷乳油60～70g（有效成分18～21g），加水30L喷雾或拌毒土撒施。采用喷雾法施药时需排干田水喷雾，24h后复水，以后正常管理。毒土法施药时应保持浅水层。

【注意事项】

（1）杂草3叶期之前药效好，超过3叶期药效变差，因此应提早施药。

（2）育秧田、抛秧田、直播田及小苗移栽田该药慎用。

【主要制剂和生产企业】30%、300g／L乳油。

江苏连云港立本农药化工有限公司、沈阳科创化学品有限公司、辽宁省大连松辽化工有限公司、黑龙江佳木斯恺乐农药有限公司、德国拜耳作物科学公司等。

2,4-D丁酯（2，4-D butylate）

【作用机理分类】O组（苯氧羧酸类亚组）。

【防治对象】水稻田防除阔叶杂草，如鸭舌草、野慈菇、泽泻、水芹、毒芹、狼把草。对异型莎草、牛毛草也有抑制作用。

【应用技术】移栽田除草：水稻分蘖末期，每亩用57%2，4-D丁酯乳油35～61g（有效成分20～35g），对水20～30L茎叶喷雾，施药前排干田水，施药后第二天灌水。

【注意事项】

（1）2，4-D丁酯有很强的挥发性，药剂雾滴可在空气中飘移很远，使敏感植物受害。水稻与菠菜、油菜等阔叶作物相邻种植时需要带保护罩、并选择无风天气喷药。

（2）严格掌握施药时期和使用量。在水稻分蘖前或拔节后慎用。

（3）分装和喷施2，4-D丁酯的器械要专用，以免造成二次污染。

【主要制剂和生产企业】72%、57%乳油。

河北省万全农药厂、河南省金旺生化有限公司、太原市华罡化工科技有限公司、湖北省武汉汉南同心化工有限公司、吉林邦农生物农药有限公司、山东富安集团农药有限公司、辽宁省大连松辽化工有限公司。

其他参看小麦田除草剂重点产品介绍。

2甲4氯（MCPA）

【作用机理分类】O组（苯氧羧酸类亚组）。

【防治对象】水稻田阔叶杂草及莎草科杂草。

【应用技术】移栽田除草：水稻分蘖末期，每亩用750g／L 2甲4氯钠水剂45～50g（有效成分30～37.5g，南方地区），或70～90g（有效成分52.5～67.5g，北方地区），对水30L茎叶喷雾施药。

【注意事项】同2，4-滴丁酯。

【主要制剂和生产企业】13%、750g／L水剂，56%可溶性粉剂。

江苏省通州正大农药化工有限公司、广西灵山县逢春化工有限公司、吉林省八达农药有限公司、佳木斯黑龙农药化工股有限公司、吉林省吉林市松润农药厂、澳大利亚纽发姆有限公司。

其他参看小麦田除草剂重点产品介绍。

二氯喹啉酸（quinclorac）

【作用机理分类】O组（喹啉羧酸类亚组）。

【化学结构式】

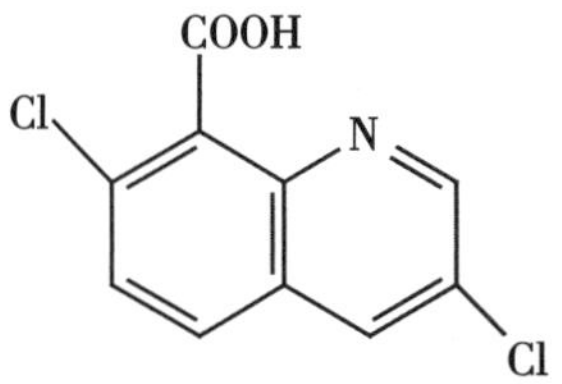

COOH Cl N Cl

【曾用名】快杀稗。

【理化性质】白色结晶体（原药为淡黄色固体），相对密度1.75，熔点274℃，蒸汽压<1 × 10^{-5}Pa（20℃）。水中溶解度0.065mg / L（pH值为7，20℃），乙醇和丙酮中溶解度2g / L（20℃），几乎不溶于其他有机溶剂。对光、热稳定，在pH值为3 ~ 9条件下稳定。

【毒性】低毒。急性经口LD_{50}（mg / kg）：大鼠2 680，小鼠>5 000。大鼠急性经皮LD_{50}>2 000mg / kg，大鼠急性吸入LC_{50}（4h）>5.2mg / L。对兔眼睛和皮肤无刺激性，对豚鼠皮肤有致敏性。饲喂试验无作用剂量（2年，mg / kg · d）：大鼠533，狗29 。无致癌、致畸作用。在动物体内代谢迅速。

对鱼、蜂、鸟低毒。虹鳟鱼、大翻车鱼LC_{50}（96h）>100mg / L，水蚤LC_{50}（48h）113mg / L。野鸭和鹌鹑急性经口LD_{50}>2 000mg / kg。野鸭LC_{50}（8d）>5 000mg / kg。

【作用特点】喹啉羧酸类激素型除草剂。有效成分迅速被根吸收，也可被茎叶吸收，向新生叶输导，杂草显生长素类药剂的受害症状，禾本科杂草叶片出现纵向条纹并弯曲、叶尖失绿变为紫褐色至枯死；阔叶杂草叶片扭曲，根部畸形肿大。水稻根吸收药剂的速度比稗草慢，并能很快分解，3叶期以后施药安全。

【防治对象】稻田稗草。对雨久花、水芹、鸭舌草、皂角、田菁、苦草、眼子菜、日照飘拂草、异型莎草等有控制效果，对多年生莎草效果差。

【应用技术】 移栽田除草：水稻插秧后，稗草1 ~ 3.5叶期，每亩用50%二氯喹啉酸可湿性粉剂20 ~ 30g（有效成分10 ~ 15g，南方地区），或30 ~ 50g（有效成分15 ~ 25g，北方地区），对水30L茎叶喷雾。施药前排干田水，使杂草全部露出水面，药后1 ~ 2d灌水入田保持水层3 ~ 5cm，保水7d以上。水育秧田及直播田除草： 水稻2 ~ 3叶期，稗草3 ~ 4叶期施药，药量及水层管理与移栽田同。薄膜育秧田须练苗1 ~ 2d后采用上述方法施药。

【注意事项】

（1）秧田和直播田，秧苗2叶期前施药水稻初生根易受药害；北方旱田育秧不宜使用。

（2）对二氯喹啉酸敏感的作物有番茄、茄子、辣椒、马铃薯、莴苣、胡萝卜、芹菜、香菜、菠菜、瓜类、甜菜、烟草、向日葵、棉花、大豆、甘薯、紫花苜蓿等，施药时应防止雾滴飘移到上述作物，也不能用喷过二氯喹啉酸的稻田水灌溉。

（3）本剂在土壤中残留时期较长，可能对后茬作物产生残留药害。下茬应种植水稻、玉米、高粱等耐药力强的作物。用药后8个月内不宜种植棉花、大豆，翌年不能种植甜菜、茄子、烟草，两年后方可种植番茄、胡萝卜。

【主要制剂和生产企业】25%、250g / L悬浮剂，10%、25%、50%、60%、75%可湿性粉剂，50%水分散粒剂，45%、50%可溶粉剂，25%泡腾粒剂等。

江苏省新沂中凯农用化工有限公司、辽宁省丹东市红泽农化有限公司、浙江天一农化有限公司、浙江新安化工集团股份有限公司、巴斯夫欧洲公司等。

嗪草酮（oxaziclomefone）

【作用机理分类】第Z组（嗪酮亚组）。

【化学结构式】

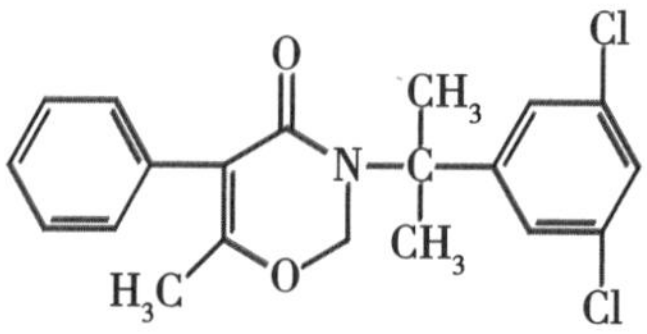

【曾用名】去稗胺。

【理化性质】白色结晶体，熔点149.5～150.5℃，蒸汽压≤1.33×10^{-5}Pa（50℃）。水中溶解度0.18mg/L（25℃）。50℃水中半衰期30～60d。

【毒性】低毒。大、小鼠急性经口LD_{50}>5 000mg/kg，大、小鼠急性经皮LD_{50}>2 000mg/kg，兔急性经皮LD_{50}>2 000mg/kg。对兔皮肤无刺激性，对兔眼睛有轻微刺激性。无致突变、致畸作用。鲤鱼LC_{50}（48h）>5mg/L。

【作用特点】杀草作用机理尚不清楚。已有研究结果表明，它以不同于其他除草剂的方式抑制分生组织细胞生长。施药后稗草症状为新叶部分褪色，叶鞘逐渐变黄，枯败直至死亡，此过程通常需要1～2周。

【防治对象】稻田稗草、千金子、沟繁缕、异型莎草等。

【应用技术】移栽田和水直播田除草：移栽后或水稻播后苗前，每亩使用嗪草酮1%悬浮剂266～333g（有效成分2.66～3.33g），瓶甩或对水30L喷雾。秧田除草：水稻播后苗前，每亩使用嗪草酮1%悬浮剂200～250g（有效成分2～2.5g），对水30L喷雾。

【注意事项】

（1）可与苄嘧磺隆、吡嘧磺隆混用，扩大杀草谱。

（2）对后茬作物小麦、大麦、胡萝卜、白菜、洋葱等无不良影响；种植其他后茬作物需预先进行试验。

（3）喷药操作及废弃物处理应避免污染水体。

【主要制剂和生产企业】1%悬浮剂。

日本拜耳作物科学公司。

二、水稻田除草剂作用机理分类

我国目前登记的水稻田除草剂按作用机理分为A组（乙酰辅酶A羧化酶抑制剂）、B组（乙酰乳酸合成酶抑制剂）、C组（光系统Ⅱ抑制剂）、D组（光系统Ⅰ电子传递抑制剂）、E组（原卟啉原氧化酶抑制剂）、F组（类胡萝卜素生物合成抑制剂）、G组（5-烯醇丙酮酰莽草酸-3-磷酸合成酶抑制剂）、K组（微管组装及细胞分裂抑制剂）、O组（合成激素类）、N组（脂肪酸及脂类合成抑制剂）、Z组（未知），涉及20个亚组的41个有效成分（表3-2-1）。

表3-2-1 水稻田除草剂作用机理分类

组号	主要作用机理	化学结构亚组	抗性风险评估	常用品种
A	乙酰辅酶A羧化酶抑制剂	芳氧苯氧基丙酸酯类	高	唑酰草胺、氰氟草酯
B	乙酰乳酸合成酶抑制剂	磺酰脲类	高	苄嘧磺隆、吡嘧磺隆、醚磺隆、乙氧磺隆、氟吡磺隆、嘧苯胺磺隆、环丙嘧磺隆
		三唑并嘧啶磺酰胺类	高	五氟磺草胺
		嘧啶硫代苯甲酸酯类	高	双草醚、嘧啶肟草醚、环酯草醚、嘧草醚
C_1	光系统Ⅱ抑制剂	三嗪类	中	扑草净、西草净
C_2	光系统Ⅱ抑制剂	酰胺类	低	敌稗
C_3	光系统Ⅱ抑制剂	苯并噻二嗪酮类	低	灭草松
D	光系统Ⅰ电子传递抑制剂	联吡啶类	低	百草枯
E	原卟啉原氧化酶抑制剂	二苯醚类	中	乙氧氟草醚、草酮、丙炔草酮
F_3	类胡萝卜素生物合成抑制剂	异唑酮类	低	异草松
G	5-烯醇丙酮酰莽草酸-3-磷酸合成酶抑制剂	有机磷类	低	草甘膦
K_1	微管组装抑制剂	二硝基苯胺类	中	仲丁灵、二甲戊灵
K_3	细胞分裂抑制剂	氯酰胺类	低	乙草胺、丁草胺、丙草胺、异丙草胺、异丙甲草胺
		乙酰胺类	低	克草胺
		芳氧乙酰胺	低	苯噻酰草胺
		其他	低	莎稗磷
O	合成激素类	苯氧羧酸类	低	2，4-D丁酯、2甲4氯
		喹啉羧酸类	高	二氯喹啉酸
N	脂肪酸及脂类合成抑制剂	硫代氨基甲酸酯类	中	禾草丹、禾草敌
Z	未知	嗪酮类	低	嗪草酮

三、水稻田除草剂轮换使用防治方案

（一）东北一季稻区除草剂轮换使用防治方案

东北一季稻区属寒温带，水稻为单作，主要栽培方式为旱育秧机械插秧及手工插秧。稻田主要杂草有稗草、稻李氏禾、稻稗、匍茎剪股颖、眼子菜、雨久花、鸭舌草、野慈姑、泽泻、陌上菜、狼把草、牛毛毡、萤蔺、扁秆藨草、水莎草、异型莎草等。

因稻田不同时期、不同种植方式下使用的除草剂有差别，其除草剂轮换使用方案也不尽相同。

1.旱育秧田除草剂轮换使用

可用丁草胺（K_3组，细胞分裂抑制剂）、二甲戊灵（K_1组，微管组装抑制剂）、禾草丹、禾草敌（N组，脂肪酸合成抑制剂）、五氟磺草胺（B组，乙酰乳酸合成酶抑制剂）、嗪草酮（Z组）等轮换使用。

适合该区秧田的除草剂混用配方主要有：丁草胺–草酮，丁草胺–扑草净，丁草胺–禾草丹–扑草净，丁草胺–扑草净–苄嘧磺隆等。上述配方用丁草胺（K_3组）与草酮（E组）或扑草净（C_2组）或禾草丹（N组）或苄嘧磺隆（B组）等药剂混用，不仅在一定程度上起到了延缓杂草抗药性的作用，对扩大杀草谱和减轻丁草胺单用对水稻的药害也有较好的效果。常用的秧田除草混剂还有禾草丹–苄嘧磺隆，禾草敌–苄嘧磺隆等，它们可与丁草胺为主体的混剂轮换使用。

2.移栽田除草剂轮换使用

（1）防治阔叶杂草及莎草科杂草。可用吡嘧磺隆、苄嘧磺隆、醚磺隆等（B组，乙酰乳酸合成酶抑制剂）与灭草松（C_3组，光系统Ⅱ抑制剂）、2甲4氯、2,4–D（O组，合成激素类）、丙炔草酮（E组，原卟啉原氧化酶抑制剂）、苯噻酰草胺（K_3组，细胞分裂抑制剂）等轮换使用。

目前，东北一季稻区雨久花、野慈姑、泽泻对吡嘧磺隆和苄嘧磺隆的抗性较为普遍。在这样的田块，继续使用上述两种药剂或使用B组的其他除草剂如五氟磺草胺、双草醚等不能有效控制对磺酰脲类除草剂产生抗性的阔叶杂草。这种情况下，需与灭草松、2甲4氯等不同作用机理的除草剂轮换使用。

（2）防除禾本科杂草。可根据杂草叶龄选择氰氟草酯、唑酰草胺（A组，乙酰辅酶A羧化酶抑制剂），五氟磺草胺、双草醚（B组，乙酰乳酸合成酶抑制剂），敌稗（C_2组，光系统Ⅱ抑制剂），丁草胺、莎稗磷、苯噻酰草胺（K_3组，细胞分裂抑制剂），二氯喹啉酸（O组，合成激素类）、嗪草酮（Z组）等轮换使用。

移栽后稗草出苗前至叶龄较h（1.5叶期前）施药，可选择丁草胺（莎稗磷或苯噻酰草胺）与敌稗、嗪草酮等轮换使用；稗草叶龄较大时（2～4叶期）施药，宜选择氰氟草酯（或唑酰草胺）与五氟磺草胺（或双草醚）、二氯喹啉酸等轮换使用。

目前，该稻区稗草对杀稗剂产生了明显的抗药性，这就需要针对抗性除草剂种类，用其他作用机制的药剂来替代进行防治。对二氯喹啉酸产生抗药性的稗草，可选用敌稗、嗪草酮、氰氟草酯（或唑酰草胺）等不同作用机理的药剂防除；对丁草胺、禾草丹、禾草敌产生抗药性的稗草，亦可用上述不同作用机制的药剂如二氯喹啉酸、敌稗、氰氟草酯等替代防治。

为了扩大杀草谱，移栽田有较多二元或三元除草剂混配产品，其中大部分系B组苄嘧磺隆（或吡嘧磺隆）与K_3组丁草胺（或乙草胺、丙草胺、异丙草胺、异丙甲草胺、苯噻酰草胺、莎稗磷）的混剂，这些药剂应与含有其他作用机制成分的除草剂单剂或混剂轮换使用。

（二）长江中下游单季稻区除草剂轮换使用防治方案

长江中下游单季稻区属中北部亚热带，一年两熟，水稻与小麦或油菜等轮作，主要栽培方式为直播（手工撒播和机械直播）、移栽（手工插秧或机械插秧）和抛秧。主要杂草有稗草、千金子、双穗雀稗、杂草稻、假稻、鸭舌草、水竹叶、节节菜、鳢肠、陌上菜、泽泻、水苋菜、空心莲子草、眼子菜、四叶萍、异型莎草、扁秆藨草、水莎草、牛毛草、萤蔺等。

1.育秧田除草剂轮换使用

水田育秧可用丙草胺（K_3组，细胞分裂抑制剂）、禾草丹、禾草敌（N组，脂肪酸合成抑制剂）轮换使用防治禾本科杂草；可与草酮（E组）轮换使用兼治阔叶杂草和部分一年生莎草科杂草；可混配苄嘧磺隆（B组）防治阔叶杂草。

旱地育秧采用丁草胺（K_3组）混用草酮（E组）；可与氰氟草酯（A）、五氟磺草胺（B）轮换使用。

2.直播田除草剂轮换使用

免耕直播田播种前灭生性除草可用草甘膦（G组，EPSP酶抑制剂）和百草枯（D组，光系统Ⅰ抑制剂）轮换使用。

水稻生育期内，可用丁草胺、丙草胺（K_3组），氰氟草酯、唑酰草胺（A组），禾草敌（N组）、二氯喹啉酸（O组）等轮换使用防除禾本科杂草。可用吡嘧磺隆、苄嘧磺隆、嘧草醚、环丙嘧磺隆、乙氧磺隆、氟吡磺隆（B组）与灭草松（C_3组）、2甲4氯（O组）等轮换使用防除阔叶杂草和莎草科杂草。用于直播田的除草剂还有双草醚、嘧啶肟草醚（B组）、异草松（F_3）等，可根据杂草叶龄及种群组成轮换使用。

不同除草剂适宜施药时期有差别。水稻直播前除草可用低剂量丁草胺或丁草胺混用草酮与禾草敌轮换使用；播后苗前（播后2～3d）除草可用苄嘧磺隆·丙草胺（加安全剂）或吡嘧磺隆·丙草胺（加安全剂）；水稻2～3叶期适宜使用唑酰草胺；二氯喹啉酸、氰氟草酯、双草醚等适宜水稻4～5叶期，防除大龄稗草。杂草群落中有水莎草、扁秆藨草时，可在水稻3～4叶期，混用灭草松、2甲4氯等。

3.移栽田除草剂轮换使用

（1）防治阔叶杂草及莎草科杂草。可用吡嘧磺隆、苄嘧磺隆、环丙磺隆、嘧苯胺磺隆（B组，乙酰乳酸合成酶抑制剂）与灭草松（C_3组）、2甲4氯（O组）等轮换使用。

目前该稻区鸭舌草、节节菜、鳢肠、耳叶水苋等对B组吡嘧磺隆和苄嘧磺隆产生抗性，继续使用B组除草剂将加速抗药性杂草蔓延，也可与兼治禾本科杂草K_3组苯噻酰草胺或O组2甲4氯轮换使用。防除阔叶杂草兼治莎草科杂草可与C_3组灭草松与K_3组莎稗磷轮换使用。

（2）防除禾本科杂草。可根据杂草叶龄选择氰氟草酯（A组），氟吡磺隆、五氟磺草胺、双草醚、环酯草醚、嘧草醚、嘧啶肟草醚、环酯草醚（B组），敌稗（C2组），乙草胺、丁草胺、莎稗磷、苯噻酰草胺（K_3组），禾草敌、杀草丹（N组，脂肪酸合成抑制剂），丙炔草酮（E组），苯噻酰草胺（K_3组）、二氯喹啉酸（O组）等轮换使用。

该地区稗草对二氯喹啉酸抗性严重。如上海市、浙江省等地调查，二氯喹啉酸推荐剂量下对稗草防效下降到40 %～50%。这样的地块，需与氰氟草酯、氟吡磺隆、五氟磺草胺等不同作用机理的除草剂轮换使用。

4.抛秧田除草剂轮换使用

根据水稻生育期及杂草叶龄，选择乙草胺、丙草胺、苯噻酰草胺（K_3组）、氰氟草酯（A组）、苄嘧磺隆、吡嘧磺隆、乙氧磺隆（B）、二氯喹啉酸（O组）等轮换使用。

避免连年使用B组与K_3组除草剂的混剂产品，如苄嘧磺隆·丁草胺（苄嘧磺隆·丙草胺、苄嘧磺隆·莎稗磷、苄嘧磺隆·苯噻酰草胺、苄嘧磺隆·苯噻酰草胺·乙草胺、苄嘧磺隆·苯噻酰草胺·异丙甲草胺）等。上述混剂产品可与不同作用机理的单剂轮换使用，或与苄嘧磺隆（B组）·二氯喹啉酸（O组）、敌稗（C_2）·丁草胺（K_3组）等含有其他作用机理除草剂的混剂轮换使用。

（三）南方双季稻区除草剂轮换使用防治方案

为南亚热带三熟区或早晚稻双季连作区。主要栽培方式为直播（手工撒播和机械直播）、移栽（手工插秧或机械插秧）和抛秧。主要杂草有稗草、千金子、双穗雀稗、杂草稻、鸭舌草、水龙、丁香蓼、圆叶节节菜、四叶、陌上菜、野慈姑、矮慈姑、鳢肠、空心莲子草、日照飘拂草、异型莎草、水莎草、牛毛毡等。

1.育秧田除草剂轮换使用

水田育秧可用丙草胺（K_3组，细胞分裂抑制剂）、禾草丹、禾草敌（N组，脂肪酸合成抑制剂）、二氯喹啉酸（O组）轮换使用防治禾本科杂草；可与草酮（E组）混用兼治阔叶杂草和部分一年生莎草科杂草；可混配苄嘧磺隆（B组）防治阔叶杂草。

旱地育秧采用丁草胺（K_3组）混用草酮（E组）；可与氰氟草酯（A）、五氟磺草胺（B）轮换使用。

2.直播田除草剂轮换使用

丁草胺、丙草胺（K_3组），氰氟草酯、唑酰草胺（A组），禾草敌（N组）、二氯喹啉酸（O组）等轮换使用防除禾本科杂草。吡嘧磺隆、苄嘧磺隆、嘧草醚、乙氧磺隆、双草醚、嘧啶肟草醚（B组）与灭草松（C_3组）、2甲4氯（O组）等轮换使用防除阔叶杂草和莎草科杂草。用于直播田的除草剂还有环丙嘧磺隆、氟吡磺隆（B组）、异草松（F_3）等，可根据杂草叶龄及种群组成轮换使用。

3.移栽田除草剂轮换使用

（1）防治阔叶杂草及莎草科杂草。可用吡嘧磺隆、苄嘧磺隆、醚磺隆、环丙磺隆、嘧苯胺磺隆（B组，乙酰乳酸合成酶抑制剂）与灭草松（C_3组）、2甲4氯（O组）、丙炔草酮（E组）、苯噻酰草胺（K_3组）等轮换使用。

目前，该稻区鸭舌草、节节菜、异型莎草对B组吡嘧磺隆和苄嘧磺隆产生抗性，继续使用B组除草剂将加速抗药性杂草蔓延，可与K_3组苯噻酰草胺或O组2甲4氯轮换使用。防除阔叶杂草兼治莎草科杂草可与C_3组灭草松轮换使用。

（2）防除禾本科杂草。可根据杂草叶龄选择氰氟草酯（A组），氟吡磺隆、五氟磺草胺、双草醚、环酯草醚、嘧草醚、嘧啶肟草醚、环酯草醚（B组）、敌稗（C2组）、乙草胺、丁草胺、莎稗磷、苯噻酰草胺（K_3组），禾草敌、杀草丹（N组，脂肪酸合成抑制剂），二氯喹啉酸（O组）等轮换使用。

该区已发现抗二氯喹啉酸（O组）稗草，这类田块，应用K_3组丙草胺（加安全剂）、丁草胺插秧前处理，或轮换使用A组氰氟草酯与B组五氟磺草胺等除草剂进行苗后处理。

4.抛秧田除草剂轮换使用

根据水稻生育期及杂草叶龄，选择丁草胺、丙草胺、苯噻酰草胺（K_3组）、氰氟草酯（A组）、苄嘧磺隆、吡嘧磺隆、乙氧磺隆（B组）、二氯喹啉酸（O组）等轮换使用。

目前，抛秧田主要以B组与K_3组除草剂的混剂产品为主，如苄嘧磺隆·丁草胺、苄嘧磺隆·丙草胺、吡嘧磺隆·丁草胺等。上述混剂产品可与不同作用机理的单剂如氰氟草酯轮换使用，或与苄嘧磺隆（B组）·二氯喹啉酸（O组）、敌稗（C_2）·丁草胺（K_3组）等含有其他作用机理除草剂的混剂轮换使用。

5.上、下茬除草剂轮换使用

该区应避免上茬和下茬水稻田连续使用同一种作用机理的除草剂，尤其是已经有抗药性杂草产生的B组（苄嘧磺隆）和O组（二氯喹啉酸）药剂需与灭草松、2甲4氯、氰氟草酯、唑酰草胺等轮换使用。

（四）云贵川稻区除草剂轮换使用防治方案

云南省、贵川省和四川省稻区多为一季稻，局部温度较高的地区有双季稻栽培。旱育秧田主要杂草有稗草、马唐、狗尾草、牛筋草、反枝苋、鳢肠、苘麻、莲子草、异型莎草、眼子菜、萤蔺、香附子等旱生型杂草。水稻本田及抛秧田主要杂草为稗草、眼子菜、泽泻、野慈姑、矮慈姑、节节菜、鸭舌草、狼把草、陌上菜、丁香蓼、尖瓣花、四叶萍、紫萍、牛毛草、异型莎草、碎米莎草、刚毛荸荠、滇藨草等。

1.育秧田除草剂轮换使用

水田育秧可用丙草胺（K_3组，细胞分裂抑制剂）、禾草丹、禾草敌（N组，脂肪酸合成抑制剂）、二氯喹啉酸（O组）、氰氟草酯（A）轮换使用防治禾本科杂草；可混配苄嘧磺隆（B组）防治阔叶杂草。

旱育秧采用丁草胺（K_3组）、禾草丹、哌草丹（N组）混用苄嘧磺隆（B组），与二甲戊灵（K_1组）、氰氟草酯（A）轮换使用。

2.移栽田除草剂轮换使用

（1）防治阔叶杂草及莎草科杂草。可用吡嘧磺隆、苄嘧磺隆、醚磺隆（B组，乙酰乳酸合成酶抑制剂）与灭草松（C_3组）、2甲4氯（O组）、丙炔草酮（E组）、苯噻酰草胺（K_3组）等轮换使用。

（2）防除禾本科杂草。可根据杂草叶龄选择氰氟草酯（A组），五氟磺草胺、双草醚（B组），敌稗（C_2组），乙草胺、丁草胺、莎稗磷、苯噻酰草胺（K_3组），禾草敌、杀草丹（N组），二氯喹啉酸（O组）等轮换使用。

针对田间杂草种群组成，选用对优势杂草有特效的药剂混用，如野慈姑发生较多的田块可混用灭草松（C_3组）；眼子菜较多的田块可混用西草净、扑草净（C_1组，光系统Ⅱ抑制剂）。

应按照药剂特点及其对杂草和水稻叶龄的要求选择对杂草防效理想，对作物安全的施药时期。

一些新商品化的除草剂如氰氟草酯、氟吡磺隆、五氟磺草胺、苯噻酰草胺等，具有兼治稗草、阔叶杂草和莎草科杂草的特点，在该区开始推广时就应注意不同作用机理除草剂的轮换使用，以延缓其使用寿命。

3.抛秧田除草剂轮换使用

根据水稻生育期及杂草叶龄，选择丁草胺、丙草胺、苯噻酰草胺（K_3组）、氰氟草酯（A组）、苄嘧磺隆、吡嘧磺隆（B组）、二氯喹啉酸（O组）等轮换使用。

目前，抛秧田登记的产品中，很多是B组与K_3组除草剂的混剂产品，如苄嘧磺隆·丁草胺、苄嘧磺隆·丙草胺、吡嘧磺隆·丁草胺等。上述混剂产品应与不同作用机理的单剂如氰氟草酯轮换使用，或与苄嘧磺隆（B组）·二氯喹啉酸（O组）、敌稗（C_2）·丁草胺（K_3组）等含有其他作用机理除草剂的混剂轮换使用。避免连年使用相同作用机理的单剂或混剂。

我国各稻区中，杂草稻均有不同程度的发生，因其与水稻近缘，防除难度较大。在杂草发生量大的稻田，可以在苗床用二甲戊灵（K_1组），直播稻田采用加入安全剂的丁草胺和丙草胺（K_3组），移栽稻田用禾草敌（N组）和丙草胺（K_3组）来防治。

不论是秧田、直播田还是本田和抛秧田，为了扩大杀草谱，防除禾本科杂草的药剂常与杀除阔叶杂草的药剂桶混，桶混时既要注意避免杂草抗药性产生的风险，还应注意药剂之间的颉颃作用和对水稻的安全性。

第三章　小麦田杂草防除轮换用药防治方案

一、小麦田除草剂重点产品介绍

炔草酯（clodinafop—propargyl）

【作用机理分类】A组（芳氧苯氧基丙酸酯类亚组）。

【化学结构式】

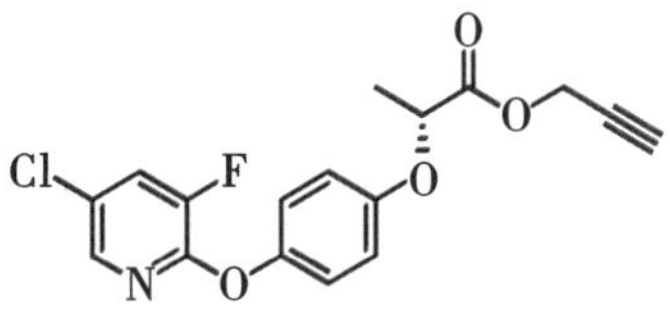

【曾用名】顶尖、麦极、炔草酸。

【理化性质】纯品为浅褐色粉末，相对密度1.37g（20℃），熔点48.2～57.1℃，蒸汽压3.19×10^{-6}Pa（25℃）。水中溶解度4.0mg/L（25℃），有机溶剂中溶解度（20℃，g/L）：丙酮>500、甲醇180、甲苯>500、正己烷7.5、辛醇21。

【毒性】低毒。大鼠、小鼠急性经口LD_{50}>2 000mg/kg，大鼠、小鼠急性经皮LD_{50}>2 000mg/kg。大鼠急性吸入LC_{50}（4h）3.325mg/L。对兔眼和皮肤无刺激性。喂养试验无作用剂量（mg/kg·d）：大鼠0.35、小鼠1.2、狗3.3。无致突变性、无致畸性、无致癌性和无繁殖毒性。

对鱼类高毒。LC_{50}（96h）mg/L：鲤鱼0.46，虹鳟鱼0.39。对野生动物、无脊椎动物及昆虫低毒。LC_{50}（8d，mg/kg）：山齿鹑>1 455，野鸭>2 000。蚯蚓LC_{50}>210mg/kg。蜜蜂经口LC_{50}（48h）>100μg /只。

【作用特点】选择性内吸传导型芽后茎叶处理剂。有效成分被植物叶片和叶鞘吸收，经韧皮部传导，积累于植物体的分生组织内，抑制乙酰辅酶A羧化酶（ACCase），使脂肪酸合成停止，细胞生长分裂不能正常进行，膜系统等含脂结构破坏，最后导致植物死亡。从炔草酯被吸收到杂草死亡比较缓慢，一般需要1～3周。该药剂加入了专用安全剂，因此对小麦安全。

【防治对象】小麦田野燕麦、黑麦草、看麦娘、普通早熟禾、硬草、茵草、棒头草等。

【应用技术】在小麦苗期，杂草2～3叶期，冬小麦田每亩用15%炔草酯可湿性粉剂20～30g（有效成分3～4.5g）；春小麦田每亩用15%炔草酯可湿性粉剂13.3～20g（有效成分2～3g）对水30L茎叶喷雾。

【注意事项】

（1）该药对大麦有药害，避免误用。

（2）不推荐该药与二甲四氯钠盐、百草敌等激素类除草剂混用；禁止与乙羧氟草醚、唑草酮混用。

（3）该药对鱼类和藻类有毒，应远离水产养殖区。药后及时彻底清洗药械，废弃物切勿污染水源或水体。

（4）该药无专门解毒剂，误服后应立即携带标签，送医就诊。

【主要制剂和生产企业】8%、24%乳油，15%、20%可湿性粉剂，8%、15%、24%、30%水乳剂，15%微乳剂。

美丰农化有限公司、江苏龙灯化学有限公司、江苏中旗作物保护股份有限公司、浙江省杭州宇龙化工有限公司、江西日上化工有限公司、安徽沙隆达生物科技有限公司、利尔化学股份有限公司、瑞士先正达作物保护有限公司等。

禾草灵（diclofop－methyl）

【作用机理分类】A组（芳氧苯氧基丙酸酯类亚组）。

【化学结构式】

【曾用名】伊洛克桑。

【理化性质】无色结晶固体，相对密度1.2（40℃），熔点39～41℃，蒸汽压3.4×10^{-5}Pa（20℃）。水中溶解度3mg／L（22℃），有机溶剂中溶解度（20℃，g／L）：丙酮2 490、乙醇110、乙醚2 280、石油醚（60～95℃、g／L）600、二甲苯2 530。

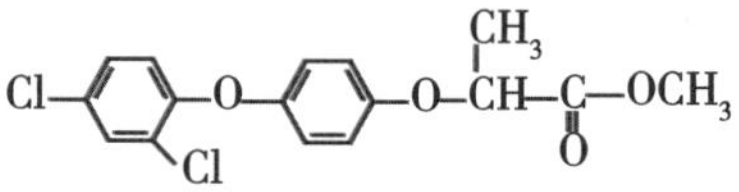

Cl–(2-Cl-苯环)–O–(苯环)–O–CH(CH_3)–C(=O)–OCH_3

【毒性】低毒。大鼠急性经口LD_{50}563～693mg／kg，急性经皮LD_{50}>5 000mg／kg。对眼睛无刺激，对皮肤轻微刺激。亚慢性经口无作用剂量（90d，mg／kg·d）大鼠12.5～32，狗80mg／kg。在实验条件下，未见致畸、致突变、致癌作用。

虹鳟鱼LC_{50}（96h）0.35mg／L。日本鹌鹑急性经口LD_{50}>1 000mg／kg。

【作用特点】选择性茎叶处理剂，在体内传导性不强。该药进入植物体后以酯和酸两种形式存在，其酯型是强植物激素颉颃剂，抑制生长点生长，酸型是弱拮抗剂，破坏细胞膜。在抗性植物内，禾草灵发生芳基羟基反应，轭合为无毒的芳基葡萄糖苷。

【防治对象】春小麦田野燕麦、看麦娘等禾本科杂草。

【应用技术】野燕麦2～4叶期、看麦娘3～5叶期，春小麦田每亩用36%禾草灵乳油180～200g（有效成分64.8～72g），对水30L茎叶喷雾。

【注意事项】

（1）施药后土壤湿度较高或降雨，有利于禾草灵由酯型水解成酸型，提高杀草效果。

（2）该药气温高时使用会降低药效，因此，春季施药时期应适当提早。

（3）不能与激素型苯氧羧酸类除草剂2，4－D丁酯、2甲4氯以及麦草畏、灭草松等混用，否则会降低药效。喷施禾草灵的5d前或7～10d后，方可使用上述除草剂。

（4）每亩用量超过72g有效成分时对小麦生长有抑制作用。

（5）该药对鱼类有毒。施药时应避开水产养殖区，禁止在水体中清洗施药器具。

【主要制剂和生产企业】28%、36%乳油。

一帆生物科技集团有限公司。

精唑禾草灵（fenoxaprop-p-ethyl）

【作用机理分类】A组（芳氧苯氧基丙酸酯类亚组）。

【化学结构式】

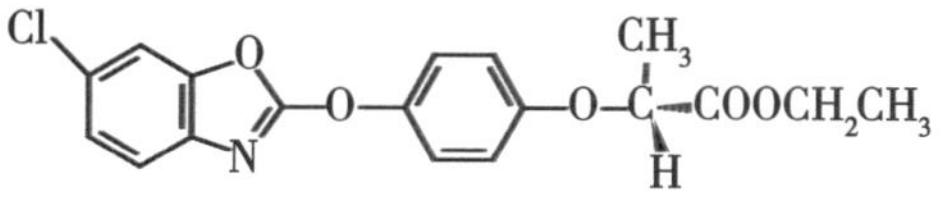

【曾用名】威霸、精骠马（含安全剂Hoe 070542）。

【理化性质】纯品为无色固体，相对密度1.3（20℃），熔点89～91℃，蒸汽压1.9×10^{-5}Pa（20℃）。水中溶解度0.9mg／L（25℃），有机溶剂中溶解度（20℃，g／L）：丙酮200，环己烷、乙醇、正辛醇>10，乙酸乙酯>200，甲苯200。

【毒性】低毒。急性经口LD_{50}（mg／kg）：雄大鼠3 040，雌大鼠2 090，小鼠>5 000。大鼠急性经皮LD_{50}>2 000mg／kg，大鼠急性吸入LC_{50}（4h）>1.224mg／L。亚急性试验无作用剂量（90d，mg／kg・d）：大鼠0.75，小鼠1.4，狗15.9。未见致畸、致突变和致癌作用。

对鱼类高毒。LC_{50}（96h）mg／L：虹鳟鱼0.46，翻车鱼0.58。对其他水生生物中等毒。水蚤LC_{50}（48h）7.8mg／L。对鸟类低毒。鹌鹑LD_{50}>2 000mg／kg。

【作用特点】选择性内吸传导型芽后茎叶处理剂。有效成分被茎叶吸收后传导到叶基、节间分生组织和根的生长点，迅速转变为芳氧基游离酸，抑制脂肪酸生物合成，损坏杂草生长点和分生组织，施药后2～3d内停止生长，5～7d心叶失绿变紫色，分生组织变褐，然后分蘖基本坏死，叶片变紫逐渐死亡。在耐药性作物中逐渐分解成无活性代谢物而解毒。

有效成分中加入安全剂的产品，可用于小麦田防除禾本科杂草。未加安全剂的产品适用于油菜、大豆、花生、棉花等阔叶作物田防除禾本科杂草。

【防治对象】小麦田看麦娘、日本看麦娘、野燕麦、硬草、菵草等禾本科杂草。

【应用技术】小麦苗后早期、禾本科杂草2叶期至分蘖期前，每亩用69g／L精唑禾草灵水乳剂40～50g（有效成分2.76～3.45g），对水30L茎叶喷雾。

【注意事项】

（1）不含安全剂的产品不能用于小麦田。

（2）杂草叶龄大该药效果差。小麦田冬前杂草叶龄小施药比冬后叶龄大施药除草效果理想，对小麦的安全性也好。冬后施药可能造成个别小麦品种叶片暂时性失绿现象。

（3）小麦田除草，在平均气温低于5℃时效果不佳。

（4）施药时土壤干旱或禾本科杂草叶龄超过3叶期时，应采用上限剂量。防除小麦田硬草、碱茅等敏感性较差的杂草，应加大用药量至每亩有效成分5.52～6.9 g，并做定向喷雾。

（5）该药对鱼类等水生生物有毒。施药时避开水产养殖区，禁止在水体中清洗施药器具。

【主要制剂和生产企业】6.9%、7.5%、69g / L水乳剂，6.9%、8.5%、10%、80.5g / L乳油。

安徽丰乐农化有限责任公司、江苏天容集团股份有限公司、浙江海正化工股份有限公司、沈阳化工研究院试验厂、德国拜耳作物科学公司等。

三甲苯草酮（tralkoxydim）

【作用机理分类】A组（环己烯酮类亚组）。

【化学结构式】

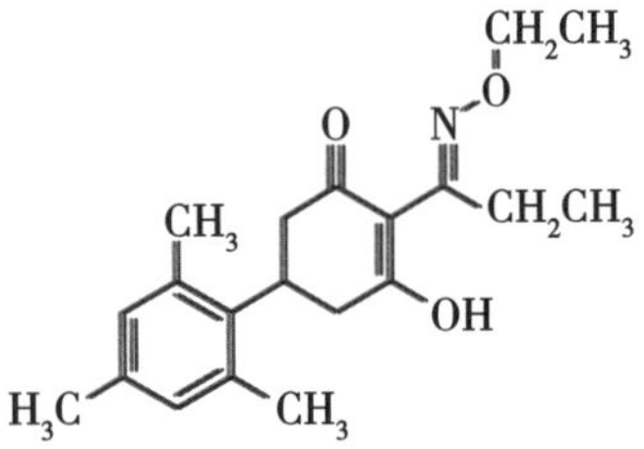

【曾用名】苯草酮、肟草酮。

【理化性质】白色无味结晶固体，相对密度1.088，蒸汽压<0.013×10^{-3}Pa（20℃）。水中溶解度（20℃，mg / L）：6（pH值为6.5）、5（pH值为5.0），有机溶剂溶解度（24℃，g / L）：二氯甲烷>500、甲苯213、乙酸乙酯110、丙酮89、甲醇25、己烷18。

【毒性】低毒。急性经口LD_{50}（mg / kg）：雄大鼠1 324，雌大鼠934，雄小鼠1 321，雌小鼠1 100，兔>519；大鼠急性经皮LD_{50}>2 000mg / kg；大鼠急性吸入LC_{50}>3 467mg / L。对兔眼睛和皮肤有轻度刺激。大鼠饲喂试验无作用剂量（90d，mg / kg·d）12.5。未见致突变作用和致畸作用。

对鱼类高毒。虹鳟鱼LC_{50}>7.2mg / L（96h），鲤鱼LC_{50}>8.2mg / L（96h）。野鸭急性经口LD_{50}3 020mg / kg，鹧鸪急性经口LD_{50}4 430mg / kg。蜜蜂接触LD_{50}>0.1μg / 只。

【作用特点】选择性内吸传导型除草剂。有效成分经叶面吸收，迅速传导到植株全身，抑制禾本科杂草乙酰辅酶A羧化酶活性，引起杂草失绿，枯死。

【防治对象】小麦田看麦娘、早熟禾、野燕麦、硬草、菵草等。

【应用技术】小麦苗后2～4叶期，禾本科杂草1～4叶期，每亩用40%三甲苯草酮水分散粒剂50～80g（有效成分26～32g），对水30L茎叶喷雾施药。

【注意事项】

（1）冬前施药，杂草叶龄小效果理想。

（2）防除野燕麦采用推荐剂量的高量。

（3）避免在大幅升降温前后、异常干旱及作物生长不良等条件下施药，否则可能影响药效或导致作物药害。

（4）避免与激素类除草剂如2甲4氯、氯氟吡氧乙酸等混用。

（5）该药对鱼类有毒。施药时需避开水产养殖区，禁止在水体中清洗施药器具。

【主要制剂和生产企业】40%水分散粒剂。

江苏省农用激素工程技术研究中心有限公司。

唑啉草酯（pinoxaden）

【作用机理分类】A组（苯基吡唑啉类亚组）。

【化学结构式】

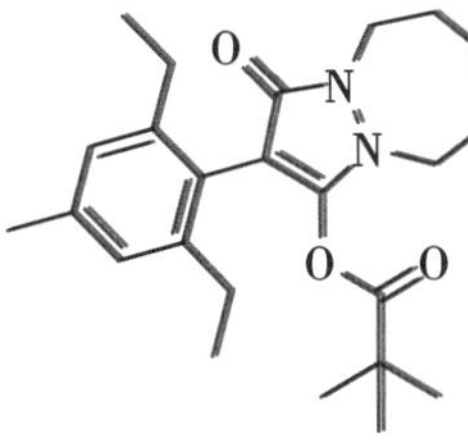

【曾用名】爱秀。

【理化性质】原药外观为淡棕色粉末，相对密度1.326（20℃），熔点120.5～121.6℃，蒸汽压2.0×10^{-6}Pa（20℃）。水中溶解度（25℃）200mg／L，有机溶剂中溶解度（25℃，mg／L）：丙酮250、二氯甲烷500、乙酸乙酯130、正己烷1.0、甲醇260、辛醇140、甲苯130。

【毒性】低毒。原药大鼠急性经口LD_{50}>5 000mg／kg，急性经皮LD_{50}>2 000mg／kg，急性吸入LC_{50}>5 220mg／L。对兔眼睛有刺激性，对兔皮肤无刺激性，对豚鼠皮肤无致敏性。大鼠饲喂试验无作用剂量（90d）100mg／kg·d。

对鱼、水蚤、鸟类、蜜蜂、蚯蚓均低毒，对水藻中毒。

【作用特点】选择性内吸传导型芽后茎叶处理剂。有效成分被植物叶片和叶鞘吸收，经韧皮部传导，积累于植物体的分生组织内，抑制禾本科杂草叶绿体和细胞质中乙酰辅酶A羧化酶活性，从而抑制正在分裂细胞中脂类的合成，导致植株死亡。阔叶杂草ACCase酶的活性不受药剂影响。该药加入了对麦类作物有保护作用的安全剂，因此对小麦、大麦安全。唑啉草酯在土壤中降解快，很少被根部吸收，因此，具有较低的土壤活性。

【防治对象】麦田看麦娘、野燕麦、黑麦草、硬草、茵草、棒头草、虉草等。

【应用技术】小麦田除草：小麦苗后3～5叶期，禾本科杂草3～5叶期，每亩用50g／L唑啉草酯乳油60～80g（有效成分3～4g），对水30L茎叶喷雾施药。大麦田除草：大麦苗后3～5叶期，禾本科杂草3～5叶期，冬前播种的大麦秋季施药每亩用50g／L唑啉草酯乳油60～80g（有效成分3～4g），返青期施药每亩用50g／L唑啉草酯乳油80～100g（有效成分4～5g）；春季播种的大麦每亩用50g／L唑啉草酯乳油60～80g（有效成分3～4g），对水30L茎叶喷雾施药。

【注意事项】

（1）避免在大幅升降温前后、异常干旱及作物生长不良等条件下施药，否则可能影响药效或导致作物药害。

（2）避免与激素类除草剂如2甲4氯、氯氟吡氧乙酸等混用。

（3）施药时避免药液飘移到邻近禾本科的作物田。

（4）该产品含有可燃的有机成分，燃烧时会产生浓厚的黑烟，分解产物可能危害健康。

【主要制剂和生产企业】5%乳油。

瑞士先正达作物保护有限公司。

苄嘧磺隆（bensulfuron-methyl）

【作用机理分类】B组（磺酰脲类亚组）。

【防治对象】小麦田猪殃殃、荠菜、大巢菜、婆婆纳、繁缕、宝盖草、麦瓶草、小花糖芥等。

【应用技术】小麦田杂草2～5叶期，每亩用10%苄嘧磺隆可湿性粉剂30～40g（有效成分3～4g），对水30L茎叶喷雾。

【注意事项】

（1）田间土壤墒情好有利于苄嘧磺隆药效发挥，因此该药适用区为南方麦区。

（2）不能与碱性物质混用，以免分解失效。

（3）可与炔草酯等混用，提高对禾本科杂草防效。

【主要制剂和生产企业】10%、30%、32%可湿性粉剂，60%水分散粒剂。

江苏省苏州市宝带农药有限责任公司、江苏快达农化股份有限公司、江苏省激素研究所股份有限公司、江苏连云港立本农药化工有限公司、安徽华星化工股份有限公司、陕西上格之路生物科学有限公司、山东胜邦绿野化学有限公司。

其他参看水稻田除草剂重点产品介绍。

氯磺隆（chlorsulfuron）

【作用机理分类】B组（磺酰脲类亚组）。

【化学结构式】

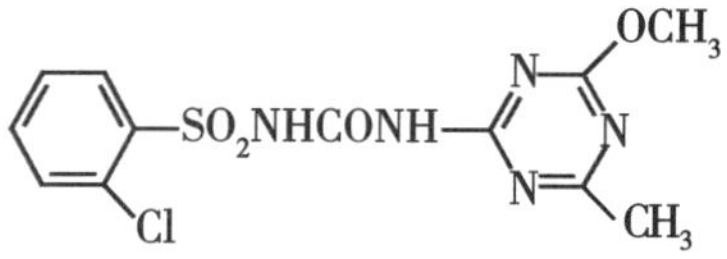

OCH_3

$SO_2NHCONH$

Cl　CH_3

【理化性质】白色结晶固体，相对密度1.48，熔点174～178℃，蒸汽压3×10^{-9}Pa（25℃）。溶解度（g／L，25℃）：水0.1～0.125（pH值为4.1）、0.3（pH值为5）、27.5（pH值为7），甲醇15，丙酮4，二氯甲烷1.4，甲苯3，正己烷<0.01。对光稳定，pH值<5水解快，在偏碱性条件下水解慢。

【毒性】低毒。大鼠急性经口LD_{50}（mg／kg）：5 545（雄）、6 293（雌），兔急性经皮LD_{50} 2 500mg／kg，大鼠急性吸入LC_{50}（4h）>5.9mg／L。对兔眼睛中度刺激，对兔皮肤无刺激和致敏性。饲喂试验无作用剂量（mg／kg·d）：大鼠100（2年），小鼠500（2年），狗2 000（1年）。试验条件下，无致突变、致畸、致癌作用。

对鱼、蜜蜂、鸟低毒。虹鳟鱼LC_{50}（96h）250mg／L。蜜蜂LD_{50}（接触）>25μg／只。野鸭和鹌鹑LC_{50}（8d）>5 000mg／kg。蚯蚓LC_{50}>2 000mg／kg。

【作用特点】通过植物根、茎、叶吸收，在体内向上和向下传导。抑制乙酰乳酸合成酶活性，导致缬氨酸、亮氨酸和异亮氨酸合成受阻，影响植物细胞有丝分裂造成杂草生长停止，最后死亡。小麦体内95%以上的氯磺隆形成5-OH基代谢物，并迅速与葡萄糖轭合成不具活性的5-糖苷轭合物。氯磺隆在小麦叶片中的半衰期仅2～3h，因此，小麦具有高度抗性。

【防治对象】防除麦田播娘蒿、荠菜、碎米荠、麦瓶草、繁缕、牛繁缕、猪殃殃、雀舌草、离子草、卷茎蓼等阔叶杂草，对禾本科杂草看麦娘、日本看麦娘、早熟禾也有一定效果。

【应用技术】 小麦播种后出苗前或小麦2～3叶期，每亩用25%氯磺隆可湿性粉剂2～2.4g（有效成分0.5～0.6g），对水30L茎叶喷雾。

【注意事项】

（1）仅限于长江流域及其以南、酸性土壤（pH值<7）、稻麦轮作区的冬小麦田冬前使用。

（2）禁止在低温、少雨、pH值>7的冬小麦田使用。

（3）使用过甲磺隆的田块后茬只能种植移栽水稻或抛秧水稻。

（4）施药时防止药液飘移到近邻敏感的阔叶作物上，也勿在间种敏感作物的麦田使用。

（5）严格掌握使用剂量，不能超量施药。

（6）农业部规定，自2015年12月31起，禁止氯磺隆在国内销售和使用。

【主要制剂和生产企业】25%可湿性粉剂，25%、75%水分散粒剂。

江苏省农用激素工程技术研究中心有限公司、江苏省激素研究所股份有限公司、辽宁省沈阳丰收农药有限公司、江苏天容集团股份有限公司。

环丙嘧磺隆（cyclosulfamuron）

【作用机理分类】B组（磺酰脲类亚组）。

【防治对象】麦田防除猪殃殃、繁缕等阔叶杂草。

【应用技术】 冬小麦苗后1～2叶期，每亩用10%环丙嘧磺隆可湿性粉剂20～30g（有效成分2～3g），对水30L茎叶处理。该药可与二甲戊灵混用兼治看麦娘等禾本科杂草。

【注意事项】

（1）该药苗后早期使用防效理想，杂草叶龄大防效差。

（2）该药与后茬作物安全间隔期90d。

【主要制剂和生产企业】10%可湿性粉剂。

巴斯夫股份欧洲公司。

其他参看水稻田除草剂重点产品介绍。

氟唑磺隆（flucarbazone-sodium）

【作用机理分类】B组（磺酰胺类羧基三唑啉酮类亚组）。

【化学结构式】

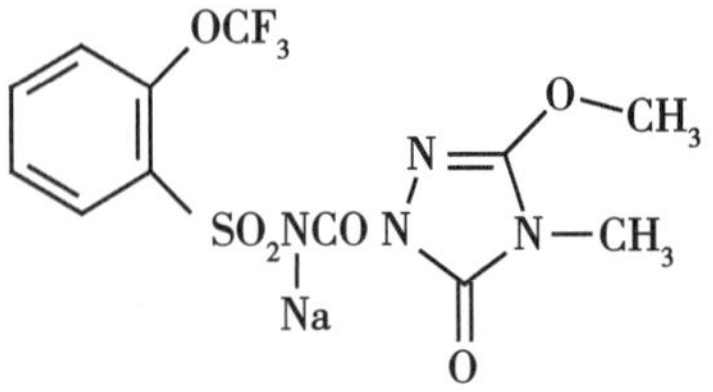

【曾用名】氟酮磺隆、彪虎。

【理化性质】无嗅、无色结晶体，相对密度1.59，熔点200℃（开始分解），蒸汽压<1×10^{-9}Pa（20℃）。溶解度（g／L，20℃）：水44（pH值为4～9），正庚烷、二甲苯<0.1，乙酸乙酯0.14，异丙醇0.27，二氯甲烷0.72，丙酮1.3，乙腈6.4，聚乙烯乙二醇48，二甲基亚砜>250。

【毒性】低毒。大鼠急性经口LD_{50}>5 000mg／kg，大鼠急性经皮LD_{50}>5 000mg／kg，大鼠急性吸入LC_{50}>5.13mg／L。对兔皮肤、眼睛无刺激性。豚鼠皮肤致敏试验结果无致敏性。大鼠喂养试验无作用剂量（90d，mg／kg·d）：雄17.6，雌101.7。

对鱼、鸟、蜜蜂、家蚕、蚯蚓低毒。虹鳟鱼LC_{50}>96.7mg／L，翻车鱼LC_{50}>99.3mg／L，水蚤LC_{50}>109mg／L。野鸭LD_{50}>4 672mg／kg，鹌鹑LD_{50}>2 621mg／kg。蚯蚓LC_{50}>1 000mg／kg。

【作用特点】药剂通过杂草叶、茎和根吸收，抑制乙酰乳酸合成酶活性，使杂草黄化、枯萎，最后死亡。落入土壤中的药剂仍有活性，可由根吸收，杀除施药后长出的低叶龄杂草。

【防治对象】小麦田防除野燕麦、雀麦、看麦娘等禾本科杂草和部分阔叶杂草。

【应用技术】冬小麦2～4叶期、杂草1～3叶期，每亩用70%氟唑磺隆水分散粒剂3～4g（有效成分2.1～2.8g），对水30L茎叶喷雾。春小麦2～4叶期、杂草1～3叶期，每亩用70%氟唑磺隆水分散粒剂1.9～2.9g（有效成分1.33～2g），对水30L茎叶喷雾。

【注意事项】

（1）该药在杂草叶龄较小时使用除草效果理想。

（2）勿在套种或间作大麦、燕麦、十字花科作物及豆科作物的小麦田使用。

（3）后茬作物安全间隔期为：小扁豆24个月，豌豆11个月，红花、大豆、甜菜、向日葵、大麦、油菜、菜豆、亚麻、马铃薯9个月，硬质小麦4个月，玉米、水稻、棉花、花生2个月。

（4）在冻、涝、盐碱、病害及麦苗较弱等条件下施用，小麦易产生药害。

（5）可与苯磺隆、2，4-D、2甲4氯、氯氟吡氧乙酸等除草剂混用以扩大杀草谱。

【主要制剂和生产企业】70%水分散粒剂。

上海禾本药业有限公司、美国爱利思达生物化学品北美有限公司。

甲基二磺隆（mesosulfuron-methyl）

【作用机理分类】B组（磺酰脲类亚组）。

【化学结构式】

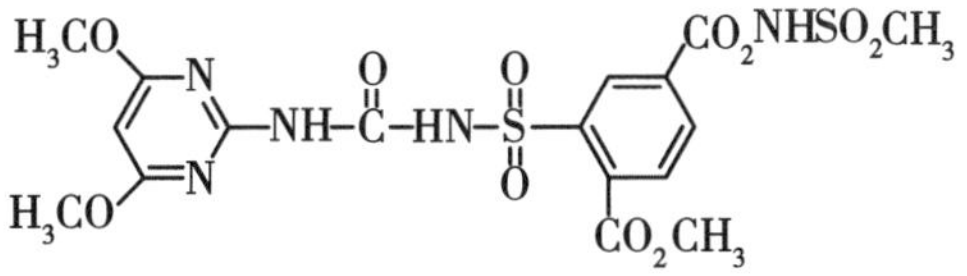

【曾用名】世玛。

【理化性质】原药外观为乳白色粉末，具有轻微辛辣气味，相对密度1.48g／L，熔点195.4℃，蒸汽压1.1×10^{-11}Pa。水中溶解度2.14 mg／L（20℃），有机溶剂中溶解度（25℃，g／L）：异丙醇9.6×10^{-2}、丙酮13.66、乙腈8.37、正己烷<2.29×10^{-4}、二氯甲烷3.79、乙酸乙酯2.03、甲苯1.26×10^{-2}。

【毒性】低毒。原药大鼠急性经口LD_{50}>5 000mg／kg，急性经皮LD_{50}>5 000mg／kg，急性吸入LC_{50}>1.33mg／L。对兔皮肤无刺激性。对豚鼠无致敏性。

对鱼类低毒，对鸟、蚯蚓和蜜蜂无毒。

【作用特点】选择性内吸传导型芽后茎叶处理剂。抑制乙酰乳酸合成酶活性，从而使缬氨酸、亮氨酸、异亮氨酸等支链氨基酸生物合成受阻，抑制细胞分裂，导致杂草死亡。杂草叶片吸收药剂后立即停止生长，施药后2～4周杂草死亡。该药加入了安全剂，因此对小麦安全。

【防治对象】小麦田野燕麦、看麦娘、日本看麦娘、多花黑麦草、硬草、早熟禾、碱茅、棒头草、牛繁缕、荠菜等一年生禾本科杂草和部分阔叶杂草。对雀麦、节节麦、茼草、蜡烛草、毒麦等禾本科杂草也有一定控制效果。

【应用技术】小麦3～5叶期，杂草2～5叶期，每亩用30g／L甲基二磺隆油悬浮剂20～35g（有效成分0.75～1.05g），对水30L茎叶喷雾。该药与甲基碘磺隆钠盐混用可扩大杀草谱。

【注意事项】

（1）防除野燕麦、看麦娘等敏感杂草采用低剂量，防除雀麦、节节麦等敏感性较差的杂草采用高剂量。

（2）某些春小麦和强筋或硬质型小麦品种对本药剂敏感，使用前须先进行小面积试验。

（3）不宜与2,4-D丁酯混用，以免发生药害。

（4）该药冬前使用，杂草叶龄较小除草效果理想。冬季低温霜冻期、小麦拔节期、大雨前、低洼积水或遭受涝害、冻害、盐碱害等胁迫的小麦不宜施用。施用前后2d内不可大水漫灌麦田，以确保药效，避免药害。

（5）该药与后茬作物播种安全间隔期至少55d。

【主要制剂和生产企业】30g／L甲基二磺隆油悬浮剂。

拜耳作物科学公司。

甲磺隆（metsulfuron-methyl）

【作用机理分类】B组（磺酰脲类亚组）。

【化学结构式】

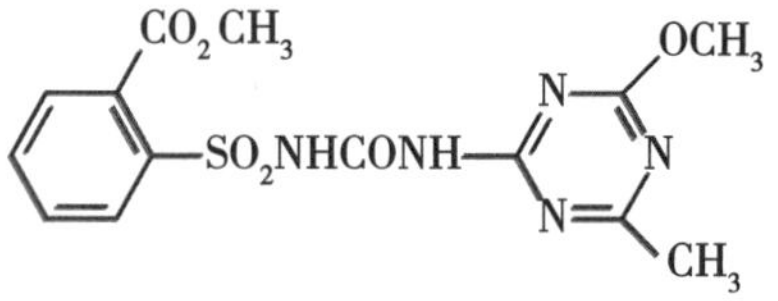

【理化性质】无色晶体，相对密度1.47，熔点158℃，蒸汽压3.3×10^{-10}Pa（25℃）。溶解度（g／L）：水1.1（pH值为5）、9.5（pH值为7），丙酮36，二氯甲烷121，乙醇2.3，己烷0.79，甲醇7.3，二甲苯58。

【毒性】低毒。大鼠急性经口LD_{50}>5 000mg／kg，兔急性经皮LD_{50}>2 000mg／kg。大鼠急性吸入LC_{50}（4h）>5mg／L。饲喂试验无作用剂量（2年，mg／kg）：大鼠500，狗500（雄）和5 000（雌）。

对鱼、蜂、鸟低毒。虹鳟鱼和翻车鱼LC_{50}（96h）>150mg／L，水蚤LC_{50}（48h）>12.5mg／L。野鸭经口LD_{50}>2 510mg／kg，饲喂鹌鹑LC_{50}（8d）>5 620mg／kg。蜜蜂LD_{50}>25μg／只。

【作用特点】通过植物根、茎、叶吸收，在体内向上和向下传导。抑制乙酰乳酸合成酶活性，导致缬氨酸、亮氨酸和异亮氨酸合成受阻，影响植物细胞有丝分裂造成杂草生长停止，最后死亡。耐药的作物如小麦吸收后，在体内进行苯环羟基化作用，羟基化合物与葡萄糖形成轭合物，从而丧失活性而表现选择性。甲磺隆在土壤中通过水解与微生物降解而消失，半衰期4周左右，在酸性土壤中分解较快。

土壤对甲磺隆吸附作用小，淋溶性较强，其持效期根据不同土壤类别、pH值和温湿度而变化。

【防治对象】防除小麦田一年生阔叶杂草，如播娘蒿、荠菜、麦瓶草、藜、地肤、鼬瓣花、麦家公、荞麦蔓、钝叶酸模、猪毛菜、繁缕、苣荬菜、堇菜等。对部分禾本科杂草如黑麦草、茵草等及多年生杂草如刺儿菜也有一定防效。部分草原和路边杂草及灌木，如白蜡树、槭树、矢车菊、钟色菊、车轴草、蒲公英等对甲磺隆敏感。

【应用技术】小麦播种后出苗前或苗后早期，每亩施用10%甲磺隆可湿性粉剂4～8g（有效成分0.4～0.8g），对水30L茎叶喷雾。

【注意事项】

（1）仅限于长江流域及其以南、酸性土壤（pH值<7）、稻麦轮作区的冬小麦田冬前使用。

（2）禁止在低温、少雨、pH值>7的冬小麦田使用。

（3）使用过甲磺隆的田块后茬不宜作为水稻秧田与直播田，也不能种植其他作物，只能种植移栽水稻或抛秧水稻，移栽稻安全间隔期150d。

（4）施药时防止药液飘移到近邻敏感的阔叶作物上，也勿在间种敏感作物的麦田使用。

（5）严格掌握使用剂量，不能超量施药。

（6）农业部规定，自2015年12月31日起，禁止甲磺隆单剂在国内销售和使用，自2017年7月1日起，禁止甲磺隆复配制剂产品在国内销售和使用；保留甲磺隆的出口境外使用登记。

【主要制剂和生产企业】10%可湿性粉剂、60%水分散粒剂。

江苏常隆化工有限公司、江苏省激素研究所股份有限公司、允发化工（上海）有限公司、江苏瑞邦农药厂有限公司、沈阳科创化学品有限公司、辽宁省沈阳丰收农药有限公司、江苏天容集团股份有限公司。

单嘧磺酯（monosulfuron-ester）

【作用机理分类】B组（磺酰脲类亚组）。

【化学结构式】

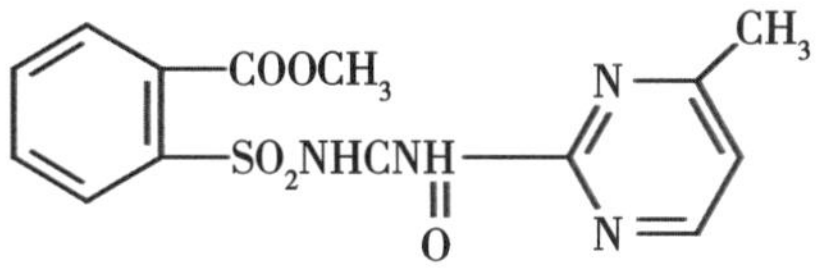

CH_3　$COOCH_3$　SO_2NHCNH　O　N　N

【曾用名】麦谷宁。

【理化性质】纯品为白色结晶，熔点179～180℃。溶解度（20℃，g／L）：水0.06，二甲基二酰胺24.68，四氢呋喃4.83，丙酮2.09，甲醇0.30。碱性条件下可溶于水，强酸或强碱条件下易发生水解，在中性、弱酸或弱碱条件下稳定。

【毒性】低毒。原药大鼠急性经口LD_{50}>10 000mg／kg，大鼠急性经皮LD_{50}>10 000mg／kg。对兔皮肤无刺激，对兔眼睛轻度刺激。大鼠饲喂试验无作用剂量（90d，mg／kg·d）：雄161、雌231。

对鱼、鸟、蜜蜂、桑蚕低毒。斑马鱼LC_{50}（96h）>64.7mg／L，鹌鹑LD_{50}>2 000mg／kg，蜜蜂LD_{50}>200μg／只。

【作用特点】药剂由植物初生根及幼嫩茎叶吸收，抑制乙酰乳酸合成酶活性，从而阻止支链氨基酸合成，导致杂草死亡。

【防治对象】小麦田播娘蒿、荠菜、麦瓶草、小花糖芥、密花香薷等。对荞麦蔓、萹蓄、藜等防效差。

【应用技术】小麦田杂草2～5叶期，每亩用10%单嘧磺隆可湿性粉剂30～40g（有效成分3～4g），对水30L茎叶喷雾。

【注意事项】

（1）使用本品后，后茬可以种植玉米、谷子，严禁种植油菜等十字花科作物及旱稻、苋菜、高粱、棉花、大豆等作物。在西北地区春小麦用药后，如后茬种植油菜，间隔期需24个月。

（2）施药时防止药液飘移到近邻敏感的阔叶作物上，也勿在间种敏感作物的麦田使用。

（3）不可与碱性农药等物质混用。

【主要制剂和生产企业】10%可湿性粉剂。

天津市绿保农用化学科技开发有限公司。

噻吩磺隆（thifensulfuron）

【作用机理分类】B组（磺酰脲类亚组）。

【防治对象】小麦田荠菜、播娘蒿、猪殃殃、大巢菜、婆婆纳、繁缕、宝盖草、麦瓶草、小花糖芥等。

【应用技术】冬小麦田冬前阔叶杂草基本出齐后，或春季小麦返青后拔节前，阔叶杂草3～5叶期，每亩用75%噻吩磺隆水分散粒剂2～3g（有效成分1.5～2.25g），对水30L茎叶喷雾。

【注意事项】

（1）该药作用速度较慢，不可在未见药效时急于人工除草。

（2）本品活性高，用药量少，称量要准确。

（3）避免在干旱、低温（10℃以下）、病虫害严重等不利于小麦生长的条件施药。

（4）本品不能与碱性物质混合，以免分解失效。土壤pH值>7、质地黏重及积水的田块禁用。

（5）施药时防止药液飘移到近邻敏感的阔叶作物上，也勿在间作敏感作物的麦田使用。

【主要制剂和生产企业】15%、20%、25%、75%可湿性粉剂，75%水分散粒剂。

江苏瑞邦农药厂有限公司、南京保丰农药有限公司、江苏省激素研究所股份有限公司、安徽丰乐农化有限责任公司、吉林省八达农药有限公司等。

其他参看玉米田除草剂重点产品介绍。

苯磺隆（tribenuron-methyl）

【作用机理分类】B组（磺酰脲类亚组）。

【化学结构式】

CO_2CH_3 OCH_3 SO_2NHCON N N N CH_3 CH_3

【曾用名】巨星、阔叶净。

【理化性质】固体粉末，相对密度1.54，熔点141℃，蒸汽压5.2×10^{-8}Pa。溶解度（25℃，mg／L）：水28（pH值为4）、50（pH值为5）、280（pH值为6），丙酮43.8，乙腈54.2，四氯化碳3.12，己烷0.028，醋酸乙酯17.5，甲醇3.39。

【毒性】低毒。原药大鼠急性经口LD_{50}>5 000mg／kg，兔急性经皮LD_{50}>2 000mg／kg，大鼠急性吸入LC_{50}（4h）>5mg／L。对兔皮肤无刺激作用，对眼睛有轻度刺激。喂养试验无作用剂量（90d，mg／kg·d）：大鼠100，小鼠500，狗500。

对鸟、鱼、蜜蜂、蚯蚓等无毒。蓝鳃翻车鱼LC_{50}>1 000mg／L（96h）。蜜蜂LD_{50}>100μg／头。鹌鹑和野鸭LD_{50}>5 620mg／kg。蚯蚓LC_{50}（14d）>1 299mg／kg。

【作用特点】选择性内吸传导型芽后茎叶处理剂。可被杂草茎、叶、根吸收，并在体内传导，通过阻碍乙酰乳酸合成酶，使缬氨酸、亮氨酸、异亮氨酸等生物合成受抑制，阻止细胞分裂，导致杂草死亡。施药后杂草停止生长，10～14d可见严重生长抑制，心叶逐渐坏死，叶片褪绿，一般在冬小麦用药后30d杂草逐渐整株枯死。苯磺隆在小麦体内迅速降解为无活性物质。在土壤中持效期30～45d。

【防治对象】小麦田阔叶杂草。播娘蒿、荠菜、麦瓶草、繁缕、离子草、碎米荠、雀舌菜等对苯磺隆敏感，藜、猪殃殃、卷茎蓼、泽漆、婆婆纳等中度敏感，田旋花、鸭跖草、萹蓄、刺儿菜等敏感性差。

【应用技术】小麦2叶期至拔节期，一年生阔叶杂草2～6叶期，每亩用75%苯磺隆干悬浮剂0.9～1.7g（有效成分0.7～1.3g），对水30L茎叶喷雾施药。

【注意事项】

（1）该药作用速度较慢，不可在未见药效时急于人工除草。

（2）本品活性高，用药量少，称量要准确。

（3）避免在干燥、低温（10℃以下）条件施药，以免影响药效。

（4）该药与后茬阔叶作物安全间隔期为90d，轮作花生、大豆的麦田易冬前施药。沙质、有机质含量低、pH值高的土壤也应采用冬前施药。

（5）施药时防止药液飘移到近邻敏感的阔叶作物上，也勿在间作敏感作物的麦田使用。

【主要制剂和生产企业】10%、75%可湿性粉剂，75%干悬浮剂，75%可分散粒剂，20%可溶粉剂，20%、25%可溶性粉剂。

江苏省激素研究所股份有限公司、沈阳科创化学品有限公司、辽宁省大连瑞泽农药股份有限公司、江苏龙灯化学有限公司、美国杜邦公司等。

双氟磺草胺（florasulam）

【作用机理分类】B组（三唑并嘧啶磺酰胺类亚组）。

【化学结构式】

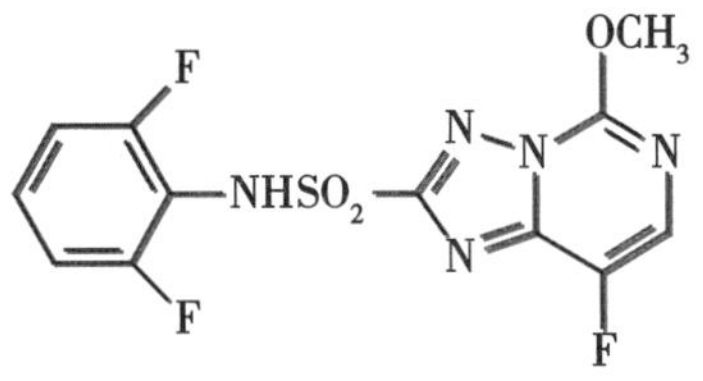

【曾用名】唑嘧氟磺胺。

【理化性质】灰白色固体，相对密度1.77（21℃），熔点193.5～230.5℃，蒸汽压1×10^{-5}Pa（25℃）。水中溶解度6.36g／L（20℃，pH值为7.0）。

【毒性】低毒。大鼠急性经口LD_{50}>6 000mg／kg，兔急性经皮LD_{50}>2 000mg／kg。对兔眼睛有刺激性，对兔皮肤无刺激性。大鼠、小鼠饲喂试验无作用剂量100mg／kg·d（90d）。试验剂量下无致畸、致突变、致癌作用。

对鱼、蜜蜂、鸟低毒。LC_{50}（96h，mg／L）：虹鳟鱼>86，翻车鱼>98。蜜蜂LD_{50}（48h）>100μg／只。野鸭和鹌鹑LC_{50}（5d）>5 000mg／kg。蚯蚓LC_{50}（14d）>1 320mg／kg。

【作用特点】通过植物根、茎、叶吸收，经木质部和韧皮部传导至植物的分生组织。抑制乙酰乳酸合成酶活性，阻止支链氨基酸如缬氨酸、亮氨酸、异亮氨酸的生物合成，从而抑制细胞分裂、导致敏感杂草死亡。杂草主要中毒症状为植株矮化，叶色变黄、变褐最终导致死亡。

用药适期宽，冬前和早春均可用药。在低温下用药仍有较好防效，药剂在土壤中降解快，推荐剂量下对当茬和后茬作物安全。

【防治对象】小麦田猪殃殃、繁缕、蓼属和部分菊科阔叶杂草。对播娘蒿、麦瓶草、荠菜也有较好控制作用。

【应用技术】冬小麦苗后，阔叶杂草3～5叶期，每亩用50g／L双氟磺草胺悬乳剂5～6g（有效成分0.25～0.3g），对水30L茎叶喷雾。

【注意事项】

（1）该药冬前施用比冬后施药效果理想，因此，应在冬前杂草叶龄较小时喷施。

（2）该药无土壤残留活性，应在田间杂草大部分出苗后施药。

（3）在杂草种类较多的田块，可与唑嘧磺草胺、2，4-D、二甲四氯等混用扩大杀草谱。

【主要制剂和生产企业】50g／L悬乳剂。

江苏农用激素工程技术研究中心有限公司、美国陶氏益农公司。

唑嘧磺草胺（flumetsulam）

【作用机理分类】B组（三唑并嘧啶磺酰胺类亚组）。

【防治对象】小麦田多种阔叶杂草，如繁缕、猪殃殃、大巢菜、婆婆纳、小花糖芥、地肤、鸭跖草、藜、蓼等。

【应用技术】小麦3叶期至分蘖期，杂草生长旺盛期，每亩用80%唑嘧磺草胺水分散粒剂1.67～2.5（有效成分1.3～2g），对水30L茎叶喷雾。

【注意事项】

（1）后茬不宜种植油菜、萝卜、甜菜等十字花科作物及其他阔叶蔬菜。

（2）为扩大杀草谱，可与防除禾本科杂草除草剂混用。

（3）本品用量低，应严格控制单位面积施药量，不可超量使用。

【主要制剂和生产企业】80%水分散粒剂。

美国陶氏益农公司。

其他参看玉米田除草剂重点产品介绍。

啶磺草胺（pyroxsulam）

【作用机理分类】B组（三唑并嘧啶磺酰胺类亚组）。

【化学结构式】

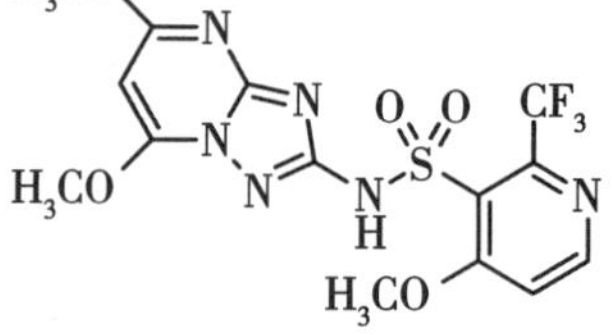

【曾用名】甲氧磺草胺、优先。

【理化性质】原药为棕褐色粉末，相对密度1.618，沸点213℃，熔点208.3℃，分解温度213℃，蒸汽压$<1\times10^{-7}$Pa（20℃）。水溶解度0.062g／L，有机溶剂中溶解度（g／L）：pH值为7缓冲液3.20，甲醇1.01，丙酮2.79，正辛醇0.073，乙酸乙酯2.17，二氯乙烷3.94，二甲苯0.0352，庚烷<0.001。

【毒性】低毒。原药大鼠急性经口$LD_{50}>2\ 000$mg／kg，急性经皮$LD_{50}>2\ 000$mg／kg。对兔眼睛和皮肤无刺激性，豚鼠皮肤中度致敏性。

【作用特点】主要由植物的根、茎、叶吸收，经木质部和韧皮部传导至植物分生组织。通过抑制支链氨基酸如缬氨酸、亮氨酸、异亮氨酸的生物合成，从而抑制细胞分裂、导致敏感杂草死亡。主要中毒症状为植株矮化，叶色变黄、变褐最终导致死亡。

【防治对象】麦田看麦娘、日本看麦娘、硬草、雀麦、野燕麦、婆婆纳、播娘蒿、荠菜、繁缕、麦瓶草、稻槎菜。对早熟禾、猪殃殃、泽漆、野老鹳草等有抑制作用。

【应用技术】冬小麦3～6叶期，一年生禾本科杂草2.5～5叶期，每亩用7.5%啶磺草胺水分散粒剂9.4～12.5（有效成分0.7～0.9g），对水30L茎叶喷雾。

【注意事项】

（1）冬前、杂草叶龄小施药的除草效果好于冬后、杂草叶龄大时施药效果。

（2）加入喷液量的0.1％～0.5%助剂可提高防效。

（3）在冻、涝、盐碱、病害及麦苗较弱等条件下施用，小麦易产生药害。

（4）推荐剂量下施药后，麦苗有时会出现临时性黄化或蹲苗现象，一般不影响产量。

（5）冬小麦种植区，推荐剂量下冬前施药3个月后，可种植小麦、大麦、燕麦、玉米、大豆、水稻、棉花、花生、西瓜等作物；推荐剂量使用12个月后可种植番茄、小白菜、油菜、甜菜、马铃薯、苜蓿、三叶草等作物；如种植其他后茬作物，应进行安全性试验。

【主要制剂和生产企业】7.5%水分散粒剂。

美国陶氏益农公司。

绿麦隆（chlortoluron）

【作用机理分类】C_2组（取代脲类亚组）。

【化学结构式】

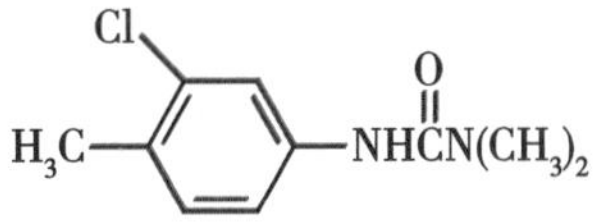

【理化性质】白色结晶，相对密度1.40，熔点148.1℃，蒸汽压4.8×10^{-6}Pa（20℃）、5×10^{-6}Pa（25℃）。溶解度（25℃，g／L）：水0.074，丙醇54，乙醇48，正辛醇24，乙酸乙酯21，二氯甲烷51，甲苯3，正己烷0.06。对光和紫外线稳定。

【毒性】低毒。大鼠急性经口$LD_{50}>5\ 000$mg／kg，大鼠急性经皮$LD_{50}>2\ 000$mg／kg，大鼠急性吸入LC_{50}（4h）5.3mg／L。对兔眼睛和皮肤无刺激性，对豚鼠皮肤无致敏性。饲喂试验无作用剂量（2年，mg／kg饲料）：雄小鼠5，雌小鼠11.3。

对鱼、蜜蜂、鸟低毒。LC_{50}（96h，mg／L）：虹鳟鱼35，鲫鱼>100，翻车鱼50。

蜜蜂LD_{50}（μg／只）>20（接触）、>1 000（经口）。饲喂试验LC_{50}（8d，mg／L）：野鸭>6 800、日本鹌鹑>2 150。蚯蚓LC_{50}>1 000mg／kg。

【作用特点】选择性内吸传导型除草剂。主要由根吸收，并有叶面触杀作用，进入杂草体内抑制光合作用中的希尔反应，使叶片产生缺绿症。施药后3d，野燕麦和其他杂草表现受害症状，叶片褪绿，叶尖和叶心相继失绿，10d左右整株干枯死亡。在土壤中的持效期70d以上。

【防治对象】小麦田一年生禾本科杂草及某些阔叶杂草，如看麦娘、日本看麦娘、早熟禾、野燕麦、繁缕、猪殃殃、藜、婆婆纳等。对田旋花、问荆、锦葵科杂草防效差。

【应用技术】小麦播后苗前，每亩用25 %绿麦隆可湿性粉剂160～400g（有效成分40～100g，南方地区）或400～800g（有效成分100～200g，北方地区），对水40～50L土壤处理；也可在冬前小麦齐苗至2叶期，杂草1～2叶期，对水30L茎叶喷雾。茎叶喷雾应选用推荐剂量的下限。

【注意事项】

（1）该药药效与气温及土壤湿度关系密切，温度高、土壤湿度大除草效果好，干旱及气温在10℃以下不利于药效的发挥。

（2）稻麦连作区使用本品时应严格掌握用药量及喷雾质量，用药量大或重喷，易造成麦苗及后茬水稻药害。

异丙隆（isoproturon）

【作用机理分类】C_2组（取代脲类亚组）。

【化学结构式】

$$(CH_3)_2HC-C_6H_4-NH\overset{O}{\overset{\|}{C}}N(CH_3)_2$$

【理化性质】白色结晶，相对密度1.16（20℃），熔点151～153℃，蒸汽压3.15×10^{-6}Pa（20℃）。水中溶解度70mg／L（20℃），有机溶剂中溶解度（20℃，g／L）：甲醇75、二氯甲烷63、丙酮38、二甲苯38、苯5、已烷0.1。

【毒性】低毒。急性经口LD_{50}（mg／kg）：大鼠>3 900，小鼠3 350，急性经皮LD_{50}（mg／kg）：兔2 000，大鼠>3 170，大鼠急性吸入LC_{50}（4h）>1.95mg／L。对兔皮肤无刺激性。

对鱼、鸟低毒。LC_{50}（96h，mg／L）：鲤鱼193，虹鳟鱼37，翻车鱼>100，鲇鱼9。蜜蜂经口LD_{50}>50～100μg／只。日本鹌鹑急性经口LD_{50}3 042～7 926mg／kg，鸽子急性经口LD_{50}>5 000mg／kg。

【作用特点】选择性内吸型除草剂。主要由根吸收，叶片吸收很少。植物吸收药剂后在导管内随水分向上传导，多分布于叶尖和叶缘，抑制植物光合作用，使植物细胞在光照下不能放出氧和二氧化碳，有机物合成停止，造成敏感杂草因饥饿死亡。其受害症状是叶尖、叶缘褪绿、变黄、枯死。

【防治对象】小麦田一年生禾本科杂草及某些阔叶杂草，如看麦娘、日本看麦娘、早熟禾、野燕麦、硬草、播娘蒿、牛繁缕、萹蓄、藜、野芥菜等。对猪殃殃、荠菜、婆婆纳、萎陵菜等防效较差。

【应用技术】冬前小麦齐苗至3叶期，每亩用50%可湿性粉剂120～160g（有效成分60～80g），对水30～40L喷雾。在长江中下游麦田也可在小麦播后苗前施药，每亩用50%可湿性粉剂120～140g（有效成分60～70g），对水40～50L喷雾。

【注意事项】

（1）土壤墒情好，药效理想，土壤干旱除草效果不佳。

（2）药剂做土壤处理与露籽麦或麦根接触，易引起死苗，成苗减少，生产上小麦播种后应充分覆土再施药。

（3）杂草分蘖前施药效果理想，叶龄大施药效果差，因此，宜在秋季杂草出苗后施药。

（4）长江中下游冬麦田使用时，对后茬水稻的安全间隔期不少于109d。

【主要制剂和生产企业】5%、50 %、70%、75 %可湿性粉剂，50%悬浮剂。

美丰农化有限公司、江苏绿利来股份有限公司、江苏省苏州市宝带农药有限责任公司、苏州遍净植保科技有限公司、四川贝尔化工集团有限公司。

溴苯腈（bromoxynil）

【作用机理分类】C_3组（苯腈类亚组）。

【化学结构式】

Br
NC　OH
Br

【曾用名】伴地农。

【理化性质】白色固体，熔点194～195℃，蒸汽压1.7×10^{-7}Pa（20℃）。溶解度（25℃，g/L）：水0.13，二甲基甲酰胺610，丙酮170，环己酮170，甲醇90，乙醇70，苯10，四氢呋喃410，石油醚<20。

【毒性】中等毒。急性经口LD_{50}（mg/kg）：大鼠81～177、小鼠110，兔260，狗100。急性经皮LD_{50}（mg/kg）：大鼠>2 000，兔>3 660。大鼠急性吸入LC_{50}（4h）>0.38mg/L。对兔皮肤无刺激性，对眼睛有中度刺激性。试验剂量下无致畸、致突变、致癌作用。

对鱼类高毒。虹鳟鱼LC_{50}（48h）0.15mg/L，翻车鱼LC_{50}（96h）29.2mg/L，水蚤LC_{50}（48h）12.5mg/L。对鸟类低毒。急性经口LD_{50}（mg/kg）：野鸭200，母鸡240。对蜜蜂低毒。蜜蜂LD_{50}（48h，μg/只）：经口5，接触150。

【作用特点】选择性触杀型苗后茎叶处理除草剂。主要经由叶片吸收，在植物体内进行极其有限的传导，抑制光合作用的各个过程，迅速使植物组织坏死。施药24h内叶片退绿，出现坏死斑。在气温较高、光照较强的条件下，加速叶片枯死。

【防治对象】小麦田播娘蒿、荠菜、藜、蓼、荞麦蔓、麦瓶草、麦家公、猪毛菜、田旋花等。

【应用技术】小麦3～5叶期，杂草4叶期，每亩使用80%溴苯腈可溶粉剂30～40g（有效成分24～32g），对水30L茎叶喷雾。

【注意事项】

（1）该药仅有触杀作用，传导作用较差，应在麦田杂草较小时施药。

（2）该药使用时遇低温或高湿的天气，除草效果和作物安全性降低，气温超过35℃、湿度过大时施药也易产生药害。

（3）本品不宜与肥料混用，也不可添加助剂，否则易产生药害。

（4）本品对鱼类等水生生物有毒，应远离水产养殖区施药，禁止在河塘等水域清洗施药器具；丢弃的包装物等废弃物应避免污染水体。

【主要制剂和生产企业】80%可溶性粉剂。

江苏辉丰农化股份有限公司。

辛酰溴苯腈（bromoxynil octanoate）

【作用机理分类】C_3组（苯腈类亚组）。

【化学结构式】

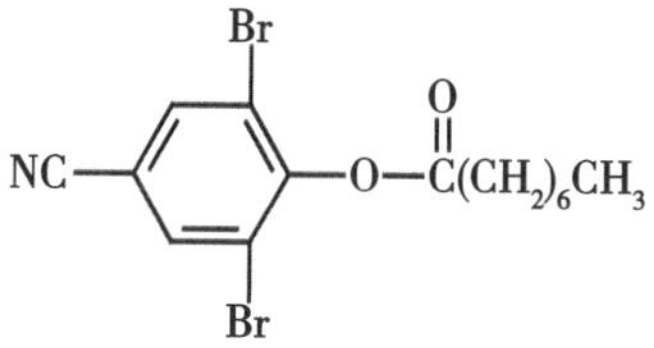

【曾用名】阔草克。

【理化性质】白色固体，熔点45～46℃。水中溶解度0.03mg／L（pH值为7，25℃），有机溶剂中溶解度（20～25℃，g／L）：丙酮和乙醇100、苯和二甲苯700、氯仿800、环己酮550、乙酸乙酯620、四氯化碳500、正丙醇120。

【毒性】中等毒。急性经口LD_{50}（mg／kg）：大鼠240～400，兔325。兔急性经皮LD_{50}1675mg／kg。饲喂试验无作用剂量（90d，mg／kg·d）：大鼠15.6，狗5。

对鱼类高毒。LC_{50}（96h）：虹鳟鱼0.041mg／L，翻车鱼0.06mg／L。水蚤LC_{50}（48h）0.046mg／L。对鸟低毒，野鸭经口LD_{50}175mg／kg。对蜜蜂低毒。

【作用特点】同溴苯腈。

【防治对象】小麦田播娘蒿、荠菜、藜、蓼、荞麦蔓、麦瓶草、麦家公、猪毛菜、田旋花等。

【应用技术】小麦3～5叶期，阔叶杂草2～4叶期，冬小麦每亩使用25%辛酰溴苯腈乳油100～150g（有效成分25～37.5g）；春小麦每亩使用25%辛酰溴苯腈乳油120～150g（有效成分30～37.5g），对水30L茎叶喷雾。

【注意事项】

（1）该药仅有触杀作用，传导作用较差，应在麦田杂草较小时施药。

（2）该药使用时遇低温或高湿的天气，除草效果和作物安全性降低，气温超过35℃、湿度过大时施药也易产生药害。

（3）本品严禁与其他碱性肥料、农药混用，也不可添加助剂，否则易产生药害。

（4）本品对鱼类等水生生物有毒，应远离水产养殖区施药，禁止在河塘等水域清洗施药器具；丢弃的包装物等废弃物应避免污染水体。

【主要制剂和生产企业】25%、30%乳油。

浙江禾本科技有限公司、山东侨昌化学有限公司、江苏辉丰农化股份有限公司等。

灭草松（bentazone）

【作用机理分类】C_3组（苯并噻二嗪酮类亚组）。

【防治对象】防除麦田荠菜、播娘蒿、猪殃殃、大巢菜、牛繁缕等阔叶杂草。对禾本科杂草无效。

【应用技术】小麦3叶至拔节前，阔叶杂草2～4叶期，每亩用25%灭草松水剂200g（有效成分50g），对水30L茎叶喷雾。

【注意事项】

（1）药效发挥作用的最佳温度为15～27℃，最佳湿度65%以上。施药后8h内应无雨。

（2）可与无拮抗作用的杀除禾本科杂草的除草剂混用扩大杀草谱。

（3）天气干燥、高温或超过推荐剂量时，小麦叶片会出现接触性药害斑点。

（4）落入土壤的药剂很少被吸附，因而不宜用作土壤处理。

（5）喷药时防止药液飘移到菠菜、油菜等敏感阔叶作物。

【主要制剂和生产企业】25%水剂。

江苏绿利来股份有限公司、江苏剑牌农化股份有限公司、江苏粮满仓农化有限公司、江苏七洲绿色化工股份有限公司、天津市绿亨化工有限公司等。

其他参看水稻田除草剂重点产品介绍。

敌草快（diquat）

【作用机理分类】D组（联吡啶类亚组）。

【化学结构式】

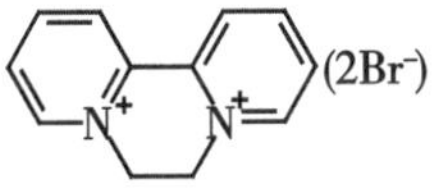

$(2Br^-)$

【曾用名】利农。

【理化性质】敌草快二溴盐以单水合物形式存在，为白色或浅黄色结晶，相对密度1.61（25℃），熔点324℃，蒸汽压1.3×10^{-5}Pa。水中溶解度为700g/L（20℃），微溶于乙醇，不溶于非极性有机溶剂。在酸性和中性介质中稳定，在碱性介质中分解。

【毒性】中等毒。急性经口LD_{50}（mg/kg）：大鼠408，小鼠234。急性经皮LD_{50}（mg/kg）：大鼠793、兔>400。对兔皮肤和眼睛有中等刺激性。饲喂狗试验无作用剂量1.7mg/（kg·d）（2年）。试验剂量内无致畸、致突变、致癌作用。

对鱼、蜜蜂、鸟低毒。鱼LC_{50}（mg/L）：鲤鱼40（48h），虹鳟鱼45（24h）。水蚤LC_{50}（48h）2.2μg/L。蜜蜂急性经口LD_{50}950μg/只。鹧鸪急性经口LD_{50}270mg/kg。野鸭饲喂LD_{50}155mg/kg。

【作用特点】非选择性触杀型除草剂。可被植物绿色组织迅速吸收。在植物绿色组织中，联吡啶化合物是光合作用电子传递抑制剂，还原状态的联吡啶化合物在光诱导下，有氧存在时很快被氧化，形成活泼过氧化氢，其积累破坏植物细胞膜，使着药部位很快枯黄。

该药在土壤中迅速丧失活力，适用于作物种子萌发前杀死已经出土的杂草，不能破坏植物根部和土壤内潜藏的种子，因而施药后杂草有再生现象。该药不易淋溶，因此不易污染地下水。

【防治对象】禾本科杂草及阔叶杂草。

【应用技术】免耕小麦播种前，每亩使用20%敌草快水剂150～200g（有效成分30～40g），对水30～40L对靶喷雾。

【注意事项】

（1）对深根性杂草及多年生杂草根部防效差，可与传导性除草剂混用。

（2）施药时天气干旱可加喷雾助剂提高药效。

（3）喷雾时防止药液飘移到周围作物。

（4）勿与碱性磺酸盐湿润剂、激素型除草剂的碱金属盐类混合使用，以免降低药效。

【主要制剂和生产企业】20%水剂。

南京华洲药业有限公司。

百草枯（paraquat）

【作用机理分类】D组（联吡啶类亚组）。

【防治对象】禾本科杂草及阔叶杂草。

【应用技术】免耕小麦播种前，每亩使用200g／L百草枯水剂150～300g（有效成分30～60g），对水30～40L对靶喷雾。

【注意事项】

（1）对深根性杂草及多年生杂草根部防效差，可与传导性除草剂混用。

（2）施药时天气干旱可加喷雾助剂提高药效。

（3）喷雾时防止药液飘移到周围作物。

【主要制剂和生产企业】20%、200g／L、250g／L水剂。

江苏苏州佳辉化工有限公司、湖北沙隆达股份有限公司、河北省石家庄宝丰化工有限公司、北京燕化永乐农药有限公司、吉林省八达农药有限公司、先正达南通作物保护有限公司等。

其他参看玉米田除草剂重点产品介绍。

乙羧氟草醚（fluoroglycofen）

【作用机理分类】E组（二苯醚类亚组）。

【防治对象】小麦田播娘蒿、荠菜、猪殃殃、繁缕、牛繁缕等阔叶杂草。

【应用技术】小麦冬前2～3叶期，杂草1～3叶期，每亩用10%乙羧氟草醚40～60g（有效成分4～6g），对水30L茎叶喷雾。

【注意事项】

（1）该药为触杀型除草剂，杂草叶龄增大后药效降低，应在杂草出齐苗后提早使用。

（2）药后小麦叶片可能出现接触性斑点，随小麦生长逐渐恢复。

（3）寒流、低温（10℃以下）条件下小麦易产生药害。

（4）喷药时避免雾滴飘移到敏感作物。

【主要制剂和生产企业】10%乳油。

江苏连云港立本农药化工有限公司。

其他参见大豆田除草剂重点产品介绍。

吡草醚（pyraflufen-ethyl）

【作用机理分类】E组（苯基吡唑类亚组）。

【化学结构式】

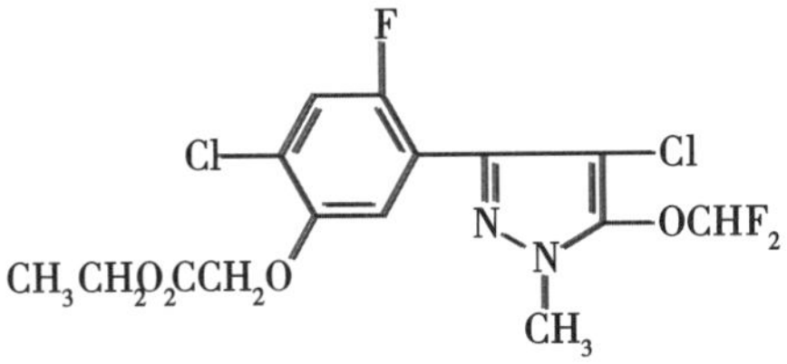

F
Cl　Cl
N　$OCHF_2$
$CH_3CH_2O_2CCH_2O$　N
CH_3

【曾用名】吡草酯、吡氟苯草酯、速草灵。

【理化性质】棕色固体，相对密度1.565，熔点126～127℃，蒸汽压4.79×10^{-3}Pa（25℃）。水中溶解度0.082mg／L（20℃），有机溶剂中溶解度（20℃，g／L）：二甲苯41.7～43.5，丙酮167～182，甲醇7.39，乙酸乙酯105～111。pH值为4水溶液中稳定，pH值为7时半衰期13d，pH值为9时快速分解。

【毒性】低毒。大鼠急性经口LD_{50}>5 000mg／kg，大鼠急性经皮LD_{50}>2 000mg／kg，大鼠急性吸入LC_{50}（4h）5.03mg／L。对兔眼睛有轻微刺激性，对兔皮肤无刺激性。饲喂试验无作用剂量（mg／kg·d）：大鼠2 000（2年），小鼠2 000（1.5年），狗1 000（1年）。

对鱼中等毒性。鲤鱼LC_{50}（48h）>10mg／L。对蜜蜂、鸟低毒。蜜蜂LD_{50}>111μg／只（经口）、>100μg／只（接触）。鹌鹑急性经口LD_{50}>2 000mg／kg。鹌鹑和野鸭饲喂LC_{50}>5 000mg／kg。蚯蚓LC_{50}>1 000mg／kg。

【作用特点】触杀型除草剂。有效成分经植物茎叶吸收后，抑制原卟啉原氧化酶的活性，造成原卟啉原积累，从而破坏杂草的细胞膜，茎叶处理后，使杂草叶片迅速干枯死亡。小麦吸收药剂后产生无毒代谢物而获得选择性。该药苗后茎叶处理的除草效果优于苗前处理。

【防治对象】小麦田阔叶杂草，如猪殃殃、繁缕、婆婆纳等。

【应用技术】小麦苗后早期、杂草2～4叶期，每亩用2%吡草醚悬浮剂30～40g（有效成分0.6～0.8g），对水30kg喷雾。

【注意事项】

（1）该药为触杀性药剂，应在杂草大部分出苗后、叶龄较小时喷施。

（2）施药后小麦叶片有时会出现接触性药害斑点，随小麦生长可恢复。

（3）勿与有机磷类药剂以及2，4-D或2甲4氯进行混用。

（4）施药时选择无风天气，避免药液飘移到邻近的敏感阔叶作物田。

【主要制剂和生产企业】2%悬浮剂。

山东先正达农化股份有限公司、由日本农药株式会社生产。

唑草酮（carfentrazone-ethyl）

【作用机理分类】E组（三唑啉酮类亚组）。

【化学结构式】

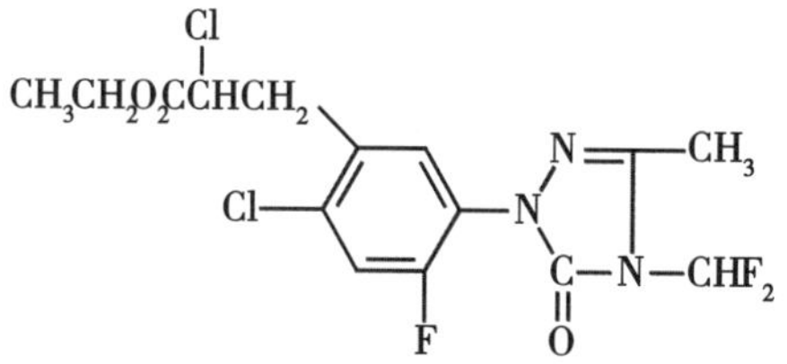

【曾用名】唑酮草酯、氟唑草酮、三唑草酯、唑草酯、快灭灵。

【理化性质】黏稠的黄色液体，相对密度1.457（20℃），沸点350～355℃，熔点-22.1℃，蒸汽压1.6×10^{-5}Pa（25℃）。水中溶解度（μg／L）：12（20℃）、22（25℃）、23（30℃），有机溶剂中溶解度（20℃，mg／L）：甲苯0.9，己烷0.03，与丙酮、乙醇、乙酸乙酯、二氯甲烷互溶。pH值为5时稳定。

【毒性】低毒。大鼠急性经口LD_{50}5134mg／kg，兔急性经皮LD_{50}>4 000mg／kg，大鼠急性吸入LC_{50}（4h）>5.09mg／L。对兔眼睛有轻微刺激性，对兔皮肤无刺激性。大鼠饲喂试验无作用剂量 3mg／kg·d（2年）。

对鱼中等毒。虹鳟鱼LC_{50}（96h）1.6～4.3mg／L。藻类EC_{50} 5.7 ～17 μg／L。对蜜蜂、鸟低毒。蜜蜂LD_{50}35μg／只（经口）、>200μg／只（接触）。鹌鹑和野鸭急性经口LD_{50}>1 000mg／kg，鹌鹑和野鸭饲喂LC_{50}>5 000mg／L。蚯蚓LC_{50}>820mg／kg。

【作用特点】触杀型、选择性除草剂。通过抑制叶绿素生物合成过程中原卟啉原氧化酶导致有毒中间物积累，从而破坏杂草的细胞膜，使叶片迅速干枯死亡。该药喷施到植物茎叶后15min内很快被植物吸收，3～4h出现中毒症状，2～4d杂草死亡。

【防治对象】小麦田播娘蒿、荠菜、婆婆纳、猪殃殃、鼬瓣花、萹蓄、藜、地肤、遏蓝菜、麦家公、泽漆等阔叶杂草。

【应用技术】小麦3～4叶期，杂草基本出齐后，冬小麦每亩用40%唑草酮水分散粒剂4～5g（有效成分1.6～2g），春小麦每亩用40%唑草酮水分散粒剂5～6g（有效成分2.0～2.4g），对水30L茎叶喷雾。

【注意事项】

（1）仅有触杀作用，应在杂草大部分出苗后、叶龄较小时喷施。

（2）施药后小麦叶片会出现接触性药害斑点，随小麦生长可恢复。

（3）由于用药量很少，配药时应采用二次稀释法。

（4）避免大风天气施药，以免使药剂飘移造成邻近阔叶作物药害。

【主要制剂和生产企业】40%水分散粒剂、10%可湿性粉剂。

合肥星宇化学有限责任公司、浙江上虞颖泰精细化工有限公司、山都丽化工有限公司、四川泸州东方农化有限公司、江苏省苏州富美实植物保护剂有限公司等。

吡氟酰草胺（diflufenican）

【作用机理分类】F_1组（烟酰替苯胺类亚组）。

【化学结构式】

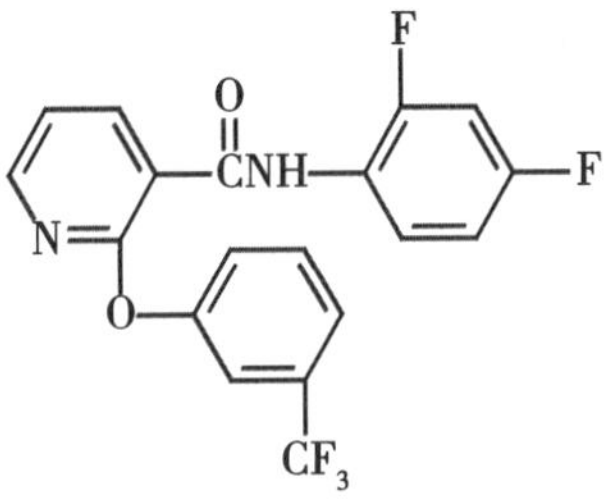

【曾用名】吡氟草胺。

【理化性质】白色结晶，相对密度1.19，沸点>100℃，熔点159～161℃，蒸汽压4.25×10^{-10}Pa。水中溶解度<0.05mg/L（25℃），有机溶剂中溶解度（20℃，g/L）：丙酮、二甲基甲酰胺100，环己酮、苯乙酮50，环己烷、2-乙氧基乙醇和煤油<10，3，5，5-三甲基环己-2-烯酮35，二甲苯20。

【毒性】低毒。急性经口LD_{50}（mg/kg）：大鼠>2 000（2年），小鼠>1 000。急性经皮LD_{50}（mg/kg）：兔>5 000、大鼠>2 000（2年）。大鼠急性吸入LC_{50}（4h）>2.34mg/L。对兔眼睛和皮肤无刺激性。饲喂试验无作用剂量（90d，mg/kg·d）：狗1 000（1年），大鼠500。

对鱼、鸟低毒。LC_{50}（96h，mg/kg）：虹鳟鱼56～100，鲤鱼105。急性经口LD_{50}（mg/kg）：鹌鹑>2 150，野鸭>4 000。对藻类生长无影响。对蜜蜂、蚯蚓几乎无毒。

【作用特点】选择性除草剂。被杂草幼芽吸收后，抑制八氢番茄红素脱氢酶（PDS），阻碍类胡萝卜素生物合成，使杂草体内类胡萝卜素含量下降，导致叶绿素被破坏，细胞膜破裂。光照强，杂草死亡快，光照弱，死亡慢。

【防治对象】阔叶杂草和禾本科杂草，如荠菜、猪殃殃、婆婆纳、繁缕、播娘蒿、野油菜、黄鼬瓣花、地肤、蓼以及早熟禾等。

【应用技术】小麦3～4叶期，杂草2～4叶期，每亩使用50%吡氟酰草胺水分散粒剂13.5～16（有效成分6.75～8g），对水30L对靶喷雾。

【注意事项】

可与异丙隆混用做播后苗前土壤处理，提高对禾本科杂草防效。

【主要制剂和生产企业】50%水分散粒剂。

江苏龙灯化学有限公司。

草甘膦（glyphosate）

【作用机理分类】G组（有机磷类亚组）。

【应用技术】免耕小麦田播种前5～8d，每亩用41%草甘膦异丙铵盐水剂200～250g（有效成分82～102.5g），加水30L对靶喷雾。

【注意事项】

严禁药液飘移到邻近作物。

【主要制剂和生产企业】41%水剂。

江苏龙灯化学有限公司。

其他参看水稻田除草剂重点产品介绍。

野麦畏（triallate）

【作用机理分类】N组（硫代氨基甲酸酯类）。

【化学结构式】

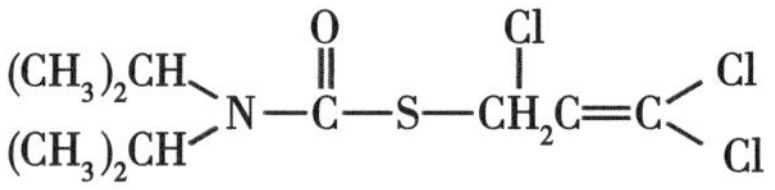

$$[(CH_3)_2CH]_2N-\overset{O}{\overset{\|}{C}}-S-CH_2\overset{Cl}{\overset{|}{C}}=CCl_2$$

【曾用名】燕麦畏、阿畏达。

【理化性质】深黄或棕色固体，相对密度1.27（25℃），熔点29～30℃，沸点117℃，分解温度>200℃，蒸汽压16×10^{-3}Pa（25℃）。水中溶解度4mg／L（25℃），可溶于丙酮、乙醚、苯等多数有机溶剂。紫外光辐射下不易分解。

【毒性】低毒。大鼠急性经口LD_{50}>1 100mg／kg，兔急性经皮LD_{50}>2 225mg／kg，大鼠急性吸入LC_{50}（12h）>5.3mg／L。对兔眼睛和皮肤有轻度刺激性。饲喂试验无作用剂量（mg／kg·d）：大鼠2.5（2年）、小鼠3.9（2年），狗2.5（1年）。无致畸、致突变、致癌作用。

对鱼毒性较高。虹鳟鱼LC_{50}（96h）1.2mg／L，翻车鱼LC_{50}（96h）>1.3mg／L。对鸟类低毒。鹌鹑急性经口LD_{50}>2 251mg／kg，野鸭饲喂LC_{50}>5 620mg／kg（5d）。对蜜蜂几乎无毒。

【作用特点】抑制植物体脂类及蛋白质的合成。野燕麦在萌发穿过药土层时，主要由芽鞘或第一片子叶吸收药剂，受害后芽鞘顶端膨大，鞘顶空心，不能出土而死。出土后的野燕麦可由根、胚轴、分蘖节吸收药剂，中毒后即停止生长，叶片深绿，变短、变宽而脆，心叶干枯死亡。

【防治对象】小麦田防除野燕麦。

【应用技术】小麦播种前，每亩使用400g／L野麦畏乳油150～200g（有效成分60～80g），对水40～50L土壤喷雾。

【注意事项】

（1）野麦畏易挥发、易光解，施药后应及时混土。

（2）土壤湿润有利于药效发挥。

（3）不能将麦种播于药土层，否则种子与药土层直接接触产生药害。

【主要制剂和生产企业】37%、400g／L乳油。

江苏苏州佳辉化工有限公司、甘肃省兰州市农药厂、美国高文国际商业有限公司。

2,4-D丁酯（2, 4-D butylate）

【作用机理分类】O组（苯氧羧酸类亚组）。

【化学结构式】

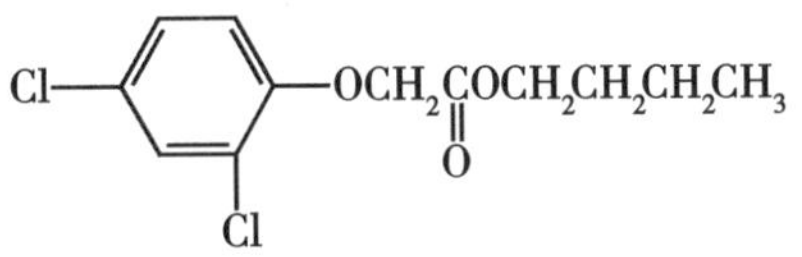

$$\text{Cl}-\text{C}_6\text{H}_3(\text{Cl})-\text{OCH}_2\underset{\underset{\text{O}}{\|}}{\text{C}}\text{OCH}_2\text{CH}_2\text{CH}_2\text{CH}_3$$

【理化性质】无色油状液体，相对密度1.248，沸点146～147℃（133.3Pa），蒸汽压0.13Pa（25～28℃）。难溶于水，易溶于有机溶剂。挥发性强，遇碱易水解。

【毒性】低毒。急性经口LD_{50}（mg／kg）：大鼠500～1 500，雌小鼠375，兔1 400。大鼠饲喂试验无作用剂量625mg／kg·d（2年）。

对鱼低毒。鲤鱼LC_{50}（48h）40mg／L。

【作用特点】内吸传导型药剂。药液喷施到植物茎叶表面后，穿过角质层和细胞质膜，最后传导到各部分。在不同部位对核酸和蛋白质的合成产生不同影响，在植物顶端抑制核酸代谢和蛋白质的合成，使生长点停止生长，细嫩叶片不能伸展，抑制光合作用的正常进行，传导到植株下部的药剂，使植物茎部组织的核酸和蛋白质的合成增加，促进细胞异常分裂，根尖膨大，丧失吸收能力，茎秆扭曲、畸形，筛管堵塞、韧皮部破坏，有机物运输受阻，从而破坏植物正常的生活能力，最终导致植物死亡。

阔叶植物降解2,4-D的速度慢，因而抵抗力弱，容易受害，而禾本科植物能很快地代谢2,4-D而使之失去活性。

【防治对象】小麦田荠菜、播娘蒿、猪殃殃、繁缕、葎草、卷茎蓼、藜等阔叶杂草。对禾本科杂草无效。

【应用技术】 小麦4～5叶至拔节期前、阔叶杂草3～5叶期，冬小麦田每亩用57% 2, 4-D丁酯乳油40～50g（有效成分22.8～28.5g），春小麦田每亩用57% 2,4-D丁酯乳油50～75g（有效成分28.5～42.8g），对水30L茎叶喷雾。

【注意事项】

（1）2,4-D丁酯挥发性强，雾滴可在空气中飘移很远，使敏感植物受害。小麦与菠菜、油菜等阔叶作物相邻种植时需要带保护罩、并选择无风天气喷药。

（2）严格掌握施药时期和使用量。小麦2叶期前及拔节后不能施药，以免造成穗部畸形。

（3）分装和喷施2,4-D丁酯的器械要专用，以免造成二次污染。

【主要制剂和生产企业】57%、76%、80% 乳油。

江苏辉丰农化股份有限公司、河北万全农药厂、山东乐邦化学品有限公司、大连松辽化工有限公司、黑龙江省哈尔滨利民农化技术有限公司等。

2,4-D异辛酯（2, 4-D-isooctylester）

【作用机理分类】O组（苯氧羧酸亚组）。

【化学结构式】

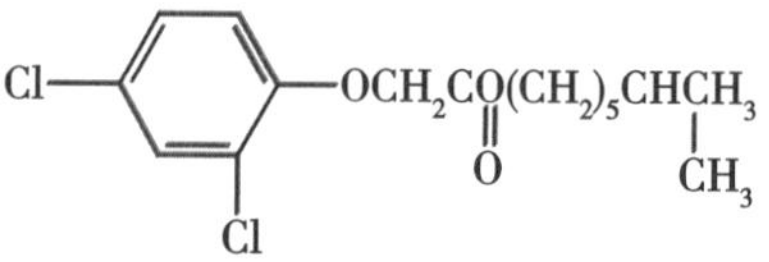

【理化性质】黄褐色液体，相对密度1.14 ~ 1.17（20℃），沸点317℃。水中溶解度10mg / L，易溶于有机溶剂。

【毒性】低毒。大鼠急性经口LD_{50}650mg / kg，大鼠急性经皮LD_{50}>3 000mg / kg。饲喂试验无作用剂量（mg / kg · d）：大鼠1 250，狗500。虹鳟鱼LC_{50}（96h）0.5 ~ 1.2mg / L。

【作用特点】同2,4-D丁酯。在2,4-D酯类中，2,4-D异辛酯侧链较长、相对分子量高、比2,4-D丁酯挥发性差，对邻近作物安全性 相对较好。但其活性略低于2,4-D丁酯。

【防治对象】同2,4-D丁酯。

【应用技术】在小麦3叶期至拔节前，每亩使用77% 2,4-D异辛酯乳油44 ~ 55g（有效成分34 ~ 42.4g），对水30L茎叶喷雾。

【注意事项】同2,4-D丁酯。

【主要制剂和生产企业】50%、77%乳油，900g / L乳油。

江苏南京常丰农化有限公司、江苏省常州永泰丰化工有限公司、山东潍坊润丰化工股份有限公司、黑龙江省嫩江绿芳化工有限公司、辽宁省大连松辽化工有限公司等。

2,4-D二甲胺盐（2,4-D dimethylamine salt）

【作用机理分类】O组（苯氧羧酸类亚组）。

【化学结构式】

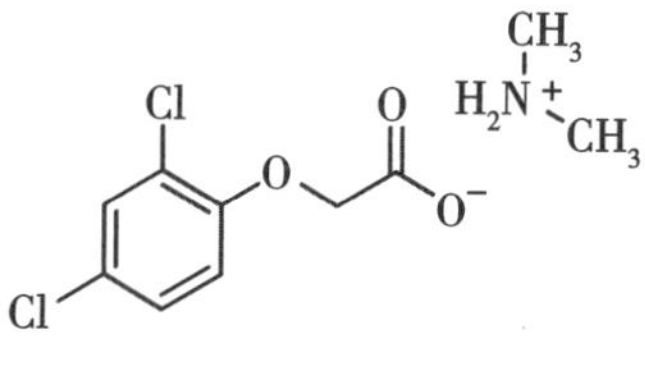

【理化性质】外观为浅黄色固体颗粒。熔点140.5℃，蒸汽压53Pa（160℃），水中溶解度620mg / L（25℃），可溶于乙醇、乙醚、丙酮等有机溶剂，不溶于石油醚。

【毒性】低毒。原药大鼠急性经口LD_{50}>2 150mg / kg，急性经皮LD_{50}>1 260mg / kg；对鱼和蜜蜂毒性低。

【作用特点】同2,4-D丁酯。挥发性较差，对邻近作物安全性相对较好。

【防治对象】同2,4-D丁酯。

【应用技术】小麦3叶期后至拔节期前，冬小麦田每亩用720g / L 2,4-D二甲胺盐水剂50 ~ 70g（有效成分36 ~ 50.67g），春小麦田每亩用720g / L 2,4-D二甲胺盐水剂70 ~ 90g（有效成分50.4 ~ 64.8g），对水30L茎叶喷雾施药1次。

【注意事项】同2,4-D丁酯。

【主要制剂和生产企业】55%、60%、720g/L、860g/L水剂。

江苏省常州永泰丰化工有限公司、江苏南京常丰农化有限公司、允发化工（上海）有限公司、山东侨昌化学有限公司、山东潍坊润丰化工股份有限公司、佳木斯黑龙农药化工股份有限公司。

2甲4氯（MCPa）

【作用机理分类】O组（苯氧羧酸类亚组）。

【化学结构式】

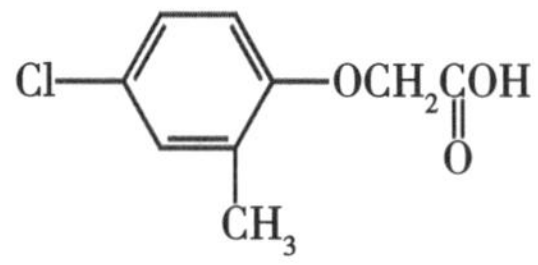

Cl— —OCH_2COH（=O）；CH_3

【理化性质】白色结晶固体，具有芳香气味。相对密度1.41（23.5℃），熔点119~120.5℃，蒸汽压2.3×10^{-5}Pa（20℃）、4×10^{-5}Pa（32℃）。水中溶解度（25℃，mg/L）：395（pH值为1）、26.2（pH值为5）、273.9（pH值为7）、320.1（pH值为9），有机溶剂中溶解度（25℃，g/L）：乙醚770，甲苯26.5，二甲苯49，甲醇775.6，二氯甲烷69.2，正辛醇218.3，辛烷5。其钠盐在水中溶解度270g/L，甲醇中溶解度340g/L。遇酸稳定，可形成水溶性碱金属盐和胺盐，遇硬水析出钙盐和镁盐。

【毒性】低毒。大鼠急性经口LD_{50}700~1 160mg/kg，大鼠急性经皮LD_{50}>4 000mg/kg，大鼠急性吸入LC_{50}（4h）>6.36mg/L。对兔皮肤和眼睛无刺激性，对皮肤无致敏性。饲喂试验无作用剂量（2年，mg/kg·d）：大鼠1.33，小鼠18。

对鱼、蜜蜂、鸟低毒。LC_{50}（96h，mg/L）：虹鳟鱼50~560，大翻车鱼>150，鲤鱼317，水蚤LC_{50}（48h）>190mg/L。蜜蜂LD_{50}104μg/只。山齿鹑急性经口LD_{50}377mg/kg。蚯蚓LC_{50}（14d）325mg/kg。

【作用特点】内吸传导型药剂。防除杂草的原理与2,4-D丁酯相同。主要通过杂草的茎叶吸收，亦能被根吸收，并传导全株，破坏植物正常生理机能。在除草使用浓度范围内，对禾谷类作物安全。2甲4氯的挥发速度比2,4-D丁酯低且慢，因此，安全性好于2,4-D丁酯。

【防治对象】小麦田播娘蒿、荠菜、猪殃殃、大巢菜、葎草、萹蓄、藜、蓼等一年生阔叶杂草。

【应用技术】小麦4叶期至拔节期前，每亩用56% 2甲4氯钠可溶粉剂85~100g（有效成分47.6~56g），对水30L茎叶喷雾施药。

【注意事项】同2,4-D丁酯。

【主要制剂和生产企业】13%、750g/L水剂，56%可溶性粉剂。

江苏安邦电化有限公司、江苏健谷化工有限公司、安徽省黄山市农业化工厂、江苏省通州正大农药化工有限公司、河南省新乡市洪洲农化有限公司、辽宁抚顺丰谷农药有限公司等。

麦草畏（dicamba）

【作用机理分类】O组（苯甲酸类亚组）。

【防治对象】小麦田播娘蒿、荠菜、猪殃殃、藜、荞麦蔓、繁缕、牛繁缕、大巢菜等。对禾本科杂草无防效。

【应用技术】在小麦4叶期至分蘖末期，冬小麦田每亩用48%麦草畏水剂20～30g（有效成分9.6～14.4g），春小麦田每亩用48%麦草畏水剂25～30g（有效成分12～14.4g），对水30L茎叶喷雾施药。

【注意事项】

（1）小麦3叶期前、越冬期和拔节后严禁使用。

（2）该药使用后，小麦有茎叶倾斜匍匐或弯曲现象，1周后可恢复。

（3）不同小麦品种对该药敏感性有差异，新品种应用前要进行安全性试验。

（4）与2,4-D一样，麦草畏施用时严禁飘移到周围的敏感作物上。

【主要制剂和生产企业】48％、480g／L水剂。

江苏好收成韦恩农化股份有限公司、江苏优士化学有限公司、浙江升华拜g生物股份有限公司、上海绿泽生物科技有限责任公司、江苏泰仓农化有限公司、瑞士先正达作物保护有限公司。

其他参看玉米田除草剂重点产品介绍。

二氯吡啶酸（clopyralid）

【作用机理分类】O组（吡啶羧酸类亚组）。

【防治对象】小麦田播娘蒿、荠菜、猪殃殃、藜、荞麦蔓、繁缕、牛繁缕、大巢菜等，对禾本科杂草无防效。

【应用技术】小麦4叶期至分蘖末期，每亩用30%二氯吡啶酸水剂45～60g（有效成分13.5～18.0g），对水30L茎叶喷雾施药。

【注意事项】

（1）小麦3叶期前和拔节后慎用该药。

（2）本品降解速度受环境影响较大。推荐剂量下与后茬作物安全间隔期：大麦、油菜（甘蓝型）、十字花科蔬菜药后60d，大豆、花生药后1年，棉花、向日葵、西瓜、番茄、红豆、绿豆、甘薯药后18个月。

（3）大风天气禁止喷雾，以免伤害临近敏感作物。

【主要制剂和生产企业】30%水剂。

利尔化学股份有限公司。

其他参看油菜田除草剂重点产品介绍。

氯氟吡氧乙酸（fluroxypyr）

【作用机理分类】O组（吡啶羧酸类亚组）。

【化学结构式】

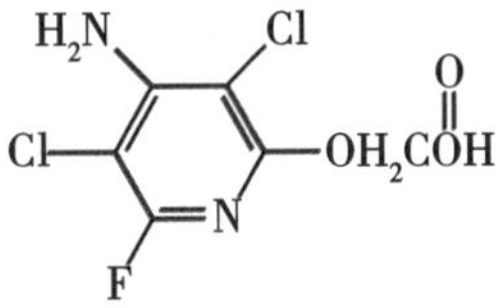

【曾用名】氟草烟、治莠灵、使它隆。

【理化性质】白色结晶体，相对密度1.09（24℃），熔点232～233℃，蒸汽压3.784×10^{-9}Pa（20℃）。溶解度（20℃，g/L）：水5.7（pH值为5）、7.3（pH值为9.2），丙酮51.0，甲醇34.6，乙酸乙酯10.6，异丙醇9.2，二氯甲烷0.1，甲苯0.8，二甲苯0.3。

【毒性】低毒。大鼠急性经口LD_{50}2 405mg/kg，兔急性经皮LD_{50}>5 000mg/kg，大鼠急性吸入LC_{50}（4h）>0.296mg/L。饲喂试验无作用剂量（mg/kg·d）：大鼠80（2年），小鼠320（1.5年）。在试验条件下无致畸、致突变、致癌作用。

对鱼、蜜蜂、鸟低毒。虹鳟鱼LC_{50}（96h）>100mg/L。急性经口LD_{50}（mg/kg）：野鸭>2 000，山齿鹑>2 000。蜜蜂LD_{50}（接触，48h）>25μg/只。

【作用特点】内吸性传导型芽后除草剂。药剂主要由杂草叶片吸收，传导至全株各部位，使敏感植物生长停滞，出现激素型药剂的症状，叶片下卷、扭曲畸形，最后死亡。在小麦体内，氯氟吡氧乙酸结合成轭合物失去毒性，从而具有选择性。温度影响药效发挥速度，但不影响最终除草效果。该药土壤中半衰期较短，不会对后茬阔叶作物产生影响。

【防治对象】小麦田播娘蒿、荠菜、猪殃殃、藜、葎草、荞麦蔓、繁缕、牛繁缕、大巢菜、打碗花、田旋花等，对禾本科杂草无防效。

【应用技术】小麦2～4叶期、杂草出齐后，冬小麦每亩用200g/L氯氟吡氧乙酸乳油50～62.5g（有效成分10～12.5g），春小麦每亩用200g/L氯氟吡氧乙酸乳油62.5～75g（有效成分12.5～15g），对水30L茎叶喷雾施药。

【注意事项】

使用时应避免污染水体。远离水产养殖区施药，禁止在河塘、沟渠等水体中清洗施药器具。

【主要制剂和生产企业】20%、200g/L乳油。

安徽丰乐农化有限责任公司、江苏辉丰农化股份有限公司、永农生物科学有限公司、郑州先利达化工有限公司、河南远见农业科技有限公司、山东省济南科赛基农化工有限公司、辽宁省沈阳市和田化工有限公司、美国陶氏益农公司等。

氯氟吡氧乙酸异辛酯（fluroxypyr-mepthl）

该药较氯氟吡氧乙酸稳定性稍好，施药时周围阔叶作物产生飘移药害的风险稍小，也更容易附着于杂草表面。

【防治对象】杀草谱与氯氟吡氧乙酸同。

【应用技术】小麦2～4叶期、杂草出齐后，每亩用200g/L氯氟吡氧乙酸异辛酯乳油50～70g（有效成分10～14g），对水30L茎叶喷雾施药。

【主要制剂和生产企业】20%、25%、28.8%、140g/L、200g/L、288g/L乳油。

江苏省南京祥宇农药有限公司、四川国光农化股份有限公司、山东滨农科技有限公司、山东绿霸化工股份有限公司、吉林省八达农药有限公司等。

野燕枯（difenzoquat）

【作用机理分类】Z组（吡唑类）。

【化学结构式】

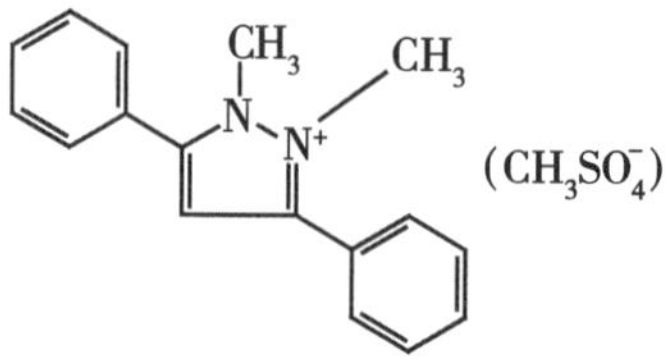

【曾用名】燕麦枯、双苯唑快。

【理化性质】无色吸湿性晶体，相对密度0.8（25℃），熔点156.5～158℃，蒸汽压<1×10^{-5}Pa（25℃）。溶解度（25℃，g／L）：水765，二氯甲烷360，氯仿500，甲醇558，异丙醇23，1，2-二氯乙烷71，丙酮9.8，二甲苯<0.01，微溶于石油醚、苯、二氧六环。水溶液对光稳定，热稳定，弱酸介质中稳定，遇强酸和氧化剂分解。

【毒性】中等毒性。急性经口LD_{50}（mg／kg）：雄大鼠617，雌大鼠373，雄小鼠31，雌小鼠44。兔急性经皮LD_{50}>3 540mg／kg。急性吸入LC_{50}（4h，mg／L）：雄大鼠0.36，雌大鼠0.62。对兔皮肤中度刺激性，对兔眼睛严重刺激性。大鼠饲喂试验无作用剂量500mg／kg饲料（2年）。每日允许摄入量0.2mg／kg。

对鱼、蜜蜂、鸟低毒。LC_{50}（96h，mg／L）：虹鳟鱼694，大翻车鱼696，水蚤LC_{50}（48h）2.63mg／L。蜜蜂接触LD_{50}36.3μg／只。LC_{50}（8d，mg／kg）：山齿鹑>4 640，野鸭10 388。

【作用特点】脂肪合成抑制剂（非ACC酶抑制剂），茎叶喷施后由心叶和幼嫩叶吸收，传导至生长点，破坏细胞分裂和顶端及节间分生组织的伸长，使其停止生长、坏死，10d后开始出现中毒症状，逐渐枯死；不能枯死的植株，表现矮化、分蘖增多、茎抽不出、心叶卷成筒状；有的植株虽能抽穗，但穗小弯曲畸形、籽粒空瘪。

【防治对象】小麦田防除野燕麦。

【应用技术】野燕麦3～5叶期，每亩使用40%野燕枯水剂200～250g（有效成分80～100g），对水30L茎叶喷雾。

【注意事项】

用药后小麦叶片有时会有暂时褪绿现象，20d后可恢复。

【主要制剂和生产企业】40%水剂。

陕西农大德力邦科技股份有限公司。

二、小麦田除草剂作用机理分类

我国目前登记的小麦田除草剂按作用机理分为A组（乙酰辅酶A羧化酶抑制剂）、B

组（乙酰乳酸合成酶抑制剂）、C组（光系统Ⅱ抑制剂）、D组（光系统Ⅰ电子传递抑制剂）、E组（原卟啉原氧化酶抑制剂）、F组（类胡萝卜素生物合成抑制剂）、G组（5-烯醇丙酮酰莽草酸-3-磷酸合成酶抑制剂）、N组（脂肪酸及脂类合成抑制剂）、O组（合成激素类）和Z组（未知），涉及19个亚组的27个有效成分（表3-3-1）。

表3-3-1　小麦田除草剂按作用靶标分类一览

组号	主要作用机理	化学结构亚组	抗性风险评估	常用品种
A	乙酰辅酶A羧化酶抑制剂	芳氧苯氧基丙酸酯类	高	禾草灵、精唑禾草灵、炔草酯
		环己烯酮类	高	三甲苯草酮
		苯基吡唑啉类	高	唑啉草酯
B	乙酰乳酸合成酶抑制剂	磺酰脲类	高	苄嘧磺隆、氯磺隆、环丙嘧磺隆、氟唑磺隆、甲基二磺隆、甲磺隆、单嘧磺酯、噻吩磺隆、苯磺隆
		三唑并嘧啶磺酰胺类	高	双氟磺草胺、唑嘧磺草胺、啶磺草胺
C_2	光系统Ⅱ抑制剂	取代脲类	中	绿麦隆、异丙隆
C_3	光系统Ⅱ抑制剂	腈类	中	溴苯腈、辛酰溴苯腈
		苯并噻二嗪酮类	低	灭草松
D	光系统Ⅰ电子传递	联吡啶类	低	敌草快、百草枯
E	原卟啉原氧化酶抑制剂	二苯醚类	中	乙羧氟草醚
		苯基吡唑类	中	吡草醚
		三唑啉酮类	中	唑草酮
F_2	类胡萝卜素抑制剂	吡啶羧基酰胺类	低	吡氟酰草胺
G	5-烯醇丙酮酰莽草酸-3-磷酸合成酶抑制剂	有机磷类	低	草甘膦
N	脂肪酸及脂类合成抑制剂	硫代氨基甲酸酯类	中	野麦畏
O	合成激素类	苯氧羧酸类	低	2，4-D丁酯、2，4-D异辛酯、2，4-D二甲胺盐、2甲4氯
		苯甲酸类	低	麦草畏
		吡啶羧酸类	低	二氯吡啶酸、氯氟吡氧乙酸、氯氟吡氧乙酸异辛酯
Z	其他	吡唑类	中	野燕枯

三、小麦田除草剂轮换使用防治方案

（一）春麦区除草剂轮换使用防治方案

包括东北三省、内蒙古自治区、青海省、甘肃省、西藏自治区、新疆维吾尔自治区等省区及河北省、陕西省长城以北地区。栽培方式多一年一熟，少有两年三熟。小麦春播为主，仅新疆维吾尔自治区、西藏自治区有少量冬小麦种植。麦田优势杂草为阔叶杂草，主要有卷茎蓼、萹蓄、藜、密穗香薷、猪殃殃、节裂角茴香、鼬瓣花、遏蓝菜、尼泊尔蓼、西伯利亚蓼、薄蒴草、播娘蒿、荠菜、狼紫草、鸭跖草、大麻、野油菜、问荆、田旋花、刺儿菜、大刺儿菜、苣荬菜等；禾本科杂草主要为野燕麦、雀麦。

1.防除阔叶杂草除草剂轮换使用

可用2，4-D、2甲4氯、麦草畏、氯氟吡氧乙酸、二氯吡啶酸（O组），单嘧磺酯（B组），灭草松、溴（辛酰溴）苯腈（C_3组），唑草酮（E组）等轮换使用。

该区麦田阔叶杂草以藜科、蓼科、多年生菊科杂草占优势，易选用对这些杂草防效好的内吸传导型除草剂进行防治，如O组药剂2，4-D、2甲4氯、氯氟吡氧乙酸等。轮换使用选择C_3组灭草松、溴（辛酰溴）苯腈和E组唑草酮，这三种均为触杀型除草剂，在杂草4叶期前使用效果好。

2.防除禾本科杂草除草剂轮换使用

可用精唑禾草灵、炔草酯、唑啉草酯（A组），野麦畏（N组），野燕枯（Z组），甲基二磺隆、氟唑磺隆（B组）等轮换使用。

上述除草剂杀草谱有一定差异，应根据防治对象来合理选用除草剂品种。以野燕麦为主的麦田，可选用精唑禾草灵、炔草酯、唑啉草酯（A组）与野麦畏（N组），野燕枯（Z组）轮换使用；以雀麦为主的麦田可以选用甲基二磺隆、氟唑磺隆（B组）。目前适宜该区防除雀麦的除草剂主要是B组药剂，该组与A组除草剂一样属于高抗性风险药剂，不能连年使用。

如需将不同作用机理的药剂混用，扩大杀草谱，混用的有效成分之间不应产生拮抗作用。

（二）黄淮冬麦区除草剂轮换使用防治方案

包括山东省全部，河南省大部，河北省中南部，江苏省及安徽省淮北地区，陕西省关中平原地区，山西省西南部等省区。栽培方式多为一年两熟，后茬作物主要有玉米、大豆、花生、水稻等，小麦冬前播种，常连作种植，少部分与冬油菜轮作。麦田以阔叶杂草占优势，主要杂草有播娘蒿、荠菜、麦瓶草、麦家公、猪殃殃、牛繁缕、繁缕、小花糖芥、藜、葎草、鸭跖草、打碗花等，禾本科杂草局部发生严重，主要有野燕麦、节节麦、雀麦、看麦娘、日本看麦娘等。

1.防除阔叶杂草除草剂轮换使用

可用2，4-D、2甲4氯、麦草畏、氯氟吡氧乙酸（O组），苯磺隆、噻吩磺隆、双氟磺草胺、唑嘧磺草胺（B组），异丙隆（C_2组），灭草松、溴（辛酰溴）苯腈（C_3组），乙羧氟草醚、吡草醚、唑草酮（E组）等轮换使用。

该区部分阔叶杂草对B组除草剂产生抗药性。如河北省、天津市、陕西省、山西省、河南省、山东省等省（市）均有抗苯磺隆杂草发生，且种类较多，如抗性播娘蒿、荠菜、猪殃殃、麦瓶草、牛繁缕等。考虑到交互抗性的问题，这些地区发生抗苯磺隆杂草的麦田，应避免单独使用B组除草剂。该组一些新推广的药剂如双氟磺草胺、唑嘧磺草胺等对这些抗苯磺隆的杂草防效亦不理想，应避免使用。B组除草剂属高风险药剂，该区没有抗苯磺隆杂草的麦田也不可以连续使用。可以O组、C_3组、E组除草剂替代。

该区麦田以越年生阔叶杂草占优势，秋季小麦出苗的同时，杂草陆续出土。冬前在杂草基本出齐苗后施药，即可取得理想效果；如在春季施药，因杂草越冬后抵抗力增强，需要较高的施药剂量才能杀死杂草。C_3组灭草松、溴（辛酰溴）苯腈和E组乙羧氟草醚、唑草酮，均为触杀型除草剂，在杂草4叶期前使用效果理想。

不同除草剂的杀草谱有差异，可根据杂草种类选择适宜除草剂。以播娘蒿、荠菜、藜、葎草为优势种的麦田，可用O组2，4-D、2甲4氯、麦草畏等防治，与B组磺酰脲（磺酰胺）类药剂，C_3组灭草松、溴（辛酰溴）苯腈等轮换使用；在田间土壤湿度较大的田块（如小麦和水稻轮作），C_2组异丙隆也能取得理想效果。以猪殃殃、繁缕、婆婆纳为主的田块可轮换使用E组吡草醚、O组氯氟吡氧乙酸及B组磺酰脲（磺酰胺）类药剂。

2.防除禾本科杂草除草剂轮换使用

可用精唑禾草灵、炔草酯、唑啉草酯（A组），甲基二磺隆、氟唑磺隆、啶磺草胺（B组），绿麦隆、异丙隆（C_2组），吡氟酰草胺（F_1组）等轮换使用。

根据田间杂草群落组成，选择合适杀草谱的除草剂。以野燕麦、看麦娘、日本看麦娘等禾本科杂草为主的麦田，可选用A组精唑禾草灵、炔草酯、唑啉草酯防除，与B组甲基二磺隆、氟唑磺隆、啶磺草胺轮换使用；在小麦-水稻轮作区，麦田土壤湿度较大，用C_2组药剂绿麦隆、异丙隆也能有效防除看麦娘、日本看麦娘。以雀麦等禾本科杂草为主的麦田，可以选用B组甲基二磺隆、啶磺草胺、氟唑磺隆防除。节节麦多发田块，可使用B组甲基二磺隆防治。早熟禾严重的田块，可用F_1组吡氟酰草胺和B组甲基二磺隆·磺酰磺隆轮换使用。

（三）长江流域冬麦区除草剂轮换使用防治方案

淮河以南，南岭以北，西至鄂西山地及湘西丘陵区，东至东海海滨，包括江苏省、安徽省、湖北省、湖南省大部，上海市与浙江省、江西两省全部以及河南省信阳地区。栽培方式多为一年两熟，少有一年三熟。后茬作物主要为水稻，小麦冬前播种，常与冬油菜轮作。主要杂草有看麦娘、日本看麦娘、野燕麦、菵草、硬草、早熟禾、棒头草等禾本科杂草和猪殃殃、牛繁缕、繁缕、大巢菜、稻槎菜、婆婆纳、荠菜、碎米荠、雀舌草、野老鹳草等阔叶杂草，大部分田块优势种为禾本科杂草。

1.防除阔叶杂草除草剂轮换使用

可用2甲4氯、氯氟吡氧乙酸（O组），苯磺隆、氯磺隆、甲磺隆、苄嘧磺隆、双氟磺草胺、唑嘧磺草胺（B组），异丙隆（C_2组），溴（辛酰溴）苯腈（C_3组），乙羧氟草醚、吡草醚、唑草酮（E组）、吡氟酰草胺（F_1组）等轮换使用。

这一地区部分田块，猪殃殃、荠菜等阔叶杂草对B组苯磺隆产生抗性，这种农田不推荐单独使用B组除草剂，应与其他作用机制的药剂轮换使用，如O组苯氧羧酸类的2甲4氯、吡啶羧酸类的氯氟吡氧乙酸、E组的吡草醚、唑草酮等均可替代B组药剂使用。

2.防除禾本科杂草除草剂轮换使用

可用精唑禾草灵、炔草酯、唑啉草酯（A组），甲基二磺隆、甲磺隆、氟唑磺隆、啶磺草胺（B组），绿麦隆、异丙隆（C_2组），吡氟酰草胺（F_1组）等轮换使用。

该区域长期使用防除禾本科杂草的A组及B组药剂进行化学除草，看麦娘、日本看麦娘、茵草等禾本科杂草对A组及B组药剂抗性严重。尤其是这一区域小麦与冬油菜轮作的农田，冬油菜也使用A组药剂精唑禾草灵、烯草酮、高效氟吡甲禾灵等防除禾本科杂草，因此，仅靠与油菜轮作实现不同作用机理的药剂轮换使用难度较大。该区由于除草剂的选择压，导致麦田对A组除草剂产生抗性的禾本科杂草分布广泛。另外，部分农田发现了对A组及B组都具有抗性的日本看麦娘和茵草种群，这种农田轮换使用A组和B组药剂没有效果，而应与C_2组绿麦隆、异丙隆、F_1组吡氟酰草胺轮换使用。

另外，该区部分免耕小麦播种前除草，也应注意轮换使用G组草甘膦和D组百草枯。

（四）西南及华南冬麦区除草剂轮换使用防治方案

西南冬麦区包括贵州省全境，四川省、云南省大部，陕西省南部，甘肃省东南部以及湖北、湖南两省西部。华南冬麦区包括福建省、广东省、广西壮族自治区和台湾省4省区全部以及云南省南部。西南冬麦区主要杂草为猪殃殃、繁缕、牛繁缕、大巢菜、尼泊尔蓼、通泉草、扬子毛茛、印度蔊菜、碎米荠、宝盖草等阔叶杂草和看麦娘、棒头草、野燕麦等禾本科杂草。华南冬麦区主要杂草为牛繁缕、繁缕、大马蓼、通泉草、碎米荠、雀舌草、一年蓬、芫荽菊等阔叶杂草，禾本科杂草主要为看麦娘和少量野燕麦。

1.防除阔叶杂草除草剂轮换使用

可用2甲4氯、麦草畏、氯氟吡氧乙酸（O组），苯磺隆、噻吩磺隆、双氟磺草胺、唑嘧磺草胺（B组），绿麦隆、异丙隆（C_2组），溴（辛酰溴）苯腈（C_3组），乙羧氟草醚、唑草酮（E组）、吡氟酰草胺（F_1组）等轮换使用。

2.防除禾本科杂草除草剂轮换使用

可用精唑禾草灵、炔草酸、唑啉草酯（A组），甲基二磺隆、啶磺草胺（B组），绿麦隆、异丙隆（C_2组），吡氟酰草胺（F_1组）等轮换使用。

部分免耕小麦播种前除草，用G组草甘膦和D组百草枯轮换使用或与上述防除阔叶杂草的药剂混用。

需要注意的是，B组与A组除草剂均属高抗性风险药剂，国内外已经有较多抗药性杂草报道，因此生产中应避免连年使用该组药剂。

为了扩大杀草谱、提高药效、减轻药害，除草剂混用或使用混剂产品也成为小麦田化学除草的趋势。尤其是对于杂草种类较多，一种除草剂很难奏效的麦田，采用混剂可扩大杀草谱，对延缓杂草抗药性也是一种行之有效的选择。如苯磺隆·异丙隆、苄嘧磺隆·异丙隆、甲基二磺隆·甲基碘磺隆、酰嘧磺隆·甲基碘磺隆、双氟磺草胺·2，4-D、双氟磺草胺·唑嘧磺草胺、炔草酯·唑啉草酯等均比使用单剂效果理想。如果采用桶混，既要注意防止杂草抗药性产生的风险，还应注意两个桶混的药剂之间的拮抗作用和对小麦的安全性。

第四章　玉米田杂草防除轮换用药防治方案

一、玉米田除草剂重点产品介绍

烟嘧磺隆（nicosulfuron）

【作用机理分类】B组（磺酰脲类亚组）。

【化学结构式】

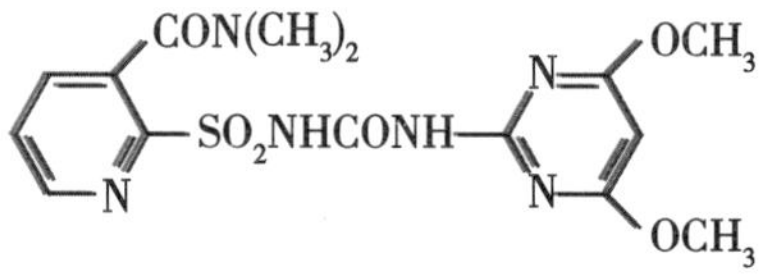

【曾用名】玉农乐、SL—950。

【理化性质】白色固体，相对密度1.411（20℃），熔点141～144℃，蒸汽压1.6×10^{-14}Pa。溶解度（20℃，g／L）：水0.4（pH值为5）、12（pH值为6.8）、39.2（pH值为8.8），丙酮18.0，乙腈23.0，氯仿、二甲基甲酰胺64.0，二氯甲烷160，乙醇4.5，已烷<0.02，甲苯0.33。

【毒性】低毒。大、小鼠急性经口LD_{50}>5 000mg／kg，大鼠急性经皮LD_{50}>2000mg／kg，大鼠急性吸入LC_{50}>5.47mg／L。对兔皮肤无刺激性，对兔眼睛有中度刺激性。大鼠饲喂试验无作用剂量（90d，mg／kg·d）：36.0（雄）、42.5（雌）。试验剂量内，无致突变、致畸和致癌作用。

对鱼、蜜蜂、鸟等低毒。鲤鱼和虹鳟鱼LC_{50}（96h）>105mg／L。野鸭急性经口LD_{50}2 000mg／kg，鹌鹑急性经口LD_{50}>2 250mg／kg。蜜蜂LD_{50} 76μg／只（经口）、>20μg／只（接触）。蚯蚓LC_{50}（14d）>1 000mg／kg。

【作用特点】内吸性传导型除草剂。可被植物茎叶和根部吸收并迅速传导，通过抑制植物体内乙酰乳酸合成酶的活性，阻止支链氨基酸（缬氨酸、亮氨酸与异亮氨酸）合成进而影响细胞分裂，使敏感植物停止生长。杂草受害症状为心叶失绿变黄，然后其他叶由上到下依次变黄，禾本科杂草叶片最后变成紫红色。常规用药量下一年生杂草1～3周死亡。

【防治对象】玉米田马唐、稗草、狗尾草、牛筋草、野黍、酸模叶蓼、卷茎蓼、反枝苋、龙葵、香薷、水棘针、鸭跖草、狼把草、风花菜、遏蓝菜、苍耳等一年生禾本科杂草和阔叶杂草。对小麦自生苗、落粒高粱也有理想防效，对藜、小藜、地肤、马齿苋、铁苋菜、苘麻、鼬瓣花、芦苇等有控制防效。

【应用技术】玉米苗后3～4叶期，杂草2～4叶期，每亩用4%烟嘧磺隆悬浮剂75～100g（有效成分3～4g），对水30L进行茎叶处理。依杂草密度和叶龄增减用药量，杂草叶龄大、密度高、用药时较干旱使用高剂量，反之，用低剂量。烟嘧磺隆不但有很好的茎叶处理活性，而且有土壤封闭杀草作用，该药在土壤中残效期30～40d左右。

【注意事项】

（1）应在杂草5叶期以前施用，杂草6叶期以后施药需增加用药量。

（2）不同玉米品种对烟嘧磺隆的敏感性有差异，其安全性顺序为马齿型>硬质型>爆裂型>甜玉米。一般玉米2叶期前及8～10叶期以后（因品种的熟期不同而有差别）对该药敏感。甜玉米、爆裂玉米及玉米自交系对该剂敏感，勿用该药除草。

（3）该药对后茬小白菜、甜菜、菠菜等有药害，尤其是后茬为甜菜的种植区应减量使用；在粮菜间作或轮作地区，应做好对后茬蔬菜的药害试验。

（4）该药可与菊酯类农药混用；不能与有机磷类药剂混用，两药剂的使用间隔期应为7d左右。

（5）应选早晚气温低、风力小的时间施药；干旱时施药加喷雾助剂。

【主要制剂和生产企业】4.2%、6%、8%、10%、40g／L可分散油悬浮剂，40g／L、60g／L悬浮剂，75%、80%水分散粒剂，80%可湿性粉剂等。

安徽丰乐农化有限责任公司、江苏龙灯化学有限公司、江苏长青农化股份有限公司、江苏辉丰农化股份有限公司、美丰农化有限公司、河北中谷药业有限公司、济南绿霸农药有限公司、山东省青岛瀚生生物科技股份有限公司、利尔化学股份有限公司、黑龙江省哈尔滨利民农化技术有限公司、日本石原产业株式会社等。

砜嘧磺隆（rimsulfuron）

【作用机理分类】B组（磺酰脲类亚组）。

【化学结构式】

$SO_2C_2H_5$　OCH_3　N　N　SO_2NHCNH　O　N　OCH_3

【曾用名】玉嘧磺隆、宝成。

【理化性质】纯品为无色结晶体，熔点176～178℃，相对密度0.784（25℃），蒸汽压1.5×10^{-6}Pa（25℃）。水中溶解度（25℃）：<10mg／L，7.3g／L（缓冲溶液，pH值为7）。

【毒性】低毒。大鼠急性经口LD_{50}>7 500mg／kg，兔急性经皮LD_{50}>5 500mg／kg，大鼠急性吸入LC_{50}（4h）5.8mg／L。饲喂试验无作用剂量（2年，mg／kg·d）：大鼠300（雄）、3 000（雌）。

对鱼、蜜蜂、鸟低毒。鲤鱼LC_{50}（96h）>900mg／L，虹鳟鱼LC_{50}（96h）>390mg／L。蜜蜂接触LD_{50}>100μg／只。野鸭急性经口LD_{50}>2 000mg／kg，鹌鹑急性经口LD_{50}>2 250mg／kg。

【作用特点】内吸性传导型除草剂，作用机理与烟嘧磺隆类似，即通过抑制植物的乙酰乳酸合成酶，阻止支链氨基酸的生物合成，从而抑制细胞分裂。该药处理后，敏感的禾本科杂草和阔叶杂草的分生组织停止生长，然后褪绿、变红、斑枯直至全株死亡。

【防治对象】玉米田大部分一年生和多年生阔叶杂草及禾本科杂草，如反枝苋、苘麻、藜、风花菜、鸭跖草、马齿苋、猪毛菜、狼巴草、野西瓜苗、豚草、酸模叶蓼、鼬瓣花、鳢肠、苣荬菜、稗草、马唐、狗尾草、金狗尾草、牛筋草、野高粱、野黍和莎草科杂草。

【应用技术】春玉米出苗后3～4叶期、杂草2～4叶期，每亩使用25%砜嘧磺隆水分散粒剂5～6g（有效成分1.25～1.5g），对水30L进行茎叶喷雾处理。

【注意事项】

（1）该药对阔叶杂草和莎草科杂草效果较好，对禾本科杂草防效较烟嘧磺隆差，因此施药应在苗后早期进行。

（2）使用该药前后7d内，避免使用有机磷杀虫剂，否则可能会引起玉米药害。

（3）该药应在玉米4叶期前施药，如玉米超过4叶期，单用或混用对玉米均有药害发生。

（4）严禁将药液直接喷到玉米的喇叭口内，最好采用定向喷雾。

（5）甜玉米、爆裂玉米、黏玉米及制种田不宜使用。

（6）该药在夏玉米田做茎叶处理用药时气温高、干旱易发生药害，只推荐东北地区使用。在黄淮海及长江流域等夏玉米种植区苗后不宜施用该药。

【主要制剂和生产企业】25%水分散粒剂。

江苏省激素研究所股份有限公司、上海杜邦农化有限公司、美国杜邦公司。

噻吩磺隆（thifensulfuron）

【作用机理分类】B组（磺酰脲类亚组）。

【化学结构式】

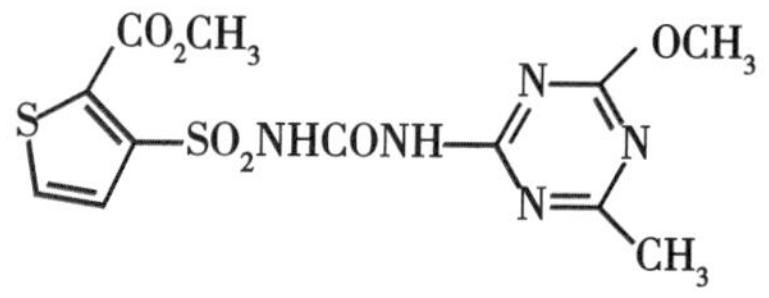

CO_2CH_3 OCH_3 S $SO_2NHCONH$ N N N CH_3

【曾用名】噻磺隆、阔叶散、宝收。

【理化性质】无色无味晶体，相对密度1.49，熔点176℃，蒸汽压1.7×10^{-8}Pa（25℃）。水中溶解度（25℃，mg／L）：230（pH值为5）、6270（pH值为7），有机溶剂溶解度（25℃，g／L）：己烷＜0.1，二甲苯0.2，乙醇0.9，甲醇、乙酸乙酯2.6，乙腈7.3，丙酮11.9，二氯甲烷27.5。55℃下稳定，中性介质中稳定。

【毒性】低毒。大、小鼠急性经口LD_{50}>5 000mg／kg，大鼠急性吸入LC_{50}（4h）>7.9mg／L。兔急性经皮LD_{50}>2 000mg／kg，对兔眼睛中度刺激。饲喂试验无作用剂量（90d，mg／kg·d）：大鼠0.1、小鼠7.5、狗1.5。

对鱼、蜜蜂、鸟等低毒。蓝腮翻车鱼和虹鳟鱼LC_{50}（96h）>100mg／L，水蚤（48h）LC_{50}1 000mg／L。鹌鹑经口（8d）LC_{50}>5 620mg／kg。蜜蜂LD_{50}>12.5μg／只。

【作用特点】内吸性传导型除草剂，作用机理与烟嘧磺隆类似。杂草吸收药剂后1～3周死亡。玉米对噻吩磺隆有抵抗能力，正常剂量下安全。噻吩磺隆在土壤中被好气微生物分解，30d后对下茬作物无害。

【防治对象】玉米田大部份阔叶杂草，如反枝苋、马齿苋、猪毛菜、地肤、藜、野西瓜苗、鼬瓣花、蓼、萹蓄等有理想防效。对铁苋菜、苘麻、刺儿菜、苣荬菜、打碗花防效较差，对禾本科杂草无效。

【应用技术】玉米3～4叶期，杂草2～5叶期，春玉米每亩用25 %噻吩磺隆可湿性粉剂8.0～10g（有效成分2～2.5g），夏玉米每亩用25 %噻吩磺隆可湿性粉剂6.8～8.0g（有效成分1.5～2.0g），对水30L茎叶喷雾。也可采用上述剂量加水40～50L做土壤处理。

【注意事项】

（1）可与乙草胺等酰胺类药剂混用做播后苗前处理，扩大杀草谱。

（2）该药尽量采用播后苗前土壤处理方法施药，如播种时较干旱采用苗后用药时，应在玉米4～5叶期前施药，玉米超过4～5叶期用药易发生药害，气温高、干旱条件下更易发生药害。

（3）甜玉米、爆裂玉米、黏玉米及玉米制种田不宜使用该药。

（4）该药活性高、施药量低，用药时应先配成母液再倒入喷雾器。用药后应及时、彻底清洗药械。

【主要制剂和生产企业】15%、20%、25%、70%可湿性粉剂，75%水分散粒剂。

江苏省溧阳市新球农药化工有限公司、江苏省激素研究所股份有限公司、安徽丰乐农化有限责任公司、河北宣化农药有限责任公司、佳木斯黑龙农药化工股份有限公司等。

氯吡嘧磺隆（halosulfuron-methyl）

【作用机理分类】B组（磺酰脲类亚组）。

【化学结构式】

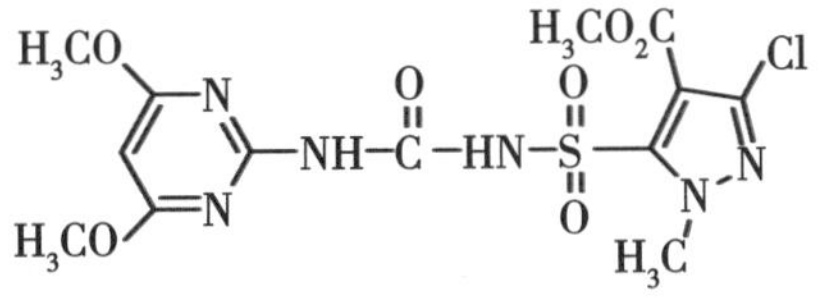

【理化性质】纯品为白色粉状固体，相对密度1.684（25℃），熔点175.5～177.2，蒸汽压1.0×10^{-5}Pa（25℃）。溶解度（20℃，g／L）：水0.015（pH值为5）、1.65（pH值为7），甲醇1.62。

【毒性】低毒。大鼠急性经口LD_{50}>8 865mg／kg，兔急性经皮LD_{50}>2 000mg／kg，大鼠急性吸入LC_{50}（4h）6.0mg／L。对兔眼睛有轻微刺激，对兔皮肤无刺激。

对鱼、蜜蜂、鸟低毒。LC_{50}（96h，mg／L）：翻车鱼>118，虹鳟鱼>131。蜜蜂接触LD_{50}>100μg／只。山齿鹑急性经口LD_{50}>2 250mg／kg。

【作用特点】内吸性传导型除草剂，通过抑制植物的乙酰乳酸合成酶，阻止支链氨基酸的生物合成，从而抑制细胞分裂，导致杂草死亡。

【防治对象】玉米田阔叶杂草及部分莎草科杂草，如苘麻、反枝苋、苍耳、野西瓜苗、香附子等。对藜、马齿苋有一定控制作用，对铁苋菜防效较差。

【应用技术】玉米出苗后3～4叶期、杂草2～4叶期，每亩使用75 %氯吡嘧磺隆水分散粒剂3～4g（有效成分2.25～3g），对水30L进行茎叶喷雾处理。

【注意事项】

该药对禾本科杂草无效，应与防除禾本科杂草的除草剂混用。

【主要制剂和生产企业】75%水分散粒剂。

江苏省激素研究所股份有限公司、中农住商（天津）农用化学品有限公司、日本日产化学工业株式会社。

唑嘧磺草胺（flumetsulam）

【作用机理分类】B组（三唑并嘧啶磺酰胺类亚组）。

【化学结构式】

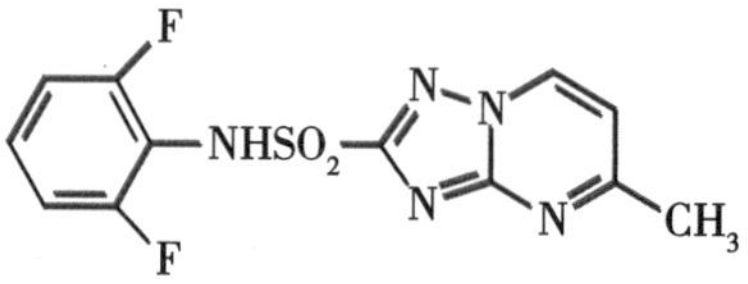

【曾用名】阔草清。

【理化性质】灰白色固体，相对密度1.77，熔点251～253℃，蒸汽压3.7×10^{-10}Pa（25℃）。溶解度（25℃，mg／L）：水49（pH值为2.5）、5 600（pH值为7），甲醇<40，丙酮<16，几乎不溶于甲苯和正己烷。

【毒性】低毒。大鼠急性经口LD_{50}>5 000mg／kg，兔急性经皮LD_{50}>2 000mg／kg，大鼠急性吸入LC_{50}（4h）>1.2mg／L。对兔眼睛有轻微刺激性，对兔皮肤无刺激性。饲喂试验无作用剂量（90d，mg／kg·d）：雄500，雌1 000。在试验剂量下无致畸、致突变、致癌作用。

对鱼、蜜蜂、鸟低毒。虹鳟鱼LC_{50}19.6mg／L，虾LC_{50}>349mg／L。蜜蜂经口LD_{50}36μg／只。野鸭急性经口LD_{50}3 158mg／kg，鹌鹑急性经口LD_{50}>2 250mg／kg。

【作用特点】内吸传导型除草剂，由杂草的根系和叶片吸收，木质部和韧皮部传导，在植物分生组织内积累，抑制植物体内乙酰乳酸合成酶，使支链氨基酸生物合成停止，蛋白质合成受阻，植物生长停滞，最终导致死亡。杂草吸收唑嘧磺草胺后的典型症状是叶片中脉失绿，叶脉和叶尖褐色，由心叶开始黄白化、紫化，节间变短，顶芽死亡。玉米吸收唑嘧磺草胺后，迅速降解代谢。

【防治对象】玉米田多种阔叶杂草。如藜、反枝苋、凹头苋、铁苋菜、苘麻、酸模叶蓼、卷茎蓼、苍耳、柳叶刺蓼、龙葵、野西瓜苗、香薷、水棘针、毛茛、地肤、鸭跖草等。

【应用技术】在玉米播后苗前，春玉米每亩用80%唑嘧磺草胺水分散粒剂3.75～5g（有效成分3～4g），夏玉米每亩用80%唑嘧磺草胺水分散粒剂2～4g（有效成分1.6～3.2g），对水40～50L土壤喷雾。防除多年生杂草如苣荬菜、刺儿菜等需增加用药量。东北地区，唑嘧磺草胺秋施可提高对玉米的安全性和除草效果。

【注意事项】

（1）土壤墒情良好有利于药效发挥。

（2）施药量与土壤pH值及有机质含量关系密切，比较适用于pH值为5.9～7.8、有机质含量5 %以下的土壤，若有机质含量高于5 %（东北地区），应适当增加唑嘧磺草胺使用剂量。

（3）可与乙草胺、异丙甲草胺等混用提高对禾本科杂草防效。

（4）该药在土壤pH值高、有机质含量低的土壤降解迅速，残留期短，反之，残留期较长。

（5）正常推荐剂量下后茬油菜、棉花、甜菜、向日葵、马铃薯、亚麻及十字花科蔬菜等敏感作物需隔年种植。

【主要制剂和生产企业】80%分散粒剂。

美国陶氏益农公司。

二甲戊灵（pendimethalin）

【作用机理分类】K_1组（二硝基苯胺类亚组）。

【防治对象】稗草、马唐、狗尾草、牛筋草、早熟禾等禾本科杂草及藜、反枝苋等小粒种子阔叶杂草。对野黍、落粒高粱、小麦自生苗、铁苋菜、苘麻及蓼科杂草等防效较差。

【应用技术】玉米播种前或播后苗前，每亩施用33%二甲戊灵乳油200～300g（有效成分66～99g），对水40～50L做土壤处理。

东北地区可采用秋施药的办法，在秋季气温降到10℃以下至封冻前进行，第二年播种玉米前用双列圆盘耙浅混土。施药量与土壤质地、土壤pH值及有机质含量关系密切，沙性土及有机质含量较低的土壤采用低剂量，黏性土及有机质含量较高的土壤采用高剂量。

【注意事项】

（1）良好的土壤墒情是保证该药发挥药效的关键，如果施药时土壤干旱可增加用药时对水量，或用药后浅浇1次水或药后混土。

（2）该药防除禾本科杂草效果优于其对阔叶杂草的防效，在阔叶杂草较多的田块，可考虑同其他除草剂混用。

（3）本品对鱼有毒，用药后清洗药械时应防止药剂污染水源。

【主要制剂和生产企业】33%、330g／L乳油。

广东省东莞市瑞德丰生物科技有限公司、江苏龙灯化学有限公司、山东省济南赛普实业有限公司、河北省万全农药、辽宁省大连松辽化工有限公司、印度联合磷化物有限公司等。

其他参见棉田除草剂重点产品介绍。

莠灭净（ametryn）

【作用机理分类】C_1组（三嗪类亚组）。

【化学结构式】

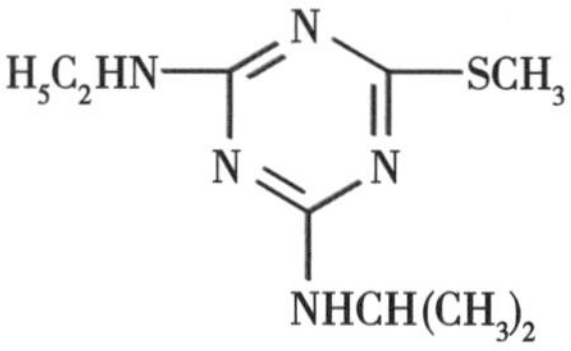

H_5C_2HN—(N, N, N 三嗪环)—SCH_3

$NHCH(CH_3)_2$

【曾用名】阿灭净。

【理化性质】白色粉末，相对密度1.18（22℃），熔点86.3～87.0℃，蒸汽压1.12×10^{-4}Pa（20℃）、3.65×10^{-4}Pa（25℃）。水中溶解度200mg/L（20℃），有机溶剂中溶解度（25℃，g/L）：丙酮610，甲醇510，甲苯470，正辛醇220，己烷12。

【毒性】低毒。大鼠急性经口LD_{50}1 110mg/kg，大鼠急性经皮LD_{50}3 100mg/kg，大鼠急性吸入LC_{50}（4h）>5.17mg/L。对兔眼睛和皮肤无刺激性。

对鱼、蜜蜂、鸟低毒。LC_{50}（96h，mg/L）：金鱼14，虹鳟鱼5。鹌鹑和野鸭LC_{50}（5d）>5 620mg/L，鹌鹑急性经口LD_{50}>30 000mg/kg。蜜蜂经口LD_{50}>100μg/只。蚯蚓LC_{50}（14d）166mg/kg。

【作用特点】内吸性传导型除草剂。有效成分被0～5cm土壤吸附，形成药层，使杂草萌发出土时接触药剂，通过抑制杂草光合作用电子传递，导致叶片内亚硝酸盐积累，使植物受害死亡。其选择性与植物生态和生化反应的差异有关。该药在低浓度下能促进植物生长，即刺激幼芽和根的生长，促进叶面积增大，茎增粗等。

【防治对象】玉米田马唐、稗、牛筋草、狗尾草、千金子、毛臂形草、野稷、野黍、苘麻、田芥、菊芹、空心莲子草、鬼针草、田旋花、苣荬菜、大戟属、蓼属等。

【应用技术】玉米播种后杂草出苗前，每亩用80%莠灭净可湿性粉剂120～180g（有效成分96～144g），对水40～50L土壤均匀喷雾。

【注意事项】

（1）土壤墒情好、土地平整药效理想，因此，施药前应充分整地，并在药前灌小水或雨后喷施。

（2）该药对处于萌发的杂草防治效果好，茎叶处理效果相对较差。应在播后苗前施药。

（3）沙性土壤、积水地或用药量大时，会影响玉米前期生长。

（4）该药对水稻、花生、红薯、谷类、阔叶蔬菜、香蕉苗等均有药害，相邻田块施药时应防止药液飘移；间作大豆、花生、红薯等作物的玉米田不能使用该药。

（5）本品不可与碱性农药混用。

【主要制剂和生产企业】50%悬浮剂，40%、76%、80%可湿性粉剂，80%、90%水分散粒剂。

浙江长兴第一化工有限公司、山东滨农科技有限公司、山东侨昌化学有限公司、陕西恒田化学有限公司、以色列阿甘化学公司等。

莠去津（atrazine）

【作用机理分类】C_1组（三嗪类亚组）。

【化学结构式】

$$\text{C}_2\text{H}_5\text{HN}-\text{[triazine ring: N, N, N]}-\text{Cl};\ \text{NHCH(CH}_3)_2$$

【曾用名】阿特拉津、盖萨林。

【理化性质】白色晶体，相对密度1.23（20℃），熔点175℃，蒸汽压3.87×10^{-5}Pa（25℃）。水中溶解度33mg／L（22℃，pH值为7）；有机溶剂中溶解度（25℃，g／L）：乙酸乙酯24，丙酮31，二氯甲烷28，三氯甲烷52，正己烷0.11，正辛烷8.7，甲醇18，乙醇15，甲苯4，二甲基亚砜183。在中性、弱酸、弱碱性介质中稳定。

【毒性】低毒。大鼠急性经口LD_{50}3 080mg／kg，小鼠急性经口LD_{50}1 500mg／kg，兔急性经皮LD_{50}7 500mg／kg，大鼠急性经皮LD_{50}>3 100mg／kg，大鼠急性吸入LC_{50}（4h）>5.8mg／L。对兔皮肤有中度刺激性，对兔眼睛无刺激性，对豚鼠皮肤有致敏性，对人无致敏性。试验剂量内，未见致畸、致癌作用。

对鱼、蜜蜂、鸟低毒。LC_{50}（96h，mg／L）：虹鳟鱼4.5～11.0，鲤鱼76～100。日本鹌鹑急性经口LD_{50}940～4 237mg／kg。蜜蜂LD_{50}>97μg／只（经口）、>100μg／只（接触）。山齿鹑急性经口LD_{50} 940～2 000mg／kg。蚯蚓LC_{50}（14d）78mg／kg。

【作用特点】选择性内吸传导型除草剂。药剂主要经植物根吸收后沿木质部随蒸腾迅速向上传导到分生组织及绿色叶片内，抑制杂草光合作用，使杂草枯萎而死亡。温度高时药剂被植物吸收传导快。莠去津的选择性是由不同植物生态及生理生化等方面的差异而致，在玉米等抗性作物体内，有效成分被玉米酮酶分解生成无毒物质，因而对作物安全。莠去津的除草活性高于西玛津、氰草津等同类药剂。莠去津的水溶性大，易被雨水淋洗至较深层，致使对某些深根性杂草有抑制作用。

莠去津在土壤中可被微生物分解，残效期受用药剂量、土壤质地等因素影响，一般情况下可长达半年左右。在低温、土质黏重及土壤有机质含量高的地块，残效期更长。

【防治对象】玉米田稗草、狗尾草、牛筋草、马齿苋、反枝苋、苘麻、龙葵、酸浆属、酸模叶蓼、柳叶刺蓼、猪毛菜等杂草。对小麦自生苗、油菜自生苗等有很好的防效，对马唐、铁苋菜等防效稍差。

【应用技术】玉米播后苗前，春玉米每亩使用38%莠去津悬浮剂250～350g（有效成分95～133g），夏玉米每亩使用38%莠去津悬浮剂200～250g（有效成分76～95g），对水40～50L进行土表均匀喷雾。该药也可用做苗后早期茎叶处理，但茎叶处理对已出土的禾本科杂草及苘麻、铁苋菜等防效差。

莠去津施药量与土壤有机质含量及土壤质地关系密切。在华北地区及长江流域，土壤有机质含量3 %以下时，38 %莠去津悬浮剂每亩用药量为：黏壤土150～250g（有效成分60～95g），沙质土壤125～150g（有效成分47.5～60g）。春玉米田适当增加用药量。在东北地区，如黑龙江等地低温、干旱、土壤有机质含量较高，需增加莠去津的施药量才能取得理想除草效果。在土壤有机质含量3%～5 %和杂草基数大的情况下，38 %莠去津悬浮剂的每亩施药量为250～350g（有效成分95～133g），沙质土壤用下限剂量，黏质土壤用上限剂量。

【注意事项】

（1）宜与酰胺类药剂混用，扩大杀草谱。

（2）莠去津土壤残留期长，超过推荐剂量易对后茬小麦、大豆、水稻等敏感作物产生药害。

（3）套种大豆、花生、西瓜等作物的玉米田不能使用；麦套玉米田需麦收后才能使用。

（4）施药时应注意对敏感作物如小麦、棉花、蔬菜、瓜类、桃树等的保护。

（5）莠去津作播后苗前土壤处理时，干旱条件下适量灌溉或药后混土可提高防效。施药时土地平整、无大块坷垃有利于保持药效。

（6）由于莠去津使用年限较长，国外已发现抗莠去津的杂草生态型，因此该药提倡使用混剂或替代品种。

【主要制剂和生产企业】20%、38%、45%、50%、55%、60%、500g / L悬浮剂，48%、80%可湿性粉剂，90%水分散粒剂。

浙江省长兴第一化工有限公司、无锡禾美农化科技有限公司、山东侨昌化学有限公司、山东滨农科技有限公司、张家口长城农药有限公司等。

氰草津（cyanazine）

【作用机理分类】C_1组（三嗪类亚组）。

【化学结构式】

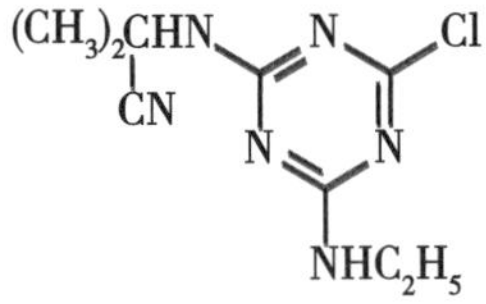

$(CH_3)_2C(CN)HN$　N　Cl

N　N

NHC_2H_5

【曾用名】草净津、百得斯、赛内斯。

【理化性质】白色结晶体，相对密度1.29（20℃）熔点166.5～167.0℃，蒸汽压2.0×10^{-7}Pa（20℃）。溶解度（25℃，g / L）：水0.171，氯仿210，乙醇45，苯15，己烷15。对光和热稳定。

【毒性】低毒。大鼠急性经口LD_{50}288mg / kg，兔急性经皮LD_{50}>2 000mg / kg，大鼠急性吸入LC_{50}（4h）2.46mg / L。对兔眼睛和皮肤有中度刺激性。在试验剂量内无致畸、致突变、致癌作用。

对鱼、鸟低毒。LC_{50}（48h，mg / L）：虹鳟鱼5，鲇鱼10。鹌鹑LD_{50}400～500mg / kg，野鸭LD_{50}>2 000mg / kg。对蜜蜂无毒。

【作用特点】作用机制同莠去津。有效成分主要被根部吸收，也可被叶片吸收，抑制杂草光合作用，使杂草枯萎而死亡。玉米本身含有能分解氰草津的酶，因此该药对玉米安全。其在土壤中的除草活性受土壤质地及有机质含量影响，土壤有机质含量高或土壤黏重需增加用药量。该药在土壤中残效期2～3个月，对后茬作物不会产生药害。

【防治对象】玉米田牛筋草、稗草、狗尾草、马齿苋、反枝苋、苘麻、龙葵、酸浆属、酸模叶蓼、柳叶刺蓼、猪毛菜等杂草。对小麦自生苗有很好的防效，对马唐、铁苋菜等防效稍差。

【应用技术】玉米播后苗前，使用40%氰草津悬浮剂200～300g（有效成分80～120g），对水40～50L进行土壤处理。也可在玉米3～4叶期、杂草2～4叶期，使用40%氰草津悬浮剂250～300g（有效成分100～120g），对水30L进行茎叶喷雾。

【注意事项】

（1）与大部分土壤处理剂一样，氰草津的药效受土壤水分影响较大，应创造良好的土壤墒情后播种、施药；如果施药后干旱又无灌水条件，可采用浅混土。在干旱、无灌溉又不能混土的条件下，可用该药做苗后早期处理。

（2）在土壤有机质较高、干旱条件下用高剂量，反之用低剂量。

（3）氰草津在杂草3叶期前做茎叶处理效果好，杂草叶龄超过3叶时（尤其是马唐等禾本科杂草），常规用药量下防效较差。另外，黄淮海夏玉米种植区，麦套玉米较多，生产上如果玉米套种过早，小麦收获后玉米超过4片叶时施用氰草津，对玉米安全性降低。

（4）氰草津用药后如遇大雨或立即灌溉，造成田间积水，玉米会出现药害，尤其是当土地不平整时，药液积累在玉米幼苗根部，药害更严重，重者可造成死苗。

【主要制剂和生产企业】目前主要以混剂登记，如30%氰草·莠去津悬浮剂、40%氰津·乙草胺悬浮剂、40%乙·莠·氰草津悬浮剂等。

中国农业科学院植物保护研究所廊坊农药中试厂、河南绿保科技发展有限公司、山东东泰农化有限公司、山东大成农化有限公司、山东滨农科技有限公司等。

西玛津（simazine）

【作用机理分类】C_1组（三嗪类亚组）。

【化学结构式】

C_2H_5HN — N — Cl
N　N
NHC_2H_5

【曾用名】田保净。

【理化性质】白色结晶，相对密度1.3（20℃）熔点225～227℃（分解），蒸汽压8.1×10^{-7}Pa（20℃）。溶解度（20℃，mg/L）：水5，氯仿900，甲醇400，乙醚300，石油醚2。

【毒性】低毒。大鼠急性经口LD_{50}>5 000mg/kg，兔急性经皮LD_{50}>3 100mg/kg。对兔眼睛和皮肤无刺激性。大鼠慢性毒性试验无作用剂量100mg/kg·d（2年）。无致畸、致突变、致癌作用。

对鱼、蜜蜂、鸟低毒。LC_{50}（96h，mg/L）：虹鳟鱼70.5，蓝鳃鱼>32，水蚤LC_{50}（48h）>100mg/L。马来鸭经口LD_{50}>4 640mg/kg。蚯蚓LC_{50}>1 000mg/kg。

【作用特点】作用机制与莠去津相同，活性低于莠去津。

【防治对象】玉米田防除稗草、狗尾草、牛筋草、马齿苋、反枝苋、苘麻、龙葵、酸浆属、酸模叶蓼、柳叶刺蓼、猪毛菜等杂草。对马唐、铁苋菜等防效差。

【应用技术】在玉米播后苗前，每亩用50%西玛津可湿性粉剂200 ~ 360g（有效成分100 ~ 180g），对水40 ~ 50L土壤均匀喷雾。东北春玉米种植区宜采用高剂量，华北夏玉米种植区应采用低剂量。

【注意事项】

（1）土壤墒情好、土地平整药效理想，施药前应充分整地，并在药前灌小水或雨后喷施。

（2）在土壤中残留期比莠去津长，特别是在干旱、低温、低肥条件下，可长达1年以上。

因而易对后茬作物引起药害。敏感作物有水稻、麦类、棉花、大豆、花生、油菜、向日葵、瓜类、十字花科蔬菜等。

【主要制剂和生产企业】50%可湿性粉剂，40%悬浮剂，90%水分散粒剂。

吉林省吉林市绿盛农药化工有限公司、浙江长兴第一化工有限公司、长兴中山化工有限公司、山东潍坊万胜生物农药有限公司等。

特丁津（terbuthylazine）

【作用机理分类】C_1组（三嗪类亚组）。

【化学结构式】

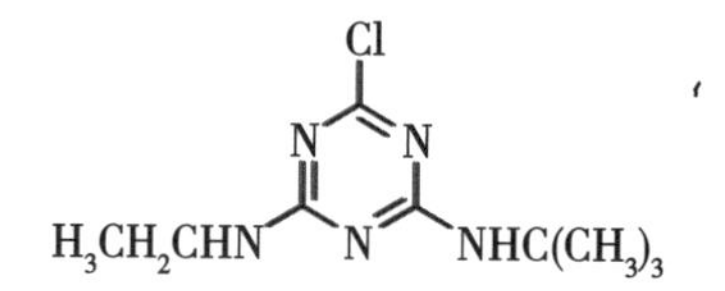

【理化性质】无色结晶，相对密度1.188（20℃），熔点177 ~ 179℃。蒸汽压0.15×10^{-3}Pa（25℃）。水中溶解度8.5 mg / L（20℃，pH值为 7），有机溶剂中溶解度（25℃，g / L）：丙酮41，乙醇14，异丙醇10，二甲基甲酰胺100。

【毒性】低毒。大鼠急性经口LD_{50}2 160mg / kg，兔急性经皮LD_{50}3 000mg / kg。

对鱼中毒，对蜜蜂、鸟低毒。LC_{50}（96h，mg / L）：虹鳟鱼3.8 ~ 4.6，蓝腮鱼7.5，鲤鱼7。野鸭急性经口LD_{50} >1 000mg / kg。蜜蜂经口及接触LD_{50} >100μg / 只。蚯蚓LC_{50}（7d）200mg / kg。

【作用特点】同莠去津。

【防治对象】玉米田稗草、狗尾草、牛筋草、马齿苋、反枝苋、苘麻、龙葵、酸浆属、酸模叶蓼、柳叶刺蓼、猪毛菜、小麦自生苗等。对马唐、铁苋菜等防效稍差。

【应用技术】玉米播后苗前，每亩使用50%特丁津可湿性粉剂100 ~ 120g（有效成分50 ~ 60g），对水40 ~ 50L进行土表均匀喷雾。

【注意事项】

同莠去津，但比莠去津土壤残留时间短。

【主要制剂和生产企业】50%可湿性粉剂。

浙江省长兴第一化工有限公司。

绿麦隆（chlortoluron）

【作用机理分类】C_2组（取代脲类亚组）。

【防治对象】玉米田马唐、牛筋草、稗、狗尾草、藜、反枝苋等多种禾本科及小粒种子阔叶杂草。对田施花、问荆、锦葵科杂草等无效。

【应用技术】玉米播后苗前，每亩用25 %绿麦隆可湿性粉剂200～300g（有效成分50～75g），对水40～50L，土壤均匀喷雾。

【注意事项】

（1）该药药效与土壤湿度关系密切，湿度高除草效果好。

（2）稻麦连作区使用本品时应严格掌握用药量及喷雾质量，用药量大或重喷，易造成麦苗及后茬水稻药害。

（3）绿麦隆在玉米苗后施药，如遇高温，易对玉米幼苗造成药害，因此不推荐做茎叶处理。

其他参见小麦田除草剂重点产品介绍。

溴苯腈（bromoxynil）

【作用机理分类】C3组（苯腈类亚组）。

【防治对象】玉米田阔叶杂草藜、反枝苋、蓼、龙葵、苍耳、猪毛菜、荞麦蔓、田旋花等。对禾本科杂草无防效。

【应用技术】玉米3～8叶期，每亩使用80%溴苯腈可溶粉剂40～50g（有效成分32～40g），对水30L茎叶喷雾。

【注意事项】

（1）该药仅有触杀作用，传导作用较差，应在杂草较小时施药。

（2）施药后如遇高温、高湿的天气，除草效果及作物安全性降低；气温超过35℃、湿度过大时施药易产生药害。

（3）本品不宜与肥料混用，也不可添加助剂，否则易产生药害。

（4）本品对鱼类等水生生物有毒，应远离水产养殖区施药，禁止在河塘等水域清洗药械。

【主要制剂和生产企业】80%乳油可溶性粉剂。

江苏辉丰农化股份有限公司。

其他参见小麦田除草剂重点产品介绍。

辛酰溴苯腈（bromoxynil octanoate）

【作用机理分类】C_3组（腈类亚组）。

【防治对象】玉米田防除阔叶杂草藜、反枝苋、蓼、龙葵、苍耳、猪毛菜、田旋花、荞麦蔓等。对禾本科杂草无防效。

【应用技术】玉米3～4叶期，阔叶杂草2～4叶期，每亩使用25%辛酰溴苯腈乳油100～150g（有效成分25～37.5g），对水30L茎叶喷雾。

【注意事项】同溴苯腈。

【主要制剂和生产企业】25%、30%乳油。

江苏辉丰农化股份有限公司、江苏长青农化股份有限公司、江苏瑞邦农药厂有限公司、陕西汤普森生物科技有限公司等。

其他参见小麦田除草剂重点产品介绍。

百草枯（paraquat）

【作用机理分类】D组（联吡啶类亚组）。

【化学结构式】

H_3C-N^+　N^+-CH_3

【曾用名】克无踪、对草快。

【理化性质】白色结晶，相对密度1.24 ~ 1.26（20℃），熔点340℃（分解），蒸汽压<1×10^{-5}Pa（25℃）。水中溶解度620g / L（20℃），不溶于大多数有机溶剂，在中性和酸性介质中稳定，在碱性介质中迅速分解。

【毒性】低毒。大鼠急性经口LD_{50}129 ~ 157mg / kg，兔急性经皮LD_{50}240mg / kg。对兔眼睛有刺激性，对皮肤无刺激性和致敏性。人接触后可引起指甲暂时性损害。饲喂试验无作用剂量（mg / kg · d）：大鼠1.7（2年），狗0.65（1年）。

对鱼、蜜蜂、鸟低毒。虹鳟鱼LC_{50}（96h）26mg / L。蜜蜂LD_{50}（72h，μg / 只）：150（接触），36（经口）。急性经口LD_{50}（mg / kg）：山齿鹑175，野鸭199；饲喂LC_{50}（5d，mg / kg饲料）：山齿鹑981，日本鹌鹑970，野鸭4 048。蚯蚓LC_{50}>1 380mg / kg。

【作用特点】触杀型、灭生性除草剂，联吡啶阳离子迅速被植物叶片吸收后，在绿色组织中通过光合和呼吸作用被还原成联吡啶游离基，又经自氧化作用使叶组织中的水和氧形成过氧化氢和过氧游离基。这类物质对叶绿体层膜破坏力极强，使光合作用和叶绿素合成很快中止，叶片着药后2 ~ 3h即开始受害变色。百草枯对杂草的绿色组织有很强的破坏作用，但无传导作用，只能使着药部位受害。该药一经与土壤接触，即被吸附钝化，由于药剂不能损坏植物根部和土壤内潜藏的种子，因而施药后杂草有再生现象。

【防治对象】玉米田马唐、稗草、狗尾草、牛筋草、反枝苋、铁苋菜、藜、萹蓄、猪毛菜等杂草。对车前、蓼、毛地黄等效果差，对多年生杂草仅能杀除地上部。

【应用技术】免耕玉米田除草：在玉米播后苗前，每亩使用20%百草枯水剂100 ~ 200g（有效成分20 ~ 40g），对水30L喷施；也可在玉米7 ~ 8片叶以后每亩使用20%百草枯水剂150 ~ 250g（有效成分30 ~ 50g），对水30 ~ 50L喷施，做行间定向喷雾。

【注意事项】

（1）光照可加速该药药效发挥；阴天延缓显效速度，但不降低除草效果。施药后30min遇雨时能基本保证药效。

（2）该药是非选择性除草剂，喷施到玉米或其他作物的茎叶上，会引起作物的药害。因此，要选择无风的天气、喷头加保护罩施药。

（3）该药为中等毒性及有刺激性的液体，运输时须以金属容器盛载，并存放于安全地点。

（4）喷药后24h内勿让家畜进入喷药区。若误服药液，立即催吐并送医院，该药无特效解毒剂。

（5）农业部、工业和信息化部、国家质量监督检验检疫总局第1745号公告规定，2016年7月1日停止百草枯水剂在国内销售和使用。

【主要制剂和生产企业】20%、200g/L、250g/L水剂、5%可溶性粒剂、20%可溶胶剂。

南京红太阳生物化学有限责任公司、济南天邦化学有限公司、安徽丰乐农化有限责任公司、江西盾牌化工有限责任公司、先正达中国投资公司等。

嗪草酸甲酯（fluthiacet-methyl）

【作用机理分类】E组（噻二唑类亚组）。

【防治对象】玉米田阔叶杂草，如反枝苋、马齿苋、苘麻、藜等。

【应用技术】在玉米2～4叶期，阔叶杂草2～4叶期，春玉米田每亩用5%嗪草酸甲酯乳油10～15g（有效成分0.5～0.75g），夏玉米田每亩用5%嗪草酸甲酯乳油制剂8～12g（有效成分0.4～0.6g），对水30L茎叶喷雾。

【注意事项】

（1）该药使用后会造成作物叶片接触性药害斑点，一般10日内恢复正常生长。

（2）该药单位面积用量低，不可超量使用。

（3）宜在早晨或傍晚施药。高温下（28℃以上）用药作物易出现药害，此时施药量应比推荐剂量减少10%～20%。

（4）不可与碱性农药、肥料等混用。

【主要制剂和生产企业】5%乳油。

大连瑞泽农药股份有限公司。

其他参见大豆田除草剂重点产品介绍。

草甘膦（glyphosate）

【作用机理分类】G组（有机磷类亚组）。

【应用技术】免耕玉米出苗前5～8d，每亩用41%草甘膦异丙铵盐水剂100～250g（有效成分41～102.5g），加水30L对靶喷雾。

【注意事项】

（1）严禁药液飘移到邻近作物。

（2）该药在杂草出苗后喷施才会起作用，玉米播种后无杂草的地块不宜施用该药。施药量应依据杂草密度来定，杂草密度大、叶片数多的农田采用高剂量，反之用低剂量，并进行-对靶-喷雾，使药剂充分发挥作用。

（3）该药不宜做玉米行间喷雾，以免喷施到玉米根部及茎叶造成药害。

（4）药液应用清水配制，含较多金属离子的水会降低药效。

【主要制剂和生产企业】30%、41%、46%水剂。

美丰农化有限公司、江苏龙灯化学有限公司、浙江新安化工集团股份有限公司、深圳诺普信农化股份有限公司、美国孟山都公司等。

其他参看水稻田除草剂重点产品介绍。

磺草酮（sulcotrione）

【作用机理分类】F_2组（三酮类亚组）。

【化学结构式】

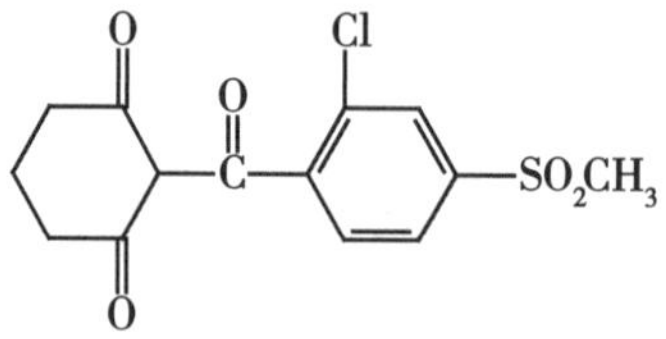

【理化性质】淡褐色固体，相对密度1.43，熔点139℃，蒸汽压5×10^{-6}Pa。水中溶解度165mg／L（25℃），溶于丙酮和氯苯，在水中或日光下稳定。

【毒性】大鼠急性经口LD_{50}>5 000mg／kg，兔急性经皮LD_{50}>4 000mg／kg，大鼠急性吸入LC_{50}（4h）>1.6mg／L。对兔皮肤无刺激性，对兔眼睛有中度刺激性。大鼠饲喂试验无作用剂量0.5mg／kg·d（2年）。无致畸、致突变、致癌作用。

低毒。对鱼、蜜蜂、鸟低毒。LC_{50}（96h，mg／L）：虹鳟鱼227，鲤鱼240。蜜蜂急性经口和接触LD_{50}>200μg／只。山齿鹑和野鸭饲喂LC_{50}>5 620mg／kg。蚯蚓LC_{50}（14d）1 000mg／kg。

【作用特点】选择性内吸、传导型除草剂，植物通过根部及叶片吸收该药后，在体内迅速传导，阻碍4—羟苯基丙酮酸向脲黑酸的转变并间接抑制类胡萝卜素的生物合成。由于类胡萝卜素有防护叶绿素避免被光照伤害的作用，植物体内类胡萝卜素的生物合成被抑制后，分生组织产生白化现象，生长停滞，最终导致死亡。玉米可迅速将磺草酮代谢为无活性产物。

【防治对象】玉米田反枝苋、苘麻、龙葵、藜、蓼、曼陀罗、鸭跖草、鬼针草、鳢肠、青葙、酸浆、打碗花、马唐、牛筋草、稗草等一年生阔叶杂草及禾本科杂草。对狗尾草、谷莠、铁苋菜、马齿苋等防效较差。

【应用技术】玉米2～3叶期，杂草1～3叶期，春玉米每亩施用15 %磺草酮水剂436～545g（有效成分65.4～81.8g），夏玉米每亩施用15 %磺草酮水剂327～436g（有效成分49.1～65.4g），对水30L进行茎叶喷雾处理。杂草叶龄小、密度低选用低剂量，杂草叶龄较大、密度高、禾本科杂草较多时，用高剂量。

【注意事项】

（1）该药应在玉米苗后早期使用，禾本科杂草3叶期以后对该药抵抗能力增强，常规用药量下除草效果不理想。

（2）用药时遇不利环境条件，玉米叶片褪色白化，随幼苗生长及加强管理，症状消失，不影响产量。

（3）用药时宜选择早晚气温适宜、相对湿度较高时用药，炎热中午施药对杂草防效不理想，也会加重玉米药害。

（4）大豆、油菜、大部分阔叶蔬菜、水稻、高粱等对磺草酮敏感，该药施用时宜选择无风天气进行，防止药液飘移到邻近的敏感作物上。在玉米、大豆套种的田块也不宜使用磺草酮。

【主要制剂和生产企业】15%水剂。

沈阳科创化学品有限公司。

硝磺草酮（mesotrione）

【作用机理分类】F_2组（三酮类亚组）。

【化学结构式】

$$\text{2-(4-}CH_3SO_2\text{-2-}NO_2\text{-benzoyl)cyclohexane-1,3-dione}$$

【曾用名】米斯通、甲基磺草酮、千层红。

【理化性质】原药为褐色或黄色固体，相对密度1.46（20℃），熔点165℃，蒸汽压5.65×10^{-6}Pa（20℃）。溶解度（20℃，g／L）：水2.2（pH值为4.8）、15（pH值为6.9）、22（pH值为9），二甲苯1.4，甲苯2.7，甲醇3.6，丙酮76.4，二氯甲烷82.7，乙腈96.1。在54℃贮存14d性质稳定。

【毒性】低毒。原药大鼠急性经口LD_{50}>5 000mg／kg，大鼠急性经皮LD_{50}>2 000mg／kg，大鼠急性吸入LC_{50}（4h）>5mg／L。对兔皮肤无刺激，兔眼睛有轻度刺激。大鼠亚慢性饲喂试验无作用剂量（90d）：雄5.0mg／kg，雄7.5mg／kg。

对鱼、鸟、蜜蜂、家蚕低毒。LC_{50}（96h）：虹鳟和蓝鳃鱼>120mg／L。野鸭急性经口LD_{50}>5 200mg／kg。山齿鹑急性经口LD_{50}>2 000mg／kg。蜜蜂接触LD_{50}>36.8μg ／只。

【作用特点】同磺草酮，比磺草酮活性提高。

【防治对象】玉米田反枝苋、苘麻、龙葵、藜、蓼、曼陀罗、鸭跖草、鬼针草、鳢肠、青葙、酸浆、打碗花、马唐、牛筋草、稗草等一年生阔叶杂草及禾本科杂草。对狗尾草、谷莠、铁苋菜、马齿苋等防效较差。

【应用技术】玉米2～3叶期，杂草1～3叶期，每亩施用15 %硝磺草酮悬浮剂60～70g（有效成分9～10.5g），对水25～30L进行茎叶喷雾处理。杂草叶龄小、密度低选用低剂量，杂草叶龄较大、密度高、禾本科杂草较多时，用高剂量。

【注意事项】

（1）硝磺草酮应尽量早用药，尤其是禾本科杂草3叶期以后对该药抵抗能力增强，常规用药量下除草效果不理想。

（2）硝磺草酮用药时宜选择早晚气温适宜、相对湿度较高时用药，在炎热的中午施药对杂草防效不理想，同时也会加重玉米药害。

（3）由于大豆、油菜、大部分阔叶蔬菜、水稻、高粱等对硝磺草酮敏感，因此该药施用时宜选择无风天气进行，防止药液飘移到邻近的敏感作物上。在玉米、大豆套种的田块也不宜使用硝磺草酮。

（4）硝磺草酮用药量过大，会造成玉米药害，症状为叶片白化。因此该药需均匀喷雾，避免重喷。如玉米出现药害症状，可加强水肥管理，使其尽快恢复正常生长。

（5）对狗尾草效果差，可与其他除草剂混用。

【主要制剂和生产企业】9%、10%、15%、20%悬浮剂，10%、15%、20%可分散油悬浮剂。

江苏长青农化股份有限公司、济南绿霸农药有限公司、山东滨农科技有限公司、辽宁省大连松辽化工有限公司、瑞士先正达作物保护有限公司等。

苯唑草酮（topramezone）

【作用机理分类】F_2组（苯甲酰吡唑酮类亚组）。

【化学结构式】

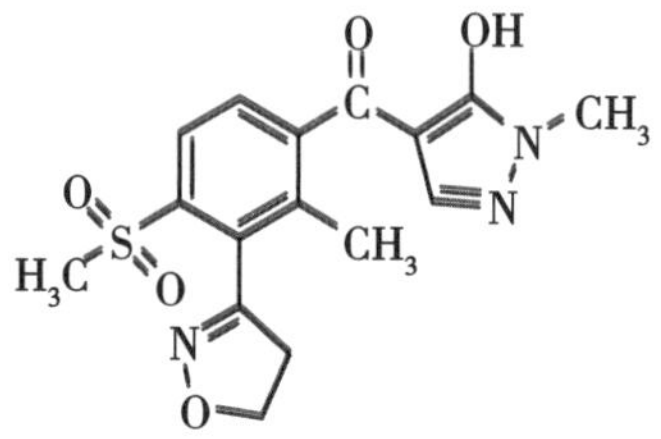

【曾用名】苞卫、苯吡唑草酮。

【理化性质】白色粉末固体，相对密度1.4（25℃），熔点221～222℃，蒸汽压$<1\times10^{-10}$Pa（20℃）。溶解度（20℃，g／L）：水0.510（pH值为3.1），二氯甲烷25～29，丙酮、乙腈、乙酸乙酯、甲苯、甲醇、2-丙醇、n-庚烷、1-辛醇<10。

【毒性】低毒。原药大鼠急性经口LD_{50}>2 000mg／kg，大鼠急性吸入LC_{50}>5400mg／L。对兔眼睛、皮肤轻刺激，对豚鼠皮肤无致敏性。大鼠饲喂试验无作用剂量（24个月，mg／kg·d）：雄0.4，雌0.6。

对鱼、蜜蜂、鸟低毒。虹鳟鱼（96h）LC_{50}>100mg／L，水蚤（48h）LC_{50}>100mg／L。蜜蜂经口LD_{50}（48h）72μg／只。马来鸭饲喂（8d）LC_{50}>2 000mg／kg。蚯蚓（14d）LC_{50} >1 000mg／kg。

【作用特点】内吸性传导型除草剂。苗后茎叶处理通过根和茎叶吸收，在植物体向顶、向基传导到分生组织，抑制4-羟基苯基丙酮酸酯双氧化酶，从而抑制质体醌和间接影响类胡萝卜素的生物合成，干扰叶绿体合成和功能，由于叶绿素的氧化降解，导致敏感杂草叶片白化，组织失绿坏死。

【防治对象】玉米田马唐、稗草、牛筋草、狗尾草、大狗尾草、野黍、反枝苋、马齿苋、藜、酸模叶蓼、苘麻、苍耳、龙葵等。

【应用技术】玉米2～4叶期、杂草2～5叶期，每亩使用30%苯唑草酮悬浮剂5.6～6.7g（有效成分1.68～2g），加水30L茎叶均匀喷雾处理。

【注意事项】

（1）在杂草叶龄较大时施药效果差，应在杂草出苗后早期（禾本科杂草3叶期前）使用。

（2）施药时加入助剂能提高除草效果。

（3）个别玉米品种药后一周叶片有白化现象，随着作物生长即可恢复正常。

【主要制剂和生产企业】30 %悬浮剂。

巴斯夫欧洲公司

乙草胺（acetochlor）

【作用机理分类】K_3组（氯酰胺类亚组）。

【化学结构式】

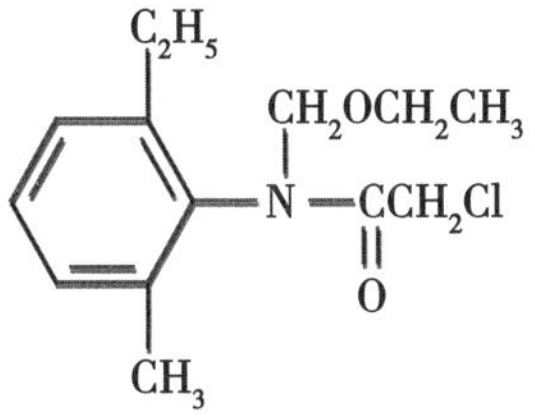

C_2H_5

$CH_2OCH_2CH_3$

$N-CCH_2Cl$

O

CH_3

【曾用名】禾耐斯、圣农施。

【理化性质】透明黏稠油状液体，相对密度1.123（25℃），沸点172℃（667Pa），熔点<0℃，蒸汽压4.53×10^{-6}Pa（25℃）。水中溶解度223mg／L（25℃），易溶于丙酮、乙醇、乙酸乙酯、苯、甲苯、氯仿、四氯化碳、乙醚等有机溶剂。

【毒性】低毒。大鼠急性经口LD_{50}2 148mg／kg，兔急性经皮LD_{50}4 166mg／kg，大鼠急性吸入LC_{50}（4h）>3mg／L。对兔眼睛和皮肤无刺激性，对豚鼠皮肤有潜在致敏性。饲喂试验无作用剂量（mg／kg·d）：大鼠11（2年），狗2（1年）。

对鱼高毒。LC_{50}（96h，mg／L）：虹鳟鱼0.45，翻车鱼1.5，水蚤LC_{50}（48h）9mg／L。对蜜蜂、鸟低毒。蜜蜂LD_{50}（24h，μg／只）：>100（经口）、>200（接触）。山齿鹑急性经口LD_{50}1 260mg／kg，鹌鹑和野鸭饲喂LC_{50}（5d）>5 620mg／kg。蚯蚓LC_{50}（14d）211mg／kg。

【作用特点】有效成分被植物幼根、幼芽吸收，在植物体内干扰核酸代谢及蛋白质合成，使幼芽、幼根停止生长。土壤湿度适宜时，杂草幼芽未出土即被杀死，如果土壤水分少，杂草也可在出土后水分适宜时吸收药剂。该药在玉米、大豆等耐药性作物体内迅速代谢为无活性物质，正常使用对作物安全。乙草胺是酰胺类药剂中杀草活性最高、用药成本较低的品种，也是该类药剂中用量最大的品种。

【防治对象】玉米田马唐、稗草、狗尾草、金狗尾草、牛筋草、千金子等一年生禾本科杂草和一些小粒种子的阔叶杂草，如藜、反枝苋、马齿苋、辣子草等。对铁苋菜、苘麻、酸浆等防效差。

【应用技术】玉米播后苗前，春玉米每亩用50%乙草胺乳油200～250g（有效成分100～125g），夏玉米每亩用50%乙草胺乳油100～140g（有效成分50～70g），对水40～50L均匀喷雾。玉米播种前如田间杂草较多，每亩可用50 %乙草胺乳油150～200g（有效成分75～100g）桶混20 %百草枯水剂100～150g（有效成分20～30g），在玉米播种后立即喷药，玉米顶土时禁止混用百草枯。

【注意事项】

（1）喷施药剂前后，土壤宜保持湿润，以确保药效。东北地区干旱、无灌水条件下，可采用混土法施药，混土深度以不触及作物种子为宜。

（2）乙草胺活性高，用药量不宜随意增大。有机质含量高，黏土壤或干旱情况下，建议采用较高药量；反之，有机质含量低，沙壤土或有降雨、灌溉的情况下，建议采用下限药量。

（3）用药后多雨、土壤湿度太大或玉米田排水不良易造成玉米药害，这时，应加强玉米水肥管理或喷施芸苔素内酯等植物生长调节剂，促进玉米恢复正常生长。

（4）不可与碱性物质混用。

【主要制剂和生产企业】15.7%、50%、88%、90%、90.9%、98.5%、880g／L、900g／L、990g／L、999g／L乳油，50%微乳剂，40%、48%、50%、900g／L水乳剂，20%、40%可湿性粉剂。

江苏省南通江山农药化工股份有限公司、美丰农化有限公司、浙江省杭州庆丰农化有限公司、山东侨昌化学有限公司、吉林金秋农药有限公司、辽宁省大连松辽化工有限公司、美国孟山都公司等。

异丙甲草胺（metolachlor）

【作用机理分类】K_3组（氯酰胺类亚组）。

【化学结构式】

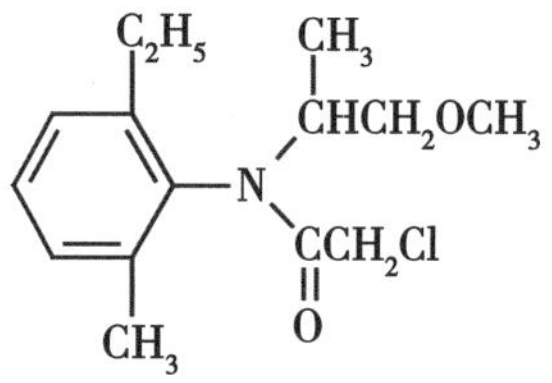

C_2H_5　CH_3　$CHCH_2OCH_3$　N　CCH_2Cl　O　CH_3

【曾用名】都尔、甲氧毒草胺。

【理化性质】无色油状液体，相对密度1.12（20℃），熔点-62.1℃，沸点100℃（0.133Pa），蒸汽压1.73×10^{-3}Pa（20℃）。水中溶解度488mg／L（20℃），易溶于苯、甲苯、二甲苯、甲醇、乙醇、辛醇、丙酮、环己酮、二氯甲烷、二甲基甲酰胺、己烷等有机溶剂。

【毒性】低毒。大鼠急性经口LD_{50} 2 780mg／kg，大鼠急性经皮LD_{50}>3 170mg／kg，大鼠急性吸入LC_{50}（4h）>1.75mg／L。对兔眼睛和皮肤有轻度刺激性。饲喂试验无作用剂量（90d，mg／kg·d）：大鼠15，小鼠100，狗9.7。在试验剂量下，未见致畸、致突变、致癌作用。

对鱼中等毒性。LC_{50}（96h，mg／L）：虹鳟鱼3.9，鲤鱼4.9，翻车鱼10。对蜜蜂、鸟低毒。蜜蜂经口和接触LD_{50}>100μg／只。山齿鹑和野鸭急性经口LD_{50}>2 150mg／kg，饲喂LC_{50}（8d）>10 000mg／kg。蚯蚓LC_{50}（14d）140mg／kg。

【作用特点】抑制杂草发芽种子的细胞分裂，使芽和根停止生长，不定根无法形成。亦可抑制胆碱渗入卵磷脂，从而干扰卵磷脂形成。吸收、传导及杂草中毒症状同乙草胺。

【防治对象】玉米田马唐、稗草、狗尾草、金狗尾草、牛筋草、千金子等一年生禾本科杂草和一些小粒种子的阔叶杂草，如藜、反枝苋、马齿苋、辣子草等。对铁苋菜、苘麻、酸浆等防效差。

【应用技术】玉米播后苗前，春玉米每亩用72 %异丙甲草胺乳油150～200g（有效成分108～144g），夏玉米每亩用72 %异丙甲草胺乳油100～150g（有效成分82～108g），对水40～50L均匀喷雾。

与乙草胺相同，异丙甲草胺主要用在玉米播前或播后苗前进行土壤处理，但该药较乙草胺活性低，需要比乙草胺剂量高方可达到理想防效。

【注意事项】

（1）土地平整、土壤湿润是异丙甲草胺及其混剂发挥理想药效的条件，在干旱地区，应结合灌水创造良好土壤墒情。如果是干旱条件下施药，应迅速进行浅混土。

（2）异丙甲草胺残效期一般为30～35d，所以，一次施药需结合人工除草或玉米生育后期行间定向喷施百草枯，才能有效控制作物全生育期杂草危害。

（3）异丙甲草胺施用量应根据土壤有机质含量及土壤质地进行调节。

【主要制剂和生产企业】72%、720g／L、960g／L乳油等。

江苏省南通江山农药化工股份有限公司、浙江省杭州庆丰农化有限公司、山东滨农科技有限公司、天津市施普乐农药技术发展有限公司、广西田园生化股份有限公司、辽宁省大连瑞泽农药股份有限公司等。

精异丙甲草胺（s-metolachlor）

【作用机理分类】K_3组（氯酰胺类亚组）。

【化学结构式】

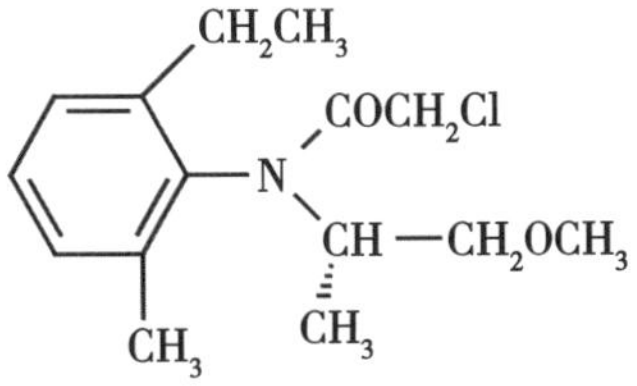

CH_2CH_3
$COCH_2Cl$
N
$CH—CH_2OCH_3$
CH_3
CH_3

【曾用名】金都尔。

【理化性质】淡黄色至棕色液体，相对密度1.117（20℃），熔点-61.1℃，沸点334℃，蒸汽压3.7×10^{-3}Pa（25℃），水中溶解度480mg／L（25℃），易溶于苯、甲苯、二甲苯、甲醇、乙醇、辛醇、丙酮、环已酮、二氯甲烷、二甲基甲酰胺等有机溶剂。

【毒性】低毒。大鼠急性经口LD_{50}2 672mg／kg，兔急性经皮LD_{50}>2 000mg／kg，大鼠急性吸入LC_{50}（4h）2.91mg／L。对兔眼睛和皮肤无刺激性。

对鱼中等毒。LC_{50}（96h，mg／L）：虹鳟鱼1.2，翻车鱼3.2。对蜜蜂、鸟低毒。蜜蜂LD_{50}（μg／只）：经口85，接触>200。山齿鹑和野鸭经口LD_{50}>2 510mg／kg，饲喂（8d）LC_{50}>5 620mg／kg。蚯蚓LC_{50}（14d）570mg／kg。

【作用特点】为异丙甲草胺的活性异构体。对异丙甲草胺进行化学拆分，除去非活性异构体（R体），而得到精制的活性异构体（S体），其S-体含量80%～100%，R-体仅含0%～20%，作用机制同异丙甲草胺。

【防治对象】同异丙甲草胺。

【应用技术】夏玉米田除草，夏玉米播后苗前，每亩用960g／L精异丙甲草胺乳油50～85g（有效成分48～81.6g），对水40～50L均匀喷雾。

【注意事项】

同异丙甲草胺。

【主要制剂和生产企业】960g／L乳油、40%微囊悬浮剂。

上虞颖泰精细化工有限公司、先正达（苏州）作物保护有限公司、瑞士先正达作物保护有限公司等。

异丙草胺（propisochlor）

【作用机理分类】K_3组（氯酰胺类亚组）。

【化学结构式】

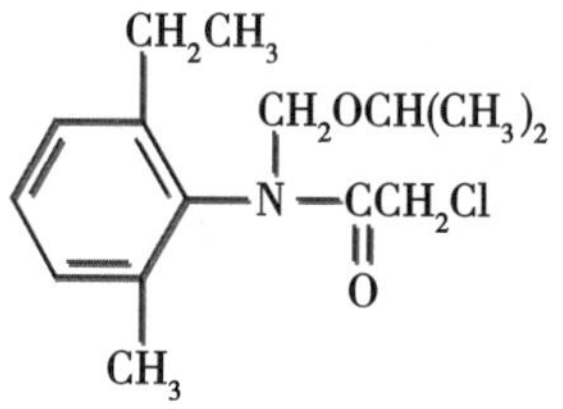

CH_2CH_3

$CH_2OCH(CH_3)_2$

$N-CCH_2Cl$（C=O）

CH_3

【曾用名】普乐宝。

【理化性质】淡棕色至紫色油状液体，相对密度1.097（20℃），熔点21.6℃，蒸汽压4×10^{-3}Pa（20℃）。水中溶解度184mg／L（20℃），溶于大多数有机溶剂。

【毒性】低毒。大鼠急性经口LD_{50}（mg／kg）：3 433（雄）、2 088（雌），急性经皮LD_{50}>2 000mg／kg，急性吸入LC_{50}>5mg／L。对兔眼睛和皮肤有刺激性。饲喂试验无作用剂量250mg／kg·d（90d）。

对鱼毒性中等。LC_{50}（96h，mg／L）：虹鳟鱼0.25，鲤鱼7.52，水蚤0.25。对蜜蜂、鸟低毒。蜜蜂经口和接触LD_{50}100μg／只。鹌鹑急性经口LD_{50}688mg／kg，野鸭急性经口LD_{50}2 000mg／kg。

【作用特点】有效成分由杂草幼芽、种子和根吸收，然后向上传导，进入植物体内抑制蛋白质合成，使植物芽和根停止生长，不定根无法形成，最后死亡。持效期较乙草胺稍短。

【防治对象】玉米田马唐、稗草、狗尾草、金狗尾草、牛筋草、千金子等一年生禾本科杂草和一些小粒种子的阔叶杂草，如藜、反枝苋、马齿苋、辣子草等。对铁苋菜、苘麻、酸浆等防效差。

【应用技术】玉米播后苗前，春玉米每亩施用72 %异丙草胺乳油150～200g（有效成分108～144g），夏玉米每亩施用72 %异丙草胺乳油100～150g（有效成分72～108g），对水40～50L进行土壤均匀喷雾。

【注意事项】

（1）异丙草胺除草活性及持效期稍低于乙草胺，单位面积用药量要比乙草胺高才能达到理想除草效果。

（2）与其他酰胺类土壤处理除草剂一样，保持土壤湿润是异丙草胺发挥理想药效的条件，在干旱地区，应结合灌水创造良好土壤墒情。干旱条件下施药，应迅速进行浅混土。

【主要制剂和生产企业】50%、78%、72%、720g / L、900g / L乳油、30%可湿性粉剂等。

江苏常隆化工有限公司、无锡禾美农化科技有限公司、辽宁省大连松辽化工有限公司、海利尔药业集团股份有限公司、吉林金秋农药有限公司等。

2，4-滴丁酯（2，4-D butylate）

【作用机理分类】O组（苯氧羧酸类亚组）。

【防治对象】春玉米田反枝苋、马齿苋、藜、蓼、葎草、问荆、苦荬菜、刺儿菜、苍耳、田旋花等阔叶杂草。对禾本科杂草无效。

【应用技术】春玉米播后苗前，每亩用57% 2，4-D丁酯乳油75 ~ 100g（有效成分42.8 ~ 57 g），对水40 ~ 50L进行土表均匀喷雾。

【注意事项】

（1）2，4-D丁酯挥发性强，应选择无风或风小的天气、喷头戴保护罩喷雾，防止药剂雾滴飘移到双子叶作物田。更不能用在敏感作物套种的玉米田。

（2）严格掌握施药时期和使用量。玉米苗后早期使用易出现药害，表现为新出叶片不展开，卷在一起形成“枪”状。

（3）分装和喷施2，4-D丁酯的器械需专用，以免造成二次污染。

（4）2，4-D丁酯乳油不能与酸碱性物质接触，以免因水解作用造成药效降低，也不宜与种子及化肥一起贮藏。

【主要制剂和生产企业】57%、76%、乳油。

江苏辉丰农化股份有限公司、河北万全农药厂、山东乐邦化学品有限公司、大连松辽化工有限公司、黑龙江省哈尔滨利民农化技术有限公司等。

其他参看小麦田除草剂重点产品介绍。

2，4-D异辛酯（2，4-D-isooctylester）

【作用机理分类】O组（苯氧羧酸类亚组）。

【防治对象】同2，4-D丁酯。

【应用技术】春玉米播后苗前，每亩使用77%2，4-D异辛酯乳油50 ~ 58g（有效成分38 ~ 45g），对水30L茎叶喷雾。

【注意事项】同2，4-D丁酯。

【主要制剂和生产企业】30%、77%、87.5%、900g / L乳油。

黑龙江省嫩江绿芳化工有限公司、吉林省八达农药有限公司、辽宁省大连松辽化工有限公司等。

其他参看小麦田除草剂重点产品介绍。

2甲4氯（MCPA）

【作用机理分类】O组（苯氧羧酸类亚组）。

【防治对象】玉米田反枝苋、马齿苋、荞麦蔓、藜、苍耳、田旋花、刺儿菜、问荆、鲤肠等阔叶杂草及莎草科杂草香附子。对禾本科杂草无防效。

【应用技术】玉米3～5叶期，每亩用56% 2甲4氯钠可溶粉剂107～140g（有效成分60～78.4g），对水30L茎叶喷雾施药。

【注意事项】同2，4-D丁酯。

【主要制剂和生产企业】56%可溶性粉剂。

安徽省合肥福瑞德生物化工厂、广西壮族自治区化工研究院、江苏健谷化工有限公司、辽宁省锦州硕丰农药集团有限公司、山东省青岛现代农化有限公司等。

其他参看小麦田除草剂重点产品介绍。

麦草畏（dicamba）

【作用机理分类】O组（苯甲酸类亚组）。

【化学结构式】

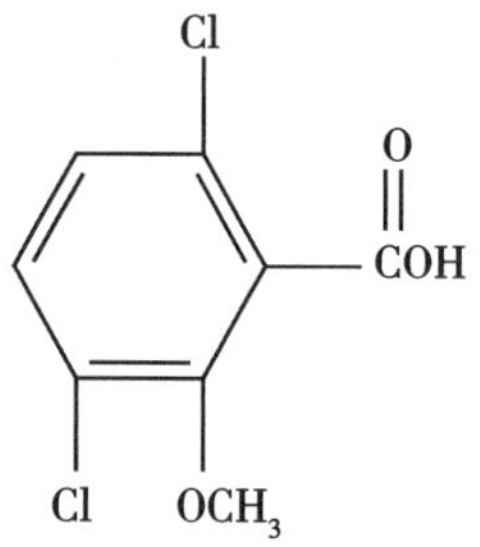

Cl

O

COH

Cl OCH$_3$

【曾用名】百草敌。

【理化性质】纯品为白色固体，相对密度1.57（25℃），熔点114～116℃，沸点>200℃（分解），蒸汽压4.5×10^{-3}Pa（25℃）。溶解度（25℃，g／L）：水6.1，乙醇922，环己酮916，丙酮810，二氯甲烷260，甲苯130，二甲苯78。

【毒性】低毒。大鼠急性经口LD_{50}1 707mg／kg，兔急性经皮LD_{50}>2 000mg／kg。大鼠急性吸入LC_{50}（4h）>9.6mg／L。对兔眼睛有强刺激性和腐蚀性，对兔皮肤有中度刺激性。饲喂试验无作用剂量（mg／kg·d）：大鼠110（2年），狗52（1年）。试验条件下，未见致畸、致突变、致癌作用。

对鱼、蜜蜂、鸟低毒。虹鳟鱼和翻车鱼LC_{50}（96h）135mg／L。蜜蜂LD_{50}>100μg／只。野鸭急性经口LD_{50}2 000mg／kg。野鸭和山齿鹑饲喂LC_{50}（8d）>10 000mg／kg。

【作用特点】属安息香酸系的除草剂，具有内吸传导作用。该药用于苗后喷雾，很快被杂草的叶、茎、根吸收，通过韧皮部及木质部向上下传导，药剂多集中在分生组织及代谢活动旺盛的部位，阻碍植物激素的正常活动，从而使其死亡。对一年生和多年生阔叶杂草有显著防除效果。用药后一般24h阔叶杂草即会出现畸形卷曲症状，15～20d死亡。

玉米等禾本科植物吸收药剂后能很快地进行代谢分解使之失效，故表现较强的抗药性。麦草畏在土壤中经微生物较快分解后消失。

【防治对象】玉米田反枝苋、马齿苋、荞麦蔓、藜、苍耳、田旋花、刺儿菜、问荆、鳢肠等。对禾本科杂草无防效。

【应用技术】 玉米3～4叶期，每亩用48%麦草畏水剂25～40g（有效成分12～19.2g），对水30L进行茎叶处理。适期施药是安全使用该药的关键。

【注意事项】

（1）该药可与莠去津、异丙甲草胺、甲草胺混用或搭配使用，扩大杀草谱。

（2）与2，4-D一样，麦草畏施用时严禁飘移到周围的敏感作物上。

（3）玉米苗后早期施用麦草畏时，如遇不良的环境条件，药后玉米幼苗有倾斜或弯曲现象，一周后可恢复正常。玉米生育后期，即雄花抽出前15d，不宜施用麦草畏，以免造成药害。

（4）麦草畏主要通过杂草的茎叶吸收，经根吸收较少，因此施药时要均匀喷雾，防止漏喷和重喷。

【主要制剂和生产企业】48％、480g／L水剂，70%水分散粒剂。

浙江升华拜g生物股份有限公司、瑞士先正达作物保护有限公司等。

二氯吡啶酸（clopyralid）

【作用机理分类】O组（吡啶羧酸类亚组）。

【防治对象】玉米田反枝苋、马齿苋、荞麦蔓、藜、苍耳、鳢肠、鬼针草、田旋花、刺儿菜、苣荬菜、问荆等。对禾本科杂草无防效。

【应用技术】玉米田阔叶杂草2～5叶期，每亩使用75%二氯吡啶酸（钾盐）可溶性粒剂18～21g（有效成分13.5～15.75g），对水30L茎叶喷雾施药。

【注意事项】

（1）施用时严禁飘移到周围的敏感作物上。

（2）本品降解速度受环境影响较大。与后茬作物安全间隔期：小麦、大麦、油菜、十字花科蔬菜60d；大豆、花生1年；棉花、向日葵、西瓜、番茄、红豆、绿豆、甘薯18个月。

（3）大风时不得施药，避免因飘移问题伤害临近敏感的双子叶作物。

【主要制剂和生产企业】75%可溶性粒剂。

利尔化学股份有限公司。

其他参看油菜田除草剂重点产品介绍。

氯氟吡氧乙酸（fluroxypyr）

【作用机理分类】O组（吡啶羧酸类亚组）。

【防治对象】玉米田反枝苋、马齿苋、荞麦蔓、藜、葎草、苍耳、鳢肠、打碗花、田旋花、刺儿菜等。

【应用技术】 在玉米田杂草2～5叶期，每亩用200g／L氯氟吡氧乙酸乳油50～70g（有效成分10～14g），对水30L茎叶喷雾施药。

【注意事项】

（1）干旱条件施药，可在药液中加入喷雾助剂提高药效。

（2）施药时选择无风天气，防止药液飘移到邻近作物。

（3）该药对鱼类有害，在田间使用时应避免污染水体。远离水产养殖区施药，禁止在河塘等水体中清洗施药器具。

【主要制剂和生产企业】200g／L水剂。

江苏苏州佳辉化工有限公司、安徽丰乐农化有限责任公司、中农住商（天津）农用化学品有限公司、山东绿霸化工股份有限公司、美国陶氏益农公司。

其他参看小麦田除草剂重点产品介绍。

氯氟吡氧乙酸异辛酯。

该药较氯氟吡氧乙酸稳定性稍好，施药时周围阔叶作物产生飘移药害的风险稍小，也更容易附着于杂草表面。

【防治对象】杀草谱与氯氟吡氧乙酸同。

【应用技术】玉米2～4叶期杂草出齐后，杂草2～5叶期，每亩用288g/L氯氟吡氧乙酸异辛酯乳油35～50g（有效成分10～14g），对水30L茎叶喷雾施药。

【主要制剂和生产企业】200g/L、288g/L乳油。

浙江天丰生物科学有限公司、江苏丰山集团有限公司、安徽嘉联生物科技有限公司、成都邦农化学有限公司、利尔化学股份有限公司、四川国光农化股份有限公司等。

二、玉米田除草剂作用机理分类

我国目前登记的玉米田除草剂按作用机理分为B组（乙酰乳酸合成酶抑制剂）、C组（光系统Ⅱ抑制剂）、D组（光系统Ⅰ电子传递抑制剂）、F组（类胡萝卜素生物合成抑制剂）、G组（5-烯醇丙酮酰莽草酸-3-磷酸合成酶抑制剂）、K组（微管组装及细胞分裂抑制剂）、O组（合成激素类）组，涉及15个亚组的27个有效成分（表3-4-1）。

表3-4-1　玉米田除草剂作用机理分类

组号	主要作用机理	化学结构亚组	抗性风险评估	常用品种
B	乙酰乳酸合成酶抑制剂	磺酰脲类	高	烟嘧磺隆、砜嘧磺隆、噻吩磺隆、氯吡嘧磺隆、
		三唑并嘧啶磺酰胺类	高	唑嘧磺草胺
C_1	光系统Ⅱ抑制剂	三嗪类	中	莠灭净、莠去津、氰草津、西玛津、特丁津
C_2	光系统Ⅱ抑制剂	取代脲类	中	绿麦隆
C_3	光系统Ⅱ抑制剂	苯腈类	中	溴苯腈
D	光系统Ⅰ电子传递抑制剂	联吡啶类	低	百草枯
E	原卟啉原氧化酶抑制剂	噻二唑类	中	嗪草酸甲酯
F_2	24-羟基苯基丙酮酸双氧化酶抑制剂	三酮类	低	磺草酮、硝磺草酮
		苯甲酰吡唑酮类	低	苯唑草酮

（续表）

组号	主要作用机理	化学结构亚组	抗性风险评估	常用品种
G	5-烯醇丙酮酰莽草酸-3-磷酸合成酶抑制剂	有机磷类	低	草甘膦
K_1	微管组装抑制剂	二硝基苯胺类	中	二甲戊灵
K_2	细胞分裂抑制剂	氯酰胺类	低	乙草胺、异丙草胺、异丙甲草胺
O	合成激素类	苯氧羧酸类	低	2，4-D丁酯、2甲4氯
		苯甲酸类	低	麦草畏
		吡啶羧酸类	低	二氯吡啶酸、氯氟吡氧乙酸

三、玉米田除草剂轮换使用防治方案

（一）北方春玉米区除草剂轮换使用防治方案

包括黑龙江省、吉林省、辽宁省、宁夏回族自治区和内蒙古自治区的全部及河北省、山西省、陕西省北部地区，属寒温带湿润、半湿润气候。玉米一年一熟，一般和小麦、大豆、高粱轮作。主要农田杂草有藜、灰绿藜、龙葵、豨莶、葎草、柳叶刺蓼、酸模叶蓼、叉分蓼、水棘针、反枝苋、苘麻、苍耳、铁苋菜、鸭跖草、刺儿菜、苣荬菜等阔叶杂草和稗草、马唐、狗尾草等禾本科杂草。大部分田块阔叶杂草占优势。

可选择烟嘧磺隆、砜嘧磺隆、噻吩磺隆、氯吡嘧磺隆、唑嘧磺草胺（B组），2，4-D、2甲4氯、麦草畏、氯氟吡氧乙酸、二氯吡啶酸（O组），莠去津、氰草津（C_1组），噁草酸甲酯（E组），乙草胺、异丙甲草胺（K_3组），硝磺草酮、苯唑草酮（F_2组）等轮换使用。

根据田间杂草种群组成，选择轮换使用的除草剂品种。藜、蓼、苋、龙葵、苍耳等阔叶杂草占优势的田块，可选择F_2组硝磺草酮、苯唑草酮与O组2，4-D、2甲4氯、氯氟吡氧乙酸、二氯吡啶酸或C_1组莠去津或B组氯吡嘧磺隆、唑嘧磺草胺等轮换使用；田间稗草、狗尾草较多的田块使用B组烟嘧磺隆、砜嘧磺隆与K_3组乙草胺、异丙甲草胺轮换使用；田间阔叶杂草及禾本科杂草均发生严重的田块，可用K_3组与C_1组的混剂与B组烟嘧磺隆、砜嘧磺隆轮换使用。

玉米与大豆、甜菜、春油菜、瓜类等轮作的田块，应采用不同作用机制的药剂混用技术，降低莠去津使用量，如莠去津·硝磺草酮、莠去津·烟嘧磺隆、莠去津·酰胺类除草剂等即能降低药剂土壤残留危害，又能扩大杀草谱，还可减缓杂草抗药性产生。

（二）黄淮海夏玉米区除草剂轮换使用防治方案

包括山东省、河南省、河北省、北京市、天津市、山西省中南、关中和江苏省徐淮地区，属暖温带半湿润季风气候区。栽培方式多为小麦—玉米一年两熟，下茬玉米采用免耕、翻耕、套种或与豆类等间作。主要农田杂草有反枝苋、马齿苋、藜、铁苋菜、苘麻、龙葵、打碗花等阔叶杂草和马唐、牛筋草、稗草、画眉草、狗尾草等禾本科杂草，局部香附子危害严重。

可选择烟嘧磺隆、唑嘧磺草胺（B组），2甲4氯、氯氟吡氧乙酸（O组），莠去津、氰草津（C_1组），嗪草酸甲酯（E组），乙草胺、异丙甲草胺（K_3组），二甲戊灵（K_1组），硝磺草酮、苯唑草酮（F_2组）等轮换使用。

该区玉米田多为禾本科杂草与阔叶杂草混合发生，宜采用杀草谱广的除草剂，或将不同作用机制除草剂混用扩大杀草谱。如用B组烟嘧磺隆与F_2组硝磺草酮、苯唑草酮轮换使用，或将K_1组、K_3组除草剂与莠去津混用，局部香附子严重发生的田块，混用O组2甲4氯。

该区小麦收获后，采用免耕播种玉米的田块，常在玉米播前或播后苗前喷施G组草甘膦和D组百草枯灭生性除草，使用中应注意两种药剂的轮换。

（三）西南山地玉米区除草剂轮换使用防治方案

包括四川省、云南省、贵州省全部、陕西省南部和广西壮族自治区、湖南省、湖北省的西部丘陵地区以及甘肃省的一小部分，本区地势复杂，种植制度从一年一熟至一年多熟兼而有之。高寒山区为一年一熟春玉米，丘陵山区为间套复种玉米，平原地区以玉米为中心三熟制。主要杂草有凹头苋、尼泊尔蓼、辣子草、铁苋菜、空心莲子草、风轮菜、鼠曲草、酸浆属、刺儿菜、马唐、狗尾草、毛臂型草、稗等。

可选择烟嘧磺隆、唑嘧磺草胺（B组），2甲4氯、氯氟吡氧乙酸（O组），莠去津、氰草津（C_1组），嗪草酸甲酯（E组），乙草胺、异丙甲草胺（K_3组），二甲戊灵（K_1组），硝磺草酮、苯唑草酮（F_2组）等轮换使用。

常规农田，禾本科杂草及阔叶杂草均有发生的情况下，使用K_3组与C_1组的混剂如乙草胺·莠去津做土壤处理防除，与B组烟嘧磺隆及F_2组硝磺草酮、苯唑草酮轮换使用；阔叶杂草较多的地块，可用氯氟吡氧乙酸、2甲4氯等O组除草剂防除，或用E组嗪草酸甲酯定向喷雾。狗尾草较多的田块，可轮换使用烟嘧磺隆、苯唑草酮及乙草胺·莠去津混剂。

（四）南方丘陵玉米区除草剂轮换使用防治方案

包括广东省、海南省、福建省、浙江省、江西省、台湾省全部、安徽省的南部、广西壮族自治区、湖南省、湖北省的东部，是中国的水稻产区，玉米种植面积很少，是我国秋冬玉米的主要种植区，玉米一年一熟至一年三熟或四熟。青葙、胜红蓟、凹头苋、马齿苋、臭矢菜、粟米草、叶下珠、鳢肠、假地蓝、空心莲子草等阔叶杂草和稗草、千金子、双穗雀稗、马唐、牛筋草等禾本科杂草，碎米莎草、香附子等莎草科杂草局部危害。

可选择烟嘧磺隆（B组），2甲4氯、氯氟吡氧乙酸（O组），莠去津（C_1组），嗪草酸甲酯（E组），乙草胺、异丙甲草胺（K_3组），硝磺草酮、苯唑草酮（F_2组）等轮换使用。

禾本科杂草及阔叶杂草均有发生的田块，采用B组与F_2组及K_3组轮换使用；阔叶杂草较多的玉米田，可在玉米生育中期用O组2甲4氯、氯氟吡氧乙酸，E组嗪草酸甲酯定向喷雾；莎草科杂草较重的田块，使用O组2甲4氯与B组、F_2组轮换使用。

由于该区作物为多熟制种植，除草剂的轮换使用还应包括上茬与下茬作物间的轮换，如上茬玉米田使用了B组药剂，下茬应轮换使用K_3组或F_2组。也应避免单用莠去津、氰草津、唑嘧磺草胺等长残留除草剂，以免对下茬蔬菜、瓜类、杂粮等造成危害。

（五）西北灌溉玉米区除草剂轮换使用防治方案

包括新疆自治区的全部，甘肃省的河西走廊以及宁夏河套灌区，属大陆性干燥气候，降水稀少，玉米种植面积很少。一年一熟春玉米为主，少部分为复种夏玉米。主要杂草有藜、灰绿藜、菊叶香藜、酸模叶蓼、萹蓄、卷茎蓼、冬葵、苍耳、蒺藜、甘草、田旋花、苣荬菜、大刺儿菜、问荆、绿狗尾、稗草、大画眉草、芦苇等。

可选择烟嘧磺隆、砜嘧磺隆、唑嘧磺草胺（B组），2，4-D、2甲4氯、麦草畏、氯氟吡氧乙酸、二氯吡啶酸（O组），莠去津、氰草津（C_1组），嗪草酸甲酯（E组），乙草胺、异丙甲草胺（K_3组），硝磺草酮、苯唑草酮（F_2组）等轮换使用。

禾本科杂草及阔叶杂草均有发生的田块，采用K_3组与C_1组的混剂如乙草胺·莠去津防除，与B组烟嘧磺隆、砜嘧磺隆及乙草胺·2，4-D混剂轮换使用。阔叶杂草较多的地块，可混用2，4-D、2甲4氯等O组除草剂。狗尾草较多的田块，可轮换使用烟嘧磺隆、苯唑草酮及乙草胺·莠去津混剂。

对于近几年兴起的新栽培方式的玉米田（如全膜双垄沟播、保护性耕作），上述除草剂的施药量应根据施药时的环境条件进行合理调整。

第五章　大豆田杂草防除轮换用药防治方案

一、大豆田除草剂重点产品介绍

精唑禾草灵（fenoxaprop-p-ethyl）

【作用机理分类】A组（芳氧苯氧基丙酸酯类亚组）。

【防治对象】大豆田稗、马唐、牛筋草、狗尾草、画眉草、千金子、野高粱、野黍等禾本科杂草。

【应用技术】大豆2～3片三出复叶、杂草2叶期至分蘖期前，夏大豆每亩用69g／L精唑禾草灵水乳剂50～60g（有效成分3.45～4.14g），春大豆每亩用69g／L精唑禾草灵水乳剂60～80g（有效成分4.14～5.52g），对水30L茎叶喷雾。

【注意事项】

（1）杂草叶龄大时该药效果差，应在杂草出齐苗后提早施药。

（2）干旱条件下施药，在药液中加入喷雾助剂可提高除草效果。

【主要制剂和生产企业】6.9%、7.5%、69g／L水乳剂，6.9%、8.5%、10%、80.5g／L乳油。

安徽丰乐农化有限责任公司、江苏天容集团股份有限公司、浙江海正化工股份有限公司、沈阳化工研究院试验厂、德国拜耳作物科学公司等。

其他参看小麦田除草剂重点产品介绍。

精吡氟禾草灵（fluazifop-p-butyl）

【作用机理分类】A组（芳氧苯氧基丙酸酯类亚组）。

【化学结构式】

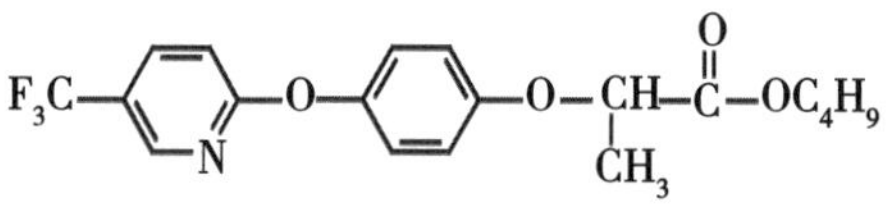

【曾用名】精稳杀得。

【理化性质】纯品为褐色液体，相对密度1.22（20℃），沸点154℃，蒸汽压5.4×10^{-5}Pa（20℃）。水中溶解度1.1mg／L（20℃），溶于二甲苯、甲苯、丙酮、乙酸乙酯、甲醇、己烷、二氯甲烷等有机溶剂。在正常条件下稳定。

【毒性】低毒。大鼠急性经口LD_{50}（mg／kg）4 096（雄）、2 712（雌），兔急性经皮LD_{50} 2 000mg／kg，大鼠急性吸入LC_{50}（4h）5.24mg／L。对兔眼睛无刺激，对兔皮肤轻微刺激。亚慢性和慢性饲喂试验无作用剂量（mg／kg・d）：大鼠9.0（90d）、1.0（2年），狗25（1年）。试验剂量下对动物无致突变、致畸、致癌作用。

对鱼类中等毒。虹鳟鱼LC_{50}（96h）1.3mg／L。蜜蜂经口LD_{50}>100μg／只。野鸭急性经口LD_{50} 3 500mg／kg。对蚯蚓、土壤微生物未见影响。

【作用特点】选择性内吸传导型芽后茎叶处理剂。施药后可被杂草茎叶迅速吸收，传导到生长点及居间分生组织，抑制乙酰辅酶A羧化酶，使脂肪酸合成停止，细胞生长分裂不能正常进行，膜系统等含脂结构破坏，杂草逐渐死亡。由于药剂能传导到地下茎，故对多年生禾本科杂草也有较好的防治效果。一般在施药后2～3d杂草停止生长，15～20d死亡。

由于吡氟禾草灵结构中α-碳原子为不对称碳原子，所以，有R-体和S-体两种光学异构体，其中，S-体没有除草活性。精吡氟禾草灵除去了没有杀草活性的S-异构体，只含具有杀草活性的R-异构体，因而杀草效力大幅度提高。

【防治对象】大豆田稗、马唐、牛筋草、狗尾草、画眉草、千金子、野高粱、野黍、芦苇等禾本科杂草。

【应用技术】大豆2～3片三出复叶期，禾本科杂草3～5叶期，每亩用15%精吡氟禾草灵乳油50～67g（有效成分7.5～10g），对水30L茎叶喷雾。防除芦苇时，在草高20～50cm以下，每亩用15%精吡氟禾草灵乳油83～130g（有效成分12.5～19.5g），对水30L茎叶喷雾。

【注意事项】

（1）环境相对湿度较大、温度适宜时，除草效果好。在高温、低温、干旱条件下，防效稍差，应使用推荐剂量的上限。

（2）与激素型苯氧乙酸类除草剂2，4-D丁酯、2甲4氯等混用有明显的拮抗作用；与触杀型除草剂混用，会影响其在杂草体内传导，而降低药效。

（3）与氟磺胺草醚、灭草松、异草酮混用时，应现混现用。

（4）对水生生物有毒。施药时避免药雾飘移至水产养殖区，禁止在河塘等水体中清洗施药器具。

【主要制剂和生产企业】15%、150g／L乳油。

南京华洲药业有限公司、浙江石原金牛农药有限公司、安徽丰乐农化有限责任公司、山东侨昌化学有限公司、黑龙江九洲农药有限公司、佳木斯黑龙农药化工股份有限公司、黑龙江省哈尔滨利民农化技术有限公司、本石原产业株式会社等。

高效氟吡甲禾灵（haloxyfop-r-methyl）

【作用机理分类】A组（芳氧苯氧基丙酸酯类亚组）。

【防治对象】大豆田稗、马唐、狗尾草、牛筋草、千金子、狗牙根、假高粱等禾本科杂草。

【应用技术】大豆田禾本科杂草3～5叶期，每亩用108g／L高效氟吡甲禾灵乳油25～45g（有效成分2.7～4.86g），对水30L茎叶喷雾。防除多年生禾本科杂草时，每亩用108g／L高效氟吡甲禾灵乳油60～90g（有效成分6.48～9.72g），对水30L茎叶喷雾。

【注意事项】

（1）玉米、水稻和小麦等禾本科作物对本品敏感，施药时应避免药雾飘移到上述作物上。与禾本科作物间、混、套种的田块不能使用。

（2）干旱影响药效发挥，此时可浇水后施药或添加助剂施药。

（3）对水生生物有毒。施药时避免药雾飘移至水产养殖区，禁止在河塘等水体中清洗施药器具。

【主要制剂和生产企业】10.8%、22%、108g／L、158g／L乳油。

江苏长青农化股份有限公司、江苏扬农化工集团有限公司、安徽丰乐农化有限责任公司、北京燕化永乐农药有限公司、海利尔药业集团股份有限公司、河北万全力华化工有限责任公司、昆明云大科技农化有限公司、利尔化学股份有限公司、美国陶氏益农公司等。

其他参见棉田除草剂重点产品介绍。

精喹禾灵（quizalofop-p-ethyl）

【作用机理分类】A组（芳氧苯氧基丙酸酯类亚组）。

【化学结构式】

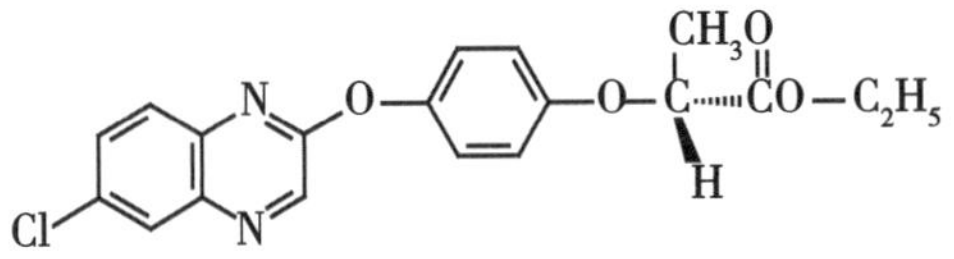

【曾用名】精禾草克。

【理化性质】纯品为浅灰色晶体，相对密度1.36，熔点76～77℃，沸点220℃（26.66Pa），蒸汽压1.1×10^{-5}Pa（20℃）。水中溶解度0.4mg／L（20℃），有机溶剂中溶解度（g／L）：丙酮650，乙醇22，甲醇34.87，辛烷7，二氯甲烷>10 000，乙酸乙酯>250，二甲苯360。

【毒性】低毒。急性经口LD_{50}（mg／kg）：雄大鼠1 210，雌大鼠1 182，雄小鼠1 753，雌小鼠1 805。对兔眼睛和皮肤无刺激。大鼠亚慢性和慢性饲喂试验无作用剂量（mg／kg·d）：8.0（90d）、25（2年）。试验剂量内，对试验动物无致突变、致畸、致癌作用。

对鱼类中高毒。虹鳟鱼LC_{50}（97h）0.5mg／L，蓝鳃鱼LC_{50}（96h）2.9mg／L。蜜蜂急性经口LD_{50}>50μg／只。野鸭急性经口LD_{50}>2 000mg／kg，鹌鹑急性经口LD_{50}>2 000mg／kg。

【作用特点】选择性内吸传导型芽后茎叶处理剂。施药后可被杂草茎叶吸收，传导到植物生长点及居间分生组织，抑制乙酰辅酶A羧化酶，使体内脂肪酸合成停止，杂草逐渐死亡。该药降解速度快，在土壤中半衰期1d之内，主要以微生物降解为主。

精喹禾灵只含具有杀草活性的R-异构体，与含R-和S-体的喹禾灵相比，提高了植物吸收和传导速度，药效不易受降水、湿度和温度等环境条件的影响。

【防治对象】大豆田稗、马唐、牛筋草、狗尾草、画眉草、早熟禾、千金子等。提高剂量对狗牙根、双穗雀稗、白茅、芦苇等多年生禾本科杂草也有效果。

【应用技术】大豆封垄前，一年生禾本科杂草3～5叶期，春大豆田每亩用5%精喹禾灵乳油60～100g（有效成分3～5g），夏大豆田每亩用5%精喹禾灵乳油50～80g（有效成分2.5～4g），对水30L茎叶喷雾。

【注意事项】

（1）环境相对湿度较大、温度适宜时，除草效果好。高温、低温、干旱条件下防效稍差，应使用推荐剂量的上限。

（2）与灭草松、三氟羧草醚、氯嘧磺隆等防除阔叶杂草的药剂混用时，要注意药剂间的拮抗作用；与触杀型除草剂混用，会影响其在杂草体内传导，而降低药效。

（3）在天气干燥的情况下，大豆叶片可能出现药害，但对新叶生长及产量无影响。

（4）不能与碱性的农药等物质混用。

（5）对水生生物有毒。施药时避免药雾飘移至水产养殖区，禁止在河塘等水体中清洗施药器具。

【主要制剂和生产企业】5%、5.3%、8.8%、10%、10.8%、15%、15.8%、17.5%、20%、50g／L乳油，20.8%悬乳剂，85%微乳剂，10.8%水乳剂。

南通江山农药化工股份有限公司、通州正大农药化工有限公司、乐吉化工股份有限公司、中港泰富（北京）高科技有限公司、青岛丰邦农化有限公司、日产化学工业株式会社等。

喹禾糠酯（quizalofop-p-tefuryl）

【作用机理分类】A组（芳氧苯氧基丙酸酯类亚组）。

【化学结构式】

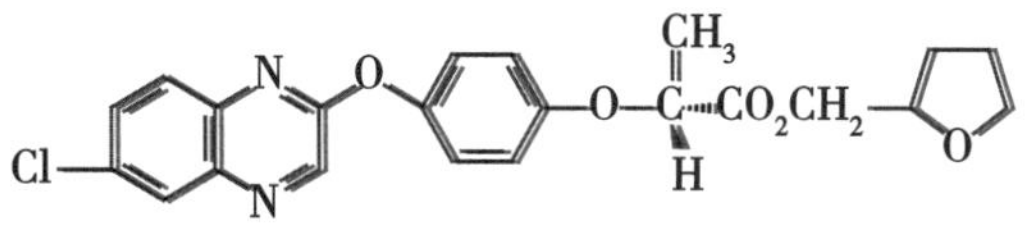

【曾用名】喷特。

【理化性质】深黄色液体，室温下即可结晶，熔点59～68℃，蒸汽压7.9×10^{-6}Pa（25℃）。溶解度（25℃，g／L）：水0.004，甲苯652，己烷中12，甲醇中64。

【毒性】低毒。大鼠急性经口LD_{50}>2 000mg／kg，家兔急性经皮LD_{50}>4 000mg／kg。对兔眼睛有中度刺激作用，对兔皮肤无刺激作用。饲喂试验无作用剂量（2年，mg／kg·d）：大鼠1.25，狗19。试验剂量下未见致畸、致突变、致癌作用。

对鱼类高毒。LC_{50}（96h，mg／L，）：虹鳟鱼>0.51，翻车鱼0.25。对蜜蜂无毒。蜜蜂经口LD_{50}>100μg／只。

【作用特点】选择性内吸传导型芽后茎叶处理剂。有效成分被杂草茎、叶吸收后，传导至分生组织，抑制脂肪酸合成，阻止杂草根、茎、叶生长。杂草受药后3～5d心叶基部变褐，5～10d变黄坏死，14～21d整株死亡。该药在禾本科杂草和阔叶作物之间有高度选择性。

【防治对象】大豆田稗、马唐、牛筋草、狗尾草、画眉草、千金子等。提高剂量对狗牙根、双穗雀稗、匍匐冰草、白茅等多年生杂草有效。

【应用技术】大豆封垄前，禾本科杂草2～5叶期，每亩用40g／L喹禾糠酯乳油60～80g（有效成分2.4～3.2g），对水30L茎叶喷雾。

【注意事项】

（1）为兼治阔叶杂草，可与三氟羧草醚、氟磺胺草醚、灭草松、乳氟禾草灵等混用。

（2）玉米、水稻和小麦等禾本科作物对本品敏感，施药时应避免药雾飘移到上述作物上。与禾本科作物间、混、套种的田块不能使用。

（3）对赤眼蜂高风险，施药时需注意保护天敌生物。

（4）对水生生物有毒。施药时避免药雾飘移至水产养殖区，禁止在河塘等水体中清洗药械及丢弃废弃物。

（5）本品耐雨水冲刷，施药后1h降雨不会影响药效，不要重喷。

【主要制剂和生产企业】40g／L乳油。

中农住商（天津）农用化学品有限公司、美国科聚亚公司。

烯草酮（clethodim）

【作用机理分类】A组（环己烯酮类亚组）。

【化学结构式】

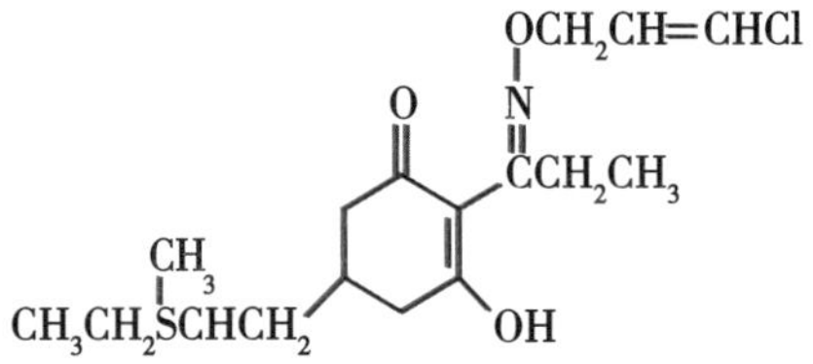

$OCH_2CH{=}CHCl$
O　N
CCH_2CH_3
CH_3
$CH_3CH_2SCHCH_2$　OH

【曾用名】收乐通。

【理化性质】原药为淡黄色黏稠液体，沸点下分解。相对密度1.1395（20℃），蒸汽压<1.3×10^{-5}Pa（20℃）。溶于大多数有机溶剂。对紫外光稳定，在高pH值下不稳定。

【毒性】低毒。大鼠急性经口LD_{50}（mg／kg）：1 630（雄）、1 360（雌）。家兔急性经皮LD_{50}>5 000mg／kg。大鼠急性吸入LC_{50}（4h）>3.9mg／L。对兔眼睛和皮肤有轻微刺激，对皮肤无致敏性。饲喂试验无作用剂量（mg／kg·d）：大鼠16，小鼠30，狗1。试验剂量内，对试验动物无致畸、致癌和致突变作用。

对鱼、鸟、蜜蜂、土壤微生物低毒。LC_{50}（96h，mg／L）：虹鳟鱼67，翻车鱼120。山齿鹑急性经口LD_{50}>2 000mg／kg。山齿鹑和野鸭饲喂LC_{50}（8d）>6 000mg／kg。蚯蚓LC_{50}（14d）45mg／kg。

【作用特点】选择性内吸、传导型茎叶处理剂。茎叶处理后经叶片迅速吸收，传导到分生组织，在敏感植物中抑制支链脂肪酸和黄酮类化合物的生物合成，使细胞分裂不能正常进行。施药后1～3周内受害杂草褪绿坏死。土壤中半衰期3～26d。

【防治对象】大豆田稗、马唐、牛筋草、狗尾草、金狗尾、千金子、假高粱等一年生及部分多年生禾本科杂草。

【应用技术】大豆封垄前，禾本科杂草3～5叶期，春大豆田每亩用24%烯草酮乳油30～40g（有效成分7.2～9.6g），夏大豆田每亩用24%烯草酮乳油20～30g（有效成分4.8～7.2g），对水30L茎叶喷雾。

【注意事项】

（1）干旱时施药，可加入表面活性剂、植物油等助剂，以提高烯草酮的除草活性。

（2）玉米、水稻和小麦等禾本科作物对本品敏感，施药时应避免药雾飘移到上述作物上。与禾本科作物间、混、套种的田块不能使用。

【主要制剂和生产企业】12%、13%、24%、120g／L、240g／L等。

江苏长青农化股份有限公司、安徽合肥星宇化学有限责任公司、河北万全力华化工有限责任公司、山东先达农化股份有限公司、辽宁省大连瑞泽农药股份有限公司等。

烯禾啶（sethoxydim）

【作用机理分类】A组（环己烯酮类亚组）。

【化学结构式】

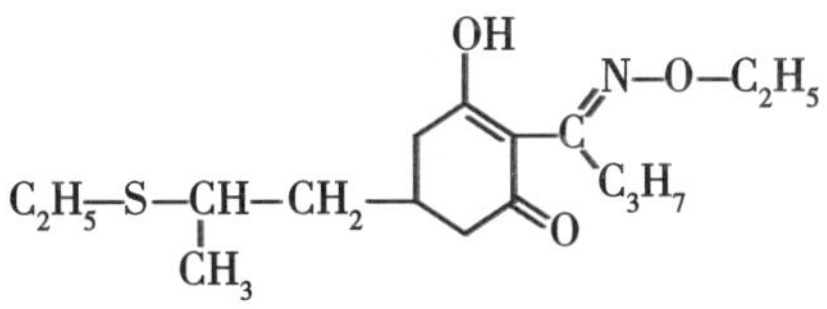

OH

$N-O-C_2H_5$

C

$C_2H_5-S-CH-CH_2$　　C_3H_7

CH_3　　O

【曾用名】拿捕净。

【理化性质】纯品为淡黄色无臭味油状液体，相对密度1.05（20℃），沸点>90℃。蒸汽压<2.3×10^{-5}Pa（25℃）。水中溶解度（20℃，mg／L）：25（pH值为4）、4 700（pH值为7），有机溶剂中溶解度（20℃，g／L）：甲醇、正己烷、乙酸乙酯、甲苯、辛醇、二甲苯、橄榄油>1 000。

【毒性】低毒。大鼠急性经口LD_{50}3 200～3 500mg／kg，急性经皮LD_{50}>5 000mg／kg，急性吸入LC_{50}>6.03～6.28mg／L。对兔皮肤和眼睛无刺激作用。大鼠亚慢性经口无作用剂量20mg／kg·d，慢性经口无作用剂量17mg／（kg·d）。试验条件下，未见致畸、致突变和致癌作用。

对鱼类低毒。鲤鱼LC_{50}（96h）148mg／L。鹌鹑LD_{50}>5 000mg／kg。常用剂量下，对蜜蜂低毒。

【作用特点】选择性内吸、传导型茎叶处理剂，可被禾本科杂草茎叶吸收，传导到顶端和居间分生组织，破坏细胞分裂，受药植株由生长点和节间分生组织开始坏死，药后3d停止生长，2～3周内全株枯死。该药在土壤中持效期短，施药后当天可播种阔叶作物，药后4周可播种禾谷类作物。

【防治对象】大豆田稗、马唐、牛筋草、狗尾草、画眉草、早熟禾、千金子、小麦自生苗等。提高剂量对狗牙根、双穗雀稗、白茅等多年生禾本科杂草也有效果。

【应用技术】大豆封垅前，禾本科杂草3～5叶期，春大豆田每亩用12.5%烯禾啶乳油100～150g（有效成分12.5～18.75g），夏大豆田每亩用12.5%烯禾啶乳油80～100g（有效成分10～12.5g），对水30L茎叶喷雾。

【注意事项】

（1）干旱时施药，可在喷洒药液中添加喷雾助剂，以提高除草效果。

（2）可与氟磺胺草醚混用兼治阔叶杂草，与其他阔叶杂草除草剂混用应先做联合作用试验及对作物安全性试验。

（3）施药时间以早晚为好，中午或气温高时不易喷药。

（4）药液稀释后应尽快使用，以免降解。

（5）该药对鱼类等水生生物有毒，应远离水产养殖区施药。药后及时彻底清洗药械，废弃物切勿污染水源或水体。

【主要制剂和生产企业】12.5%、20%、25%乳油。

江苏长青农化股份有限公司、山东先达农化股份有限公司、海利尔药业集团股份有限公司、河北省沧州科润化工有限公司、黑龙江省哈尔滨利民农化技术有限公司、中农住商（天津）农用化学品有限公司等。

噻吩磺隆（thifensulfuron）

【作用机理分类】B组（磺酰脲类亚组）。

【防治对象】防除大豆田阔叶杂草，如反枝苋、马齿苋、猪毛菜、地肤、藜、蓼、萹蓄、野西瓜苗、鼬瓣花等。对铁苋菜、苘麻、刺儿菜、苣荬菜、打碗花防效较差，对禾本科杂草无效。

【应用技术】大豆2～3片三出复叶期，杂草2～5叶期，春大豆每亩用75 %噻吩磺隆水分散粒剂2.3～3g（有效成分1.7～2.3g），夏大豆每亩用75 %噻吩磺隆水分散粒剂2.0～2.3g（有效成分1.5～1.7g），对水30L茎叶喷雾。

【注意事项】

（1）可与乙草胺等酰胺类药剂混用做播后苗前处理，扩大杀草谱。

（2）北方地区，低温、干旱少雨、土壤有机质含量高的黏质土使用高剂量；黄淮海地区使用中剂量；长江流域可采用低剂量。

（3）该药活性高、施药量低，用药时应先配成母液再倒入喷雾器。

【主要制剂和生产企业】15%、25%可湿性粉剂、75%水分散粒剂。

安徽丰乐农化有限责任公司、山都丽化工有限公司、河北宣化农药有限责任公司、辽宁省大连瑞泽农药股份有限公司、辽宁双博农化科技有限公司等。

其他参见玉米田除草剂重点产品介绍。

甲氧咪草烟（imazamox）

【作用机理分类】B组（咪唑啉酮类亚组）。

【化学结构式】

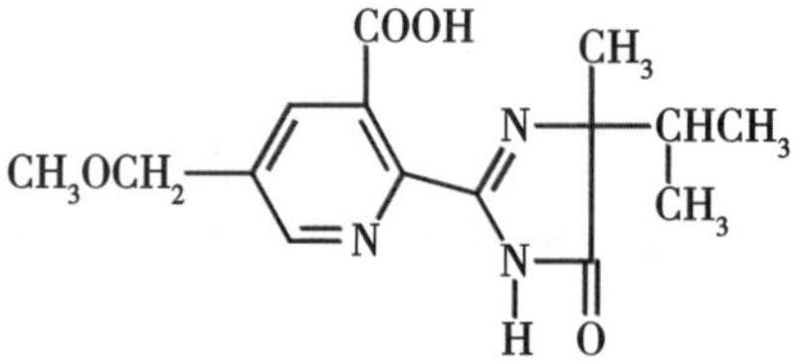

【曾用名】甲氧咪唑烟酸、甲氧咪草酸、金豆。

【理化性质】灰白色固体，相对密度1.39（20℃），熔点166～166.7℃，蒸汽压1.3×10^{-5}Pa（25℃）。溶解度（25℃，g/L）：水4.16，丙酮29.3，甲醇67，乙酸

乙酯10。在pH值为5～9时稳定。

【毒性】低毒。大鼠急性经口LD_{50}>5 000mg/kg，兔急性经皮LD_{50}>4 000mg/kg，大鼠急性吸入LC_{50}（4h）6.3mg/L。对兔眼睛有中等刺激，对兔皮肤无刺激。无致畸、致突变作用。

对鱼、鸟低毒。虹鳟鱼LC_{50}（96h）122mg/L。鹌鹑急性经口LD_{50}（14d）>1 846mg/kg。蜜蜂LD_{50}（接触）>25μg/只。

【作用特点】主要通过叶片吸收，传导并积累于分生组织，禾本科杂草吸收药剂后生长点及节间分生组织变褐坏死；阔叶杂草叶脉变褐，叶片皱缩，心叶枯死。该药具有乙酰乳酸合成酶抑制剂的共有特点，但根内吸性较弱，因而不宜做苗前土壤处理。该药杀草活性高于咪唑乙烟酸。

【防治对象】大豆田一年生禾本科杂草和阔叶杂草，如稗草、狗尾草、金狗尾、野燕麦、马唐、野稷、反枝苋、铁苋菜、藜、苍耳、龙葵、苘麻、香薷、水棘针、狼把草、鼬瓣花等。对多年生苣荬菜、刺儿菜有抑制作用。

【应用技术】东北春大豆播后苗前，每亩用4%甲氧咪草烟水剂66.7～83.3g（有效成分2.7～3.3g），对水30L茎叶喷雾。

【注意事项】

（1）避免重复喷药或超推荐剂量用药，勿与其他除草剂混配使用。

（2）施药后2d内遇10℃以下低温，易使大豆造成药害。在北方低洼地及山间冷寒地区不宜使用。

（3）该药与后茬作物间隔期：小麦、大麦4个月，玉米、谷子、黍米、水稻、棉花、烟草、马铃薯、向日葵、西瓜12个月，油菜、甜菜18个月。

【主要制剂和生产企业】4%甲氧咪草烟水剂。

巴斯夫欧洲公司。

咪唑喹啉酸（imazaquin）

【作用机理分类】B组（咪唑啉酮类亚组）。

【化学结构式】

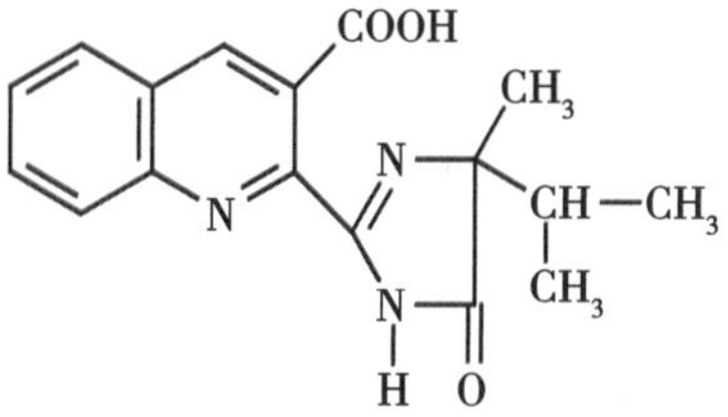

【曾用名】灭草喹。

【理化性质】粉色固体，有刺激性气味，熔点219～224℃（分解），蒸汽压$<1.3\times10^{-5}$Pa（60℃）。溶解度（25℃，g/L）：水0.06～0.12，二甲基亚砜159，二甲基甲酰胺68，二氯甲烷14，甲苯0.4。咪唑喹啉酸铵盐在水中溶解度（20℃，pH值为7）160g/L。

【毒性】低毒。大鼠急性经口LD_{50}>5 000mg/kg，兔急性经皮LD_{50}>2 000mg/kg。大鼠急性吸入LC_{50}（4h）5.7mg/L。对兔眼睛无刺激，对兔皮肤中度刺激。大鼠饲喂试验无作用剂量（mg / kg · d）：10 000（90d）、5 000（2年）。

对鱼、蜜蜂、鸟低毒。虹鳟鱼LC_{50}（96h）280mg / L，翻车鱼LC_{50}（96h）410mg / L。蜜蜂LD_{50}（接触）>100μg / 只。野鸭和鹌鹑急性经口LD_{50}>2 150mg / kg。

【作用特点】选择性内吸型除草剂，抑制支链氨基酸合成。作用机制同咪唑乙烟酸。

【防治对象】大豆田反枝苋、蓼、藜、龙葵、苘麻、苍耳等一年生阔叶杂草。对刺儿菜、苣荬菜、鸭跖草有一定抑制作用。

【应用技术】东北地区春大豆播后苗前，每亩用5%咪唑喹啉酸水剂150 ~ 200g（有效成分7.5 ~ 10g），对水30L茎叶喷雾。

【注意事项】

（1）该药在土壤中的残效期较长，施用本品3年内不能种植白菜、油菜、黄瓜、马铃薯、茄子、辣椒、番茄、甜菜、西瓜、高粱、水稻等。

（2）低洼田块、酸性土壤施药易对大豆产生药害。

【主要制剂和生产企业】5%水剂。

辽宁沈阳科创化学品有限公司。

咪唑乙烟酸（imazethapyr）

【作用机理分类】B组（咪唑啉酮类亚组）。

【化学结构式】

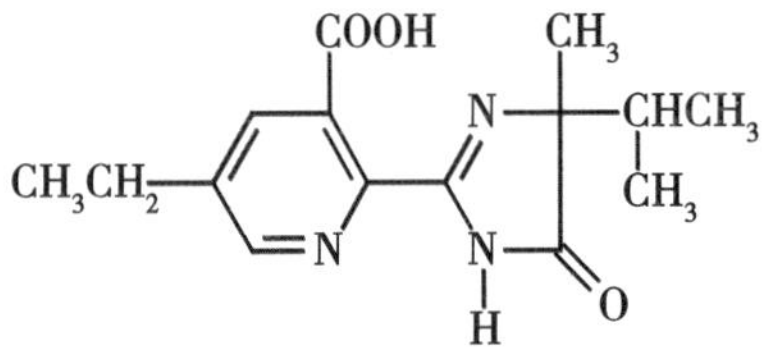

【曾用名】咪草烟、普施特、豆草唑。

【理化性质】白色结晶体，相对密度1.10 ~ 1.12（21℃），熔点169 ~ 173℃，蒸汽压< 1.3×10^{-5}Pa（60℃）。溶解度（25℃，g / L）：水1.4，丙酮48.2，甲醇105，异丙醇17，辛烷0.9，二氯甲烷185，二甲基亚砜422，甲苯5。常温下稳定，光照下快速分解。

【毒性】低毒。小鼠急性经口LD_{50}>5 000mg / kg，兔急性经皮LD_{50}>2 000mg / kg，大鼠急性吸收LC_{50}（4h）3.27mg / L。对兔眼睛及皮肤中等刺激。饲喂试验无作用剂量（mg / kg）：大鼠（2年）10 000，狗10 000（1年）。

对鱼、蜜蜂、鸟低毒。LC_{50}（96h，mg / L）虹鳟鱼340，翻车鱼420。野鸭和鹌鹑急性经口LD_{50}>2 150mg / kg。蜜蜂LD_{50}>100μg / 只（接触）、>24.6μg / 只（经口）。

【作用特点】选择性内吸、传导型茎叶处理剂。通过杂草根、叶吸收，在木质部和韧皮部内传导，积累于植物分生组织内，抑制植物体乙酰乳酸合成酶的活性，阻止支链氨基酸如缬氨酸、亮氨酸与异亮氨酸的生物合成，从而破坏蛋白质的合成，导致细胞有丝分裂停滞，使植物停止生长而死亡。豆科植物吸收咪唑乙烟酸后，在体内很快分解。咪唑乙烟酸在大豆体内半衰期1 ~ 6d。

【防治对象】大豆田禾本科杂草和阔叶杂草，如稗草、马唐、狗尾草、野高粱、反枝苋、马齿苋、藜、酸模叶蓼、苍耳、香薷、曼陀罗、龙葵、苘麻、狼把草、刺儿菜、苣荬菜、鸭跖草等。对牛筋草、千金子防效差，对决明、田菁等杂草无效。

【应用技术】东北地区大豆播种后出苗前，或在大豆苗后早期（2片三出复叶前）大部分杂草3叶期前，每亩用5%咪唑乙烟酸水剂100～140g（有效成分5～7g），对水30L茎叶喷雾。也可选择秋施药，即在秋季气温降到5℃以下至封冻前施药。喷药时土壤墒情好，或施药后短期内有降雨，可不必混土；若土壤干旱，应浅混土。苗前土壤处理，可与乙草胺、异丙甲草胺、异草酮、二甲戊乐灵混用扩大杀草谱。苗后茎叶处理可与氟磺胺草醚、三氟羧草醚混用，减少本剂施用量，以减轻对后茬作物的药害。

【注意事项】

（1）土壤处理时，土壤黏重、有机质含量高、干旱应取推荐剂量高量，反之用低量。

（2）该药在土壤湿度70 %、空气湿度65 %以上使用时效果较好。

（3）多雨、低温、低洼地长期积水或大豆生长缓慢条件下施药，易产生药害。

（4）苗后早期茎叶处理不能晚于大豆2片复叶期施药，否则影响产量。

（5）施药时避免药液飘移到敏感作物上。切勿采用飞机高空喷药或超低容量喷雾器施药。

（6）该药在土壤中残留时间长，与后茬作物安全间隔期：小麦、玉米12个月以上，水稻、高粱、西瓜、谷子、马铃薯、亚麻、甜菜、油菜、茄子、草莓等24个月以上。间套或混种有其他作物的春大豆田不能使用。

【主要制剂和生产企业】5%、10%、15%、16%、50g / L、100g / L、160g / L水剂，5%微乳剂，70%可溶性粉剂，16%颗粒剂。

黑龙江省哈尔滨利民农化技术有限公司、吉林金秋农药有限公司、山东先达农化股份有限公司、沈阳科创化学品有限公司、巴斯夫欧洲公司等。

唑嘧磺草胺（flumetsulam）

【作用机理分类】B组（磺酰胺类亚组）。

【防治对象】大豆田阔叶杂草，如反枝苋、凹头苋、藜、苘麻、酸模叶蓼、卷茎蓼、苍耳、柳叶刺蓼、龙葵、野西瓜苗、香薷、水棘针、毛莨、问荆、地肤、鸭跖草等。

【应用技术】大豆播后苗前，每亩用80%唑嘧磺草胺水分散粒剂3.75～5g（有效成分3～4g），对水40～50L土壤喷雾。防除多年生杂草如苣荬菜、刺儿菜等需增加用药量。

【注意事项】

（1）土壤墒情良好有利于药效发挥。

（2）施药量与土壤pH值及有机质含量关系密切，比较适用于pH值为5.9～7.8、有机质含量5 %以下的土壤，若有机质含量高于5 %（东北地区），应适当增加该药使用剂量。

（3）可与乙草胺、异丙甲草胺等混用提高对禾本科杂草防效。

（4）该药在土壤pH值高、有机质含量低的土壤降解迅速，残留期短，反之，残留期较长。

（5）正常推荐剂量下后茬油菜、棉花、甜菜、向日葵、马铃薯、亚麻及十字花科蔬菜等敏感作物需隔年种植。

【主要制剂和生产企业】80%水分散粒剂。

美国陶氏益农公司。

其他参看玉米田除草剂重点产品介绍。

氯酯磺草胺（cloransulam-methyl）

【作用机理分类】B组（三唑并嘧啶磺酰胺类亚组）。

【化学结构式】

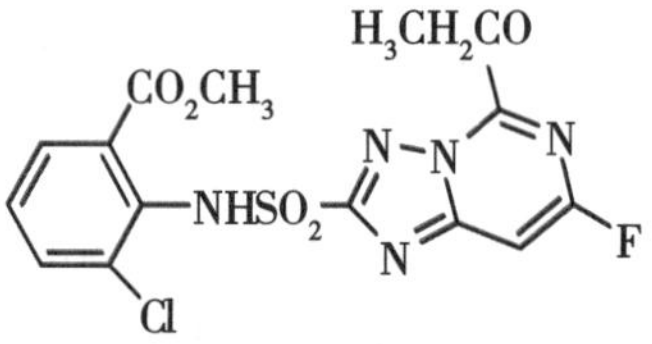

【曾用名】豆杰。

【理化性质】纯品外观为白色固体，相对密度1.58，熔点 216～218℃，蒸汽压 4.0×10^{-14}Pa（25℃）。水中溶解度（25℃，mg／L）：3（pH值为5）、184（pH值为7）、3 430（pH值为9），有机溶剂中溶解度：丙酮4 360，乙腈5 500，二氯甲烷6 980，乙酸乙酯980，己烷<10，甲醇470，辛醇<10，甲苯14。

【毒性】低毒。原药大鼠急性经口LD_{50}>5 000mg／kg，急性经皮LD_{50}>2 000mg／kg，急性吸入LC_{50}>3.77mg／L。对兔皮肤和眼睛无刺激。雄小鼠亚慢性试验无作用剂量50mg／kg·d（90d），大鼠慢性试验无作用剂量10mg／kg·d（2年）。

对鱼、鸟、蜜蜂、家蚕低毒。斑马鱼LC_{50}（96h）>100mg／L。鹌鹑急性经口LD_{50}>2 000mg／kg。蜜蜂接触毒性LD50（48h）>25μg／只。家蚕LC_{50}>5 000mg／kg。

【作用特点】内吸性传导型除草剂。经杂草叶片、根吸收，累积在生长点，抑制乙酰乳酸合成酶，影响蛋白质合成，使杂草停止生长而死亡。

【防治对象】反枝苋、凹头苋、蓼、藜、鸭跖草、豚草、苣荬菜、刺儿菜等阔叶杂草。

【应用技术】东北地区春大豆2～4片三出复叶期，杂草2～5叶期，每亩用84%氯酯磺草胺水分散粒剂2～2.5g（有效成分1.7～2.1g），对水30L茎叶均匀喷雾。防除多年生杂草如苣荬菜、刺儿菜等需增加用药量。该药既有茎叶处理效果也有土壤封闭作用。

【注意事项】

（1）施药后大豆叶片有褪绿现象，药后15d药害症状恢复，不影响产量。

（2）大豆新品种施药前，应先进行小面积试验。

（3）本品仅限于一年一熟春大豆田施用。推荐剂量下后茬作物安全间隔期：小麦和大麦3个月，玉米、高粱、花生10个月，甜菜、向日葵、烟草22个月以上。

【主要制剂和生产企业】84%水分散粒剂。

美国陶氏益农公司。

嗪草酮（metribuzine）

【作用机理分类】C_1组（三嗪酮类亚组）。

【化学结构式】

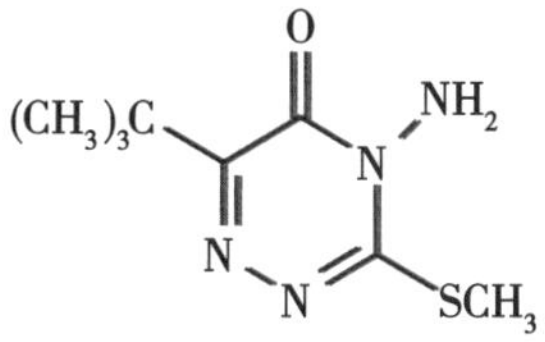

【曾用名】赛克。

【理化性质】白色结晶，相对密度1.28（20℃），熔点126.5℃，沸点132℃（2Pa），蒸汽压5.8×10^{-5}Pa（20℃）。溶解度（20℃，g／L）：水1.05，丙酮820，二甲苯90，甲苯87，苯220，氯仿850，二氯甲烷340，甲醇450，乙醇190，正丁醇150，异丙醇77，环己酮1 000，二甲基甲酰胺1 780。正常情况下在土壤表面半衰期14～25d。

【毒性】低毒。急性经口LD_{50}（mg／kg）：大鼠2 000，小鼠700，大鼠和兔急性经皮LD_{50}>2 000mg／kg，大鼠急性吸入LC_{50}（4h）>0.65mg／L。对兔眼睛和皮肤无刺激性。饲喂试验无作用剂量（2年，mg／kg）：大鼠100，小鼠800，狗100。

对鱼、蜜蜂、鸟低毒。LC_{50}（96h，mg／L）：虹鳟鱼76，翻车鱼80。蜜蜂经口LD_{50}>35μg／只。野鸭和鹌鹑急性经口LD_{50}（mg／kg）168和460～800，饲喂LC_{50}（5d）>4 000mg／kg。蚯蚓LC_{50}（14d）>331.8mg／kg。

【作用特点】有效成分被杂草根吸收随蒸腾流向上传导，也可被叶片吸收在体内进行有限的传导，抑制光合作用。施药后各种敏感杂草萌发出苗不受影响，出苗后叶褪绿，最后营养枯竭而致死。其在土壤中持效期受气候条件、土壤类型影响，通常半衰期28d左右，对后茬作物不会产生药害。

【防治对象】大豆田反枝苋、马齿苋、藜、小藜、鬼针草、狼把草、锦葵、萹蓄、酸模叶蓼等。提高施用剂量对马唐、铁苋菜、刺苋、绿苋、水棘针、香薷、曼陀罗、鼬瓣花、柳叶刺蓼、苣荬菜等也有较好防效，对狗尾草、稗草、鸭跖草、苘麻、卷茎蓼、苍耳等有一定控制作用。

【应用技术】春大豆播种后出苗前，每亩用70%嗪草酮可湿性粉剂50～75g（有效成分35～52.5g），对水40～50L土壤喷雾。

该药用量与土壤质地、酸碱度及土壤有机质含量关系密切。土壤有机质含量高、干旱，用高剂量，反之，用低剂量。

【注意事项】

（1）可与防除禾本科杂草的除草剂混用扩大杀草谱。

（2）创造良好的土壤墒情再播种和施药有利于药效发挥；如果施药后干旱，可采用浅混土。

（3）土壤有机质含量低于2 %的田块慎用；土壤pH值为7.5以上的碱性土壤和降雨多、气温高的地区适当减少用药量。

（4）该药对大豆安全性差，施药量过高或施药不均，或施药后遇大雨或大水漫灌、田间积水，均会造成大豆药害，重者可造成死苗。

（5）大豆田只能苗前使用，苗期使用易产生药害；大豆播种深度至少3.5～4cm，播种过浅易发生药害；施过本品的大豆田药后立即灌溉、遇大雨等会因药剂淋溶造成大豆药害。

（6）与后茬作物安全间隔期：玉米、马铃薯4个月，水稻8个月，块根以外的其他阔叶作物12个月；洋葱、甜菜等根茎、鳞茎、块根作物18个月。

【主要制剂和生产企业】44%悬浮剂，70%、75%水分散粒剂，50%、70%可湿性粉剂。

江苏龙灯化学有限公司、江苏省农用激素工程技术研究中心有限公司、江苏省昆山瑞泽农药有限公司、哈尔滨汇丰生物农化有限公司、兴农药业（中国）有限公司等。

灭草松（bentazone）

【作用机理分类】C_3组（苯并噻二嗪酮类亚组）。

【防治对象】大豆田马齿苋、龙葵、曼陀罗、蓼、苍耳、鸭跖草、苘麻、野胡萝卜、鬼针草、豚草、苦荬菜、刺儿菜、问荆、香附子等杂草。对禾本科杂草无效。

【应用技术】大豆1～3片三出复叶期、杂草3～4叶期，春大豆田每亩使用480g／L灭草松水剂200～250g（有效成分96～120g），夏大豆田每亩使用480g／L灭草松水剂150～200g（有效成分72～96g），对水30L茎叶喷雾。

【注意事项】

（1）药效发挥作用的最佳温度为15～27℃，最佳湿度65%以上。施药后8h内应无雨。

（2）可与无拮抗作用的杀除禾本科杂草的除草剂混用扩大杀草谱。

（3）落入土壤的药剂很少被吸附，因而不宜用作土壤处理。

（4）喷药时防止药液飘移到棉花、蔬菜等敏感阔叶作物。

【主要制剂和生产企业】25%、48%、480g／L、560g／L水剂。

江苏绿利来股份有限公司、江苏省农用激素工程技术研究中心、江苏剑牌农化股份有限公司、安徽丰乐农化有限责任公司、山东中禾化学有限公司、黑龙江省哈尔滨利民农化技术有限公司等。

其他参看水稻田除草剂重点产品介绍。

三氟羧草醚（acifluorfen）

【作用机理分类】E组（二苯醚类亚组）。

【化学结构式】

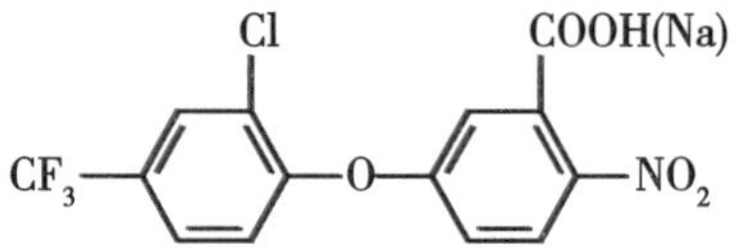

【曾用名】杂草焚。

【理化性质】棕色固体，相对密度1.546，熔点142～146℃，235℃分解，蒸汽压<1×10^{-5}Pa（20℃）。溶解度（25℃，g／L）：水0.12，丙酮600，二氯甲烷50，乙醇500，煤油和二甲苯<10。在土壤中半衰期<60d，在太阳光照射下半衰期大约110h。

三氟羧草醚钠盐为白色固体，相对密度0.4～0.5，熔点274～278℃（分解），蒸汽压<1×10^{-5}Pa（25℃）。溶解度（25℃，g／L）：水600.81（pH值为7）、600.71（pH值为9），甲醇641.5，辛醇53.7。水溶液在20～25℃存放2年稳定。

【毒性】低毒。急性经口LD_{50}（mg／kg）：雄大鼠2 025、雌大鼠1 370、雄小鼠2050、雌小鼠1 370，兔急性经皮LD_{50}3 680mg／kg，大鼠急性吸入LC_{50}（4h）>6.9mg／L。对兔皮肤有中度刺激性，对兔眼睛有强刺激性。大鼠（2年）饲喂试验无作用剂量为180mg／kg·d。

对鱼类低毒。LC_{50}（96h，mg／L）：虹鳟鱼17，蓝鳃鱼62。对鸟类和蜜蜂毒性较低。鹌鹑急性经口LD_{50}325mg／kg，野鸭急性经口LD_{50} 2 821mg／kg。

三氟羧草醚钠盐低毒。急性经口LD_{50}（mg／kg）：大鼠1 540、小鼠1 370、兔1 590，急性经皮LD_{50}>2 000mg／kg，大鼠急性吸入LC_{50}（4h）>6.9mg／L。对鱼、鸟低毒。虹鳟鱼LC_{50}（96h）17mg／L。野鸭和鹌鹑LC_{50}（5d）>5 620mg／kg。

【作用特点】触杀型除草剂。抑制原卟啉原氧化酶活性，使植物光合作用膜的脂类结构发生过氧化，膜丧失完整性，导致细胞死亡。该药借助于光发挥除草活性，能使气孔关闭，增高植物体温度引起坏死，并可抑制细胞线粒体电子的传递，引起呼吸系统和能量生产系统的停滞，抑制细胞分裂。药剂在大豆体内被迅速代谢，对大豆安全。

【防治对象】马齿苋、反枝苋、凹头苋、刺苋、酸浆、龙葵等效果理想。对藜、苍耳、苘麻、鸭跖草、苣荬菜、刺儿菜等中等防效。

【应用技术】大豆苗后3片三出复叶前、阔叶杂草2～3叶期，春大豆田每亩使用21.4%三氟羧草醚水剂120～150g（有效成分25.7～32.1g），夏大豆田每亩使用21.4% 三氟羧草醚水剂100～150g（有效成分21～32.1g），对水30L茎叶喷雾。

【注意事项】

（1）该药为触杀型除草剂，杂草叶龄增大后药效降低，应在杂草出齐苗、大豆3片复叶前后施药。晚用药不但影响药效，大豆也易产生药害。

（2）药后大豆叶片可能出现褐色锈斑，10d后恢复。

（3）干旱、淹水、肥料过多、土壤含盐碱过多、寒流、高温、病虫害或大豆已受其他除草剂伤害后抵抗力下降，使用该药易产生药害。

（4）与喹禾灵混用，可能会加重该药对大豆的药害。

（5）喷药时避免雾滴飘移到敏感作物。

【主要制剂和生产企业】14.8%、21%、 21.4%水剂、28%微乳剂。

江苏长青农化股份有限公司、广西弘峰（北海）合浦农药有限公司、青岛双收农药化工有限公司、辽宁省大连瑞泽农药股份有限公司、辽宁省大连松辽化工有限公司。

乙羧氟草醚（fluoroglycofen）

【作用机理分类】E组（二苯醚类亚组）。

【化学结构式】

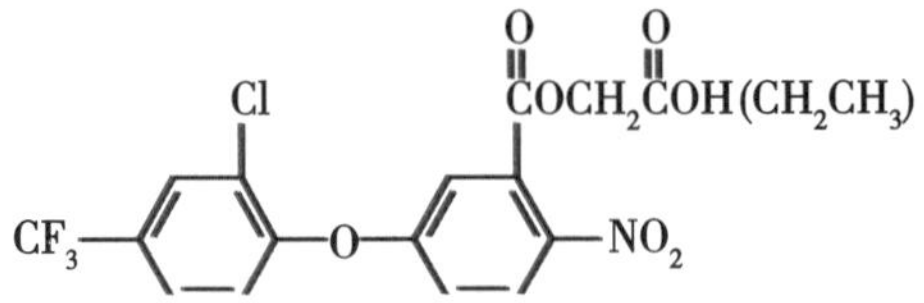

$$CF_3-C_6H_3(Cl)-O-C_6H_3(NO_2)-\overset{O}{\overset{\|}{C}}OCH_2\overset{O}{\overset{\|}{C}}OH(CH_2CH_3)$$

【曾用名】克草特。

【理化性质】深琥珀色固体，相对密度1.01（25℃），蒸汽压1.33×10^{-2}Pa，熔点65℃。在水中溶解度为0.6mg / L（25℃），大多数有机溶剂中溶解度>100mg / kg。其水悬液因紫外光而迅速分解，在土壤中被微生物迅速降解，半衰期约11h。

【毒性】低毒。大鼠急性经口LD_{50}1 500mg / kg，兔急性经皮LD50>5 000mg / kg，大鼠急性吸入LC_{50}（4h）7.5mg / L（10%乳油）。对兔眼睛和皮肤有轻度刺激性。无致突变作用。

对鱼、蜜蜂、鸟低毒。LC_{50}（96h，mg / L）：虹鳟鱼23，翻车鱼1.6。蜜蜂接触LD_{50}（96h）>100μg / 只。鹌鹑急性经口LD_{50}>3 160mg / kg，野鸭和鹌鹑饲喂试验LC_{50}（8d）>5 000mg / kg。

【作用特点】选择性触杀型除草剂。有效成分被植物吸收后，在光照条件下发挥作用，抑制原卟啉原氧化酶活性，该化合物同分子氯反应，生成对植物细胞具有毒性的四吡咯，其积累可使植物细胞膜完全消失，然后引起细胞内含物渗漏，造成杂草死亡。

【防治对象】大豆田马齿苋、反枝苋、凹头苋、刺苋、酸浆、龙葵等效果理想。对藜、苍耳、苘麻、鸭跖草、苣荬菜、刺儿菜等中等防效。

【应用技术】大豆1～3片复叶，杂草2～4叶期，春大豆每亩用10%乙羧氟草醚50～60g（有效成分5～6g），夏大豆每亩用10%乙羧氟草醚40～50g（有效成分4～5g），对水30L茎叶喷雾。防除藜、苍耳等敏感性较差的杂草宜采用高剂量，并提早施药，尽量避免药液喷到大豆叶片。

【注意事项】

（1）该药为触杀型除草剂，杂草叶龄增大后药效降低，应在杂草出齐苗、大豆3片复叶前后施药。晚用药不但影响药效，大豆也易产生药害。

（2）药后大豆叶片可能出现接触性斑点，随大豆生长会逐渐恢复。

（3）干旱、淹水、肥料过多、土壤含盐碱过多、寒流、高温、病虫害或大豆已受伤害后抵抗力下降，使用该药易产生药害。

（4）喷药时避免雾滴飘移到敏感作物。

【主要制剂和生产企业】10%、15%、20%乳油。

江苏长青农化股份有限公司、江苏连云港立本农药化工有限公司、江苏省农药研究所股份有限公司、青岛瀚生生物科技股份有限公司、山东滨农科技有限公司等。

氟磺胺草醚（fomesafen）

【作用机理分类】E组（二苯醚类亚组）。

【化学结构式】

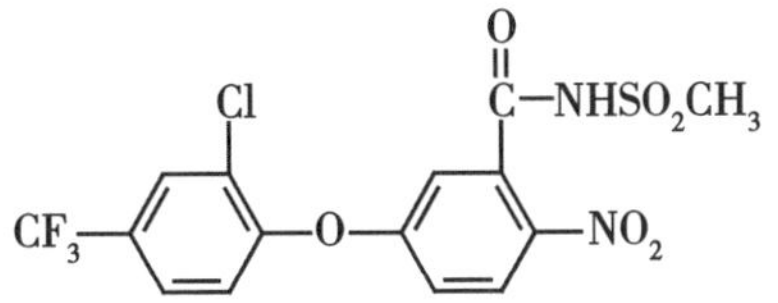

O
Cl　C—$NHSO_2CH_3$
CF_3　O　NO_2

【曾用名】虎威、磺氟草醚。

【理化性质】白色结晶体，相对密度1.61（20℃），熔点219℃，蒸汽压<4×10^{-6}Pa（20℃）。溶解度（20℃，g／L）：水0.05（纯水）、水<0.01（pH值为1～2）、水10（pH值为9），丙酮300，己烷0.5，二甲苯1.9。能生成水溶性盐。

【毒性】低毒。大鼠急性经口LD_{50}（mg／kg）：1 250～2 000（雄）、1 600（雌），兔急性经皮LD_{50}>1 000mg／kg，大鼠急性吸入LC_{50}（4h）4.97mg／L。对兔眼睛和皮肤有轻度刺激。饲喂试验无作用剂量（mg／kg·d）：大鼠5（2年），小鼠1（1.5年），狗1（6个月）。在试验剂量内无致畸、致突变、致癌作用。

对鱼、蜜蜂、鸟低毒。LC_{50}（96h，mg／L）：虹鳟鱼170，翻车鱼1 507。蜜蜂经口LD_{50}50μg／只，接触LD_{50}100μg／只。野鸭急性经口LD_{50}>5 000mg／kg。野鸭和鹌鹑LC_{50}（5d）>20 000mg／kg饲料。蚯蚓LC_{50}（14d）>1 000mg／kg。

氟磺胺草醚钠盐：大鼠急性经口LD_{50}（mg／kg）1 860（雄）、1 500（雌），兔急性经皮LD_{50}>780mg／kg。

【作用特点】选择性触杀型除草剂，具一定传导性。可被杂草的茎、叶及根吸收，进入杂草体内的药剂，破坏叶绿体，影响光合作用，使叶片产生褐斑，并迅速枯萎死亡。喷洒时落入土壤的药剂和从叶片上被雨水冲淋入土壤的药剂会被杂草根部吸收，经木质部向上输导，起到杀草作用。

【防治对象】大豆田阔叶杂草，如马齿苋、反枝苋、凹头苋、刺苋、苘麻、狼把草、鬼针草、辣子草、鳢肠、龙葵、曼陀罗、苍耳、刺黄花稔、萹蓄、田菁、香薷、豚草、鸭跖草、刺儿菜、田旋花等。

【应用技术】在大豆1～3片三出复叶期、杂草2～5叶期，春大豆田每亩用25%氟磺胺草醚水剂80～120g（有效成分20～30g），夏大豆田每亩用25%氟磺胺草醚水剂50～80g（有效成分12.5～20g），对水30L茎叶喷雾。

【注意事项】

（1）该药可能会造成大豆叶片暂时触杀性伤害，但能很快恢复，不影响后期生长和产量。

（2）大豆田套种敏感作物时不能使用该药。

（3）东北地区该药在土壤中残效期较长，对后茬白菜、亚麻、甜菜、玉米、小麦、谷子、高粱生长有影响。

【主要制剂和生产企业】10%、12.8%、20%乳油，12.8%、20%微乳剂，18%、25%、250g／L水剂，16.8%高渗水剂，73%可溶粉剂。

江苏长青农化股份有限公司、江苏连云港立本农药化工有限公司、江苏苏化集团有限公司、青岛瀚生生物科技股份有限公司、黑龙江佳木斯恺乐农药有限公司等。

乳氟禾草灵（lactofen）

【作用机理分类】E组（二苯醚类亚组）。

【化学结构式】

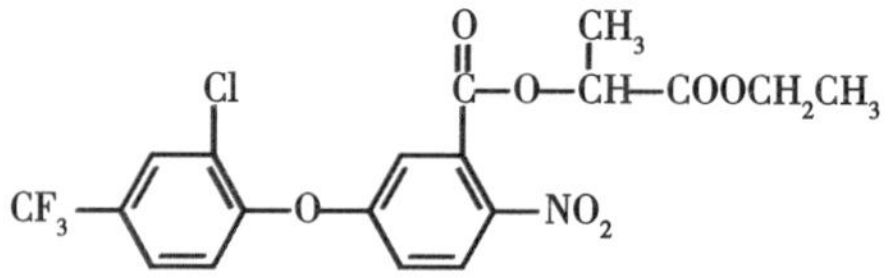

O CH₃
C—O—CH—COOCH₂CH₃
Cl
CF₃ O NO₂

【曾用名】克阔乐。

【理化性质】深红色液体，相对密度1.222（20℃），沸点135～145℃，熔点0℃以下，蒸汽压5.3×10^{-7}Pa（20℃）。几乎不溶于水，溶于二甲苯、煤油、丙酮。易燃。在土壤中易被微生物分解。

【毒性】低毒。大鼠急性经口LD_{50}>5 000mg／kg，兔急性经皮LD_{50}>2 000mg／kg，大鼠急性吸入LC_{50}>6.3mg／L。对兔眼睛有中度刺激性，对皮肤刺激性小。饲喂试验无作用剂量（2年，mg／kg·d）：大鼠2～5，狗5。试验剂量下无致畸、致突变作用。

对鱼高毒。虹鳟鱼和翻车鱼LC_{50}（96h，mg／L）>0.1。对蜜蜂低毒。蜜蜂LD_{50}>160μg／只。对鸟低毒。鹌鹑急性经口LD_{50}>2 510mg／kg，野鸭和鹌鹑饲喂LC_{50}（5d）>5 620mg／kg。

【作用特点】选择性触杀型除草剂。有效成分被植物茎叶吸收后，在体内进行有限的传导，抑制原卟啉原氧化酶活性，造成原卟啉原在叶绿体积累，导致细胞膜过氧化，破坏其完整性，使细胞内含物流失，杂草叶片干枯死亡。充足的阳光有助于药效的发挥，阳光充足时，施药后2～3d敏感杂草叶片出现灼烧斑，逐渐扩大到整个叶片变枯，造成杂草叶片脱落。本品施入土壤易被微生物分解。

【防治对象】大豆田阔叶杂草，如马齿苋、反枝苋、凹头苋、刺苋、苘麻、狼把草、鬼针草、辣子草、鳢肠、龙葵、酸浆等敏感性强。铁苋菜、苍耳、萹蓄、刺黄花稔、曼陀罗、田菁、香薷、豚草、鸭跖草、刺儿菜、田旋花等中度敏感。

【应用技术】大豆1～2片复叶期、阔叶杂草2～4叶期茎叶处理。春大豆每亩施用24%乳氟禾草灵乳油30～40g（有效成分7.2～9.6g），夏大豆每亩施用24%乳氟禾草灵乳油25～30g（有效成分6～7.2g），对水30L茎叶喷雾。

【注意事项】

（1）气温适宜、土壤墒情好、阳光充足、杂草叶龄小用药，药效理想；反之药效不佳。

（2）该药为触杀型除草剂，杂草叶龄增大后药效降低，应在杂草出齐苗、大豆3片复叶前后施药。

（3）推荐剂量施药，药后大豆叶片可能出现接触性斑点，随大豆生长会逐渐恢复。

（4）干旱、淹水、肥料过多、土壤含盐碱过多、寒流、高温、病虫害或大豆已受其他除草剂伤害后抵抗力下降，使用该药易产生药害。

（5）喷药时避免雾滴飘移到敏感作物。

【主要制剂和生产企业】24%乳油、240g／L悬浮剂。

安徽丰乐农化有限责任公司、江苏长青农化股份有限公司、山东滨农科技有限公司、黑龙江省佳木斯市恺乐农药有限公司、拜耳作物科学公司等。

乙氧氟草醚（oxyfluorfen）

【作用机理分类】E组（二苯醚类亚组）。

【防治对象】大豆田稗草、狗尾草、曼陀罗、匍匐冰草、豚草、苘麻、野芥菜等。

【应用技术】大豆播后苗前，每亩使用24%乙氧氟草醚乳油45～50g（有效成分10～12g），对水40～50L进行土壤处理。

【注意事项】

（1）土壤湿润有利于乙氧氟草醚药效发挥，应在大豆播种前创造良好墒情，干旱条件下施药后混土。

（2）药后积水大豆易产生药害。

【主要制剂和生产企业】24%乳油。

浙江兰溪巨化氟化学有限公司。

其他参见水稻田除草剂重点产品介绍。

丙炔氟草胺（flumioxazin）

【作用机理分类】E组（酰亚胺类亚组）。

【化学结构式】

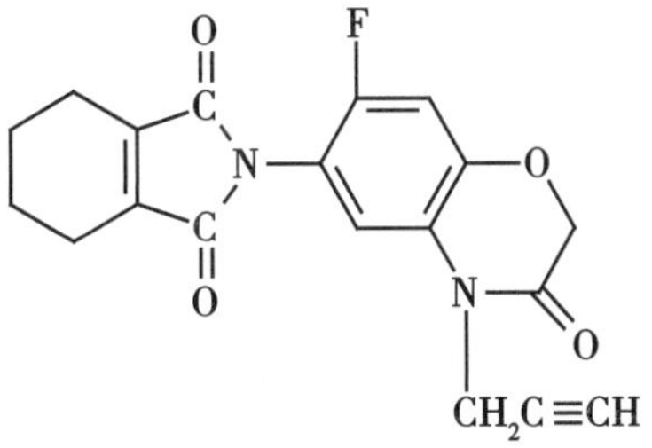

【曾用名】速收。

【理化性质】浅棕色粉状固体，相对密度1.536（20℃），熔点201.0～203.8℃，蒸汽压3.2×10^{-4}Pa（22℃）。水中溶解度（25℃）1.79mg／L，有机溶剂中溶解度（25℃，g／L）：醋酸17.8，甲醇1.56。

【毒性】低毒。大鼠急性经口LD_{50}>5 000mg／kg，大鼠急性经皮LD_{50}>2 000mg／kg，大鼠急性吸入LC_{50}（4h）>3 930mg／L。对兔眼睛中等刺激，对兔皮肤无刺激。饲喂试验无作用剂量（90d，mg／kg·d）：大鼠30，狗10。

对鱼中低等毒性。LC_{50}（96h，mg／L）：虹鳟鱼2.3，大翻车鱼>21。

【作用特点】选择性触杀型除草剂。可被植物幼芽和叶片吸收，在植物体内进行传导，抑制原卟啉原氧化酶，引起原卟啉积累，导致细胞膜结构和细胞功能破坏，使敏感杂草迅速白化、枯死。阳光可加速杂草死亡，一般在施药后24～48h杂草叶面出现白化、枯斑等症状。

【防治对象】大豆田阔叶杂草及禾本科杂草，如反枝苋、马齿苋、苘麻、藜、小藜、龙葵、铁苋菜、柳叶刺蓼、酸模叶蓼、萹蓄、鼬瓣花、香薷、水棘针、苍耳、遏蓝菜、鸭跖草、稗草、狗尾草、金狗尾草。对多年生杂草苣荬菜有一定的抑制作用。

【应用技术】大豆播后苗前，每亩用50 %丙炔氟草胺可湿性粉剂8～12g（有效成分4～6g），对水40～50L土壤均匀喷雾；也可在大豆苗后早期，春大豆每亩用50 %丙炔氟草胺可湿性粉剂3～4g（有效成分1.5～2g），夏大豆每亩用50 %丙炔氟草胺可湿性粉剂3～3.5g（有效成分1.5～1.75g），对水30L茎叶喷雾。

【注意事项】

（1）土壤处理前保证理想墒情，有利于药效发挥。

（2）大豆播种后提早施药，大豆顶土至出苗期不能施药，否则易发生药害。

（3）禾本科杂草较多的田块，可与防禾本科杂草的除草剂如异丙甲草胺混用做土壤处理。

【主要制剂和生产企业】50%可湿性粉剂。

中农住商（天津）农用化学品有限公司、由日本住友化学株式会社生产。

嗪草酸甲酯（fluthiacet-methyl）

【作用机理分类】E组（噻二唑类亚组）。

【化学结构式】

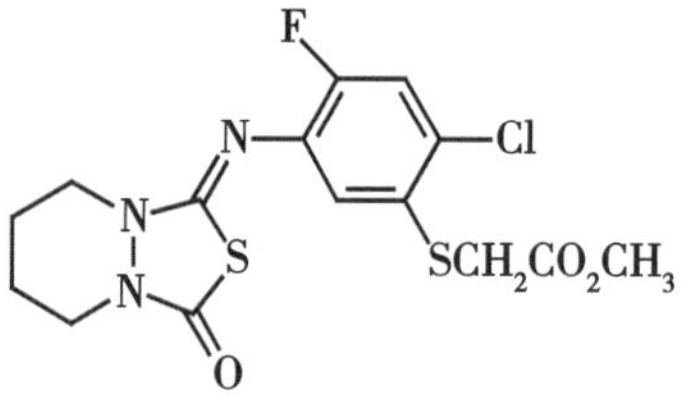

【曾用名】阔草特。

【理化性质】白色粉状固体，相对密度0.43（20℃），熔点105～106.5℃，蒸汽压4.41×10^{-7}Pa（25℃）。水中溶解度（25℃，mg／L）：0.85（蒸馏水），0.78（pH值为5和pH值为7），0.22（pH值为9）。有机溶剂中溶解度（25℃，g／L），甲醇4.41，丙酮101，甲苯84，乙腈68.7，乙酸乙酯73.5，二氯甲烷9，正辛醇1.86，正己烷0.232（20℃）。

【毒性】低毒。大鼠急性经口LD_{50}>5 000mg／kg，兔急性经皮LD_{50}>2 000mg／kg，大鼠急性吸入LC_{50}（4h）5.048mg／L。饲喂试验无作用剂量（mg／kg·d）：大鼠2.1（2年），小鼠0.1（1.5年），雄狗58（1年），雌狗30.3（1年）。

对鱼类高毒。LC_{50}（96h，mg／L）：虹鳟鱼0.043，鲤鱼0.60，翻车鱼0.14。水蚤LC_{50}（48h）>2.3mg／L。对蜜蜂和鸟类低毒。蜜蜂LD_{50}（接触）>100μg／只。野鸭和山齿鹑急性经口LD_{50}>2 250mg／kg，野鸭和山齿鹑饲喂LC_{50}（5d）>5 620mg／kg。蚯蚓LC_{50}>948mg／kg。

【作用特点】选择性触杀型药剂。通过抑制敏感植物原卟啉原氧化酶活性，造成原卟啉的积累、导致细胞膜坏死、植株死亡。其作用需要光和氧的存在。

【防治对象】大豆田阔叶杂草，如反枝苋、马齿苋、苘麻、藜等。

【应用技术】大豆1～2片复叶期、一年生阔叶杂草2～4叶，春大豆每亩用5%嗪草酸甲酯乳油10～15 g（有效成分0.5～0.75g），夏大豆每亩用5%嗪草酸甲酯乳油8～12g（有效成分0.4～0.6g），对水30L茎叶喷雾。

【注意事项】

（1）该药使用后会造成作物叶片接触性药害斑点，一般10d内恢复正常生长。

（2）该药单位面积用量低，不可超量使用。

（3）宜在早晨或傍晚施药，高温下（大于28℃）用药作物易出现药害，此时施药量应比推荐剂量减少10%～20%。

（4）可与防除禾本科杂草的除草剂混用，不可与碱性的农药、肥料等混用。

【主要制剂和生产企业】5%乳油。

大连瑞泽农药股份有限公司等。

草酮（oxadiazon）

【作用机理分类】E组（二唑酮类亚组）。

【防治对象】大豆田稗、千金子、狗尾草、马唐、牛筋草、鳢肠、藜、鸭跖草、铁苋菜、龙葵、通泉草等一年生禾本科杂草和部分阔叶杂草。

【应用技术】春大豆播种后出苗前，每亩用25%草酮乳油200～300g（有效成分50～75g），对水40～50L土壤均匀喷雾。

【注意事项】

施药前保持土壤湿润药效理想，干旱条件下可浅混土。

【主要制剂和生产企业】25.5%乳油。

河北新兴化工有限责任公司。

其他参见水稻田除草剂重点产品介绍。

异草松（clomazone）

【作用机理分类】F_3组（异唑酮类亚组）。

【化学结构式】

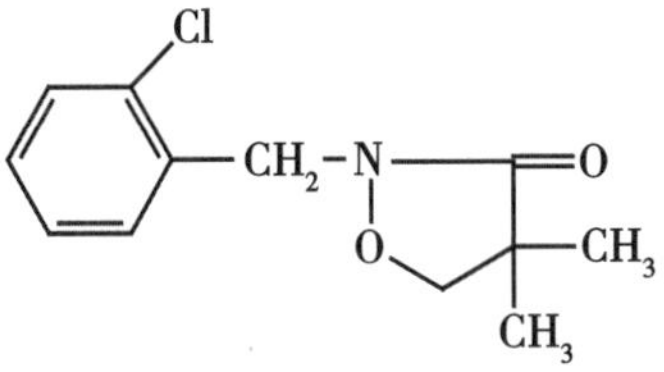

【曾用名】广灭灵。

【理化性质】淡棕色黏稠液体，相对密度1.192（20℃），熔点25℃，沸点275℃，蒸汽压19.2×10^{-3}Pa（25℃）。水中溶解度1.1g／L，易溶于丙酮、乙腈、氯仿、环己酮、二氯甲烷、甲醇、甲苯、己烷、二甲基甲酰胺。其水溶液在日光下半衰期30d。

【毒性】低毒。大鼠急性经口LD_{50}（mg／kg）：2 077（雄）、1 369（雌）。兔急性经皮LD_{50}>2 000mg／kg。大鼠急性吸入LC_{50}（4h）4.8mg／L。对兔眼睛几乎无刺激性。大鼠饲喂试验无作用剂量4.3mg／kg·d（2年）。

对鱼、鸟低毒。LC_{50}（96h，mg／L）：虹鳟鱼19，大翻车鱼34。水蚤LC_{50}（48h）

5.2mg／L。水藻EC_{50}（48h）2.10mg／L。山齿鹑和野鸭急性经口LD_{50}>2 510mg／kg，饲喂（8d）LC_{50}>5 620mg／kg饲料。蚯蚓LC_{50}（14d）156mg／kg。

【作用特点】选择性芽前、芽后除草剂。通过植物的根和幼芽吸收，向上传导到植株各部位，抑制类胡萝卜素和叶绿素的合成，做土壤处理时杂草虽能萌芽出土，但出土后不能产生色素，短期内死亡。茎叶处理仅有触杀作用，不向下传导。

【防治对象】大豆田一年生禾本科杂草和阔叶杂草，如稗、狗尾草、马唐、牛筋草、阿拉伯高粱、毛臂形草、龙葵、香薷、水棘针、马齿苋、苘麻、藜、遏蓝菜、蓼、鸭跖草、狼把草、鬼针草、曼陀罗、苍耳、豚草等。对多年生杂草刺儿菜、大刺儿菜、苣荬菜、问荆等有较强抑制作用。

【应用技术】春大豆播后苗前，每亩用480g／L异草松乳油130～160g（有效成分62.4～76.8 g），对水40～50L土壤均匀喷雾。

【注意事项】

（1）该药在土壤中的残留期可持续6个月以上，施药当年秋（即施用后4～5个月）或次年春（即施用后6～10个月），都不宜种植小麦、大麦、燕麦、黑麦、谷子、苜蓿。与敏感作物间作或套种的春大豆田，也不宜使用。

（2）土壤沙性过强、有机含量过低或土壤偏碱性时，本品与嗪草酮混用会使大豆产生药害。

（3）本品不能与碱性等物质混用。

【主要制剂和生产企业】48%、360g／L、480g／L乳油，360g／L微囊悬浮剂。

山东滨农科技有限公司、山都丽化工有限公司、辽宁沈阳科创化学品有限公司、内蒙古宏裕科技股份有限公司、美国富美实公司等。

仲丁灵（butralin）

【作用机理分类】K_1组（二硝基苯胺类亚组）。

【防治对象】稗草、马唐、狗尾草、牛筋草、千金子、碱茅及部分小粒种子的阔叶杂草如反枝苋、藜。对铁苋菜、苘麻、苍耳、鸭跖草及多年生杂草防效差。

【应用技术】大豆播前2～3d或播后苗前，春大豆每亩用48%仲丁灵乳油250～300g（有效成分120～144g），夏大豆每亩用48%仲丁灵乳油225～250g（有效成分108～120g），对水40～50L进行土壤均匀喷雾。防治大豆菟丝子，应于菟丝子开始寄生到大豆植株时施药。

【注意事项】

（1）只能做土壤处理，杂草苗后施用效果差。

（2）土壤湿润药效理想，干旱条件下施药后需立即混土，混土深度为1～5cm。

【主要制剂和生产企业】48%乳油。

江苏龙灯化学有限公司、江西盾牌化工有限责任公司、山东滨农科技有限公司等。

其他参见棉田除草剂重点产品介绍。

二甲戊灵（pendimethalin）

【作用机理分类】K_1组（二硝基苯胺类亚组）。

【防治对象】大豆田稗草、马唐、狗尾草、牛筋草、早熟禾等禾本科杂草及藜、反枝苋等小粒种子阔叶杂草。对野黍、落粒高粱、小麦自生苗、铁苋菜、苘麻及蓼科杂草等防效较差。

【应用技术】大豆播前或播后苗前，每亩施用33%二甲戊灵乳油200～300g（有效成分66～99g，东北地区），或150～200g（49.5～66g，华北地区），对水40～50L做土壤处理。

播前施药后浅混土能提高防效。东北垄播大豆也可于播后苗前采用苗带施药法，用药量酌减1／3～1／2。土壤有机质含量及施药时温度、湿度等影响药效，有机质含量低、沙质土、温度高、湿度大采用低剂量，反之使用高剂量。

【注意事项】

（1）良好的土壤墒情是保证该药发挥药效的关键，如果施药时土壤干旱可增加对水量，或用药后浅浇水或药后混土。

（2）该药防除禾本科杂草效果优于其对阔叶杂草的防效，因而在阔叶杂草较多的田块，可考虑同其他除草剂混用。

（3）本品对鱼有毒，用药后清洗药械时应防止药剂污染水源。

【主要制剂和生产企业】33%乳油。

吉林市绿盛农药化工有限公司。

其他参见棉田除草剂重点产品介绍。

氟乐灵（trifluralin）

【作用机理分类】K_1组（二硝基苯胺类亚组）。

【防治对象】大豆田稗草、狗尾草、马唐、牛筋草、千金子、碱茅及部分小粒种子的阔叶杂草如反枝苋、藜等。对铁苋菜、苘麻、苍耳、鸭跖草及多年生杂草防效差。

【应用技术】大豆播前或播后苗前，每亩用48 %氟乐灵乳油125～175g（有效成分60～84g），对水40～50L进行土壤均匀喷雾。

【注意事项】

（1）氟乐灵易光解，施药后需立即混土，混土深度为1～5cm。尤其是播种后天气较干旱时，应在施药后立即混土镇压保墒。

（2）高粱、谷子对氟乐灵敏感作物，轮作倒茬或间作时应注意安全用药。

（3）本品贮存时避免阳光直射，不要靠近火和热气，在4℃以上阴凉处保存。

【主要制剂和生产企业】480g／L乳油。

江苏丰山集团有限公司、山东滨农科技有限公司、河北省沧州天胜农药化工厂、黑龙江省哈尔滨正业农药有限公司、意大利芬奇米凯公司等。

其他参见棉田除草剂重点产品介绍。

乙草胺（acetochlor）

【作用机理分类】K_3组（氯酰胺类亚组）。

【防治对象】大豆田马唐、稗草、狗尾草、金狗尾草、牛筋草、千金子等一年生禾本科杂草和一些小粒种子的阔叶杂草，如藜、反枝苋、马齿苋等。对铁苋菜、苘麻、酸浆等防效差。

【应用技术】大豆播后苗前，春大豆每亩用50%乙草胺乳油160～250g（有效成分80～125g），夏大豆每亩用50%乙草胺乳油100～140g（有效成分50～70g），对水40～50L均匀喷雾。

【注意事项】

（1）施药前后土壤湿润，有利于药效发挥。

（2）乙草胺活性高，用药量不宜随意增大。

（3）用药后多雨、土壤湿度太大或田间排水不良易造成大豆药害。

【主要制剂和生产企业】15.7%、50%、88%、90%、90.9%、98.5%、880g／L、900g／L、990g／L乳油，50%微乳剂，40%、48%、50%、900g／L水乳剂，20%、40%可湿性粉剂等。

江苏省南通江山农药化工股份有限公司、美丰农化有限公司、浙江省杭州庆丰农化有限公司、山东侨昌化学有限公司、吉林金秋农药有限公司、辽宁省大连松辽化工有限公司、美国孟山都公司等。

其他参见玉米田除草剂重点产品介绍。

甲草胺（alachlor）

【作用机理分类】K_3组（氯酰胺类亚组）。

【化学结构式】

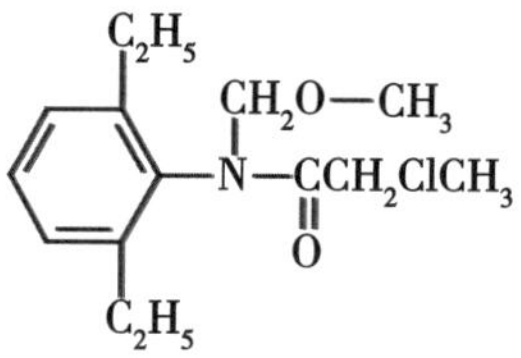

C_2H_5

CH_2O-CH_3

$N-\underset{\|}{C}CH_2ClCH_3$

O

C_2H_5

【曾用名】拉索。

【理化性质】白色结晶，相对密度1.133（25℃），熔点39.5～41.5℃，沸点100℃（2.67Pa）、135℃（40Pa），105℃时分解，蒸汽压2.9×10^{-3}Pa（25℃）。水中溶解度242mg／L（25℃），能溶于丙酮、乙醇、苯、氯仿、乙醚等有机溶剂。

【毒性】低毒。大鼠急性经口LD_{50} 930mg／kg，兔急性经皮LD_{50} 1 330mg／kg，大鼠急性吸入LC_{50}（4h）>1.04mg／L。对兔眼睛和皮肤中度刺激。亚慢性饲喂试验无作用剂量（mg／kg·d）：大鼠2.5，小鼠260。试验剂量下未见致畸、致突变作用。

对鱼毒性高。LC_{50}（96h mg／L）：虹鳟鱼1.8，蓝鳃鱼2.8。对鸟低毒。鹌鹑急性经口LD_{50} 1 536mg／kg，饲喂LC_{50}（5d）野鸭和鹌鹑>5 620mg／kg。

【作用特点】杂草发芽过程中吸收甲草胺后，可被禾本科植物胚芽鞘或阔叶植物下胚轴吸收，吸收后向上传导；杂草出苗后，药剂主要靠根吸收向上传导。甲草胺进入植物体内抑制蛋白酶活动，使蛋白质无法合成，造成芽和根停止生长。如果土壤水分适宜，杂草幼芽期不出土即被杀死。如土壤水分少，随着降雨及土壤湿度增加，杂草出土后吸收药剂，禾本科杂草心叶卷曲，阔叶杂草叶皱缩变黄，整株逐渐枯死。大豆对甲草胺有较强的耐受性。

【防治对象】大豆田马唐、千金子、稗草、蟋蟀草、藜、反枝苋等杂草。对铁苋菜、苘麻、蓼科杂草及多年生杂草防效差。

【应用技术】大豆播种后出苗前，春大豆每亩用480g / L甲草胺乳油350 ~ 400g（有效成分168 ~ 192g），夏大豆每亩用43 %甲草胺乳油250 ~ 300g（有效成分120 ~ 144g），对水40 ~ 50L，均匀喷雾。

【注意事项】

（1）该药与其他土壤处理剂一样，用药量随土壤质地和有机质含量不同而异。

（2）适宜的土壤墒情是保证甲草胺药效发挥的必要条件。中等土壤湿度或施药后轻度降雨（1 ~ 2cm），有利于该药发挥理想药效。在干旱而无灌溉的条件下，应采用混土法施药。

【主要制剂和生产企业】43%、480g / L乳油。

江苏省农垦生物化学有限公司、江苏省南通江山农药化工股份有限公司、辽宁省大连越达农药化工有限公司、威海韩孚生化药业有限公司、美国孟山都公司等。

异丙甲草胺（metolachlor）

【作用机理分类】K_3组（氯酰胺类亚组）。

【防治对象】大豆田马唐、稗草、狗尾草、金狗尾草、牛筋草、千金子等一年生禾本科杂草和一些小粒种子的阔叶杂草，如藜、反枝苋、马齿苋、辣子草等。对铁苋菜、苘麻、酸浆等防效差。

【应用技术】大豆播前或播后苗前进行土壤处理。春大豆每亩用72 %异丙甲草胺乳油150 ~ 200g（有效成分108 ~ 144g），夏大豆每亩用72 %异丙甲草胺乳油120 ~ 150g（有效成分86.4 ~ 108g），对水40 ~ 50L均匀喷雾。

异丙甲草胺施用量应根据土壤有机质含量及土壤质地进行调节。有机质含量高、黏性土用推荐量的高剂量，反之用低剂量。

【注意事项】

（1）土壤湿润有利于药效发挥。干旱地区，应在播种前灌溉或药后浅混土。

（2）药后遇大雨可能造成大豆药害，推荐剂量施药不影响产量。

【主要制剂和生产企业】72 %、88 %、96 %乳油。

江苏百灵农化有限公司、北京中农研创高科技有限公司、山东侨昌化学有限公司、陕西上格之路生物科学有限公司、辽宁省大连瑞泽农药股份有限公司等。

其他参见玉米田除草剂重点产品介绍。

精异丙甲草胺（s-metolachlor）

【作用机理分类】K_3组（氯酰胺类亚组）。

【防治对象】大豆田马唐、稗草、狗尾草、金狗尾草、牛筋草、千金子等一年生禾本科杂草和一些小粒种子的阔叶杂草，如反枝苋、藜、马齿苋、辣子草等。对铁苋菜、苘麻、酸浆等防效差。

【应用技术】大豆播种后杂草出苗前，春大豆每亩用960g / L精异丙甲草胺乳油60 ~ 85g（有效成分57 ~ 81.6g），夏大豆每亩用960g / L精异丙甲草胺乳油50 ~ 85g（有效成分48～81.6g），对水40～50L均匀喷雾。

【注意事项】同异丙甲草胺。

【主要制剂和生产企业】960g／L乳油。

先正达（苏州）作物保护有限公司、瑞士先正达作物保护有限公司等。

其他参见玉米田除草剂重点产品介绍。

异丙草胺（propisochlor）

【作用机理分类】K_3组（氯酰胺类亚组）。

【防治对象】大豆田马唐、稗草、狗尾草、金狗尾草、牛筋草、千金子等一年生禾本科杂草和一些小粒种子的阔叶杂草，如藜、反枝苋、马齿苋、辣子草等。对铁苋菜、苘麻、酸浆等防效差。

【应用技术】大豆播后苗前，春大豆每亩用72 %异丙草胺乳油150～200g（有效成分108～144g），夏大豆每亩用72 %异丙草胺乳油100～150g（有效成分72～108g），对水40～50L进行土壤均匀喷雾。

【注意事项】

（1）异丙草胺除草活性及持效期稍低于乙草胺，单位面积用药量要比乙草胺高才能达到理想除草效果。

（2）与其他酰胺类土壤处理除草剂一样，保持土壤湿润是异丙草胺发挥理想药效的条件，在干旱地区，播种前应结合灌水创造良好土壤墒情。干旱无灌水条件下施药后，应迅速进行浅混土。

【主要制剂和生产企业】50%、72%、78%、720g／L、900g／L乳油，30%可湿性粉剂。

江苏省新沂中凯农用化工有限公司、无锡禾美农化科技有限公司、河北宣化农药有限责任公司、青岛双收农药化工有限公司、黑龙江省哈尔滨利民农化技术有限公司等。

其他参见玉米田除草剂重点产品介绍。

2，4-D丁酯（2，4-D butylate）

【作用机理分类】O组（苯氧羧酸类亚组）。

【防治对象】大豆田反枝苋、马齿苋、藜、蓼、葎草、苍耳、苦荬菜、刺儿菜、田旋花等阔叶杂草。对禾本科杂草无效。

【应用技术】春大豆播后苗前，每亩用57% 2，4-D丁酯乳油76～100g（有效成分42.8～57g），对水20～30L茎叶喷雾。

【注意事项】

（1）2，4-D丁酯有很强的挥发性，药剂雾滴可在空气中飘移很远，使敏感植物受害。喷雾需要带保护罩、并选择无风天气喷药。

（2）大豆出苗后不能用药。

（3）分装和喷施2，4-D丁酯的器械要专用，以免造成“二次污染”。

【主要制剂和生产企业】57%、76%、80%乳油。

江苏辉丰农化股份有限公司、河北万全农药厂、山东乐邦化学品有限公司、大连松辽化工有限公司、黑龙江省哈尔滨利民农化技术有限公司等。

其他参看小麦田除草剂重点产品介绍。

2，4-D异辛酯（2，4-D-isooctylester）

【作用机理分类】O组（苯氧羧酸类亚组）。

【防治对象】同2，4-D丁酯。

【应用技术】春大豆播后苗前，每亩使用77%2，4-D异辛酯乳油50～58g（有效成分38～45g），对水30L茎叶喷雾。

【注意事项】同2，4-D丁酯。

【主要制剂和生产企业】77%、87.5%、900g／L乳油。

黑龙江省嫩江绿芳化工有限公司、辽宁省大连松辽化工有限公司等。

二、大豆田除草剂作用机理分类

我国登记的大豆田除草剂按作用机理分为A组（乙酰辅酶A羧化酶抑制剂）、B组（乙酰乳酸合成酶抑制剂）、C组（光系统Ⅱ抑制剂）、D组（光系统Ⅰ电子传递抑制剂）、E组（原卟啉原氧化酶抑制剂）、F组（类胡萝卜素生物合成抑制剂）、G组（5-烯醇丙酮酰莽草酸-3-磷酸合成酶抑制剂）、K组（微管组装及细胞分裂抑制剂）、O组（合成激素类），涉及17个亚组的32个有效成分（表3-5-1）。

表3-5-1　大豆田除草剂作用机理分类

组号	主要作用机理	化学结构亚组	抗性风险评估	常用品种
A	乙酰辅酶A羧化酶抑制剂	芳氧苯氧基丙酸酯类	高	精唑禾草灵、精吡氟禾草灵、高效氟吡甲禾灵、精喹禾灵、喹禾糠酯
		环已烯酮类	高	烯草酮、烯禾啶
B	乙酰乳酸合成酶抑制剂	磺酰脲类	高	噻吩磺隆、氯吡嘧磺隆
		咪唑啉酮类	高	甲氧咪草烟、咪唑喹啉酸、咪唑乙烟酸
		三唑并嘧啶磺酰胺类	高	唑嘧磺草胺、氯酯磺草胺
C_1	光系统Ⅱ抑制剂	三嗪酮类	中	嗪草酮
C_2	光系统Ⅱ抑制剂	取代脲类	中	绿麦隆
C_3	光系统Ⅱ抑制剂	苯并噻二嗪酮类	低	灭草松
D	光系统Ⅰ电子传递抑制剂	联吡啶类	低	百草枯

(续表)

组号	主要作用机理	化学结构亚组	抗性风险评估	常用品种
E	原卟啉原氧化酶抑制剂	二苯醚类	中	三氟羧草醚、乙羧氟草醚、氟磺胺草醚、乳氟禾草灵、乙氧氟草醚
		苯基酞酰亚胺类	中	丙炔氟草胺
		二唑酮类	中	草酮
		噻二唑类	中	嗪草酸甲酯
F_3	类胡萝卜素生物合成抑制剂	异唑酮类	低	异草松
G	5-烯醇丙酮酰莽草酸-3-磷酸合成酶抑制剂	有机磷类	低	草甘膦
K_1	微管组装抑制剂	二硝基苯胺类	中	仲丁灵、二甲戊灵、氟乐灵
K_2	细胞分裂抑制剂	氯酰胺类	低	乙草胺、甲草胺、异丙草胺、异丙甲草胺、精异丙甲草胺
K_3	合成激素类	苯氧羧酸类	低	2，4-D丁酯

三、大豆田除草剂轮换使用防治方案

（一）北方春大豆区除草剂轮换使用防治方案

包括黑龙江省、吉林省、辽宁省、宁夏回族自治区和内蒙古自治区的全部及河北省、山西省、陕西省、甘肃省北部地区，属寒温带湿润、半湿润气候。大豆一年一熟，一般和小麦、玉米、高粱轮作。主要杂草有藜、灰绿藜、反枝苋、凹头苋、猪毛菜、萹蓄、卷茎蓼、柳叶刺蓼、酸模叶蓼、叉分蓼、鸭跖草、龙葵、豨莶、葎草等阔叶杂草和稗草、马唐、狗尾草、金狗尾草等禾本科杂草。大部分田块阔叶杂草占优势。

1.防除阔叶杂草除草剂轮换使用

可选择唑嘧磺草胺、氯酯磺草胺、噻吩磺隆（B组），嗪草酮（C_1组），灭草松（C_3组），2，4-D（O组），乙羧氟草醚、三氟羧草醚、乳氟禾草灵、嗪草酸甲酯、丙炔氟草胺（E组）等轮换使用。

其中，E组、C_3组为触杀型药剂，应在大豆封垅前、杂草苗后早期使用，用药太晚防效差。B组除草剂是高风险药剂，应注意抗药性杂草的监测。O组2，4-D不能在大豆出苗后使用。

2.防除禾本科杂草除草剂轮换使用

可选择精吡氟禾草灵、高效氟吡甲禾灵、精喹禾灵、喹禾糠酯、烯草酮、烯禾啶（A

组），仲丁灵、二甲戊灵（K_1组），乙草胺、异丙甲草胺、甲草胺（K_3组）等轮换使用。

其中，A组为苗后除草剂，应在大豆封垄前、杂草苗后早期做茎叶处理，大豆封垄后使用，杂草植株着药少，防效降低。K_1组、K_3组除草剂为土壤处理剂，良好的土壤墒情有利于杂草吸收药剂，土壤墒情差的情况下应改用茎叶处理剂。

防除禾本科杂草兼治阔叶杂草可选择咪唑乙烟酸、甲氧咪草烟、咪唑喹啉酸（B组）、草酮（E组）、异草松（F_3组）轮换使用；也可分别喷施A组和E组除草剂。A组和E组除草剂混用，需注意药剂之间的拮抗作用，不可直接混合加入喷雾器，应在喷雾器内先加入其中一个药剂，对一部分水后再加入另一个药剂，混合后即刻喷施，不能存放。

（二）黄淮海夏大豆区除草剂轮换使用防治方案

包括山东省、河南省、河北省、北京市、天津市、山西省中南和东南部、江苏省洪泽湖以及安徽省淮河以北地区，属暖温带半湿润季风气候区。栽培方式多为小麦–大豆一年两熟。大豆主要为夏播种植，少部分春播。主要杂草有反枝苋、马齿苋、藜、酸模叶蓼、铁苋菜、苘麻、龙葵、苍耳、打碗花等阔叶杂草和马唐、牛筋草、稗草、狗尾草等禾本科杂草。

1.防除阔叶杂草除草剂轮换使用

可选择灭草松（C_3组），乙羧氟草醚、三氟羧草醚、乳氟禾草灵、嗪草酸甲酯（E组）轮换使用。

上述药剂均为触杀型药剂，应在大豆封垅前、杂草苗后早期使用，用药太晚防效差。

2.防除禾本科杂草除草剂轮换使用

可选择精吡氟禾草灵、高效氟吡甲禾灵、精喹禾灵、烯草酮、烯禾啶（A组），仲丁灵、二甲戊灵（K_1组），乙草胺、异丙甲草胺（K_3组）等轮换使用。

其中，A组为苗后除草剂，应在大豆封垅前、杂草苗后早期做茎叶处理，大豆封垅后使用，因杂草植株着药少，防效降低。K_1组、K_3组除草剂为土壤处理剂，适宜的土壤墒情有利于杂草吸收药剂，但在夏大豆播种前后遇大雨造成田间积水，K_3组除草剂易对大豆产生药害。

田间防除禾本科杂草兼治阔叶杂草，可采用播后苗前喷施乙草胺等K_3组药剂，大豆出苗后根据田间阔叶杂草种类定向喷施E组除草剂；也可以分别喷施A组和E组除草剂，如两组药剂混用，需注意药剂之间的颉颃作用，混合后即刻喷施，不能存放。

该区大豆播种后很快出苗，因此不能使用O组2，4–D。B组药剂唑嘧磺草胺、氯酯磺草胺、咪唑乙烟酸、甲氧咪草烟、咪唑喹啉酸等，E组草酮，F_3组异草松在土壤残效期较长，不能在本区使用。

（三）长江流域春夏大豆区除草剂轮换使用防治方案

包括江苏省、安徽省长江沿岸部分，湖北省、河南省、陕西省南部、浙江省、江苏省、湖南省的北部、云南省、贵州省、四川省。种植制度从一年一熟至一年多熟兼而有之。大豆有春播和夏播种植。主要杂草有青葙、刺苋、凹头苋、马齿苋、小藜、野西瓜苗、黄花稔、叶下珠、粟米草、臭矢菜、辣子草、铁苋菜、地锦、空心莲子草等阔叶杂草和马唐、稗、牛筋草、千金子、双穗雀稗等禾本科杂草。

1.防除阔叶杂草除草剂轮换使用

可选择灭草松（C_3组），乙羧氟草醚、三氟羧草醚、乳氟禾草灵、嗪草酸甲酯、丙炔氟草胺（E组）轮换使用。

上述药剂均为触杀型药剂，应在大豆封垄前、杂草苗后早期使用，用药太晚防效差。

2.防除禾本科杂草除草剂轮换使用

可选择精唑禾草灵、精吡氟禾草灵、高效氟吡甲禾灵、精喹禾灵、烯草酮、烯禾啶（A组），仲丁灵、二甲戊灵（K_1组），乙草胺、异丙甲草胺（K_3组）等轮换使用。

防除禾本科杂草兼治阔叶杂草可选用K_3组与E组丙炔氟草胺混用做播后苗前土壤处理；或用K_3组进行播后苗前土壤处理，大豆出苗后用E组茎叶处理剂进行苗后喷雾。也可分别喷施A组和E组除草剂，如两组药剂混用，需注意药剂之间的拮抗作用，混合后即刻喷施，不能存放。

该区大豆播种后很快出苗，因此不能使用O组2，4-D。也不能使用B组药剂唑嘧磺草胺、氯酯磺草胺、咪唑乙烟酸、甲氧咪草烟、咪唑喹啉酸，E组草酮，F_3组异草松等土壤残留期长的药剂。

第六章　油菜田杂草防除轮换用药防治方案

一、油菜田除草剂重点产品介绍

精唑禾草灵（fenoxaprop-p-ethyl）

【作用机理分类】A组（芳氧苯氧基丙酸酯类亚组）。

【防治对象】油菜田野燕麦、看麦娘、日本看麦娘、雀麦、黑麦草、硬草、茵草等禾本科杂草。

【应用技术】油菜3～5叶期、禾本科杂草3～5叶期，冬油菜田每亩用69g/L精唑禾草灵水乳剂40～50g（有效成分2.76～3.45g），春油菜田每亩用69g/L精唑禾草灵水乳剂50～60g（有效成分3.45～4.14g），对水30L茎叶喷雾。

【注意事项】

冬前杂草叶龄小施药比冬后叶龄大施药除草效果理想。

【主要制剂和生产企业】6.9%、69g/L、80.5g/L水乳剂。

上海生农生化制品有限公司、安徽华星化工股份有限公司、珠海经济特区瑞农植保技术有限公司、拜耳作物科学（中国）有限公司等。

其他参看小麦田除草剂重点产品介绍。

精吡氟禾草灵（fluazifop-p-butyl）

【作用机理分类】A组（芳氧苯氧基丙酸酯类亚组）。

【防治对象】油菜出田野燕麦、看麦娘、日本看麦娘、雀麦、黑麦草、硬草、茵草等禾本科杂草。

【应用技术】油菜出苗后，禾本科杂草1～1.5个分蘖时，每亩用15%精吡氟禾草灵乳油50～67g（有效成分7.5～10g），对水30L茎叶喷雾。

【注意事项】

环境相对湿度较大、温度适宜时，除草效果好。高温、低温、干旱条件下，防效稍差，应使用推荐剂量的上限。

【主要制剂和生产企业】15%、150g/L乳油。

永农生物科学有限公司、浙江省宁波中化化学品有限公司、浙江石原金牛农药有限公司、日本石原产业株式会社等。

其他参看大豆田除草剂重点产品介绍。

高效氟吡甲禾灵（haloxyfop-r-methyl）

【作用机理分类】A组（芳氧苯氧基丙酸酯类亚组）。

【防治对象】油菜田早熟禾、看麦娘、日本看麦娘、雀麦、野燕麦、黑麦草、硬草、茵草、匍匐冰草等禾本科杂草。

【应用技术】直播或移栽油菜田，禾本科杂草3～5叶期，每亩用108g／L高效氟吡甲禾灵乳油25～30g（有效成分2.7～3.24g），对水30L茎叶喷雾。

【注意事项】

（1）禾本科作物对本品敏感，施药时避免药雾飘移到上述作物上。与禾本科作物间、混、套种的田块不能使用。

（2）干旱影响药效发挥，干旱时可浇水后施药或在喷药时添加喷雾助剂。

（3）本品对水生生物有毒。施药时应避免药雾飘移至水产养殖区，禁止在河塘等水体中清洗施药器具。

【主要制剂和生产企业】10.8%、108g／L乳油。

江苏省农用激素工程技术研究中心有限公司、永农生物科学有限公司、安徽圣丹生物化工有限公司、利尔化学股份有限公司、北京燕化永乐农药有限公司、山东省青岛瀚生生物科技股份有限公司、昆明云大科技农化有限公司等。

其他参见棉田除草剂重点产品介绍。

精喹禾灵（quizalofop-p-ethyl）

【作用机理分类】A组（芳氧苯氧基丙酸酯类亚组）。

【防治对象】油菜田看麦娘、日本看麦娘、雀麦、野燕麦、黑麦草、硬草、茵草、匍匐冰草等禾本科杂草。

【应用技术】油菜出苗后，看麦娘等禾本科杂草出齐至1.5个分蘖期，每亩用5%精喹禾灵乳油50～70g（有效成分2.5～3.5g），对水30L茎叶喷雾。

【注意事项】

（1）环境相对湿度较大、温度适宜时，除草效果好。在高温、低温、干旱条件下，防效稍差，应使用推荐剂量的上限。

（2）不能与碱性的农药等物质混用。

【主要制剂和生产企业】5%、8.8%、10%、10.8%、15%、20%、50g／L乳油。

江苏南通江山农药化工股份公司、江苏瑞邦农药厂有限公司、江苏溧阳市新球农药化工有限公司、广东浩德作物科技有限公司、山东滨农科技有限公司、江西正邦生物化工股份有限公司、天津施普乐农药技术发展有限公司等。

其他参看大豆田除草剂重点产品介绍。

喹禾糠酯（quizalofop-p-tefuryl）

【作用机理分类】A组（芳氧苯氧基丙酸酯类亚组）。

【防治对象】油菜田早熟禾、看麦娘、日本看麦娘、雀麦、野燕麦、黑麦草、硬草、茵草等禾本科杂草。

【应用技术】油菜出苗后，杂草2～5叶期，每亩用40g／L喹禾糠酯乳油50～80g（有效成分2.0～3.2g），对水30L茎叶喷雾。

【注意事项】

（1）兼治阔叶杂草时，该药可与草除灵混用。

（2）玉米、水稻和小麦等禾本科作物对本品敏感，施药时应避免药雾飘移到上述作物上。与禾本科作物间、混、套种的田块不能使用。

（3）本品对赤眼蜂高风险，施药时需注意保护天敌生物。

（4）本品对水生生物有毒。施药时应避免药雾飘移至水产养殖区，禁止在河塘等水体中清洗药械及丢弃废弃物。

【主要制剂和生产企业】40g／L乳油。

中农住商（天津）农用化学品有限公司、美国科聚亚公司。

其他参看大豆田除草剂重点产品介绍。

烯草酮（clethodim）

【作用机理分类】A组（环己烯酮类亚组）。

【防治对象】油菜田看麦娘、日本看麦娘、雀麦、野燕麦、黑麦草、硬草、茵草、匍匐冰草等禾本科杂草。

【应用技术】油菜出苗后，禾本科杂草3～5叶期，每亩用24%烯草酮乳油15～20g（有效成分3.6～4.6g），对水30L茎叶喷雾。

【注意事项】

（1）干旱时施药，可加入表面活性剂、植物油等助剂，以提高烯草酮的除草活性。

（2）玉米、水稻和小麦等禾本科作物对本品敏感，施药时应避免药雾飘移到上述作物上。与禾本科作物间、混、套种的田块不能使用。

【主要制剂和生产企业】120g／L、240g／L烯草酮乳油。

江苏龙灯化工有限公司、沈阳科创化学品有限公司、沧州科润化工有限公司、大连瑞泽农药股份有限公司等。

其他参看大豆田除草剂重点产品介绍。

胺苯磺隆（ethametsulfuron-methyl）

【作用机理分类】B组（磺酰脲类亚组）。

【化学结构式】

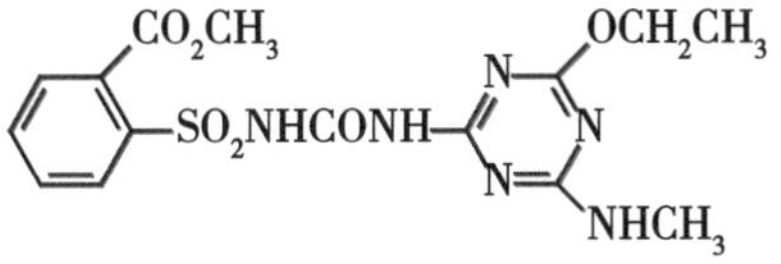

（苯环邻位 CO_2CH_3 ，$-SO_2NHCONH-$ 连接三嗪环，三嗪环上取代基 OCH_2CH_3 与 $NHCH_3$）

【曾用名】金星、油磺隆。

【理化性质】白色结晶，相对密度1.6，熔点194℃，蒸汽压7.73×10^{-13}Pa（25℃）。溶解度（g／L，25℃）：水0.05（pH值为5～7），丙酮1.6，二氯甲烷3.9，甲醇0.35，乙酸乙酯0.68，乙腈0.8。

【毒性】低毒。急性经口LD_{50}（mg／kg）：大鼠11 000，小鼠>5 000，兔>5 000。兔急性经皮LD_{50}>2 000mg／kg。大鼠急性吸入LC_{50}（4h）>5.7mg／L。对兔皮肤无刺激性。

对兔眼睛有轻度刺激性。饲喂试验无作用剂量（mg／kg·d）：大、小鼠5 000（90d），大鼠500（1年），狗3 000（1年），小鼠5 000（1.5年），大鼠100（雄）、750（2年，雌）。试验条件下无致突变、致畸、致癌所用。

对鱼、鸟、蜜蜂无毒。翻车鱼、虹鳟鱼和蓝鳃鱼LC_{50}（96h）>600mg／L。野鸭和鹌鹑LC_{50}（5d）5 620mg／kg。蜜蜂LC_{50}>12.5μg／只。蚯蚓LC_{50}（14d）>1 000mg／kg。

【作用特点】通过植物根、茎、叶吸收，在体内向上和向下传导。抑制乙酰乳酸合成酶活性，缬氨酸、亮氨酸和异亮氨酸合成受阻，导致杂草死亡。施药后杂草停止生长、失绿，最后枯死，整个过程需要15～25d。

【防治对象】油菜田一年生阔叶杂草，如繁缕、猪殃殃、雀舌草、碎米荠、荠菜、野荠菜、野芝麻、鼬瓣花、蓼及禾本科杂草看麦娘、日本看麦娘。

【应用技术】冬油菜除草：每亩用25%胺苯磺隆可湿性粉剂5～6g（有效成分1.25～1.5g），对水30～40L苗前施药；或在油菜移栽7～10d成活后，每亩用25%胺苯磺隆可湿性粉剂5～6g（有效成分1.25～1.5g），对水30L苗后茎叶处理；也可在直播油菜3～4叶期，每亩用25%胺苯磺隆可湿性粉剂5～6g（有效成分1.25～1.5g），对水30L茎叶喷雾。春油菜除草：油菜3～4叶期，每亩用25%胺苯磺隆可湿性粉剂6～8g（有效成分1.5～2g），对水30L茎叶喷雾。

【注意事项】

（1）仅可用于甘蓝型油菜田，白菜型油菜田慎用，禁止用于芥菜型油菜田。育苗油菜1～2叶期茎叶处理会发生药害，禁止使用该药。

（2）禁止用于土壤pH值>7.0、土壤黏重、积水严重的田块，以免发生药害。

（3）严格控制施药时期及用药量。用药量过高时，施药期晚，影响后茬早稻生长及产量，甚至死苗。

（4）禁止施用于后茬作物为水稻秧田、棉花、玉米、瓜类、豆类等的油菜田。冬油菜田使用本品180d以上，后茬可种植移栽中稻或晚稻，不能种植其他作物。春油菜田施药后下茬不能种植其他作物。

（5）农业部规定，自2015年12月31日起，禁止胺苯磺隆单剂产品在国内销售和使用，自2017年7月1日起，禁止胺苯磺隆复配制剂产品在国内销售和使用。

【主要制剂和生产企业】5%、20%水分散粒剂，20%可溶粉剂。

安徽华星股份有限公司、江苏省激素研究所股份有限公司、江苏瑞邦农药有限公司、湖南海利化工股份有限公司、大连瑞泽农药股份有限公司。

敌草快（diquat）

【作用机理分类】D组（联吡啶类亚组）。

【防治对象】禾本科杂草及阔叶杂草。

【应用技术】免耕油菜播种前，每亩使用20%敌草快水剂150～200g（有效成分30～40g），对水30～40L对靶定向喷雾。

【注意事项】

（1）对深根性杂草及多年生杂草根部防效差，可与传导型除草剂混用。

（2）施药时天气干旱可加喷雾助剂提高药效。

（3）喷雾时防止药液飘移到周围作物。

（4）勿与碱性磺酸盐湿润剂、激素型除草剂的碱金属盐类混合使用，以免降低药效。

【主要制剂和生产企业】200g / L水剂。

永农生物科学有限公司。

百草枯（paraquat）

【作用机理分类】D组（联吡啶类亚组）。

【防治对象】禾本科杂草及阔叶杂草。

【应用技术】免耕油菜播种前，每亩使用200g / L百草枯水剂150～300g（有效成分30～60g），对水30～40L对靶定向喷雾。

【注意事项】

（1）对深根性杂草及多年生杂草根部防效差，可与传导性除草剂混用。

（2）施药时天气干旱可加喷雾助剂提高药效。

（3）喷雾时防止药液飘移到周围作物。

【主要制剂和生产企业】200g / L、250g / L水剂。

江苏苏州佳辉化工有限公司、永农生物科学有限公司、山东绿霸化工股份有限公司、河北石家庄宝丰化工有限公司、北京燕化永乐农药有限公司、天津市华宇农药有限公司、先正达南通作物保护有限公司等。

其他参看玉米田除草剂重点产品介绍。

草甘膦（glyphosate）

【作用机理分类】G组（有机磷类亚组）。

【应用技术】免耕油菜播种前5～8d，春油菜每亩用41%草甘膦异丙铵盐水剂244～366g（有效成分100～150g），冬油菜每亩用41%草甘膦异丙铵盐水剂122～195g（有效成分50～80g）加水30L对靶定向喷雾。

【注意事项】

严禁药液飘移到油菜及邻近作物。

【主要制剂和生产企业】30%、41%、46%水剂，58%、60%、68%可溶性粉剂。

湖北沙隆达股份有限公司、江苏东宝农药化工有限公司、浙江新安化工集团股份公司、浙江乐吉化工股份有限公司、浙江锐特华工科技有限公司等。

其他参看水稻田除草剂重点产品介绍。

乙草胺（acetochlor）

【作用机理分类】K_3组（氯酰胺类亚组）。

【防治对象】油菜田野燕麦、看麦娘、茵草、硬草、早熟禾及小粒种子阔叶杂草。

【应用技术】春油菜播后苗前，每亩用50%乙草胺乳油105～160g（有效成分52.5～80g），冬油菜播后苗前或移栽前后3d，每亩用50%乙草胺乳油70～144g（有效成分

35～72g），对水40～50L均匀喷雾。

【注意事项】

（1）施药前后土壤湿润，有利于药效发挥。

（2）乙草胺活性高，用药量不宜随意增大。

（3）用药前后多雨、土壤湿度太大或田间排水不良应选用推荐的低剂量，否则易造成油菜药害。

（4）提高油菜播种质量，土地平整、种子不露籽，可减轻药害。

【主要制剂和生产企业】50%、81.5%、900g／L乳油，50%微乳剂，40%、50%水乳剂，20%可湿性粉剂。

江苏省南通江山农药化工股份有限公司、美丰农化有限公司、浙江省杭州庆丰农化有限公司、山都丽化工有限公司、山东侨昌化学有限公司、吉林金秋农药有限公司等。

异丙草胺（propisochlor）

【作用机理分类】K_3组（氯酰胺类亚组）。

【防治对象】油菜田野燕麦、看麦娘、菵草、硬草、早熟禾及小粒种子阔叶杂草。

【应用技术】春油菜播后苗前，每亩用72%异丙草胺乳油125～175g（有效成分90～126g），对水40～50L均匀喷雾。

【注意事项】

（1）异丙草胺除草活性及持效期稍低于乙草胺，单位面积用药量要比乙草胺高才能达到理想除草效果。

（2）与其他酰胺类土壤处理除草剂一样，保持土壤湿润是异丙草胺发挥理想药效的条件，在干旱地区，应结合灌水创造良好土壤墒情。干旱条件下施药，应迅速进行浅混土。

【主要制剂和生产企业】72%乳油。

内蒙古宏裕科技股份有限公司。

其他参见玉米田除草剂重点产品介绍。

精异丙甲草胺（s-metolachlor）

【作用机理分类】K_3组（氯酰胺类亚组）。

【防治对象】油菜田野燕麦、看麦娘、菵草、硬草、早熟禾及小粒种子阔叶杂草。

【应用技术】油菜移栽前，每亩用960g／L精异丙甲草胺乳油45～60g（有效成分43.2～57.6g），对水40～50L均匀喷雾。

【注意事项】

（1）良好的土壤墒情有利于药效发挥。干旱而无灌溉的条件下，应采用混土法施药，施药后立即用铁耙或旋耕机混土。

（2）用量过大、药后积水均易造成油菜药害。

（3）油菜移栽前如有杂草出土，可在喷药时混用百草枯或敌草快等灭生性除草剂杀除。

【主要制剂和生产企业】960g／L乳油。

先正达（苏州）作物保护有限公司、瑞士先正达作物保护有限公司。

其他参看玉米田除草剂重点产品介绍。

敌草胺（napropamide）

【作用机理分类】K_3组（乙酰胺类亚组）。

【化学结构式】

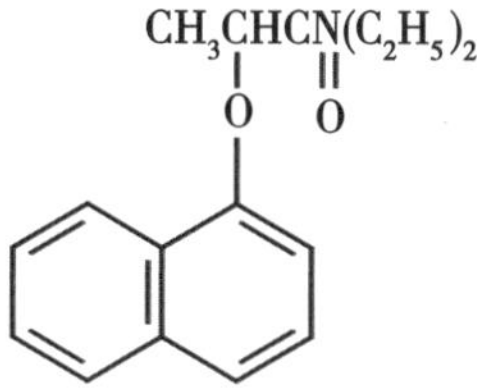

$CH_3CHCN(C_2H_5)_2$

O　O

【曾用名】大惠利。

【理化性质】白色结晶体，相对密度0.584，熔点74.8 ~ 75.5℃，蒸汽压5.3×10^{-4}Pa（25℃）。水中溶解度73mg / L（25℃），有机溶剂中溶解度（20℃，g / L）：煤油62，二甲苯505，已烷15，与丙酮、乙醇互溶。

【毒性】低毒。急性经口LD_{50}（mg / kg）：雄大鼠>5 000，雌大鼠4 680，兔急性经皮LD_{50}>4 640mg / kg，大鼠急性吸入LC_{50}（4h）>5mg / L。对兔眼睛和皮肤有轻微刺激性。饲喂试验无作用剂量（mg / kg · d）：大鼠30（2年），小鼠100（2年），狗40（90d）。试验剂量内无致畸、致突变、致癌作用。

对鱼、蜜蜂、鸟低毒。LC_{50}（96h，mg / L）：虹鳟鱼16.6，翻车鱼30，金鱼10。水蚤LC_{50}（48h）14.3mg / L。蜜蜂LD_{50}121μg / 只。山齿鹑饲喂无作用剂量（7d）5 600mg / kg。

【作用特点】选择性芽前土壤处理剂。药剂经杂草幼根或幼芽吸收后，抑制细胞分裂和蛋白质合成，影响杂草的呼吸作用，使其根、芽不能正常生长，心叶皱缩，最后死亡。敌草胺土壤中半衰期70d左右，持效期长。

【防治对象】油菜田野燕麦、看麦娘、早熟禾、雀稗、千金子、稗、马唐、狗尾草、牛筋草等。对繁缕、猪殃殃、萹蓄、藜、马齿苋、反枝苋、锦葵等阔叶杂草也有控制效果。

【应用技术】 在油菜播后苗前或移栽后，每亩用50%敌草胺可湿性粉剂100 ~ 120g（有效成分50 ~ 60g），对水40 ~ 50L进行土壤喷雾施药。

【注意事项】

（1）良好的土壤墒情有利于药效发挥。在干旱而无灌溉的条件下，应采用混土法施药，混土深度以不触及作物种子为宜。

（2）用量过大、药后积水均易造成油菜药害。

（3）油菜移栽前如有杂草出土，可在喷药时加入百草枯或敌草快等灭生性除草剂杀除。

【主要制剂和生产企业】20%乳油、50%可湿性粉剂。

江苏快达农化股份有限公司。

二氯吡啶酸（clopyralid）

【作用机理分类】O组（吡啶羧酸类亚组）。

【化学结构式】

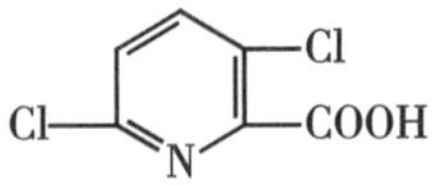

【曾用名】毕草克。

【理化性质】白色结晶固体，相对密度1.57（20℃），熔点151～152℃，蒸汽压1.33×10^{-3}Pa（24℃）、1.36×10^{-3}Pa（25℃，工业品）。溶解度（20℃，g／L）：水7.85（蒸馏水）、118（pH值为5）、143（pH值为7）、157（pH值为9），乙腈121，己烷6，甲醇104，丙酮153，环己酮387，二甲苯6.5。

【毒性】低毒。大鼠急性经口LD_{50}（mg／kg）：3 738（雄）、2 675（雌），兔急性经皮LD_{50}>2 000mg／kg，大鼠急性吸入LC_{50}（4h）>0.38mg／L。对兔眼睛有强刺激性，对皮肤无刺激性。饲喂试验无作用剂量（2年，mg／kg·d）：15（大鼠）、500（雄小鼠）、>2 000（雌小鼠）。无致畸、致突变、致癌作用。

对鱼、蜜蜂、鸟低毒。LC_{50}（96h，mg／L）：虹鳟鱼103.5，大翻车鱼125.4。蜜蜂经口和接触LD_{50}（48h）>100μg／只。急性经口LD_{50}（mg／kg）：野鸭1 465，鹌鹑>2 000，饲喂LC_{50}（8d）：野鸭和鹌鹑>4 640mg／kg。蚯蚓LC_{50}（14d）>1 000mg／kg。

【作用特点】内吸性传导型芽后除草剂。药剂主要由杂草叶片吸收，传导至全株，促进植物产生过量的核糖核酸，造成根、茎、叶生长畸形，维管束输导功能受阻，出现激素型药剂的受害症状，最后死亡。

【防治对象】油菜田猪殃殃、藜、荞麦蔓、繁缕、牛繁缕、大巢菜等。对禾本科杂草无效。

【应用技术】油菜（甘蓝型及白菜型）2～5叶期，杂草2～6叶期，春油菜每亩使用75%二氯吡啶酸可溶性粒剂8.9～16g（有效成分6.67～12g）；冬油菜每亩使用75%二氯吡啶酸溶性粒剂为6～10g（有效成分4.5～7.5g），对水30L茎叶喷雾施药。

【注意事项】

（1）不能在芥菜型油菜上使用本品。

（2）可与氨氯吡啶酸按一定比例混用，扩大杀草谱。

（3）施用时严禁药液飘移到周围的敏感作物上。

（4）本品降解速度受环境影响较大。与后茬作物安全间隔期：小麦、大麦、油菜、十字花科蔬菜，大豆、花生1年，棉花、向日葵、西瓜、番茄、红豆、绿豆、甘薯18个月。

【主要制剂和生产企业】30%水剂、75%可溶性粒剂。

利尔化学股份有限公司、重庆双丰化工有限公司、江门市大光明农化新会有限公司、中农住商（天津）农用化学品有限公司、美国陶氏益农公司。

草除灵（benazolin-ethyl）

【作用机理分类】O组（其他类亚组）。

【化学结构式】

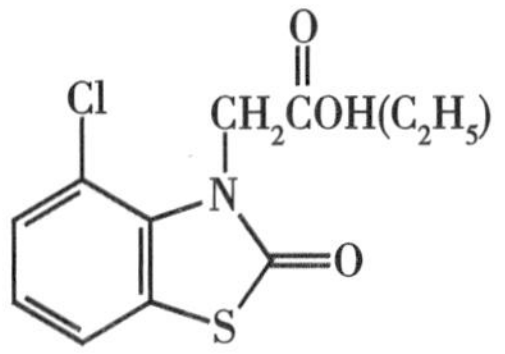

$$\text{4-Cl-苯并噻唑-2-酮, N-}CH_2COOH(C_2H_5)$$

【曾用名】高特克。

【理化性质】乙酯的原药为白色结晶固体，相对密度1.45（20℃），熔点79.2℃，蒸汽压3.7×10^{-4}Pa（25℃）。溶解度（25℃，g／L）：水0.047，丙酮229，二氯甲烷603，乙酸乙酯148，甲醇28.5，甲苯198。在酸性及中性条件下稳定。

【毒性】低毒。乙酯的原药为低毒。急性经口LD_{50}（mg／kg）：大鼠>6 000，小鼠>4 000，狗>5 000，大鼠急性经皮LD_{50}>2 100mg／kg，大鼠急性吸入LC_{50}（4h）5.5mg／L。对兔眼睛和皮肤无刺激。饲喂试验无作用剂量（mg／kg·d）：大鼠0.61（2年），狗18.6（1年）。试验剂量内无致畸、致突变、致癌作用。

对鱼中等毒。LC_{50}（96h，mg／L）：虹鳟鱼5.4，翻车鱼2.8，水蚤48h LC_{50}6.2mg／L。对鸟低毒。急性经口LD_{50}（mg／kg）：日本鹌鹑>9 709，山齿鹑>600，野鸭>3 000。

【作用特点】选择性芽后茎叶处理剂。有效成分经杂草叶片吸收，传导到整个植物体，敏感植物受药后生长停滞，出现激素类药剂受害症状，叶片僵绿、增厚反卷，新生叶扭曲，节间缩短，最后死亡。在耐药性植物体内降解成无活性物质，对油菜、麦类等作物较安全。草除灵在土壤中转化为游离酸并很快降解成无活性物，对后茬作物无影响。

【防治对象】油菜田阔叶杂草婆婆纳、猪殃殃、繁缕、牛繁缕、雀舌草、曼陀罗、地肤、野芝麻等。对大巢菜、荠菜效果差。

【应用技术】 直播油菜（甘蓝型）6～8叶期或移栽油菜返青后，阔叶杂草2～3叶期，每亩用30%草除灵悬浮剂50～66.7g（有效成分15～20g），对水30L茎叶喷雾。视田间杂草种群，以雀舌草、牛繁缕、繁缕为主，宜选用推荐剂量下限。以猪殃殃为主，宜选择推荐剂量上限。

【注意事项】

（1）冬前用药比返青期施药效果好，阔叶杂草叶龄较大时施药效果减低。

（2）该药可与精喹禾灵、高效氟吡甲禾灵、精唑禾草灵等混用。

（3）严禁用于芥菜型油菜，白菜型油菜耐药性弱，应在油菜越冬后期或返青期使用以避免药害。

（4）油菜对该药耐受性受叶龄、气温、雨水等因素影响。避免低温天气施药，不得加大用药剂量，也不宜在直播油菜4～5叶期前过早使用。

（5）对鱼有毒，应远离水产养殖区施药，禁止在河塘等水体中清洗施药器具。

【主要制剂和生产企业】15%乳油、30%、50%悬浮剂。

江苏长青农化股份有限公司、江苏省农药研究所股份有限公司、浙江新安化工集团股份公司、吉林八达农药有限公司、合肥久易农业开发有限公司、安徽华星农药化工股份、沈阳科创化学品有限公司等。

二、油菜田除草剂作用机理分类

我国油菜田登记的除草剂较少，按作用机理分为A组（乙酰辅酶A羧化酶抑制剂）、B组（乙酰乳酸合成酶抑制剂）、D组（光系统Ⅰ电子传递抑制剂）、G组（5-烯醇丙酮酰莽草酸-3-磷酸合成酶抑制剂）、K组（细胞分裂抑制剂）、O组（合成激素类），涉及8个亚组的16个有效成分（表3-6-1）。

表3-6-1　油菜田除草剂作用机理分类表

组号	主要作用机理	化学结构亚组	抗性风险评估	常用品种
A	乙酰辅酶A羧化酶抑制剂	芳氧苯氧基丙酸酯类	高	精唑禾草灵、精吡氟禾草灵、高效氟吡甲禾灵、精喹禾灵、喹禾糠酯
		环己烯酮类	高	烯草酮
B	乙酰乳酸合成酶抑制剂	磺酰脲类	高	胺苯磺隆
D	光系统Ⅰ电子传递抑制剂	联吡啶类	低	敌草快、百草枯
G	5-烯醇丙酮酰莽草酸-3-磷酸合成酶抑制剂	有机磷类	低	草甘膦
K_3	细胞分裂抑制剂	氯酰胺类	低	乙草胺、甲草胺、精异丙甲草胺
		乙酰胺类	低	敌草胺
O	合成激素类	吡啶羧酸类	低	二氯吡啶酸
		其他	低	草除灵

三、油菜田除草剂轮换使用防治方案

（一）春油菜区除草剂轮换使用防治方案

春油菜主要分布于华北北部、东北、西北及青藏高原。油菜春季播种，一年一熟，与春小麦、青稞等作物轮作，油菜类型以白菜型为主，其次为甘蓝型，少部分芥菜型油菜。主要杂草为藜、密花香薷、鼬瓣花、微孔草、宝盖草、薄蒴草、遏蓝菜、鹅绒委陵菜、猪殃殃、野胡萝卜、萹蓄、尼泊尔蓼、酸模叶蓼、荞麦蔓、田旋花、苣荬菜、刺儿菜、大刺儿菜、问荆和野燕麦、雀麦等。

阔叶杂草为主的田块，可选择二氯吡啶酸防除。禾本科杂草占优势的田块，可选择精唑禾草灵、精吡氟禾草灵、高效氟吡甲禾灵、精喹禾灵、烯草酮、喹禾糠酯（A组）与乙草胺、异丙草胺、精异丙甲草胺、敌草胺（K_3组）等轮换使用。

目前，白菜型油菜田可供选择的阔叶杂草除草剂较少，应将化学防除与轮作倒茬、合理密植等农作措施结合起来，通过与小麦轮作实现轮换使用除草剂杀除油菜田密花香薷、薄蒴草、狼紫草等难除阔叶杂草。另外，油菜合理密植，保证全苗，生育前期加强水肥管理促进油菜生长，提高与杂草的竞争力，上述措施对提高除草剂的药效有较大作用。

（二）冬油菜区除草剂轮换使用防治方案

冬油菜主要分布于云、贵、川，陕西关中及山西中部，河北中部及其以南地区。种植制度多为一年两熟，油菜秋季播种，后茬主要为水稻及少量玉米、杂粮、瓜菜类。油菜类型以甘蓝型为主。主要杂草有看麦娘、日本看麦娘、菵草、硬草、早熟禾、棒头草等禾本科杂草和猪殃殃、牛繁缕、繁缕、大巢菜、稻槎菜、泽漆、婆婆纳、荠菜、附地菜、通泉草、卷耳、野胡萝卜等阔叶杂草，大部分田块优势种为禾本科杂草。

可用二氯吡啶酸、草除灵（O组）与胺苯磺隆（B组）轮换使用防除阔叶杂草。精唑禾草灵、精吡氟禾草灵、高效氟吡甲禾灵、精喹禾灵、烯草酮、喹禾糠酯（A组）与精异丙甲草胺、敌草胺（K_3组）等轮换使用防除禾本科杂草。

目前，该区油菜田日本看麦娘、看麦娘等对A组的部分除草剂产生不同程度抗性，应注意该组与其他作用机制的除草剂轮换使用，并加强抗药性监测。

K_3组除草剂为播后苗前土壤处理剂，在土壤湿度较大的油菜-水稻轮作田对禾本科杂草防效理想，也能兼治小粒种子阔叶杂草，土壤较干旱时，可适当增加对水量或浅混土。该组乙草胺、异丙草胺在冬油菜种植区温度较高、土壤湿度较大的条件易发生药害，不推荐使用。

二氯吡啶酸、草除灵和胺苯磺隆使用中除了应注意不同类型油菜的安全性外，还需根据不同作物的安全间隔期合理配置后茬作物，尤其是胺苯磺隆的后茬药害需引起注意。

该区部分免耕油菜播种前或移栽前采用G组草甘膦和D组百草枯灭生性除草，应注意两种药剂轮换使用。

第七章 棉田杂草防除轮换用药防治方案

一、棉田除草剂重点产品介绍

精唑禾草灵（fenoxaprop-p-ethyl）

【作用机理分类】A组（芳氧苯氧基丙酸酯类亚组）。

【防治对象】棉田稗、马唐、牛筋草、狗尾草、画眉草、千金子、野高粱、野黍等禾本科杂草。

【应用技术】直播或移栽棉花苗期，杂草2叶期至分蘖期前，每亩用69g／L精唑禾草灵水乳剂50～60g（有效成分3.45～4.14g），对水30L茎叶喷雾。

【注意事项】

（1）杂草叶龄大时该药效果差，应在杂草出齐苗后提早施药。

（2）干旱条件下施药，在药液中加入喷雾助剂可提高除草效果。

【主要制剂和生产企业】6.9%、69g／L水乳剂和10%乳油。

江苏江南农化有限公司、江苏瑞邦农药厂有限公司、安徽华星化工股份有限公司、吉林金秋农药有限公司、中国农业科学院植物保护研究所廊坊农药中试厂、广东珠海经济特区瑞农植保技术有限公司、德国拜耳作物科学公司等。

其他参看小麦田除草剂重点产品介绍。

精吡氟禾草灵（fluazifop-p-butyl）

【作用机理分类】A组（芳氧苯氧基丙酸酯类亚组）。

【防治对象】棉田稗、马唐、牛筋草、狗尾草、画眉草、千金子、野高粱、野黍、芦苇等禾本科杂草。

【应用技术】直播棉田和移栽棉田禾本科杂草3～5叶期，每亩用15%精吡氟禾草灵乳油40～67g（有效成分6～10g），对水30L茎叶喷雾。

【注意事项】

环境相对湿度较大、温度适宜时，除草效果好。在高温、低温、干旱条件下，防效稍差，应使用推荐剂量的上限。

【主要制剂和生产企业】15%、150g／L乳油。

江苏瑞邦农药厂有限公司、南京华洲药业有限公司、浙江石原金牛农药有限公司、浙江省宁波中化化学品有限公司、湖北省武汉武隆农药有限公司、山东滨农科技有限公司、兴农药业（中国）有限公司、佳木斯黑龙农药化工股份有限公司等。

其他参看大豆田除草剂重点产品介绍。

高效氟吡甲禾灵（haloxyfop-r-methyl）

【作用机理分类】A组（芳氧苯氧基丙酸酯类亚组）。

【化学结构式】

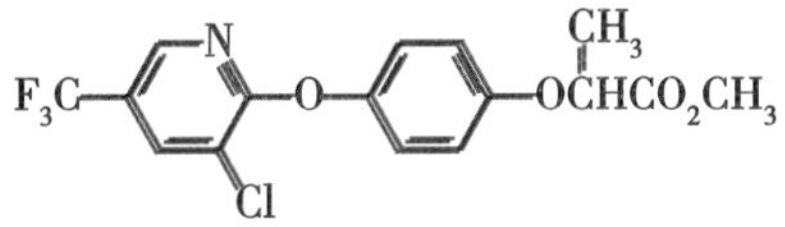

【曾用名】高效盖草能、精吡氟氯禾灵。

【理化性质】纯品为亮棕色液体，相对密度1.372（20℃），沸点>280℃，蒸汽压3.3×10^{-4}（25℃）。水中溶解度（25℃，mg／L）9.08，有机溶剂中溶解度（20℃，g／L）：二甲苯、甲苯、甲醇、丙酮、环己酮、二氯甲烷中溶解度均>1 000。

【毒性】低毒。大鼠急性经口LD_{50}（mg／kg）：300（雄）、623（雌），大鼠急性经皮LD_{50}>2 000mg／kg。对兔眼睛有轻微刺激性，对兔皮肤无刺激性。大鼠饲喂无作用剂量0.065mg／kg・d（2年）。

对鱼高毒。虹鳟鱼LC_{50}（96h）0.7mg／L。对鸟和蜜蜂低毒。野鸭和山齿鹑急性经口LD_{50}>1 159mg／kg，蜜蜂LD_{50}（48h）>100μg／只。

【作用特点】选择性内吸、传导型芽后茎叶处理剂。有效成分被茎、叶吸收后传导到分生组织，抑制脂肪酸合成，使细胞生长分裂停止、细胞膜含脂结构被破坏，导致杂草死亡。低温条件下效果稳定。

【防治对象】棉田稗、马唐、狗尾草、牛筋草、千金子、狗牙根、假高粱等禾本科杂草。

【应用技术】直播或移栽棉田，禾本科杂草3～5叶期，每亩用108g／L高效氟吡甲禾灵乳油25～30g（有效成分2.7～3.24g），对水30L茎叶喷雾。防除多年生杂草时，每亩用60～90g（有效成分6.48～9.72g），对水30L茎叶喷雾。

【注意事项】

（1）施药时应避免药雾飘移到禾本科作物上。与禾本科作物间、混、套种的田块不能使用。

（2）干旱影响药效发挥，此时可浇水后施药或在施药时添加喷雾助剂。

（3）本品对水生生物有毒。施药时应避免药雾飘移至水产养殖区，禁止在河塘等水体中清洗施药器具。

【主要制剂和生产企业】10.8%、108g／L乳油。

江苏苏州佳辉化工有限公司、安徽美兰农业发展股份有限公司、利尔化学股份有限公司、山都丽化工有限公司、天津市施普乐农药技术发展有限公司、佳木斯黑龙农药化工股份有限公司、美国陶氏益农公司等。

精喹禾灵（quizalofop-p-ethyl）

【作用机理分类】A组（芳氧苯氧基丙酸酯类亚组）。

【防治对象】棉田稗、马唐、牛筋草、狗尾草、画眉草、早熟禾、千金子等。提高剂量对狗牙根、双穗雀稗、白茅、芦苇等多年生禾本科杂草也有效果。

【应用技术】直播及移栽棉田，禾本科杂草3～5叶期，每亩用5%精喹禾灵乳油50～80g（有效成分2.5～4g），对水30L茎叶喷雾。

【注意事项】

（1）环境相对湿度较大、温度适宜时，除草效果好。在高温、低温、干旱条件下，防效稍差，应使用推荐剂量的上限。

（2）不能与碱性的农药等物质混用。

【主要制剂和生产企业】5%、5.3%、8.8%、10%、15%、50g / L乳油等。

江苏丰山集团有限公司、安徽丰乐农化有限责任公司、安徽华星化工股份有限公司、湖北沙隆达股份有限公司、辽宁省大连松辽化工有限公司、日本日产化学工业株式会社等。

烯禾啶（sethoxydim）

【作用机理分类】A组（环己烯酮类亚组）。

【防治对象】棉田稗、马唐、牛筋草、狗尾草、画眉草、早熟禾、千金子等。提高剂量对狗牙根、双穗雀稗、白茅等多年生禾本科杂草也有效果。

【应用技术】移栽或直播棉苗后，禾本科杂草3～5叶期，每亩用12.5%烯禾啶乳油80～100g（有效成分10～12.5g），对水30L茎叶喷雾。

【注意事项】

（1）干旱时施药，可在喷洒药液中添加喷雾助剂，以提高除草效果。

（2）施药时间以早晚为好，中午或气温高时不易喷药。

（3）药液稀释后应尽快使用，以免降解。

（4）该药对鱼类等水生生物有毒，应远离水产养殖区施药。药后及时彻底清洗药械，废弃物切勿污染水源或水体。

（5）本品暂无特效解毒剂。如误服，并立即携带使用标签去医院治疗。

【主要制剂和生产企业】12.5%、20%乳油。

河北省沧州科润化工有限公司、黑龙江省哈尔滨正业农药有限公司、山东省青岛金尔农化研制开发有限公司、日本曹达株式会社等。

其他参看大豆田除草剂重点产品介绍。

扑草净（prometryn）

【作用机理分类】C_1组（三嗪类亚组）。

【防治对象】棉田稗、马唐、狗尾草、牛筋草、藜、反枝苋等杂草。对伞形花科及部分豆科杂草防效较差。

【应用技术】棉花播种后出苗前，每亩用50%扑草净可湿性粉剂100～150g（有效成分50～75g），对水40～50L土壤喷雾。

【注意事项】

（1）棉苗出土后不能施药，地膜育苗不宜使用该药，以免棉花发生药害。

（2）气温35℃以上不宜施药。

【主要制剂和生产企业】50%可湿性粉剂。

浙江省长兴第一化工有限公司、浙江中山化工集团股份有限公司、山东胜邦绿野化学有限公司、山东侨昌化学有限公司、合肥久易农业开发有限公司、昆明农药有限公司、吉林市绿盛农药化工有限公司等。

其他见水稻除草剂重点产品介绍。

敌草隆（diuron）

【作用机理分类】第C_2组（取代脲类亚组）。

【化学结构式】

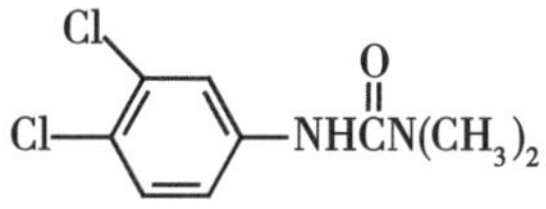

$$3,4\text{-}Cl_2C_6H_3\text{-}NHC(=O)N(CH_3)_2$$

【理化性质】无色晶体，密度1.48，熔点158～159℃，蒸汽压1.1×10^{-6}Pa（25℃）。水中溶解度42mg／L（25℃），有机溶剂中溶解度（27℃，g／L）：丙酮53，丁基硬脂酸盐1.4，苯1.2，略溶于烃类。常温下中性液中稳定，温度升高发生水解，酸碱介质中水解，180～190℃分解。

【毒性】低毒。原药大、小鼠急性经口LD_{50}3 400mg／kg，兔急性经皮LD_{50}>2 000mg／kg。

对鱼中等毒。LC_{50}（96h，mg／L）：虹鳟鱼5.6，翻车鱼5.9。对蜜蜂无毒。对鸟低毒。饲喂试验LC_{50}（8d，mg／kg）：山齿鹑1 730，日本鹑>5 000，野鸭>5 000，野鸡>5 000。

【作用特点】可被植物的根、茎叶吸收，以根系吸收为主。杂草吸收药剂后，传导至地上部茎叶，抑制光合作用中的希尔反应。杂草受害后，从叶尖和边缘开始褪色，最后造成茎叶枯萎死亡。敌草隆持效期60d以上。

【防治对象】棉田稗、马唐、狗尾草、牛筋草、画眉草、反枝苋、藜、婆婆纳、独行菜、小飞蓬、狗牙根、双穗雀稗、刺儿菜、芦苇、白茅、香附子等。高剂量情况下可作为灭生性除草剂。

【应用技术】棉花播前或播后苗前土壤喷雾。每亩用50 %敌草隆可湿性粉剂120～150g（有效成分50～75g），对水40～50L进行土壤均匀喷雾。

【注意事项】

（1）整地前灌水创造良好土壤墒情、干旱条件用药后混土均有利于提高药效。

（2）除棉花和甘蔗对该药不敏感外，很多作物对敌草隆敏感，轮作倒茬或间作时应注意安全用药及后茬间隔期。施药时防治药液飘移到敏感作物。

（3）沙性土壤用药量应比黏土适当减少。

（4）本品对鱼、家蚕、水蚤等有毒，应远离上述生物生活区域施药。

【主要制剂和生产企业】50%可湿性粉剂。

苏州遍净植保科技有限公司。

百草枯（paraquat）

【作用机理分类】D组（联吡啶类亚组）。

【防治对象】禾本科杂草及阔叶杂草。

【应用技术】棉花生育期内，每亩用200g／L百草枯水剂150～300g（有效成分30～60g），加水30L对靶定向喷雾。也可在棉花播种前1周灭生性除草。剂量同上。

【注意事项】

（1）对深根性杂草及多年生杂草根部防效差，可与传导性除草剂混用。

（2）施药时天气干旱可加喷雾助剂提高药效。

（3）喷雾时防止药液飘移到周围作物。

【主要制剂和生产企业】200g／L水剂。

江苏苏州佳辉化工有限公司、浙江威尔达化工有限公司、安徽丰乐农化有限责任公司、山东省济南赛普实业有限公司、山东省青岛农冠农药有限责任公司、英国先正达有限公司等。

其他参看玉米田除草剂重点产品介绍。

乙羧氟草醚（fluoroglycofen）

【作用机理分类】E组（二苯醚类亚组）。

【防治对象】棉田马齿苋、反枝苋、龙葵、酸浆、苘麻等阔叶杂草。

【应用技术】杂草3～5叶期，每亩用10%乙羧氟草醚30～40g（有效成分3～4g），对水30L在棉花行间对靶定向喷雾。

【注意事项】

（1）该药为触杀型除草剂，杂草叶龄增大后药效降低，应在杂草出齐苗后提早使用。

（2）避免药剂喷施到棉花叶片，也不可在大风天施药，以免药液雾滴飘移到敏感作物。

【主要制剂和生产企业】10%乳油。

青岛瀚生生物科技股份有限公司。

参见大豆田除草剂重点产品介绍。

乙氧氟草醚（oxyfluorfen）

【作用机理分类】E组（二苯醚类亚组）。

【防治对象】棉田稗草、狗尾草、曼陀罗、匍匐冰草、豚草、苘麻、野芥菜等。

【应用技术】移栽棉田：于棉花移栽前，每亩用24%乙氧氟草醚乳油40～60g（有效成分9.6～14.4g），对水40～50L土壤喷雾。直播棉田：在棉花播后苗前，每亩用24%乙氧氟草醚乳油40～50g（有效成分9.6～12g）对水40～50L土壤喷雾。地膜覆盖棉田：棉花播后覆膜前，每亩使用24%乙氧氟草醚乳油20～25g（有效成分4.8～6g），对水40～50L土壤喷雾。

【注意事项】

（1）为扩大杀草谱，可与丁草胺减半混用。

（2）棉苗出土后不能使用该药，尤其是药后遇雨，棉苗会产生药害。

（3）施药超量、遇高温、高湿，覆膜棉花易产生药害。

【主要制剂和生产企业】24%乳油。

浙江兰溪巨化氟化学有限公司。

参见水稻田除草剂重点产品介绍。

草甘膦（glyphosate）

【作用机理分类】G组（有机磷类亚组）。

【应用技术】棉花茎木质化后成熟前，每亩用41%草甘膦异丙铵盐水剂122～268g（有效成分50～110g），加水30L对靶定向喷雾。也可在棉花播种前1周灭生性除草。剂量同上。

【注意事项】

（1）防除1年生杂草、田间杂草叶龄小采用低剂量，防除多年生杂草，田间杂草叶龄大、密度高采用高剂量。

（2）严禁药液飘移到棉花叶片及邻近作物。

【主要制剂和生产企业】30%、41%、46%水剂。

美丰农化有限公司、浙江新安化工集团股份有限公司、浙江锐特化工科技有限公司、安徽锦邦化工股份有限公司、深圳诺普信农化股份有限公司、吉林省瑞野农药有限公司等。

其他参看水稻田除草剂重点产品介绍。

仲丁灵（butralin）

【作用机理分类】K_1组（二硝基苯胺类亚组）。

【化学结构式】

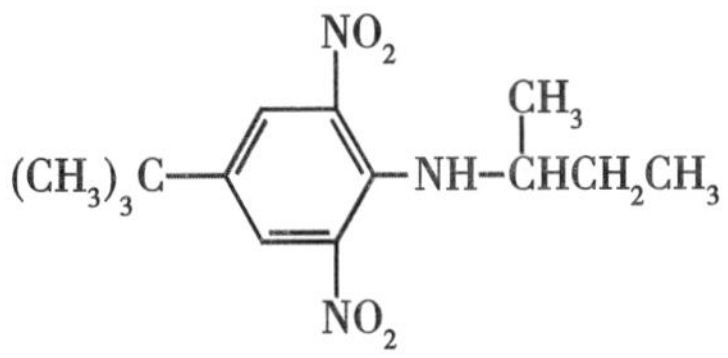

NO_2

CH_3

$(CH_3)_3C$—[苯环]—$NH-CHCH_2CH_3$

NO_2

【曾用名】地乐胺、双丁乐灵、丁乐灵。

【理化性质】橘黄色结晶体，相对密度1.25（25℃），熔点60～61℃，沸点134～136℃（66.7Pa），蒸汽压1.7×10^{-3}Pa（25℃）。水中溶解度0.3mg／L（25℃），有机溶剂中溶解度（mg／L）：苯2 700，二氯甲烷1 460，丙酮4 480，己烷300，乙醇73，甲醇98。

【毒性】低毒。大鼠急性经口LD_{50}2 500mg／kg，大鼠急性经皮LD_{50}4 600mg／kg，大鼠急性吸入LC_{50}>9.35mg／L。对兔眼睛黏膜有轻度刺激性，对皮肤无刺激性。大鼠饲喂试验无作用剂量20～30mg／kg·d（2年）。

对鱼中等毒。LC_{50}（48h，mg／L）：虹鳟鱼3.4，翻车鱼4.2。蜜蜂LD_{50}95μg／只（经口）、100μg／只（接触）。

【作用特点】内吸型选择性芽前除草剂。作用特点与氟乐灵相似，药剂通过萌芽杂草种子的下胚轴、子叶、幼根、幼芽吸收后起作用，进入植物体内后，抑制分生组织的细胞分裂，从而抑制杂草幼芽及幼根的生长，导致杂草死亡。其受害症状是幼芽和次生根被抑制。

【防治对象】稗草、马唐、狗尾草、牛筋草、千金子、碱茅及部分小粒种子的阔叶杂草如反枝苋、藜。对铁苋菜、苘麻、苍耳、鸭跖草及多年生杂草防效差。

【应用技术】棉花播前或播后苗前，每亩用48%仲丁灵乳油200～250g（有效成分96～120g），对水40～50L进行土壤均匀喷雾。

【注意事项】

（1）只能做土壤处理，杂草苗后施用效果差。

（2）土壤湿润药效理想，干旱条件下施药后需立即混土，混土深度为1～5cm。

【主要制剂和生产企业】48%乳油、480g／L乳油。

甘肃省张掖市大弓农化有限公司、江西盾牌化工有限责任公司、江苏龙灯化学有限公司、山东滨农科技有限公司、山东侨昌化学有限公司等。

二甲戊灵（pendimethalin）

【作用机理分类】K_1组（二硝基苯胺类亚组）。

【化学结构式】

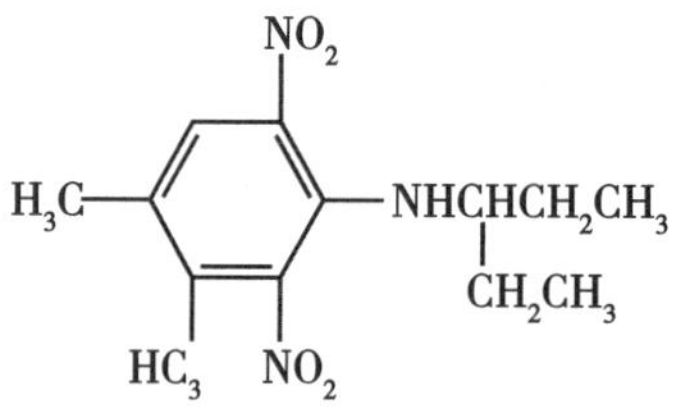

NO_2

H_3C—（苯环）—$NHCHCH_2CH_3$（CH_2CH_3）

HC_3　NO_2

【曾用名】除草通、施田补、胺硝草。

【理化性质】纯品为橙黄色晶体，熔点54～58℃，蒸馏时分解，蒸汽压4.0×10^{-3}Pa（25℃）。水中溶解度0.33mg／L（20℃），有机溶剂中溶解度（20℃，g／L）：丙酮200，异丙醇77，二甲苯628，辛烷138，玉米油148，易溶于苯、甲苯、氯仿、二氯甲烷，微溶于石油醚。

【毒性】低毒。急性经口LD_{50}（mg／kg）：雄大鼠1 250，雌大鼠1 050，雄小鼠1 620，雌小鼠1 340，狗>5 000。兔急性经皮LD_{50}>5 000mg／kg，大鼠急性吸入LC_{50}（4h）>0.32mg／L。对兔眼睛和皮肤无刺激性。试验剂量内对动物无致畸、致突变、致癌作用。

对鱼类及水生生物高毒。鲤鱼LC_{50}（48h）0.95mg／L，对鱼无作用剂量（mg／L）：虹鳟鱼0.075，蓝鳃鱼0.1，鲶鱼0.32。水蚤LC_{50}（3h）>40mg／L，泥鳅LC_{50}（48h）35mg／L。对蜜蜂、鸟低毒。蜜蜂经口LD_{50}49.8μg／只。饲喂LC_{50}（8d，mg／kg饲料）：野鸭10 388，鹌鹑4 187。

【作用特点】杂草种子在发芽穿过土层的过程中吸收药剂，抑制分生组织细胞分裂从而使杂草死亡。阔叶杂草吸收部位为下胚轴，禾本科杂草吸收部位为幼芽。该药不影响杂草种子的萌发，而是在杂草种子萌发过程中幼芽、茎和根吸收药剂后而起作用。其受害症状是幼芽和次生根被抑制。

【防治对象】棉田稗、马唐、狗尾草、牛筋草、早熟禾等禾本科杂草及藜、反枝苋等小粒种子阔叶杂草。对野黍、落粒高粱、小麦自生苗、铁苋菜、苘麻及蓼科杂草等防效较差。

【应用技术】棉花播前或播后苗前，每亩施用33%乳油150～200g（有效成分49.5～66g），对水40～50L做土壤处理。播前施药后浅混土能提高防效。在地膜棉田采用整地—播种—施药—覆膜的操作程序。

【注意事项】

（1）良好的土壤墒情是保证该药发挥药效的关键，施药时土壤干旱可增加对水量，或用药后混土。

（2）该药防除禾本科杂草效果优于其对阔叶杂草的防效，因而在阔叶杂草较多的田块，可考虑同其他除草剂混用。

（3）本品对鱼有毒，用药后清洗药械时应防止药剂污染水源。

【主要制剂和生产企业】30%、33%、330g／L乳油，45%微囊悬浮剂，20%、30%悬浮剂。

江苏龙灯化学有限公司、江苏丰山集团有限公司、大连瑞泽农药股份有限公司、吉林市绿盛化工农药有限公司、巴斯夫欧洲公司等。

氟乐灵（trifluralin）

【作用机理分类】K_1组（二硝基苯胺类亚组）。

【化学结构式】

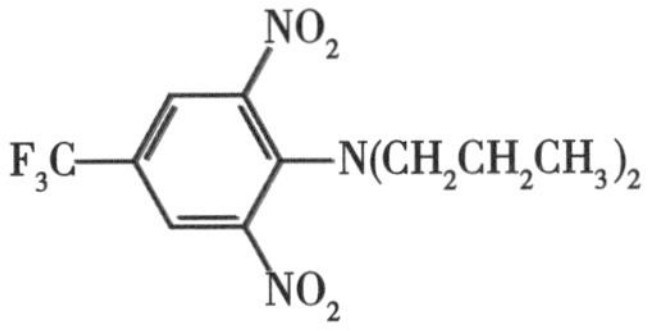

NO_2

F_3C— —$N(CH_2CH_2CH_3)_2$

NO_2

【曾用名】特福力、氟特力、茄科宁。

【理化性质】原药为橙黄色结晶体，具芳香族化合物气味。相对密度1.23（20℃）、1.36（25℃），熔点48.5～49℃，沸点96～97℃（24Pa），蒸汽压6.1×10^{-3}Pa（25℃）。水中溶解度（25℃，mg／L）：0.184（pH值为5）、0.221（pH值为7）、0.189（pH值为9），有机溶剂中溶解度（25℃，g／L）：丙酮、氯仿、甲苯、乙腈、乙酸乙酯>1 000，甲醇33～40，已烷50～67，二甲苯580。易挥发，易光解，对热稳定。

【毒性】低毒。大鼠急性经口LD_{50}>5 000mg／kg，兔急性经皮LD_{50}>5 000mg／kg，大鼠急性吸入LC_{50}（4h）>4.8mg／L。对兔眼睛和皮肤有刺激性。实验条件下未见致畸、致突变、致癌作用。

对鱼类高毒。LC_{50}（96h，mg／L）：虹鳟鱼0.088，大翻车鱼0.089，蓝鳃鱼0.058，金鱼0.59。水蚤LC_{50} 0.2～0.6 mg／L。蜜蜂经口LD_{50} 24 mg ／只。鸟类经口LD_{50}>2 000mg／kg。

【作用特点】杂草萌发穿过药土层时，由禾本科植物的幼芽、幼根和阔叶植物的下胚轴、子叶吸收药剂，使细胞停止分裂，根尖分生组织细胞变小，皮层薄壁组织的细胞增大，细胞壁变厚，由于细胞中的液胞增大，使细胞丧失极性产生畸形，禾本科杂草呈-鹅头-状根茎，阔叶杂草下胚轴变粗变短、脆而易折。

氟乐灵施入土壤后，由于挥发、光解、微生物和化学作用而逐渐分解消失，其中挥发和光分解是降解的主要因素，潮湿和高温会加快其分解速度。

【防治对象】稗草、狗尾草、马唐、牛筋草、千金子、碱茅及部分小粒种子的阔叶杂草如反枝苋、藜等。对铁苋菜、苘麻、苍耳、鸭跖草及多年生杂草防效差。

【应用技术】棉花播前或播后苗前，每亩用48 %氟乐灵乳油120～150g（有效成分57.6～72g），对水40～50L进行土壤均匀喷雾，喷雾后立即混土。

【注意事项】

（1）氟乐灵易光解，施药后需立即混土，混土深度为1～5cm。尤其是播种后天气较干旱时，应在施药后立即混土镇压保墒。

（2）高粱、谷子对氟乐灵敏感，轮作倒茬或间作时应注意安全用药。

（3）本品贮存时避免阳光直射，不要靠近火和热气，在4℃以上阴凉处保存。

【主要制剂和生产企业】48%、480g／L乳油。

江苏辉丰农化股份有限公司、山东滨农科技有限公司、河北省肃宁县海蓝农药有限公司、甘肃省张掖市大弓农化有限公司、意大利芬奇米凯公司等。

乙草胺（acetochlor）

【作用机理分类】K_3组（氯酰胺类亚组）。

【防治对象】棉田马唐、稗草、狗尾草、金狗尾草、牛筋草、千金子等一年生禾本科杂草和一些小粒种子的阔叶杂草，如藜、反枝苋、马齿苋、辣子草等。对铁苋菜、苘麻、酸浆等防效差。

【应用技术】棉花播后苗前，每亩用50%乙草胺乳油150～200g（有效成分75～100g），对水40～50L均匀喷雾。

【注意事项】

（1）施药前后土壤湿润，有利于药效发挥。

（2）乙草胺活性高，用药量不宜随意增大。尤其是地膜棉田，如果土壤湿度过大，膜下温度高，棉花易产生药害，建议采用下限药量。

（3）用药后多雨、土壤湿度大或田间排水不良易造成棉花药害。

【主要制剂和生产企业】50%、880g／L、900g／L乳油，50%微乳剂。

无锡禾美农化科技有限公司、山东胜邦绿野化学有限公司、山东省青岛丰邦农化有限公司、山东侨昌化学有限公司、内蒙古宏裕科技股份有限公司、美国孟山都公司等。

其他参见玉米田除草剂重点产品介绍。

甲草胺（alachlor）

【作用机理分类】K_3组（氯酰胺类亚组）。

【防治对象】棉田马唐、千金子、稗草、蟋蟀草、藜、反枝苋等杂草。对铁苋菜、苘麻、蓼科杂草及多年生杂草防效差。

【应用技术】 棉花播种后出苗前，每亩用43%甲草胺乳油200～300g（有效成分86～129g），对水40～50L土壤喷雾。新疆棉区、华北棉区采用高剂量，长江流域棉区及覆膜棉田采用低剂量。

【注意事项】

（1）该药用量过大会造成棉花药害，尤其是长江流域覆膜棉田需按推荐剂量使用。

（2）良好的土壤墒情是保证甲草胺药效发挥的必要条件。中等土壤湿度或施药后轻度降雨（1～2cm），有利于该药发挥理想药效。在干旱而无灌溉的条件下，应采用混土法施药，施药后立即用铁耙或旋耕机混土，混土深度以不触及作物种子为宜。

（3）高粱、谷子、水稻、瓜类（黄瓜）、胡萝卜、韭菜、菠菜等对甲草胺敏感，喷药时防止药液飘移到上述作物。

【主要制剂和生产企业】43%、480g / L乳油。

江苏省农垦生物化学有限公司、江苏省南通江山农药化工股份有限公司、辽宁省大连越达农药化工有限公司、中农住商（天津）农用化学品有限公司、美国孟山都公司。

精异丙甲草胺（s-metolachlor）

【作用机理分类】K_3组（氯酰胺类亚组）。

【防治对象】棉田马唐、稗草、狗尾草、金狗尾草、牛筋草、千金子等一年生禾本科杂草和一些小粒种子的阔叶杂草，如反枝苋、藜、马齿苋、辣子草等。对铁苋菜、苘麻、酸浆等防效差。

【应用技术】棉花播种后杂草出苗前，每亩用960g / L精异丙甲草胺乳油50～85g（有效成分48～81.6g），对水40～50L均匀喷雾。

【注意事项】

（1）良好的土壤墒情有利于药效发挥。中等土壤湿度或施药后轻度降雨（1～2cm），可提高药效。在干旱而无灌溉的条件下，应采用混土法施药，施药后立即用铁耙或旋耕机混土，混土深度以不触及作物种子为宜。

（2）用量过大、药后积水、膜下温度过高等均易造成棉花药害，尤其是长江流域覆膜棉田除草不可超过推荐剂量。

【主要制剂和生产企业】960g / L乳油。

先正达（苏州）作物保护有限公司、瑞士先正达作物保护有限公司。

敌草胺（napropamide）

【作用机理分类】K_3组（乙酰胺类亚组）。

【防治对象】棉田稗、马唐、狗尾草、牛筋草、千金子、野燕麦、看麦娘、早熟禾、雀稗等。对反枝苋、马齿苋、萹蓄、藜、锦葵、繁缕、猪殃殃、苣荬菜等阔叶杂草也有控制效果。

【应用技术】棉花播后苗前或移栽后，每亩用50%敌草胺可湿性粉剂150～200g（有效成分75～125g），对水40～50L喷雾施药。

【注意事项】

（1）良好的土壤墒情有利于药效发挥。在干旱而无灌溉的条件下，应采用混土法施药，施药后立即用铁耙或旋耕机混土，混土深度以不触及作物种子为宜。

（2）用量过大、药后积水均易造成棉花药害。

【主要制剂和生产企业】50%可湿性粉剂。

江苏快达农化股份有限公司。

其他参看油菜田除草剂重点产品介绍。

二、棉田除草剂作用机理分类

我国棉花田登记的除草剂按作用机理分为A组（乙酰辅酶A羧化酶抑制剂）、B组（乙酰乳酸合成酶抑制剂）、C组（光系统Ⅱ抑制剂）、D组（光系统Ⅰ电子传递抑制剂）、E组（原卟啉原氧化酶抑制剂）、G组（5–烯醇丙酮酰莽草酸–3–磷酸合成酶抑制剂）、K组（细胞分裂抑制剂），涉及17个亚组的32个有效成分（表3-7-1）。

表3-7-1　棉花田除草剂作用机理分类

组号	主要作用机理	化学结构亚组	抗性风险评估	常用品种
A	乙酰辅酶A羧化酶抑制剂	芳氧苯氧基丙酸酯类	高	精唑禾草灵、精吡氟禾草灵、高效氟吡甲禾灵、精喹禾灵
		环已烯酮类	高	烯禾啶
C_1	光系统Ⅱ抑制剂	三嗪类	中	扑草净
C_2	光系统Ⅱ抑制剂	取代脲类	中	敌草隆
D	光系统Ⅰ电子传递抑制剂	联吡啶类	低	百草枯
E	原卟啉原氧化酶抑制剂	二苯醚类	中	乙羧氟草醚、乙氧氟草醚
G	5–烯醇丙酮酰莽草酸–3–磷酸合成酶抑制剂	有机磷类	低	草甘膦
K_1	微管组装抑制剂	二硝基苯胺类	中	仲丁灵、二甲戊灵、氟乐灵
K_3	细胞分裂抑制剂	氯酰胺类	低	乙草胺、甲草胺、精异丙甲草胺
		乙酰胺类	低	敌草胺

三、棉田除草剂轮换使用防治方案

1.新疆棉区除草剂轮换使用防治方案

包括吐鲁番盆地、塔里木盆地和准葛尔盆地西南及甘肃河西走廊的西端。种植方式为一年一熟，与玉米、瓜类等轮作。该区推广“密旱膜矮壮高”的栽培体系。棉花多采用高密度种植，一般棉田薄膜覆盖率75 %以上，兵团薄膜覆盖率接近100 %。

主要杂草有马齿苋、藜、灰绿藜、反枝苋、野西瓜苗、苍耳、野胡麻、田旋花、刺儿菜、苣荬菜、苦苣菜、蒙山莴苣等阔叶杂草，稗草、狗尾草、画眉草、芦苇等禾本科杂草和香附子。

可选择氟乐灵、仲丁灵、二甲戊灵（K_1组）、精异丙甲草胺、敌草胺（K_3组）、精吡氟禾草灵、高效氟吡甲禾灵、精喹禾灵、烯草酮、烯禾啶（A组）等轮换使用。

棉田缺乏阔叶杂草除草剂产品，A组除草剂为苗后处理剂，杀草谱为禾本科杂草；K_1组和K_3组除草剂为播后苗前土壤处理剂，杀草谱为禾本科杂草及部分小粒种子阔叶杂草。因此，该区应充分发挥棉花自身及薄膜覆盖对杂草的生态调控作用。棉花播种后覆膜前均匀喷施K_1组或K_3组除草剂。创造良好的土壤墒情，高质量覆膜（薄膜两侧用土壤压紧，不露风），早期加强管理，促进棉花早封垅，可在一定程度上提高除草剂对杂草的控制效果。

2.黄河流域棉区除草剂轮换使用防治方案

秦岭—淮河以北，自山海关沿内长城向西，经山西省、陕西省直至甘肃省，西起陇南东至海滨，包括河南省（除南阳和信阳）、河北省（除长城以北）、山东省、山西省南部、陕西省关中、甘肃省陇南、安徽省、江苏省的淮河以北地区，以及北京市和天津市的郊区。该区棉花种植方式呈现多样化，有露地直播、地膜覆盖春棉、育苗移栽、麦棉两熟套种和夏播棉等。其中，地膜覆盖及育苗移栽棉面积达90 %以上，棉花一年一熟为主。黄河以北地膜覆盖为主，黄河以南育苗移栽为主。阔叶杂草有马齿苋、反枝苋、凹头苋、藜、小藜、灰绿藜、苍耳、苘麻、田旋花、龙葵、婆婆纳等，禾本科杂草有马唐、狗尾草、金狗尾草、牛筋草、稗草、千金子等，莎草科杂草主要为香附子。

可选择仲丁灵、二甲戊灵（K_1组）、乙草胺、精异丙甲草胺、敌草胺（K_3组）、精吡氟禾草灵、高效氟吡甲禾灵、精喹禾灵、烯草酮、烯禾啶（A组）等轮换使用。

采用播后苗前K_1组或K_3组除草剂土壤处理，结合棉花中耕，人工除去K组除草剂不能杀除的阔叶杂草，苗期用A组除草剂茎叶处理杀除禾本科杂草，中后期定向喷施百草枯防治行间杂草。

3.长江流域棉区除草剂轮换使用防治方案

包括江苏省及安徽省淮河以南地区（沿江棉区）、江西省（鄱阳湖棉区）、湖南省（洞庭湖棉区）、湖北省（江汉平原棉区）、四川省、上海市、浙江省和福建省北部。棉花采用露地直播、地膜覆盖、营养钵移栽、双膜棉等栽培方式。其中，营养钵育苗移栽占90 %以上。为提高效益，该区棉花有多种种植制度，如麦棉两熟、油棉两熟、粮菜棉三熟及间作型（棉—豆、棉—花生、棉—瓜、菜）。

可选择仲丁灵、二甲戊灵（K_1组）、扑草净（C_1组）、敌草隆（C_2组）、乙草胺、乙氧氟草醚、精异丙甲草胺、敌草胺（K_3组）、精吡氟禾草灵、高效氟吡甲禾灵、精喹禾灵、烯草酮、烯禾啶（A组）、乙羧氟草醚（E组）等轮换使用。

棉花移栽前用百草枯灭生性除草，播（栽）后苗前用K组或C组除草剂土壤处理，苗期可根据杂草发生情况，用A组除草剂茎叶处理杀除禾本科杂草，或用E组乙羧氟草醚行间定向喷雾杀除阔叶杂草。

该区土壤湿土较大，使用土壤处理剂时应严格控制用药量。

第八章　除草剂安全使用及个人防护

一、除草剂安全使用及其意义

农药属于特殊的有毒物质，使用者在用药时应特别注意个人安全防护，避免由于不规范、粗放的操作而带来的农药中毒、污染环境、作物药害及农产品农药残留超标等事故的发生。

除草剂的安全使用是指按照药剂的特性、作用方式及药效发挥的条件，科学合理使用除草剂，达到除草增产、保护环境、保障人畜安全的目的。除草剂作为农药的一个大类，其安全使用既要遵从农药安全使用准则，又要根据除草剂本身的特点，应用时特别注意对作物的安全性。

1.对使用者的安全

虽然大部分除草剂属于低毒产品，但使用者仍然要注意安全防护，尤其是除草剂的个别品种对人毒性较大，更应引起重视。如国外报道，莠去津可能增加妇女患乳腺癌的风险；百草枯无特效解毒剂，人误服会引起死亡。

使用者在施药时缺乏必要的安全防护措施，如不穿防护衣、不戴口罩和手套、施药时饮食、药后不彻底清洗手脸及身体，长期暴露在除草剂的环境中可能会引起身体伤害。因此，施药人员应穿戴防护服、胶鞋、手套、口罩或穿长衣裤、帽子、手套等；施药期间禁止吃东西、喝水、吸烟，不得用嘴吹吸堵塞喷头等；老、弱、病、残、孕、儿童和哺乳期妇女不能接触和施用除草剂。避免疲劳作业和中午高温作业，加强除草剂安全管理，防止因误服、误用造成的非生产性中毒事故发生。

2.对作物的安全

除草剂对作物的安全性包括对当季施药的作物（目标作物）和后茬作物。

除草剂使用不合理是药害产生的一个重要因素。如除草剂用药量过高、用药时间不适宜、使用方法不得当、添加了不正确的助剂或混用不合适的药剂、用药前后田间管理方法不妥、喷雾器具未及时清洗、喷施了错误的“目标”作物、以及喷施假冒伪劣产品等。

除草剂和作物本身的因素也会增加作物药害的风险。除草剂挥发及飘移性强易造成周围敏感作物受害。短侧链苯氧羧酸类、苯甲酸类、二硝基苯胺类、硫代氨基甲酸酯类及其他有机杂环类除草剂中的某些品种如：2，4-D丁酯、2甲4氯钠、麦草畏、百草枯等蒸汽压较高，挥发性较强，在喷施过程中易造成周围敏感作物受害。除草剂选择性较差易造成“目标”作物药害。有的除草剂选择性指数较低，如三氟羧草醚、乳氟禾草灵、氟磺胺草醚在大豆田使用，唑草酮、乙羧氟草醚在小麦田使用时，推荐剂量下常造成作物的接触性药害。除草剂在土壤中的残留时间长导致下茬敏感作物产生药害。磺酰脲类、咪唑啉酮类、三氮苯类药剂的某些品种在土壤中的残留时间较长，容易对下茬敏感作物生长造成影响。作物不同品种，对除草剂耐受能力有一定差异。芥菜型常规油菜和甘蓝型杂交油菜品种对胺苯磺隆的耐受性不同，后者耐受性较强。玉米杂交种对烟嘧磺隆耐药性好于自交系和特种玉米，不同杂交种因亲本遗传背景不同耐受性也不一样。

异常的环境条件会加重除草剂药害程度。异常的环境条件常使除草剂在杂草和作物之间选择性降低，对适用作物产生药害。温度过低、过高、湿度过大会加重土壤处理剂药害的发生，低温、高温、干旱、喷施不适宜的其他类农药产品也易造成茎叶处理剂药害。如土壤含水量较高，尤其是用药后土壤含水量达到或接近饱和时，乙草胺等酰胺类药剂易对玉米、花生、大豆等产生药害。土壤有机质含量、质地、pH值、降雨、温度等对长残留除草剂在土壤的活性也有较大影响。如甲磺隆、苯磺隆等药剂在有机质含量低、pH值较高、降雨少或灌溉条件差的土壤，降解缓慢，残留期延长。风力强会加重除草剂的飘移药害。

认真了解除草剂的特性及其对作物的选择性，避免不合适的环境条件施药即可达到除草增产的目的。

3.对环境的安全

对环境的安全包括对非靶标生物的安全和对地下水、大气等的自然资源的安全。非靶标生物包括畜禽、天敌、蜜蜂、鸟类、鱼类、家蚕等。大部分除草剂对非靶标生物低毒，但个别品种对鱼类、蜜蜂、家蚕中毒或高毒，这些品种在喷施前，应将施药时间、地点告知当地蜂农、蚕农，施药后做好警示；施用颗粒剂或种子处理剂要严格覆土以免鸟类取食；不可在河流、小溪、池塘、井边施药以免污染水源。为了避免除草剂对地下水、大气等自然资源的污染，需使用合适的高性能防飘移喷雾器械，使用的除草剂包装物需清洗3次以上，清洗液倒入喷雾器喷雾，到远离水源之处掩埋或焚烧包装物。

4.对消费者的安全

食用除草剂残留超标的农产品可能导致慢性中毒，而且，除草剂残留超标还影响我国农产品出口。因此，在使用时间上应根据除草剂品种特性，选择适宜时间段内尽量提前用药，并不得超量用药。

二、除草剂药害的预防

除草剂对作物的药害是指由于除草剂使用方法不当、除草剂和作物本身的因素以及环境条件的异常等原因，使目标作物、邻近作物或下茬作物的生长受到伤害的现象。因此，药害是作物对除草剂的一种敏感性反应，当作物所接受的除草剂剂量超过了其所耐受的范围，就会出现药害。其症状包括：畸形、褪绿、坏死、落叶、矮化、生育期延迟、产量降低等。除草剂通过其选择性原理杀死杂草而不伤害作物。即除草剂在使用时靠时差选择、位差选择、形态选择、生理生化选择和利用保护物质等使作物不受伤害。但除草剂杀除的对象是与作物很接近的植物——杂草，只有选择了合适的药剂、采用正确的施药方法、在有利的环境条件下，除草剂才能最大限度地发挥除草作用和保证对作物的安全，反之则会对作物产生药害。

除草剂对作物的药害是由除草剂使用技术、除草剂和作物本身的因素及环境条件所决定的，多数情况下药害的发生程度是上述3个方面综合作用的结果。对药害进行治理，需要农药企业、农药管理部门、科研机构及推广系统的共同努力。

1.杜绝假冒伪劣及不合格产品

农药生产企业应严格执行国家标准。销售取得“三证”的产品。除草剂成分、有效成分含量、剂型等要与产品标签相一致。禁用含有害成分的添加剂及辅料。除了企业严把生产关和销售渠道以外，农药管理部门应加强对除草剂产品的监管，对假冒伪劣产品实行严打。从源头杜绝除草剂的不安全因素，保证农民选择优质除草剂。

2.加强除草剂试验、示范、推广工作

对新商品化的药剂，应遵循“试验、示范、推广”三步走的原则。我国幅员辽阔，不同地区之间自然条件、生态条件、种植制度等差异较大，在某一地区对作物安全的除草剂在另一地区可能产生药害，某一地区安全的用药剂量在另一地区就可能影响作物生长。因此，新开发的除草剂，应严格按农业部农药鉴定所的要求进行多地小区试验，明确不同地区、不同生态条件下的施药时期、适宜剂量、对作物不同品种的安全性及其他关键用药技术。经充分试验、示范研究后才能大面积推广。尤其是新技术推广初期，须加强对农民安全用药的技术指导。

3.合理使用除草剂

了解施药时的环境条件与药害的关系。不同温度、湿度、土质、土壤有机质含量、土壤pH值等与药效、药害的关系密切，不同生态类型区，不同土壤条件下有其适宜用药量范围，使用者须严格按照标签使用量用药。国外科研人员通过计算机网络，与气象卫星提供的施药地温度、湿度、降水、风力等数据相链接，应用相应的分析决策软件，对气象因子、土壤因子、作物因子、药剂因子等进行综合分析，模拟出当地将要出现的天气状况下使用除草剂对作物可能产生药害的概率，指导农民施药，降低了药害发生的风险。

明确作物及品种与药害的关系。以除草、增产做为选择适宜施药时期和施药量的标准，“目标”作物不同生育时期、不同品种或同一品种的不同类型对药剂的敏感性不同，施药前需要使用者明确当地主要作物及其不同品种对不同除草剂的敏感性。在长残留除草剂的使用方面，不仅要了解除草剂对目标作物的安全性，还应知道这些长残留除草剂在不同土壤、气候条件下，对后茬不同作物的影响，明确不同作物安全生长的间隔期。

选择适宜的施药时期及施药量。有的除草剂适宜的施药时期较宽，另一些作物适宜施药时期很窄。如2，4-D是北方冬小麦区常用的药剂，其安全施药期为小麦3叶期以后、拔节之前，在该时期之外使用易出现药害。除草剂标签的推荐量是经过多家单位在不同试验区域试验得出的结果，必须按照标签的推荐剂量使用。有的药剂对作物的安全使用范围较窄，稍微增加用药量就会造成当茬或后茬作物药害，如乳氟禾草灵、氟磺胺草醚、灭草松等在大豆田超量使用，会造成大豆严重药害，有时导致整株死亡；苯磺隆在小麦田超量使用，会影响下茬花生、大豆、阔叶蔬菜生长。

使用优质的喷药器械。选择性能优良的喷雾机械、喷头类型，防止或减轻除草剂用药的飘移药害；不重喷、不漏喷雾。

减量施用除草剂。除草剂减量使用技术将在很大程度上解决药害问题。通过合理混用、添加助剂等手段，对容易产生药害的除草剂进行减量使用；也可以利用生态调控、合理改变作物种植密度、采用有利于植物生长不利于杂草生长和繁殖的农作措施，降低除草剂使用量；还可以通过使用“对靶”喷雾机械，使药液只喷澈在“靶标”杂草表面，达到除草剂减量的目的。

除草剂药害的早期诊断技术及药害补救。对药害进行早期诊断，在没有明显的可见药害症状之前投入补救措施，就可以使作物少减产。国外利用高广谱遥感技术对药害植株进行识别、用决策分析软件对药害进行分析、利用仪器对药害程度进行检测均是值得我国借鉴的经验。另外，在药害的早期修复技术及利用保护剂使作物免受除草剂伤害方面需要加强研究。

三、正确选择除草剂品种

1.选购正规的产品

购买正规厂家生产的除草剂，并检验其《三证》是否齐全。仔细阅读使用标签，并严格按照标签上的应用技术使用。除草剂使用标签向使用者说明除草剂产品性能、用途、使用技术和方法、毒性、注意事项等内容，是指导使用者正确选购除草剂和安全合理使用除草剂的重要依据。除草剂标签标注的主要内容包括：产品名称、有效成分及含量、剂型；登记证号、生产许可证号及产品标准号；生产企业名称及联系方式；生产日期、批号、有效期及重量；产品性能、用途、使用技术和方法；毒性及标识、中毒急救措施、贮存和运输方法、农药类别、像形图及其他农业部要求标注的内容。除草剂标签标注的内容是通过各种试验验证总结得出并经过农药登记部门审查批准的，除草剂使用者为维护自身利益需购买标签信息完整的除草剂产品。

2.根据作物及防治对象选择合适的产品

购买、使用与作物及防治对象相适宜的除草剂。每一除草剂产品有其适宜的作物范围，有的药剂专一性较强，如莠去津、苯唑草酮、烟嘧磺隆主要用于玉米田，用于其他作物田则易产生药害；而另一些药剂则适宜作物种类较多，如乙草胺、异丙甲草胺可用在水稻、玉米、大豆、棉花等多种作物防治杂草。防除禾本科杂草应使用杀除禾本科杂草的药剂，防除阔叶杂草应使用杀除阔叶杂草的药剂，在禾本科杂草及阔叶杂草均有发生的田块应选择杀草范围（杀草谱）较宽的药剂或将不同杀草谱的药剂混用。同一种作物生长的区域及栽培方式不同，可以选择的除草剂种类有差别。如东北地区玉米、大豆为一年一熟单作，可以使用一些残留期较长的药剂，一年两熟或多熟地区除草则应选择残留期短的药剂。用于水稻本田除草的部分药剂如用于水稻秧田则易出药害。同种作物类型不同或品种不同，可以使用的除草剂也不一样。如胺苯磺隆、草除灵在甘蓝型油菜使用的安全性好于白菜型，不能用于芥菜型油菜。

3.根据杂草发生规律选择合适的产品

不同区域杂草种类有差异，不同作物田的杂草种类不尽相同，不同杂草的发生规律也不一样。应根据杂草种类及发生规律进行除草剂选择。如东北地区玉米田藜科、蓼科、苋科、菊科杂草较多，宜选择主要防治阔叶杂草的除草剂，而华北地区玉米田禾本科杂草较多，需选择对大部分禾本科杂草防效理想的除草剂。地膜覆盖棉田杂草发生较早，宜选用播后苗前土壤处理的药剂如乙草胺、异丙甲草胺，而移栽棉田棉花移栽前就有杂草出土，应选择灭生性除草剂在移栽前杀除已经出土的杂草，而后根据杂草发生时间或在移栽后土壤处理或用苗后选择性除草剂茎叶处理，也可用触杀型非选择性除草剂定向行间喷雾。

4.根据杂草生物学特性选择合适的产品

每种杂草有其独特的生物学特性，使用除草剂时，应针对其生物学特性的薄弱环节进行攻破。例如，节节麦是小麦田难治杂草之一，如果在分蘖后使用除草剂，目前的药剂均无太好的效果，但节节麦在三叶期以前对除草剂耐受性较差，这时使用甲基二磺隆添加喷雾助剂进行杀除则能起到较好的防治效果。菟丝子在寄生到大豆之前较易防治，而寄生之后防除难度增大。防除水稻田眼子菜，在眼子菜出土叶片展开，由红转绿时，是除治关键时期。

5.根据除草剂特性选择合适的产品

各种除草剂均有一定的使用范围及使用时期，有的药剂只能做播后苗前土壤处理，做茎叶喷雾效果较差，如甲草胺、乙草胺、异丙甲草胺、二甲戊灵等；有的药剂则只能做茎叶处理，无土壤处理活性，如灭草松、乙羧氟草醚；另一些药剂兼有土壤处理及茎叶处理活性，如烟嘧磺隆、苯磺隆。有的除草剂是传导性的药剂，植株的地上部着药后可传导到地下部，植株一部分着药能传导至整株，如草甘膦；另一些除草剂为触杀型药剂，只能杀除接触药剂的部分，如百草枯。部分药剂残留期长，只能用在一年一熟地区，用在一年两熟或多熟地区易对后茬敏感作物产生药害，如咪唑乙烟酸、咪唑喹啉酸、胺苯磺隆、异草松等。

四、准确称量所需的除草剂用量

除草剂是在作物和杂草之间进行选择，杀死杂草保护作物，作物和杂草本身都是植物，药量不准或不能有效杀草或对作物造成药害。因此，需要根据施药的地块面积，准确称取除草剂用量。

一般来讲，除草剂使用剂量用每亩或每公顷商品量或有效量表示。茎叶处理剂加水量每亩30L左右，土壤处理剂加水量每亩40～50L。可根据地块面积计算用药量和用水量。除水田少数可以直接使用的除草剂外，一般除草剂使用前都需要经过配制才能使用。除草剂的配制就是把商品药配制成可以施用的状态。例如：乳油、可湿（溶）性粉剂、悬浮（悬乳）剂、水剂、水乳剂、微乳剂、水分散粒剂等剂型农药产品，必须对水或拌土（沙）稀释成所规定浓度的药液或药土才能施用。使用者可按照农药标签上的规定，或请教农业技术人员，根据每亩除草剂制剂用量（g）、需要防治的面积（m^2）计算用药量和用水量或用土量。应使用称量器具（感量0.1的台秤或带刻度的量具）准确称量制剂，不要用无刻度的瓶盖量，更不能凭经验估计用量。

除草剂标签上标注了产品名称、剂型、含量，这些信息是计算施药量的依据。如50%乙草胺乳油，表示该药有效成分为乙草胺，剂型为乳油，有效成分含量为50%，如果标签推荐剂量为每亩使用75g 有效成分，则该药每亩使用的商品量应为75（g）×100／50=150g。再根据使用田块的面积计算出用药量及对水量。标签上除草剂推荐剂量未注明是有效成分时，则除草剂使用量一般为商品量。

五、除草剂配制时的注意事项

（1）远离水源、居所、畜禽养殖场所配药。

（2）现用现配，不宜久置，尤其是有颉颃作用的药剂应分别稀释。

（3）土壤处理剂和茎叶处理剂选择不同的配液量，茎叶处理剂在作物与杂草生长的不同时间配液量应合理调整，在杂草生长旺盛期适当增加喷药量及相应对水量。

（4）用无杂质的清水配药，不用配置除草剂的器具直接取水，药液不能超过喷雾器械的额定容量。

（5）除草剂需采用二次稀释后配制。

（6）除草剂现混现用或喷药时添加助剂或其他农药成分时，应根据标签说明或在当地农业技术人员指导下使用。

六、除草剂施药前后的安全措施及个人防护

1.贮存

（1）除草剂应放于安全加锁的地方贮存，避免儿童接触药剂，以免造成不必要的伤害。

（2）除了除草剂原来的包装外，不能用其他的容器保存除草剂。

（3）远离寝室、食物、饲料、种子、化肥等。

（4）贮存在温度适宜的地方，避免液体除草剂结冰。

2.操作使用

（1）老、弱、病、残、孕、儿童和哺乳期妇女不能接触和施用除草剂。

（2）除草剂混合尤其是粉剂混合时应在通风良好的室外进行。

（3）选择无风、晴朗的天气施药，雾天及其他恶劣天气禁止喷药。

（4）操作时着宽松防护衣、戴防护帽、手套、口罩、穿胶鞋等。

（5）操作中不可饮水、进食、吸烟等，并避免吸入药剂雾滴及粉尘。

（6）不要将药剂喷到水井、其他水源、饲料、食物及非靶标作物。

（7）选择适宜用药时期及用药剂量，不要随意增加施药剂量，使药剂发挥最大作用

的同时保护环境的安全。

（8）施药时除草剂不慎溅到皮肤及衣服应尽快用肥皂水冲洗，溅入眼内，需立即用清水冲洗。

（9）除草剂误服或操作时出现中毒症状，须立即送医院治疗。

3.药后

（1）将除草剂药瓶及剩余药液妥善处理，使之不易造成危险。

（2）喷雾完毕应立即更换干净衣物并用肥皂清洗手、脸及其他暴露部位。

（3）用药器械及时、彻底清洗，并避免在鱼塘、水体中清洗施用过对水生生物有毒产品的施药器械。

参考文献

REFERENCES

1.邵振润，张帅，高希武.杀虫剂科学使用指南[M].北京：中国农业出版社，2013.
2.袁会珠，李卫国.现代农业应用技术图解[M].北京：中国农业科学技术出版社，2013.
3.刘长令.世界农药大全（除草剂卷）[M].北京：化学工业出版社，2002.
4.李香菊.玉米及杂粮田杂草化学防除[M].北京：化学工业出版社，2003.
5.王险峰.进口农药应用手册[M].北京：中国农业出版社，2000.
6.农业部农药检定所.新编农药手册[M].北京：中国农业出版社，1998.
7.Weed Science Society of America. Herbicide handbook（ninth edition）[M]. Lawrence，KS66044-8897，USA，2007.
8.农业部农药检定所.苯唑草酮[G].农药科学与管理.2011，32（6）：60
9.农业部农药检定所.唑啉草酯[G].农药科学与管理.2010，31（11）：59-60.
10.农业部农药检定所.啶磺草胺[G].农药科学与管理.2010，31（2）：60.
11.农业部农药检定所.氯酯磺草胺[G].农药科学与管理.2009，30（9）：64.
12.农业部农药检定所.嘧苯胺磺隆[G].农药科学与管理.2009，30（11）：60.
13.农业部农药检定所.环酯草醚[G].农药科学与管理.2009，30（4）：58.
14.农业部农药检定所.硝磺草酮[G].农药科学与管理.2008，29（1）：58.
15.农业部农药检定所.氟吡磺隆[G].农药科学与管理.2007，28（10）：58.
16.农业部农药检定所.五氟磺草胺[G].农药科学与管理.2005，26（3）：48.
17.李玮.50%双氟磺草胺·氟唑磺隆WDG防除春小麦田杂草效果试验[J].安徽农学通报，2014，20（9）：95-98.
18.孙以文，李万梅，唐为爱，等.5 %嘧啶肟草醚乳油及与10 %氰氟草酯乳油混用对旱直播稻田杂草的防除效果[J].杂草科学，2013，31（1）：40-43.
19.王学顺，赵长山，曹延明.30 % 嗪草酮悬浮剂对寒地水稻旱育秧田杂草的田间药效试验[J].黑龙江农业科学，2013（7）：57-59.
20.李玮，魏有海，郭良芝，等.10.8 %精喹禾灵乳油防除春油菜田野燕麦的效果[J].杂草科学，2012，30（3）：58-60.
21.冒宇翔，栾玉柱，顾继伟，等.唑嘧磺草胺WG对大豆田阔叶杂草的防除效果及安全性[J].杂草科学，2012，30（2）：46-48.

22.丁桂珍，李爱国，倪淑梅，等.48 %灭草松水剂防除大豆田阔叶杂草试验初报[J].杂草科学，2012，30（4）：62-64.
23.朱文达，魏守辉，张宏军，等.10 %氰氟草酯EC防除水稻直播田禾本科杂草的效果研究[J].湖南农业科学，2011，9：82-85.
24.葛洪江，窦永秀，问才干.唑啉·炔草酸防除麦田禾本科杂草的现状与综合评价[J].杂草科学，2011，29（2）：65-66.
25.周宇杰，陈月娣，徐铁平，等.水稻直播田应用唑酰草胺对恶性杂草的控制效果[J].浙江农业科学，2011（3）：644-647.
26.陈时健，张颂函，沈雁君.10 %唑酰草胺乳油在直播水稻田应用技术评价[J].世界农药，2011，33（6）：32-34.
27.倪萌，杨爱国.200 g／L氯氟吡氧乙酸乳油防除夏玉米田杂草试验[J].杂草科学，2010（2）：53-54.
28.郭良芝.龙拳除草剂在青海春油菜田防除效果初报[J].青海大学学报，2010，28（1）：80-82.
29.孙影，宋爱颖，孙晓莉，等.甲基二磺隆等防除麦田野燕麦和看麦娘的效果[J].杂草科学，2010（4）：50-52.
30.林长福，高爽，马宏娟，等.三甲苯草酮室内生测试验[J].农药，2009，48（2）：153-155.
31.田婧，赵长山.84%氯酯磺草胺WG防除大豆田恶性杂草[J].农药，2009，48（5）：376-378.
32.何普泉，龚国斌，陈克付，等.丙炔氟草胺（速收）及与乙草胺混配防除大豆田杂草田间药效试验[J].农药科学与管理，2007，25（2）：26-27.
33.南开大学农药国家工程研究中心.单取代磺酰脲类超高效创制除草剂—单嘧磺隆与单嘧磺酯[J].世界农药，2006，28（1）：49-50.
34.唐晓燕.油菜田防治阔叶杂草除草剂75%龙拳（二氯吡啶酸）GS[J].现代农药，2006，5（4）：41-42.
35.谭效松，贺红武.除草剂的作用靶标与作用模式.农药，2005，44（12）：533-537.
36.李秀钰，韩长泗，徐军.氟磺胺草醚防除夏大豆田杂草试验报告[J].杂草科学，2005（2）：54-55.
37.朱晓林.24%乳氟禾草灵EC防除大豆田阔叶杂草田间药效试验[J].现代农药，2005，4（5）：48.
38.程志明.除草剂嗪草酮的开发[J].世界农药，2004，26（1）：5-10.
39.苏少泉.烟嘧磺隆在我国的开发[J].农药，2003，42（7）：5-8.
40.魏有海，邱学林，辛存岳，等.70 %彪虎防除春小麦田杂草药效及安全性试验[J].农药，2003，42（9）：37-38.
41.张宗俭，李峰，马宏娟.禾谷类作物田防除禾本科杂草的新型除草剂—甲磺胺黄隆[J].农药，2002，41（7）：40-41.

42.沈国辉，杨烈.嘧草醚（pyriminobac-methyl）防除稻田稗草试验[J]. 世界农药，2001，23（2）：51-52.

43.刘长令，石庆领.新型杀稗剂-嗪草酮[J]. 精细与专用化学品，2001（16）：22-23.

44.刘长令，李继德，董英刚.新型稻田除草剂环酯草醚[J]. 农药， 2001，40（8）：46.

45.焦骏森，张敦阳，吉明琐.乙羧氟草醚几种复配制剂防除豆田杂草的药效比较[J]. 农药，2001，40（8）：36-37.

46.苏少泉.广谱高活性除草剂-阔草清.农药译丛[J]. 1997，19（4）：60-65.

47.农业部.氯磺隆等七种农药列入禁限用范围.http://www.gov.cn / gzdt / 2013-12 / 11 / content_2546270.htm.

48.http://www.chinapesticide.gov.cn / .

49.http://www.hracglobal.com.

50.http://wssa.net.